MATHEMATIQUES
&
APPLICATIONS

45

Springer
Paris
Berlin
Heidelberg
New York
Hong Kong
Londres
Milan
Tokyo

Instructions aux auteurs:

Les textes ou projets peuvent être soumis directement à l'un des membres du comité de lecture avec copie à M. BENAÏM ou J.-M. THOMAS. Les manuscrits devront être remis à l'Éditeur *in fine* prêts à être reproduits par procédé photographique.

Christine Bernardi
Yvon Maday
Francesca Rapetti

Discrétisations variationnelles de problèmes aux limites elliptiques

Springer

Christine Bernardi
Directrice de Recherche au C.N.R.S
Laboratoire Jacques-Louis Lions
C.N.R.S. et Université Pierre et Marie Curie, B.C. 187
4 place Jussieu, 75252 Paris Cedex 05, France
bernardi@ann.jussieu.fr

Yvon Maday
Professeur à l'Université Pierre et Marie Curie
Laboratoire Jacques-Louis Lions
C.N.R.S. et Université Pierre et Marie Curie, B.C. 187
4 place Jussieu, 75252 Paris Cedex 05, France
maday@ann.jussieu.fr

Francesca Rapetti
Maître de Conférences à l'Université de Nice et Sophia-Antipolis
Laboratoire Jean-Alexandre Dieudonné
C.N.R.S. et Université de Nice et Sophia-Antipolis
Parc Valrose, 06108 Nice Cedex 02, France
frapetti@math.unice.fr

Mathematics Subject Classification 2000: 65N30, 65N35, 65N55

ISBN 3-540-21369-4 Springer-Verlag Berlin Heidelberg New York

Springer-Verlag est membre du Springer Science+Business Media

springeronline.com
Imprimé en Allemagne

Imprimé sur papier non acide 41/3142/du - 5 4 3 2 1 0 -

Préface

Parmi les très nombreuses techniques utilisées pour la discrétisation d'équations aux dérivées partielles elliptiques, nous avons choisi de présenter les méthodes de type variationnel. En effet, la plupart des équations elliptiques dans un domaine borné (et donc des équations paraboliques après discrétisation en temps) admettent une formulation variationnelle équivalente, reposant le plus souvent sur des espaces de Sobolev, et un problème discret peut être construit grâce à la méthode de Galerkin, c'est-à-dire en remplaçant l'espace fonctionnel par un sous-espace de dimension finie. Parmi ces méthodes, nous avons également décidé d'en étudier deux, qui présentent des avantages et des inconvénients très différents et qui sont à l'heure actuelle couramment employées pour la discrétisation de problèmes issus par exemple de la mécanique, de la physique ou de la biologie, tant au niveau industriel qu'universitaire: la méthode spectrale et la méthode des éléments finis.

L'ensemble de cet ouvrage correspond à plusieurs cours donnés dans le cadre du D.E.A. d'Analyse Numérique de l'Université Pierre et Marie Curie entre les années 1996 et 2002. Il contient les éléments permettant au lecteur de déterminer le type de discrétisation qui s'adapte le mieux à son problème. Il est donc destiné aussi bien à un public d'étudiants en maîtrise ou D.E.A. qu'aux scientifiques attirés par l'optimisation du choix de leur méthode de calcul. Par contre, les chercheurs ou ingénieurs ayant à résoudre sur leur ordinateur un problème réel n'y trouveront pas la solution toute faite.

Les paragraphes qui suivent reprennent le plan de l'ouvrage et décrivent son contenu de façon plus détaillée.

Introduction aux méthodes variationnelles

Les équations aux dérivées partielles considérées dans cet ouvrage sont linéaires et essentiellement elliptiques. Nous décrivons dans un cadre abstrait comment écrire la formulation variationnelle de telles équations, et comment construire des problèmes discrets par méthode de Galerkin. Plusieurs types de méthodes de Galerkin sont considérés, conformes ou non conformes, avec ou sans intégration numérique. L'intérêt majeur de ce genre de discrétisation est que la formulation variationnelle définit de façon naturelle une norme de l'énergie et que des estimations d'erreur peuvent être établies facilement, soit dans cette norme, soit dans une norme plus faible grâce à un argument de dualité. Un autre avantage vient du fait que la discrétisation peut facilement être couplée avec d'autres algorithmes, tels que la décomposition de domaine, les techniques de domaines fictifs ou multi-grilles.

Nous illustrons l'idée de la formulation variationnelle par plusieurs exemples que nous espérons représentatifs, pour deux équations de base: l'équation de Laplace et celle du bilaplacien. La formulation variationnelle repose le plus souvent sur des espaces de Sobolev que nous décrivons et dont nous rappelons les principales propriétés, ou tout au moins celles qui seront utilisées dans le livre.

Méthodes spectrales

Les méthodes spectrales, introduites par D. Gottlieb et S. Orszag [64][88], reposent sur l'approximation des solutions d'équations aux dérivées partielles initialement par des séries de Fourier tronquées puis par des polynômes de haut degré et sur l'utilisation de bases tensorisées des espaces d'approximation. Pour ces raisons, le domaine de base de ces méthodes est construit par tensorisation: c'est un carré ou un cube, plus généralement un rectangle ou un parallélépipède rectangle. Toutefois l'extension à un certain nombre d'autres géométries par transformation et/ou décomposition du domaine est maintenant bien connue, aussi bien en dimension 2 qu'en dimension 3. Ces méthodes sont de précision infinie, au sens où l'ordre de l'erreur entre les solutions des problèmes continu et discret n'est limité que par la régularité de la solution continue. De nombreux ouvrages ont été publiés sur les méthodes spectrales, voir [26][30][38][60][83], toutefois la plupart d'entre eux sont soit plus axés sur la recherche en cours soit destinés à des ingénieurs.

Les méthodes spectrales font appel à des séries de Fourier uniquement pour traiter des conditions aux limites périodiques dans une ou plusieurs directions, toutefois les applications de cette situation sont limitées et nous ne les considérons pas dans ce livre. L'approximation par des polynômes fait appel soit à des bases de polynômes de Legendre soit à des bases de polynômes de Tchebycheff. Toutefois les méthodes reposant sur l'utilisation de polynômes de Tchebycheff sont à l'heure actuelle nettement plus difficiles à analyser et surtout à mettre en œuvre pour la discrétisation de la plupart des équations elliptiques, et nous ne les considérons pas ici. Nous décrivons de façon détaillée les propriétés d'approximation polynomiale dans les espaces de Sobolev usuels, qui se déduisent des propriétés des polynômes de Legendre. Pour être efficaces, les méthodes spectrales utilisent également des formules de quadrature numérique pour évaluer les intégrales apparaissant dans la formulation variationnelle, plus précisément des formules de Gauss ou de Gauss–Lobatto tensorisées. Nous étudions également les propriétés d'approximation des opérateurs d'interpolation aux nœuds de ces formules. L'ensemble de ces résultats permet une analyse numérique détaillée de la discrétisation spectrale de l'équation de Laplace, munie de divers types de conditions aux limites, que nous présentons comme première application et pour laquelle on prouve des estimations d'erreur a priori optimales. Nous décrivons également les outils permettant la mise en œuvre effective de la discrétisation proposée.

Méthodes d'éléments finis

Les méthodes d'éléments finis, beaucoup plus anciennes (voir l'introduction [87] de J.T. Oden pour les premières références sur le sujet) ont fait l'objet d'un nombre incalculable de publications que nous ne recenserons pas ici, dû à leur utilisation tant par des ingénieurs que par des mathématiciens dans des domaines extrêmement variés. Elles reposent sur l'approximation des solutions d'équations aux dérivées partielles par des fonctions dont la restriction à chaque élément d'une triangulation du domaine de calcul est un polynôme de bas degré. Contrairement aux méthodes spectrales, la précision de la méthode est limitée par le degré des polynômes. Mais leur immense avantage est qu'elles permettent de traiter facilement n'importe quel type de géométrie bi- ou tri-dimensionnelle, en tenant compte des propriétés de régularité locales de la solution.

Dans ce livre, nous nous limitons le plus souvent à traiter des discrétisations conformes, c'est-à-dire telles que l'espace discret soit inclus dans l'espace variationnel. Nous présentons les propriétés d'approximation des espaces d'éléments finis associés à une triangulation donnée et effectuons l'analyse numérique de la discrétisation de l'équation de Laplace munie des mêmes conditions aux limites que dans la partie précédente. Là encore, des estimations d'erreur a priori optimales sont établies et la mise en œuvre de la résolution du problème discret est expliquée de façon détaillée. Nous référons à [31], [42] et [44], [69], [97] et [105] pour de multiples extensions.

Toutefois un nouveau type d'estimation est apparu il y a une vingtaine d'années [10] [11] concernant entre autres les discrétisations par éléments finis (voir [109] pour une étude détaillée): les estimations d'erreur a posteriori, où l'erreur est majorée non plus en fonction de la régularité de la solution exacte (que l'on ne connaît en général pas) mais en fonction de la solution discrète que l'on vient de calculer. Une des principales applications de ces estimations est la construction automatique de maillages adaptés à la solution et repose sur des outils locaux, appelés indicateurs d'erreur, qui sont faciles à calculer en fonction de la solution discrète. Pour l'équation de Laplace, nous avons choisi de présenter parmi les nombreux types d'indicateurs d'erreur existants, ceux dits "par résidu" et nous prouvons l'équivalence de leur somme avec l'erreur.

COUPLAGE DE MÉTHODES

La méthode des éléments avec joints ("mortar element method" en anglais), introduite en 1987 par C. Bernardi, Y. Maday et A.T. Patera [27][28], est une technique de décomposition de domaine reposant sur une partition du domaine de calcul en sous-domaines sans recouvrement et permet d'utiliser des discrétisations complètement indépendantes sur chaque sous-domaine, grâce à des conditions de raccord appropriées sur les interfaces. L'un de ses buts était et reste de coupler les méthodes spectrales avec les discrétisations par éléments finis.

Nous désirons bien sûr tirer partie des propriétés spécifiques des deux types de discrétisation, plus précisément de la précision infinie des méthodes spectrales et de la possibilité de traiter des géométries complexes par éléments finis, c'est pourquoi nous appliquons cette dernière méthode dans un voisinage de la frontière du domaine de calcul. Là encore, nous avons choisi d'appliquer ceci à la discrétisation des équations de Laplace, ici munies de conditions aux limites de Dirichlet homogènes, l'idée étant plus de décrire la technique avec joints dans un cadre simple que de recenser toutes les difficultés afférentes pour des problèmes plus complexes.

UNE APPLICATION

Pour s'éloigner un peu du problème académique qu'est l'équation de Laplace, nous avons choisi de présenter la discrétisation soit par méthodes spectrales soit par éléments finis de l'équation de Darcy, introduite dans [50], qui modélise l'écoulement d'un fluide incompressible dans un milieu poreux. Cette équation entre dans la classe plus générale des problèmes mixtes (ainsi que par exemple le problème de Stokes ou de l'élasticité), mais nous nous contentons dans cet ouvrage d'étudier de façon détaillée la discrétisation de cette seule équation.

Un intérêt spécifique à cette équation est qu'elle possède deux formulations variationnelles, bien sûr équivalentes pour le problème continu mais menant à des problèmes discrets différents. Nous vérifions que chacune d'entre elles s'écrit sous la forme d'un problème de point selle. Nous décrivons et analysons deux discrétisations spectrales des équations de Darcy telles que proposées dans [8], puis trois discrétisations par éléments finis dont l'une figure dans [2], pour montrer l'importance du choix de la formulation variationnelle utilisée. Dans tous les cas nous prouvons des estimations d'erreur a priori optimales. Même si cette étude est loin de couvrir tous les modèles ou géométries de milieux poreux, elle fournit un outil de base pour la discrétisation d'écoulements dans un tel milieu.

ET QUELQUES PROBLÈMES...

Nous terminons cet ouvrage par quelques problèmes qui ont presque tous été utilisés comme sujet d'examen des cours de D.E.A. précités. Nous espérons qu'ils permettront au lecteur ayant eu le courage de parcourir tout ou partie du début du livre de s'entraîner lui-même à l'analyse numérique des méthodes considérées dans cet ouvrage. Nous ne donnons pas les corrigés de ces problèmes, par contre des suggestions de correction pour les questions difficiles figureront sur la page Web indiquée avant les problèmes.

Parmi les nombreux collègues qui nous ont aidés dans la rédaction de cet ouvrage, nous tenons à remercier tout spécialement Yves Achdou, Monique Dauge, Vivette Girault, Frédéric Hecht, Ricardo H. Nochetto, Antony T. Patera, Einar M. Rønquist et Dan Stefanica pour de très fructueuses discussions.

Table des matières

Méthodes d'éléments finis

Couplage de méthodes

Une application

Et quelques problèmes...

Première partie

Introduction aux méthodes variationnelles

Formulations et discrétisations variationnelles

Soit $\mathcal{O}$ un ouvert borné de $\mathbb{R}^d$, où d est un entier positif. On note $\partial\mathcal{O}$ la frontière de $\mathcal{O}$. On considère le problème aux limites suivant:

$$\begin{cases} Au = f & \text{dans } \mathcal{O}, \\ Bu = g & \text{sur } \partial\mathcal{O}. \end{cases} \tag{0.1}$$

La première ligne de ce problème correspond à l'équation aux dérivées partielles, le plus souvent supposée vérifiée au sens des distributions, tandis que la seconde représente les conditions aux limites.

Dans la Section 1, on écrit la formulation variationnelle associée à ce problème et on indique des conditions pour qu'il soit bien posé. Les notations et propriétés de base des espaces de Sobolev qui interviennent le plus souvent dans cette formulation ainsi que pour les propriétés de régularité de la solution sont rappelées dans la Section 2. Des exemples de problèmes modèles sont donnés dans la Section 3. Dans la Section 4, on décrit la forme générale des discrétisations variationnelles associées au problème (0.1), ainsi que les estimations d'erreur a priori correspondantes. Deux exemples de discrétisation pour un problème modèle en dimension 1 et les résultats numériques correspondants sont présentés dans la Section 5.

I.1 Présentation des formulations variationnelles

Dans un premier temps, on introduit une partition de $\partial\mathcal{O}$ en deux parties disjointes Γ_e et Γ_n et pour simplifier on suppose que les conditions aux limites dans la seconde ligne du problème (0.1) sont de deux types

$$B_e u = g_e \quad \text{sur } \Gamma_e \qquad \text{et} \qquad B_n u = g_n \quad \text{sur } \Gamma_n.$$

Ce qui différencie ces conditions peut s'exprimer ainsi:

- les premières conditions sont imposées explicitement dans l'espace variationnel et sont usuellement appelées *essentielles*,
- les secondes, dites *naturelles*, sont retrouvées implicitement à partir de la formulation variationnelle.

Soit X un espace de Banach réflexif, on note $\|\cdot\|_X$ sa norme. On suppose que l'opérateur B_e est continu sur X, et pour imposer la condition $B_e u = g_e$ sur Γ_e, on admet qu'il existe un élément $\overline{g}_e$ de X tel que $B_e\overline{g}_e = g_e$. On définit également le sous-espace $X_\diamond$ de X par

$$X_\diamond = \{v \in X;\ B_e v = 0 \text{ sur } \Gamma_e\}, \tag{1.1}$$

qui est également un espace de Banach d'après la continuité de B_e. On cherche alors u dans l'espace affine $\overline{g}_e + X_\diamond$ des fonctions v de X telles que $v - \overline{g}_e$ appartienne à $X_\diamond$.

On suppose aussi que l'opérateur A est continu de X dans le dual $X'_\diamond$ de $X_\diamond$, de sorte que l'on peut définir une forme bilinéaire continue $a(\cdot,\cdot)$ sur $X \times X_\diamond$ par la formule

$$\forall u \in X,\ \forall v \in X_\diamond, \quad a(u,v) = \langle Au, v\rangle_{X'_\diamond, X_\diamond}, \tag{1.2}$$

où $\langle\cdot,\cdot\rangle_{X'_\diamond,X_\diamond}$ désigne le produit de dualité entre $X'_\diamond$ et $X_\diamond$.

Finalement, on introduit un espace W de fonctions définies sur Γ_n qui est l'image de $X_\diamond$ par un *opérateur de trace* approprié C_n et on note $\langle\cdot,\cdot\rangle_{W',W}$ le produit de dualité entre le dual W' de W et W.

La formulation variationnelle la plus usuelle du problème (0.1) s'écrit alors

Trouver u dans $\overline{g}_e + X_\diamond$ tel que

$$\forall v \in X_\diamond, \quad a(u,v) = \langle f, v\rangle_{X'_\diamond,X_\diamond} + \langle g_n, C_n v\rangle_{W',W}. \tag{1.3}$$

Pour prouver que ce problème admet une solution unique, nous considérons d'abord le cas plus simple où les données sur le bord g_e et g_n sont nulles: dans ce cas, la formulation (1.3) est remplacée par

Trouver u dans $X_\diamond$ tel que

$$\forall v \in X_\diamond, \quad a(u,v) = \langle f, v\rangle_{X'_\diamond,X_\diamond}. \tag{1.4}$$

Le résultat qui suit est connu sous le nom de Lemme de Lax–Milgram et démontré dans [74] (voir aussi, par exemple, [44, Thm 1.1] ou [62, Chap. I, Thm 1.7]). On note que, lorsque la forme $a(\cdot,\cdot)$ est symétrique, c'est-à-dire lorsque

$$\forall u \in X_\diamond, \forall v \in X_\diamond, \quad a(u,v) = a(v,u), \tag{1.5}$$

ce lemme n'est rien d'autre que le théorème de Riesz.

Lemme 1.1 (Lemme de Lax–Milgram) *On suppose que la forme bilinéaire $a(\cdot,\cdot)$ vérifie les propriétés de continuité*

$$\forall u \in X,\ \forall v \in X_\diamond, \quad a(u,v) \le \gamma\, \|u\|_X \|v\|_X, \tag{1.6}$$

et d'ellipticité, pour une constante $\alpha > 0$,

$$\forall v \in X_\diamond, \quad a(v,v) \ge \alpha\, \|v\|_X^2. \tag{1.7}$$

Alors, pour toute donnée f dans $X'_\diamond$, le problème (1.4) admet une solution unique u dans $X_\diamond$. De plus, cette solution vérifie

$$\|u\|_X \le \alpha^{-1}\, \|f\|_{X'_\diamond}. \tag{1.8}$$

L'extension de ce résultat au problème "complet" (1.3) est très simple.

Théorème 1.2 *On suppose que la forme bilinéaire $a(\cdot,\cdot)$ vérifie les propriétés (1.6) et (1.7) et, en outre, que l'opérateur C_n est continu de $X_\diamond$ dans W, de norme μ. Alors, pour toutes données f dans $X'_\diamond$, $\overline{g}_e$ dans X et g_n dans W', le problème (1.3) admet une solution unique u dans X. De plus, cette solution vérifie*

$$\|u\|_X \leq \alpha^{-1}\left(\|f\|_{X'_\diamond} + \mu\,\|g_n\|_{W'} + (\alpha+\gamma)\,\|\overline{g}_e\|_X\right). \tag{1.9}$$

Démonstration: On pose: $u_\diamond = u - \overline{g}_e$. Si u est solution de (1.3), la fonction $u_\diamond$ appartient à $X_\diamond$ et vérifie

$$\forall v \in X_\diamond, \quad a(u_\diamond, v) = \langle f, v\rangle_{X'_\diamond, X_\diamond} + \langle g_n, C_n v\rangle_{W',W} - a(\overline{g}_e, v). \tag{1.10}$$

On déduit des propriétés de continuité de la forme $a(\cdot,\cdot)$ et de l'opérateur C_n que la forme linéaire:

$$v \quad \mapsto \quad \langle f, v\rangle_{X'_\diamond, X_\diamond} + \langle g_n, C_n v\rangle_{W',W} - a(\overline{g}_e, v),$$

est continue sur $X_\diamond$. En utilisant le Lemme 1.1 de Lax–Milgram, on déduit alors des propriétés (1.6) et (1.7) que le problème (1.10) admet une solution unique $u_\diamond$ dans $X_\diamond$, d'où l'existence d'une solution u de (1.3). De plus, en prenant v égal à $u_\diamond$ dans (1.10), on obtient

$$\begin{aligned}\alpha\,\|u_\diamond\|_X^2 \leq a(u_\diamond, u_\diamond) &= \langle f, u_\diamond\rangle_{X'_\diamond, X_\diamond} + \langle g_n, C_n u_\diamond\rangle_{W',W} - a(\overline{g}_e, u_\diamond)\\ &\leq \left(\|f\|_{X'_\diamond} + \mu\,\|g_n\|_{W'} + \gamma\,\|\overline{g}_e\|_X\right)\|u_\diamond\|_X,\end{aligned}$$

ce qui implique la majoration (1.9) grâce à une inégalité triangulaire. De plus, si u_1 et u_2 sont deux solutions du problème (1.3), leur différence $u = u_1 - u_2$ est solution du problème (1.4) avec f égal à zéro. On déduit alors de (1.8) que u est nul et donc que les solutions u_1 et u_2 sont égales. Ceci prouve l'unicité de la solution.

On note que la condition d'ellipticité (1.7), qui s'avère suffisante pour l'existence d'une solution du problème (1.3), n'est pas nécessaire. On propose donc une autre formulation variationnelle, plus générale, pour laquelle on prouve un résultat analogue, mais plus précis que celui du Théorème 1.2.

Soit Y un autre espace de Banach réflexif, de norme $\|\cdot\|_Y$. On suppose maintenant que la forme bilinéaire $a(\cdot,\cdot)$ est définie continue sur $X \times Y$ et que l'opérateur C_n envoie Y sur un espace Z et on utilise les notations $\langle\cdot,\cdot\rangle_{Y',Y}$ et $\langle\cdot,\cdot\rangle_{Z',Z}$ pour les nouveaux produits de dualité. On considère le problème variationnel suivant

Trouver u dans $\overline{g}_e + X_\diamond$ tel que

$$\forall v \in Y, \quad a(u, v) = \langle f, v\rangle_{Y',Y} + \langle g_n, C_n v\rangle_{Z',Z}. \tag{1.11}$$

On note que, lorsque Y est égal à $X_\diamond$, le problème (1.11) coïncide avec le problème (1.3). On va cependant utiliser un argument légèrement différent pour prouver qu'il est bien posé, qui repose sur la notion de *condition inf-sup* due à Babuška [9] et Brezzi [33]. On réfère à [62, Chap. I, Lemma 4.1] pour le résultat suivant.

Lemme 1.3 *Soit $a(\cdot,\cdot)$ une forme bilinéaire continue sur $X_\diamond \times Y$, et V l'ensemble*

$$V = \{v \in Y;\ \forall u \in X_\diamond, a(u,v) = 0\}. \tag{1.12}$$

Les deux propriétés suivantes sont équivalentes:
(i) il existe une constante β positive telle que

$$\forall u \in X_\diamond, \quad \sup_{v \in Y} \frac{a(u,v)}{\|v\|_Y} \geq \beta \, \|u\|_X, \tag{1.13}$$

(ii) l'opérateur A défini de $X_\diamond$ dans Y' par

$$\forall u \in X_\diamond, \forall v \in Y, \quad \langle Au, v\rangle_{Y',Y} = a(u,v), \tag{1.14}$$

est un isomorphisme de $X_\diamond$ sur l'ensemble

$$V^\circ = \{h \in Y';\ \forall w \in V,\ \langle h, w\rangle_{Y',Y} = 0\}, \tag{1.15}$$

et la norme de son inverse est $\leq \beta^{-1}$.

Les propriétés du problème (1.11) se déduisent facilement de ce lemme.

Théorème 1.4 *On suppose que la forme bilinéaire $a(\cdot,\cdot)$ vérifie la propriété de continuité*

$$\forall u \in X, \forall v \in Y, \quad a(u,v) \leq \gamma \, \|u\|_X \|v\|_Y, \tag{1.16}$$

et en outre que l'opérateur C_n est continu de Y dans Z, de norme μ. Il existe une constante $\beta > 0$ telle que les deux propriétés suivantes soient équivalentes:
(i) les conditions inf-sup sont satisfaites

$$\begin{aligned} &\forall u \in X_\diamond, \quad \sup_{v \in Y} \frac{a(u,v)}{\|v\|_Y} \geq \beta \, \|u\|_X, \\ &\qquad\qquad\qquad \forall v \in Y \setminus \{0\}, \quad \sup_{u \in X_\diamond} a(u,v) > 0, \end{aligned} \tag{1.17}$$

(ii) pour toutes données f dans Y', $\overline{g}_e$ dans X et g_n dans Z', le problème (1.11) admet une solution unique u dans X, qui vérifie

$$\|u\|_X \leq \beta^{-1} \left(\|f\|_{X'_\diamond} + \mu \, \|g_n\|_{W'} + (\beta + \gamma) \, \|\overline{g}_e\|_X \right). \tag{1.18}$$

Démonstration: On prouve successivement les deux implications donnant l'équivalence. 1) On suppose vérifiées les conditions (1.17). On note d'abord que, d'après la deuxième condition, l'espace V défini en (1.12) est réduit à $\{0\}$, donc que l'espace V° coïncide avec Y'. Comme précédemment, la fonction $u_\diamond = u - \overline{g}_e$ appartient à $X_\diamond$ et vérifie

$$\forall v \in Y, \quad a(u_\diamond, v) = \langle f, v\rangle_{Y',Y} + \langle g_n, C_n v\rangle_{Z',Z} - a(\overline{g}_e, v). \tag{1.19}$$

On déduit alors de la première condition (1.17) combinée avec la partie (ii) du Lemme 1.3 l'existence d'une solution $u_\diamond$ de ce problème, donc de u. Pour vérifier l'unicité de u, on prend $\overline{g}_e$, f et g_n égaux à 0, et on déduit également de la première condition (1.17) que u est nul. Finalement, en appliquant la condition (1.17) à la fonction $u_\diamond$, on vérifie facilement que

$$\beta \|u_\diamond\|_X \leq \|f\|_{X'_\diamond} + \mu \|g_n\|_{W'} + \gamma \|\overline{g}_e\|_X,$$

et on en déduit la majoration (1.18).
2) Réciproquement, on suppose que le problème (1.11) admet une solution unique pour toutes les données $\overline{g}_e$, f et g_n appropriées. On choisit f, $\overline{g}_e$ et g_n égales à 0 et on en déduit que V est réduit à $\{0\}$, d'où la deuxième condition (1.17). En prenant $\overline{g}_e$ et g_n égales à zéro, on vérifie que l'opérateur A est un isomorphisme de $X_\diamond$ sur Y'. Comme V° est égal à Y', ceci implique la partie (ii) du Lemme 1.3, donc la première condition (1.17).

Pour conclure, on observe que, dans le cas où $X_\diamond$ et Y coïncident, les conditions inf-sup (1.17) restent plus faibles que la condition d'ellipticité (1.7), comme le montre la formule

$$\inf_{v\in X_\diamond} \frac{a(v,v)}{\|v\|_X^2} \leq \inf_{u\in X_\diamond} \sup_{v\in X_\diamond} \frac{a(u,v)}{\|u\|_X \|v\|_X}.$$

Dans la pratique, on a tendance à utiliser plutôt le Théorème 1.2 dès que la condition (1.7) est vérifiée.

I.2 Espaces de Sobolev

On introduit ici les espaces dans lesquelles vont être cherchées toutes les solutions, plus généralement tous les espaces utilisés pour l'analyse numérique des problèmes (propriétés de régularité, meilleure approximation, ...). Les notations utilisées dans ce livre pour les espaces de Sobolev sont classiques. Les démonstrations des propriétés indiquées figurent en particulier dans les ouvrages de référence suivants: Adams [3], Dautray et Lions [51], Grisvard [66], Lions et Magenes [75] et Nečas [85].

Dans ce qui suit, d est un entier positif représentant la dimension de l'espace dans lequel on se place. Le symbole ∂ suivi d'un nom d'ouvert, désigne sa frontière. Deux définitions sont nécessaires pour caractériser la géométrie des ouverts que l'on considère.

Définition 2.1 En dimension $d \geq 2$, un ouvert borné $\mathcal{O}$ de $\mathbb{R}^d$ est dit à *frontière lipschitzienne* si, pour tout point $\boldsymbol{x}$ de $\partial\mathcal{O}$, il existe un système de coordonnées orthogonales $(y_1, \dots, y_d)$ centré en $\boldsymbol{x}$ (c'est-à-dire tel que les coordonnées y_i de $\boldsymbol{x}$ soient toutes égales à 0), un pavé $U^{\boldsymbol{x}} = \prod_{i=1}^d]-a_i, a_i[$ et une application lipschitzienne $\Phi^{\boldsymbol{x}}$ du sous-produit $\prod_{i=1}^{d-1}]-a_i, a_i[$ dans $]-\frac{a_d}{2}, \frac{a_d}{2}[$ tels que

$$\mathcal{O} \cap U^{\boldsymbol{x}} = \{(y_1, \dots, y_d) \in U^{\boldsymbol{x}};\, y_d > \Phi^{\boldsymbol{x}}(y_1, \dots, y_{d-1})\},$$
$$\partial\mathcal{O} \cap U^{\boldsymbol{x}} = \{(y_1, \dots, y_d) \in U^{\boldsymbol{x}};\, y_d = \Phi^{\boldsymbol{x}}(y_1, \dots, y_{d-1})\}.$$

Cette propriété signifie que la frontière coïncide localement avec le graphe d'une fonction lipschitzienne. Elle sera satisfaite par tous les ouverts considérés dans ce livre. En particulier, il est facile de vérifier que les polygones (sans fissures) sont des ouverts à frontière lipschitzienne de $\mathbb{R}^2$. Tout ouvert borné convexe de $\mathbb{R}^d$ est également à frontière lipschitzienne (voir Grisvard [66, Corollary 1.2.2.3]).

Définition 2.2 Soit m un entier ≥ 0, et soit $\mathcal{O}$ un ouvert borné à frontière lipschitzienne. Une partie ouverte Γ de cette frontière est dite *de classe* $\mathscr{C}^{m,1}$ si, pour tout point $\boldsymbol{x}$ de Γ, l'application $\Phi^{\boldsymbol{x}}$ de la Définition 2.1 peut être choisie différentiable jusqu'à l'ordre m avec la différentielle d'ordre m lipschitzienne. Elle est dite *de classe* $\mathscr{C}^{\infty}$ si elle est de classe $\mathscr{C}^{m,1}$ pour tout entier m positif.

En particulier, la frontière d'une sphère est de classe $\mathscr{C}^{\infty}$. Chacun des côtés d'un polygone est de classe $\mathscr{C}^{\infty}$.

Dans la suite de ce paragraphe, on désigne par $\mathcal{O}$ un ouvert borné connexe à frontière lipschitzienne de $\mathbb{R}^d$. On note $\boldsymbol{x}$ le point générique de $\mathcal{O}$, et $(x_1, \ldots, x_d)$ ses coordonnées. Toutefois, pour simplifier, les coordonnées de $\boldsymbol{x}$ sont également notées (x, y) dans le cas de la dimension $d = 2$ et (x, y, z) dans le cas de la dimension $d = 3$. Finalement, on utilise la mesure de Lebesgue dans $\mathbb{R}^d$, que l'on écrit soit $d\boldsymbol{x}$ soit $dx_1 \cdots dx_d$.

On rappelle que $\mathscr{D}(\mathcal{O})$ désigne l'espace des fonctions indéfiniment différentiables à support compact dans $\mathcal{O}$, et que $\mathscr{D}(\overline{\mathcal{O}})$ désigne l'espace des restrictions à $\overline{\mathcal{O}}$ des fonctions indéfiniment différentiables à support compact dans $\mathbb{R}^d$. Le dual $\mathscr{D}'(\mathcal{O})$ de $\mathscr{D}(\mathcal{O})$ est l'espace des distributions sur $\mathcal{O}$. On introduit également l'espace $\mathscr{C}^0(\overline{\mathcal{O}})$ des fonctions continues sur $\overline{\mathcal{O}}$.

Soit p tel que $1 \leq p \leq +\infty$. On note $L^p(\mathcal{O})$ l'espace des fonctions v de $\mathcal{O}$ dans $\mathbb{R}$ mesurables telles que

$$\|v\|_{L^p(\mathcal{O})} < +\infty,$$

où $\|.\|_{L^p(\mathcal{O})}$ désigne la norme

$$\|v\|_{L^p(\mathcal{O})} = \Big(\int_{\mathcal{O}} |v(\boldsymbol{x})|^p \, d\boldsymbol{x}\Big)^{\frac{1}{p}} \quad \text{si} \quad p < +\infty \qquad \text{et} \qquad \|v\|_{L^\infty(\mathcal{O})} = \sup_{\boldsymbol{x} \in \mathcal{O}} \operatorname{ess} |v(\boldsymbol{x})|. \tag{2.1}$$

L'espace $L^p(\mathcal{O})$ est un espace de Banach pour cette norme, qui est réflexif si et seulement si $1 < p < +\infty$. On sait également que

- pour $1 \leq p < +\infty$, l'espace $L^p(\mathcal{O})$ contient les deux espaces $\mathscr{D}(\mathcal{O})$ et $\mathscr{D}(\overline{\mathcal{O}})$ comme sous-espaces denses,
- pour $1 \leq p \leq +\infty$, l'espace $L^p(\mathcal{O})$ est contenu dans l'espace $\mathscr{D}'(\mathcal{O})$.

Dans le cas particulier $p = 2$, $L^2(\mathcal{O})$ est un espace de Hilbert pour le produit scalaire

$$(u, v) \mapsto \int_{\mathcal{O}} u(\boldsymbol{x}) v(\boldsymbol{x}) \, d\boldsymbol{x}, \tag{2.2}$$

le produit de dualité entre les espaces $\mathscr{D}(\mathcal{O})$ et $\mathscr{D}'(\mathcal{O})$ étant alors une extension du produit scalaire dans $L^2(\mathcal{O})$.

La théorie des distributions (voir Schwartz [101]) permet de définir, pour les fonctions de $L^p(\mathcal{O})$, des dérivées d'ordre quelconque à valeurs dans $\mathscr{D}'(\mathcal{O})$: pour tout d–uplet $\alpha = (\alpha_1, \ldots, \alpha_d)$ de $\mathbb{N}^d$, $|\alpha|$ représente la longueur $\alpha_1 + \ldots + \alpha_d$ et on note ∂^α la dérivée partielle d'ordre total $|\alpha|$ et d'ordre α_j par rapport à la j–ième variable, $1 \leq j \leq d$. On utilisera également la notation $\frac{\partial}{\partial x_1}$, ..., $\frac{\partial}{\partial x_d}$ pour désigner les dérivées partielles d'ordre 1 par rapport aux différentes variables $x_1, \ldots, x_d$, et le symbole **grad** pour le vecteur à d composantes formé par ces dérivées. Lorsque d est égal à 1, on écrira plus simplement $\frac{d^k}{d\zeta^k}$

la dérivée d'ordre k par rapport à la variable ζ, où k est un entier positif, et on désignera aussi par les symboles $'$, $''$, ..., les premières dérivées.

Définition 2.3 Soit p tel que $1 \leq p \leq +\infty$, et m un entier positif. On définit l'espace de Sobolev $W^{m,p}(\mathcal{O})$ par

$$W^{m,p}(\mathcal{O}) = \{v \in L^p(\mathcal{O});\ \forall \alpha \in \mathbb{N}^d, |\alpha| \leq m, \partial^\alpha v \in L^p(\mathcal{O})\}. \tag{2.3}$$

On le munit de la norme

$$\|v\|_{W^{m,p}(\mathcal{O})} = \left(\int_{\mathcal{O}} \sum_{|\alpha| \leq m} |\partial^\alpha v(\boldsymbol{x})|^p \, d\boldsymbol{x}\right)^{\frac{1}{p}} \quad \text{si } p < +\infty$$
$$\text{et} \quad \|v\|_{W^{m,\infty}(\mathcal{O})} = \sup_{\boldsymbol{x} \in \mathcal{O}} \text{ess} \max_{|\alpha| \leq m} |\partial^\alpha v(\boldsymbol{x})|. \tag{2.4}$$

Dans le cas particulier $p = 2$, l'espace $W^{m,2}(\mathcal{O})$ est noté plus simplement $H^m(\mathcal{O})$, et la norme correspondante $\|\cdot\|_{H^m(\mathcal{O})}$.

Il est facile de vérifier que l'espace $W^{m,p}(\mathcal{O})$ est un espace de Banach, réflexif lorsque $1 < p < +\infty$. Dans le cas particulier $p = 2$, l'espace $H^m(\mathcal{O})$ est un espace de Hilbert pour le produit scalaire associé à la norme (2.4):

$$(u, v) \mapsto \int_{\mathcal{O}} \sum_{|\alpha| \leq m} (\partial^\alpha u)(\boldsymbol{x})(\partial^\alpha v)(\boldsymbol{x}) \, d\boldsymbol{x}.$$

Une autre propriété fondamentale est rappelée dans le lemme suivant (la démonstration se trouve dans le livre d'Adams [3, Thm 3.16], par exemple).

Lemme 2.4 *Pour tout entier positif m, l'espace $\mathscr{D}(\overline{\mathcal{O}})$ est dense dans l'espace $H^m(\mathcal{O})$.*

Ce résultat conduit à la définition suivante.

Définition 2.5 Soit p un nombre réel, $1 \leq p < +\infty$, et m un entier positif. On note $W_0^{m,p}(\mathcal{O})$ l'adhérence de l'espace $\mathscr{D}(\mathcal{O})$ dans l'espace $W^{m,p}(\mathcal{O})$.

L'espace $W_0^{m,p}(\mathcal{O})$ est donc un sous-espace fermé de $W^{m,p}(\mathcal{O})$. On rappelle un résultat de base, connu sous le nom d'inégalité de Poincaré–Friedrichs (voir Adams [3, Thm 6.28]).

Lemme 2.6 (Inégalité de Poincaré–Friedrichs) *Soit p un nombre réel, $1 \leq p < +\infty$. Il existe une constante $\mathcal{P}$ ne dépendant que de la géométrie de $\mathcal{O}$ telle que toute fonction v de $\mathscr{D}(\mathcal{O})$ vérifie*

$$\|v\|_{L^p(\mathcal{O})} \leq \mathcal{P} \left(\int_{\mathcal{O}} \sum_{j=1}^d |\frac{\partial v}{\partial x_j}(\boldsymbol{x})|^p \, d\boldsymbol{x}\right)^{\frac{1}{p}}. \tag{2.5}$$

Cette inégalité permet de démontrer par récurrence sur m le résultat suivant.

Corollaire 2.7 *Pour tout nombre réel p, $1 \leq p < +\infty$, et tout entier positif m, la semi-norme*

$$|v|_{W^{m,p}(\mathcal{O})} = \left(\int_{\mathcal{O}} \sum_{|\alpha| = m} |\partial^\alpha v(\boldsymbol{x})|^p \, d\boldsymbol{x}\right)^{\frac{1}{p}} \tag{2.6}$$

est une norme sur l'espace $W_0^{m,p}(\mathcal{O})$, équivalente à la norme $\|\cdot\|_{W^{m,p}(\mathcal{O})}$.

Remarque 2.8 La propriété énoncée dans le Corollaire 2.7 est encore vraie dans le cas d'un ouvert non borné mais borné dans une direction (par exemple, un cylindre infini), à condition d'étendre la définition de frontière lipschitzienne aux ouverts non bornés, voir [32, Chap. IX, Rem. 22] ou [62, Chap. I, Thm 1.1].

Définition 2.9 Soit p un nombre réel, $1 \leq p < +\infty$, et m un entier positif. On définit le nombre réel p' tel que $\frac{1}{p} + \frac{1}{p'} = 1$. On note $W^{-m,p'}(\mathcal{O})$ le dual de l'espace $W_0^{m,p}(\mathcal{O})$, et on le munit de la norme duale

$$\|f\|_{W^{-m,p'}(\mathcal{O})} = \sup_{v \in W_0^{m,p}(\mathcal{O}), v \neq 0} \frac{\langle f, v \rangle}{|v|_{W^{m,p}(\mathcal{O})}}, \tag{2.7}$$

où $\langle \cdot, \cdot \rangle$ désigne le produit de dualité entre $W^{-m,p'}(\mathcal{O})$ et $W_0^{m,p}(\mathcal{O})$.

Dans le cas particulier $p = 2$, on voit que $p' = 2$. On note respectivement $H_0^m(\mathcal{O})$ et $H^{-m}(\mathcal{O})$ les espaces $W_0^{m,2}(\mathcal{O})$ et $W^{-m,2}(\mathcal{O})$, et on utilise la même notation pour les normes associées.

On introduit également, pour toute fonction v de $W^{m,p}(\mathcal{O})$ la quantité suivante

$$[v]_{W^{m,p}(\mathcal{O})} = \left(\int_{\mathcal{O}} \sum_{i=1}^{d} \left| \frac{\partial^m v}{\partial x_i^m}(\boldsymbol{x}) \right|^p d\boldsymbol{x} \right)^{\frac{1}{p}}, \tag{2.8}$$

avec extension évidente au cas $p = +\infty$. L'inégalité suivante est due à Aronszajn et Smith (voir [62, Chap. I, Lemma A.8] par exemple).

Lemme 2.10 *Soit p tel que $1 \leq p \leq +\infty$. Il existe une constante c ne dépendant que de la géométrie de $\mathcal{O}$ telle que toute fonction v de $W^{m,p}(\mathcal{O})$ vérifie*

$$\|v\|_{W^{m,p}(\mathcal{O})} \leq c \left(\|v\|_{L^p(\mathcal{O})}^p + [v]_{W^{m,p}(\mathcal{O})}^p \right)^{\frac{1}{p}}. \tag{2.9}$$

Le lemme suivant est une version simple du lemme de Bramble–Hilbert dont une des premières démonstrations se trouve dans le livre de Nečas [85, Chap. 1, §1.7] (voir aussi Ciarlet [42, Thm 4.1.3] pour un énoncé général). On ne précise pas la définition de la semi-norme $|\cdot|_{W^{m,\infty}(\mathcal{O})}$ qui est évidente.

Lemme 2.11 *Soit p tel que $1 \leq p \leq +\infty$. La semi-norme $|\cdot|_{W^{m,p}(\mathcal{O})}$ est une norme sur l'espace $W^{m,p}(\mathcal{O})/\mathcal{P}_{m-1}(\mathcal{O})$ quotient de l'espace $W^{m,p}(\mathcal{O})$ par l'espace $\mathcal{P}_{m-1}(\mathcal{O})$ des restrictions à $\mathcal{O}$ des polynômes de degré total $\leq m-1$. Elle est équivalente à la norme-quotient*

$$\|v\|_{W^{m,p}(\mathcal{O})/\mathcal{P}_{m-1}(\mathcal{O})} = \inf_{p \in \mathcal{P}_{m-1}(\mathcal{O})} \|v - p\|_{W^{m,p}(\mathcal{O})}. \tag{2.10}$$

La semi-norme $[\cdot]_{W^{m,p}(\mathcal{O})}$ est une norme sur l'espace $W^{m,p}(\mathcal{O})/\mathcal{Q}_{m-1}(\mathcal{O})$ quotient de l'espace $W^{m,p}(\mathcal{O})$ par l'espace $\mathcal{Q}_{m-1}(\mathcal{O})$ des restrictions à $\mathcal{O}$ des polynômes de degré $\leq m-1$ par rapport à chaque variable x_i, $1 \leq i \leq d$. Elle est équivalente à la norme-quotient

$$\|v\|_{W^{m,p}(\mathcal{O})/\mathcal{Q}_{m-1}(\mathcal{O})} = \inf_{q \in \mathcal{Q}_{m-1}(\mathcal{O})} \|v - q\|_{W^{m,p}(\mathcal{O})}. \tag{2.11}$$

Remarque 2.12 Dans la situation simple $m = 1$ et $p = 2$, le Lemme 2.11 énonce que la norme $|\cdot|_{H^1(\mathcal{O})}$ est équivalente à la norme $\|\cdot\|_{H^1(\mathcal{O})/\mathcal{P}_0(\mathcal{O})}$. En outre, on peut dans ce cas prouver l'égalité suivante, plus précise et fort utile dans la suite,

$$\forall v \in H^1(\mathcal{O}), \quad \|v\|_{H^1(\mathcal{O})/\mathcal{P}_0(\mathcal{O})} = \|v - \frac{1}{\text{mes}(\mathcal{O})} \int_{\mathcal{O}} v(\boldsymbol{x})\, d\boldsymbol{x}\|_{H^1(\mathcal{O})}. \tag{2.12}$$

On donne ici une version simple du théorème d'injection de Sobolev, qui permet de "comparer", au sens de l'inclusion, les espaces de Sobolev entre eux et aussi aux espaces de fonctions continues habituels.

Théorème 2.13 *Soit p un nombre réel, $1 < p < +\infty$, et m un entier positif. L'espace $W^{m,p}(\mathcal{O})$ est inclus, avec injection continue,*
(i) dans l'espace $W^{\ell,q}(\mathcal{O})$ pour tout nombre réel q, $1 < q < +\infty$, et tout entier ℓ tels que

$$\ell \le m \qquad \text{et} \qquad \ell - \frac{d}{q} \le m - \frac{d}{p}, \tag{2.13}$$

(ii) dans l'espace des fonctions continûment différentiables sur $\overline{\mathcal{O}}$ jusqu'à l'ordre ℓ si et seulement si

$$\ell < m - \frac{d}{p}. \tag{2.14}$$

Ceci indique qu'en dimension $d = 2$ par exemple, l'espace $W^{1,p}(\mathcal{O})$ est inclus dans l'espace des fonctions continues sur $\overline{\mathcal{O}}$ si et seulement si $p > 2$. En effet, $H^1(\mathcal{O})$ contient des fonctions non continues. Par exemple, la fonction v définie par:

$$v(x,y) = \log|\log \frac{2}{\sqrt{x^2+y^2}}|$$

n'est pas continue en $(0,0)$, mais on peut vérifier facilement qu'elle appartient à $H^1(\mathcal{O})$ lorsque $\mathcal{O}$ est la boule $\{(x,y) \in \mathbb{R}^2; x^2 + y^2 < 1\}$.

On a également besoin d'un résultat dans le cas limite $p = 1$ que l'on énonce ci-dessous et pour lequel on réfère à [32].

Théorème 2.14 *L'espace $W^{d,1}(\mathcal{O})$ est inclus, avec injection continue, dans $\mathscr{C}^0(\overline{\mathcal{O}})$.*

La caractérisation des espaces $W_0^{m,p}(\mathcal{O})$ s'effectue au moyen du *théorème de traces*, que l'on trouve démontré dans Grisvard [66]. On rappelle que, l'ouvert $\mathcal{O}$ étant à frontière lipschitzienne, il existe en presque tout point de la frontière $\partial\mathcal{O}$, un vecteur unitaire normal à $\partial\mathcal{O}$ et dirigé vers l'extérieur de $\mathcal{O}$, que l'on note $\boldsymbol{n}$. Si les composantes de $\boldsymbol{n}$ s'écrivent $(n_1, \ldots, n_d)$, on désigne par $\frac{\partial}{\partial n}$ l'opérateur de dérivée normale $n_1 \frac{\partial}{\partial x_1} + \ldots + n_d \frac{\partial}{\partial x_d}$.

Théorème 2.15 *Soit p un nombre réel, $1 < p < +\infty$, et m un entier positif, et soit Γ une partie ouverte de $\partial\mathcal{O}$, de classe $\mathscr{C}^{m-1,1}$. L'opérateur de traces T_m^Γ:*

$$v \mapsto T_m^\Gamma v = \Big(v_{|\Gamma}, (\frac{\partial v}{\partial n})_{|\Gamma}, \ldots, (\frac{\partial^{m-1} v}{\partial n^{m-1}})_{|\Gamma}\Big), \tag{2.15}$$

définie sur $\mathscr{D}(\overline{\mathcal{O}})$ à valeurs dans $L^p(\Gamma)^m$, se prolonge par densité à l'espace $W^{m,p}(\mathcal{O})$.

Proposition 2.16 *Soit p un nombre réel, $1 < p < +\infty$, et m un entier positif. On suppose que la frontière $\partial\mathcal{O}$ se décompose en un nombre fini de parties Γ_j, $1 \le j \le J$, de classe $\mathscr{C}^{m-1,1}$. On a alors la caractérisation*

$$W_0^{m,p}(\mathcal{O}) = \{v \in W^{m,p}(\mathcal{O});\ \forall j,\ 1 \le j \le J,\ T_m^{\Gamma_j} v = 0\}. \tag{2.16}$$

Remarque 2.17 L'ouvert $\mathcal{O}$ étant borné, l'énoncé du Corollaire 2.7 reste vrai lorsque l'espace $W_0^{m,p}(\Omega)$ est remplacé par

$$\{v \in W^{m,p}(\mathcal{O});\ T_m^\Gamma v = 0\},$$

où Γ est un partie de $\partial\mathcal{O}$ de classe $\mathscr{C}^{m-1,1}$ et de mesure positive, voir [97, Thm 2.3.1].

Lorsque Γ est contenu dans un hyperplan de $\mathbb{R}^d$, on peut bien évidemment y définir les espaces de Sobolev $W^{k,p}(\Gamma)$ pour tout entier positif k. Il est alors facile de constater que l'image par l'application T_1^Γ de l'espace $W^{m,p}(\mathcal{O})$ contient l'espace $W^{m,p}(\Gamma)$ et est incluse dans l'espace $W^{m-1,p}(\Gamma)$. Ceci conduit à introduire la notation suivante. Nous référons à Lions et Magenes [75] pour sa justification complète.

Notation 2.18 Soit p un nombre réel, $1 < p < +\infty$, et m un entier positif. Soit Γ une partie ouverte de $\partial\mathcal{O}$, de classe $\mathscr{C}^{m-1,1}$. L'image de l'espace $W^{m,p}(\mathcal{O})$ par l'application trace T_1^Γ est notée $W^{m-\frac{1}{p},p}(\Gamma)$ et est munie de la norme

$$\|\varphi\|_{W^{m-\frac{1}{p},p}(\Gamma)} = \inf\{\|v\|_{W^{m,p}(\mathcal{O})};\ v \in W^{m,p}(\mathcal{O}) \text{ et } T_1^\Gamma v = \varphi\}. \tag{2.17}$$

Lorsque la frontière $\partial\mathcal{O}$ est toute entière de classe $\mathscr{C}^{m-1,1}$, on sait (voir Grisvard [66, Thm 1.5.1.2]) que l'on peut construire un opérateur de relèvement de traces données sur la frontière, comme indiqué dans le théorème suivant. Il faut noter que, l'indice m de l'application trace $T_m^{\partial\mathcal{O}}$ à relever étant fixé, le même opérateur de relèvement est continu dans des espaces de Sobolev d'ordres différents, limités seulement par la régularité de l'ouvert.

Théorème 2.19 *Soit p un nombre réel, $1 < p < +\infty$, et m_0 et m deux entiers positifs, $m \le m_0$. On suppose la frontière $\partial\mathcal{O}$ de classe $\mathscr{C}^{m_0-1,1}$.*
(i) Pour tout entier k compris entre m et m_0, l'opérateur $T_m^{\partial\mathcal{O}}$ est continu de l'espace $W^{k,p}(\mathcal{O})$ dans $\prod_{\ell=0}^{m-1} W^{k-\ell-\frac{1}{p},p}(\partial\mathcal{O})$.
(ii) Il existe un opérateur R_m, continu de $\prod_{\ell=0}^{m-1} W^{k-\ell-\frac{1}{p},p}(\partial\mathcal{O})$ dans $W^{k,p}(\mathcal{O})$ pour tout entier k compris entre m et m_0, tel que $T_m^{\partial\mathcal{O}} \circ R_m$ soit égal à l'identité.

Les résultats de ce type ne sont plus vrais en général lorsque la frontière n'est pas globalement régulière, mais se décompose en un nombre fini de parties régulières. En particulier, étant données des traces sur les côtés d'un polygone ou sur les faces d'un polyèdre, on peut se demander quelles conditions elles doivent vérifier aux points de raccord pour qu'un tel relèvement existe. Ce problème est résolu dans Grisvard [66] en dimension 2 et Bernardi, Dauge et Maday [19] dans un cadre plus général; on se contente ici de donner le résultat dans le cas $m = 1$ d'une trace par côté ou face et dans le cas $p = 2$ pour simplifier.

Soit un polygone Ω de côtés Γ_j, $1 \le j \le J$, et de sommets $\boldsymbol{a}_i$, $1 \le i \le I$. Pour tout i, $1 \le i \le I$, on désigne également par $\Gamma_{(i)}^{\pm}$ les côtés de Ω qui contiennent $\boldsymbol{a}_i$ et par $\boldsymbol{\tau}_{(i)}^{\pm}$ les vecteurs unitaires portés par par $\Gamma_{(i)}^{\pm}$ et dirigés vers $\boldsymbol{a}_i$. On note h_i un réel positif assez petit pour que chaque $\boldsymbol{a}_i - t\,\boldsymbol{\tau}_{(i)}^{\pm}$ appartienne à $\Gamma_{(i)}^{\pm}$ pour tout t, $0 \leq t \leq h_i$.

Théorème 2.20 *Étant donné un polygone Ω de côtés Γ_j, $1 \leq j \leq J$, pour tout J-uplet $(\varphi_j)_{1\leq j\leq J}$ de $\prod_{j=1}^{J} H^{\frac{1}{2}}(\Gamma_j)$ vérifiant les conditions de compatibilité*

$$\mathcal{A}_i(\varphi) = \int_0^{h_i} |\varphi_{(i)}^{+}(\boldsymbol{a}_i - t\boldsymbol{\tau}_{(i)}^{+}) - \varphi_{(i)}^{-}(\boldsymbol{a}_i - t\boldsymbol{\tau}_{(i)}^{-})|^2 \,\frac{dt}{t} < +\infty, \quad 1 \leq i \leq I, \tag{2.18}$$

il existe une fonction v de $H^1(\Omega)$ telle que

$$v = \varphi_j \quad \text{sur } \Gamma_j, \quad 1 \leq j \leq J, \tag{2.19}$$

et qui vérifie la condition de stabilité

$$\|v\|_{H^1(\Omega)} \leq c\left(\sum_{j=1}^{J} \|\varphi_j\|^2_{H^{\frac{1}{2}}(\Gamma_j)} + \sum_{i=1}^{I} \mathcal{A}_i(\varphi)\right)^{\frac{1}{2}}. \tag{2.20}$$

On sait d'après le Théorème 2.13 que les fonctions de $H^1(\Omega)$ ne sont pas nécessairement continues sur $\overline{\Omega}$. Les fonctions de $H^{\frac{1}{2}}(\Gamma_j)$ ne sont pas non plus forcément continues sur Γ_j. On constate aussi que, lorsque les fonctions φ_j, $1 \leq j \leq J$, sont un peu plus régulières, par exemple dans $W^{1-\frac{1}{p},p}(\Gamma_j)$ pour un nombre réel $p > 2$, les conditions (2.18) sont équivalentes aux relations plus simples (et naturelles):

$$\varphi_{(i)}^{-}(\boldsymbol{a}_i) = \varphi_{(i)}^{+}(\boldsymbol{a}_i), \quad 1 \leq i \leq I. \tag{2.21}$$

Le théorème s'étend de façon évidente au cas d'un polyèdre à frontière lipschitzienne Ω de faces Γ_j, $1 \leq j \leq J$, et d'arêtes e_ℓ, $1 \leq \ell \leq L$. Ici, pour $1 \leq \ell \leq L$, on note $\Gamma_{(\ell)}^{\pm}$ les faces de Ω qui contiennent e_ℓ et $\boldsymbol{\tau}_{(\ell)}^{\pm}$ les vecteurs unitaires portés par $\Gamma_{(\ell)}^{\pm}$, orthogonaux à e_ℓ et dirigés vers e_ℓ. Pour tout point $\boldsymbol{x}$ de e_ℓ, on note $h_\ell(\boldsymbol{x})$ un réel positif assez petit pour que chaque $\boldsymbol{x} - t\,\boldsymbol{\tau}_{(\ell)}^{\pm}$ appartienne à $\Gamma_{(\ell)}^{\pm}$ pour tout t, $0 \leq t \leq h_\ell(\boldsymbol{x})$.

Théorème 2.21 *Étant donné un polyèdre Ω de faces Γ_j, $1 \leq j \leq J$, pour tout J-uplet $(\varphi_j)_{1\leq j\leq J}$ de $\prod_{j=1}^{J} H^{\frac{1}{2}}(\Gamma_j)$ tel que les fonctions $\mathcal{A}_\ell(\varphi)$, $1 \leq \ell \leq L$, définies par*

$$\mathcal{A}_\ell(\varphi)(\boldsymbol{x}) = \int_0^{h_\ell(\boldsymbol{x})} |\varphi_{(\ell)}^{+}(\boldsymbol{x} - t\boldsymbol{\tau}_{(\ell)}^{+}) - \varphi_{(\ell)}^{-}(\boldsymbol{x} - t\boldsymbol{\tau}_{(\ell)}^{-})|^2 \,\frac{dt}{t}, \quad \text{pour presque tout } \ \boldsymbol{x} \in e_\ell, \tag{2.22}$$

appartiennent à $L^2(e_\ell)$, il existe une fonction v de $H^1(\Omega)$ vérifiant (2.19) et la condition de stabilité

$$\|v\|_{H^1(\Omega)} \leq c\left(\sum_{j=1}^{J} \|\varphi_j\|^2_{H^{\frac{1}{2}}(\Gamma_j)} + \sum_{\ell=1}^{L} \int_{e_\ell} \mathcal{A}_\ell(\varphi)(\boldsymbol{x})\,d\boldsymbol{x}\right)^{\frac{1}{2}}. \tag{2.23}$$

Les Théorèmes 2.20 et 2.21, lorsque comparés avec le Théorème 2.19, fournissent une caractérisation de l'espace $H^{\frac{1}{2}}(\partial\Omega)$ lorsque Ω est un polygone ou un polyèdre.

On peut étendre toutes les définitions précédentes aux fonctions définies de $\mathcal{O}$ dans E, où est E un espace de Banach séparable de norme $\|.\|_E$. Pour simplifier, on se limite ici au cas $p = 2$. On note $L^2(\mathcal{O}; E)$ l'espace des fonctions v mesurables de $\mathcal{O}$ dans E telles que la fonction: $v \mapsto \|v\|_E$ appartienne à $L^2(\mathcal{O})$. Pour tout entier $m > 0$, on désigne par $H^m(\mathcal{O}; E)$ l'espace des fonctions de $L^2(\mathcal{O}; E)$ dont toutes les dérivées partielles d'ordre $\leq m$ sont dans $L^2(\mathcal{O}; E)$. On définit $H_0^m(\mathcal{O}; E)$ comme l'adhérence dans $H^m(\mathcal{O}; E)$ des fonctions indéfiniment différentiables de $\mathcal{O}$ dans E à support compact dans $\mathcal{O}$, et $H^{-m}(\mathcal{O}; E')$ comme son dual, où E' désigne le dual de E. Les espaces $H^m(\mathcal{O}; E)$ sont munis de la norme

$$\|v\|_{H^m(\mathcal{O};E)} = \left(\int_{\mathcal{O}} \sum_{|\alpha| \leq m} \|(\partial^\alpha v)(\boldsymbol{x})\|_E^2 \, d\boldsymbol{x} \right)^{\frac{1}{2}} \tag{2.24}$$

et de la semi-norme

$$|v|_{H^m(\mathcal{O};E)} = \left(\int_{\mathcal{O}} \sum_{|\alpha| = m} \|(\partial^\alpha v)(\boldsymbol{x})\|_E^2 \, d\boldsymbol{x} \right)^{\frac{1}{2}}. \tag{2.25}$$

I.3 Quelques exemples de problèmes aux limites

On présente ici cinq exemples fondamentaux: il s'agit de l'équation de Laplace, lorsque elle est munie de conditions aux limites soit de type Dirichlet (dans ce cas, elle s'appelle aussi équation de Poisson), soit de type Neumann, soit d'un mélange des conditions précédentes, et finalement de l'équation du *bilaplacien* et d'une équation à coefficient non constant munies de conditions de Dirichlet. Toutes ces équations font appel à l'opérateur de Laplace Δ, dit aussi *laplacien*, défini au sens des distributaions sur toute fonction v par la formule

$$\forall \varphi \in \mathscr{D}(\mathcal{O}), \quad \langle \Delta v, \varphi \rangle = \sum_{i=1}^{d} \int_{\mathcal{O}} v(\boldsymbol{x}) (\frac{\partial^2 \varphi}{\partial x_i^2})(\boldsymbol{x}) \, d\boldsymbol{x}.$$

Dans ce qui suit, c désigne une constante ne dépendant que de l'ouvert $\mathcal{O}$.

Exemple 1 (Conditions aux limites de Dirichlet): Sur un ouvert borné à frontière lipschitzienne $\mathcal{O}$ de $\mathbb{R}^d$, on considère l'équation:

$$\begin{cases} -\Delta u = f & \text{dans } \mathcal{O}, \\ u = g & \text{sur } \partial\mathcal{O}. \end{cases} \tag{3.1}$$

On suppose la distribution f dans $H^{-1}(\mathcal{O})$ et la donnée sur la frontière g dans $H^{\frac{1}{2}}(\partial\mathcal{O})$. La première équation étant satisfaite au sens des distributions, on la multiplie par une fonction v de $\mathscr{D}(\mathcal{O})$ et on utilise la définition de la dérivation au sens des distributions:

$$\int_{\mathcal{O}} (\mathbf{grad}\, u)(\boldsymbol{x}) \,.\, (\mathbf{grad}\, v)(\boldsymbol{x}) \, d\boldsymbol{x} = \langle f, v \rangle,$$

où $\langle \cdot, \cdot \rangle$ désigne le produit de dualité entre $H^{-1}(\Omega)$ et $H_0^1(\Omega)$. Par densité, on voit que cette équation est vraie pour tout v dans $H_0^1(\mathcal{O})$ si la fonction u appartient à $H^1(\mathcal{O})$. D'autre part, on sait d'après le Théorème 2.19 qu'il existe une fonction $\overline{g}$ de $H^1(\mathcal{O})$ dont la trace $T_1^{\partial\mathcal{O}}\overline{g}$ sur $\partial\mathcal{O}$ coïncide avec g et la condition aux limites se traduit par le fait que $u - \overline{g}$ appartienne à $H_0^1(\mathcal{O})$, voir Proposition 2.16. Le problème (3.1) admet donc la formulation variationnelle suivante

Trouver u dans $H^1(\mathcal{O})$, avec $u - \overline{g}$ dans $H_0^1(\mathcal{O})$, tel que

$$\forall v \in H_0^1(\mathcal{O}), \quad \int_{\mathcal{O}} (\mathbf{grad}\, u)(\boldsymbol{x}) \,.\, (\mathbf{grad}\, v)(\boldsymbol{x})\, d\boldsymbol{x} = \langle f, v \rangle. \tag{3.2}$$

Réciproquement, on voit que, si une fonction u est solution de (3.2), elle satisfait la première équation de (3.1) au sens des distributions et la seconde presque partout sur $\partial\mathcal{O}$. Les problèmes (3.1) et (3.2) sont donc équivalents.

On pose:

$$a(u, v) = \int_{\mathcal{O}} (\mathbf{grad}\, u)(\boldsymbol{x}) \,.\, (\mathbf{grad}\, v)(\boldsymbol{x})\, d\boldsymbol{x}. \tag{3.3}$$

On note que toutes les hypothèses du Théorème 1.2, dans le cas où Γ_n est vide et pour les espaces $X = H^1(\mathcal{O})$ et $X_\diamond = H_0^1(\mathcal{O})$, sont vérifiées (l'ellipticité de la forme $a(\cdot, \cdot)$ sur $X_\diamond$ se déduit du Corollaire 2.7, appliqué avec $p = 2$ et $m = 1$). On est donc en mesure de prouver le résultat suivant.

Théorème 3.1 *Pour toute distribution f de $H^{-1}(\mathcal{O})$ et toute fonction g de $H^{\frac{1}{2}}(\partial\mathcal{O})$, le problème (3.2) admet une solution unique u dans $H^1(\mathcal{O})$. De plus, cette solution vérifie*

$$\|u\|_{H^1(\mathcal{O})} \leq c \left(\|f\|_{H^{-1}(\mathcal{O})} + \|g\|_{H^{\frac{1}{2}}(\partial\mathcal{O})} \right). \tag{3.4}$$

Démonstration: L'existence et l'unicité de la solution sont une conséquence du Théorème 1.2. De plus, on pose: $u_0 = u - \overline{g}$, où $\overline{g}$ est une fonction de $H^1(\mathcal{O})$ dont la trace sur Γ coïncide avec g et qui vérifie

$$\|\overline{g}\|_{H^1(\mathcal{O})} \leq c\, \|g\|_{H^{\frac{1}{2}}(\partial\mathcal{O})} \tag{3.5}$$

(par exemple, $\overline{g}$ peut être la fonction $R_1 g$, où l'opérateur R_1 est celui du Théorème 2.19). La fonction u_0 appartient à $H_0^1(\mathcal{O})$ et vérifie

$$\forall v \in H_0^1(\mathcal{O}), \quad a(u_0, v) = \langle f, v \rangle - a(\overline{g}, v).$$

En prenant v égal à u_0, on en déduit

$$|u_0|_{H^1(\mathcal{O})} \leq \|f\|_{H^{-1}(\mathcal{O})} + |\overline{g}|_{H^1(\mathcal{O})}.$$

On utilise alors (3.5) et le Corollaire 2.7, ce qui donne

$$\|u_0\|_{H^1(\mathcal{O})} \leq c \left(\|f\|_{H^{-1}(\mathcal{O})} + \|g\|_{H^{\frac{1}{2}}(\partial\mathcal{O})} \right).$$

On obtient la majoration (3.4) par une inégalité triangulaire, combinée avec (3.5).

Exemple 2 (Conditions aux limites de Neumann): Sur un ouvert borné connexe à frontière lipschitzienne $\mathcal{O}$ de $\mathbb{R}^d$, on considère l'équation:

$$\begin{cases} -\Delta u = f & \text{dans } \mathcal{O}, \\ \frac{\partial u}{\partial n} = g & \text{sur } \partial\mathcal{O}. \end{cases} \tag{3.6}$$

On suppose la fonction f dans $L^2(\mathcal{O})$ et la donnée sur la frontière g dans le dual $\big(H^{\frac{1}{2}}(\partial\mathcal{O})\big)'$ de $H^{\frac{1}{2}}(\partial\mathcal{O})$. Il est clair que la fonction u n'est définie qu'à une constante additive près, elle doit donc être cherchée dans l'espace quotient $H^1(\mathcal{O})/\mathbb{R}$ de l'espace $H^1(\mathcal{O})$ par les fonctions constantes.

On rappelle la formule de Green: si les composantes de $\boldsymbol{n}$ s'écrivent $(n_1, \ldots, n_d)$, pour toutes fonctions u et v de $\mathscr{D}(\overline{\mathcal{O}})$ et pour $1 \le i \le d$,

$$\int_{\mathcal{O}} (\frac{\partial u}{\partial x_i})(\boldsymbol{x}) v(\boldsymbol{x})\, d\boldsymbol{x} = -\int_{\mathcal{O}} u(\boldsymbol{x})(\frac{\partial v}{\partial x_i})(\boldsymbol{x})\, d\boldsymbol{x} + \int_{\partial\mathcal{O}} u(\tau)v(\tau)\, n_i\, d\tau. \tag{3.7}$$

On en déduit que, pour toutes fonctions u et v de $H^1(\mathcal{O})$ telles que Δu appartienne à $L^2(\mathcal{O})$,

$$\int_{\mathcal{O}} (\mathbf{grad}\, u)(\boldsymbol{x}) \,.\, (\mathbf{grad}\, v)(\boldsymbol{x})\, d\boldsymbol{x} = -\int_{\mathcal{O}} (\Delta u)(\boldsymbol{x}) v(\boldsymbol{x})\, d\boldsymbol{x} + < \frac{\partial u}{\partial n}, v >_{\partial\mathcal{O}}, \tag{3.8}$$

où $\langle \cdot, \cdot \rangle_{\partial\mathcal{O}}$ désigne le produit de dualité entre $H^{\frac{1}{2}}(\partial\mathcal{O})$ et son espace dual (en effet, grâce à cette formule, on peut définir pour les fonctions de $H^1(\mathcal{O})$ à laplacien dans $L^2(\mathcal{O})$, une "dérivée normale" dans $\big(H^{\frac{1}{2}}(\partial\mathcal{O})\big)'$). En appliquant cette formule avec $v = 1$, on déduit que le problème (3.6) n'a de sens que si la condition suivante est satisfaite:

$$\int_{\mathcal{O}} f(\boldsymbol{x})\, d\boldsymbol{x} + < g, 1 >_{\partial\mathcal{O}} = 0. \tag{3.9}$$

On considère alors le problème variationnel suivant

Trouver u dans $H^1(\mathcal{O})/\mathbb{R}$ tel que

$$\begin{aligned} &\forall v \in H^1(\mathcal{O})/\mathbb{R}, \\ &\quad \int_{\mathcal{O}} (\mathbf{grad}\, u)(\boldsymbol{x}) \,.\, (\mathbf{grad}\, v)(\boldsymbol{x})\, d\boldsymbol{x} = \int_{\mathcal{O}} f(\boldsymbol{x}) v(\boldsymbol{x})\, d\boldsymbol{x} + \langle g, v \rangle_{\partial\mathcal{O}}. \end{aligned} \tag{3.10}$$

On voit que toute solution u de (3.10) vérifie l'équation $-\Delta u = f$ au sens des distributions, donc $-\Delta u$ appartient à $L^2(\mathcal{O})$. La condition aux limites se déduit de (3.10) grâce à (3.8).

Là encore, le problème (3.10) est un cas particulier du problème (1.3), pour la forme bilinéaire $a(\cdot, \cdot)$ introduite en (3.3), dans le cas où Γ_e est vide et pour les espaces $X = X_\diamond = H^1(\mathcal{O})/\mathbb{R}$. L'application C_n est ici l'opérateur de traces $T_1^{\partial\mathcal{O}}$ introduit dans le Théorème 2.15, et l'espace W est l'espace $H^{\frac{1}{2}}(\partial\mathcal{O})$.

Théorème 3.2 *Pour toute fonction f de $L^2(\mathcal{O})$ et toute distribution g de $\big(H^{\frac{1}{2}}(\partial\mathcal{O})\big)'$ vérifiant la condition de compatibilité* (3.9), *le problème* (3.10) *admet une solution unique u dans $H^1(\mathcal{O})/\mathbb{R}$. De plus, cette solution vérifie*

$$\|u\|_{H^1(\mathcal{O})/\mathbb{R}} \leq c\,(\|f\|_{L^2(\mathcal{O})} + \|g\|_{(H^{\frac{1}{2}}(\partial\mathcal{O}))'}). \tag{3.11}$$

Démonstration: L'ellipticité de la forme $a(\cdot,\cdot)$ étant une conséquence du Lemme 2.11 (car $\mathcal{P}_0(\mathcal{O})$ coïncide avec l'espace des fonctions constantes, ici noté $\mathbb{R}$), on déduit du Théorème 1.2 l'existence et l'unicité de la solution du problème (3.10). De plus, la majoration (3.11) s'obtient ici simplement en prenant v égal à u dans (3.10) et en utilisant la définition de l'espace $H^{\frac{1}{2}}(\partial\mathcal{O})$ donnée dans la Notation 2.18.

Remarque 3.3 Il est assez difficile d'approcher l'espace $H^1(\mathcal{O})/\mathbb{R}$ d'un point de vue discret. On aura donc tendance à "fixer la constante" en imposant à u d'être à moyenne nulle sur $\mathcal{O}$, c'est-à-dire d'appartenir à $H^1(\mathcal{O}) \cap L^2_0(\mathcal{O})$, où l'espace $L^2_0(\mathcal{O})$ est défini par

$$L^2_0(\mathcal{O}) = \Big\{v \in L^2(\Omega);\ \int_{\mathcal{O}} v(\boldsymbol{x})\,d\boldsymbol{x} = 0\Big\}. \tag{3.12}$$

On peut en effet constater que, si la condition (3.9) est vérifiée, la formulation (3.10) est équivalente à la suivante

Trouver u dans $H^1(\mathcal{O}) \cap L^2_0(\mathcal{O})$ tel que

$$\begin{aligned} &\forall v \in H^1(\mathcal{O}) \cap L^2_0(\mathcal{O}),\\ &\quad \int_{\mathcal{O}} (\mathbf{grad}\, u)(\boldsymbol{x})\,.\,(\mathbf{grad}\, v)(\boldsymbol{x})\,d\boldsymbol{x} = \int_{\mathcal{O}} f(\boldsymbol{x})v(\boldsymbol{x})\,d\boldsymbol{x} + \langle g, v\rangle_{\partial\mathcal{O}}. \end{aligned} \tag{3.13}$$

Remarque 3.4 Une question importante est celle de la *régularité de la solution* du problème (3.1) ou du problème (3.6): plus précisément, on se demande pour quels entiers positifs k l'application: $(f,g) \mapsto u$, où u est la solution du problème (3.1) (respectivement (3.6)), est continue de $H^{k-2}(\mathcal{O}) \times H^{k-\frac{1}{2}}(\partial\mathcal{O})$ dans $H^k(\mathcal{O})$ (respectivement de $H^{k-2}(\mathcal{O}) \times H^{k-\frac{3}{2}}(\partial\mathcal{O})$ dans $H^k(\mathcal{O})$). En général, ceci n'est pas vrai pour toutes les valeurs de k, car les singularités de la frontière $\partial\mathcal{O}$ donnent naissance à des singularités de la solution, même pour des conditions aux limites homogènes et une donnée f régulière. On se contentera de citer trois résultats importants [66]:
(i) lorsque la frontière $\partial\mathcal{O}$ est de classe $\mathscr{C}^{m-1,1}$, la propriété est vraie pour tout entier $k \leq m$;
(ii) lorsque l'ouvert $\mathcal{O}$ est convexe, la propriété est vraie pour k égal à 2;
(iii) lorsque l'ouvert $\mathcal{O}$ est un polygone, la propriété est vraie pour tout entier k inférieur à $1 + \frac{\pi}{\omega}$, où ω désigne le plus grand angle du polygone (dans ce dernier cas et pour les conditions aux limites de Neumann, l'espace $H^{k-\frac{3}{2}}(\partial\mathcal{O})$ peut en général être remplacé par un espace un peu plus large de fonctions régulières sur les côtés de $\mathcal{O}$, voir [19]).

Exemple 3 (Conditions aux limites mixtes Dirichlet–Neumann): Soit un ouvert borné à frontière lipschitzienne $\mathcal{O}$ de $\mathbb{R}^d$, et soit Γ_e et Γ_n deux parties de $\partial\mathcal{O}$, de mesures positives dans $\partial\mathcal{O}$, telles que $\partial\mathcal{O} = \overline{\Gamma}_e \cup \overline{\Gamma}_n$ et $\Gamma_e \cap \Gamma_n = \emptyset$. On considère l'équation:

$$\begin{cases} -\Delta u = f & \text{dans } \mathcal{O}, \\ u = g_e & \text{sur } \Gamma_e, \\ \frac{\partial u}{\partial n} = g_n & \text{sur } \Gamma_n. \end{cases} \tag{3.14}$$

Ici, on introduit l'espace

$$X_\diamond = \{v \in H^1(\mathcal{O});\ T_1^{\Gamma_e} v = 0\}. \tag{3.15}$$

L'image de l'espace $X_\diamond$ par l'opérateur $T_1^{\Gamma_n}$ coincide avec l'espace $H_{00}^{\frac{1}{2}}(\Gamma_n)$ défini comme le sous-espace des fonctions de $H^{\frac{1}{2}}(\Gamma_n)$ dont le prolongement par 0 à $\partial\mathcal{O}$ appartient à $H^{\frac{1}{2}}(\partial\mathcal{O})$, voir par exemple [75, Chap. 1, Th. 11.7]. La donnée g_e sur la frontière Γ_e étant supposée dans $H^{\frac{1}{2}}(\Gamma_e)$, on admet (voir [3, Thm 4.32]) qu'elle peut être prolongée de façon continue en une fonction de $H^{\frac{1}{2}}(\partial\mathcal{O})$ et on déduit du Théorème 2.19 qu'il existe une fonction $\overline{g}_e$ de $H^1(\mathcal{O})$ dont la trace sur Γ_e coïncide avec g_e. La condition aux limites sur Γ_e se traduit alors par le fait que $u - \overline{g}_e$ appartienne à $X_\diamond$. On suppose les données f dans $L^2(\mathcal{O})$ et g_n dans l'espace dual $\big(H_{00}^{\frac{1}{2}}(\Gamma_n)\big)'$ de l'espace $H_{00}^{\frac{1}{2}}(\Gamma_n)$, et on considère la formulation variationnelle suivante

Trouver u dans $H^1(\mathcal{O})$, avec $u - \overline{g}_e$ dans $X_\diamond$, tel que

$$\forall v \in X_\diamond, \quad \int_\mathcal{O} (\mathbf{grad}\, u)(\boldsymbol{x}) \,.\, (\mathbf{grad}\, v)(\boldsymbol{x})\, d\boldsymbol{x} = \int_\mathcal{O} f(\boldsymbol{x}) v(\boldsymbol{x})\, d\boldsymbol{x} + \langle g_n, v\rangle_{\Gamma_n}, \tag{3.16}$$

où $\langle\cdot,\cdot\rangle_{\Gamma_n}$ désigne le produit de dualité entre $H_{00}^{\frac{1}{2}}(\Gamma_n)$ et son espace dual $\big(H_{00}^{\frac{1}{2}}(\Gamma_n)\big)'$. En combinant les arguments utilisés pour les deux exemples précédents, on vérifie que toute solution du problème (3.16) est également solution du problème (3.14).

Le problème (3.16) est un cas particulier du problème (1.3), pour la forme bilinéaire $a(\cdot,\cdot)$ introduite en (3.3), les espaces $X = H^1(\mathcal{O})$ et $X_\diamond$ défini en (3.15). L'application C_n est ici l'opérateur de traces $T_1^{\Gamma_n}$ introduit dans le Théorème 2.15, et l'espace W est l'espace $H_{00}^{\frac{1}{2}}(\Gamma_n)$. On note ici que l'ellipticité de la forme $a(\cdot,\cdot)$ est une conséquence de la Remarque 2.17. Le Théorème 1.2 indique alors que le problème (3.16) est bien posé et la majoration de la norme de la solution est obtenue par exactement les mêmes arguments que ceux utilisés pour prouver (3.4).

Théorème 3.5 *Pour toute fonction f de $L^2(\mathcal{O})$, toute fonction g_e de $H^{\frac{1}{2}}(\Gamma_e)$ et toute distribution g_n de $\big(H_{00}^{\frac{1}{2}}(\Gamma_n)\big)'$, le problème (3.16) admet une solution unique u dans $H^1(\mathcal{O})$. De plus, cette solution vérifie*

$$\|u\|_{H^1(\mathcal{O})} \le c\,\big(\|f\|_{L^2(\mathcal{O})} + \|g_e\|_{H^{\frac{1}{2}}(\Gamma_e)} + \|g_n\|_{(H_{00}^{\frac{1}{2}}(\Gamma_n))'}\big). \tag{3.17}$$

Remarque 3.6 Malheureusement, les propriétés de régularité de la solution du problème (3.14) sont en général plus faibles que celles des solutions des problèmes (3.1) et (3.6), voir [66]: lorsque l'ouvert $\mathcal{O}$ est un polygone, si l'on désigne respectivement par ω_e, ω_n et ω_{en} le plus grand angle de $\mathcal{O}$ interne à Γ_e, interne à Γ_n et entre Γ_e et Γ_n, l'application: $(f, g_e, g_n) \mapsto u$, où u est la solution du problème (3.14), est continue de $H^{k-2}(\mathcal{O}) \times H^{k-\frac{1}{2}}(\Gamma_e) \times H^{k-\frac{3}{2}}(\Gamma_n)$ dans $H^k(\mathcal{O})$ pour tous les k vérifiant

$$k < \min\{1 + \frac{\pi}{\omega_e}, 1 + \frac{\pi}{\omega_n}, 1 + \frac{\pi}{2\omega_{en}}\},$$

lorsque ω_{en} est $\geq \frac{\pi}{2}$ (cette propriété reste vraie lorsque ω_{en} est inférieur à $\frac{\pi}{2}$, à condition que les données g_e et g_n vérifient en outre des relations de compatibilité aux points de $\overline{\Gamma}_e \cap \overline{\Gamma}_n$). Toutefois, lorsque $\mathcal{O}$ est un rectangle ou un parallélépipède rectangle et que Γ_n est l'union de côtés entiers ($d = 2$) ou de faces entières ($d = 3$) de $\mathcal{O}$, on peut par des arguments de symétrie démontrer la propriété suivante, dans le cas particulier où g_n est égal à 0: l'application $(f, g_e) \mapsto u$ est continue de $L^2(\mathcal{O}) \times H_*^{\frac{3}{2}}(\Gamma_e)$ dans $H^2(\mathcal{O})$, où $H_*^{\frac{3}{2}}(\Gamma_e)$ désigne l'espace des fonctions de $H^{\frac{3}{2}}(\Gamma_e)$ dont la dérivée tangentielle appartient à $H_{00}^{\frac{1}{2}}(\Gamma_e)$.

Exemple 4 (Conditions aux limites de Dirichlet): Sur un ouvert borné à frontière lipschitzienne $\mathcal{O}$ de $\mathbb{R}^d$, on considère l'équation du bilaplacien:

$$\begin{cases} \Delta^2 u = f & \text{dans } \mathcal{O}, \\ u = \partial_n u = 0 & \text{sur } \partial\mathcal{O}. \end{cases} \tag{3.18}$$

On suppose la distribution f dans $H^{-2}(\mathcal{O})$. En multipliant la première équation par une fonction v de $\mathscr{D}(\mathcal{O})$ (on rappelle que cette équation est vérifiée au sens des distributions), on obtient

$$\int_{\mathcal{O}} (\Delta u)(\boldsymbol{x})(\Delta v)(\boldsymbol{x})\, d\boldsymbol{x} = \langle f, v \rangle,$$

où $\langle \cdot, \cdot \rangle$ désigne ici le produit de dualité entre $H^{-2}(\Omega)$ et $H_0^2(\Omega)$. On en déduit facilement que le problème (3.18) admet la formulation variationnelle équivalente suivante

Trouver u dans $H_0^2(\mathcal{O})$ tel que

$$\forall v \in H_0^2(\mathcal{O}), \quad \int_{\mathcal{O}} (\Delta u)(\boldsymbol{x})(\Delta v)(\boldsymbol{x})\, d\boldsymbol{x} = \langle f, v \rangle. \tag{3.19}$$

La forme bilinéaire dans le membre de gauche de (3.19) est bien évidemment continue sur $H^2(\Omega)$ puisque le laplacien est la somme de d dérivées d'ordre 2. Toutefois son ellipticité demande un peu plus d'attention.

Lemme 3.7 *Il existe une constante c positive telle qu'on ait la propriété d'ellipticité*

$$\forall u \in H_0^2(\Omega), \quad \int_{\mathcal{O}} (\Delta u)^2(\boldsymbol{x})\, d\boldsymbol{x} \geq c\, \|u\|_{H^2(\mathcal{O})}^2. \tag{3.20}$$

Démonstration: Pour toute fonction u de $\mathscr{D}(\mathcal{O})$, on a, en dimension $d = 2$ pour simplifier,

$$\int_{\mathcal{O}} (\Delta u)^2(\boldsymbol{x})\, d\boldsymbol{x} = \int_{\mathcal{O}} (\partial_x^2 u)^2(\boldsymbol{x})\, d\boldsymbol{x} + \int_{\mathcal{O}} (\partial_y^2 u)^2(\boldsymbol{x})\, d\boldsymbol{x} + 2 \int_{\mathcal{O}} (\partial_x^2 u)(\boldsymbol{x})(\partial_y^2 u)(\boldsymbol{x})\, d\boldsymbol{x}.$$

Par double intégration par parties, on voit que

$$\int_{\mathcal{O}} (\partial_x^2 u)(\boldsymbol{x})(\partial_y^2 u)(\boldsymbol{x})\, d\boldsymbol{x} = -\int_{\mathcal{O}} (\partial_x u)(\boldsymbol{x})(\partial_x \partial_y^2 u)(\boldsymbol{x})\, d\boldsymbol{x} = \int_{\mathcal{O}} (\partial_x \partial_y u)^2(\boldsymbol{x})\, d\boldsymbol{x},$$

de sorte que

$$\int_{\mathcal{O}} (\Delta u)^2(\boldsymbol{x})\, d\boldsymbol{x} \geq |u|^2_{H^2(\mathcal{O})}.$$

Par un argument de densité, on prouve que cette inégalité est encore vraie pour toutes les fonctions u de $H_0^2(\mathcal{O})$. On déduit alors la propriété désirée de l'inégalité de Poincaré–Friedrichs énoncée dans le Corollaire 2.7.

Le résultat suivant est maintenant une simple conséquence du Lemme 1.1 de Lax–Milgram.

Théorème 3.8 *Pour toute distribution f de $H^{-2}(\mathcal{O})$, le problème* (3.19) *admet une solution unique u dans $H_0^2(\mathcal{O})$. De plus, cette solution vérifie*

$$\|u\|_{H^2(\mathcal{O})} \leq c\, \|f\|_{H^{-2}(\mathcal{O})}. \tag{3.21}$$

On peut étendre le résultat du théorème précédent au cas de conditions aux limites de Dirichlet non homogènes lorsque l'ouvert $\mathcal{O}$ est de classe $\mathscr{C}^{1,1}$ (voir Théorème 2.19) ou lorsque $\mathcal{O}$ est un polygone ou un polyèdre grâce à une extension (non évidente) des Théorèmes 2.20 et 2.21.

Remarque 3.9 Les propriétés de régularité de la solution du problème (3.18) sont plus compliquées à établir que pour la solution de l'équation de Laplace. Cependant, dans le cas bi-dimensionnel $d = 2$, on peut prouver [66, Thm 7.2.2.1] que l'application: $f \mapsto u$, où u est la solution du problème (3.18), est continue de $H^{k-4}(\mathcal{O})$ dans $H^k(\mathcal{O})$ pour $k = 3$ lorsque $\mathcal{O}$ est un ouvert convexe et pour $k = 4$ lorsque $\mathcal{O}$ est un rectangle, plus généralement lorsque $\mathcal{O}$ est un polygone de plus grand angle $\leq 0{,}7\pi$.

On note que, pour tous les exemples précédents, l'existence et l'unicité de la solution se déduisent du Théorème 1.2. On termine par un exemple où ce résultat fait appel au Théorème 1.4.

Exemple 5 (Conditions aux limites de Dirichlet): Sur un ouvert borné à frontière lipschitzienne $\mathcal{O}$ de $\mathbb{R}^d$, on considère l'équation:

$$\begin{cases} -\Delta(\alpha\, u) = f & \text{dans } \mathcal{O}, \\ u = 0 & \text{sur } \partial\mathcal{O}, \end{cases} \tag{3.22}$$

où α est une fonction continuement différentiable sur $\overline{\mathcal{O}}$, vérifiant pour des constantes $\alpha_{\min}$, $\alpha_{\max}$ et $\beta_{\max}$

$$\forall \boldsymbol{x} \in \overline{\mathcal{O}}, \qquad 0 < \alpha_{\min} \leq \alpha(\boldsymbol{x}) \leq \alpha_{\max} \quad \text{et} \quad \sup_{1 \leq i \leq d} |(\frac{\partial \alpha}{\partial x_i})(\boldsymbol{x})| \leq \beta_{\max}. \tag{3.23}$$

On suppose la distribution f dans $H^{-1}(\mathcal{O})$.

Par les mêmes arguments que pour l'Exemple 1, on vérifie facilement que le problème (3.22) admet la formulation variationnelle suivante

Trouver u dans $H_0^1(\mathcal{O})$ tel que

$$\forall v \in H_0^1(\mathcal{O}), \quad a_\alpha(u,v) = \langle f, v \rangle, \tag{3.24}$$

où la forme bilinéaire $a_\alpha(\cdot,\cdot)$ est définie par

$$a_\alpha(u,v) = \int_{\mathcal{O}} \big(\mathbf{grad}\,(\alpha\, u)\big)(\boldsymbol{x})\,.\,\big(\mathbf{grad}\,v\big)(\boldsymbol{x})\,d\boldsymbol{x}. \tag{3.25}$$

De la formule

$$\mathbf{grad}\,(\alpha\, u) = \alpha\,(\mathbf{grad}\,u) + (\mathbf{grad}\,\alpha)\,u,$$

combinée avec (3.23) et la Proposition 2.16, on déduit la propriété suivante.

Lemme 3.10 *L'application Φ: $u \mapsto \alpha\, u$ est un isomorphisme de $H^1(\mathcal{O})$ sur lui-même et de $H_0^1(\mathcal{O})$ sur lui-même.*

Le Lemme 3.10 entraîne la continuité de la forme $a_\alpha(\cdot,\cdot)$ sur $H^1(\mathcal{O}) \times H^1(\mathcal{O})$. En outre, en prenant successivement $v = \Phi(u)$ puis $u = \Phi^{-1}(v)$, on déduit facilement les deux conditions (1.17), avec une constante β dépendant de la norme de Φ. Le Théorème 1.4 donne alors le résultat suivant.

Théorème 3.11 *Pour toute distribution f de $H^{-1}(\mathcal{O})$, le problème (3.22) admet une solution unique u dans $H_0^1(\mathcal{O})$. De plus, cette solution vérifie*

$$\|u\|_{H^1(\mathcal{O})} \leq c\, \|f\|_{H^{-1}(\mathcal{O})}, \tag{3.26}$$

pour une constant c dépendant de $\alpha_{\min}$, $\alpha_{\max}$ et $\beta_{\max}$.

On peut bien sûr étendre ce résultat aux cas de conditions aux limites de Dirichlet non homogènes, de Neumann ou mixtes.

I.4 Présentation des discrétisations variationnelles

On considère ici des discrétisations construites par méthode de Galerkin à partir d'une des formulations variationnelles décrites précédemment et pour simplifier on se limite aux formulations de type (1.3). Par souci de neutralité, le paramètre de discrétisation est ici noté δ.

Pour chaque valeur de δ, on introduit un espace de dimension finie X_δ, muni de la norme $\|\cdot\|_{X_\delta}$, qui est censé approcher X, ainsi qu'un sous-espace $X_\delta^\diamond$ de X_δ. On considère une forme bilinéaire $a_\delta(\cdot,\cdot)$ définie sur X_δ ainsi qu'un opérateur $C_{n\delta}$ de $X_\delta^\diamond$ à valeurs dans un espace W_δ. On introduit également une forme linéaire $\mathcal{F}_\delta$ définie sur $X_\delta^\diamond$, qui approche l'application linéaire: $v \mapsto \langle f, v \rangle_{X'_\diamond, X_\diamond}$, et une forme linéaire $\mathcal{G}_\delta$ définie sur W_δ qui approche l'application: $w \mapsto \langle g_n, w \rangle_{W', W}$.

Pour une donnée $\overline{g}_{e\delta}$ dans X_δ telle que $B_e \overline{g}_{e\delta}$ approche g_e, on considère le problème suivant

Trouver u_δ *dans* $\overline{g}_{e\delta} + X_\delta^\diamond$ *tel que*

$$\forall v_\delta \in X_\delta^\diamond, \quad a_\delta(u_\delta, v_\delta) = \mathcal{F}_\delta(v_\delta) + \mathcal{G}_\delta(C_{n\delta} v_\delta). \tag{4.1}$$

L'énoncé suivant est l'analogue discret du Théorème 1.2, toutefois les hypothèses sont plus simples puisque toutes les formes linéaires et bilinéaires définies sur des espaces de dimension finie sont continues.

Théorème 4.1 *On suppose que la forme bilinéaire* $a_\delta(\cdot,\cdot)$ *vérifie la propriété d'ellipticité, pour une constante* $\alpha_\delta > 0$ *pouvant dépendre de* δ,

$$\forall v_\delta \in X_\delta^\diamond, \quad a_\delta(v_\delta, v_\delta) \geq \alpha_\delta \, \|v_\delta\|_{X_\delta}^2. \tag{4.2}$$

Alors, pour toute donnée $\overline{g}_{e\delta}$ *dans* X_δ, *le problème* (4.1) *admet une solution unique* u_δ *dans* X_δ. *De plus cette solution, vérifie*

$$\|u_\delta\|_{X_\delta} \leq \alpha_\delta^{-1} \left(\|\mathcal{F}_\delta\|_{X_\delta^{\diamond\prime}} + \mu_\delta \, \|\mathcal{G}_\delta\|_{W_\delta'} + (\alpha_\delta + \overline{\gamma}_\delta) \, \|\overline{g}_{e\delta}\|_{X_\delta} \right), \tag{4.3}$$

où $\overline{\gamma}_\delta$ *et* μ_δ *désignent respectivement les normes de la forme bilinéaire* $a_\delta(\cdot,\cdot)$ *sur* $X_\delta \times X_\delta^\diamond$ *et de l'opérateur* $C_{n\delta}$.

Démonstration: On note d'abord que le problème (4.1) peut s'écrire sous forme d'un système linéaire carré. L'existence et l'unicité de la solution u_δ sont donc équivalentes à la propriété suivante: si on prend les données $\overline{g}_{e\delta}$, $\mathcal{F}_\delta$ et $\mathcal{G}_\delta$ égales à zéro, alors la solution u_δ est égale à zéro. Cette propriété se déduit de façon évidente de la condition (4.2). Pour établir la majoration (4.3), on pose: $u_{\diamond\delta} = u_\delta - \overline{g}_{e\delta}$ et on utilise encore une fois (4.2) pour démontrer que

$$\alpha_\delta \, \|u_{\diamond\delta}\|_{X_\delta}^2 \leq a_\delta(u_{\diamond\delta}, u_{\diamond\delta}) = \mathcal{F}_\delta(u_{\diamond\delta}) + \mathcal{G}_\delta(C_{n\delta} u_{\diamond\delta}) - a_\delta(\overline{g}_{e\delta}, u_{\diamond\delta}),$$

et on conclut par l'inégalité de Cauchy–Schwarz combinée avec une inégalité triangulaire.

Dans la plupart des cas, la forme $a_\delta(\cdot,\cdot)$ coïncide avec $a(\cdot,\cdot)$ et les applications linéaires dans le second membre du problème (4.1) coïncident avec celles du problème continu. Dans ce cas, le problème discret s'écrit de façon plus simple

Trouver u_δ *dans* $\overline{g}_{e\delta} + X_\delta^\diamond$ *tel que*

$$\forall v_\delta \in X_\delta^\diamond, \quad a(u_\delta, v_\delta) = \langle f, v_\delta \rangle_{X_\diamond', X_\diamond} + \langle g_n, C_n v_\delta \rangle_{W', W}. \tag{4.4}$$

On a le résultat suivant.

Corollaire 4.2 *On suppose que la forme bilinéaire* $a(\cdot,\cdot)$ *vérifie la propriété d'ellipticité* (4.2). *Alors, pour toute donnée* $\overline{g}_{e\delta}$ *dans* X_δ, *le problème* (4.4) *admet une solution unique* u_δ *dans* X_δ. *De plus cette solution, vérifie* (4.3) *avec* $\mathcal{F}_\delta$ *remplacé par* f *et* $\mathcal{G}_\delta$ *remplacé par* g.

En outre, lorsque $X_\delta^\diamond$ est inclus dans $X_\diamond$, l'ellipticité de la forme $a(\cdot,\cdot)$ sur $X_\delta^\diamond$ se déduit de son ellipticité sur $X_\diamond$, énoncée en (1.7), et la constante α_δ est alors indépendante de δ. Néanmoins, le remplacement de $a(\cdot,\cdot)$ par une forme approchée $a_\delta(\cdot,\cdot)$, par exemple, intervient lorsqu'on s'intéresse à un problème posé dans un domaine courbe ou lorsqu'on souhaite utiliser de l'intégration numérique.

On va démontrer une majoration de l'*erreur*, c'est-à-dire évaluer la distance de u à u_δ dans une norme appropriée. Pour cela, on distingue les deux cas d'une *discrétisation conforme* et d'une *discrétisation non conforme*, suivant la définition que l'on donne ci-dessous.

Définition 4.3 La discrétisation (4.1) du problème (1.3) est dite conforme si, pour toutes les valeurs de δ,
(i) l'espace X_δ est inclus dans X et muni de la norme $\|\cdot\|_X$,
(ii) l'espace $X_\delta^\diamond$ est défini par

$$X_\delta^\diamond = \{v_\delta \in X_\delta;\ B_e v_\delta = 0 \text{ sur } \Gamma_e\}, \tag{4.5}$$

(iii) l'espace W_δ est inclus dans W.

Le théorème qui suit, connu sous le nom de premier Lemme de Strang (voir [104]), utilise les notions introduites dans le Lemme 1.1 et les Théorèmes 1.2 et 4.1.

Théorème 4.4 *Sous les hypothèses* (1.6) *et* (4.2), *si la discrétisation est conforme, on a la majoration d'erreur a priori suivante entre la solution u du problème* (1.3) *et la solution u_δ du problème* (4.1)

$$\begin{aligned}\|u-u_\delta\|_X \le \alpha_\delta^{-1}\Big(&\inf_{v_\delta\in\overline{g}_{e\delta}+X_\delta^\diamond}\Big((\alpha_\delta+\gamma)\,\|u-v_\delta\|_X + \sup_{w_\delta\in X_\delta^\diamond}\frac{(a-a_\delta)(v_\delta,w_\delta)}{\|w_\delta\|_X}\Big)\\ &+\sup_{w_\delta\in X_\delta^\diamond}\frac{\langle f,w_\delta\rangle_{X'_\diamond,X_\diamond}-\mathcal{F}_\delta(w_\delta)}{\|w_\delta\|_X}\\ &+\sup_{w_\delta\in X_\delta^\diamond}\frac{\langle g_n,C_n w_\delta\rangle_{W',W}-\mathcal{G}_\delta(C_{n\delta}w_\delta)}{\|w_\delta\|_X}\Big).\end{aligned} \tag{4.6}$$

Démonstration: On pose de nouveau: $u_\diamond = u - \overline{g}_e$, $u_{\diamond\delta} = u_\delta - \overline{g}_{e\delta}$ et, pour toute approximation v_δ de u dans $\overline{g}_{e\delta} + X_\delta^\diamond$, on note $v_{\diamond\delta}$ l'élément $v_\delta - \overline{g}_{e\delta}$ de $X_\delta^\diamond$. Grâce à l'inégalité triangulaire

$$\|u-u_\delta\|_X \le \|u-v_\delta\|_X + \|u_{\diamond\delta}-v_{\diamond\delta}\|_X,$$

il suffit de majorer $\|u_{\diamond\delta}-v_{\diamond\delta}\|_X$. D'après la propriété (4.2), on a

$$\alpha_\delta\,\|u_{\diamond\delta}-v_{\diamond\delta}\|_X^2 \le a_\delta(u_{\diamond\delta},u_{\diamond\delta}-v_{\diamond\delta}) - a_\delta(v_{\diamond\delta},u_{\diamond\delta}-v_{\diamond\delta}).$$

On pose: $w_\delta = u_{\diamond\delta} - v_{\diamond\delta}$ pour simplifier. On calcule le premier terme du membre de droite en utilisant le problème (4.1) et le second terme en ajoutant et soustrayant la quantité $a(v_{\diamond\delta}, w_\delta)$. Ceci donne

$$\alpha_\delta\,\|u_{\diamond\delta}-v_{\diamond\delta}\|_X^2 \le \mathcal{F}_\delta(w_\delta)+\mathcal{G}_\delta(C_{n\delta}w_\delta)-a_\delta(\overline{g}_{e\delta},w_\delta)-a(v_{\diamond\delta},w_\delta)+(a-a_\delta)(v_{\diamond\delta},w_\delta).$$

Puis on ajoute l'équation (1.3) avec v égal à w_δ (qui appartient à $X_\delta^\diamond$, donc à $X_\diamond$, d'après la conformité de la méthode).

$$\begin{aligned}\alpha_\delta\,\|u_{\diamond\delta}-v_{\diamond\delta}\|_X^2 \le{}& a(u_\diamond-v_{\diamond\delta},w_\delta)+a(\overline{g}_e-\overline{g}_{e\delta},w_\delta)+(a-a_\delta)(v_{\diamond\delta}+\overline{g}_{e\delta},w_\delta)\\ &-\langle f,w_\delta\rangle_{X'_\diamond,X_\diamond}+\mathcal{F}_\delta(w_\delta)-\langle g_n,C_n w_\delta\rangle_{W',W}+\mathcal{G}_\delta(C_{n\delta}w_\delta).\end{aligned}$$

En notant que $u_\diamond - v_{\diamond\delta} + \overline{g}_e - \overline{g}_{e\delta}$ est égal à $u - v_\delta$ et en utilisant diverses inégalités de Cauchy–Schwarz, on obtient la majoration désirée.

L'estimation (4.6) n'a aucune chance d'être optimale si la constante α_δ n'est pas bornée indépendamment de δ. Toutefois dans la cas du problème (4.4), la condition (4.2) avec $\alpha_\delta \geq \alpha$ est une conséquence de (1.7) et la majoration d'erreur, qui est nettement plus simple que précédemment, est connue sous le nom de Lemme de Céa [40].

Corollaire 4.5 *Sous les hypothèses* (1.6) *et* (1.7), *si la discrétisation est conforme, on a la majoration d'erreur a priori suivante entre la solution u du problème* (1.3) *et la solution u_δ du problème* (4.4)

$$\|u - u_\delta\|_X \leq \alpha^{-1}(\alpha + \gamma) \inf_{v_\delta \in \overline{g}_{e\delta} + X_\delta^\diamond} \|u - v_\delta\|_X. \tag{4.7}$$

On notera que la quantité $\inf_{v_\delta \in \overline{g}_{e\delta} + X_\delta^\diamond} \|u - v_\delta\|_X$ représente la distance de u à l'espace $\overline{g}_{e\delta} + X_\delta^\diamond$ où est cherchée la solution discrète, elle correspond donc à une *erreur d'approximation*.

Dans la cas d'une discrétisation non conforme, on suppose pour simplifier qu'il existe une extension continue $\overline{a}(\cdot,\cdot)$ au produit $\overline{X} \times \overline{X}_\diamond$ où $\overline{X}$, respectivement $\overline{X}_\diamond$, contient X et les espaces X_δ, respectivement $X_\diamond$ et les espaces $X_\delta^\diamond$, pour toutes les valeurs de δ: ceci signifie que les formes $a(\cdot,\cdot)$ et $\overline{a}(\cdot,\cdot)$ coïncident sur $X \times X_\diamond$, et en outre que l'on a

$$\forall u \in \overline{X}, \forall v \in \overline{X}_\diamond, \quad \overline{a}(u,v) \leq \overline{\gamma}\, \|u\|_{\overline{X}} \|v\|_{\overline{X}}. \tag{4.8}$$

On a aussi besoin d'une propriété d'ellipticité un peu plus forte, pour une constante $\overline{\alpha}_\delta$ positive,

$$\forall v_\delta \in X_\delta^\diamond, \quad \overline{a}(v_\delta, v_\delta) \geq \overline{\alpha}_\delta\, \|v_\delta\|_{\overline{X}}^2, \tag{4.9}$$

On suppose qu'il existe également une extension $\overline{C}_n$ de l'opérateur C_n de $\overline{X}_\diamond$ dans $\overline{W}$, où $\overline{W}$ est un espace de Banach tel qu'il existe une injection continue de W et de tous les W_δ dans $\overline{W}$.

Finalement, en supposant f dans $\overline{X}'$ et g_n dans $\overline{W}'$, on est en mesure de définir l'*erreur de consistance*

$$\varepsilon_\delta = \sup_{w_\delta \in X_\delta^\diamond} \frac{\overline{a}(u, w_\delta) - \langle f, w_\delta \rangle_{\overline{X}'_\diamond, \overline{X}_\diamond} - \langle g_n, \overline{C}_n w_\delta \rangle_{\overline{W}', \overline{W}}}{\|w_\delta\|_{\overline{X}}}. \tag{4.10}$$

On notera que ce terme est lié à la non conformité de la discrétisation, car il est nul pour des discrétisations conformes.

La démonstration du théorème qui suit, dont la première version figure dans [17] et qui est appelé second Lemme de Strang, n'est pas donnée car elle est très similaire à celle du Théorème 4.4: au lieu d'utiliser le problème (1.3), on ajoute et on soustrait la quantité

$$\overline{a}(u, w_\delta) - \langle f, w_\delta \rangle_{\overline{X}'_\diamond, \overline{X}_\diamond} - \langle g_n, \overline{C}_n w_\delta \rangle_{\overline{W}', \overline{W}},$$

et on observe qu'elle est inférieure à $\varepsilon_\delta\, \|w_\delta\|_{\overline{X}}$.

Théorème 4.6 *Sous les hypothèses* (4.8) *et* (4.9), *si la discrétisation est non conforme, on a la majoration d'erreur a priori suivante entre la solution* u *du problème* (1.3) *et la solution* u_δ *du problème* (4.1)

$$\|u - u_\delta\|_{\overline{X}} \leq \overline{\alpha}_\delta^{-1} \Big(\inf_{v_\delta \in \overline{g}_{e\delta} + X_\delta^\circ} \big((\overline{\alpha}_\delta + \overline{\gamma}) \, \|u - v_\delta\|_{\overline{X}} + \sup_{w_\delta \in X_\delta^\circ} \frac{(\overline{a} - a_\delta)(v_\delta, w_\delta)}{\|w_\delta\|_{\overline{X}}} \Big) + \sup_{w_\delta \in X_\delta^\circ} \frac{\langle f, w_\delta \rangle_{\overline{X}'_\diamond, \overline{X}_\diamond} - \mathcal{F}_\delta(w_\delta)}{\|w_\delta\|_{\overline{X}}} + \sup_{w_\delta \in X_\delta^\circ} \frac{\langle g_n, \overline{C}_n w_\delta \rangle_{\overline{W}', \overline{W}} - \mathcal{G}_\delta(C_{n\delta} w_\delta)}{\|w_\delta\|_{\overline{X}}} + \varepsilon_\delta \Big). \tag{4.11}$$

Là aussi, cette majoration s'écrit de façon plus simple dans le cas du problème (4.4).

Corollaire 4.7 *Sous les hypothèses* (4.8) *et* (4.9), *si la discrétisation est non conforme, on a la majoration d'erreur a priori suivante entre la solution* u *du problème* (1.3) *et la solution* u_δ *du problème* (4.4)

$$\|u - u_\delta\|_X \leq \overline{\alpha}_\delta^{-1} \Big((\overline{\alpha}_\delta + \overline{\gamma}) \inf_{v_\delta \in \overline{g}_{e\delta} + X_\delta^\circ} \|u - v_\delta\|_X + \varepsilon_\delta \Big). \tag{4.12}$$

Ces différents résultats sont utilisés de nombreuses fois dans les chapitres qui suivent.

I.5 Exemples de discrétisation

Pour illustrer les idées présentées dans la Section 4, nous allons indiquer les résultats de base concernant les discrétisations spectrale et par éléments finis de l'équation monodimensionnelle modèle, posée sur l'intervalle $\Lambda =]-1, 1[$:

$$\begin{cases} -u'' = f & \text{dans }]-1, 1[, \\ u(-1) = u(1) = 0. \end{cases} \tag{5.1}$$

Ce problème est un cas particulier de (3.1), en dimension $d = 1$ et avec $g = 0$. Comme indiqué dans la Section 3, il admet la formulation variationnelle suivante

Trouver u *dans* $H_0^1(\Lambda)$ *tel que*

$$\forall v \in H_0^1(\Lambda), \quad \int_\Lambda u'(x)\, v'(x)\, dx = \langle f, v \rangle, \tag{5.2}$$

et, d'après le Théorème 3.1, pour toute donnée f dans $H^{-1}(\Lambda)$, il admet une solution unique.

La discrétisation spectrale repose sur l'approximation par des polynômes de haut degré. Le paramètre de discrétisation δ est donc un entier N, et l'espace discret X_N^0 est défini par

$$X_N^0 = \{ v_N \in \mathbb{P}_N(\Lambda); v_N(-1) = v_N(1) = 0 \}, \tag{5.3}$$

où $\mathbb{P}_N(\Lambda)$ désigne l'espace des restrictions à Λ des polynômes de degré $\leq N$. Le problème discret s'écrit

Trouver u_N dans X_N^0 tel que

$$\forall v_N \in X_N^0, \quad \int_\Lambda u_N'(x)\, v_N'(x)\, dx = \langle f, v_N \rangle. \tag{5.4}$$

On note que la discrétisation est conforme au sens de la Définition 4.3. On déduit également des Théorème 4.1 et Corollaire 4.5 les résultats suivants.

Théorème 5.1 *Pour toute donnée f dans $H^{-1}(\Lambda)$, le problème* (5.4) *admet une solution unique u_N dans X_N^0. De plus, il existe une constante c indépendante de N telle que cette solution vérifie*

$$\|u_N\|_{H^1(\Lambda)} \leq c\, \|f\|_{H^{-1}(\Lambda)}. \tag{5.5}$$

Proposition 5.2 *Il existe une constante c indépendante de N telle qu'on ait la majoration d'erreur a priori suivante entre la solution u du problème* (5.1) *et la solution u_N du problème* (5.4)

$$\|u - u_N\|_{H^1(\Lambda)} \leq c \inf_{v_N \in X_N^0} \|u - v_N\|_{H^1(\Lambda)}. \tag{5.6}$$

La discrétisation par éléments finis repose sur l'approximation par des fonctions qui sont polynomiales de bas degré, par exemple affines, sur des petits intervalles. Le paramètre de discrétisation δ est donc un nombre réel $h = \frac{1}{N}$, tel que l'intervalle $\overline{\Lambda}$ soit l'union des intervalles $K_n = [-1 + (n-1)\, h, -1 + n\, h]$, $1 \leq n \leq 2N$. L'espace discret X_h^0 est ici

$$X_h^0 = \{v_h \in \mathscr{C}^0(\overline{\Lambda});\, v_{|K_n} \in \mathcal{P}_1(K_n),\ 1 \leq n \leq 2N\}, \tag{5.7}$$

où $\mathcal{P}_1(K_n)$ désigne l'espace des restrictions à K_n des fonctions affines sur $\mathbb{R}$. Le problème discret s'écrit

Trouver u_h dans X_h^0 tel que

$$\forall v_h \in X_h^0, \quad \int_\Lambda u_h'(x)\, v_h'(x)\, dx = \langle f, v_h \rangle. \tag{5.8}$$

Là encore, la discrétisation est conforme au sens de la Définition 4.3. Le Théorème 4.1 et le Corollaire 4.5 permettent d'établir les résultats suivants.

Théorème 5.3 *Pour toute donnée f dans $H^{-1}(\Lambda)$, le problème* (5.8) *admet une solution unique u_h dans X_h^0. De plus, il existe une constante c indépendante de h telle que cette solution vérifie*

$$\|u_h\|_{H^1(\Lambda)} \leq c\, \|f\|_{H^{-1}(\Lambda)}. \tag{5.9}$$

Proposition 5.4 *Il existe une constante c indépendante de h telle qu'on ait la majoration d'erreur a priori suivante entre la solution u du problème* (5.1) *et la solution u_h du problème* (5.8)

$$\|u - u_h\|_{H^1(\Lambda)} \leq c \inf_{v_h \in X_h^0} \|u - v_h\|_{H^1(\Lambda)}. \tag{5.10}$$

Dans les deux cas, l'erreur entre la solution exacte et la solution discrète est majorée, à une constante multiplicative près, par l'erreur d'approximation, c'est-à-dire la distance de u à l'espace discret pour la norme $\|\cdot\|_{H^1(\Lambda)}$. Comme on le verra dans les chapitres qui suivent, cette dernière quantité se comporte comme une puissance du paramètre de discrétisation, par exemple N^{-s} ou h^s, et le réel s dépend

- de la régularité de la solution u dans le cas spectral,
- de la régularité de la solution u jusqu'à une certaine limite dans le cas des éléments finis (par exemple, ici s est toujours ≤ 1).

Pour illustrer ce propos, nous considérons ici le problème (5.1) avec donnée f égale à

$$f(x) = \begin{cases} \big(\pi^2 x^2 - \alpha(\alpha-1)\big)\, x^{\alpha-2} \sin(\pi x) - 2\alpha\pi\, x^{\alpha-1} \cos(\pi x) & \text{pour } 0 < x < 1, \\ -\big(\pi^2 x^2 - \alpha(\alpha-1)\big)\, x^{\alpha-2} \sin(\pi x) + 2\alpha\pi\, x^{\alpha-1} \cos(\pi x) & \text{pour } -1 < x < 0, \end{cases}$$

pour un paramètre $\alpha > -\frac{1}{2}$. En effet, dans ce cas-là, la solution u est donnée par

$$u(x) = |x|^\alpha \sin(\pi x), \quad -1 < x < 1,$$

et sa régularité augmente avec α. La Figure 5.1 représente les deux courbes d'erreur $\|u - u_N\|_{L^\infty(\Lambda)}$ (trait pointillé) et $\|u - u_h\|_{L^\infty(\Lambda)}$ (trait plein) en fonction de $\log N$ (avec $h = \frac{1}{N}$) dans les deux cas $\alpha = 2$ d'une solution régulière (à gauche) et $\alpha = -\frac{1}{3}$ d'une solution qui n'appartient pas à $H^2(\Lambda)$ (à droite).

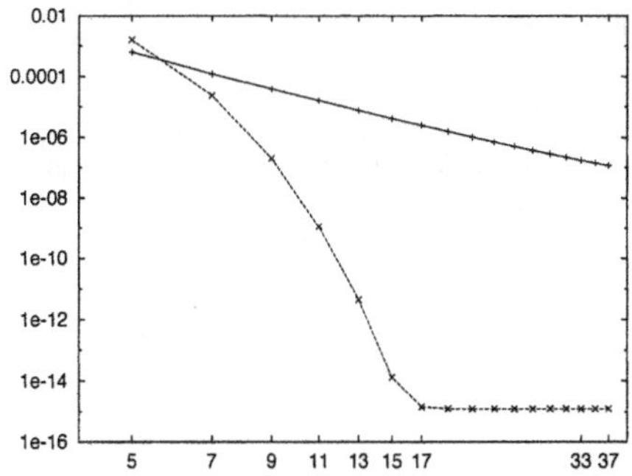

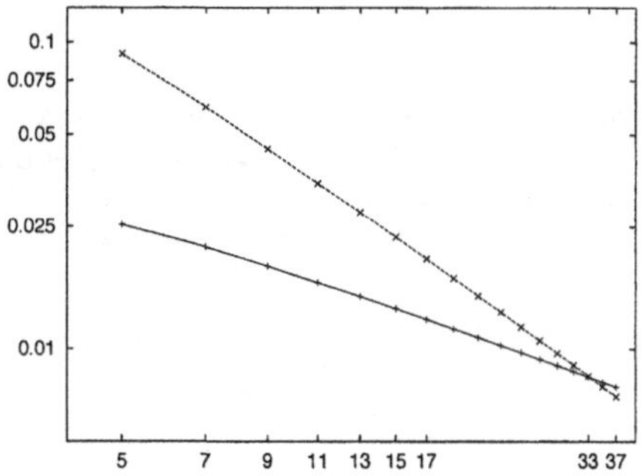

Figure 5.1. Courbes d'erreur en méthodes spectrales et en éléments finis

L'exemple suivant souligne l'importance de l'erreur de consistance pour les discrétisations non conformes. Dans le cadre des méthodes spectrales par exemple, considérons l'espace

$$\widetilde{X}_N^0 = \big\{ v_N \in L^2(\Lambda);\, v_{N|]-1,0[} \in \mathbb{P}_N(-1,0) \text{ et } v_{N|]0,1[} \in \mathbb{P}_N(0,1);\; v_N(-1) = v_N(1) = 0 \big\}, \tag{5.11}$$

et le problème discret correspondant

Trouver u_N *dans* $\widetilde{X}_N^0$ *tel que*

$$\forall v_N \in \widetilde{X}_N^0, \quad \int_{-1}^{0} u_N'(x)\, v_N'(x)\, dx + \int_{0}^{1} u_N'(x)\, v_N'(x)\, dx = \langle f, v_N \rangle. \tag{5.12}$$

Il s'agit bien sûr d'une discrétisation non conforme puisque $\widetilde{X}_N^0$ n'est pas inclus dans $H_0^1(\Lambda)$. Si l'on introduit l'espace

$$\overline{X} = \big\{ v \in L^2(\Lambda);\, v_{|]-1,0[} \in H^1(-1,0)\, \mathrm{et}\, v_{|]0,1[} \in H^1(0,1);\, v(-1) = v(1) = 0 \big\}, \tag{5.13}$$

on déduit des inclusions $X_N^0 \subset \widetilde{X}_N^0 \subset \overline{X}$ la majoration

$$\inf_{v_N \in \widetilde{X}_N^0} \|u - v_N\|_{\overline{X}} \leq \inf_{v_N \in X_N^0} \|u - v_N\|_{\overline{X}}, \tag{5.14}$$

de sorte que l'erreur d'approximation $\inf_{v_N \in \widetilde{X}_N^0} \|u - v_N\|_{\overline{X}}$ ne peut qu'être améliorée par cette nouvelle méthode. Par contre, on constate par intégrations par parties (et avec des définitions évidentes de $v_N(0^-)$ et $v_N(0^+)$)

$$\int_{-1}^{0} u'(x)\, v_N'(x)\, dx + \int_{0}^{1} u'(x)\, v_N'(x)\, dx - \langle f, v_N \rangle = u'(0)\big(v_N(0^-) - v_N(0^+)\big),$$

d'où l'on déduit que l'erreur de consistance ε_N telle que définie en (4.10) vérifie

$$\varepsilon_N = u'(0) \sup_{v_N \in \widetilde{X}_N^0} \frac{v_N(0^-) - v_N(0^+)}{\|v_N\|_{\overline{X}}}. \tag{5.15}$$

Si l'on prend par exemple $v_N(x)$ égal à $1 + x$ sur $]-1, 0[$ et à 0 sur $]0, 1[$, on constate que ε_N est $\geq \frac{1}{2}\, u'(0)$. Par conséquent, dès que $u'(0)$ est non nul, la suite $(u_N)_N$ ne peut pas converger vers u.

Deuxième partie

Méthodes spectrales

Espaces de polynômes et formules de quadrature

Les méthodes spectrales utilisant l'approximation par des polynômes de haut degré, on définit tout d'abord les espaces discrets correspondants. Une grande partie de l'analyse numérique de ces méthodes fait appel à une base de polynômes orthogonaux dont on rappelle les principales propriétés. On décrit ensuite les formules de quadrature qui sont employées pour évaluer les intégrales intervenant dans la formulation variationnelle. On prouve finalement les inégalités inverses sur les espaces de polynômes qui seront utilisées par la suite.

II.1 Espaces discrets

On définit les *espaces de polynômes*, tout d'abord en dimension $d = 1$, puis dans des domaines de dimension $d \geq 2$ qui sont produits d'intervalles.

Notation 1.1 Pour tout entier $n \geq 0$, on définit $\mathbb{P}_n$ comme l'espace des polynômes sur $\mathbb{R}$ à valeurs dans $\mathbb{R}$ de degré $\leq n$. Pour tout intervalle ouvert borné Λ de $\mathbb{R}$, on note $\mathbb{P}_n(\Lambda)$ l'espace des restrictions à Λ des fonctions de l'ensemble $\mathbb{P}_n$. Lorsque Λ est un intervalle $]a, b[$, on utilise également la notation $\mathbb{P}_n(a, b)$ pour $\mathbb{P}_n(]a, b[)$.

Notation 1.2 Pour tout entier $n \geq 1$ et tout intervalle ouvert borné Λ de $\mathbb{R}$, on note $\mathbb{P}_n^0(\Lambda)$ l'espace des polynômes de $\mathbb{P}_n(\Lambda)$ qui s'annulent aux deux extrémités de Λ.

L'introduction de ce dernier espace est bien sûr lié au fait que l'on veut tenir compte des conditions aux limites essentielles dans les problèmes que l'on va discrétiser. On peut noter que, si Λ désigne l'intervalle $]a, b[$, un polynôme p appartient à $\mathbb{P}_n^0(\Lambda)$ pour $n \geq 2$ si et seulement s'il s'écrit

$$p(\zeta) = (\zeta - a)(b - \zeta)\, q(\zeta), \qquad q \in \mathbb{P}_{n-2}(\Lambda).$$

Une des bases de $\mathbb{P}_n(\Lambda)$ est formée par les ζ^m, $0 \leq m \leq n$. On en déduit facilement le résultat suivant:

$$\dim \mathbb{P}_n(\Lambda) = n + 1, \qquad \dim \mathbb{P}_n^0(\Lambda) = n - 1. \tag{1.1}$$

En dimension $d \geq 2$, on travaille dans des domaines Ω dits *tensorisés*, c'est-à-dire du type $\Lambda_1 \times \cdots \times \Lambda_d$, où les Λ_i sont des intervalles de $\mathbb{R}$. On note $\boldsymbol{x} = (x_1, \ldots, x_d)$ la variable générique de $\mathbb{R}^d$.

Notation 1.3 Pour tout entier $n \geq 0$ et pour tout domaine Ω de $\mathbb{R}^d$ égal au produit $\Lambda_1 \times \cdots \times \Lambda_d$ d'intervalles ouverts de $\mathbb{R}$, on note $\mathbb{P}_n(\Omega)$ l'espace des restrictions à Ω des polynômes à valeurs dans $\mathbb{R}$ et de degré $\leq n$ par rapport à chaque variable x_i, $1 \leq i \leq d$.

D'après cette définition, tout polynôme p de $\mathbb{P}_n(\Omega)$ s'écrit sous la forme

$$p(x_1, \dots, x_d) = \sum_{m_1=0}^{n} \cdots \sum_{m_d=0}^{n} \alpha_{m_1 \cdots m_d} x_1^{m_1} \cdots x_d^{m_d},$$

où les $\alpha_{m_1 \cdots m_d}$ sont des réels. On en déduit la propriété de tensorisation suivante, qui est à la base de l'analyse numérique et de la mise en œuvre des méthodes spectrales.

Proposition 1.4 *Soit Ω_d le produit $\Lambda_1 \times \cdots \times \Lambda_d$ d'intervalles ouverts de $\mathbb{R}$ et Ω_{d-1} le produit $\Lambda_1 \times \cdots \times \Lambda_{d-1}$. Pour tout entier $n \geq 0$ et toute base $\{\varphi_m;\ 0 \leq m \leq n\}$ de $\mathbb{P}_n(\Lambda_d)$, un polynôme p appartient à $\mathbb{P}_n(\Omega_d)$ si et seulement s'il s'écrit*

$$p(x_1, \dots, x_d) = \sum_{m=0}^{n} q_m(x_1, \dots, x_{d-1})\, \varphi_m(x_d), \tag{1.2}$$

où les q_m, $0 \leq m \leq n$, appartiennent à $\mathbb{P}_n(\Omega_{d-1})$.

Considérons pour simplifier le cas où Ω est égal à Λ^d pour un intervalle ouvert Λ de $\mathbb{R}$. La Proposition 1.4 est alors équivalente au résultat suivant: pour tout entier $n \geq 0$ et toute base $\{\varphi_m;\ 0 \leq m \leq n\}$ de $\mathbb{P}_n(\Lambda)$, les polynômes $\varphi_{m_1} \otimes \cdots \otimes \varphi_{m_d}$ définis par

$$(\varphi_{m_1} \otimes \cdots \otimes \varphi_{m_d})(x_1, \dots, x_d) = \varphi_{m_1}(x_1) \cdots \varphi_{m_d}(x_d), \tag{1.3}$$

forment lorsque chaque m_i décrit les entiers de 0 à n, une base de $\mathbb{P}_n(\Omega)$. Ceci est évident lorsque par exemple les φ_m coïncident avec les ζ^m, $0 \leq m \leq n$.

Finalement, pour traiter les problèmes avec conditions aux limites essentielles, on introduit les espaces suivants.

Notation 1.5 Pour tout entier $n \geq 1$ et pour tout ouvert Ω de $\mathbb{R}^d$ égal au produit $\Lambda_1 \times \cdots \times \Lambda_d$ d'intervalles ouverts bornés de $\mathbb{R}$, on note $\mathbb{P}_n^0(\Omega)$ l'espace des polynômes de $\mathbb{P}_n(\Omega)$ qui s'annulent sur $\partial\Omega$.

Le fait que Ω soit un ouvert tensorisé (c'est-à-dire un produit de d intervalles) mène alors à l'analogue de la Proposition 1.4 (on rappelle que, lorsque Ω n'est pas tensorisé, $\mathbb{P}_N^0(\Omega)$ peut être réduit à $\{0\}$; c'est le cas en particulier lorsque $\partial\Omega$ n'est une surface algébrique).

Proposition 1.6 *Soit Ω_d le produit $\Lambda_1 \times \cdots \times \Lambda_d$ d'intervalles ouverts de $\mathbb{R}$ et Ω_{d-1} le produit $\Lambda_1 \times \cdots \times \Lambda_{d-1}$. Pour tout entier $n \geq 1$ et toute base $\{\psi_m;\ 1 \leq m \leq n-1\}$ de $\mathbb{P}_n^0(\Lambda_d)$, un polynôme p appartient à $\mathbb{P}_n^0(\Omega_d)$ si et seulement s'il s'écrit*

$$p(x_1, \dots, x_d) = \sum_{m=1}^{n-1} q_m(x_1, \dots, x_{d-1})\, \psi_m(x_d), \tag{1.4}$$

où les q_m, $1 \leq m \leq n-1$, appartiennent à $\mathbb{P}_n^0(\Omega_{d-1})$.

Là aussi, lorsque Ω est égal à Λ^d pour un intervalle ouvert Λ de $\mathbb{R}$, pour tout entier $n \geq 0$ et toute base $\{\psi_m;\ 1 \leq m \leq n-1\}$ de $\mathbb{P}_n^0(\Lambda)$, les polynômes $\psi_{m_1} \otimes \cdots \otimes \psi_{m_d}$ définis par

$$(\psi_{m_1} \otimes \cdots \otimes \psi_{m_d})(x_1, \dots, x_d) = \psi_{m_1}(x_1) \cdots \psi_{m_d}(x_d), \tag{1.5}$$

forment lorsque chaque m_i décrit les entiers de 1 à $n-1$, une base de $\mathbb{P}_n^0(\Omega)$.

On déduit facilement des Propositions 1.4 et 1.6 la dimension des espaces $\mathbb{P}_n(\Omega)$ et $\mathbb{P}_n^0(\Omega)$ lorsque Ω est un ouvert tensorisé de $\mathbb{R}^d$,

$$\dim \mathbb{P}_n(\Omega) = (n+1)^d, \qquad \dim \mathbb{P}_n^0(\Omega) = (n-1)^d. \tag{1.6}$$

La dimension de $\mathbb{P}_n(\Omega)$ reste égale à $(n+1)^d$ pour tout ouvert Ω de mesure positive.

II.2 Rappels sur les polynômes orthogonaux

Dans ce paragraphe, sont rappelées et démontrées plusieurs propriétés importantes des polynômes de Legendre qui seront utiles par la suite. On réfère à [48], [52] et [106] pour des résultats beaucoup plus complets dans cette direction. On remarque aussi que la plupart de ces propriétés sont encore vraies pour d'autres familles de polynômes orthogonaux, par exemple ceux de Jacobi, avec des démonstrations pratiquement identiques, mais on se limite au cas qui nous intéresse par souci de simplicité. On désigne par Λ l'intervalle ouvert $]-1,1[$.

Les polynômes de Legendre forment une famille de polynômes deux à deux orthogonaux dans l'espace $L^2(\Lambda)$. Une famille de polynômes unitaires satisfaisant cette dernière propriété peut facilement être construite par le procédé de Gram-Schmidt appliqué à la base canonique formée par les ζ^n, $n \geq 0$: on fixe le polynôme $\tilde{L}_0$ égal à 1; puis, en supposant connus les polynômes unitaires $\tilde{L}_m$ de degré m, deux à deux orthogonaux, $0 \leq m \leq n-1$, on choisit le polynôme $\tilde{L}_n$ par

$$\tilde{L}_n(\zeta) = \zeta^n - \sum_{m=0}^{n-1} \frac{\int_{-1}^{1} \zeta^n \tilde{L}_m(\zeta)\, d\zeta}{\|\tilde{L}_m\|_{L^2(\Lambda)}^2}\, \tilde{L}_m. \tag{2.1}$$

Ceci permet de définir les polynômes de Legendre en multipliant chaque $\tilde{L}_n$ par une constante appropriée. Il est facile de vérifier l'unicité de la famille $(\tilde{L}_n)_n$. D'autre part, en notant que tout polynôme pair est orthogonal à tout polynôme impair dans $L^2(\Lambda)$, on en déduit que les polynômes $\tilde{L}_n$, et par conséquent les polynômes de Legendre, ont la parité de leur degré.

On commence par rappeler une propriété fondamentale, vraie pour toutes les familles de polynômes orthogonaux sur un intervalle réel. La démonstration adoptée ici est celle de Crouzeix et Mignot [48, Th. 1.12].

Lemme 2.1 *Pour tout entier positif n, les zéros du polynôme $\tilde{L}_n$ sont réels, distincts et strictement compris entre -1 et 1.*

Démonstration: Soit ℓ le nombre de zéros distincts de $\tilde{L}_n$ qui sont réels, strictement compris entre -1 et 1 et d'ordre impair, et soit ζ_1, ζ_2, ... et ζ_ℓ les zéros correspondants. Si ℓ est inférieur à n, comme le polynôme $\tilde{L}_n$ est orthogonal à tous les polynômes de degré $\leq n-1$ dans $L^2(\Lambda)$, la quantité $\int_{-1}^{1} \tilde{L}_n(\zeta-\zeta_1)\dots(\zeta-\zeta_\ell)\, d\zeta$ est nulle. Ceci est impossible car la fonction intégrée ne change pas de signe sur Λ. Donc, ℓ est égal à n, ce qui prouve le lemme.

Ceci montre que les $\tilde{L}_n$ ne s'annulent pas en 1, on peut alors définir les polynômes de Legendre.

Définition 2.2 On appelle famille des polynômes de Legendre la famille $(L_n)_n$ de polynômes sur Λ, deux à deux orthogonaux dans l'espace $L^2(\Lambda)$ et tels que, pour tout entier positif ou nul n, le polynôme L_n soit de degré n et vérifie: $L_n(1) = 1$.

Les huit premiers polynômes de Legendre sont représentés sur la Figure 2.1. On peut remarquer qu'ils atteignent leur maximum en ± 1.

Notation 2.3 Pour tout entier $n \geq 0$, on note k_n le coefficient de ζ^n dans $L_n(\zeta)$.

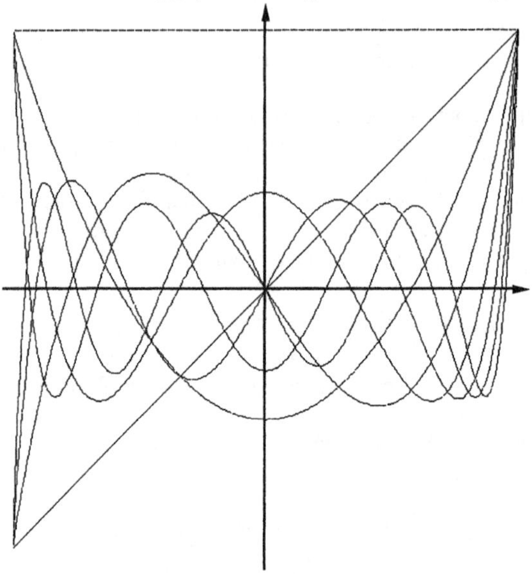

Figure 2.1. Polynômes de Legendre L_n, $0 \leq n \leq 7$

L'équation qui suit est à la base des techniques de discrétisation spectrale.

Proposition 2.4 (Équation différentielle) *Pour tout entier $n \geq 0$, le polynôme L_n vérifie l'équation différentielle*

$$\frac{d}{d\zeta}\big((1-\zeta^2)\,L_n'\big) + n(n+1)\,L_n = 0. \tag{2.2}$$

Démonstration: On remarque que le polynôme $\frac{d}{d\zeta}\big((1-\zeta^2)\,L_n'\big)$ est de degré $\leq n$ et qu'il vérifie, pour tout polynôme φ de degré $\leq n-1$:

$$\int_{-1}^{1} \frac{d}{d\zeta}\big((1-\zeta^2)\,L_n'\big)(\zeta)\,\varphi(\zeta)\,d\zeta = -\int_{-1}^{1} (1-\zeta^2)\,L_n'(\zeta)\varphi'(\zeta)\,d\zeta$$
$$= \int_{-1}^{1} L_n(\zeta)\,\frac{d}{d\zeta}\big((1-\zeta^2)\,\varphi'\big)(\zeta)\,d\zeta.$$

Comme $\frac{d}{d\zeta}\big((1-\zeta^2)\,\varphi'\big)$ est alors un polynôme de degré $\leq n-1$, ceci entraîne

$$\int_{-1}^{1} \frac{d}{d\zeta}\big((1-\zeta^2)\,L_n'\big)(\zeta)\,\varphi(\zeta)\,d\zeta = 0.$$

On en déduit qu'il existe un nombre réel λ_n tel que

$$\frac{d}{d\zeta}\big((1-\zeta^2)\,L_n'\big)+\lambda_n\,L_n=0.$$

Pour calculer λ_n, on regarde le coefficient de ζ^n dans l'égalité ci-dessus et on obtient

$$-k_n\,n(n+1)+k_n\,\lambda_n=0,$$

ce qui termine la démonstration.

L'opérateur A défini par

$$A\varphi=-\frac{d}{d\zeta}\big((1-\zeta^2)\,\varphi'\big), \tag{2.3}$$

est clairement auto-adjoint et positif dans $L^2(\Lambda)$. Il est de type Sturm–Liouville (cf. Dautray et Lions [51, Chap. 8, §2]). L'équation (2.2) se traduit par le fait que tous les polynômes de Legendre en sont des *fonctions propres*, ceci est à l'origine du qualificatif "spectral" qui caractérise les méthodes étudiées dans cette partie de l'ouvrage.

Une conséquence immédiate de l'équation (2.2) est que l'on obtient par intégration par parties, pour tous entiers m et n positifs ou nuls:

$$\int_{-1}^{1} L_m'(\zeta)L_n'(\zeta)\,(1-\zeta^2)\,d\zeta=n(n+1)\int_{-1}^{1} L_m(\zeta)L_n(\zeta)\,d\zeta. \tag{2.4}$$

Ceci signifie que les L_n', $n\geq 1$, forment une famille de polynômes deux à deux orthogonaux pour la mesure $(1-\zeta^2)\,d\zeta$ dans Λ, ce qui sera largement utilisé par la suite. Une dernière conséquence de l'équation (2.2), appliquée en 1, est l'égalité

$$L_n'(1)=\frac{n(n+1)}{2}. \tag{2.5}$$

Lemme 2.5 (Formule de Rodrigues) *Pour tout entier $n\geq 0$, le polynôme L_n est donné par*

$$L_n=\frac{(-1)^n}{2^n n!}\,\Big(\frac{d^n}{d\zeta^n}\Big)\big((1-\zeta^2)^n\big). \tag{2.6}$$

Démonstration: On remarque que la fonction $(1-\zeta^2)^n$ est un polynôme de degré $2n$ qui s'annule en ±1, ainsi que toutes ses dérivées jusqu'à l'ordre $n-1$. En intégrant n fois par parties, on vérifie que, pour tout polynôme φ de degré $\leq n-1$,

$$\int_{-1}^{1}\Big(\frac{d^n}{d\zeta^n}\Big)\big((1-\zeta^2)^n\big)(\zeta)\varphi(\zeta)\,d\zeta=(-1)^n\int_{-1}^{1}(1-\zeta^2)^n\Big(\frac{d^n\varphi}{d\zeta^n}\Big)(\zeta)\,d\zeta=0.$$

Donc $(\frac{d^n}{d\zeta^n})\big((1-\zeta^2)^n\big)$ est égal à une constante que multiplie L_n. Pour déterminer la constante, on calcule

$$\Big(\frac{d^n}{d\zeta^n}\Big)\big((1-\zeta^2)^n\big)(1)=\Big(\frac{d^n}{d\zeta^n}\Big)\big((1-\zeta)^n(1+\zeta)^n\big)(1)=(-1)^n n!2^n,$$

ce qu'on compare à $L_n(1) = 1$.

Le lemme précédent a deux conséquences, dont la première est immédiate.

Corollaire 2.6 *Pour tout entier $n \geq 0$, le coefficient k_n est donné par*

$$k_n = \frac{(2n)!}{2^n (n!)^2}. \tag{2.7}$$

Corollaire 2.7 *Pour tout entier $n \geq 0$, le polynôme L_n vérifie*

$$\int_{-1}^{1} L_n^2(\zeta)\, d\zeta = \frac{1}{n + \frac{1}{2}}. \tag{2.8}$$

Démonstration: Du Lemme 2.5, on déduit en effectuant n intégrations par parties

$$\int_{-1}^{1} L_n^2(\zeta)\, d\zeta = \frac{(-1)^n}{2^n n!} \int_{-1}^{1} \Big(\frac{d^n}{d\zeta^n}\Big)\big((1-\zeta^2)^n\big)(\zeta) L_n(\zeta)\, d\zeta$$
$$= \frac{1}{2^n n!} \int_{-1}^{1} (1-\zeta^2)^n\, k_n n!\, d\zeta = \frac{(2n)!}{2^{2n}(n!)^2} \int_{-1}^{1} (1-\zeta^2)^n\, d\zeta.$$

Cette dernière intégrale est dite "de Wallis", et on sait après changement de variable la calculer par récurrence sur n:

$$\int_{-1}^{1} (1-\zeta^2)^n\, d\zeta = 2\int_{0}^{1} (1-\zeta^2)^n\, d\zeta = 2\int_{0}^{\frac{\pi}{2}} (\sin\theta)^{2n+1}\, d\theta = \frac{2^{2n+1}(n!)^2}{(2n+1)!}.$$

Lemme 2.8 (Équation intégrale) *Pour tout entier $n \geq 1$, on a la formule*

$$\int_{-1}^{\zeta} L_n(\xi)\, d\xi = \frac{1}{2n+1}\big(L_{n+1}(\zeta) - L_{n-1}(\zeta)\big). \tag{2.9}$$

Démonstration: Soit K_{n+1} la fonction $\int_{-1}^{\zeta} L_n(\xi)\, d\xi$, qui est en fait un polynôme de degré $n+1$. On note d'abord que K_{n+1} s'annule non seulement en -1 mais aussi en $+1$ par définition de L_n (n est positif). On en déduit l'identité, vraie pour tout entier $m \geq 0$:

$$\int_{-1}^{1} K_{n+1}(\zeta) L_m(\zeta)\, d\zeta = \int_{-1}^{1} L_n(\zeta) K_{m+1}(\zeta)\, d\zeta.$$

Cette quantité est donc nulle pour $m > n+1$ et pour $n > m+1$, par suite on peut écrire K_{n+1} sous la forme

$$K_{n+1} = \alpha_{n-1}\, L_{n-1} + \alpha_n\, L_n + \alpha_{n+1}\, L_{n+1}. \tag{2.10}$$

Le coefficient α_n est nul, puisque les polynômes L_n d'une part, K_{n+1}, L_{n-1} et L_{n+1} d'autre part, sont de parité différentes. Il reste donc à calculer α_{n-1} et α_{n+1}. En comparant les coefficients de ζ^{n+1} dans la formule (2.10), on voit que

$$\frac{k_n}{n+1} = \alpha_{n+1}\, k_{n+1},$$

donc, d'après le Corollaire 2.6, α_{n+1} est égal à $\frac{1}{2n+1}$. On a également $K_{n+1}(1) = 0$, d'où l'on déduit que α_{n-1} est égal à $-\alpha_{n+1} = -\frac{1}{2n+1}$.

Pour des raisons techniques, on aura aussi besoin de polynômes de norme 1. On pose donc, pour tout entier $n \geq 0$:

$$L_n^* = \frac{L_n}{\|L_n\|_{L^2(\Lambda)}} = \sqrt{n + \frac{1}{2}}\, L_n, \tag{2.11}$$

et on désigne par k_n^* le coefficient de ζ^n dans $L_n^*(\zeta)$. On commence par démontrer une *relation de récurrence* vérifiée par ces polynômes.

Lemme 2.9 *Pour tout entier positif n, on a la formule de récurrence*

$$L_{n+1}^* = \frac{k_{n+1}^*}{k_n^*} \zeta L_n^* - \frac{k_{n-1}^* k_{n+1}^*}{k_n^{*2}} L_{n-1}^*. \tag{2.12}$$

Démonstration: On voit que le polynôme $L_{n+1}^* - \frac{k_{n+1}^*}{k_n^*} \zeta L_n^*$ est de degré $\leq n$ et orthogonal à tous les polynômes de degré $\leq n-2$. Il existe donc deux constantes μ_n et ν_n telles que l'on ait

$$L_{n+1}^* - \frac{k_{n+1}^*}{k_n^*} \zeta L_n^* = \mu_n L_n^* - \nu_n L_{n-1}^*.$$

On a déjà remarqué que les polynômes L_{n+1}^*, ζL_n^* et L_{n-1}^* ont la même parité que $n+1$, tandis que le polynôme L_n^* a la parité de n. Ceci prouve que μ_n est nul. Il reste à calculer ν_n, ce qui s'effectue en écrivant

$$0 = \int_{-1}^{1} L_{n+1}^*(\zeta) L_{n-1}^*(\zeta)\, d\zeta = \frac{k_{n+1}^*}{k_n^*} \int_{-1}^{1} L_n^*(\zeta) \zeta L_{n-1}^*(\zeta)\, d\zeta - \nu_n \int_{-1}^{1} L_{n-1}^{*2}(\zeta)\, d\zeta.$$

En notant que ζL_{n-1}^* est la somme de $\frac{k_{n-1}^*}{k_n^*} L_n^*$ et d'un polynôme de degré $\leq n-1$, on en déduit

$$0 = \frac{k_{n-1}^* k_{n+1}^*}{k_n^{*2}} - \nu_n,$$

ce qui termine la démonstration.

En remplaçant chaque L_n^* par L_n divisé par $\|L_n\|_{L^2(\Lambda)}$ et chaque k_n^* par k_n divisé par $\|L_n\|_{L^2(\Lambda)}$, et en utilisant les Corollaires 2.6 et 2.7, on en déduit la relation de récurrence pour les polynômes de Legendre.

Corollaire 2.10 (Formule de récurrence) *La famille $(L_n)_n$ est donnée par les relations*

$$\begin{cases} L_0(\zeta) = 1 \quad \text{et} \quad L_1(\zeta) = \zeta, \\ (n+1)\, L_{n+1}(\zeta) = (2n+1)\, \zeta L_n(\zeta) - n\, L_{n-1}(\zeta), \quad n \geq 1. \end{cases} \tag{2.13}$$

On donne une dernière formule, qui sera utilisée dans la mise en œuvre des méthodes avec intégration numérique.

Lemme 2.11 (Formule de Christoffel–Darboux) *Pour tout entier $n \geq 0$, on a la formule*

$$\forall \zeta \in \Lambda, \forall \eta \in \Lambda,$$
$$L_0^*(\zeta)L_0^*(\eta) + \ldots + L_n^*(\zeta)L_n^*(\eta) = \frac{k_n^*}{k_{n+1}^*} \frac{L_{n+1}^*(\zeta)L_n^*(\eta) - L_{n+1}^*(\eta)L_n^*(\zeta)}{\zeta - \eta}. \tag{2.14}$$

Démonstration: Cette formule étant évidente pour $n = 0$, la démonstration s'effectue par récurrence sur n, à partir de l'égalité suivante qui se déduit du Lemme 2.9,

$$\begin{aligned}
&\frac{k_n^*}{k_{n+1}^*} \frac{L_{n+1}^*(\zeta)L_n^*(\eta) - L_{n+1}^*(\eta)L_n^*(\zeta)}{\zeta - \eta} \\
&\quad = \frac{1}{\zeta - \eta} \frac{k_n^*}{k_{n+1}^*} \Big(\frac{k_{n+1}^*}{k_n^*} \zeta L_n^*(\zeta)L_n^*(\eta) - \frac{k_{n-1}^* k_{n+1}^*}{k_n^{*2}} L_{n-1}^*(\zeta)L_n^*(\eta) \\
&\qquad\qquad - \frac{k_{n+1}^*}{k_n^*} \eta L_n^*(\eta)L_n^*(\zeta) + \frac{k_{n-1}^* k_{n+1}^*}{k_n^{*2}} L_{n-1}^*(\eta)L_n^*(\zeta) \Big) \\
&\quad = L_n^*(\zeta)L_n^*(\eta) + \frac{k_{n-1}^*}{k_n^*} \frac{L_n^*(\zeta)L_{n-1}^*(\eta) - L_n^*(\eta)L_{n-1}^*(\zeta)}{\zeta - \eta}.
\end{aligned}$$

En faisant tendre η vers ζ dans la formule (2.14), on obtient en outre

$$\forall \zeta \in \Lambda, \quad L_0^{*2}(\zeta) + \ldots + L_n^{*2}(\zeta) = \frac{k_n^*}{k_{n+1}^*} \big(L_{n+1}^{*\prime}(\zeta)L_n^*(\zeta) - L_{n+1}^*(\zeta)L_n^{*\prime}(\zeta) \big). \tag{2.15}$$

II.3 Formules de quadrature

Il est bien connu que les zéros et les extrema des polynômes de Legendre (ou appartenant à une famille quelconque de polynômes orthogonaux) servent à la construction de *formules de quadrature numérique* de grande précision, c'est-à-dire qui sont exactes sur un espace de polynômes de degré élevé: il s'agit principalement des formules de Gauss et de Gauss–Lobatto. On réfère à Crouzeix et Mignot [48] et à Davis et Rabinowitz [52] pour leur analyse numérique complète. Une famille de formules englobant les deux précédentes est étudiée en détail dans Bernardi et Maday [24].

Dans ce chapitre, sont rappelées quelques propriétés des formules de Gauss et de Gauss–Lobatto pour approcher l'intégrale sur Λ, qui sont utiles pour la suite.

Proposition 3.1 *Soit N un entier positif fixé. Il existe un unique ensemble de N points ζ_j de Λ, $1 \leq j \leq N$, et un unique ensemble de N réels ω_j, $1 \leq j \leq N$, tels que l'égalité suivante ait lieu pour tout polynôme Φ de $\mathbb{P}_{2N-1}(\Lambda)$*

$$\int_{-1}^{1} \Phi(\zeta)\, d\zeta = \sum_{j=1}^{N} \Phi(\zeta_j)\, \omega_j. \tag{3.1}$$

Les nœuds ζ_j, $1 \leq j \leq N$, sont les zéros du polynôme L_N. Les poids ω_j, $1 \leq j \leq N$, sont positifs.

Démonstration: Soit ζ_j, $1 \leq j \leq N$, les zéros de L_N. Pour $1 \leq k \leq N$, on note h_k le polynôme de Lagrange associé à ζ_k, c'est-à-dire l'unique polynôme de $\mathbb{P}_{N-1}(\Lambda)$ qui vaut 1 en ζ_k et s'annule en ζ_j, $1 \leq j \leq N$, $j \neq k$. On pose:

$$\omega_k = \int_{-1}^{1} h_k(\zeta)\, d\zeta.$$

On vérifie alors facilement que, pour $1 \leq j \leq N$,

$$\int_{-1}^{1} h_k(\zeta)\, d\zeta = h_k(\zeta_k)\, \omega_k = \sum_{j=1}^{N} h_k(\zeta_j)\omega_j,$$

de sorte que l'égalité (3.1) est vraie lorsque Φ appartient à l'ensemble $\{h_1, \ldots, h_N\}$. Comme cet ensemble forme une base de $\mathbb{P}_{N-1}(\Lambda)$, l'égalité (3.1) est satisfaite pour tout polynôme Φ de $\mathbb{P}_{N-1}(\Lambda)$. Soit maintenant Φ un polynôme quelconque de $\mathbb{P}_{2N-1}(\Lambda)$, on effectue sa division euclidienne par L_N: il existe deux polynômes Q et R, nécessairement dans $\mathbb{P}_{N-1}(\Lambda)$, tels que Φ soit égal à $Q\, L_N + R$. On calcule alors

$$\int_{-1}^{1} \Phi(\zeta)\, d\zeta = \int_{-1}^{1} Q(\zeta) L_N(\zeta)\, d\zeta + \int_{-1}^{1} R(\zeta)\, d\zeta.$$

Comme L_N est orthogonal à tous les polynômes de degré $\leq N - 1$, donc à Q, et que l'égalité (3.1) est exacte pour le polynôme R, on en déduit

$$\int_{-1}^{1} \Phi(\zeta)\, d\zeta = \int_{-1}^{1} R(\zeta)\, d\zeta = \sum_{j=1}^{N} R(\zeta_j)\, \omega_j.$$

Finalement, comme les nœuds de la formule de quadrature sont les zéros de L_N, on obtient

$$\int_{-1}^{1} \Phi(\zeta)\, d\zeta = \sum_{j=1}^{N} (Q\, L_N + R)(\zeta_j)\, \omega_j = \sum_{j=1}^{N} \Phi(\zeta_j)\, \omega_j,$$

ce qui prouve l'exactitude de la formule de quadrature sur $\mathbb{P}_{2N-1}(\Lambda)$. Comme les h_j, $1 \leq j \leq N$, appartiennent à $\mathbb{P}_{N-1}(\Lambda)$, leurs carrés appartiennent à $\mathbb{P}_{2N-2}(\Lambda)$ et on a

$$\omega_j = \int_{-1}^{1} h_j^2(\zeta)\, d\zeta,$$

ce qui montre que les ω_j sont positifs. Réciproquement, soit ζ_j et ω_j, $1 \leq j \leq N$, $2N$ nombres réels tels que la formule (3.1) soit vraie pour tout Φ dans $\mathbb{P}_{2N-1}(\Lambda)$. Comme précédemment, on note h_j, $1 \leq j \leq N$, les polynômes de Lagrange associés aux ζ_j dans $\mathbb{P}_{N-1}(\Lambda)$ et, en appliquant la formule à h_j, on voit que l'on a nécessairement:

$$\omega_j = \int_{-1}^{1} h_j(\zeta)\, d\zeta,$$

donc les ω_j, $1 \leq j \leq N$, sont déterminés de façon unique en fonction des ζ_j. Puis, en choisissant Φ égal à $L_N\, h_j$, on obtient

$$0 = \int_{-1}^{1} L_N(\zeta) h_j(\zeta)\, d\zeta = \sum_{k=1}^{N} L_N(\zeta_k) h_j(\zeta_k)\, \omega_k = L_N(\zeta_j)\, \omega_j.$$

Comme ω_j est aussi égal à $\int_{-1}^{1} h_j^2(\zeta)\, d\zeta$, donc est positif, $L_N(\zeta_j)$ est nul et les N points distincts ζ_j, $1 \leq j \leq N$, sont les zéros de L_N.

Dans tout ce qui suit, on désigne par ζ_j, $1 \leq j \leq N$, les zéros de L_N, qui sont les nœuds de la formule de quadrature et par ω_j, $1 \leq j \leq N$, les poids qui leur sont associés de façon unique d'après la Proposition 3.1. La formule de quadrature

$$\int_{-1}^{1} \Phi(\zeta)\, d\zeta \simeq \sum_{j=1}^{N} \Phi(\zeta_j)\, \omega_j, \tag{3.2}$$

est appelée *formule de Gauss de type Legendre* à N points. Il reste à donner une expression des poids ω_j, $1 \leq j \leq N$. Le plus simple est d'utiliser la formule de Christoffel–Darboux (2.14) avec η égal à ζ_j

$$L_0^*(\zeta) L_0^*(\zeta_j) + \cdots + L_{N-1}^*(\zeta) L_{N-1}^*(\zeta_j) = \frac{k_{N-1}^*}{k_N^*}\, \frac{L_N^*(\zeta) L_{N-1}^*(\zeta_j)}{\zeta - \zeta_j}.$$

On obtient en intégrant cette équation

$$1 = \frac{k_{N-1}^*}{k_N^*}\, L_{N-1}^*(\zeta_j) \int_{-1}^{1} \frac{L_N^*(\zeta)}{\zeta - \zeta_j}\, d\zeta,$$

puis en calculant l'intégrale grâce à la formule de quadrature

$$1 = \frac{k_{N-1}^*}{k_N^*}\, L_N^{*\prime}(\zeta_j) L_{N-1}^*(\zeta_j)\, \omega_j. \tag{3.3}$$

En utilisant le Corollaire 2.7 pour “enlever les étoiles”, puis le Corollaire 2.6, on en déduit finalement l'expression:

$$\omega_j = \frac{2}{N L_N'(\zeta_j) L_{N-1}(\zeta_j)}. \tag{3.4}$$

Remarque 3.2 Le calcul rapide des nœuds de la formule de quadrature est la première étape pour la mise en œuvre des méthodes spectrales. Pour de grandes valeurs de N, il semble que l'algorithme le plus performant pour obtenir les ζ_j, $1 \leq j \leq N$, soit le suivant: on fait appel à la formule de récurrence (2.12) et, en notant d'après les Corollaires 2.6 et 2.7 que

$$k_n^* = \sqrt{n + \frac{1}{2}}\, \frac{(2n)!}{2^n (n!)^2},$$

on l'écrit sous la forme:

$$\zeta L_n^* = \frac{n+1}{\sqrt{(2n+1)(2n+3)}}\, L_{n+1}^* + \frac{n}{\sqrt{(2n-1)(2n+1)}}\, L_{n-1}^*.$$

Si l'on pose

$$\beta_n = \frac{n}{\sqrt{4n^2-1}},$$

ceci équivaut à:

$$\zeta \begin{pmatrix} L_0^* \\ L_1^* \\ \cdots \\ L_{N-2}^* \\ L_{N-1}^* \end{pmatrix} = \begin{pmatrix} 0 & \beta_1 & \cdots & 0 & 0 \\ \beta_1 & 0 & \cdots & 0 & 0 \\ \cdots & \cdots & \cdots & \cdots & \cdots \\ 0 & 0 & \cdots & 0 & \beta_{N-1} \\ 0 & 0 & \cdots & \beta_{N-1} & 0 \end{pmatrix} \begin{pmatrix} L_0^* \\ L_1^* \\ \cdots \\ L_{N-2}^* \\ L_{N-1}^* \end{pmatrix} + \beta_N \begin{pmatrix} 0 \\ 0 \\ \cdots \\ 0 \\ L_N^* \end{pmatrix}.$$

En d'autres termes, les ζ_j, $1 \le j \le N$, sont les *valeurs propres* de la matrice

$$M = \begin{pmatrix} 0 & \beta_1 & \cdots & 0 & 0 \\ \beta_1 & 0 & \cdots & 0 & 0 \\ \cdots & \cdots & \cdots & \cdots & \cdots \\ 0 & 0 & \cdots & 0 & \beta_{N-1} \\ 0 & 0 & \cdots & \beta_{N-1} & 0 \end{pmatrix},$$

qui est tridiagonale symétrique à diagonale nulle; on les calcule donc facilement, avec par exemple un algorithme de Givens–Householder (voir Ciarlet [43]). On remarque également qu'en appliquant une fois de plus la formule de Christoffel–Darboux (2.15) dans (3.3), on a l'expression:

$$\omega_j = \left(L_0^{*2}(\zeta_j) + \ldots + L_{N-1}^{*2}(\zeta_j)\right)^{-1},$$

et on en déduit que, si x_{j0} est la première composante d'un vecteur propre de norme égale à 1 de la matrice M, associé à la valeur propre ζ_j, ω_j est égal à $2x_{j0}^2$.

On étudie ensuite une autre formule de quadrature, qui diffère de la première essentiellement par le fait que les extrémités -1 et 1 de l'intervalle sont des nœuds de la formule.

Proposition 3.3 *Soit N un entier positif fixé. On pose $\xi_0 = -1$ et $\xi_N = 1$. Il existe un unique ensemble de $N-1$ points ξ_j de Λ, $1 \le j \le N-1$, et un unique ensemble de $N+1$ réels ρ_j, $0 \le j \le N$, tels que l'égalité suivante ait lieu pour tout polynôme Φ de $\mathbb{P}_{2N-1}(\Lambda)$*

$$\int_{-1}^{1} \Phi(\zeta)\, d\zeta = \sum_{j=0}^{N} \Phi(\xi_j)\, \rho_j. \tag{3.5}$$

Les nœuds ξ_j, $1 \le j \le N-1$, sont les zéros du polynôme L_N'. Les poids ρ_j, $0 \le j \le N$, sont positifs.

Démonstration: On note d'abord que, si F_{N-1} désigne le polynôme $\prod_{j=1}^{N-1}(\zeta - \xi_j)$, tout polynôme Φ de $\mathbb{P}_{2N-1}(\Lambda)$ s'écrit sous la forme

$$\Phi(\zeta) = \Phi(-1)\, \frac{(1-\zeta)\, F_{N-1}(\zeta)}{2F_{N-1}(-1)} + \Phi(1)\, \frac{(1+\zeta)\, F_{N-1}(\zeta)}{2F_{N-1}(1)} + (1-\zeta^2)\, \Psi(\zeta),$$

où Ψ est un polynôme de $\mathbb{P}_{2N-3}(\Lambda)$. En posant

$$\begin{cases} \rho_0 = \frac{1}{2F_{N-1}(-1)} \int_{-1}^{1} (1-\zeta)\, F_{N-1}(\zeta)\, d\zeta \\ \rho_N = \frac{1}{2F_{N-1}(1)} \int_{-1}^{1} (1+\zeta)\, F_{N-1}(\zeta)\, d\zeta, \end{cases} \tag{3.6}$$

on voit que la première partie de la proposition est équivalente à l'énoncé suivant: il existe un unique ensemble de $N-1$ points ξ_j de Λ, $1 \le j \le N-1$, et un unique ensemble de $N-1$ réels ρ_j, $1 \le j \le N-1$, tels que l'égalité suivante ait lieu pour tout polynôme Ψ de $\mathbb{P}_{2N-3}(\Lambda)$:

$$\int_{-1}^{1} \Psi(\zeta)\,(1-\zeta^2)\,d\zeta = \sum_{j=1}^{N-1} \Psi(\xi_j)\,(1-\xi_j^2)\,\rho_j. \tag{3.7}$$

Ceci est similaire à la Proposition 3.1, avec N remplacé par $N-1$ et la mesure $d\zeta$ remplacée par la mesure $(1-\zeta^2)\,d\zeta$. On termine donc la démonstration de la Proposition 3.3 exactement par les mêmes arguments que pour la Proposition 3.1 en rappelant que, d'après la formule (2.4), les polynômes L'_n, $n \ge 1$, forment une famille orthogonale pour le produit scalaire: $(\varphi, \psi) \mapsto \int_{-1}^{1} \varphi(\zeta)\psi(\zeta)\,(1-\zeta^2)\,d\zeta$.

Dans tout ce qui suit, on notera ξ_j, $0 \le j \le N$, les zéros de $(1-\zeta^2)\,L'_N$ rangés par ordre croissant et ρ_j, $0 \le j \le N$, les poids qui leur sont associés de façon unique d'après la Proposition 3.3. La formule de quadrature

$$\int_{-1}^{1} \Phi(\zeta)\,d\zeta \simeq \sum_{j=0}^{N} \Phi(\xi_j)\,\rho_j, \tag{3.8}$$

est appelée *formule de Gauss–Lobatto de type Legendre* à $N+1$ points. Le mode de calcul des poids ρ_j, $0 \le j \le N$, est donné dans les deux lemmes suivants.

Lemme 3.4 *Les poids ρ_0 et ρ_N sont égaux à $\frac{2}{N(N+1)}$.*

Démonstration: On déduit de la formule (3.6) la formule équivalente

$$\begin{cases} \rho_0 = \frac{1}{2L'_N(-1)} \int_{-1}^{1} (1-\zeta)\,L'_N(\zeta)\,d\zeta \\ \rho_N = \frac{1}{2L'_N(1)} \int_{-1}^{1} (1+\zeta)\,L'_N(\zeta)\,d\zeta, \end{cases}$$

ce qui conduit à distinguer les deux cas: N pair et N impair.
1) Lorsque N est impair, le polynôme L'_N est pair, de sorte que $2L'_N(-1)$ et $2L'_N(1)$ sont tous deux égaux à $N(N+1)$; de plus, le polynôme $\zeta L'_N$ est impair, donc d'intégrale nulle sur Λ. On en déduit

$$\rho_0 = \rho_N = \frac{1}{N(N+1)} \int_{-1}^{1} L'_N(\zeta)\,d\zeta = \frac{1}{N(N+1)}\,\big(L_N(1) - L_N(-1)\big),$$

d'où le résultat.
2) Lorsque N est pair, les arguments de symétrie impliquent

$$\rho_0 = \rho_N = \frac{1}{N(N+1)} \int_{-1}^{1} \zeta L'_N(\zeta)\,d\zeta.$$

On intègre par parties:

$$\rho_0 = \rho_N = \frac{1}{N(N+1)}\Big(L_N(1) + L_N(-1) - \int_{-1}^{1} L_N(\zeta)\,d\zeta\Big),$$

et on obtient le résultat cherché.

Lemme 3.5 *Les poids ρ_j, $1 \le j \le N-1$, sont donnés par*

$$\rho_j = \frac{2}{N(N+1)\, L_N^2(\xi_j)}. \tag{3.9}$$

Démonstration: En appliquant la formule (3.8) au polynôme $\frac{L'_N(\zeta)}{\zeta-\xi_j}\,(1-\zeta^2)$, on voit que

$$\int_{-1}^{1} \frac{L'_N(\zeta)}{\zeta - \xi_j}\,(1-\zeta^2)\,d\zeta = (\frac{d}{d\zeta})\big((1-\zeta^2)\,L'_N\big)(\xi_j)\,\rho_j,$$

d'où, d'après l'équation différentielle (2.2):

$$\rho_j = -\frac{1}{N(N+1)\,L_N(\xi_j)} \int_{-1}^{1} \frac{L'_N(\zeta)}{\zeta - \xi_j}\,(1-\zeta^2)\,d\zeta. \tag{3.10}$$

Pour évaluer l'intégrale, on va calculer par récurrence sur n la quantité

$$S_n(\zeta,\eta) = \frac{L'_{n+1}(\zeta)L'_n(\eta) - L'_{n+1}(\eta)L'_n(\zeta)}{\zeta - \eta}.$$

On établit la formule de récurrence sur les L'_n, $n \ge 1$, en dérivant la formule (2.13):

$$(n+1)\,L'_{n+1}(\zeta) = (2n+1)\,\zeta L'_n(\zeta) + (2n+1)\,L_n(\zeta) - n\,L'_{n-1}(\zeta),$$

puis en remplaçant $(2n+1)\,L_n$ par $L'_{n+1} - L'_{n-1}$ d'après la formule (2.9). On obtient

$$n\,L'_{n+1}(\zeta) = (2n+1)\,\zeta L'_n(\zeta) - (n+1)\,L'_{n-1}(\zeta). \tag{3.11}$$

En utilisant cette formule, on a

$$S_n(\zeta,\eta) = \frac{(2n+1)(\zeta-\eta)\,L'_n(\zeta)L'_n(\eta) - (n+1)\big(L'_{n-1}(\zeta)L'_n(\eta) - L'_{n-1}(\eta)L'_n(\zeta)\big)}{n\,(\zeta-\eta)},$$

ce qui s'écrit:

$$\frac{S_n(\zeta,\eta)}{n+1} = \frac{2n+1}{n(n+1)}\,L'_n(\zeta)L'_n(\eta) + \frac{S_{n-1}(\zeta,\eta)}{n}.$$

En outre, S_0 est identiquement nul. On obtient donc

$$\frac{L'_{n+1}(\zeta)L'_n(\eta) - L'_{n+1}(\eta)L'_n(\zeta)}{\zeta-\eta} = (n+1)\sum_{k=1}^{n} \frac{2k+1}{k(k+1)}\,L'_k(\zeta)L'_k(\eta),$$

qui est en fait la formule de Christoffel–Darboux pour les L'_n, $n \ge 1$. On utilise cette formule avec $n = N-1$ et $\eta = \xi_j$: on la multiplie par $(1-\zeta^2)$ et on l'intègre sur Λ par rapport à la variable ζ. En rappelant que les L'_n sont deux à deux orthogonaux pour la mesure $(1-\zeta^2)\,d\zeta$, donc d'intégrale nulle pour cette mesure lorsque n est ≥ 2, on en déduit

$$L'_{N-1}(\xi_j) \int_{-1}^{1} \frac{L'_N(\zeta)}{\zeta-\xi_j}\,(1-\zeta^2)\,d\zeta = \frac{3N}{2}\int_{-1}^{1}(1-\zeta^2)\,d\zeta = 2N.$$

En combinant ce résultat avec (3.10), on obtient

$$\rho_j = -\frac{2}{(N+1)\, L_N(\xi_j) L'_{N-1}(\xi_j)}. \tag{3.12}$$

La formule (3.11) et la formule (2.9) dérivée, appliquées en ξ_j, s'écrivent

$$N\, L'_{N+1}(\xi_j) = -(N+1)\, L'_{N-1}(\xi_j) \quad \text{et} \quad (2N+1)\, L_N(\xi_j) = L'_{N+1}(\xi_j) - L'_{N-1}(\xi_j),$$

donc $L'_{N-1}(\xi_j)$ est égal à $-N L_N(\xi_j)$, ce qui permet de conclure.

Remarque 3.6 Comme pour la formule de Gauss, une manière simple et efficace de calculer les nœuds ξ_j, $1 \le j \le N-1$, consiste à exhiber une matrice symétrique dont ils sont les valeurs propres. Pour cela, on pose:

$$J_n^* = L'_{n+1} \sqrt{\frac{n+\frac{3}{2}}{(n+1)(n+2)}},$$

ce qui signifie que les J_n^*, $0 \le n \le N$, forment une base orthonormée de $\mathbb{P}_N(\Lambda)$ pour le produit scalaire: $(\varphi, \psi) \mapsto \int_{-1}^{1} \varphi(\zeta)\psi(\zeta)\,(1-\zeta^2)\, d\zeta$. La formule de récurrence (3.11) s'écrit

$$n\sqrt{\frac{(n+1)(n+2)}{n+\frac{3}{2}}}\, J_n^*(\zeta) = (2n+1)\sqrt{\frac{n(n+1)}{n+\frac{1}{2}}}\, \zeta J_{n-1}^*(\zeta) - (n+1)\sqrt{\frac{n(n-1)}{n-\frac{1}{2}}}\, J_{n-2}^*(\zeta),$$

ou encore

$$2\zeta\, J_{n-1}^*(\zeta) = \sqrt{\frac{n(n+2)}{(n+\frac{1}{2})(n+\frac{3}{2})}}\, J_n^*(\zeta) + \sqrt{\frac{(n-1)(n+1)}{(n-\frac{1}{2})(n+\frac{1}{2})}}\, J_{n-2}^*(\zeta).$$

Ceci prouve que les ξ_j, $1 \le j \le N-1$, sont les valeurs propres de la matrice

$$\begin{pmatrix} 0 & \gamma_1 & \cdots & 0 & 0 \\ \gamma_1 & 0 & \cdots & 0 & 0 \\ \cdots & \cdots & \cdots & \cdots & \cdots \\ 0 & 0 & \cdots & 0 & \gamma_{N-2} \\ 0 & 0 & \cdots & \gamma_{N-2} & 0 \end{pmatrix},$$

avec

$$\gamma_n = \frac{1}{2}\sqrt{\frac{n(n+2)}{(n+\frac{1}{2})(n+\frac{3}{2})}}, \quad 1 \le n \le N-2. \tag{3.13}$$

Cette matrice est encore tridiagonale symétrique à diagonale nulle. Finalement, les poids ρ_j, $1 \le j \le N-1$, peuvent se calculer soit à partir des vecteurs propres de cette matrice comme pour la formule de Gauss, soit par la formule (3.9), ce qui en l'occurrence n'est pas beaucoup plus compliqué. Les poids ρ_0 et ρ_N sont donnés dans le Lemme 3.4.

II.4 Inégalités inverses pour des polynômes

On rappelle les deux constatations suivantes:
(i) pour tout ouvert $\mathcal{O}$ non vide borné lipschitzien, l'espace $H^1(\mathcal{O})$ est strictement inclus dans l'espace $L^2(\mathcal{O})$ avec injection continue;
(ii) sur un espace vectoriel de dimension finie, toutes les normes sont équivalentes.
Ceci signifie d'abord que la norme $\|.\|_{L^2(\mathcal{O})}$ est bornée par une constante fois la norme $\|.\|_{H^1(\mathcal{O})}$, mais que l'inverse est faux. Et cela indique aussi que, sur un espace de polynômes restreints à l'ouvert $\mathcal{O}$ de degré inférieur à un entier fixé, il existe une constante ne dépendant que de cet entier et du diamètre de $\mathcal{O}$ telle que la norme $\|.\|_{H^1(\mathcal{O})}$ des polynômes soit majorée par cette constante fois leur norme $\|.\|_{L^2(\mathcal{O})}$. Cette dernière inégalité est dite *inverse*, et le but de ce paragraphe est de préciser la dépendance exacte de la constante par rapport au degré des polynômes, sur l'intervalle de référence $\Lambda =]-1,1[$. La première démonstration en a été donnée par Canuto et Quarteroni [39].

On commence par un résultat utile.

Lemme 4.1 *Pour tout entier $n \geq 1$, le polynôme L'_n vérifie*

$$\int_{-1}^{1} L_n'^2(\zeta)\, d\zeta = n(n+1). \tag{4.1}$$

Démonstration: Grâce à la propriété d'orthogonalité des polynômes de Legendre, une intégration par parties donne

$$\begin{aligned}\int_{-1}^{1} L_n'^2(\zeta)\, d\zeta &= -\int_{-1}^{1} L_n(\zeta) L_n''(\zeta)\, d\zeta + L_n'(1)L_n(1) - L_n'(-1)L_n(-1)\\ &= L_n'(1) - (-1)^n L_n'(-1).\end{aligned}$$

La valeur de $L'_n(1)$ est donnée en (2.5), la valeur de $L'_n(-1)$ s'en déduit par parité ou imparité.

Théorème 4.2 *La majoration suivante est vérifiée pour tout entier N positif et par tout polynôme φ_N de $\mathbb{P}_N(\Lambda)$*

$$|\varphi_N|_{H^1(\Lambda)} \leq \sqrt{3}\, N^2\, \|\varphi_N\|_{L^2(\Lambda)}. \tag{4.2}$$

Démonstration: Tout polynôme φ_N de $\mathbb{P}_N(\Lambda)$ s'écrit dans la base des polynômes de Legendre:

$$\varphi_N = \sum_{n=0}^{N} \varphi^n L_n,$$

et on a d'après le Corollaire 2.7

$$\|\varphi_N\|^2_{L^2(\Lambda)} = \sum_{n=0}^{N} \frac{(\varphi^n)^2}{n+\frac{1}{2}}.$$

Le Lemme 4.1 permet d'écrire la majoration

$$|\varphi_N|_{H^1(\Lambda)} \leq \sum_{n=0}^{N} |\varphi^n|\, |L_n|_{H^1(\Lambda)} \leq \sum_{n=0}^{N} |\varphi^n| \sqrt{n(n+1)}.$$

On utilise alors l'inégalité de Cauchy–Schwarz pour en déduire

$$|\varphi_N|_{H^1(\Lambda)} \leq \Big(\sum_{n=0}^{N} \frac{(\varphi^n)^2}{n+\frac{1}{2}}\Big)^{\frac{1}{2}} \Big(\sum_{n=0}^{N} n(n+1)(n+\frac{1}{2})\Big)^{\frac{1}{2}}$$
$$\leq N^2 \, \|\varphi_N\|_{L^2(\Lambda)} \left(\sup_{1\leq n\leq N} \frac{n}{N}\big(\frac{n}{N}+1\big)\big(\frac{n}{N}+\frac{1}{2}\big)\right)^{\frac{1}{2}},$$

ce qui donne le résultat cherché.

À la vue de majorations pour les polynômes simples, par exemple

$$\|\zeta^N\|_{L^2(\Lambda)} = \frac{1}{\sqrt{N+\frac{1}{2}}} \quad \text{et} \quad |\zeta^N|_{H^1(\Lambda)} = \frac{N}{\sqrt{N-\frac{1}{2}}},$$

$$\|L_N\|_{L^2(\Lambda)} = \frac{1}{\sqrt{N+\frac{1}{2}}} \quad \text{et} \quad |L_N|_{H^1(\Lambda)} = \sqrt{N(N+1)},$$

on s'attendrait peut-être à ce que la puissance du paramètre N dans l'inégalité (4.2) soit égale à $\frac{3}{2}$, ou tout au moins plus petite que 2. On va montrer que cette puissance ne peut être diminuée, en exhibant pour tout entier N un polynôme φ_N de $\mathbb{P}_N(\Lambda)$ tel que

$$|\varphi_N|_{H^1(\Lambda)} \geq c\, N^2 \, \|\varphi_N\|_{L^2(\Lambda)}. \tag{4.3}$$

Pour cela, on rappelle que $\|L'_N\|_{L^2(\Lambda)}$ est égal à $\sqrt{N(N+1)}$, donc inférieur ou égal à $\sqrt{2}\,N$. Pour calculer $|L'_N|_{H^1(\Lambda)} = \|L''_N\|_{L^2(\Lambda)}$, on utilise la formule de quadrature (3.8). Comme les poids ρ_j, $1 \leq j \leq N-1$, sont positifs et que les poids ρ_0 et ρ_N sont donnés par le Lemme 3.4, on voit que

$$|L'_N|^2_{H^1(\Lambda)} = \sum_{j=0}^{N} L''^2_N(\xi_j)\,\rho_j \geq L''^2_N(-1)\rho_0 + L''^2_N(1)\rho_N \geq \frac{2}{N(N+1)}\big(L''^2_N(-1) + L''^2_N(1)\big).$$

Pour calculer $L''_N(\pm 1)$, on utilise l'équation différentielle (2.2)

$$(1-\zeta^2)\,L''_N(\zeta) - 2\zeta L'_N(\zeta) + N(N+1)\,L_N(\zeta) = 0,$$

que l'on dérive

$$(1-\zeta^2)\,L'''_N(\zeta) - 4\zeta L''_N(\zeta) + (N-1)(N+2)\,L'_N(\zeta) = 0.$$

On en déduit que $L''_N(1)$ est égal à $\frac{(N-1)(N+2)}{4}\,L'_N(1)$, donc que

$$L''_N(1) = \frac{(N-1)N(N+1)(N+2)}{8}.$$

Comme $L''_N(-1)$ est égal à $(-1)^N L''_N(1)$, on obtient

$$|L'_N|^2_{H^1(\Lambda)} \geq \frac{(N-1)^2 N(N+1)(N+2)^2}{16},$$

donc que $|L'_N|_{H^1(\Lambda)}$ est supérieur ou égal à $c\,N^3$ pour $N \geq 2$. En comparant les deux normes, on voit que le polynôme $\varphi_N = L'_N$ vérifie (4.3).

En appliquant le Théorème 4.2 aux dérivées successives des polynômes, on obtient immédiatement le

Corollaire 4.3 *Soit m et k des entiers, $0 \leq k \leq m$. La majoration suivante est vérifiée pour tout entier N positif et par tout polynôme φ_N de $\mathbb{P}_N(\Lambda)$*

$$|\varphi_N|_{H^m(\Lambda)} \leq 3^{\frac{m-k}{2}}\, N^{2(m-k)}\, |\varphi_N|_{H^k(\Lambda)}. \tag{4.4}$$

Toutefois, une inégalité inverse avec un exposant plus faible que dans le Théorème 4.2 peut être obtenue en introduisant un “poids” $(1-\zeta^2)$ dans le premier membre.

Proposition 4.4 *La majoration suivante est vérifiée pour tout entier N positif et par tout polynôme φ_N de $\mathbb{P}_N(\Lambda)$*

$$\left(\int_{-1}^{1} \varphi'^2_N(\zeta)\,(1-\zeta^2)\,d\zeta\right)^{\frac{1}{2}} \leq \sqrt{2}\,N\,\|\varphi_N\|_{L^2(\Lambda)}. \tag{4.5}$$

Démonstration: En utilisant la décomposition: $\varphi_N = \sum_{n=0}^{N} \varphi^n\, L_n$, on constate que

$$\int_{-1}^{1} \varphi'^2_N(\zeta)\,(1-\zeta^2)\,d\zeta = \sum_{m=0}^{N}\sum_{n=0}^{N} \varphi^m \varphi^n \int_{-1}^{1} L'_m(\zeta) L'_n(\zeta)\,(1-\zeta^2)\,d\zeta,$$

d'où, d'après la formule (2.4),

$$\int_{-1}^{1} \varphi'^2_N(\zeta)\,(1-\zeta^2)\,d\zeta = \sum_{n=0}^{N} (\varphi^n)^2\, n(n+1) \int_{-1}^{1} L_n^2(\zeta)\,d\zeta.$$

Ceci donne immédiatement la conclusion.

Erreur d'approximation polynômiale

Ce chapitre a pour but de majorer la distance de fonctions de régularité donnée à un espace de polynômes, pour les normes de Sobolev définies dans le Chapitre I. Comme les espaces de Sobolev que l'on considère ici sont des espaces de Hilbert, cette distance est calculée au moyen d'*opérateurs de projection orthogonale* sur l'espace de polynômes et a été initialement estimée dans [39] et [78]. L'étude s'effectue d'abord sur l'intervalle $\Lambda =]-1,1[$, puis sur des domaines du type $]-1,1[^d$, où d est un entier quelconque ≥ 2. On conclut en présentant un résultat de relèvement de traces polynômiales.

Dans ce chapitre, le paramètre de discrétisation est un entier positif, noté N. Le symbole c désigne une constante positive pouvant varier d'une ligne à l'autre mais toujours indépendante de N.

III.1 Erreur d'approximation polynômiale en une dimension

On étudie tout d'abord la distance à l'espace $\mathbb{P}_N(\Lambda)$ introduit dans la Notation II.1.1, pour la norme de $L^2(\Lambda)$.

Notation 1.1 On note π_N l'opérateur de projection orthogonale de $L^2(\Lambda)$ sur $\mathbb{P}_N(\Lambda)$.

Ceci signifie que, pour toute fonction φ de $L^2(\Lambda)$, $\pi_N\varphi$ appartient à $\mathbb{P}_N(\Lambda)$ et vérifie

$$\forall \psi_N \in \mathbb{P}_N(\Lambda), \quad \int_{-1}^{1} (\varphi - \pi_N\varphi)(\zeta)\psi_N(\zeta)\, d\zeta = 0. \tag{1.1}$$

Une autre façon de caractériser cet opérateur consiste à remarquer que les polynômes sur Λ forment un sous-espace dense dans l'espace des fonctions continues sur $\overline{\Lambda}$ et donc dans $L^2(\Lambda)$. Par conséquent, la famille $(L_n)_n$ des polynômes de Legendre est une famille totale de l'espace $L^2(\Lambda)$. Comme ces polynômes sont deux à deux orthogonaux dans $L^2(\Lambda)$, toute fonction φ de l'espace $L^2(\Lambda)$ admet le développement

$$\varphi = \sum_{n=0}^{+\infty} \varphi^n L_n, \qquad \text{avec} \quad \varphi^n = \frac{1}{\|L_n\|^2_{L^2(\Lambda)}} \int_{-1}^{1} \varphi(\zeta) L_n(\zeta)\, d\zeta, \tag{1.2}$$

et l'on a

$$\pi_N\varphi = \sum_{n=0}^{N} \varphi^n L_n.$$

Théorème 1.2 *Pour tout entier $m \geq 0$, il existe une constante c positive ne dépendant que de m telle que, pour toute fonction φ de $H^m(\Lambda)$, on ait*

$$\|\varphi - \pi_N\varphi\|_{L^2(\Lambda)} \leq c\, N^{-m} \|\varphi\|_{H^m(\Lambda)}. \tag{1.3}$$

On ne saurait trop insister sur l'importance du Théorème 1.2, sur lequel reposent tous les résultats suivants. On commence par prouver un résultat de continuité concernant l'opérateur auto-adjoint A défini en (II.2.3), qui intervient de façon essentielle dans la démonstration du théorème.

Lemme 1.3 *Pour tout entier $\ell \geq 0$, l'opérateur A est continu de $H^{\ell+2}(\Lambda)$ dans $H^{\ell}(\Lambda)$. Pour tous entiers $\ell \geq 0$ et $m \geq 0$, l'opérateur A^m est continu de $H^{\ell+2m}(\Lambda)$ dans $H^{\ell}(\Lambda)$.*

Démonstration: On vérifie facilement par récurrence sur k que, pour tout entier $k \geq 0$,

$$\frac{d^k(A\varphi)}{d\zeta^k} = -(1-\zeta^2)\,\frac{d^{k+2}\varphi}{d\zeta^{k+2}} + 2(k+1)\,\zeta\,\frac{d^{k+1}\varphi}{d\zeta^{k+1}} + k(k+1)\,\frac{d^k\varphi}{d\zeta^k}.$$

En appliquant cette formule, on voit que, pour tout k, $0 \leq k \leq \ell$,

$$\|\frac{d^k(A\varphi)}{d\zeta^k}\|_{L^2(\Lambda)} \leq c\,(\|\frac{d^{k+2}\varphi}{d\zeta^{k+2}}\|_{L^2(\Lambda)} + \|\frac{d^{k+1}\varphi}{d\zeta^{k+1}}\|_{L^2(\Lambda)} + \|\frac{d^k\varphi}{d\zeta^k}\|_{L^2(\Lambda)}),$$

d'où la première affirmation du lemme. On déduit alors la seconde en itérant m fois ce résultat.

Démonstration du théorème: Étant donnée une fonction φ de $H^m(\Lambda)$ pour laquelle on écrit la décomposition (1.2), il faut estimer

$$\|\varphi - \pi_N\varphi\|^2_{L^2(\Lambda)} = \sum_{n=N+1}^{+\infty} (\varphi^n)^2 \|L_n\|^2_{L^2(\Lambda)}.$$

On va distinguer deux cas, suivant que m est pair ou impair.
1) Lorsque m est pair égal à $2k$, d'après l'équation différentielle (II.2.2) vérifiée par les polynômes L_n, $n \geq 0$, on a

$$\varphi^n = \frac{1}{\|L_n\|^2_{L^2(\Lambda)}} \int_{-1}^{1} \varphi(\zeta)L_n(\zeta)\,d\zeta = \frac{1}{\|L_n\|^2_{L^2(\Lambda)}}\,\frac{1}{n(n+1)} \int_{-1}^{1} \varphi(\zeta)(AL_n)(\zeta)\,d\zeta.$$

Comme l'opérateur A est auto-adjoint dans $L^2(\Lambda)$, on obtient

$$\varphi^n = \frac{1}{\|L_n\|^2_{L^2(\Lambda)}}\,\frac{1}{n(n+1)} \int_{-1}^{1} (A\varphi)(\zeta)L_n(\zeta)\,d\zeta.$$

En itérant k fois ce résultat, on en déduit

$$\varphi^n = \frac{1}{\|L_n\|^2_{L^2(\Lambda)}}\,\frac{1}{\big(n(n+1)\big)^k} \int_{-1}^{1} (A^k\varphi)(\zeta)L_n(\zeta)\,d\zeta.$$

On constate donc que

$$\|\varphi - \pi_N\varphi\|^2_{L^2(\Lambda)} = \sum_{n=N+1}^{+\infty} \frac{1}{\big(n(n+1)\big)^{2k}} \Big(\frac{\int_{-1}^{1}(A^k\varphi)(\zeta)L_n(\zeta)\,d\zeta}{\|L_n\|^2_{L^2(\Lambda)}}\Big)^2 \|L_n\|^2_{L^2(\Lambda)}.$$

On minore alors les $n(n+1)$ par N^2, ce qui donne

$$\|\varphi - \pi_N \varphi\|^2_{L^2(\Lambda)} \le N^{-4k} \sum_{n=N+1}^{+\infty} \Big(\frac{\int_{-1}^1 (A^k\varphi)(\zeta) L_n(\zeta)\, d\zeta}{\|L_n\|^2_{L^2(\Lambda)}}\Big)^2 \|L_n\|^2_{L^2(\Lambda)}.$$

Comme les $\frac{\int_{-1}^1 (A^k\varphi)(\zeta) L_n(\zeta)\, d\zeta}{\|L_n\|^2_{L^2(\Lambda)}}$ sont les coefficients de $A^k\varphi$ dans la base des polynômes de Legendre, on a

$$\|\varphi - \pi_N \varphi\|^2_{L^2(\Lambda)} \le N^{-4k} \sum_{n=0}^{+\infty} \Big(\frac{\int_{-1}^1 (A^k\varphi)(\zeta) L_n(\zeta)\, d\zeta}{\|L_n\|^2_{L^2(\Lambda)}}\Big)^2 \|L_n\|^2_{L^2(\Lambda)} = N^{-4k}\, \|A^k\varphi\|^2_{L^2(\Lambda)}.$$

En utilisant le Lemme 1.3, on conclut (par un résultat en fait un peu moins fin que la ligne précédente, voir [25])

$$\|\varphi - \pi_N \varphi\|^2_{L^2(\Lambda)} \le c\, N^{-2m}\, \|\varphi\|^2_{H^m(\Lambda)}.$$

2) Lorsque m est impair égal à $2k+1$, on obtient comme précédemment

$$\varphi^n = \frac{1}{\|L_n\|^2_{L^2(\Lambda)}} \frac{1}{\big(n(n+1)\big)^k} \int_{-1}^1 (A^k\varphi)(\zeta) L_n(\zeta)\, d\zeta,$$

puis on utilise une fois de plus l'équation différentielle (II.2.2) et on intègre par parties une seule fois. On en déduit

$$\varphi^n = \frac{1}{\|L_n\|^2_{L^2(\Lambda)}} \frac{1}{\big(n(n+1)\big)^{k+1}} \int_{-1}^1 (A^k\varphi)'(\zeta) L_n'(\zeta)\, (1-\zeta^2)\, d\zeta.$$

On voit alors que

$$\|\varphi - \pi_N \varphi\|^2_{L^2(\Lambda)} = \sum_{n=N+1}^{+\infty} \frac{1}{\big(n(n+1)\big)^{2(k+1)}} \frac{\big(\int_{-1}^1 (A^k\varphi)'(\zeta) L_n'(\zeta)\, (1-\zeta^2)\, d\zeta\big)^2}{\|L_n\|^2_{L^2(\Lambda)}}.$$

On note que, comme les polynômes L_n', $n \ge 1$, sont deux à deux orthogonaux pour la mesure $(1-\zeta^2)\, d\zeta$, toute fonction ψ de $H^1(\Lambda)$ admet le développement

$$\psi = \sum_{n=0}^{+\infty} \psi^n\, L_n, \quad \text{avec } \psi^n = \frac{\int_{-1}^1 \psi'(\zeta) L_n'(\zeta)\, (1-\zeta^2)\, d\zeta}{\int_{-1}^1 L_n'^2(\zeta)\, (1-\zeta^2)\, d\zeta} \quad \text{pour } n \ge 1;$$

de la formule (II.2.4), on déduit alors

$$\int_{-1}^1 \psi'^2(\zeta)\, (1-\zeta^2)\, d\zeta = \sum_{n=0}^{+\infty} \frac{\big(\int_{-1}^1 \psi'(\zeta) L_n'(\zeta)\, (1-\zeta^2)\, d\zeta\big)^2}{\big(\int_{-1}^1 L_n'^2(\zeta)\, (1-\zeta^2)\, d\zeta\big)^2} \int_{-1}^1 L_n'^2(\zeta)\, (1-\zeta^2)\, d\zeta$$
$$= \sum_{n=0}^{+\infty} \frac{1}{n(n+1)} \frac{\big(\int_{-1}^1 \psi'(\zeta) L_n'(\zeta)\, (1-\zeta^2)\, d\zeta\big)^2}{\|L_n\|^2_{L^2(\Lambda)}}.$$

En appliquant cette formule pour la fonction $\psi = A^k\varphi$ et en minorant $\big(n(n+1)\big)^{2k+1}$ par $N^{2(2k+1)}$, on voit que

$$\|\varphi - \pi_N\varphi\|^2_{L^2(\Lambda)} \leq N^{-2(2k+1)} \int_{-1}^{1} (A^k\varphi)'^2(\zeta)\,(1-\zeta^2)\,d\zeta.$$

Et on conclut

$$\|\varphi - \pi_N\varphi\|^2_{L^2(\Lambda)} \leq c\,N^{-2m}\,\|(A^k\varphi)'\|^2_{L^2(\Lambda)} \leq c\,N^{-2m}\,\|A^k\varphi\|^2_{H^1(\Lambda)},$$

d'où, d'après le Lemme 1.3,

$$\|\varphi - \pi_N\varphi\|^2_{L^2(\Lambda)} \leq c\,N^{-2m}\,\|\varphi\|^2_{H^m(\Lambda)}.$$

Remarque 1.4 Le Théorème 1.2 fournit une majoration d'erreur d'ordre optimal entre une fonction quelconque de $L^2(\Lambda)$ et sa projection sur $\mathbb{P}_N(\Lambda)$, c'est-à-dire que la puissance de $\frac{1}{N}$ dans la formule (1.3) est égale à la différence des ordres des espaces de Sobolev entre les membres de droite et de gauche de l'équation. On constate en effet facilement que ce résultat ne peut être amélioré: si une fonction φ s'écrit $\sum_{n=1}^{+\infty} \alpha_n\,(L_{n+1} - L_{n-1})$, on a d'après la formule (II.2.9):

$$\|\varphi - \pi_N\varphi\|^2_{L^2(\Lambda)} = 2\sum_{n=N+1}^{+\infty} \frac{(\alpha_{n+1} - \alpha_{n-1})^2}{2n+1} \quad \text{et} \quad |\varphi|^2_{H^1(\Lambda)} = 2\sum_{n=1}^{+\infty} \alpha_n^2(2n+1).$$

On choisit alors

$$\alpha_n = \begin{cases} (2n+1)^{-\gamma} & \text{si } n \text{ est divisible par } 4, \\ 0 & \text{autrement,} \end{cases}$$

et on vérifie que la fonction φ appartient à $H^1(\Lambda)$ pour tout réel $\gamma > 1$ et que la quantité $\|\varphi - \pi_N\varphi\|_{L^2(\Lambda)}$ est de l'ordre de $N^{-\gamma}$. Cependant, le résultat du Théorème 1.2 peut être amélioré pour les fonctions présentant des singularités aux extrémités de l'intervalle (voir [25]): comme noté dans la démonstration précédente, la quantité $\|\varphi\|_{H^m(\Lambda)}$ dans (1.3) peut être remplacée par $\|A^{\frac{m}{2}}\varphi\|_{L^2(\Lambda)}$, qui peut être borné pour ce genre de fonctions sans que φ appartienne à $H^m(\Lambda)$.

L'opérateur π_N possède également des propriétés d'approximation optimales dans les espaces de Sobolev d'ordre négatif. Elles sont énoncées dans le corollaire suivant.

Corollaire 1.5 *Pour tous entiers $k > 0$ et $m \geq 0$, il existe une constante c positive ne dépendant que de k et m telle que, pour toute fonction φ de $H^m(\Lambda)$, on ait*

$$\|\varphi - \pi_N\varphi\|_{H^{-k}(\Lambda)} \leq c\,N^{-k-m}\|\varphi\|_{H^m(\Lambda)}. \tag{1.4}$$

Démonstration: Par définition de l'espace $H^{-k}(\Lambda)$, on a

$$\|\varphi - \pi_N\varphi\|_{H^{-k}(\Lambda)} = \sup_{\psi \in H_0^k(\Lambda)} \frac{\int_{-1}^{1} (\varphi - \pi_N\varphi)(\zeta)\,\psi(\zeta)\,d\zeta}{\|\psi\|_{H^k(\Lambda)}}$$

En utilisant (1.1), on voit que

$$\int_{-1}^{1} (\varphi - \pi_N\varphi)(\zeta)\,\psi(\zeta)\,d\zeta = \int_{-1}^{1} (\varphi - \pi_N\varphi)(\zeta)\,(\psi - \pi_N\psi)(\zeta)\,d\zeta$$
$$\leq \|\varphi - \pi_N\varphi\|_{L^2(\Lambda)}\|\psi - \pi_N\psi\|_{L^2(\Lambda)}.$$

Il suffit alors d'appliquer deux fois l'estimation (1.3), une fois à la fonction φ et une autre fois à la fonction ψ (avec m remplacé par k), pour conclure.

Si l'on essaie d'écrire une majoration du même type pour $|\varphi - \pi_N\varphi|_{H^1(\Lambda)}$, on s'aperçoit qu'elle ne peut pas être optimale. En effet, on peut seulement démontrer que

$$\forall \varphi \in H^m(\Lambda), \quad \|\varphi - \pi_N\varphi\|_{H^1(\Lambda)} \leq c\,N^{\frac{3}{2}-m}\,\|\varphi\|_{H^m(\Lambda)},$$

alors qu'on souhaite une majoration de l'ordre de N^{1-m}. En particulier, pour tout entier positif N, il existe une fonction φ de $H^1(\Lambda)$ telle que

$$|\varphi - \pi_N\varphi|_{H^1(\Lambda)} \geq c\,N^{\frac{1}{2}}\,|\varphi|_{H^1(\Lambda)}.$$

On peut par exemple choisir $\varphi = L_{N+1} - L_{N-1}$: φ' est égal à $(2N+1)\,L_N$, de sorte que d'après (II.2.8), $|\varphi|_{H^1(\Lambda)}$ est égal à $2\sqrt{N+\frac{1}{2}}$, tandis que $\pi_N\varphi$ coincide avec $-L_{N-1}$, de sorte que, d'après le Lemme II.4.1, $|\varphi - \pi_N\varphi|_{H^1(\Lambda)}$ est égal à $\sqrt{(N+1)(N+2)}$. Il s'agit donc de construire un autre opérateur, pour lequel des majorations d'erreur optimales soient vérifiées dans la norme $\|.\|_{H^1(\Lambda)}$.

On s'intéresse dans un premier temps à l'approximation de fonctions de $H_0^1(\Lambda)$ dans l'espace $\mathbb{P}_N^0(\Lambda)$ introduit dans la Notation II.1.2.

Notation 1.6 On note $\pi_N^{1,0}$ l'opérateur de projection orthogonale de $H_0^1(\Lambda)$ sur $\mathbb{P}_N^0(\Lambda)$ pour le produit scalaire associé à la norme $|.|_{H^1(\Lambda)}$.

Ceci équivaut à dire que, pour toute fonction φ de $H_0^1(\Lambda)$, $\pi_N^{1,0}\varphi$ appartient à $\mathbb{P}_N^0(\Lambda)$ et vérifie:

$$\forall \psi_N \in \mathbb{P}_N^0(\Lambda), \quad \int_{-1}^{1} (\varphi' - (\pi_N^{1,0}\varphi)')(\zeta)\psi_N'(\zeta)\,d\zeta = 0. \tag{1.5}$$

Théorème 1.7 *Pour tout entier $m \geq 1$, il existe une constante c positive ne dépendant que de m telle que, pour toute fonction φ de $H^m(\Lambda) \cap H_0^1(\Lambda)$, on ait*

$$|\varphi - \pi_N^{1,0}\varphi|_{H^1(\Lambda)} \leq c\,N^{1-m}\|\varphi\|_{H^m(\Lambda)}, \tag{1.6}$$

et

$$\|\varphi - \pi_N^{1,0}\varphi\|_{L^2(\Lambda)} \leq c\,N^{-m}\|\varphi\|_{H^m(\Lambda)}. \tag{1.7}$$

Démonstration: On commence par établir la première majoration. Comme elle est évidente pour $N = 1$, on suppose N supérieur ou égal à 2. On va d'abord établir l'identité:

$$(\pi_N^{1,0}\varphi)' = \pi_{N-1}\varphi', \tag{1.8}$$

vraie pour toute fonction φ de $H_0^1(\Lambda)$. Pour cela, on considère un polynôme quelconque χ_{N-1} de $\mathbb{P}_{N-1}(\Lambda)$ et, en posant

$$\psi_N(\zeta) = \int_{-1}^{\zeta} \big(\chi_{N-1}(\xi) - \frac{1}{2}\int_{-1}^{1} \chi_{N-1}(\eta)\,d\eta\big)\,d\xi,$$

on s'aperçoit qu'il s'écrit comme la somme d'une constante λ et de la dérivée ψ_N' d'un polynôme de $\mathbb{P}_N^0(\Lambda)$. On a alors

$$\int_{-1}^{1} (\varphi' - (\pi_N^{1,0}\varphi)')(\zeta)\chi_{N-1}(\zeta)\,d\zeta = \int_{-1}^{1} (\varphi' - (\pi_N^{1,0}\varphi)')(\zeta)\psi_N'(\zeta)\,d\zeta + \lambda \int_{-1}^{1} (\varphi' - (\pi_N^{1,0}\varphi)')(\zeta)\,d\zeta.$$

En utilisant d'une part la définition (1.5) de l'opérateur $\pi_N^{1,0}$ et d'autre part le fait que $\varphi - \pi_N^{1,0}\varphi$ s'annule en ± 1, on obtient

$$\int_{-1}^{1} (\varphi' - (\pi_N^{1,0}\varphi)')(\zeta)\chi_{N-1}(\zeta)\,d\zeta = 0.$$

Comme $(\pi_N^{1,0}\varphi)'$ appartient bien à $\mathbb{P}_{N-1}(\Lambda)$, on en déduit l'identité (1.8). On a alors

$$|\varphi - \pi_N^{1,0}\varphi|_{H^1(\Lambda)} = \|\varphi' - \pi_{N-1}(\varphi')\|_{L^2(\Lambda)},$$

et, en utilisant le Théorème 1.2, on voit que

$$|\varphi - \pi_N^{1,0}\varphi|_{H^1(\Lambda)} \le c\,(N-1)^{-(m-1)}\,\|\varphi'\|_{H^{m-1}(\Lambda)}.$$

Comme le rapport $\frac{N-1}{N}$ est borné, ceci entraîne pour une autre constante c

$$|\varphi - \pi_N^{1,0}\varphi|_{H^1(\Lambda)} \le c\,N^{-(m-1)}\,\|\varphi\|_{H^m(\Lambda)},$$

ce qui est la majoration (1.6).

La majoration de $\|\varphi - \pi_N^{1,0}\varphi\|_{L^2(\Lambda)}$ s'obtient grâce à la méthode classique de dualité d'Aubin–Nitsche, qui consiste à remarquer que

$$\|\varphi - \pi_N^{1,0}\varphi\|_{L^2(\Lambda)} = \sup_{g\in L^2(\Lambda)} \frac{\int_{-1}^{1}(\varphi - \pi_N^{1,0}\varphi)(\zeta)g(\zeta)\,d\zeta}{\|g\|_{L^2(\Lambda)}}. \tag{1.9}$$

Pour toute fonction g dans $L^2(\Lambda)$, on note χ l'unique solution dans $H_0^1(\Lambda)$ du problème (voir à ce sujet le Théorème I.3.1)

$$\forall \psi \in H_0^1(\Lambda), \quad \int_{-1}^{1} \chi'(\zeta)\psi'(\zeta)\,d\zeta = \int_{-1}^{1} g(\zeta)\psi(\zeta)\,d\zeta.$$

Grâce à l'inégalité de Poincaré–Friedrichs, en prenant ψ égal à χ, on a tout de suite la majoration

$$\|\chi\|_{H^1(\Lambda)} \le c\,\|g\|_{L^2(\Lambda)}.$$

Puis, en prenant ψ dans $\mathscr{D}(\Lambda)$, on voit que χ'' est égal à $-g$ et on obtient

$$\|\chi\|_{H^2(\Lambda)} \leq c\, \|g\|_{L^2(\Lambda)}. \tag{1.10}$$

L'argument clé de la méthode est le calcul de

$$\int_{-1}^{1} (\varphi - \pi_N^{1,0}\varphi)(\zeta) g(\zeta)\, d\zeta = \int_{-1}^{1} (\varphi' - (\pi_N^{1,0}\varphi)')(\zeta) \chi'(\zeta)\, d\zeta.$$

D'après la définition (1.5) de l'opérateur $\pi_N^{1,0}$, ceci implique pour tout χ_N dans $\mathbb{P}_N^0(\Lambda)$:

$$\begin{aligned}\int_{-1}^{1} (\varphi - \pi_N^{1,0}\varphi)(\zeta) g(\zeta)\, d\zeta &= \int_{-1}^{1} (\varphi' - (\pi_N^{1,0}\varphi)')(\zeta) (\chi' - \chi_N')(\zeta)\, d\zeta \\ &\leq |\varphi - \pi_N^{1,0}\varphi|_{H^1(\Lambda)} |\chi - \chi_N|_{H^1(\Lambda)}.\end{aligned}$$

On choisit alors χ_N égal à $\pi_N^{1,0}\chi$ et on applique la majoration (1.6) à la fonction χ avec $m = 2$, ce qui donne

$$\int_{-1}^{1} (\varphi - \pi_N^{1,0}\varphi)(\zeta) g(\zeta)\, d\zeta \leq c\, N^{-1}\, |\varphi - \pi_N^{1,0}\varphi|_{H^1(\Lambda)} \|\chi\|_{H^2(\Lambda)}.$$

Puis, grâce à (1.10), on en déduit

$$\int_{-1}^{1} (\varphi - \pi_N^{1,0}\varphi)(\zeta) g(\zeta)\, d\zeta \leq c\, N^{-1}\, |\varphi - \pi_N^{1,0}\varphi|_{H^1(\Lambda)} \|g\|_{L^2(\Lambda)},$$

ce qui, combiné avec (1.9), entraîne

$$\|\varphi - \pi_N^{1,0}\varphi\|_{L^2(\Lambda)} \leq c\, N^{-1}\, |\varphi - \pi_N^{1,0}\varphi|_{H^1(\Lambda)}.$$

Il suffit alors d'appliquer la majoration (1.6) pour conclure.

On peut bien entendu être intéressé par l'approximation dans $H^1(\Lambda)$ de fonctions qui ne s'annulent pas en ± 1. Soit φ une telle fonction. L'espace $H^1(\Lambda)$ étant contenu dans l'espace des fonctions continues sur $\overline{\Lambda}$ (voir Théorème I.2.13), on a en particulier

$$|\varphi(-1)| + |\varphi(1)| \leq \sup_{\zeta \in \overline{\Lambda}} |\varphi(\zeta)| \leq c\, \|\varphi\|_{H^1(\Lambda)}.$$

On pose:

$$\tilde{\varphi}(\zeta) = \varphi(\zeta) - \varphi(-1)\, \frac{1-\zeta}{2} - \varphi(1)\, \frac{1+\zeta}{2}, \tag{1.11}$$

de sorte que, d'après l'inégalité précédente, on a pour tout entier $m \geq 1$

$$\|\tilde{\varphi}\|_{H^m(\Lambda)} \leq c\, \|\varphi\|_{H^m(\Lambda)}. \tag{1.12}$$

De plus, la fonction $\tilde{\varphi}$ appartient à $H_0^1(\Lambda)$, ce qui permet de donner la définition ci-dessous.

Définition 1.8 On définit l'opérateur $\tilde{\pi}_N^1$ sur $H^1(\Lambda)$ de la façon suivante: pour toute fonction φ de $H^1(\Lambda)$, on pose:

$$(\tilde{\pi}_N^1\varphi)(\zeta) = (\pi_N^{1,0}\tilde{\varphi})(\zeta) + \varphi(-1)\,\frac{1-\zeta}{2} + \varphi(1)\,\frac{1+\zeta}{2}, \tag{1.13}$$

où la fonction $\tilde{\varphi}$ est définie en (1.11).

On constate alors l'identité:

$$\varphi - \tilde{\pi}_N^1\varphi = \tilde{\varphi} - \pi_N^{1,0}\tilde{\varphi},$$

de sorte que le corollaire qui suit est une conséquence immédiate du Théorème 1.7 combiné avec l'inégalité (1.12).

Corollaire 1.9 Pour tout entier $m \geq 1$, il existe une constante c positive ne dépendant que de m telle que, pour toute fonction φ de $H^m(\Lambda)$, on ait

$$|\varphi - \tilde{\pi}_N^1\varphi|_{H^1(\Lambda)} + N\,\|\varphi - \tilde{\pi}_N^1\varphi\|_{L^2(\Lambda)} \leq c\,N^{1-m}\|\varphi\|_{H^m(\Lambda)}. \tag{1.14}$$

Remarque 1.10 Il faut noter que l'opérateur $\tilde{\pi}_N^1$ n'est pas l'opérateur de projection orthogonale dans $H^1(\Lambda)$ (c'est pourquoi il est surmonté d'un symbole $\tilde{}$). Toutefois son usage s'avère important par la suite, car il possède la propriété de conserver les valeurs aux extrémités de l'intervalle.

Les résultats du Théorème 1.7 se généralisent à la projection orthogonale dans $H_0^k(\Lambda)$, où k est un entier positif quelconque.

Notation 1.11 Pour tout entier positif k, on note $\pi_N^{k,0}$ l'opérateur de projection orthogonale de $H_0^k(\Lambda)$ sur $\mathbb{P}_N(\Lambda) \cap H_0^k(\Lambda)$ pour le produit scalaire associé à la norme $|.|_{H^k(\Lambda)}$.

Théorème 1.12 *Pour tout entier positif k et pour tout entier $m \geq k$, il existe une constante c positive ne dépendant que de k et de m telle que, pour toute fonction φ de $H^m(\Lambda) \cap H_0^k(\Lambda)$, on ait*

$$|\varphi - \pi_N^{k,0}\varphi|_{H^\ell(\Lambda)} \leq c\,N^{\ell-m}\|\varphi\|_{H^m(\Lambda)}, \quad 0 \leq \ell \leq k. \tag{1.15}$$

La démonstration de ce résultat étant similaire à celle du Théorème 1.7 augmentée de quelques arguments de récurrence, on se contente d'en présenter les principales étapes et on laisse au lecteur intéressé le soin de la compléter.

Démonstration: On va démontrer la majoration (1.15) en trois temps, suivant que ℓ est égal à k, à 0, ou est compris entre les deux.
1) On vérifie, en utilisant la définition de $\pi_N^{k,0}$ et $\pi_{N-1}^{k-1,0}$, que

$$|\varphi - \pi_N^{k,0}\varphi|_{H^k(\Lambda)} \leq c\,|\varphi' - \pi_{N-1}^{k-1,0}\varphi'|_{H^{k-1}(\Lambda)}.$$

À partir de (1.6) et de cette formule, on démontre par récurrence sur k la majoration pour $\ell = k$.

2) Pour obtenir la majoration pour $\ell = 0$, on utilise de nouveau la méthode d'Aubin–Nitsche

$$\|\varphi - \pi_N^{k,0}\varphi\|_{L^2(\Lambda)} = \sup_{g \in L^2(\Lambda)} \frac{\int_{-1}^1 (\varphi - \pi_N^{k,0}\varphi)(\zeta) g(\zeta)\, d\zeta}{\|g\|_{L^2(\Lambda)}}.$$

Pour g quelconque dans $L^2(\Lambda)$, on considère la solution χ du problème

$$\forall \psi \in H_0^k(\Lambda), \quad \int_{-1}^1 (\frac{d^k\chi}{d\zeta^k})(\zeta)(\frac{d^k\psi}{d\zeta^k})(\zeta)\, d\zeta = \int_{-1}^1 g(\zeta)\psi(\zeta)\, d\zeta, \tag{1.16}$$

et on voit qu'elle vérifie

$$\|\chi\|_{H^{2k}(\Lambda)} \leq c\, \|g\|_{L^2(\Lambda)}. \tag{1.17}$$

Les mêmes arguments que précédemment, combinés avec (1.15) pour $\ell = k$ donnent alors la majoration souhaitée pour $\ell = 0$.
3) Finalement, la majoration pour ℓ quelconque se déduit immédiatement des majorations pour $\ell = k$ et $\ell = 0$ grâce à la formule suivante, que l'on démontre par récurrence sur k: pour tous entiers k et ℓ, $k \geq \ell$, toute fonction ψ de $H_0^k(\Lambda)$ vérifie

$$|\psi|_{H^\ell(\Lambda)} \leq \|\psi\|_{L^2(\Lambda)}^{1-\frac{\ell}{k}}\, |\psi|_{H^k(\Lambda)}^{\frac{\ell}{k}}.$$

Par des arguments analogues à (1.13), on peut construire un opérateur $\tilde{\pi}_N^k$ de $H^k(\Lambda)$ dans $\mathbb{P}_N(\Lambda)$ tel que les inégalités suivantes soient vérifiées pour toute fonction φ de $H^m(\Lambda)$, $m \geq k$:

$$|\varphi - \tilde{\pi}_N^k\varphi|_{H^\ell(\Lambda)} \leq c\, N^{\ell-m} \|\varphi\|_{H^m(\Lambda)}, \quad 0 \leq \ell \leq k. \tag{1.18}$$

En outre, cet opérateur préserve les valeurs aux extrémités de l'intervalle de la fonction et de toutes ses dérivées jusqu'à l'ordre $k-1$ (de façon équivalente, pour toute fonction φ de $H^k(\Lambda)$, $\varphi - \tilde{\pi}_N^k\varphi$ appartient à $H_0^k(\Lambda)$).

III.2 Erreur d'approximation polynômiale en dimension quelconque

Dans ce qui suit, on note Ω l'ouvert $]-1,1[^d$, où d est un entier quelconque ≥ 2. Le but de ce paragraphe est d'établir des majorations, analogues à celles de la Section 1, de la distance dans un espace $H^k(\Omega)$ d'une fonction de régularité connue à un certain espace de polynômes. Pour simplifier les notations on présente les démonstrations uniquement dans le cas $d = 2$. On désigne par $\boldsymbol{x} = (x, y)$ le point générique de Ω dans ce cas.

Les démonstrations reposent essentiellement sur les résultats de la Section 1, utilisés sur chaque variable avec un argument de "tensorisation". Ceci signifie que l'on va faire appel à la propriété suivante, en dimension $d = 2$ par exemple,

$$\begin{aligned} L^2(\Omega) &= \{v : \Omega \to \mathbb{R};\ \int_\Omega v^2(\boldsymbol{x})\, d\boldsymbol{x} < +\infty\} \\ &= \{v : \Lambda \times \Lambda \to \mathbb{R};\ \int_{-1}^1 (\int_{-1}^1 v^2(x,y)\, dy)\, dx < +\infty\} \\ &= \{v : \Lambda \to L^2(\Lambda);\ \int_{-1}^1 \|v(x,.)\|_{L^2(\Lambda)}^2\, dx < +\infty\} = L^2(\Lambda; L^2(\Lambda)). \end{aligned}$$

De la même façon, on voit facilement que

$$H^1(\Omega) = L^2(\Lambda; H^1(\Lambda)) \cap H^1(\Lambda; L^2(\Lambda)),$$

la définition de ces espaces étant donnée en fin de Section I.2.

On donne une version générale du résultat énoncé ci-dessus, qui sera de grande importance dans ce qui suit.

Lemme 2.1 *Pour tout entier $m \geq 0$ et pour tout entier r, $0 \leq r \leq m$, l'espace $H^m(\Omega)$ est inclus avec injection continue dans l'espace $H^r(\Lambda; H^{m-r}(\Lambda^{d-1}))$.*

Démonstration: C'est une conséquence immédiate de l'inégalité

$$\begin{aligned}\|v\|^2_{H^r(\Lambda;H^{m-r}(\Lambda))} &= \int_{-1}^{1} \sum_{k=0}^{r} \|(\frac{\partial^k v}{\partial x^k})(x,.)\|^2_{H^{m-r}(\Lambda)}\,dx \\ &= \int_{-1}^{1} \sum_{k=0}^{r} (\int_{-1}^{1} \sum_{\ell=0}^{m-r} (\frac{\partial^{k+\ell} v}{\partial x^k \partial y^\ell})^2(x,y)\,dy)\,dx \\ &\leq \int_\Omega \sum_{k+\ell=0}^{m} (\frac{\partial^{k+\ell} v}{\partial x^k \partial y^\ell})^2(\boldsymbol{x})\,d\boldsymbol{x} = \|v\|^2_{H^m(\Omega)}.\end{aligned}$$

On déduit également du Lemme I.2.10 la propriété suivante.

Lemma 2.2 *Pour tout entier $m \geq 0$, on a l'égalité*

$$H^m(\Omega) = L^2(\Lambda; H^m(\Lambda^{d-1})) \cap H^m(\Lambda; L^2(\Lambda^{d-1})). \tag{2.1}$$

Dans un premier temps, on étudie le comportement de la distance dans $L^2(\Omega)$ à l'espace $\mathbb{P}_N(\Omega)$ introduit dans la Notation II.1.3.

Notation 2.3 On note Π_N l'opérateur de projection orthogonale de $L^2(\Omega)$ sur $\mathbb{P}_N(\Omega)$.

Dans ce qui suit, en dimension $d = 2$, le symbole $^{(x)}$ ou $^{(y)}$ après un opérateur monodimensionnel indiquera que l'on fait agir cet opérateur sur la variable x ou y respectivement. Étant donnée une fonction v de $L^2(\Omega)$, on a par exemple pour presque tout y dans Λ:

$$\int_{-1}^{1} (v(x,y) - \pi_N^{(x)} v(x,y))\, L_n(x)\,dx = 0, \quad 0 \leq n \leq N.$$

On applique cette formule avec v remplacé par $\pi_N^{(y)} v$ et on en déduit , pour $0 \leq m \leq N$ et $0 \leq n \leq N$,

$$\begin{aligned}&\int_\Omega (v(\boldsymbol{x}) - \pi_N^{(x)} \circ \pi_N^{(y)} v(\boldsymbol{x}))\, L_m(x) L_n(y)\,d\boldsymbol{x} \\ &\quad = \int_{-1}^{1} L_n(y) (\int_{-1}^{1} (v(x,y) - \pi_N^{(x)} \circ \pi_N^{(y)} v(x,y)) L_m(x)\,dx)\,dy \\ &\quad = \int_{-1}^{1} L_n(y) (\int_{-1}^{1} (v(x,y) - \pi_N^{(y)} v(x,y)) L_m(x)\,dx)\,dy \\ &\quad = \int_{-1}^{1} L_m(x) (\int_{-1}^{1} (v(x,y) - \pi_N^{(y)} v(x,y)) L_n(y)\,dy)\,dx = 0.\end{aligned}$$

Comme $\pi_N^{(x)} \circ \pi_N^{(y)} v$ appartient à $\mathbb{P}_N(\Omega)$ et que les $L_m(x)L_n(y)$, $0 \leq m, n \leq N$, forment une base de $\mathbb{P}_N(\Omega)$ (voir Proposition II.1.4), on obtient l'identité:

$$\Pi_N = \pi_N^{(x)} \circ \pi_N^{(y)}. \tag{2.2}$$

On peut aussi facilement vérifier que les opérateurs $\pi_N^{(x)}$ et $\pi_N^{(y)}$ commutent.

Théorème 2.4 *Pour tout entier $m \geq 0$, il existe une constante c positive ne dépendant que de m telle que, pour toute fonction v de $H^m(\Omega)$, on ait*

$$\|v - \Pi_N v\|_{L^2(\Omega)} \leq c\, N^{-m} \|v\|_{H^m(\Omega)}. \tag{2.3}$$

Démonstration: En utilisant l'identité (2.2), on voit que

$$\begin{aligned} \|v - \Pi_N v\|_{L^2(\Omega)} &= \|v - \pi_N^{(x)} \circ \pi_N^{(y)} v\|_{L^2(\Lambda;L^2(\Lambda))} \\ &\leq \|v - \pi_N^{(x)} v\|_{L^2(\Lambda;L^2(\Lambda))} + \|\pi_N^{(x)}(v - \pi_N^{(y)} v)\|_{L^2(\Lambda;L^2(\Lambda))}. \end{aligned}$$

Pour majorer le premier terme, on applique le Théorème 1.2 par rapport à la variable x:

$$\|v - \pi_N^{(x)} v\|_{L^2(\Lambda;L^2(\Lambda))} \leq c\, N^{-m}\, \|v\|_{H^m(\Lambda;L^2(\Lambda))}.$$

Pour majorer le second terme, on utilise la continuité de l'opérateur π_N de l'espace $L^2(\Lambda)$ dans lui-même, puis on applique le Théorème 1.2 par rapport à la variable y:

$$\|\pi_N^{(x)}(v - \pi_N^{(y)} v)\|_{L^2(\Lambda;L^2(\Lambda))} \leq \|v - \pi_N^{(y)} v\|_{L^2(\Lambda;L^2(\Lambda))} \leq c\, N^{-m}\, \|v\|_{L^2(\Lambda;H^m(\Lambda))}.$$

On conclut en regroupant ces deux estimations et en utilisant le Lemme 2.1 pour $r = m$ et pour $r = 0$.

Comme précédemment, on s'intéresse à l'approximation de fonctions de $H_0^1(\Omega)$ par des polynômes de l'espace $\mathbb{P}_N^0(\Omega)$ introduit dans la Notation II.1.5.

Notation 2.5 On note $\Pi_N^{1,0}$ l'opérateur de projection orthogonale de $H_0^1(\Omega)$ sur $\mathbb{P}_N^0(\Omega)$ pour le produit scalaire associé à la norme $|.|_{H^1(\Omega)}$.

Les propriétés d'approximation de l'opérateur $\Pi_N^{1,0}$ vont être étudiées en deux temps.

Théorème 2.6 *Pour tout entier $m \geq 1$, il existe une constante c positive ne dépendant que de m telle que, pour toute fonction v de $H^m(\Omega) \cap H_0^1(\Omega)$, on ait*

$$|v - \Pi_N^{1,0} v|_{H^1(\Omega)} \leq c\, N^{1-m} \|v\|_{H^m(\Omega)}. \tag{2.4}$$

Démonstration: Le résultat étant évident pour m égal à 1, on peut supposer la fonction v dans $H^m(\Omega) \cap H_0^1(\Omega)$, $m \geq 2$. On a

$$|v - \Pi_N^{1,0} v|_{H^1(\Omega)} = \inf_{v_N \in \mathbb{P}_N^0(\Omega)} |v - v_N|_{H^1(\Omega)},$$

il suffit donc de trouver un polynôme v_N de $\mathbb{P}_N^0(\Omega)$ tel que

$$|v - v_N|_{H^1(\Omega)} \leq c\, N^{1-m} \|v\|_{H^m(\Omega)}. \tag{2.5}$$

D'après le Lemme 2.1, la fonction v appartient à $H^1(\Lambda; H^1(\Lambda))$ et même, puisqu'elle s'annule sur $\partial\Omega$, à $H_0^1(\Lambda; H_0^1(\Lambda))$. On choisit alors v_N égal à $\pi_N^{1,0(x)} \circ \pi_N^{1,0(y)} v$, qui appartient bien sûr à $\mathbb{P}_N^0(\Omega)$. Comme on a

$$|v - v_N|^2_{H^1(\Omega)} = \|(\frac{\partial}{\partial x})(v - v_N)\|^2_{L^2(\Omega)} + \|(\frac{\partial}{\partial y})(v - v_N)\|^2_{L^2(\Omega)},$$

et puisque la définition de v_N est symétrique en x et en y (les opérateurs $\pi_N^{1,0(x)}$ et $\pi_N^{1,0(y)}$ commutent!), il suffit de majorer par exemple $\|(\frac{\partial}{\partial x})(v - v_N)\|_{L^2(\Omega)}$. On fait appel pour cela à l'inégalité triangulaire

$$\begin{aligned}&\|(\frac{\partial}{\partial x})(v - v_N)\|_{L^2(\Omega)}\\ &\quad \le \|(\frac{\partial}{\partial x})(v - \pi_N^{1,0(x)} v)\|_{L^2(\Lambda; L^2(\Lambda))} + \|(\frac{\partial}{\partial x})\pi_N^{1,0(x)}(v - \pi_N^{1,0(y)} v)\|_{L^2(\Lambda; L^2(\Lambda))}.\end{aligned}$$

On utilise alors la majoration (1.6) par rapport à la variable x dans le premier terme, et la continuité de l'opérateur $\pi_N^{1,0}$ de $H_0^1(\Lambda)$ dans lui-même dans le second terme. On obtient

$$\|(\frac{\partial}{\partial x})(v - v_N)\|_{L^2(\Omega)} \le c\,N^{1-m}\, \|v\|_{H^m(\Lambda; L^2(\Lambda))} + \|(\frac{\partial}{\partial x})(v - \pi_N^{1,0(y)} v)\|_{L^2(\Lambda; L^2(\Lambda))}.$$

Comme l'opérateur $\pi_N^{1,0(y)}$ commute avec la dérivation en x, ceci s'écrit

$$\|(\frac{\partial}{\partial x})(v - v_N)\|_{L^2(\Omega)} \le c\,N^{1-m}\, \|v\|_{H^m(\Lambda; L^2(\Lambda))} + \|\frac{\partial v}{\partial x} - \pi_N^{1,0(y)} \frac{\partial v}{\partial x}\|_{L^2(\Lambda; L^2(\Lambda))},$$

et on utilise la majoration (1.7) par rapport à la variable y

$$\|(\frac{\partial}{\partial x})(v - v_N)\|_{L^2(\Omega)} \le c\,N^{1-m}\, \|v\|_{H^m(\Lambda; L^2(\Lambda))} + c\,N^{1-m}\, \|\frac{\partial v}{\partial x}\|_{L^2(\Lambda; H^{m-1}(\Lambda))}.$$

Le Lemme 2.1 donne alors la conclusion

$$\|(\frac{\partial}{\partial x})(v - v_N)\|_{L^2(\Omega)} \le c\,N^{1-m}\, \|v\|_{H^m(\Omega)}.$$

Théorème 2.7 *Pour tout entier $m \ge 1$, il existe une constante c positive ne dépendant que de m telle que, pour toute fonction v de $H^m(\Omega) \cap H_0^1(\Omega)$, on ait*

$$\|v - \Pi_N^{1,0} v\|_{L^2(\Omega)} \le c\,N^{-m} \|v\|_{H^m(\Omega)}. \tag{2.6}$$

Démonstration: Là encore, on utilise la méthode de dualité d'Aubin–Nitsche, grâce à l'égalité:

$$\|v - \Pi_N^{1,0} v\|_{L^2(\Omega)} = \sup_{g \in L^2(\Omega)} \frac{\int_\Omega (v - \Pi_N^{1,0} v)(\boldsymbol{x}) g(\boldsymbol{x})\, d\boldsymbol{x}}{\|g\|_{L^2(\Omega)}}. \tag{2.7}$$

Pour toute fonction g de $L^2(\Omega)$, on considère la solution w dans $H_0^1(\Omega)$ du problème

$$\forall v \in H_0^1(\Omega), \quad \int_\Omega (\mathbf{grad}\, w)(\boldsymbol{x}) \,.\, (\mathbf{grad}\, v)(\boldsymbol{x})\, d\boldsymbol{x} = \int_\Omega g(\boldsymbol{x}) v(\boldsymbol{x})\, d\boldsymbol{x}$$

(voir Théorème I.3.1). Puisque Ω est un ouvert convexe, on peut démontrer (voir Remarque I.3.4) que la fonction w appartient en fait à $H^2(\Omega)$ et vérifie

$$\|w\|_{H^2(\Omega)} \leq c\, \|g\|_{L^2(\Omega)}. \tag{2.8}$$

Grâce à la définition de l'opérateur $\Pi_N^{1,0}$, on a

$$\begin{aligned}\int_\Omega (v - \Pi_N^{1,0} v)(\boldsymbol{x}) g(\boldsymbol{x})\, d\boldsymbol{x} &= \int_\Omega \big(\mathbf{grad}\,(v - \Pi_N^{1,0} v)\big)(\boldsymbol{x}) \,.\, (\mathbf{grad}\, w)(\boldsymbol{x})\, d\boldsymbol{x} \\ &= \int_\Omega \big(\mathbf{grad}\,(v - \Pi_N^{1,0} v)\big)(\boldsymbol{x}) \,.\, \big(\mathbf{grad}\,(w - \Pi_N^{1,0} w)\big)(\boldsymbol{x})\, d\boldsymbol{x} \\ &\leq |v - \Pi_N^{1,0} v|_{H^1(\Omega)} |w - \Pi_N^{1,0} w|_{H^1(\Omega)}.\end{aligned}$$

On utilise le Théorème 2.6 et l'inégalité (2.8) pour obtenir

$$\int_\Omega (v - \Pi_N^{1,0} v)(\boldsymbol{x}) g(\boldsymbol{x})\, d\boldsymbol{x} \leq c\, N^{-1}\, |v - \Pi_N^{1,0} v|_{H^1(\Omega)} \|g\|_{L^2(\Omega)}.$$

La formule (2.7) et le Théorème 2.6 permettent alors de conclure.

Pour étudier l'approximation des fonctions de $H^1(\Omega)$, on utilise ici un opérateur de projection orthogonale.

Notation 2.8 On note Π_N^1 l'opérateur de projection orthogonale de $H^1(\Omega)$ sur $\mathbb{P}_N(\Omega)$ pour le produit scalaire associé à la norme $\|.\|_{H^1(\Omega)}$.

Cette définition de Π_N^1 s'écrit de la façon équivalente suivante: pour toute fonction v de $H^1(\Omega)$, $\Pi_N^1 v$ appartient à $\mathbb{P}_N(\Omega)$ et vérifie

$$\begin{aligned}&\forall w_N \in \mathbb{P}_N(\Omega), \\ &\int_\Omega \big(\mathbf{grad}\,(v - \Pi_N^1 v)\big)(\boldsymbol{x}) \,.\, (\mathbf{grad}\, w_N)(\boldsymbol{x})\, d\boldsymbol{x} + \int_\Omega (v - \Pi_N^1 v)(\boldsymbol{x}) w_N(\boldsymbol{x})\, d\boldsymbol{x} = 0.\end{aligned} \tag{2.9}$$

Théorème 2.9 *Pour tout entier $m \geq 1$, il existe une constante c positive ne dépendant que de m telle que, pour toute fonction v de $H^m(\Omega)$, on ait*

$$|v - \Pi_N^1 v|_{H^1(\Omega)} \leq c\, N^{1-m} \|v\|_{H^m(\Omega)}, \tag{2.10}$$

et

$$\|v - \Pi_N^1 v\|_{L^2(\Omega)} \leq c\, N^{-m} \|v\|_{H^m(\Omega)}. \tag{2.11}$$

Démonstration: On prouve les deux majorations successivement.
1) Comme pour le Théorème 2.6, on peut supposer $m \geq 2$, et on a

$$\|v - \Pi_N^1 v\|_{H^1(\Omega)} = \inf_{v_N \in \mathbb{P}_N(\Omega)} \|v - v_N\|_{H^1(\Omega)} \leq \|v - \tilde{\pi}_N^{1(x)} \circ \tilde{\pi}_N^{1(y)} v\|_{H^1(\Omega)}.$$

On est donc ramené à étudier les trois termes

$$\|v - \tilde{\pi}_N^{1(x)} \circ \tilde{\pi}_N^{1(y)} v\|_{L^2(\Omega)},\ \|(\frac{\partial}{\partial x})(v - \tilde{\pi}_N^{1(x)} \circ \tilde{\pi}_N^{1(y)} v)\|_{L^2(\Omega)} \text{ et } \|(\frac{\partial}{\partial y})(v - \tilde{\pi}_N^{1(x)} \circ \tilde{\pi}_N^{1(y)} v)\|_{L^2(\Omega)}.$$

La majoration du second et du troisième terme s'effectue exactement comme dans la démonstration du Théorème 2.6, en utilisant la majoration (1.14) au lieu de (1.6) et (1.7). Pour le premier on écrit l'inégalité triangulaire:

$$\|v - \tilde{\pi}_N^{1(x)} \circ \tilde{\pi}_N^{1(y)} v\|_{L^2(\Omega)} \le \|v - \tilde{\pi}_N^{1(x)} v\|_{L^2(\Lambda;L^2(\Lambda))} + \|v - \tilde{\pi}_N^{1(y)} v\|_{L^2(\Lambda;L^2(\Lambda))} + \|(id - \tilde{\pi}_N^{1(x)}) \circ (id - \tilde{\pi}_N^{1(y)}) v\|_{L^2(\Lambda;L^2(\Lambda))}.$$

Puis on fait appel à la majoration (1.14):

$$\begin{aligned} &\|v - \tilde{\pi}_N^{1(x)} \circ \tilde{\pi}_N^{1(y)} v\|_{L^2(\Omega)} \\ &\le c\,(N^{-m}\,\|v\|_{H^m(\Lambda;L^2(\Lambda))} + N^{-m}\,\|v\|_{L^2(\Lambda;H^m(\Lambda))} + N^{-1}\|v - \tilde{\pi}_N^{1(y)} v\|_{H^1(\Lambda;L^2(\Lambda))}) \\ &\le c\,(N^{-m}\,\|v\|_{H^m(\Lambda;L^2(\Lambda))} + N^{-m}\,\|v\|_{L^2(\Lambda;H^m(\Lambda))} + N^{-m}\|v\|_{H^1(\Lambda;H^{m-1}(\Lambda))}), \end{aligned}$$

et on conclut grâce au Lemme 2.1.

2) Pour obtenir la majoration (2.11), on utilise l'argument de dualité:

$$\|v - \Pi_N^1 v\|_{L^2(\Omega)} = \sup_{g \in L^2(\Omega)} \frac{\int_\Omega (v - \Pi_N^1 v)(\boldsymbol{x}) g(\boldsymbol{x})\, d\boldsymbol{x}}{\|g\|_{L^2(\Omega)}},$$

et on considère, pour tout g dans $L^2(\Omega)$, la solution w dans $H^1(\Omega)$ du problème:

$$\forall v \in H^1(\Omega), \quad \int_\Omega (\mathbf{grad}\, w)(\boldsymbol{x}) \,.\, (\mathbf{grad}\, v)(\boldsymbol{x})\, d\boldsymbol{x} + \int_\Omega w(\boldsymbol{x}) v(\boldsymbol{x})\, d\boldsymbol{x} = \int_\Omega g(\boldsymbol{x}) v(\boldsymbol{x})\, d\boldsymbol{x}$$

(il est facile de vérifier que les hypothèses du Lemme I.1.1 de Lax–Milgram sont encore vraies pour ce problème). La définition de l'opérateur Π_N^1 entraîne alors

$$\int_\Omega (v - \Pi_N^1 v)(\boldsymbol{x}) g(\boldsymbol{x})\, d\boldsymbol{x} = \int_\Omega \big(\mathbf{grad}\,(v - \Pi_N^1 v)\big)(\boldsymbol{x}) \,.\, \big(\mathbf{grad}\,(w - \Pi_N^1 w)\big)(\boldsymbol{x})\, d\boldsymbol{x} + \int_\Omega (v - \Pi_N^1 v)(\boldsymbol{x})(w - \Pi_N^1 w)(\boldsymbol{x})\, d\boldsymbol{x},$$

et la continuité de l'application: $g \mapsto w$ de $L^2(\Omega)$ dans $H^2(\Omega)$ mène à l'estimation désirée.

On termine cette étude par un résultat d'approximation dans $H_0^k(\Omega)$ (qui est essentiellement utilisé pour k égal à 2).

Notation 2.10 Pour tout entier positif k, on note $\Pi_N^{k,0}$ l'opérateur de projection orthogonale de $H_0^k(\Omega)$ sur $\mathbb{P}_N(\Omega) \cap H_0^k(\Omega)$ pour le produit scalaire associé à la norme $|\cdot|_{H^k(\Omega)}$.

Théorème 2.11 *Pour tout entier positif k et pour tout entier $m \ge k$, il existe une constante c positive ne dépendant que de k et m telle que, pour toute fonction v de $H^m(\Omega) \cap H_0^k(\Omega)$, on ait*

$$|v - \Pi_N^{k,0} v|_{H^k(\Omega)} \le c\, N^{k-m}\, \|v\|_{H^m(\Omega)}. \tag{2.12}$$

La démonstration du théorème pour les fonctions peu régulières fait appel au lemme suivant, qui relève de la théorie générale de l'*interpolation entre espaces de Banach*. On réfère à Berg et Löfström [16] et à Lions et Magenes [75] pour cette théorie.

Lemme 2.12 *Soit deux entiers r et s, $r \leq s$. Étant donnés un ouvert borné $\mathcal{O}$ à frontière lipschitzienne et un espace de Banach E, on considère une application linéaire continue de $H^r(\mathcal{O})$ dans E, de norme α, et de $H^s(\mathcal{O})$ dans E, de norme β. Alors, pour tout entier t, $r \leq t \leq s$, elle est linéaire continue de $H^t(\mathcal{O})$ dans E, de norme $\leq \alpha^{\frac{s-t}{s-r}} \beta^{\frac{t-r}{s-r}}$. Ce résultat est encore vrai avec les espaces $H^r(\mathcal{O})$, $H^s(\mathcal{O})$ et $H^t(\mathcal{O})$ remplacés par leurs intersections respectives avec l'espace $H_0^k(\mathcal{O})$, pour tout entier k positif $\leq r$.*

Démonstration du théorème: On suppose d'abord $m \geq 2k$, de sorte qu'une fonction v de $H^m(\Omega) \cap H_0^k(\Omega)$ appartient à $H_0^k(\Lambda; H_0^k(\Lambda))$. Par définition de l'opérateur $\Pi_N^{k,0}$, on a alors:

$$|v - \Pi_N^{k,0} v|_{H^k(\Omega)} \leq |v - \pi_N^{k,0(x)} \circ \pi_N^{k,0(y)} v|_{H^k(\Omega)}.$$

Il faut maintenant majorer $\|(\frac{\partial^k}{\partial x^\ell \partial y^{k-\ell}})(v - \pi_N^{k,0(x)} \circ \pi_N^{k,0(y)} v)\|_{L^2(\Omega)}$, ce qu'on fait en appliquant l'inégalité triangulaire à la somme

$$v - \pi_N^{k,0(x)} \circ \pi_N^{k,0(y)} v = (v - \pi_N^{k,0(x)} v) + (v - \pi_N^{k,0(y)} v) - \big((id - \pi_N^{k,0(x)}) \circ (id - \pi_N^{k,0(y)}) v\big),$$

et en utilisant 4 fois l'estimation (1.15): par rapport à la variable x pour le premier terme, par rapport à la variable y pour le second et successivement par rapport aux deux variables pour le troisième. On conclut en utilisant le Lemme 2.1.
Le résultat étant évident pour m égal à k, il reste à vérifier les cas intermédiaires $k < m < 2k$, ce qui se fait par l'intermédiaire du Lemme 2.12: en effet, on a prouvé que l'application $Id - \Pi_N^{k,0}$ est linéaire continue de $H_0^k(\Omega)$ dans lui-même de norme 1 et de $H^{2k}(\Omega) \cap H_0^k(\Omega)$ dans $H_0^k(\Omega)$ de norme $\leq c N^{-k}$. Si m est compris entre k et $2k$, elle est donc linéaire continue de $H^m(\Omega) \cap H_0^k(\Omega)$ dans $H_0^k(\Omega)$, de norme $\leq (c N^{-k})^{\frac{m-k}{k}} \leq c' N^{k-m}$.

Lorsque k est égal à 2 et en dimension $d = 2$, on peut encore démontrer, sous les hypothèses du Théorème 2.11, la majoration de $v - \Pi_N^{2,0} v$ dans la norme de $L^2(\Omega)$. En effet, la méthode de dualité requiert dans ce cas la continuité de $L^2(\Omega)$ dans $H^4(\Omega)$ de l'application: $g \mapsto w$, où w est la solution dans $H_0^2(\Omega)$ du problème

$$\forall v \in H_0^2(\Omega), \qquad \int_\Omega (\Delta w)(\boldsymbol{x})(\Delta v)(\boldsymbol{x})\, d\boldsymbol{x} = \int_\Omega g(\boldsymbol{x}) v(\boldsymbol{x})\, d\boldsymbol{x},$$

que l'on sait démontrer dans un carré (voir Remarque I.3.9).

Théorème 2.13 *En dimension $d = 2$, pour tout entier $m \geq 2$, il existe une constante c positive ne dépendant que de m telle que, pour toute fonction v de $H^m(\Omega) \cap H_0^2(\Omega)$, on ait*

$$\|v - \Pi_N^{2,0} v\|_{L^2(\Omega)} \leq c N^{-m} \|v\|_{H^m(\Omega)}. \tag{2.13}$$

Pour tout entier positif k, on peut également considérer l'opérateur de projection orthogonale Π_N^k de $H^k(\Omega)$ sur $\mathbb{P}_N(\Omega)$ et prouver le résultat suivant: pour tout entier $m \geq k$, il existe une constante c positive ne dépendant que de k et m telle que, pour toute fonction v de $H^m(\Omega)$, on ait

$$\|v - \Pi_N^k v\|_{H^k(\Omega)} \leq c N^{k-m} \|v\|_{H^m(\Omega)}. \tag{2.14}$$

III.3 Un opérateur de relèvement de traces

Le domaine Ω est ici le carré ou le cube $]-1,1[^d$, $d=2$ ou 3. On note Γ_j, $1 \le j \le 2d$, les côtés du carré en dimension $d=2$, les faces du cube en dimension $d=3$. On adopte également les notations de la Section I.2: les $\boldsymbol{a}_i$, $1 \le i \le 4$, sont les coins du carré et les e_ℓ, $1 \le \ell \le 12$, les arêtes du cube.

L'idée de cette section est la suivante: étant donnés des polynômes φ_N^j sur les Γ_j vérifiant des conditions de continuité adéquates aux coins ou arêtes de Ω, il existe des polynômes sur Ω dont la trace sur Γ_j soit égale à φ_N^j. Mais il n'est pas clair que la norme de ces polynômes dans $H^1(\Omega)$ soit bornée par une constante fois celles des φ_N^j indépendamment du choix de ces φ_N^j. Nous allons énoncer le résultat correspondant, qui est donc un analogue discret des Théorèmes I.2.20 et I.2.21 et dont la démonstration (relativement complexe) est donnée dans [20] (on réfère à [77] pour un premier résultat dans cette direction).

Théorème 3.1 *Soit W_N l'espace*

$$W_N = \big\{(\varphi_N^j)_{1\le j\le 2d} \in \prod_{j=1}^{2d} \mathbb{P}_N(\Gamma_j);\ \varphi_N^j = \varphi_N^{j'} \text{ sur } \overline{\Gamma}_j \cap \overline{\Gamma}_{j'}\big\}. \tag{3.1}$$

Il existe un opérateur $\mathcal{R}_N$ de W_N dans $\mathbb{P}_N(\Omega)$ tel que, pour tout $\varphi_N = (\varphi_N^j)_{1\le j\le 2d}$ dans W_N, $T_1^{\Gamma_j}\mathcal{R}_N(\varphi_N)$ coïncide avec φ_N^j, $1 \le j \le 2d$. Cet opérateur vérifie en outre la propriété de stabilité
(i) en dimension $d=2$ et pour les quantités $\mathcal{A}_i$ introduites en (I.2.18),

$$\|\mathcal{R}_N(\varphi_N)\|_{H^1(\Omega)} \le c\Big(\sum_{j=1}^{4} \|\varphi_N^j\|^2_{H^{\frac12}(\Gamma_j)} + \sum_{i=1}^{4} \mathcal{A}_i(\varphi_N)\Big)^{\frac12}, \tag{3.2}$$

(ii) en dimension $d=3$ et pour les quantités $\mathcal{A}_\ell$ introduites en (I.2.22),

$$\|\mathcal{R}_N(\varphi_N)\|_{H^1(\Omega)} \le c\Big(\sum_{j=1}^{6} \|\varphi_N^j\|^2_{H^{\frac12}(\Gamma_j)} + \sum_{\ell=1}^{12} \int_{e_\ell} \mathcal{A}_\ell(\varphi_N)(\boldsymbol{x})\,d\boldsymbol{x}\Big)^{\frac12}. \tag{3.3}$$

On conclut par un cas particulier de ce théorème, plus simple, qui fait appel à la norme de $H_{00}^{\frac12}(\Gamma_j)$ telle que définie dans [75, Chap. 1] (le Théorème 3.1 fournit en fait une norme intrinsèque de l'espace $H_{00}^{\frac12}(\Gamma_j)$).

Corollaire 3.2 *Pour tout j, $1 \le j \le 2d$, il existe un opérateur $\mathcal{R}_N^{j,0}$ de $\mathbb{P}_N^0(\Gamma_j)$ dans $\mathbb{P}_N(\Omega)$ tel que, pour tout φ_N^j dans $\mathbb{P}_N^0(\Gamma_j)$, $T_1^{\Gamma_j}\mathcal{R}_N^{j,0}(\varphi_N^j)$ coïncide avec φ_N^j et $T_1^{\Gamma_{j'}}\mathcal{R}_N^{j,0}(\varphi_N^j)$ soit nul, $1 \le j' \le 2d$, $j' \ne j$. Cet opérateur vérifie en outre la propriété de stabilité*

$$\forall \varphi_N^j \in \mathbb{P}_N^0(\Gamma_j),\quad \|\mathcal{R}_N(\varphi_N^j)\|_{H^1(\Omega)} \le c\,\|\varphi_N^j\|_{H_{00}^{\frac12}(\Gamma_j)}. \tag{3.4}$$

Erreur d'interpolation polynômiale

Des chapitres précédents vient la double conclusion que:
(i) des fonctions quelconques, de régularité donnée, peuvent être approchées par des polynômes dans une norme donnée avec une erreur se comportant comme une puissance négative du degré des polynômes, cette puissance ne dépendant que de la norme choisie et de la régularité de la fonction;
(ii) la méthode de Galerkin permet d'approcher la solution de problèmes elliptiques par des polynômes, l'erreur de discrétisation étant alors du même ordre que l'erreur de meilleure approximation dans les espaces de Sobolev appropriés (voir Corollaire I.4.5).
Cependant, ces résultats ont peu d'applications du point de vue numérique: en effet, pour obtenir les polynômes d'approximation, on doit calculer les intégrales de la fonction ou du second membre, multiplié par les polynômes de Legendre; ce calcul est très coûteux et enlève toute compétitivité à la méthode. L'idée consiste alors à approcher ces intégrales au moyen de formules de quadrature de grande précision, plus exactement par les formules de Gauss et de Gauss–Lobatto étudiées dans le Chapitre II. On va en effet montrer que ceci ne nuit pratiquement en rien à la précision de l'approximation et que la simplicité et le coût de la mise en œuvre sont grandement améliorés.

Au point de vue de l'analyse numérique, l'introduction de la nouvelle méthode de discrétisation a pour effet:
(i) que les opérateurs de projection orthogonale introduits dans le Chapitre III sont remplacés par des opérateurs d'interpolation aux nœuds de la formule de quadrature;
(ii) que les méthodes de Galerkin sont remplacées par des méthodes dites avec intégration numérique, qui reposent encore sur la formulation variationnelle du problème exact mais où les intégrales sont évaluées par la formule de quadrature.

L'étude des opérateurs d'interpolation, optimisée dans [79], fait l'objet des Sections 1 et 2, respectivement en dimension 1 et en dimension quelconque. Comme précédemment, le paramètre de discrétisation est un entier positif noté N, et c désigne une constante positive, toujours indépendante de N.

IV.1 Erreur d'interpolation polynômiale en une dimension

On commence par l'étude de l'opérateur d'*interpolation aux points de Gauss*.

Notation 1.1 On désigne par ζ_j, $1 \leq j \leq N$, les zéros du polynôme L_N et par ω_j, $1 \leq j \leq N$, les nombres réels positifs tels que

$$\forall \Phi \in \mathbb{P}_{2N-1}(\Lambda), \quad \int_{-1}^{1} \Phi(\zeta)\, d\zeta = \sum_{j=1}^{N} \Phi(\zeta_j)\, \omega_j \tag{1.1}$$

(voir Proposition II.3.1). On note j_{N-1} l'opérateur d'interpolation aux points de Gauss: pour toute fonction φ continue sur Λ, $j_{N-1}\varphi$ appartient à $\mathbb{P}_{N-1}(\Lambda)$ et vérifie

$$(j_{N-1}\varphi)(\zeta_j) = \varphi(\zeta_j), \quad 1 \le j \le N. \tag{1.2}$$

En utilisant la base canonique $\{1, \zeta, \dots, \zeta^{N-1}\}$ de $\mathbb{P}_{N-1}(\Lambda)$, on voit que les équations (1.2) sont équivalentes à un système linéaire dont la solution est le vecteur des coefficients de $j_{N-1}\varphi$ dans cette base et dont la matrice est une matrice de Vandermonde; ces coefficients sont donc définis de façon unique, puisque d'après le Lemme II.2.1 les ζ_j, $1 \le j \le N$, sont deux à deux distincts.

Le résultat de base consiste à majorer la distance entre une fonction et son image par l'opérateur j_{N-1} dans l'espace $L^2(\Lambda)$. Pour cela, on va admettre deux propriétés concernant les nœuds et les poids de la formule de Gauss. Leur démonstration se trouve dans Szegö [106, Thm 6.21.3 & (15.3.14)]. On suppose les ζ_j, $1 \le j \le N$, rangés par ordre croissant et on pose:

$$\theta_j = \arccos \zeta_j, \quad 1 \le j \le N. \tag{1.3}$$

Lemme 1.2 *Les nœuds $\zeta_j = \cos\theta_j$, $1 \le j \le N$, sont tels que*

$$\frac{(N-j+\frac{1}{2})\pi}{N} \le \theta_j \le \frac{(N-j+1)\pi}{N}. \tag{1.4}$$

Les poids ω_j, $1 \le j \le N$, vérifient

$$c\,N^{-1}\,(1-\zeta_j^2)^{\frac{1}{2}} \le \omega_j \le c'\,N^{-1}\,(1-\zeta_j^2)^{\frac{1}{2}}. \tag{1.5}$$

Les inégalités (1.4) mettent en évidence une propriété importante des points ζ_j, à savoir que, pour les grandes valeurs de N, ils sont les cosinus de nombres presque équidistants sur $]0,\pi[$. Ceci montre une "accumulation" des points ζ_j au voisinage des extrémités de l'intervalle Λ: la distance entre ζ_1 et ζ_2 par exemple est de l'ordre de $\frac{1}{N^2}$, tandis que la distance entre $\zeta_{\frac{N}{2}}$ et $\zeta_{\frac{N}{2}+1}$ (en supposant N pair) est de l'ordre de $\frac{1}{N}$. Cette propriété est illustrée dans la Table 1.1 et la Figure 1.1, présentant les ζ_j et les θ_j, $1 \le j \le N$, pour N égal à 10.

j	ζ_j	θ_j	j	ζ_j	θ_j
1	−0,97390653	0,92712477π	6	0,14887434	0,45243501π
2	−0,86506337	0,83272190π	7	0,43339539	0,35731537π
3	−0,67940957	0,73776401π	8	0,67940957	0,26223599π
4	−0,43339539	0,64268463π	9	0,86506337	0,16727810π
5	−0,14887434	0,54756499π	10	0,97390653	0,07287523π

Table 1.1

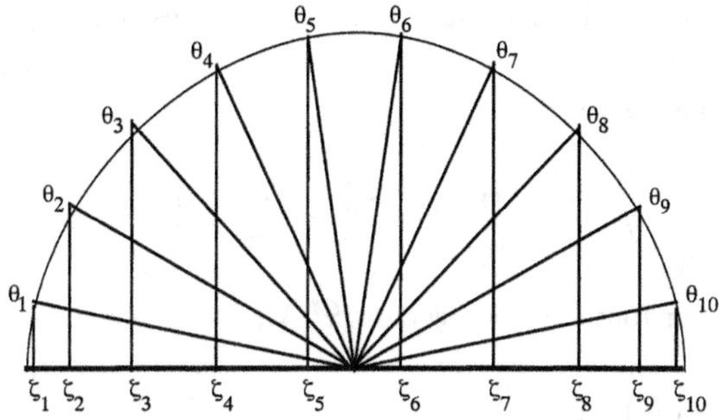

Figure 1.1. Les zéros du polynôme de Legendre L_{10}

La majoration de l'erreur entre une fonction et son interpolé dans $L^2(\Lambda)$, qui est une conséquence du théorème suivant, est optimale puisqu'elle est du même ordre que celle entre la fonction et sa projection orthogonale dans $L^2(\Lambda)$ (voit Théorème III.1.2). La première démonstration de ce résultat est due à Maday [79], elle fait appel à une technique inventée par Pasciak [90] et utilisée par Quarteroni [92] dans le cas des polynômes de Tchebycheff.

Théorème 1.3 *Il existe une constante c positive telle que, pour toute fonction φ de $H_0^1(\Lambda)$, on ait*

$$\|\jmath_{N-1}\varphi\|_{L^2(\Lambda)} \leq c\,\big(\|\varphi\|_{L^2(\Lambda)} + N^{-1}\,|\varphi|_{H^1(\Lambda)}\big). \tag{1.6}$$

Avant de démontrer ce théorème, on prouve deux résultats techniques. Le premier fournit une version plus précise du Théorème I.2.13 d'injection de Sobolev dans un cas particulier.

Lemme 1.4 *Il existe une constante c positive telle que, pour tous réels a et b, $a < b$, et pour toute fonction ψ de $H^1(a,b)$, on ait*

$$\sup_{a\leq\theta\leq b} |\psi(\theta)| \leq c\,\big(\frac{1}{b-a}\|\psi\|^2_{L^2(a,b)} + (b-a)|\psi|^2_{H^1(a,b)}\big)^{\frac{1}{2}}. \tag{1.7}$$

Démonstration: Soit c_0 la norme de l'injection de $H^1(\Lambda)$ dans l'espace des fonctions continues sur $\overline{\Lambda}$ (cette injection est continue d'après le Théorème I.2.13). Pour toute fonction ψ de $H^1(a,b)$, on pose

$$\hat{\psi}(\zeta) = \psi\big(a + \frac{b-a}{2}(1+\zeta)\big),$$

et on vérifie aisément que la fonction $\hat{\psi}$ appartient à $H^1(\Lambda)$. On a

$$\sup_{a\leq\theta\leq b} |\psi(\theta)| \leq \sup_{-1\leq\zeta\leq 1} |\hat{\psi}(\zeta)| \leq c_0\,\|\hat{\psi}\|_{H^1(\Lambda)},$$

et on calcule

$$\|\hat{\psi}\|^2_{H^1(\Lambda)} = \int_{-1}^{1} (\hat{\psi}^2(\zeta) + \hat{\psi}'^2(\zeta))\,d\zeta = \int_a^b \big(\psi^2(\theta) + \psi'^2(\theta)\,\frac{(b-a)^2}{4}\big)\,\frac{2}{b-a}\,d\theta,$$

ce qui donne le résultat.

L'inégalité du lemme qui suit est une des inégalités dites de Hardy (voir [85, Chap. 6, Lemme 2.1]).

Lemme 1.5 *Toute fonction ψ de $H_0^1(\Lambda)$ vérifie*

$$\int_{-1}^{1} \psi^2(\zeta)\,(1-\zeta^2)^{-2}\,d\zeta \leq \int_{-1}^{1} \psi'^2(\zeta)\,d\zeta. \tag{1.8}$$

Démonstration: Pour toute fonction ψ dans $\mathscr{D}(\Lambda)$, on calcule l'expression

$$\begin{aligned}
&\int_{-1}^{1} \big(\psi'(\zeta) + \psi(\zeta)\,\zeta(1-\zeta^2)^{-1}\big)^2\,d\zeta \\
&\qquad = \int_{-1}^{1} \big(\psi'^2(\zeta) + \psi^2(\zeta)\,\zeta^2(1-\zeta^2)^{-2} + (\psi^2)'(\zeta)\,\zeta(1-\zeta^2)^{-1}\big)\,d\zeta \\
&\qquad = \int_{-1}^{1} \big(\psi'^2(\zeta) - \psi^2(\zeta)\,(1-\zeta^2)^{-2}\big)\,d\zeta.
\end{aligned}$$

Cette expression étant positive, on obtient l'inégalité (1.8) pour φ dans $\mathscr{D}(\Lambda)$ et on utilise la densité de $\mathscr{D}(\Lambda)$ dans $H_0^1(\Lambda)$ pour conclure.

Démonstration du théorème: Puisque la formule de quadrature (1.1) est exacte sur $\mathbb{P}_{2N-1}(\Lambda)$, on a

$$\|j_{N-1}\varphi\|^2_{L^2(\Lambda)} = \sum_{j=1}^{N} (j_{N-1}\varphi)^2(\zeta_j)\,\omega_j,$$

et donc, par définition de l'opérateur j_{N-1},

$$\|j_{N-1}\varphi\|^2_{L^2(\Lambda)} = \sum_{j=1}^{N} \varphi^2(\zeta_j)\,\omega_j.$$

D'après l'inégalité (1.5), ceci entraîne

$$\|j_{N-1}\varphi\|^2_{L^2(\Lambda)} \leq c\,N^{-1} \sum_{j=1}^{N} \varphi^2(\zeta_j)\,(1-\zeta_j^2)^{\frac{1}{2}}.$$

On effectue alors le changement de variable $\zeta = \cos\theta$, et on pose: $\tilde{\varphi}(\theta) = \varphi(\zeta)$. On a alors

$$\|j_{N-1}\varphi\|^2_{L^2(\Lambda)} \leq c\,N^{-1} \sum_{j=1}^{N} \tilde{\varphi}^2(\theta_j)\,\sin\theta_j,$$

et, en notant K_j l'intervalle $]\frac{(N-j+\frac{1}{2})\pi}{N}, \frac{(N-j+1)\pi}{N}[$, on obtient grâce à la propriété (1.4):

$$\|j_{N-1}\varphi\|^2_{L^2(\Lambda)} \leq c\,N^{-1} \sum_{j=1}^{N} \sup_{\theta\in\overline{K}_j} |\tilde{\varphi}(\theta)\,\sin^{\frac{1}{2}}\theta|^2.$$

On note que la longueur des K_j est égale à $\frac{\pi}{2N}$, et, en appliquant le Lemme 1.4, on en déduit

$$\|j_{N-1}\varphi\|^2_{L^2(\Lambda)} \le c \sum_{j=1}^{N} \big(\|\tilde{\varphi} \sin^{\frac{1}{2}} \theta\|^2_{L^2(K_j)} + N^{-2} |\tilde{\varphi} \sin^{\frac{1}{2}} \theta|^2_{H^1(K_j)} \big).$$

On remarque que les intervalles K_j, $1 \le j \le N$, sont deux à deux disjoints et contenus dans l'intervalle $]0,\pi[$, de sorte que

$$\|j_{N-1}\varphi\|^2_{L^2(\Lambda)} \le c \big(\|\tilde{\varphi} \sin^{\frac{1}{2}} \theta\|^2_{L^2(0,\pi)} + N^{-2} |\tilde{\varphi} \sin^{\frac{1}{2}} \theta|^2_{H^1(0,\pi)} \big). \tag{1.9}$$

On développe cette expression, en utilisant l'inégalité usuelle $2\alpha\beta \le \alpha^2 + \beta^2$,

$$\|j_{N-1}\varphi\|^2_{L^2(\Lambda)} \le c \int_0^{\pi} \big(\tilde{\varphi}^2(\theta) \sin\theta + N^{-2} \tilde{\varphi}^2(\theta) \frac{\cos^2\theta}{\sin\theta} + N^{-2} \tilde{\varphi}'^2(\theta) \sin\theta \big)\, d\theta,$$

puis on effectue le changement de variable inverse

$$\|j_{N-1}\varphi\|^2_{L^2(\Lambda)} \le c \int_{-1}^{1} \big(\varphi^2(\zeta) + N^{-2}\, \varphi^2(\zeta)\, \zeta^2\, (1-\zeta^2)^{-1} + N^{-2}\, \varphi'^2(\zeta)\, (1-\zeta^2) \big)\, d\zeta.$$

Comme ζ^2 et $1-\zeta^2$ sont ≤ 1, ceci peut encore s'écrire

$$\|j_{N-1}\varphi\|^2_{L^2(\Lambda)} \le c \big(\int_{-1}^{1} \varphi^2(\zeta) + N^{-2}\, \varphi^2(\zeta)\, (1-\zeta^2)^{-2} + N^{-2}\, \varphi'^2(\zeta) \big)\, d\zeta.$$

Grâce au Lemme 1.5, on en déduit

$$\|j_{N-1}\varphi\|^2_{L^2(\Lambda)} \le c \big(\|\varphi\|^2_{L^2(\Lambda)} + N^{-2} |\varphi|^2_{H^1(\Lambda)} \big),$$

ce qui donne la majoration cherchée.

Corollaire 1.6 *Pour tout entier $m \ge 1$, il existe une constante c positive ne dépendant que de m telle que, pour toute fonction φ de $H^m(\Lambda)$, on ait*

$$\|\varphi - j_{N-1}\varphi\|_{L^2(\Lambda)} \le c\, N^{-m} \|\varphi\|_{H^m(\Lambda)}. \tag{1.10}$$

Démonstration: On note que, pour tout polynôme φ_{N-1} de $\mathbb{P}_{N-1}(\Lambda)$, $j_{N-1}\varphi_{N-1}$ coïncide avec φ_{N-1}. On suppose en outre que $\varphi - \varphi_{N-1}$ s'annule en ± 1 et, en appliquant le Théorème 1.3 à la fonction $\varphi - \varphi_{N-1}$, on obtient

$$\|j_{N-1}\varphi - \varphi_{N-1}\|_{L^2(\Lambda)} \le c \big(\|\varphi - \varphi_{N-1}\|_{L^2(\Lambda)} + N^{-1}\, |\varphi - \varphi_{N-1}|_{H^1(\Lambda)} \big),$$

d'où l'inégalité

$$\|\varphi - j_{N-1}\varphi\|_{L^2(\Lambda)} \le c \big(\|\varphi - \varphi_{N-1}\|_{L^2(\Lambda)} + N^{-1}\, |\varphi - \varphi_{N-1}|_{H^1(\Lambda)} \big).$$

On choisit finalement φ_{N-1} égal à $\tilde{\pi}^1_{N-1}\varphi$ (voir Définition III.1.8). Ce polynôme coïncide bien avec φ en ± 1 (voir Remarque III.1.10) et la majoration cherchée est une conséquence immédiate de l'inégalité précédente combinée avec le Corollaire III.1.9.

Remarque 1.7 L'opérateur j_{N-1} possède une propriété légèrement différente, qui donne une majoration du même ordre sous une hypothèse de régularité un peu plus faible: pour tout entier positif m, on a pour toute fonction φ de $L^2(\Lambda)$ telle que $\varphi\,(1-\zeta^2)^{\frac{1}{2}}$ appartienne à $H^m(\Lambda)$ la majoration:

$$\|(\varphi - j_{N-1}\varphi)\,(1-\zeta^2)^{\frac{1}{2}}\|_{L^2(\Lambda)} \leq c\,N^{-m}\|\varphi\,(1-\zeta^2)^{\frac{1}{2}}\|_{H^m(\Lambda)}. \tag{1.11}$$

On réfère à Maday [79] pour la démonstration de cette inégalité.

On introduit maintenant l'opérateur d'*interpolation aux points de Gauss–Lobatto*.

Notation 1.8 On désigne par ξ_j, $0 \leq j \leq N$, les zéros du polynôme $(1-\zeta^2)L'_N$, rangés par ordre croissant, et par ρ_j, $0 \leq j \leq N$, les réels positifs tels que

$$\forall \Phi \in \mathbb{P}_{2N-1}(\Lambda), \qquad \int_{-1}^{1} \Phi(\zeta)\,d\zeta = \sum_{j=0}^{N} \Phi(\xi_j)\,\rho_j \tag{1.12}$$

(voir Proposition II.3.3). On note i_N l'opérateur d'interpolation aux points de Gauss–Lobatto: pour toute fonction φ continue sur $\overline{\Lambda}$, $i_N\varphi$ appartient à $\mathbb{P}_N(\Lambda)$ et vérifie

$$(i_N\varphi)(\xi_j) = \varphi(\xi_j), \quad 0 \leq j \leq N. \tag{1.13}$$

La formule de quadrature de Gauss–Lobatto est exacte sur $\mathbb{P}_{2N-1}(\Lambda)$. Comme le produit de deux polynômes de $\mathbb{P}_N(\Lambda)$ appartient à $\mathbb{P}_{2N}(\Lambda)$, on commence par démontrer une propriété de stabilité de cette formule sur les fonctions égales au carré d'un polynôme de $\mathbb{P}_N(\Lambda)$, qui appartiennent à $\mathbb{P}_{2N}(\Lambda)$ mais non nécessairement à $\mathbb{P}_{2N-1}(\Lambda)$. Ce résultat intervient à plusieurs reprises dans l'analyse numérique des méthodes spectrales.

Lemme 1.9 *On a l'égalité*

$$\sum_{j=0}^{N} L_N^2(\xi_j)\,\rho_j = (2+\frac{1}{N})\|L_N\|^2_{L^2(\Lambda)}. \tag{1.14}$$

Démonstration: Les Lemmes II.3.4 et II.3.5 indiquent que

$$\sum_{j=0}^{N} L_N^2(\xi_j)\,\rho_j = \sum_{j=0}^{N} L_N^2(\xi_j)\,\frac{2}{N(N+1)L_N^2(\xi_j)} = \frac{2}{N},$$

d'où le résultat d'après (II.2.8).

Corollaire 1.10 *Tout polynôme φ_N de $\mathbb{P}_N(\Lambda)$ vérifie les inégalités*

$$\|\varphi_N\|^2_{L^2(\Lambda)} \leq \sum_{j=0}^{N} \varphi_N^2(\xi_j)\,\rho_j \leq 3\,\|\varphi_N\|^2_{L^2(\Lambda)}. \tag{1.15}$$

Démonstration: On écrit le polynôme φ_N sous la forme $\sum_{n=0}^{N} \varphi^n\,L_n$, de sorte que l'on a

$$\|\varphi_N\|^2_{L^2(\Lambda)} = \sum_{n=0}^{N} (\varphi^n)^2 \frac{1}{n+\frac{1}{2}}.$$

En utilisant la propriété (1.12), on a aussi

$$\sum_{j=0}^{N} \varphi_N^2(\xi_j)\,\rho_j = \sum_{n=0}^{N-1} (\varphi^n)^2 \frac{1}{n+\frac{1}{2}} + (\varphi^N)^2 \sum_{j=0}^{N} L_N^2(\xi_j)\,\rho_j.$$

Du Lemme 1.9, on déduit les inégalités

$$\|L_N\|^2_{L^2(\Lambda)} \leq \sum_{j=0}^{N} L_N^2(\xi_j)\,\rho_j \leq 3\|L_N\|^2_{L^2(\Lambda)},$$

d'où les mêmes inégalités sur le polynôme φ_N.

On aura également besoin de résultats concernant les nœuds et les poids de la formule de Gauss–Lobatto. On pose:

$$\eta_j = \arccos \xi_j, \quad 0 \leq j \leq N. \tag{1.16}$$

Les ξ_j, $1 \leq j \leq N-1$, étant les extrema de L_N, s'intercalent entre les zéros, plus précisément on a: $\zeta_j < \xi_j < \zeta_{j+1}$. On déduit ainsi de la propriété (1.4) les inégalités:

$$\frac{(N-j-\frac{1}{2})\pi}{N} \leq \eta_j \leq \frac{(N-j+1)\pi}{N}. \tag{1.17}$$

L'inégalité concernant les poids est du même type que (1.5), elle est démontrée dans Szegö [106, (15.3.14)].

Lemme 1.11 *Les poids ρ_j, $1 \leq j \leq N-1$, vérifient*

$$c\,N^{-1}\,(1-\xi_j^2)^{\frac{1}{2}} \leq \rho_j \leq c'\,N^{-1}\,(1-\xi_j^2)^{\frac{1}{2}}. \tag{1.18}$$

Le théorème suivant énonce une propriété de stabilité sur l'opérateur i_N, tout-à-fait analogue à celle du Théorème 1.3.

Théorème 1.12 *Il existe une constante c positive telle que, pour toute fonction φ de $H_0^1(\Lambda)$, on ait*

$$\|i_N\varphi\|_{L^2(\Lambda)} \leq c\,(\|\varphi\|_{L^2(\Lambda)} + N^{-1}\,|\varphi|_{H^1(\Lambda)}). \tag{1.19}$$

Démonstration: Les arguments sont encore très semblables à ceux utilisés précédemment. En utilisant le Corollaire 1.10, on constate que

$$\|i_N\varphi\|^2_{L^2(\Lambda)} \leq \sum_{j=0}^{N} (i_N\varphi)^2(\xi_j)\,\rho_j \leq \sum_{j=1}^{N-1} \varphi^2(\xi_j)\,\rho_j.$$

Le Lemme 1.11 implique alors que

$$\|i_N\varphi\|^2_{L^2(\Lambda)} \leq c\,N^{-1} \sum_{j=1}^{N-1} \varphi^2(\xi_j)\,(1-\xi_j^2)^{\frac{1}{2}}.$$

Le changement de variable $\zeta = \cos\theta$, avec la notation $\tilde{\varphi}(\theta) = \varphi(\zeta)$, donne

$$\|i_N\varphi\|^2_{L^2(\Lambda)} \le c\,N^{-1} \sum_{j=1}^{N-1} \tilde{\varphi}^2(\eta_j)\,\sin\eta_j,$$

et, en notant K_j^* l'intervalle $\left]\frac{(N-j-\frac{1}{2})\pi}{N}, \frac{(N-j+1)\pi}{N}\right[$, on obtient grâce à la propriété (1.17) et au Lemme 1.4:

$$\begin{aligned}\|i_N\varphi\|^2_{L^2(\Lambda)} &\le c\,N^{-1} \sum_{j=1}^{N-1} \sup_{\theta\in\overline{K}_j^*} |\tilde{\varphi}(\theta)\,\sin^{\frac{1}{2}}\theta|^2 \\ &\le c \sum_{j=1}^{N-1} \left(\|\tilde{\varphi}\,\sin^{\frac{1}{2}}\theta\|^2_{L^2(K_j^*)} + N^{-2}|\tilde{\varphi}\,\sin^{\frac{1}{2}}\theta|^2_{H^1(K_j^*)}\right).\end{aligned}$$

Les intervalles K_j^*, $1 \le j \le N$, recouvrent au plus deux fois l'intervalle $]0,\pi[$, de sorte que

$$\|i_N\varphi\|^2_{L^2(\Lambda)} \le c\left(\|\tilde{\varphi}\,\sin^{\frac{1}{2}}\theta\|^2_{L^2(0,\pi)} + N^{-2}|\tilde{\varphi}\,\sin^{\frac{1}{2}}\theta|^2_{H^1(0,\pi)}\right). \tag{1.20}$$

Le membre de droite est absolument identique à celui de la formule (1.9), on utilise donc les arguments de la démonstration du Théorème 1.3 pour conclure.

Ce théorème a pour conséquence la majoration d'erreur suivante, dans l'espace $L^2(\Lambda)$.

Corollaire 1.13 *Pour tout entier $m \ge 1$, il existe une constante c positive ne dépendant que de m telle que, pour toute fonction φ de $H^m(\Lambda)$, on ait*

$$\|\varphi - i_N\varphi\|_{L^2(\Lambda)} \le c\,N^{-m}\|\varphi\|_{H^m(\Lambda)}. \tag{1.21}$$

Pour l'opérateur d'interpolation aux points de Gauss–Lobatto, on a aussi une erreur optimale également en norme $H^1(\Lambda)$. C'est une conséquence de la propriété de stabilité suivante.

Proposition 1.14 *Il existe une constante c positive telle que, pour toute fonction φ de $H_0^1(\Lambda)$, on ait*

$$\left(\int_{-1}^{1} (i_N\varphi)^2(\zeta)\,(1-\zeta^2)^{-1}\,d\zeta\right)^{\frac{1}{2}} \le c\left(\left(\int_{-1}^{1} \varphi^2(\zeta)\,(1-\zeta^2)^{-1}\,d\zeta\right)^{\frac{1}{2}} + N^{-1}\,|\varphi|_{H^1(\Lambda)}\right). \tag{1.22}$$

Démonstration: On remarque que $(i_N\varphi)^2\,(1-\zeta^2)^{-1}$ est un polynôme de degré $\le 2N-2$. Par suite, la propriété d'exactitude (1.12) et l'inégalité (1.18) impliquent que

$$\int_{-1}^{1} (i_N\varphi)^2(\zeta)\,(1-\zeta^2)^{-1}\,d\zeta = \sum_{j=0}^{N} (i_N\varphi)^2(\xi_j)\,(1-\xi_j^2)^{-1}\,\rho_j \le c\,N^{-1} \sum_{j=1}^{N-1} \varphi^2(\xi_j)\,(1-\xi_j^2)^{-\frac{1}{2}}.$$

À partir de cette inégalité, les arguments de la démonstration du Théorème 1.12, maintenant appliqués à la fonction $\varphi\,(1-\zeta^2)^{-\frac{1}{4}}$, donnent la majoration analogue de (1.20) (on garde la notation $\tilde{\varphi}(\theta) = \varphi(\zeta)$):

$$\int_{-1}^{1} (i_N\varphi)^2(\zeta)\,(1-\zeta^2)^{-1}\,d\zeta \le c\left(\|\tilde{\varphi}\,\sin^{-\frac{1}{2}}\theta\|^2_{L^2(0,\pi)} + N^{-2}\,|\tilde{\varphi}\,\sin^{-\frac{1}{2}}\theta|^2_{H^1(0,\pi)}\right),$$

ce qui s'écrit encore

$$\int_{-1}^{1} (i_N\varphi)^2(\zeta)\,(1-\zeta^2)^{-1}\,d\zeta \le c \int_0^{\pi} \big(\tilde\varphi^2(\theta)\,\frac{1}{\sin\theta} + N^{-2}\,\tilde\varphi^2(\theta)\,\frac{\cos^2\theta}{\sin^3\theta} + N^{-2}\tilde\varphi'^2(\theta)\,\frac{1}{\sin\theta}\big)\,d\theta.$$

Le changement de variable inverse entraîne alors l'inégalité

$$\int_{-1}^{1} (i_N\varphi)^2(\zeta)\,(1-\zeta^2)^{-1}\,d\zeta$$
$$\le c \int_{-1}^{1} \big(\varphi^2(\zeta)\,(1-\zeta^2)^{-1} + N^{-2}\,\varphi^2(\zeta)\,\zeta^2(1-\zeta^2)^{-2} + N^{-2}\,\varphi'^2(\zeta)\big)\,d\zeta.$$

En majorant ζ^2 par 1 et en utilisant le Lemme 1.5, on obtient la majoration cherchée.

On a alors besoin d'une inégalité inverse, qui ressemble un peu à celle de la Proposition II.4.4.

Lemme 1.15 *La majoration suivante est vérifiée pour tout entier N positif et pour tout polynôme φ_N de $\mathbb{P}_N^0(\Lambda)$:*

$$|\varphi_N|_{H^1(\Lambda)} \le N\,\big(\int_{-1}^{1} \varphi_N^2(\zeta)\,(1-\zeta^2)^{-1}\,d\zeta\big)^{\frac{1}{2}}. \qquad (1.23)$$

Démonstration: Il est facile de vérifier que les polynômes $(1-\zeta^2)\,L_n'$, $1 \le n \le N-1$, forment une base de $\mathbb{P}_N^0(\Lambda)$. En écrivant la décomposition du polynôme φ_N dans cette base:

$$\varphi_N(\zeta) = (1-\zeta^2)\sum_{n=1}^{N-1} \varphi^{*n}\,L_n'(\zeta),$$

on obtient grâce à l'équation différentielle (II.2.2) et son corollaire (II.2.4) les identités

$$|\varphi_N|_{H^1(\Lambda)}^2 = \sum_{n=1}^{N-1} (\varphi^{*n})^2\,\big(n(n+1)\big)^2\,\|L_n\|_{L^2(\Lambda)}^2,$$

et

$$\int_{-1}^{1} \varphi_N^2(\zeta)\,(1-\zeta^2)^{-1}\,d\zeta = \sum_{n=1}^{N-1} (\varphi^{*n})^2\,n(n+1)\,\|L_n\|_{L^2(\Lambda)}^2.$$

Il suffit de majorer $n(n+1)$ par N^2 pour conclure.

On peut maintenant énoncer la majoration de l'erreur d'interpolation dans $H^1(\Lambda)$.

Théorème 1.16 *Pour tout entier $m \ge 1$, il existe une constante c positive ne dépendant que de m telle que, pour toute fonction φ de $H^m(\Lambda)$, on ait*

$$|\varphi - i_N\varphi|_{H^1(\Lambda)} \le c\,N^{1-m}\|\varphi\|_{H^m(\Lambda)}. \qquad (1.24)$$

Démonstration: Lorsqu'on applique le Lemme 1.15 et la Proposition 1.14 à la fonction $i_N\varphi - \tilde\pi_N^1\varphi = i_N(\varphi - \tilde\pi_N^1\varphi)$, on obtient grâce à une inégalité triangulaire

$$|\varphi - i_N\varphi|_{H^1(\Lambda)} \le c\,\big(N\,\big(\int_{-1}^{1} (\varphi - \tilde\pi_N^1\varphi)^2(\zeta)\,(1-\zeta^2)^{-1}\,d\zeta\big)^{\frac{1}{2}} + |\varphi - \tilde\pi_N^1\varphi|_{H^1(\Lambda)}\big). \qquad (1.25)$$

Le Corollaire III.1.9 permet de majorer immédiatement le second terme

$$|\varphi - \tilde{\pi}_N^1 \varphi|_{H^1(\Lambda)} \leq c\, N^{1-m}\, \|\varphi\|_{H^m(\Lambda)}. \tag{1.26}$$

Pour estimer le premier, on rappelle la Définition III.1.8 de l'opérateur $\tilde{\pi}_N^1$: en particulier, on a l'identité $\varphi - \tilde{\pi}_N^1 \varphi = \tilde{\varphi} - \tilde{\pi}_N^1 \tilde{\varphi}$, où la fonction $\tilde{\varphi}$ est définie en (III.1.11) et appartient à $H_0^1(\Lambda)$. On déduit alors du Lemme 1.5 que la fonction $\tilde{\varphi}\,(1-\zeta^2)^{-1}$ appartient à $L^2(\Lambda)$ et, les polynômes formant un sous-espace dense de $L^2(\Lambda)$, on peut écrire la décomposition

$$\tilde{\varphi}(\zeta) = (1-\zeta^2) \sum_{n=1}^{+\infty} \tilde{\varphi}^{*n}\, L_n'(\zeta).$$

L'équation différentielle (II.2.2) et la formule (III.1.8) permettent de vérifier facilement que

$$\tilde{\pi}_N^1 \tilde{\varphi}(\zeta) = (1-\zeta^2) \sum_{n=1}^{N-1} \tilde{\varphi}^{*n}\, L_n'(\zeta).$$

On calcule, en utilisant une fois de plus (II.2.2),

$$\begin{aligned}\int_{-1}^{1} (\varphi - \tilde{\pi}_N^1 \varphi)^2(\zeta)\,(1-\zeta^2)^{-1}\, d\zeta &= \sum_{n=N}^{+\infty} (\tilde{\varphi}^{*n})^2 \int_{-1}^{1} L_n'(\zeta)^2\,(1-\zeta^2)\, d\zeta \\ &= \sum_{n=N}^{+\infty} (\tilde{\varphi}^{*n})^2 n(n+1) \|L_n\|^2_{L^2(\Lambda)},\end{aligned}$$

et, en minorant $n(n+1)$ par N^2, on en déduit

$$\begin{aligned}&\int_{-1}^{1} (\varphi - \tilde{\pi}_N^1 \varphi)^2(\zeta)\,(1-\zeta^2)^{-1}\, d\zeta \\ &\qquad \leq N^{-2} \sum_{n=N}^{+\infty} (\tilde{\varphi}^{*n})^2 \big(n(n+1)\big)^2 \|L_n\|^2_{L^2(\Lambda)} = N^{-2}\, |\tilde{\varphi} - \tilde{\pi}_N^{1,0} \tilde{\varphi}|^2_{H^1(\Lambda)},\end{aligned}$$

c'est-à-dire

$$\int_{-1}^{1} (\varphi - \tilde{\pi}_N^1 \varphi)^2(\zeta)\,(1-\zeta^2)^{-1}\, d\zeta \leq N^{-2}\, |\varphi - \tilde{\pi}_N^1 \varphi|^2_{H^1(\Lambda)}.$$

Cette dernière inégalité, combinée avec (1.25) et (1.26), donne le résultat.

Le Théorème 1.16 donne en particulier la propriété de stabilité suivante.

Corollaire 1.17 *Il existe une constante c positive telle que, pour toute fonction φ de $H^1(\Lambda)$, on ait*

$$\|i_N \varphi\|_{H^1(\Lambda)} \leq c\, \|\varphi\|_{H^1(\Lambda)}. \tag{1.27}$$

IV.2 Erreur d'interpolation polynômiale en dimension quelconque

Dans ce paragraphe, on va établir des majorations de l'erreur d'interpolation dans le cas du domaine $\Omega =]-1,1[^d$, $d=2$ ou 3. Pour les mêmes raisons que dans la Section III.2, les démonstrations ne sont données qu'en dimension $d=2$. Les nœuds de l'interpolation sont définis par tensorisation à partir d'une formule de quadrature sur Λ, c'est-à-dire que leurs coordonnées appartiennent à l'ensemble des nœuds de cette formule. Ceci permet, comme pour les opérateurs de projection, de déduire les propriétés des opérateurs d'interpolation en dimension 2 de ceux en dimension 1 étudiés dans la section précédente.

Notation 2.1 On définit la *grille de Gauss* de type Legendre Σ_N par

$$\Sigma_N = \begin{cases} \{\boldsymbol{x} = (\zeta_i, \zeta_j);\ 1 \le i, j \le N\} & \text{si } d = 2, \\ \{\boldsymbol{x} = (\zeta_i, \zeta_j, \zeta_k);\ 1 \le i, j, k \le N\} & \text{si } d = 3, \end{cases} \tag{2.1}$$

(voir Figure 2.1 dans le cas $d=2$). On note $\mathcal{J}_{N-1}$ l'opérateur d'interpolation sur cette grille: pour toute fonction v continue sur Ω, $\mathcal{J}_{N-1}v$ appartient à $\mathbb{P}_{N-1}(\Omega)$ et vérifie

$$(\mathcal{J}_{N-1}v)(\boldsymbol{x}) = v(\boldsymbol{x}), \quad \boldsymbol{x} \in \Sigma_N. \tag{2.2}$$

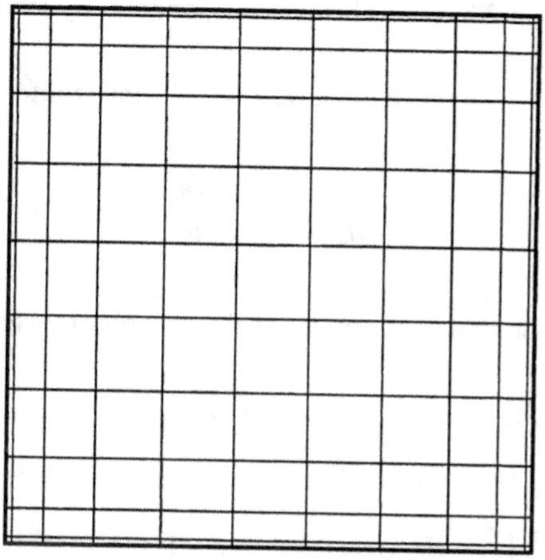

Figure 2.1. La grille Σ_{10} en dimension $d=2$

Cette définition se traduit bien sûr par l'identité, en dimension $d=2$,

$$\mathcal{J}_{N-1} = j_{N-1}^{(x)} \circ j_{N-1}^{(y)} = j_{N-1}^{(y)} \circ j_{N-1}^{(x)}, \tag{2.3}$$

où, comme dans la Section III.2, l'exposant après l'opérateur indique par rapport à quelle variable il s'applique. La démonstration du théorème qui suit est alors immédiate.

Théorème 2.2 *Pour tout entier $m \ge 2$, il existe une constante c positive ne dépendant que de m telle que, pour toute fonction v de $H^m(\Omega)$, on ait*

$$\|v - \mathcal{J}_{N-1}v\|_{L^2(\Omega)} \le c\, N^{-m} \|v\|_{H^m(\Omega)}. \tag{2.4}$$

Démonstration: De (2.3), on déduit l'inégalité

$$\|v - \mathcal{J}_{N-1}v\|_{L^2(\Omega)} \le \|v - j^{(x)}_{N-1}v\|_{L^2(\Lambda;L^2(\Lambda))} + \|v - j^{(y)}_{N-1}v\|_{L^2(\Lambda;L^2(\Lambda))} \\ + \|(id - j^{(x)}_{N-1}) \circ (id - j^{(y)}_{N-1})v\|_{L^2(\Lambda;L^2(\Lambda))}.$$

On applique le Corollaire 1.6 par rapport à la variable x dans le premier et le troisième termes, puis par rapport à la variable y dans le second et le troisième termes, et on obtient:

$$\|v - \mathcal{J}_{N-1}v\|_{L^2(\Omega)} \le c\,N^{-m}\,\|v\|_{H^m(\Lambda;L^2(\Lambda))} + c\,N^{-m}\,\|v\|_{L^2(\Lambda;H^m(\Lambda))} \\ + c\,N^{-1}N^{-(m-1)}\,\|v\|_{H^1(\Lambda;H^{m-1}(\Lambda))}.$$

Grâce au Lemme III.2.1, on en déduit la majoration cherchée.

Remarque 2.3 La majoration (2.4) est d'ordre optimal, par rapport au résultat de meilleure approximation donné dans le Théorème III.2.4. En outre, l'hypothèse $m \ge 2$ est nécessaire si l'on travaille dans les espaces de Sobolev $H^m(\Omega)$, puisque, d'après le Théorème I.2.13 et le contre-exemple qui le suit, il existe des fonctions non continues dans $H^1(\Omega)$, dont on ne peut définir l'interpolé. On réfère à Maday [79] (voir aussi [26, §14]) pour l'interpolation de fonctions appartenant à des espaces de Sobolev d'ordre fractionnaire strictement compris entre 1 et 2.

En utilisant la formule (2.3) et le Théorème 1.3, on peut également prouver l'inégalité de stabilité suivante.

Lemme 2.4 *Il existe une constante c positive telle que, pour toute fonction v de $H^2(\Omega) \cap H^1_0(\Omega)$, on ait*

$$\|\mathcal{J}_{N-1}v\|_{L^2(\Omega)} \le c\,\big(\|v\|_{L^2(\Omega)} + N^{-1}\,(\|\frac{\partial v}{\partial x}\|_{L^2(\Omega)} + \|\frac{\partial v}{\partial y}\|_{L^2(\Omega)}) + N^{-2}\,\|\frac{\partial^2 v}{\partial x \partial y}\|_{L^2(\Omega)}\big). \quad (2.5)$$

L'opérateur d'interpolation aux points de Gauss–Lobatto vérifie le même type de propriétés.

Notation 2.5 On définit la *grille de Gauss–Lobatto* de type Legendre Ξ_N par

$$\Xi_N = \begin{cases} \{\boldsymbol{x} = (\xi_i, \xi_j);\ 0 \le i, j \le N\} & \text{si } d = 2, \\ \{\boldsymbol{x} = (\xi_i, \xi_j, \xi_k);\ 0 \le i, j, k \le N\} & \text{si } d = 3. \end{cases} \quad (2.6)$$

On note $\mathcal{I}_N$ l'opérateur d'interpolation sur cette grille: pour toute fonction v continue sur $\overline{\Omega}$, $\mathcal{I}_N v$ appartient à $\mathbb{P}_N(\Omega)$ et vérifie

$$(\mathcal{I}_N v)(\boldsymbol{x}) = v(\boldsymbol{x}), \quad \boldsymbol{x} \in \Xi_N. \quad (2.7)$$

La démonstration du théorème qui suit est exactement semblable à celle du Théorème 2.2, à condition d'utiliser le Corollaire 1.13 au lieu du Corollaire 1.6.

Théorème 2.6 *Pour tout entier $m \ge 2$, il existe une constante c positive ne dépendant que de m telle que, pour toute fonction v de $H^m(\Omega)$, on ait*

$$\|v - \mathcal{I}_N v\|_{L^2(\Omega)} \le c\,N^{-m}\|v\|_{H^m(\Omega)}. \quad (2.8)$$

Pour l'opérateur d'interpolation $\mathcal{I}_N$, on a également une estimation d'erreur dans l'espace $H^1(\Omega)$.

Théorème 2.7 *Pour tout entier $m \geq d$, il existe une constante c positive ne dépendant que de m telle que, pour toute fonction v de $H^m(\Omega)$, on ait*

$$|v - \mathcal{I}_N v|_{H^1(\Omega)} \leq c\, N^{1-m} \|v\|_{H^m(\Omega)}. \tag{2.9}$$

Démonstration: On remarque d'abord que, puisque la définition de l'opérateur $\mathcal{I}_N$ est symétrique par rapport aux variables x et y, il suffit de majorer par exemple la quantité $\|\frac{\partial}{\partial x}(v - \mathcal{I}_N v)\|_{L^2(\Omega)}$. On écrit d'abord l'inégalité triangulaire

$$\|\frac{\partial}{\partial x}(v - \mathcal{I}_N v)\|_{L^2(\Omega)} \leq \|\frac{\partial}{\partial x}(v - i_N^{(x)} v)\|_{L^2(\Lambda;L^2(\Lambda))} + \|\frac{\partial}{\partial x} i_N^{(x)}(v - i_N^{(y)} v)\|_{L^2(\Lambda;L^2(\Lambda))}.$$

On applique le Théorème 1.16 (voir aussi Corollaire 1.17) aux deux termes du membre de droite et on utilise le fait que l'opérateur $i_N^{(y)}$ commute avec la dérivation par rapport à x, ce qui donne

$$\|\frac{\partial}{\partial x}(v - \mathcal{I}_N v)\|_{L^2(\Omega)} \leq c\left(N^{1-m}\, \|v\|_{H^m(\Lambda;L^2(\Lambda))} + \|(id - i_N^{(y)})\frac{\partial v}{\partial x}\|_{L^2(\Lambda;L^2(\Lambda))}\right).$$

Puis on applique le Corollaire 1.13, et on obtient

$$\|\frac{\partial}{\partial x}(v - \mathcal{I}_N v)\|_{L^2(\Omega)} \leq c\left(N^{1-m}\, \|v\|_{H^m(\Lambda;L^2(\Lambda))} + N^{1-m}\, \|\frac{\partial v}{\partial x}\|_{L^2(\Lambda;H^{m-1}(\Lambda))}\right).$$

Le Lemme III.2.1 permet de conclure.

On peut bien sûr étendre les résultats de cette section aux domaines $\Omega =]-1,1[^d$ pour $d > 3$. Toutefois la régularité exigée de la fonction à interpoler augmente avec d, pour des raisons évidentes d'après le Théorème I.2.13.

V

Discrétisation spectrale des équations de Laplace

On s'intéresse à l'étude de la discrétisation spectrale des équations de Laplace telles que présentées dans la Section I.3, c'est-à-dire munies de conditions aux limites de Dirichlet (exemple 1), de Neumann (exemple 2) ou mixtes (exemple 3), lorsque le domaine $\mathcal{O}$ où elles sont posées est le carré ou le cube $\Omega =]-1,1[^d$, $d = 2$ ou 3. Dans chacun de ces cas, on écrit le problème discret et on prouve qu'il admet une solution unique. Puis on établit des estimations a priori entre les solutions des problèmes exact et discret. Dans un dernier temps, on présente les outils nécessaires à l'implémentation de la méthode de discrétisation.

Le paramètre de discrétisation est un entier $N \geq 2$, et c désigne une constante positive, toujours indépendante de N.

Comme indiqué dans l'introduction, les discrétisations spectrales sont obtenues par méthode de Galerkin avec intégration numérique. On introduit donc une approximation du produit scalaire de $L^2(\Omega)$. On définit la forme bilinéaire $(.,.)_N$ sur les fonctions continues sur $\overline{\Omega}$ par:

$$(u,v)_N = \begin{cases} \sum_{i=0}^N \sum_{j=0}^N u(\xi_i,\xi_j)v(\xi_i,\xi_j)\,\rho_i\rho_j & \text{si } d=2, \\ \sum_{i=0}^N \sum_{j=0}^N \sum_{k=0}^N u(\xi_i,\xi_j,\xi_k)v(\xi_i,\xi_j,\xi_k)\,\rho_i\rho_j\rho_k & \text{si } d=3, \end{cases} \qquad (0.1)$$

où les nœuds ξ_j et les poids ρ_j sont introduits dans la Proposition II.3.3. Une des conséquences de la propriété d'exactitude de la formule de Gauss–Lobatto est que la forme $(.,.)_N$ coïncide avec le produit scalaire de $L^2(\Omega)$ lorsqu'elle est appliquée à des fonctions u et v telles que le produit uv appartienne à $\mathbb{P}_{2N-1}(\Omega)$. En outre, on déduit du Corollaire IV.1.10 que l'application: $v \mapsto (v,v)_N^{\frac{1}{2}}$ est une norme sur $\mathbb{P}_N(\Omega)$, équivalente à la norme $\|.\|_{L^2(\Omega)}$ avec des constantes d'équivalence indépendantes de N. Le *produit discret* $(\cdot,\cdot)_N$ est le produit scalaire associé à cette norme sur $\mathbb{P}_N(\Omega) \times \mathbb{P}_N(\Omega)$. On utilise également la notation $(\cdot,\cdot)_N$ pour le même produit appliqué à des champs de vecteurs: pour toutes fonctions $\boldsymbol{u} = (u_1,\dots,u_m)$ et $\boldsymbol{v} = (v_1,\dots,v_m)$ continues de $\overline{\Omega}$ dans $\mathbb{R}^m$,

$$(\boldsymbol{u},\boldsymbol{v})_N = \sum_{p=1}^m (u_p,v_p)_N.$$

V.1 Conditions aux limites de Dirichlet

Pour simplifier, on considère dans un premier temps le problème (I.3.1) avec conditions aux limites homogènes $g = 0$. On rappelle qu'il admet la formulation variationnelle équivalente (voir (I.3.2))

Trouver u dans $H_0^1(\Omega)$ tel que

$$\forall v \in H_0^1(\Omega), \quad a(u,v) = \langle f, v\rangle, \tag{1.1}$$

où la forme bilinéaire $a(\cdot,\cdot)$ est définie sur $H^1(\Omega) \times H^1(\Omega)$ par

$$a(u,v) = \int_\Omega (\mathbf{grad}\, u)(\boldsymbol{x}) \cdot (\mathbf{grad}\, v)(\boldsymbol{x})\, d\boldsymbol{x}. \tag{1.2}$$

La notation $\langle\cdot,\cdot\rangle$ désigne ici le produit de dualité entre $H^{-1}(\Omega)$ et $H_0^1(\Omega)$, qui peut être remplacé par une intégrale dès que la fonction f appartient à $L^2(\Omega)$.

La fonction f étant maintenant supposée continue sur $\overline{\Omega}$, on propose le problème discret suivant, construit par méthode de Galerkin (en effet, $H_0^1(\Omega)$ y est remplacé par son sous-espace $\mathbb{P}_N^0(\Omega)$ introduit dans la Notation II.1.5) et intégration numérique (car les intégrales dans chaque direction sont remplacées par la formule de quadrature de Gauss–Lobatto)

Trouver u_N dans $\mathbb{P}_N^0(\Omega)$ tel que

$$\forall v_N \in \mathbb{P}_N^0(\Omega), \quad a_N(u_N, v_N) = (f, v_N)_N, \tag{1.3}$$

où la forme bilinéaire $a_N(.,.)$ est donnée par

$$\forall u_N \in \mathbb{P}_N(\Omega), \forall v_N \in \mathbb{P}_N(\Omega), \quad a_N(u_N, v_N) = \big(\mathbf{grad}\, u_N, \mathbf{grad}\, v_N\big)_N. \tag{1.4}$$

L'analyse numérique de ce problème repose sur les propriétés de la forme bilinéaire $a_N(.,.)$, énoncées dans la proposition suivante.

Proposition 1.1 *La forme $a_N(.,.)$ satisfait les propriétés de continuité:*

$$\forall u_N \in \mathbb{P}_N(\Omega), \forall v_N \in \mathbb{P}_N(\Omega), \quad a_N(u_N, v_N) \le 3^{d-1}\, |u_N|_{H^1(\Omega)} |v_N|_{H^1(\Omega)}, \tag{1.5}$$

et d'ellipticité:

$$\forall u_N \in \mathbb{P}_N(\Omega), \quad a_N(u_N, u_N) \ge |u_N|^2_{H^1(\Omega)}. \tag{1.6}$$

Démonstration: Là encore on effectue la démonstration en dimension $d = 2$ pour simplifier les notations. En utilisant une inégalité de Cauchy–Schwarz dans la définition (0.1), on voit que

$$(u,v)_N \le \Big(\sum_{i=0}^N \sum_{j=0}^N u^2(\xi_i, \xi_j)\, \rho_i \rho_j\Big)^{\frac{1}{2}} \Big(\sum_{i=0}^N \sum_{j=0}^N v^2(\xi_i, \xi_j)\, \rho_i \rho_j\Big)^{\frac{1}{2}},$$

donc que

$$(u,v)_N \le (u,u)_N^{\frac{1}{2}} (v,v)_N^{\frac{1}{2}}. \tag{1.7}$$

On est donc ramené à prouver que

$$\forall u_N \in \mathbb{P}_N(\Omega), \quad |u_N|^2_{H^1(\Omega)} \le a_N(u_N, u_N) \le 3^{d-1}\, |u_N|^2_{H^1(\Omega)}. \tag{1.8}$$

Pour tout u_N dans $\mathbb{P}_N(\Omega)$, on a

$$a_N(u_N, u_N) = \sum_{i=0}^{N}\sum_{j=0}^{N}(\frac{\partial u_N}{\partial x})^2(\xi_i, \xi_j)\,\rho_i\rho_j + \sum_{i=0}^{N}\sum_{j=0}^{N}(\frac{\partial u_N}{\partial y})^2(\xi_i, \xi_j)\,\rho_i\rho_j.$$

On remarque alors que $\frac{\partial u_N}{\partial x}$ est un polynôme de degré $\leq N-1$ par rapport à x, de sorte que la propriété d'exactitude (II.3.5) permet de remplacer la formule de quadrature appliquée à $(\frac{\partial u_N}{\partial x})^2$ par l'intégrale (mais uniquement par rapport à la variable x). En tenant un raisonnement symétrique pour $\frac{\partial u_N}{\partial y}$, on obtient

$$a_N(u_N, u_N) = \int_{-1}^{1}\sum_{j=0}^{N}(\frac{\partial u_N}{\partial x})^2(x, \xi_j)\,\rho_j\,dx + \int_{-1}^{1}\sum_{i=0}^{N}(\frac{\partial u_N}{\partial y})^2(\xi_i, y)\,\rho_i\,dy. \tag{1.9}$$

On applique alors le Corollaire IV.1.10 par rapport à la variable y dans le premier terme et par rapport à la variable x dans le second, et on obtient les inégalités (1.8).

On en déduit immédiatement que le problème (1.3) est bien posé.

Théorème 1.2 *Pour toute fonction f continue sur $\overline{\Omega}$, le problème* (1.3) *admet une solution unique. De plus, cette solution vérifie*

$$\|u_N\|_{H^1(\Omega)} \leq c\,\|\mathcal{I}_N f\|_{L^2(\Omega)}. \tag{1.10}$$

Démonstration: Comme $\mathbb{P}_N^0(\Omega)$ est inclus dans $H_0^1(\Omega)$, la continuité et l'ellipticité sur $\mathbb{P}_N^0(\Omega)$ de la forme $a_N(.,.)$ résultent de la proposition précédente, combinée avec l'inégalité de Poincaré–Friedrichs (voir Corollaire I.2.7). Comme l'espace $\mathbb{P}_N^0(\Omega)$ est de dimension finie, la forme linéaire: $v_N \mapsto (f, v_N)_N$ est nécessairement continue sur $\mathbb{P}_N^0(\Omega)$. Le Lemme I.1.1 de Lax–Milgram dit alors que le problème (1.3) admet une solution unique. Pour obtenir l'inégalité de stabilité (1.10), on choisit v_N égal à u_N dans l'énoncé du problème (1.3) et on utilise la Proposition 1.1 et la définition (IV.2.7) de l'opérateur $\mathcal{I}_N$:

$$|u_N|^2_{H^1(\Omega)} \leq a_N(u_N, u_N) = (f, u_N)_N = (\mathcal{I}_N f, u_N)_N.$$

Puis on applique le Corollaire IV.1.10 par rapport à chaque variable x et y en dimension $d = 2$, x, y et z en dimension $d = 3$, , ce qui donne

$$|u_N|^2_{H^1(\Omega)} \leq (\mathcal{I}_N f, \mathcal{I}_N f)_N^{\frac{1}{2}}(u_N, u_N)_N^{\frac{1}{2}} \leq 3^d\|\mathcal{I}_N f\|_{L^2(\Omega)}\|u_N\|_{L^2(\Omega)}.$$

Grâce à l'inégalité de Poincaré–Friedrichs (I.2.5), on en déduit l'inégalité désirée.

On va étudier l'erreur entre les solutions des problèmes (1.1) et (1.3). Pour cela, la discrétisation étant conforme, on utilise la majoration (I.4.6) qui s'écrit ici (on observe d'après (1.6) que la constante d'ellipticité de la forme $a_N(\cdot,\cdot)$ est minorée indépendamment de N)

$$\begin{aligned}\|u - u_N\|_{H^1(\Omega)} \leq c\Big(&\inf_{v_N\in\mathbb{P}_N^0(\Omega)}\big(\|u - v_N\|_{H^1(\Omega)} + \sup_{w_N\in\mathbb{P}_N^0(\Omega)}\frac{(a - a_N)(v_N, w_N)}{\|w_N\|_{H^1(\Omega)}}\big)\\ &+ \sup_{w_N\in\mathbb{P}_N^0(\Omega)}\frac{\langle f, w_N\rangle - (f, w_N)_N}{\|w_N\|_{H^1(\Omega)}}\Big),\end{aligned} \tag{1.11}$$

où la forme $a(\cdot,\cdot)$ est introduite en (1.2).

L'idée pour majorer les deux premiers termes consiste à approcher u dans $\mathbb{P}^0_{N-1}(\Omega)$. En effet, on constate aisément que

$$\inf_{v_N \in \mathbb{P}^0_N(\Omega)} \|u - v_N\|_{H^1(\Omega)} \leq \inf_{v_{N-1} \in \mathbb{P}^0_{N-1}(\Omega)} \|u - v_{N-1}\|_{H^1(\Omega)}, \tag{1.12}$$

et en outre, comme le produit $v_{N-1}w_N$ pour v_{N-1} dans $\mathbb{P}_{N-1}(\Omega)$ et tout w_N dans $\mathbb{P}_N(\Omega)$ appartient alors à $\mathbb{P}_{2N-1}(\Omega)$,

$$\forall w_N \in \mathbb{P}_N(\Omega), \quad (a - a_N)(v_{N-1}, w_N) = 0. \tag{1.13}$$

Pour majorer le dernier terme, on déduit de la propriété d'exactitude de la formule de quadrature que, pour tout f_{N-1} dans $\mathbb{P}_{N-1}(\Omega)$,

$$\begin{aligned}\langle f, w_N\rangle - (f, w_N)_N &= \int_\Omega f(\boldsymbol{x}) w_N(\boldsymbol{x})\, d\boldsymbol{x} - (f, w_N)_N \\ &= \int_\Omega (f - f_{N-1})(\boldsymbol{x}) w_N(\boldsymbol{x})\, d\boldsymbol{x} - (f - f_{N-1}, w_N)_N.\end{aligned}$$

Par définition de l'opérateur d'interpolation $\mathcal{I}_N$ (voir Notation IV.2.5) et grâce à la propriété (IV.1.15), ceci entraîne par inégalité de Cauchy–Schwarz

$$\langle f, w_N\rangle - (f, w_N)_N \leq \big(\|f - f_{N-1}\|_{L^2(\Omega)} + 3^d\, \|\mathcal{I}_N f - f_{N-1}\|_{L^2(\Omega)}\big) \|w_N\|_{L^2(\Omega)}.$$

On obtient donc la majoration

$$\begin{aligned}\sup_{w_N \in \mathbb{P}_N(\Omega)} & \frac{\langle f, w_N\rangle - (f, w_N)_N}{\|w_N\|_{H^1(\Omega)}} \\ &\leq c\,\big(\|f - \mathcal{I}_N f\|_{L^2(\Omega)} + \inf_{f_{N-1} \in \mathbb{P}_{N-1}(\Omega)} \|f - f_{N-1}\|_{L^2(\Omega)}\big).\end{aligned} \tag{1.14}$$

En insérant (1.12), (1.13) et (1.14) dans (1.11), on obtient l'estimation

$$\begin{aligned}\|u - u_N\|_{H^1(\Omega)} \leq c\,\big(& \inf_{v_{N-1} \in \mathbb{P}^0_{N-1}(\Omega)} \|u - v_{N-1}\|_{H^1(\Omega)} \\ & + \|f - \mathcal{I}_N f\|_{L^2(\Omega)} + \inf_{f_{N-1} \in \mathbb{P}_{N-1}(\Omega)} \|f - f_{N-1}\|_{L^2(\Omega)}\big).\end{aligned} \tag{1.15}$$

L'erreur entre les solutions exacte et discrète est donc bornée par la somme d'une erreur d'approximation sur la solution, d'une erreur d'approximation et d'interpolation sur la donnée.

Dans l'inégalité (1.15), on choisit v_{N-1} égal à $\Pi^{1,0}_{N-1}u$ et f_{N-1} égal à $\Pi_{N-1}f$ (voir Notations III.2.3 et III.2.5). En notant que, pour $N \geq 2$, le rapport $\frac{N}{N-1}$ est ≤ 2, on déduit immédiatement des Théorèmes III.2.4, III.2.6 et IV.2.6, la majoration d'erreur a priori.

Théorème 1.3 *On suppose la solution u du problème (1.1) dans $H^m(\Omega)$ pour un entier $m \geq 1$ et la donnée f dans $H^r(\Omega)$ pour un entier $r \geq 2$. Alors, pour le problème discret (1.3), on a la majoration d'erreur*

$$\|u - u_N\|_{H^1(\Omega)} \leq c\,(N^{1-m}\,\|u\|_{H^m(\Omega)} + N^{-r}\,\|f\|_{H^r(\Omega)}). \tag{1.16}$$

La majoration en norme de $L^2(\Omega)$ s'obtient par l'argument de dualité dû à Aubin et Nitsche, déjà utilisé dans le Chapitre III.

Théorème 1.4 *Sous les hypothèses du Théorème 1.3, pour le problème discret (1.3), on a la majoration d'erreur*

$$\|u - u_N\|_{L^2(\Omega)} \leq c\,(N^{-m}\,\|u\|_{H^m(\Omega)} + N^{-r}\,\|f\|_{H^r(\Omega)}). \tag{1.17}$$

Démonstration: On a

$$\|u - u_N\|_{L^2(\Omega)} = \sup_{t \in L^2(\Omega)} \frac{\int_\Omega (u - u_N)(\boldsymbol{x})t(\boldsymbol{x})\,d\boldsymbol{x}}{\|t\|_{L^2(\Omega)}}. \tag{1.18}$$

Pour toute fonction t dans $L^2(\Omega)$, on résout le problème:
Trouver w dans $H_0^1(\Omega)$ tel que

$$\forall v \in H_0^1(\Omega), \quad a(v, w) = \int_\Omega t(\boldsymbol{x})v(\boldsymbol{x})\,d\boldsymbol{x}, \tag{1.19}$$

et on rappelle (voir Remarque I.3.4) que, l'ouvert Ω étant convexe, la solution w appartient à $H^2(\Omega)$ et vérifie

$$\|w\|_{H^2(\Omega)} \leq c\,\|t\|_{L^2(\Omega)}. \tag{1.20}$$

On voit que

$$\int_\Omega (u - u_N)(\boldsymbol{x})t(\boldsymbol{x})\,d\boldsymbol{x} = a(u - u_N, w).$$

En combinant la formule (1.13) avec les énoncés des problèmes (1.1) et (1.3), on obtient pour tout polynôme w_{N-1} de $\mathbb{P}_{N-1}^0(\Omega)$,

$$\int_\Omega (u - u_N)(\boldsymbol{x})t(\boldsymbol{x})\,d\boldsymbol{x} = a(u - u_N, w - w_{N-1}) + \int_\Omega f(\boldsymbol{x})w_{N-1}(\boldsymbol{x})\,d\boldsymbol{x} - (f, w_{N-1})_N.$$

En utilisant la formule (1.14), on en déduit immédiatement que

$$\int_\Omega (u - u_N)(\boldsymbol{x})t(\boldsymbol{x})\,d\boldsymbol{x} \leq c\,\big(|u - u_N|_{H^1(\Omega)}|w - w_{N-1}|_{H^1(\Omega)} + \|f - \mathcal{I}_N f\|_{L^2(\Omega)}|w_{N-1}|_{H^1(\Omega)}\big).$$

On choisit alors w_{N-1} égal à $\Pi_{N-1}^{1,0} w$ et on obtient en utilisant les Théorèmes III.2.6 et IV.2.6

$$\int_\Omega (u - u_N)(\boldsymbol{x})t(\boldsymbol{x})\,d\boldsymbol{x} \leq c\,(N^{-1}|u - u_N|_{H^1(\Omega)}\|w\|_{H^2(\Omega)} + N^{-r}\,\|f\|_{H^r(\Omega)}|w|_{H^1(\Omega)}).$$

En combinant cette dernière estimation avec (1.18) et (1.20) et en utilisant le Théorème 1.3, on obtient le résultat désiré.

Remarque 1.5 On peut donner une autre interprétation du problème (1.3) comme suit. En dimension $d = 2$ par exemple, on obtient par les mêmes arguments que pour la formule (1.9)

$$a_N(u_N, u_N) = \int_{-1}^{1} \sum_{j=0}^{N} (\frac{\partial u_N}{\partial x})(x, \xi_j)(\frac{\partial v_N}{\partial x})(x, \xi_j)\, \rho_j\, dx$$
$$+ \int_{-1}^{1} \sum_{i=0}^{N} (\frac{\partial u_N}{\partial y})(\xi_i, y)(\frac{\partial v_N}{\partial y})(\xi_i, y)\, \rho_i\, dy.$$

On peut alors intégrer par parties dans le second membre, ce qui donne

$$a_N(u_N, v_N) = -\int_{-1}^{1} \sum_{j=0}^{N} (\frac{\partial^2 u_N}{\partial x^2})(x, \xi_j) v_N(x, \xi_j)\, \rho_j\, dx$$
$$- \int_{-1}^{1} \sum_{i=0}^{N} (\frac{\partial^2 u_N}{\partial y^2})(\xi_i, y) v_N(\xi_i, y)\, \rho_i\, dy,$$

d'où, grâce à la propriété d'exactitude de la formule de quadrature,

$$a_N(u_N, v_N) = -\sum_{i=0}^{N} \sum_{j=0}^{N} (\Delta u_N)(\xi_i, \xi_j) v_N(\xi_i, \xi_j)\, \rho_i \rho_j.$$

On en déduit

$$a_N(u_N, v_N) = -(\Delta u_N, v_N)_N,$$

et cette dernière formule est vraie également en dimension $d = 3$. Soit ℓ_j, $0 \leq j \leq N$, les polynômes de Lagrange associés aux points ξ_j (c'est-à-dire les polynômes de $\mathbb{P}_N(\Lambda)$ qui valent 1 en ξ_j et s'annulent en ξ_k, $0 \leq k \leq N$, $k \neq j$). Les ℓ_j, $1 \leq j \leq N-1$, forment alors une base de $\mathbb{P}_N^0(\Lambda)$. Comme indiqué dans la Section II.1, une base de $\mathbb{P}_N^0(\Omega)$ est donc donnée par les $\{\ell_i(x)\ell_j(y),\ 1 \leq i, j \leq N-1\}$, en dimension $d = 2$, par les $\{\ell_i(x)\ell_j(y)\ell_k(z),\ 1 \leq i, j, k \leq N-1\}$, en dimension $d = 3$. L'équation (1.3) est satisfaite pour tout v_N dans $\mathbb{P}_N^0(\Omega)$ si et seulement si elle est satisfaite pour tout élément de cette base. En utilisant la formule précédente et le fait que les poids ρ_j, $1 \leq j \leq N-1$, sont positifs, on voit en dimension $d = 2$ par exemple qu'elle est satisfaite pour v_N égal à $\ell_i(x)\ell_j(y)$ si et seulement si

$$-\Delta u_N(\xi_i, \xi_j) = f(\xi_i, \xi_j).$$

De même, le fait que u_N s'annule sur $\partial\Omega$ se traduit par le fait que u_N s'annule en $N+1$ points sur chaque côté, en $(N+1)^2$ points sur chaque face. Par ces arguments, on obtient une formulation équivalente du problème (1.3), pour la grille Ξ_N définie en (IV.2.6):

Trouver u_N dans $\mathbb{P}_N(\Omega)$ tel que

$$\begin{cases} -\Delta u_N(\boldsymbol{x}) = f(\boldsymbol{x}), & \boldsymbol{x} \in \Xi_N \cap \Omega, \\ u_N(\boldsymbol{x}) = 0, & \boldsymbol{x} \in \Xi_N \cap \partial\Omega. \end{cases} \tag{1.21}$$

Ainsi, la discrétisation utilisée s'avère être une *méthode de collocation*: ceci signifie que, à partir du problème d'origine:

$$\begin{cases} -\Delta u = f & \text{dans } \Omega, \\ u = 0 & \text{sur } \partial\Omega, \end{cases}$$

on cherche une solution discrète telle que les équations soient exactement satisfaites en un nombre fini de points. Il s'agit d'une technique très naturelle, qui peut s'appliquer facilement à un grand nombre d'équations et est relativement proche de la méthode de différences finies mais ne conduit pas dans la plupart des cas à une erreur optimale. On réfère à [91] pour d'autres applications de ce type de méthodes.

Remarque 1.6 On peut définir un nouveau problème discret en évaluant les intégrales du problème (1.1) au moyen de formules de quadrature beaucoup plus précises. On obtient alors les mêmes estimations d'erreur asymptotiques (1.16) et (1.17). En outre, pour un certain nombre de cas test, les courbes d'erreur sont indiscernables de celles du problème (1.3) (voir Maday et Rønquist [82]). Il n'y a donc aucun intérêt à utiliser ce problème modifié.

Il faut étendre cette discrétisation au cas de données au bord non nulles. On suppose comme dans la Section I.3 qu'il existe un relèvement $\overline{g}$ de la trace g dans $H^1(\Omega)$, de sorte que ce problème admet la formulation variationnelle équivalente suivante

Trouver u dans $H^1(\Omega)$, avec $u - \overline{g}$ dans $H_0^1(\Omega)$, tel que

$$\forall v \in H_0^1(\Omega), \quad \int_\Omega (\mathbf{grad}\, u)(\boldsymbol{x}) \,.\, (\mathbf{grad}\, v)(\boldsymbol{x})\, d\boldsymbol{x} = \langle f, v \rangle. \tag{1.22}$$

Soit Γ_j, $1 \leq j \leq 2d$, les côtés ($d = 2$) ou faces ($d = 3$) du domaine Ω. Comme les traces sur chaque Γ_j de polynômes dans $\mathbb{P}_N(\Omega)$ appartiennent à $\mathbb{P}_N(\Gamma_j)$, on doit, pour discrétiser la condition aux limites, introduire une approximation de g dans l'espace

$$X_N^{\partial\Omega} = \{\varphi_N \in \mathscr{C}^0(\partial\Omega);\ \varphi_{N\,|\Gamma_j} \in \mathbb{P}_N(\Gamma_j),\ 1 \leq j \leq 2d\}. \tag{1.23}$$

Lorsque la fonction g est continue sur $\partial\Omega$, l'idée la plus simple et aussi la moins coûteuse consiste alors à approcher g par la fonction $i_N^{\partial\Omega} g$, où l'opérateur $i_N^{\partial\Omega}$ est défini de la façon suivante: pour toute fonction φ continue sur $\partial\Omega$, $i_N^{\partial\Omega}$ appartient à $X_N^{\partial\Omega}$ et vérifie

$$(i_N^{\partial\Omega} v)(\boldsymbol{x}) = v(\boldsymbol{x}), \quad \boldsymbol{x} \in \Xi_N \cap \overline{\Gamma}_j,\ 1 \leq j \leq 2d. \tag{1.24}$$

On note en outre la propriété de commutation, vraie pour toute fonction v continue sur $\overline{\Omega}$,

$$T_1^{\partial\Omega}(\mathcal{I}_N v) = i_N^{\partial\Omega}(T_1^{\partial\Omega} v). \tag{1.25}$$

On suppose les fonctions f et $\overline{g}$ continues sur $\overline{\Omega}$. Par suite des remarques précédentes, le problème discret s'écrit

Trouver u_N dans $\mathbb{P}_N(\Omega)$, avec $u_N - \mathcal{I}_N \overline{g}$ dans $\mathbb{P}_N^0(\Omega)$, tel que

$$\forall v_N \in \mathbb{P}_N^0(\Omega), \quad a_N(u_N, v_N) = (f, v_N)_N, \tag{1.26}$$

où la forme bilinéaire $a_N(.,.)$ est la même que précédemment, définie en (1.4). Les propriétés de cette forme, énoncées dans la Proposition 1.1, permettent de prouver l'existence et l'unicité de la solution.

Théorème 1.7 *Pour toutes fonctions f et $\overline{g}$ continues sur $\overline{\Omega}$, le problème* (1.26) *admet une solution unique.*

Démonstration: Le polynôme $u_N^0 = u_N - \mathcal{I}_N \overline{g}$ appartient à $\mathbb{P}_N^0(\Omega)$ et vérifie

$$\forall v_N \in \mathbb{P}_N^0(\Omega), \quad a_N(u_N^0, v_N) = (f, v_N)_N - a_N(\mathcal{I}_N \overline{g}, v_N).$$

Son existence, donc celle de u_N, est une conséquence immédiate de la Proposition 1.1 et de l'inégalité de Poincaré–Friedrichs (voir Corollaire I.2.7). Comme le problème est linéaire, l'unicité de u_N découle du fait que la seule solution pour les données $f = 0$ et $\overline{g} = 0$ est nulle. Ceci est une conséquence du Théorème 1.2.

Par les mêmes arguments que pour le Théorème 1.2, on peut prouver la propriété de stabilité

$$\|u_N\|_{H^1(\Omega)} \le c\left(\|\mathcal{I}_N f\|_{L^2(\Omega)} + \|\mathcal{I}_N \overline{g}\|_{H^1(\Omega)}\right). \tag{1.27}$$

Une estimation plus naturelle peut être établie à partir du Théorème III.3.1.

Corollaire 1.8 *Sous les hypothèses du Théorème* 1.7, *la solution du problème* (1.26) *vérifie*

$$\|u_N\|_{H^1(\Omega)} \le c\left(\|\mathcal{I}_N f\|_{L^2(\Omega)} + \|i_N^{\partial\Omega} g\|_{H^{\frac{1}{2}}(\partial\Omega)}\right). \tag{1.28}$$

Pour majorer l'erreur entre les solutions u et u_N, on introduit l'espace X_N^g des fonctions de $\mathbb{P}_N(\Omega)$ égales à $i_N^{\partial\Omega} g$ sur $\partial\Omega$ et on déduit de (I.4.6) la majoration

$$\begin{aligned} \|u - u_N\|_{H^1(\Omega)} \le c\Big(\inf_{v_N \in X_N^g} \big(\|u - v_N\|_{H^1(\Omega)} &+ \sup_{w_N \in \mathbb{P}_N^0(\Omega)} \frac{(a - a_N)(v_N, w_N)}{\|w_N\|_{H^1(\Omega)}}\big) \\ &+ \sup_{w_N \in \mathbb{P}_N^0(\Omega)} \frac{\langle f, w_N\rangle - (f, w_N)_N}{\|w_N\|_{H^1(\Omega)}}\Big). \end{aligned} \tag{1.29}$$

Comme d'après (1.25) $\mathcal{I}_N u$ appartient à X_N^g, on obtient

$$\inf_{v_N \in X_N^g(\Omega)} \|u - v_N\|_{H^1(\Omega)} \le \|u - \mathcal{I}_N u\|_{H^1(\Omega)}. \tag{1.30}$$

De plus, on déduit de la propriété d'exactitude de la formule de Gauss–Lobatto que, pour tout v_{N-1} dans $\mathbb{P}_{N-1}(\Omega)$,

$$(a - a_N)(\mathcal{I}_N u, w_N) = a(\mathcal{I}_N u - v_{N-1}, w_N) - a_N(\mathcal{I}_N u - v_{N-1}, w_N),$$

d'où, d'après (1.5),

$$\begin{aligned} &\sup_{w_N \in \mathbb{P}_N^0(\Omega)} \frac{(a - a_N)(v_N, w_N)}{\|w_N\|_{H^1(\Omega)}} \\ &\qquad \le c\left(\|u - \mathcal{I}_N u\|_{H^1(\Omega)} + \inf_{v_{N-1} \in \mathbb{P}_{N-1}(\Omega)} \|u - v_{N-1}\|_{H^1(\Omega)}\right). \end{aligned} \tag{1.31}$$

En insérant (1.30), (1.31) et (1.14) dans (1.29), on obtient l'estimation

$$\|u - u_N\|_{H^1(\Omega)} \le c\,(\|u - \mathcal{I}_N u\|_{H^1(\Omega)} + \inf_{v_{N-1}\in\mathbb{P}_{N-1}(\Omega)} \|u - v_{N-1}\|_{H^1(\Omega)} \\ + \|f - \mathcal{I}_N f\|_{L^2(\Omega)} + \inf_{f_{N-1}\in\mathbb{P}_{N-1}(\Omega)} \|f - f_{N-1}\|_{L^2(\Omega)}). \tag{1.32}$$

On choisit maintenant v_{N-1} égal à $\Pi^1_{N-1}u$ et f_{N-1} égal à $\Pi_{N-1}f$ et on déduit des Théorèmes III.2.9 et IV.2.7, III.2.4 et IV.2.6, la majoration d'erreur a priori.

Théorème 1.9 *On suppose la solution u du problème (1.22) dans $H^m(\Omega)$ pour un entier $m \ge d$ et la donnée f dans $H^r(\Omega)$ pour un entier $r \ge 2$. Alors, pour le problème discret (1.26), on a la majoration d'erreur*

$$\|u - u_N\|_{H^1(\Omega)} \le c\,(N^{1-m}\,\|u\|_{H^m(\Omega)} + N^{-r}\,\|f\|_{H^r(\Omega)}). \tag{1.33}$$

La majoration d'erreur (1.33) est optimale, exactement semblable à (1.16). Le choix de l'opérateur $i_N^{\partial\Omega}$ pour traiter les conditions aux limites, effectué pour raisons de simplicité, ne nuit donc pas à l'optimalité de la discrétisation.

Ici également, on prouve une majoration en norme de $L^2(\Omega)$ par un argument de dualité.

Théorème 1.10 *Sous les hypothèses du Théorème 1.9 et si l'on suppose en outre la donnée g telle que chaque $g_{|\Gamma_j}$, $1 \le j \le 2d$, appartienne à $H^s(\Gamma_j)$ pour un entier $s > d-1$, pour le problème discret (1.26), on a la majoration d'erreur*

$$\|u - u_N\|_{L^2(\Omega)} \le c\,(N^{-m}\,\|u\|_{H^m(\Omega)} + N^{-r}\,\|f\|_{H^r(\Omega)} + N^{-s}\sum_{j=1}^{2d}\|g\|_{H^s(\Gamma_j)}). \tag{1.34}$$

Démonstration: On utilise ici les formules (1.18), (1.19) et (1.20) de la démonstration du Théorème 1.4. Par intégration par parties, on voit que

$$\int_\Omega (u - u_N)(\boldsymbol{x})t(\boldsymbol{x})\,d\boldsymbol{x} = a(u - u_N, w) + \int_{\partial\Omega} (\frac{\partial w}{\partial n})(\tau)\,(g - i_N^{\partial\Omega} g)(\tau)\,d\tau.$$

Le premier terme du membre de droite se majore comme dans la démonstration du Théorème 1.4:

$$a(u - u_N, w) \le c\,(N^{-1}|u - u_N|_{H^1(\Omega)}\|w\|_{H^2(\Omega)} + N^{-r}\,\|f\|_{H^r(\Omega)}|w|_{H^1(\Omega)}).$$

Pour majorer le second, on utilise l'inégalité de Cauchy–Schwarz

$$\int_{\partial\Omega} (\frac{\partial w}{\partial n})(\tau)\,(g - i_N^{\partial\Omega} g)(\tau)\,d\tau \le \sum_{j=1}^{2d} \|g - i_N^{\partial\Omega} g\|_{L^2(\Gamma_j)} \|\frac{\partial w}{\partial n}\|_{L^2(\Gamma_j)},$$

d'où d'après le Théorème de traces I.2.15,

$$\int_{\partial\Omega} (\frac{\partial w}{\partial n})(\tau)\,(g - i_N^{\partial\Omega} g)(\tau)\,d\tau \le (\sum_{j=1}^{2d} \|g - i_N^{\partial\Omega} g\|_{L^2(\Gamma_j)})\,\|w\|_{H^2(\Omega)}.$$

On conclut en utilisant le Théorème 1.9 pour le premier terme, le Corollaire IV.1.13 ($d = 2$) ou le Théorème IV.2.6 ($d = 3$) pour le second.

La régularité de g n'intervient pas explicitement dans le Théorème 1.9, mais apparaît dans l'énoncé du Théorème 1.11. On peut noter que, si la solution u appartient à $H^m(\Omega)$, la fonction f appartient à $H^{m-2}(\Omega)$ et la fonction g est telle que chaque $g_{|\Gamma_j}$, $1 \leq j \leq 2d$, appartienne à $H^{m-\frac{1}{2}}(\Gamma_j)$. Mais, comme indiqué dans la Remarque I.3.4, la régularité des données f et g peut être plus élevée.

Remarque 1.11 Exactement par les mêmes arguments que pour la Remarque 1.5, on peut vérifier que le problème (1.26) admet la formulation équivalente:

Trouver u_N dans $\mathbb{P}_N(\Omega)$ tel que

$$\begin{cases} -\Delta u_N(\boldsymbol{x}) = f(\boldsymbol{x}), & \boldsymbol{x} \in \Xi_N \cap \Omega, \\ u_N(\boldsymbol{x}) = g(\boldsymbol{x}), & \boldsymbol{x} \in \Xi_N \cap \partial\Omega. \end{cases} \tag{1.35}$$

En comparant au problème d'origine:

$$\begin{cases} -\Delta u = f & \text{dans } \Omega, \\ u = g & \text{sur } \partial\Omega, \end{cases}$$

on voit que, là aussi, la discrétisation correspond à une méthode de collocation.

V.2 Conditions aux limites de Neumann

On s'intéresse ici au problème (I.3.6). On suppose la donnée f dans $L^2(\Omega)$, la donnée g dans $H^{-\frac{1}{2}}(\partial\Omega)$ et on suppose bien sûr vérifiée la condition de compatibilité (I.3.9), qui s'écrit ici

$$\int_\Omega f(\boldsymbol{x})\,d\boldsymbol{x} + < g, 1 >_{\partial\Omega} = 0. \tag{2.1}$$

Ce problème admet alors la formulation variationnelle équivalente (voir (I.3.13))

Trouver u dans $H^1(\Omega) \cap L^2_0(\Omega)$ tel que

$$\begin{aligned} &\forall v \in H^1(\Omega) \cap L^2_0(\Omega), \\ &\qquad \int_\Omega (\mathbf{grad}\, u)(\boldsymbol{x}) \,.\, (\mathbf{grad}\, v)(\boldsymbol{x})\,d\boldsymbol{x} = \int_\Omega f(\boldsymbol{x}) v(\boldsymbol{x})\,d\boldsymbol{x} + \langle g, v\rangle_{\partial\Omega}, \end{aligned} \tag{2.2}$$

où l'espace $L^2_0(\Omega)$ est défini en (I.3.12).

Pour discrétiser le produit de dualité $\langle\cdot,\cdot\rangle_{\partial\Omega}$, on introduit le produit discret, défini sur toutes les fonctions u et v continues sur $\partial\Omega$ par

$$(u, v)_N^{\partial\Omega} = \sum_{j=1}^{2d} \sum_{\boldsymbol{x} \in \Xi_N \cap \overline{\Gamma}_j} u(\boldsymbol{x}) v(\boldsymbol{x})\, \rho_{\boldsymbol{x}}, \tag{2.3}$$

où, pour tout point $\boldsymbol{x}$ de coordonnée tangentielle ξ_i en dimension $d = 2$, respectivement de coordonnées tangentielles ξ_i et ξ_j en dimension $d = 3$, le poids $\rho_{\boldsymbol{x}}$ est égal à ρ_i, respectivement à $\rho_i \rho_j$. Là encore, ce produit coïncide avec l'intégrale lorsque le produit uv appartient à l'espace $X_{2N-1}^{\partial\Omega}$ défini en (1.23).

On suppose les données f et g continues sur $\overline{\Omega}$ et $\partial\Omega$, respectivement. Comme la condition (2.1) n'entraîne pas que son analogue discret est vérifié de façon exacte, on est donc amené à introduire la constante

$$\lambda_N = \frac{1}{\text{mes}(\Omega)} \big((f, 1)_N + (g, 1)_N^{\partial\Omega}\big). \tag{2.4}$$

Toujours pour la forme $a_N(\cdot, \cdot)$ définie en (1.4), le problème discret s'écrit

Trouver u_N dans $\mathbb{P}_N(\Omega) \cap L_0^2(\Omega)$ tel que

$$\forall v_N \in \mathbb{P}_N(\Omega) \cap L_0^2(\Omega), \quad a_N(u_N, v_N) = (f, v_N)_N + (g, v_N)_N^{\partial\Omega} - (\lambda_N, v_N)_N. \tag{2.5}$$

On peut noter grâce au choix de λ_N que l'équation précédente peut être imposée de façon équivalent pour tout v_N dans $\mathbb{P}_N(\Omega)$. Là encore, le fait que ce problème soit bien posé découle de la Proposition 1.1.

Théorème 2.1 *Pour toutes fonctions f continue sur $\overline{\Omega}$ et g continue sur $\partial\Omega$, le problème* (2.5) *admet une solution unique. De plus, cette solution vérifie*

$$\|u_N\|_{H^1(\Omega)} \leq c \big(\|\mathcal{I}_N f\|_{L^2(\Omega)} + \|i_N^{\partial\Omega} g\|_{L^2(\partial\Omega)}\big). \tag{2.6}$$

Démonstration: La continuité et l'ellipticité sur $\mathbb{P}_N(\Omega) \cap L_0^2(\Omega)$ de la forme $a_N(.,.)$ résultent de la Proposition 1.1, combinée avec le Lemme I.2.11 de Bramble–Hilbert et l'identité, qui résulte de la Remarque I.2.12,

$$\forall v \in H^1(\Omega) \cap L_0^2(\Omega), \quad \|v\|_{H^1(\Omega)} = \|v\|_{H^1(\Omega)/\mathbb{R}}.$$

Comme l'espace $\mathbb{P}_N(\Omega)$ est de dimension finie, le second membre du problème (2.5) est une forme linéaire continue sur $\mathbb{P}_N(\Omega)$. Le Lemme de Lax–Milgram (voir Théorème I.1.2) dit alors que ce problème admet une solution unique. Puis on choisit v_N égal à u_N dans (2.5) et on utilise la Proposition 1.1 et les définitions (IV.2.7) et (1.24) des opérateurs d'interpolation

$$|u_N|_{H^1(\Omega)}^2 \leq (\mathcal{I}_N f, u_N)_N + (i_N^{\partial\Omega} g, u_N)_N^{\partial\Omega} - (\lambda_N, u_N)_N.$$

Grâce au Corollaire IV.1.10, en faisant appel une fois encore au Lemme I.2.11 de Bramble–Hilbert, on obtient

$$|u_N|_{H^1(\Omega)} \leq c \big(\|\mathcal{I}_N f\|_{L^2(\Omega)} + \|i_N^{\partial\Omega} g\|_{L^2(\partial\Omega)} + \text{mes}(\Omega)^{\frac{1}{2}} |\lambda_N|\big).$$

Pour majorer le dernier terme, on observe que

$$\lambda_N = \frac{1}{\text{mes}(\Omega)} \Big(\int_\Omega (\mathcal{I}_N f)(\boldsymbol{x})\, d\boldsymbol{x} + \int_{\partial\Omega} (i_N^{\partial\Omega} g)(\tau)\, d\tau\Big), \tag{2.7}$$

d'où la majoration souhaitée.

Pour évaluer l'erreur entre les solutions des problèmes (2.2) et (2.5), on note que, grâce à la définition (2.4), la fonction test v_N dans (2.5) peut décrire tout l'espace $\mathbb{P}_N(\Omega)$. On utilise la majoration (I.4.6)

$$\begin{aligned}\|u-u_N\|_{H^1(\Omega)} \le c\Big(\inf_{v_N\in\mathbb{P}_N(\Omega)} \big(\|u-v_N\|_{H^1(\Omega)} + \sup_{w_N\in\mathbb{P}_N(\Omega)} \frac{(a-a_N)(v_N,w_N)}{\|w_N\|_{H^1(\Omega)}}\\ + \sup_{w_N\in\mathbb{P}_N(\Omega)} \frac{\langle f,w_N\rangle-(f,w_N)_N}{\|w_N\|_{H^1(\Omega)}}\\ + \sup_{w_N\in\mathbb{P}_N(\Omega)} \frac{\langle g,w_N\rangle_{\partial\Omega}-(g,w_N)_N^{\partial\Omega}}{\|w_N\|_{H^1(\Omega)}}\\ + \sup_{w_N\in\mathbb{P}_N(\Omega)} \frac{(\lambda_N,w_N)_N}{\|w_N\|_{H^1(\Omega)}}\Big).\end{aligned} \tag{2.8}$$

Pour évaluer les deux premiers termes, on utilise la majoration

$$\inf_{v_N\in\mathbb{P}_N(\Omega)} \|u-v_N\|_{H^1(\Omega)} \le \inf_{v_{N-1}\in\mathbb{P}_{N-1}(\Omega)} \|u-v_N\|_{H^1(\Omega)}, \tag{2.9}$$

combinée avec (1.13). Le troisième terme est évalué en (1.14), et le quatrième terme se majore par exactement les mêmes arguments, ce qui donne

$$\begin{aligned}\sup_{w_N\in\mathbb{P}_N(\Omega)} & \frac{\langle g,w_N\rangle_{\partial\Omega}-(g,w_N)_N^{\partial\Omega}}{\|w_N\|_{H^1(\Omega)}}\\ & \le c\,\big(\|g-i_N^{\partial\Omega}g\|_{L^2(\partial\Omega)} + \sum_{j=1}^{2d} \inf_{g_{N-1}\in\mathbb{P}_{N-1}(\Gamma_j)} \|g-g_{N-1}\|_{L^2(\Gamma_j)}\big).\end{aligned} \tag{2.10}$$

Pour estimer le dernier terme, on note que d'après (2.1) et (2.7),

$$|\lambda_N| \le \frac{1}{\text{mes}(\Omega)}\,\Big|\int_\Omega (f-\mathcal{I}_N f)(\boldsymbol{x})\,d\boldsymbol{x} + \int_{\partial\Omega} (g-i_N^{\partial\Omega}g)(\tau)\,d\tau\Big|,$$

d'où

$$\sup_{w_N\in\mathbb{P}_N(\Omega)} \frac{(\lambda_N,w_N)_N}{\|w_N\|_{H^1(\Omega)}} \le \|f-\mathcal{I}_N f\|_{L^2(\Omega)} + \|g-i_N^{\partial\Omega}g\|_{L^2(\partial\Omega)}. \tag{2.11}$$

En insérant tout ceci dans (2.8), on obtient

$$\begin{aligned}\|u-u_N\|_{H^1(\Omega)} \le c\big(& \inf_{v_{N-1}\in\mathbb{P}_{N-1}(\Omega)} \|u-v_{N-1}\|_{H^1(\Omega)}\\ & + \|f-\mathcal{I}_N f\|_{L^2(\Omega)} + \inf_{f_{N-1}\in\mathbb{P}_{N-1}(\Omega)} \|f-f_{N-1}\|_{L^2(\Omega)}\\ & + \|g-i_N^{\partial\Omega}g\|_{L^2(\partial\Omega)} + \sum_{j=1}^{2d} \inf_{g_{N-1}\in\mathbb{P}_{N-1}(\Gamma_j)} \|g-g_{N-1}\|_{L^2(\Gamma_j)}\big).\end{aligned} \tag{2.12}$$

Les Théorèmes III.2.4, III.2.9 et éventuellement III.1.2 (dans le cas de la dimension $d = 2$) pour l'erreur d'approximation, IV.2.6, IV.2.7 et aussi le Corollaire IV.1.13 dans le cas $d = 2$ pour l'erreur d'interpolation, permettent de conclure.

Théorème 2.2 *On suppose la solution u du problème (2.2) dans $H^m(\Omega)$ pour un entier $m \geq 1$, la donnée f dans $H^r(\Omega)$ pour un entier $r \geq 2$ et la donnée g telle que chaque $g_{|\Gamma_j}$, $1 \leq j \leq 2d$, appartienne à $H^s(\Gamma_j)$ pour un entier $s > \frac{d-1}{2}$. Alors, pour le problème discret (2.5), on a la majoration d'erreur*

$$\|u - u_N\|_{H^1(\Omega)} \leq c\,(N^{1-m}\,\|u\|_{H^m(\Omega)} + N^{-r}\,\|f\|_{H^r(\Omega)} + N^{-s}\sum_{j=1}^{2d}\|g\|_{H^s(\Gamma_j)}). \tag{2.13}$$

Un argument de dualité permet aussi de prouver une majoration dans la norme de $L^2(\Omega)$.

Théorème 2.3 *Sous les hypothèses du Théorème 2.2, pour le problème discret (2.5), on a la majoration d'erreur*

$$\|u - u_N\|_{L^2(\Omega)} \leq c\,(N^{-m}\,\|u\|_{H^m(\Omega)} + N^{-r}\,\|f\|_{H^r(\Omega)} + N^{-s}\sum_{j=1}^{2d}\|g\|_{H^s(\Gamma_j)}). \tag{2.14}$$

Démonstration: Prouver l'estimation repose là encore sur la formule (1.18). Pour tout t dans $L^2(\Omega)$, on note t_0 la fonction t moins sa moyenne sur Ω, qui appartient donc à $L^2_0(\Omega)$. On introduit la solution w dans $H^1(\Omega) \cap L^2_0(\Omega)$ (voir Théorème I.3.2) du problème

$$\forall v \in H^1(\Omega) \cap L^2_0(\Omega), \quad a(v, w) = \int_\Omega t(\boldsymbol{x})v(\boldsymbol{x})\,d\boldsymbol{x}, \tag{2.15}$$

et on rappelle (voir Remarque I.3.4) que, l'ouvert Ω étant convexe, la solution w appartient à $H^2(\Omega)$ et vérifie

$$\|w\|_{H^2(\Omega)} \leq c\,\|t_0\|_{L^2(\Omega)} \leq c'\,\|t\|_{L^2(\Omega)}. \tag{2.16}$$

Comme u et u_N appartiennent tous deux à $L^2_0(\Omega)$, on a

$$\int_\Omega (u - u_N)(\boldsymbol{x})t(\boldsymbol{x})\,d\boldsymbol{x} = \int_\Omega (u - u_N)(\boldsymbol{x})t_0(\boldsymbol{x})\,d\boldsymbol{x} = a(u - u_N, w).$$

On en déduit, pour tout w_{N-1} dans $\mathbb{P}_{N-1}(\Omega)$,

$$\int_\Omega (u - u_N)(\boldsymbol{x})t(\boldsymbol{x})\,d\boldsymbol{x} = a(u - u_N, w - w_{N-1}) + \int_\Omega f(\boldsymbol{x})w_{N-1}(\boldsymbol{x})\,d\boldsymbol{x} - (f, w_{N-1})_N$$
$$+ \int_{\partial\Omega} g(\tau)w_{N-1}(\tau)\,d\tau - (g, w_{N-1})_N^{\partial\Omega} - (\lambda_N, w_{N-1})_N,$$

d'où, en utilisant (2.11),

$$\int_\Omega (u - u_N)(\boldsymbol{x})t(\boldsymbol{x})\,d\boldsymbol{x} \leq c\,\Big(|u - u_N|_{H^1(\Omega)}|w - w_{N-1}|_{H^1(\Omega)}$$
$$+ (\|f - \mathcal{I}_N f\|_{L^2(\Omega)} + \|g - i_N^{\partial\Omega} g\|_{L^2(\partial\Omega)})|w_{N-1}|_{H^1(\Omega)}\Big).$$

On choisit alors w_{N-1} égal à $\Pi^1_{N-1}w$ et on conclut grâce à (1.18) et (2.16), combinés avec les résultats d'approximation et d'interpolation cités précédemment.

Remarque 2.4 Exactement par les mêmes arguments que pour la Remarque 1.5 et avec les mêmes notations on peut observer, que si l'on fait décrire à v_N dans le problème (2.5) la base de $\mathbb{P}^0_N(\Omega)$ constituée des $\ell_i(x)\ell_j(y)$, $1 \le i, j \le N-1$, en dimension $d = 2$ ou son analogue en dimension $d = 3$, les équations suivantes sont encore vérifiées

$$-\Delta u_N(\boldsymbol{x}) = f(\boldsymbol{x}), \quad \boldsymbol{x} \in \Xi_N \cap \Omega.$$

Toutefois, il n'en est pas de même pour les nœuds $\boldsymbol{x}$ de $\Xi_N \cap \partial\Omega$: par exemple, en dimension $d = 2$, si l'on choisit la fonction test v_N telle que $v_N(x, y) = (1 + x)\, L'_N(x)\, \ell_j(y)$, $1 \le j \le N-1$, on obtient l'équation

$$(\frac{\partial u_N}{\partial n})(1, \xi_j) = g(\xi_j) + \rho_N\, (f + \Delta u_N)(1, \xi_j).$$

La condition aux limites n'est donc pas satisfaite exactement aux points $\boldsymbol{x} = (1, \xi_j)$, puisque le résidu de l'équation multiplié par le poids $\rho_N = \frac{2}{N(N+1)}$ (voir Lemme II.3.4) s'y ajoute. La discrétisation n'est donc pas équivalente à celle obtenue par méthode de collocation. De plus, la convergence de la solution du problème discret construit par cette dernière méthode n'est pas d'ordre optimal (voir [38, §10.5.1] pour plus de détails) et les résultats numériques prouvent qu'elle est nettement plus faible que pour le problème (2.5).

V.3 Conditions aux limites mixtes

Dans un troisième temps, on propose une discrétisation du problème (I.3.14) et on rappelle qu'il admet la formulation variationnelle suivante

Trouver u dans $H^1(\Omega)$, avec $u - \overline{g}_e$ dans $X_\diamond$, tel que

$$\forall v \in X_\diamond, \quad \int_\Omega (\mathbf{grad}\, u)(\boldsymbol{x}) \,.\, (\mathbf{grad}\, v)(\boldsymbol{x})\, d\boldsymbol{x} = \int_\Omega f(\boldsymbol{x}) v(\boldsymbol{x})\, d\boldsymbol{x} + \langle g_n, v\rangle_{\Gamma_n}, \tag{3.1}$$

où l'espace $X_\diamond$ est défini en (I.3.15).

On est amené ici à supposer que Γ_e et Γ_n sont l'un et l'autre l'union de côtés entiers ($d = 2$) ou de faces entières ($d = 3$) de Ω. On note Γ_{ej}, $1 \le j \le J_e$, respectivement Γ_{nj}, $1 \le j \le J_n$, les côtés ($d = 2$) ou faces ($d = 3$) contenues dans Γ_e, respectivement dans Γ_n. On étend la définition (1.23) de $X_N^{\partial\Omega}$ à des espaces $X_N^{\Gamma_e}$ et $X_N^{\Gamma_n}$ en remplaçant $\partial\Omega$ par Γ_e et Γ_n et les faces Γ_j par les Γ_{ej} et les Γ_{nj}. Similairement, on étend la définition (1.24) de $i_N^{\partial\Omega}$ à des opérateurs $i_N^{\Gamma_e}$ et $i_N^{\Gamma_n}$, ainsi que la définition (2.3) de $(\cdot,\cdot)_N^{\partial\Omega}$ à un produit discret $(\cdot,\cdot)_N^{\Gamma_n}$.

Finalement, on définit l'espace

$$X_N^\diamond = \{v_N \in \mathbb{P}_N(\Omega);\ v_N = 0 \,\text{sur}\, \Gamma_e\}. \tag{3.2}$$

Puis on suppose les données f et g_n continues sur $\overline{\Omega}$ et $\overline{\Gamma}_n$, et on admet qu'il existe un relèvement de g_e continu sur $\overline{\Omega}$, que l'on note encore $\overline{g}_e$. Et on considère le problème

Trouver u_N dans $\mathbb{P}_N(\Omega)$, avec $u_N - \mathcal{I}_N \overline{g}_e$ dans $X_N^\diamond$, tel que

$$\forall v_N \in X_N^\diamond, \quad a_N(u_N, v_N) = (f, v_N)_N + (g, v_N)_N^{\Gamma_n}. \tag{3.3}$$

Grâce à la Proposition 1.1, on peut prouver que ce problème admet une solution unique.

Théorème 3.1 *Pour toutes fonctions f et $\overline{g}_e$ continues sur $\overline{\Omega}$, et g_n continue sur $\overline{\Gamma}_n$, le problème* (3.3) *admet une solution unique.*

Démonstration: Le polynôme $u_N^\diamond = u_N - \mathcal{I}_N \overline{g}_e$ appartient à $X_N^\diamond$ et vérifie

$$\forall v_N \in X_N^\diamond, \quad a_N(u_N^\diamond, v_N) = (f, v_N)_N + (g_n, v_N)_N^{\Gamma_n} - a_N(\mathcal{I}_N \overline{g}_e, v_N).$$

Son existence, donc celle de u_N, est une conséquence immédiate de la Proposition 1.1 et de l'inégalité de Poincaré–Friedrichs généralisée (voir Remarque I.2.17). Pour prouver l'unicité de u_N, on utilise le même argument que dans la démonstration du Théorème 1.7: on prend $f = 0$, $g_n = 0$ et $\overline{g}_e = 0$, de sorte que la nullité de u_N se déduit de (1.6).

On introduit l'espace $X_N^{g_e}$ des fonctions de $\mathbb{P}_N(\Omega)$ égales à $i_N^{\Gamma_e} g_e$ sur Γ_e et on déduit de (I.4.6) la majoration de l'erreur entre les solutions u et u_N

$$\begin{aligned} \|u - u_N\|_{H^1(\Omega)} \le c \Big(&\inf_{v_N \in X_N^{g_e}(\Omega)} \big(\|u - v_N\|_{H^1(\Omega)} + \sup_{w_N \in X_N^\diamond} \frac{(a - a_N)(v_N, w_N)}{\|w_N\|_{H^1(\Omega)}} \big) \\ &+ \sup_{w_N \in X_N^\diamond} \frac{\langle f, w_N \rangle - (f, w_N)_N}{\|w_N\|_{H^1(\Omega)}} + \sup_{w_N \in X_N^\diamond} \frac{\langle g_n, w_N \rangle_{\Gamma_n} - (g_n, w_N)_N^{\Gamma_n}}{\|w_N\|_{H^1(\Omega)}} \Big). \end{aligned} \tag{3.4}$$

Les différents termes dans le membre de droite ont été évalués, à quelques modifications près, dans (1.30), (1.31), (1.14) et (2.10). On en déduit immédiatement la première estimation.

Théorème 3.2 *On suppose la solution u du problème* (3.1) *dans $H^m(\Omega)$ pour un entier $m \ge d$, la donnée f dans $H^r(\Omega)$ pour un entier $r \ge 2$ et la donnée g_e telle que chaque $g_{|\Gamma_{nj}}$, $1 \le j \le J_n$, appartienne à $H^s(\Gamma_{nj})$ pour un entier $s > d - 1$. Alors, pour le problème discret* (3.3), *on a la majoration d'erreur*

$$\|u - u_N\|_{H^1(\Omega)} \le c \, (N^{1-m} \, \|u\|_{H^m(\Omega)} + N^{-r} \, \|f\|_{H^r(\Omega)} + N^{-s} \sum_{j=1}^{J_n} \|g_n\|_{H^s(\Gamma_{nj})}). \tag{3.5}$$

On prouve aussi une majoration en norme de $L^2(\Omega)$, qui utilise les résultats de régularité spécifiques dans un carré ou dans un cube, tels qu'énoncés dans la Remarque I.3.6.

Théorème 3.3 *Sous les hypothèses du Théorème 3.2, pour le problème discret* (3.3), *on a la majoration d'erreur*

$$\|u - u_N\|_{L^2(\Omega)} \le c \, (N^{-m} \, \|u\|_{H^m(\Omega)} + N^{-r} \, \|f\|_{H^r(\Omega)} + N^{-s} \sum_{j=1}^{J_n} \|g_n\|_{H^s(\Gamma_{nj})}). \tag{3.6}$$

Démonstration: On utilise une fois de plus la formule (1.18) et, pour tout t dans $L^2(\Omega)$, on introduit la solution w dans $X_\diamond$ (voir Théorème I.3.5) du problème

$$\forall v \in X_\diamond, \quad a(v, w) = \int_\Omega t(\boldsymbol{x}) v(\boldsymbol{x})\, d\boldsymbol{x}. \tag{3.7}$$

D'après la Remarque I.3.6, comme les conditions aux limites sont homogènes, la solution w appartient à $H^2(\Omega)$ et vérifie

$$\|w\|_{H^2(\Omega)} \leq c\, \|t\|_{L^2(\Omega)}. \tag{3.8}$$

On vérifie alors facilement que pour tout w_{N-1} dans $X_{N-1}^\diamond$,

$$\begin{aligned}\int_\Omega (u - u_N)(\boldsymbol{x}) t(\boldsymbol{x})\, d\boldsymbol{x} = a(u - u_N, w - w_{N-1}) + \int_\Omega f(\boldsymbol{x}) w_{N-1}(\boldsymbol{x})\, d\boldsymbol{x} - (f, w_{N-1})_N \\ + \int_{\Gamma_n} g_n(\tau) w_{N-1}(\tau)\, d\tau - (g_n, w_{N-1})_N^{\Gamma_n},\end{aligned}$$

d'où

$$\begin{aligned}\int_\Omega (u - u_N)(\boldsymbol{x}) t(\boldsymbol{x})\, d\boldsymbol{x} \leq |u - u_N|_{H^1(\Omega)} |w - w_{N-1}|_{H^1(\Omega)} \\ + c\,(\|f - \mathcal{I}_N f\|_{L^2(\Omega)} + \|g_n - i_N^{\Gamma_n} g_n\|_{L^2(\Gamma_n)}) |w_{N-1}|_{H^1(\Omega)}.\end{aligned}$$

On choisit alors w_{N-1} égal à l'image de w par l'opérateur de projection orthogonale de $X_\diamond$ sur $X_{N-1}^\diamond$ (l'étude de cet opérateur s'effectue suivant les mêmes arguments que dans les Sections III.1 et III.2, toutefois comme il dépend du nombre et de la position des côtés ou faces contenus dans Γ_e, on laisse son analyse aux soins du lecteur). Grâce à (1.18) et (3.8), on obtient l'estimation souhaitée.

V.4 Mise en œuvre

Le but de ce paragraphe est d'indiquer comment les problèmes discrets définis dans les pages précédentes peuvent être mis en œuvre sur ordinateur. Pour simplifier, on va se limiter au cas des problèmes discrets (1.26) et (2.5), l'extension au problème (3.3) étant laissée aux soins du lecteur.

Écriture du système linéaire

On considère d'abord le problème (1.26). On suppose connues les valeurs de la fonction f aux points de $\Xi_N \cap \Omega$ et les valeurs de la fonction g aux points de $\Xi_N \cap \overline{\Gamma}_j$, $1 \leq j \leq 2d$. Les inconnues à calculer sont les valeurs u_{ij} ou u_{ijk} de la solution u_N aux nœuds de $\Xi_N \cap \Omega$.

On fait appel aux polynômes de Lagrange ℓ_j associés aux points ξ_j, $0 \leq j \leq N$, introduits dans la Remarque 1.5. On note en effet que la solution u_N s'écrit

$$\begin{cases} u_N(x, y) = \sum_{i=0}^N \sum_{j=0}^N u_{ij}\, \ell_i(x) \ell_j(y) & \text{si } d = 2, \\ u_N(x, y, z) = \sum_{i=0}^N \sum_{j=0}^N \sum_{k=0}^N u_{ijk}\, \ell_i(x) \ell_j(y) \ell_k(z) & \text{si } d = 3. \end{cases} \tag{4.1}$$

On note que les valeurs u_{ij} ou u_{ijk} aux points (ξ_i, ξ_j) ou (ξ_i, ξ_j, ξ_k) qui appartiennent à $\Xi_N \cap \partial\Omega$ sont données par les conditions aux limites.

On coupe l'ensemble des couples (i, j) ou triplets (i, j, k) en deux parties: on note $\mathcal{L}$ l'ensemble $\{0, \ldots, N\}^d$, $\mathcal{L}_0$ le sous-ensemble

$$\mathcal{L}_0 = \begin{cases} \{(i,j) \in \{0,\ldots,N\}^2;\ (\xi_i, \xi_j) \in \Xi_N \cap \Omega\} & \text{si } d = 2, \\ \{(i,j,k) \in \{0,\ldots,N\}^3;\ (\xi_i, \xi_j, \xi_k) \in \Xi_N \cap \Omega\} & \text{si } d = 3, \end{cases} \tag{4.2}$$

et $\mathcal{M}$ son complémentaire

$$\mathcal{M} = \begin{cases} \{(i,j) \in \{0,\ldots,N\}^2;\ (\xi_i, \xi_j) \in \Xi_N \cap \partial\Omega\} & \text{si } d = 2, \\ \{(i,j,k) \in \{0,\ldots,N\}^3;\ (\xi_i, \xi_j, \xi_k) \in \Xi_N \cap \partial\Omega\} & \text{si } d = 3. \end{cases} \tag{4.3}$$

En notant que, en dimension $d = 2$, les $\ell_r(x)\ell_s(y)$, $1 \le r, s \le N-1$, forment une base de $\mathbb{P}_N^0(\Omega)$, on écrit le problème variationnel (1.26) de la façon suivante:

$$\sum_{(i,j)\in\mathcal{L}_0} u_{ij}\, a_N(\ell_i \otimes \ell_j, \ell_r \otimes \ell_s) = f(\xi_r, \xi_s)\, \rho_r \rho_s - \sum_{(i,j)\in\mathcal{M}} g_{ij}\, a_N(\ell_i \otimes \ell_j, \ell_r \otimes \ell_s), \quad (r,s) \in \mathcal{L}_0, \tag{4.4}$$

où les g_{ij} désignent les valeurs de la fonction g au point (ξ_i, ξ_j) pour (i, j) dans $\mathcal{M}$. Similairement, en dimension $d = 3$, le problème s'écrit

$$\sum_{(i,j,k)\in\mathcal{L}_0} u_{ijk}\, a_N(\ell_i \otimes \ell_j \otimes \ell_k, \ell_r \otimes \ell_s \otimes \ell_t) = f(\xi_r, \xi_s, \xi_t)\, \rho_r \rho_s \rho_t - \sum_{(i,j,k)\in\mathcal{M}} g_{ijk}\, a_N(\ell_i \otimes \ell_j \otimes \ell_k, \ell_r \otimes \ell_s \otimes \ell_t), \quad (r,s,t) \in \mathcal{L}_0. \tag{4.5}$$

Au total, on obtient un système linéaire de $(N-1)^d$ équations à $(N-1)^d$ inconnues, que l'on écrit

$$AU = \overline{F}. \tag{4.6}$$

Le vecteur U est formé des valeurs inconnues u_{ij}, $(i,j) \in \mathcal{L}_0$, en dimension $d = 2$, u_{ijk}, $(i,j,k) \in \mathcal{L}_0$, en dimension $d = 3$. La matrice A, dite *matrice de rigidité*, a pour coefficients les termes

$$\begin{cases} a_N(\ell_i \otimes \ell_j, \ell_r \otimes \ell_s), \quad (i,j) \in \mathcal{L}_0, (r,s) \in \mathcal{L}_0, & \text{si } d = 2, \\ a_N(\ell_i \otimes \ell_j \otimes \ell_k, \ell_r \otimes \ell_s \otimes \ell_t), \quad (i,j,k) \in \mathcal{L}_0, (r,s,t) \in \mathcal{L}_0, & \text{si } d = 3. \end{cases}$$

Le vecteur $\overline{F}$ est formé par les termes

$$\begin{cases} f(\xi_r, \xi_s)\, \rho_r \rho_s - \sum_{(i,j)\in\mathcal{M}} g_{ij}\, a_N(\ell_i \otimes \ell_j, \ell_r \otimes \ell_s), \quad (r,s) \in \mathcal{L}_0, & \text{si } d = 2, \\ f(\xi_r, \xi_s, \xi_t)\, \rho_r \rho_s \rho_t - \sum_{(i,j,k)\in\mathcal{M}} g_{ijk}\, a_N(\ell_i \otimes \ell_j \otimes \ell_k, \ell_r \otimes \ell_s \otimes \ell_t), \quad (r,s,t) \in \mathcal{L}_0, & \text{si } d = 3, \end{cases}$$

que l'on peut calculer à partir des données du problème. Il s'écrit de façon plus naturelle sous la forme $\overline{F} = BF$, où le vecteur F a pour composantes les termes

$$\begin{cases} f(\xi_r, \xi_s) - \frac{1}{\rho_r \rho_s} \sum_{(i,j)\in\mathcal{M}} g_{ij}\, a_N(\ell_i \otimes \ell_j, \ell_r \otimes \ell_s), \quad (r,s) \in \mathcal{L}_0, & \text{si } d = 2, \\ f(\xi_r, \xi_s, \xi_t) - \frac{1}{\rho_r \rho_s \rho_t} \sum_{(i,j,k)\in\mathcal{M}} g_{ijk}\, a_N(\ell_i \otimes \ell_j \otimes \ell_k, \ell_r \otimes \ell_s \otimes \ell_t), \quad (r,s,t) \in \mathcal{L}_0, & \text{si } d = 3, \end{cases}$$

ce qui correspond vraiment aux données du problème dans le cas de conditions aux limites homogènes. La matrice B, dite *matrice de masse*, est diagonale: les termes diagonaux sont les produits $\rho_r \rho_s$, $(r,s) \in \mathcal{L}_0$, en dimension $d = 2$, les produits $\rho_r \rho_s \rho_t$, $(r,s,t) \in \mathcal{L}_0$, en dimension $d = 3$.

Le coût du calcul vient de la résolution du système (4.6), il dépend donc essentiellement des propriétés de la matrice A que l'on étudie ci-dessous. On peut déjà noter que, puisque la forme $a_N(.,.)$ est symétrique, la matrice A l'est également.

Remarque 4.1 Si l'on utilise la formulation par collocation (1.35) du problème (1.26), on voit qu'il peut s'écrire, en dimension $d = 2$ par exemple,

$$\begin{aligned} &- \sum_{(i,j)\in\mathcal{L}_0} u_{ij} \left(\ell_i''(\xi_r)\ell_j(\xi_s) + \ell_i(\xi_r)\ell_j''(\xi_s)\right) \\ &= f(\xi_r, \xi_s) + \sum_{(i,j)\in\mathcal{M}} g_{ij} \left(\ell_i''(\xi_r)\ell_j(\xi_s) + \ell_i(\xi_r)\ell_j''(\xi_s)\right), \quad 1 \le r, s \le N-1. \end{aligned} \tag{4.7}$$

Ceci est également un système linéaire de $(N-1)^d$ équations à $(N-1)^d$ inconnues:

$$\breve{A}U = F, \tag{4.8}$$

où les coefficients de la matrice $\breve{A}$, égale à $B^{-1}A$, sont, en dimension $d = 2$ par exemple, les quantités $-\left(\ell_i''(\xi_r)\ell_j(\xi_s) + \ell_i(\xi_r)\ell_j''(\xi_s)\right)$. Mais la matrice $\breve{A}$ n'est plus symétrique, ce qui rend la résolution du système par méthode itérative beaucoup plus coûteuse et constitue l'inconvénient majeur de la formulation (1.35).

Le problème (2.5) avec conditions aux limites de Neumann s'écrit de façon analogue sous forme d'un système linéaire. Les données sont les valeurs de la fonction f en tous les points de Ξ_N et les valeurs de la fonction g aux points de $\Xi_N \cap \overline{\Gamma}_j$, $1 \le j \le 2d$. Les inconnues à calculer sont les valeurs u_{ij} ou u_{ijk} d'une pseudo-solution $\tilde{u}_N$ aux nœuds de Ξ_N, où dans un premier temps on fixe un de ces u_{ij}, $(i,j) \in \mathcal{M}$, ou u_{ijk}, $(i,j,k) \in \mathcal{M}$, égal à 0 (on note $\mathcal{L}_*$, respectivement $\mathcal{M}_*$, l'ensemble $\mathcal{L}$, respectivement $\mathcal{M}$, privé du couple ou triplet correspondant). En effet le fait que u_N soit à moyenne nulle est imposée dans une étape ultérieure, grâce à la formule

$$u_N = \tilde{u}_N - \frac{1}{\text{mes}(\Omega)} (\tilde{u}_N, 1)_N, \tag{4.9}$$

un des avantages de cette méthode étant que la matrice de masse reste diagonale. Le polynôme $\tilde{u}_N$ admet alors la décomposition (4.1) et toutes les valeurs u_{ij} ou u_{ijk} sont des inconnues du problème.

On note qu'en dimension $d = 2$ par exemple, les $\ell_r(x)\ell_s(y)$, $0 \le r, s \le N$, forment une base de $\mathbb{P}_N(\Omega)$, le problème variationnel (2.5) s'écrit en dimension $d = 2$:

$$\sum_{(i,j)\in\mathcal{L}_*} u_{ij}\, a_N(\ell_i \otimes \ell_j, \ell_r \otimes \ell_s) = f(\xi_r, \xi_s)\, \rho_r\rho_s + \sum_{(i,j)\in\mathcal{M}_*} g_{ij}\, (\ell_i \otimes \ell_j, \ell_r \otimes \ell_s)_N^{\partial\Omega}, \quad (r,s) \in \mathcal{L}_*, \tag{4.10}$$

(comme précédemment, les g_{ij} désignent les valeurs de la fonction g au point (ξ_i, ξ_j), $(i,j) \in \mathcal{M}_*$). Similairement, en dimension $d = 3$, le problème s'écrit

$$\sum_{(i,j,k)\in\mathcal{L}_*} u_{ijk}\, a_N(\ell_i \otimes \ell_j \otimes \ell_k, \ell_r \otimes \ell_s \otimes \ell_t)$$
$$= f(\xi_r, \xi_s, \xi_t)\, \rho_r\rho_s\rho_t + \sum_{(i,j,k)\in\mathcal{M}_*} g_{ijk}\, (\ell_i \otimes \ell_j \otimes \ell_k, \ell_r \otimes \ell_s \otimes \ell_t)_N^{\partial\Omega}, \quad (r,s,t) \in \mathcal{L}_*. \tag{4.11}$$

Au total, on obtient un système linéaire de $(N+1)^d - 1$ équations à $(N+1)^d - 1$ inconnues, que l'on écrit

$$\tilde{A}\tilde{U} = \overline{\tilde{F}}. \tag{4.12}$$

Le vecteur $\tilde{U}$ est formé des valeurs inconnues u_{ij}, $(i,j) \in \mathcal{L}_*$, en dimension $d = 2$, u_{ijk}, $(i,j,k) \in \mathcal{L}_*$, en dimension $d = 3$. La matrice de rigidité $\tilde{A}$ a pour coefficients les termes

$$\begin{cases} a_N(\ell_i \otimes \ell_j, \ell_r \otimes \ell_s), \quad (i,j) \in \mathcal{L}_*, (r,s) \in \mathcal{L}_*, & \text{si } d = 2, \\ a_N(\ell_i \otimes \ell_j \otimes \ell_k, \ell_r \otimes \ell_s \otimes \ell_t), \quad (i,j,k) \in \mathcal{L}_*, (r,s,t) \in \mathcal{L}_*, & \text{si } d = 3. \end{cases}$$

Le vecteur $\overline{\tilde{F}}$ s'écrit encore $\overline{\tilde{F}} = \tilde{B}\tilde{F} + \tilde{C}\tilde{G}$, où

- le vecteur $\tilde{F}$ a pour composantes les termes $f(\xi_r, \xi_s)$, $(r,s) \in \mathcal{L}_*$, en dimension $d = 2$, les termes $f(\xi_r, \xi_s, \xi_t)$, $(r,s,t) \in \mathcal{L}_*$, en dimension $d = 3$;
- la matrice de masse $\tilde{B}$ est diagonale, ses termes non nuls étant les $\rho_r\rho_s$, $(r,s) \in \mathcal{L}_*$, en dimension $d = 2$, les $\rho_r\rho_s\rho_t$, $(r,s,t) \in \mathcal{L}_*$, en dimension $d = 3$;
- le vecteur $\tilde{G}$ a card $\mathcal{M}_* = 4N - 1$ composantes égales aux $g(\xi_r, \xi_s)$, $(r,s) \in \mathcal{M}_*$, en dimension $d = 2$, et card $\mathcal{M}_* = 6N^2 + 1$ composantes égales aux $g(\xi_r, \xi_s, \xi_t)$, $(r,s,t) \in \mathcal{M}_*$, en dimension $d = 3$;
- la matrice C est rectangulaire de taille card $\mathcal{L}_* \times$ card $\mathcal{M}_*$, et ses seuls coefficients non nuls sont les

$$\begin{cases} \gamma_{rs}\, \frac{N(N+1)}{2}\, \delta_{ir}\rho_r\, \delta_{js}\, \rho_s, \quad (i,j) \in \mathcal{L}_*, (r,s) \in \mathcal{M}_*, & \text{si } d = 2, \\ \gamma_{rst}\, \frac{N(N+1)}{2}\, \delta_{ir}\rho_r\, \delta_{js}\rho_s\, \delta_{kt}\rho_t, \quad (i,j,k) \in \mathcal{L}_*, (r,s,t) \in \mathcal{M}_*, & \text{si } d = 3, \end{cases}$$

où $\delta_{\cdot\cdot}$ désigne le symbole de Kronecker, les γ_{rs} valent 1 ou 2 suivant que le point (ξ_r, ξ_s) est situé à l'intérieur d'un côté ou sur un coin, et les γ_{rst} valent 1, 2 ou 3 suivant que le point (ξ_r, ξ_s, ξ_t) est situé à l'intérieur d'une face, à l'intérieur d'une arête ou sur un sommet (le terme $\frac{N(N+1)}{2}$ vient du fait que le poids correspondant à la direction orthogonale à la

frontière disparaît dans le produit $(\cdot,\cdot)_N^{\partial\Omega}$).
Là aussi, la matrice $\tilde{A}$ est symétrique.

CALCUL DES MATRICES DE RIGIDITÉ

On pose:

$$\alpha_{jr} = \sum_{k=0}^{N} \ell'_j(\xi_k)\ell'_r(\xi_k)\,\rho_k, \quad 0 \le j, r \le N, \tag{4.13}$$

et on constate alors que les coefficients des matrices A et $\tilde{A}$ s'écrivent

$$\begin{cases} a_N(\ell_i \otimes \ell_j, \ell_r \otimes \ell_s) = \alpha_{ir}\delta_{js}\rho_j + \alpha_{js}\delta_{ir}\rho_i & \text{si } d=2, \\ a_N(\ell_i \otimes \ell_j \otimes \ell_k, \ell_r \otimes \ell_s \otimes \ell_t) & \\ \quad = \alpha_{ir}\delta_{js}\rho_j\delta_{kt}\rho_k + \alpha_{js}\delta_{ir}\rho_i\delta_{kt}\rho_k + \alpha_{kt}\delta_{ir}\rho_i\delta_{js}\rho_j & \text{si } d=3. \end{cases} \tag{4.14}$$

Le calcul de ces coefficients dépend donc du calcul des α_{jr}, ainsi d'ailleurs que le calcul du second membre pour des conditions aux limites de Dirichlet non homogènes.

Lemme 4.2 *On a la formule*

$$\begin{cases} \alpha_{jr} = \alpha_{rj} = \dfrac{4}{N(N+1)L_N(\xi_j)L_N(\xi_r)(\xi_j-\xi_r)^2} & \text{si } 0 \le j < r \le N, \\ \alpha_{jj} = \dfrac{2}{3(1-\xi_j^2)L_N^2(\xi_j)} & \text{si } 1 \le j \le N-1, \\ \alpha_{00} = \alpha_{NN} = \dfrac{N^2+N+1}{6}. & \end{cases} \tag{4.15}$$

Démonstration: On note d'abord que, d'après la propriété d'exactitude (II.3.5), on a

$$\begin{aligned} \alpha_{jr} &= -\int_{-1}^{1} \ell''_j(\zeta)\ell_r(\zeta) + \ell'_j(1)\ell_r(1) - \ell'_j(-1)\ell_r(-1) \\ &= -\ell''_j(\xi_r)\,\rho_r + \ell'_j(1)\ell_r(1) - \ell'_j(-1)\ell_r(-1). \end{aligned}$$

Bien sûr les deux derniers termes s'annulent lorsque $1 \le r \le N-1$. On traite successivement différentes valeurs du couple (j,r).
1) Dans le cas $0 \le j \le N$ et $1 \le r \le N-1$, il est facile de vérifier que, d'après l'équation différentielle (II.2.2), le polynôme ℓ_j est donné par

$$\ell_j(\zeta) = -\frac{(1-\zeta^2)L'_N(\zeta)}{N(N+1)L_N(\xi_j)(\zeta-\xi_j)}. \tag{4.16}$$

On en déduit que, pour $\zeta \ne \xi_j$ et grâce à (II.2.2),

$$\ell'_j(\zeta) = \frac{L_N(\zeta)}{L_N(\xi_j)(\zeta-\xi_j)} + \frac{(1-\zeta^2)L'_N(\zeta)}{N(N+1)L_N(\xi_j)(\zeta-\xi_j)^2},$$

$$\ell''_j(\zeta) = \frac{L'_N(\zeta)}{L_N(\xi_j)(\zeta-\xi_j)} - 2\frac{L_N(\zeta)}{L_N(\xi_j)(\zeta-\xi_j)^2} - 2\frac{(1-\zeta^2)L'_N(\zeta)}{N(N+1)L_N(\xi_j)(\zeta-\xi_j)^3},$$

ce qui donne immédiatement la première ligne de (4.15) pour $j \neq r$, le poids ρ_r étant donné par la formule (II.3.9). Par symétrie, on obtient aussi la valeur des α_{jr}, $1 \leq j \leq N-1$, $0 \leq r \leq N$, pour $j \neq r$.
2) Dans le cas $r = j$ et $1 \leq j \leq N-1$, on écrit le développement de Taylor

$$-\frac{(1-\zeta^2)L_N'(\zeta)}{N(N+1)} = L_N(\xi_j)(\zeta-\xi_j) + L_N'(\xi_j)\frac{(\zeta-\xi_j)^2}{2} + L_N''(\xi)\frac{(\zeta-\xi_j)^3}{6},$$

avec ξ compris entre ζ et ξ_j, d'où

$$\ell_j(\zeta) = 1 + \frac{L_N''(\xi)}{3L_N(\xi_j)}\frac{(\zeta-\xi_j)^2}{2}.$$

Ceci donne la formule

$$\alpha_{jj} = -\frac{L_N''(\xi_j)}{3L_N(\xi_j)}\,\rho_j.$$

D'après (II.2.2), on a

$$(1-\xi_j^2)L_N''(\xi_j) = 2\xi_j L_N'(\xi_j) - N(N+1)L_N(\xi_j) = -N(N+1)L_N(\xi_j),$$

et, par suite,

$$\alpha_{jj} = \frac{N(N+1)}{3(1-\xi_j^2)}\,\rho_j, \tag{4.17}$$

et on conclut en utilisant (II.3.9).
3) Dans le cas $r = j = N$, on a

$$\alpha_{NN} = -\ell_N''(1)\,\rho_N + \ell_N'(1).$$

La formule plus simple (voir (II.2.5))

$$\ell_N(\zeta) = \frac{(1+\zeta)L_N'(\zeta)}{N(N+1)}, \tag{4.18}$$

mène aux équations

$$\ell_N'(\zeta) = \frac{(1+\zeta)L_N''(\zeta) + L_N'(\zeta)}{N(N+1)}, \qquad \ell_j''(\zeta) = \frac{(1+\zeta)L_N'''(\zeta) + 2L_N''(\zeta)}{N(N+1)},$$

d'où l'on déduit en utilisant le Lemme II.3.4

$$\alpha_{NN} = -\frac{4}{N^2(N+1)^2}\left(L_N'''(1) + L_N''(1)\right) + \frac{1}{N(N+1)}\left(2L_N''(1) + L_N'(1)\right).$$

Les valeurs des $(\frac{d^k L_N}{d\zeta^k})(1)$ se calculent par récurrence sur k en dérivant la formule (II.2.2):

$$(\frac{d^k L_N}{d\zeta^k})(1) = \frac{(N-k+1)\dots(N+k)}{2^k\,k!}.$$

On en déduit la formule souhaitée.
4) Dans le cas $r = j = 0$, on montre par un argument de symétrie que $\alpha_{00} = \alpha_{NN}$, d'où la dernière ligne de (4.15).
5) Par les mêmes arguments que dans la partie 3), on obtient que $\alpha_{0N} = \alpha_{N0}$ vérifie encore le première ligne de (4.15), ce qui conclut la démonstration.

Remarque 4.3 À partir de la formule (4.15) et du Lemme II.3.5, on peut noter l'identité, vraie pour tout polynôme φ_N de $\mathbb{P}_N^0(\Lambda)$:

$$\sum_{j=0}^{N} \alpha_{jj}\varphi_N^2(\xi_j) = \frac{N(N+1)}{3} \sum_{j=1}^{N-1} \frac{\varphi_N^2(\xi_j)}{1-\xi_j^2}\,\rho_j,$$

ou, de façon équivalente,

$$\sum_{j=0}^{N} \alpha_{jj}\varphi_N^2(\xi_j) = \frac{N(N+1)}{3} \int_{-1}^{1} \varphi_N^2(\zeta)\,(1-\zeta^2)^{-1}\,d\zeta. \tag{4.19}$$

En dimension 1, la multiplication par la matrice diagonale de coefficients α_{jj} correspond donc à un changement de mesure.

RÉSOLUTION DU SYSTÈME LINÉAIRE

On rappelle [43, §2.2] que le *nombre de condition* d'une matrice carrée inversible M, que l'on notera $\kappa(M)$, est la racine carrée du quotient de la plus grande valeur propre de la matrice $M^T M$ par sa plus petite valeur propre. Lorsque la matrice M est symétrique définie positive, $\kappa(M)$ coïncide avec le quotient de la plus grande valeur propre de M par la plus petite.

L'efficacité de la résolution d'un système linéaire dépendant grandement du nombre de condition de la matrice à inverser, on prouve d'abord une estimation de ce nombre pour la matrice A apparaissant en (4.6).

Lemme 4.4 *En dimension $d = 2$, le nombre de condition de la matrice A vérifie*

$$c\,N^3 \le \kappa(A) \le c'\,N^3. \tag{4.20}$$

Démonstration: On veut utiliser la propriété suivante (dont la démonstration est laissée au lecteur): pour deux matrices M et N symétriques, on a l'inégalité

$$\kappa(N^{\frac12}\,M\,N^{\frac12}) \le \kappa(M)\,\kappa(N). \tag{4.21}$$

On introduit la matrice C diagonale, de coefficients diagonaux $\rho_i\rho_j(\frac{1}{1-\xi_i^2} + \frac{1}{1-\xi_j^2})$. On a alors $\kappa(A) \le \kappa(C^{-\frac12}\,A\,C^{-\frac12})\,\kappa(C)$. De plus, grâce au Lemme IV.1.11, on voit que

$$c\,N^{-2}\Big(\frac{(1-\xi_j^2)^{\frac12}}{(1-\xi_i^2)^{\frac12}} + \frac{(1-\xi_i^2)^{\frac12}}{(1-\xi_j^2)^{\frac12}}\Big) \le \rho_i\rho_j\big(\frac{1}{1-\xi_i^2} + \frac{1}{1-\xi_j^2}\big) \le c'\,N^{-2}\Big(\frac{(1-\xi_j^2)^{\frac12}}{(1-\xi_i^2)^{\frac12}} + \frac{(1-\xi_i^2)^{\frac12}}{(1-\xi_j^2)^{\frac12}}\Big).$$

En tenant compte du fait que, d'après (IV.1.17), $(1-\xi_j^2)^{\frac12}$ est compris entre $\frac{c}{N}$ et 1, il est facile de vérifier que

$$c\,N \le \kappa(C) \le c'\,N. \tag{4.22}$$

On note $\lambda_{\min}(A)$ et $\lambda_{\max}(A)$ (resp. $\lambda_{\min}(D)$ et $\lambda_{\max}(D)$) la plus petite et la plus grande des valeurs propres de A (resp. de la matrice $D = C^{-\frac{1}{2}} A\, C^{-\frac{1}{2}}$). Le résultat cherché est alors une conséquence des quatre inégalités suivantes, que l'on va démontrer successivement:

$$\lambda_{\min}(A) \leq c\, N^{-2}, \quad \lambda_{\max}(A) \geq c\, N, \quad \lambda_{\min}(D) \geq c, \quad \lambda_{\max}(D) \leq c\, N^2. \tag{4.23}$$

1) En décomposant toute fonction φ de $\mathbb{P}_N^0(\Omega)$ sur une base de vecteurs propres de la matrice A (qui est symétrique définie positive), on voit que, pour tout polynôme φ_N de $\mathbb{P}_N^0(\Omega)$,

$$a_N(\varphi_N, \varphi_N) \geq \lambda_{\min}(A) \sum_{i=1}^{N-1} \sum_{j=1}^{N-1} \varphi_N^2(\xi_i, \xi_j).$$

On choisit alors φ_N égal à $(1-x^2)(1-y^2)$, d'où

$$c \geq \lambda_{\min}(A) \left(\sum_{j=1}^{N-1} (1-\xi_j^2)^2 \right)^2.$$

On vérifie d'après (IV.1.17) que $\sum_{j=1}^{N-1}(1-\xi_j^2)^2$ est $\geq c\, N$, ce qui donne la première inégalité.
2) Comme précédemment, on a

$$a_N(\varphi_N, \varphi_N) \leq \lambda_{\max}(A) \sum_{i=1}^{N-1} \sum_{j=1}^{N-1} \varphi_N^2(\xi_i, \xi_j).$$

En choisissant $\varphi_N(x,y)$ égal à $\ell_i(x)\ell_j(y)$ pour $1 \leq i,j \leq N-1$, on obtient que

$$\lambda_{\max}(A) \geq a_N(\ell_i \otimes \ell_j, \ell_i \otimes \ell_j) = \alpha_{ii}\, \rho_j + \alpha_{jj}\, \rho_i,$$

d'où, en utilisant la formule (4.15) puis (IV.1.18),

$$\lambda_{\max}(A) \geq \frac{N(N+1)}{3} \rho_i \rho_j \left(\frac{1}{1-\xi_i^2} + \frac{1}{1-\xi_j^2} \right) \geq c \left(\frac{(1-\xi_j^2)^{\frac{1}{2}}}{(1-\xi_i^2)^{\frac{1}{2}}} + \frac{(1-\xi_i^2)^{\frac{1}{2}}}{(1-\xi_j^2)^{\frac{1}{2}}} \right).$$

Il suffit de choisir, par exemple, $i = [\frac{N}{2}]$ et $j = 1$ pour obtenir la seconde inégalité.
3) Un réel λ est valeur propre de la matrice D s'il existe un vecteur non nul Φ de $\mathbb{R}^{(N-1)^2}$ tel que: $A\Phi = \lambda\, C\Phi$. Il existe donc un polynôme φ_N de $\mathbb{P}_N^0(\Omega)$ tel que

$$a_N(\varphi_N, \varphi_N) = \lambda_{\min}(D) \sum_{i=1}^{N-1} \sum_{j=1}^{N-1} \varphi_N^2(\xi_i, \xi_j) \left(\frac{1}{1-\xi_i^2} + \frac{1}{1-\xi_j^2} \right) \rho_i \rho_j. \tag{4.24}$$

On note a_j (resp. b_i) la norme de $\frac{\partial \varphi_N}{\partial x}(., \xi_j)$ (resp. de $\frac{\partial \varphi_N}{\partial y}(\xi_i, .)$) dans $L^2(\Lambda)$ et on observe que

$$\varphi_N^2(\xi_i, \xi_j) \leq \left| \int_{-1}^{\xi_i} \left(\frac{\partial \varphi_N}{\partial x}\right)(t, \xi_j)\, dt \right| \left| \int_{\xi_i}^{1} \left(\frac{\partial \varphi_N}{\partial x}\right)(t, \xi_j)\, dt \right| \leq (1-\xi_i^2)^{\frac{1}{2}} a_j^2,$$

ainsi que la même propriété après échange des variables x et y. On a également

$$a_N(\varphi_N, \varphi_N) = \sum_{j=1}^{N-1} a_j^2 \rho_j + \sum_{i=1}^{N-1} b_i^2 \rho_i.$$

Le tout, inséré dans (4.24), donne

$$\sum_{j=1}^{N-1} a_j^2 \rho_j + \sum_{i=1}^{N-1} b_i^2 \rho_i \le \lambda_{\min}(D) \sum_{i=1}^{N-1} \sum_{j=1}^{N-1} \big(a_j^2 \rho_i \rho_j (1-\xi_i^2)^{-\frac{1}{2}} + b_i^2 \rho_i \rho_j (1-\xi_j^2)^{-\frac{1}{2}}\big).$$

On obtient la troisième inégalité en notant que, d'après (IV.1.18), $\sum_{i=1}^{N-1} \rho_i (1-\xi_i^2)^{-\frac{1}{2}}$ est borné indépendamment de N.
4) Comme précédemment, il existe un polynôme φ_N de $\mathbb{P}_N^0(\Omega)$ tel que

$$\begin{aligned} a_N(\varphi_N, \varphi_N) &= \lambda_{\max}(D) \sum_{i=1}^{N-1} \sum_{j=1}^{N-1} \varphi_N^2(\xi_i, \xi_j) \big(\frac{1}{1-\xi_i^2} + \frac{1}{1-\xi_j^2}\big) \rho_i \rho_j \\ &\ge \lambda_{\max}(D) \Big(\int_{-1}^{1} \int_{-1}^{1} \frac{\varphi_N^2(x,y)}{1-x^2}\, dx\, dy + \int_{-1}^{1} \int_{-1}^{1} \frac{\varphi_N^2(x,y)}{1-y^2}\, dx\, dy \Big). \end{aligned}$$

Il suffit alors d'appliquer l'inégalité inverse (IV.1.23) pour conclure la preuve de (4.23).

Remarque 4.5 De la même façon, on peut vérifier que le nombre de condition de la matrice $\tilde{A} = B^{-1}A$ est de l'ordre de $c\,N^4$, ce qui diminue encore l'intérêt du système (4.8).

Il apparaît numériquement, même si aucune preuve formelle ne semble exister à ce jour, que les nombres de condition de la matrice A en dimension $d = 3$ et de la matrice $\tilde{A}$ en dimensions $d = 2$ et $d = 3$ sont également de l'ordre de N^3.

À partir du Lemme 4.2, on vérifie que la matrice A est pleine. Cependant pour des données régulières la valeur du paramètre N, donc la taille de la matrice A, peuvent ne pas être trop élevées. On est donc amené, suivant les cas, à utiliser des méthodes de résolution de systèmes linéaires directes ou itératives (on réfère à [31] et [71] pour une analyse plus complète des propriétés comparatives de ces méthodes).
• Les méthodes directes sont basées sur une factorisation de la matrice en produit de deux matrices triangulaires, comme les méthodes de Cholesky, de Crout ou de Gauss. Elles sont robustes et permettent de résoudre exactement le système avec un nombre d'opérations et un temps de calcul finis (en l'absence d'erreurs d'arrondi). Leur utilisation se traduit par un minimum d'une constante fois N^{3d} opérations élémentaires pour décomposer la matrice (voir par exemple [43] pour l'analyse numérique des méthodes classiques de résolution des systèmes linéaires) et une constante fois N^{2d} opérations supplémentaires à chaque résolution du système. En outre, le stockage de la matrice complète occupe beaucoup de place en mémoire (elle a $(N-1)^{2d}$ coefficients non nuls). Elles ne peuvent donc être utilisées que pour des petites valeurs de N.
• Les méthodes itératives permettent d'obtenir, à convergence, la solution du système par approximations successives tout en réduisant considérablement le nombre d'opérations: le principe est de construire une suite $(U_n)_n$ de vecteurs qui converge vers la solution U de (4.6) ou (4.12). Parmi les méthodes de ce type, la plus performante dans le cas des

méthodes spectrales semble être le gradient conjugué (voir par exemple [31] ou [43]). En effet, à chaque itération n, la partie la plus longue du calcul consiste à évaluer le résidu $\mathcal{R}_n = F - AU_n$, donc à calculer le produit de la matrice A par un vecteur. Il en résulte plusieurs avantages: le calcul de produits AV s'effectue facilement à partir des formules (4.14) et (4.15); en outre, les propriétés de tensorisation apparaissant dans ces formules permettent d'effectuer le calcul d'un produit AV à très faible coût, comme indiqué dans le lemme suivant.

Lemme 4.6 *Il existe une constant c telle que le nombre d'opérations nécessaires pour réaliser le produit de la matrice A par un vecteur de $\mathbb{R}^{(N-1)^d}$, respectivement de la matrice $\tilde{A}$ par un vecteur de $\mathbb{R}^{(N+1)^d-1}$, soit inférieur à $c\,N^{d+1}$.*

Démonstration: En dimension $d = 2$ et pour la matrice A par exemple, soit V un vecteur de $\mathbb{R}^{(N-1)^2}$, de composantes V_{rs}, $1 \leq r, s \leq N-1$. Pour chacun des $(N-1)^2$ couples (i, j), $1 \leq i, j \leq N-1$, on doit calculer

$$\sum_{r=1}^{N-1} \sum_{s=1}^{N-1} a_N(\ell_i \otimes \ell_j, \ell_r \otimes \ell_s)\, V_{rs},$$

qui, d'après (4.14), est égal à

$$\sum_{r=1}^{N-1} \alpha_{ir} \rho_j\, V_{rj} + \sum_{s=1}^{N-1} \alpha_{js} \rho_i\, V_{is}.$$

Le calcul de chacun des deux termes de la ligne précédente nécessite $2(N-1)$ multiplications et $N-2$ additions. Donc le calcul de chaque coefficient du vecteur AV nécessite $4(N-1)$ multiplications et $2N-3$ additions, ce qui termine la démonstration. Un raisonnement analogue s'applique en dimension $d = 3$ et aussi pour la matrice $\tilde{A}$.

On observe que la matrice A n'a jamais besoin d'être assemblée. Seuls les $(N-1)^2$ coefficients α_{ir} doivent être gardés en mémoire, et ce nombre est très inférieur à celui des coefficients de A ou de son inverse (qui ne vérifie plus la propriété indiquée dans le Lemme 4.6).

Il faut noter que, pour la plupart des méthodes itératives et celle de gradient conjugué en particulier, le nombre d'itérations pour atteindre une précision de convergence donnée est proportionnel à la racine carrée du nombre de condition, voir [73]. Pour éviter de trop nombreuses itérations, on utilise un *préconditionnement,* ce qui consiste à remplacer (4.6), par exemple, par le système

$$P^{-\frac{1}{2}}\, A\, P^{-\frac{1}{2}} V = P^{-\frac{1}{2}} \overline{F}, \quad \text{avec } U = P^{-\frac{1}{2}} V, \tag{4.25}$$

où P est une matrice symétrique définie positive. L'idée consiste à exhiber une matrice P facile à calculer telle que le nombre de condition de la matrice symétrique $P^{-\frac{1}{2}}\, A\, P^{-\frac{1}{2}}$ (c'est-à-dire le quotient de la plus grande valeur propre de $P^{-1}A$ par la plus petite) soit inférieur à $\kappa(A)$. On propose deux exemples de matrices P qui satisfont à cette propriété.

• La matrice P est choisie diagonale avec ses coefficients diagonaux égaux à ceux de la matrice A, c'est-à-dire, en dimension $d = 2$ par exemple, à $\alpha_{ii}\rho_j + \alpha_{jj}\rho_i$, $1 \leq i, j \leq N-1$. On sait alors que le nombre de condition $\kappa(P^{-\frac{1}{2}}\, A\, P^{-\frac{1}{2}})$ est $\leq c\,N^2$ en dimension $d = 2$.

• La matrice P est choisie égale à la matrice de discrétisation par différences finies du problème (1.22) sur la grille Ξ_N introduite dans la Notation IV.2.5. On peut alors montrer [89] que, en dimension $d = 2$, $\kappa(P^{-\frac{1}{2}}\, A\, P^{-\frac{1}{2}})$ est borné indépendamment de N. Un maximum de sophistication et d'efficacité est réalisé en prenant la matrice d'une discrétisation par éléments finis, telle que décrite dans la Section X.4 [54].

Traitement de géométries complexes

Dans ce chapitre, on présente l'extension des méthodes précédentes à des domaines de géométrie plus complexe que le carré ou le cube auxquels se limite le Chapitre V. Pour simplifier, on considère ici uniquement l'équation de Laplace (I.3.1) avec conditions aux limites de Dirichlet homogènes. On s'intéresse successivement aux cas

• où le domaine Ω est l'image du carré ou du cube par une transformation régulière, ce qui permet en particulier de traiter des domaines à *frontière courbe* (voir [89] pour un premier travail sur ce sujet),

• où le domaine Ω est l'union de rectangles ou parallélépipèdes rectangles ou de sous-domaines du type étudié dans la section précédente (d'autres applications de cette méthode sont présentées dans [94]).

Bien sûr la combinaison de ces deux techniques permet de traiter un grand nombre de géométries réelles. On indiquera finalement comment les outils introduits pour la mise en œuvre des méthodes spectrales dans le Chapitre V peuvent s'étendre à ce type de géométries.

VI.1 Traitement de frontières courbes

Soit Ω un domaine borné connexe de $\mathbb{R}^d$, $d = 2$ ou 3, à frontière lipschitzienne. On s'intéresse à la discrétisation de l'équation (I.3.1) posée dans ce domaine. Toutefois l'espace de discrétisation $\mathbb{P}_N^0(\Omega)$ des restrictions à Ω des polynômes de $\mathbb{P}_N(\mathbb{R}^d)$ s'annulant sur $\partial\Omega$ est le plus souvent réduit à $\{0\}$ (ceci est le cas lorsque $\partial\Omega$ est une courbe ou une surface non algébrique). Même lorsqu'il n'est pas réduit à zéro, il possède en général de très mauvaises propriétés d'approximation. Pour définir un espace discret, on utilise une application pour se ramener au carré ou au cube de référence $]-1,1[^d$, qu'on note ici $\hat{\Omega}$. Tout ceci est précisé par la suite.

Géométrie du domaine

On travaille sur un domaine satisfaisant aux critères suivants.

Définition 1.1 Un ouvert Ω borné connexe de $\mathbb{R}^d$, $d = 2$ ou 3, à frontière lipschitzienne, est dit *spectralement admissible* s'il existe une application $\boldsymbol{F}$ de classe $\mathscr{C}^\infty$ qui est une bijection de $\overline{\hat{\Omega}}$ sur $\overline{\Omega}$ et telle que son inverse $\boldsymbol{F}^{-1}$ soit de classe $\mathscr{C}^\infty$ sur $\overline{\Omega}$.

On note que, lorsque l'application $\boldsymbol{F}$ de classe $\mathscr{C}^\infty$ sur $\overline{\hat{\Omega}}$, une condition suffisante pour que l'application $\boldsymbol{F}^{-1}$ soit de classe $\mathscr{C}^\infty$ sur $\overline{\Omega}$ est qu'elle soit de classe $\mathscr{C}^1$. Sont bien évidemment spectralement admissibles:

• les parallélogrammes en dimension $d = 2$, les parallélépipèdes en dimension $d = 3$: dans ce cas, l'application $\boldsymbol{F}$ dont toutes les composantes sont affines et qui envoie les sommets de $\hat{\Omega}$ sur les sommets de Ω est une bijection de $\overline{\hat{\Omega}}$ sur $\overline{\Omega}$;

• en dimension $d = 2$, les quadrilatères convexes, qui sont l'image de $\hat{\Omega}$ par une application bijective appartenant à $\mathbb{P}_1(\hat{\Omega})^2$.
Bien d'autres domaines et en particulier des domaines à frontière courbe, sont spectralement admissibles, comme illustré dans la Figure 1.1 et indiqué dans l'exemple ci-dessous (voir [63]).

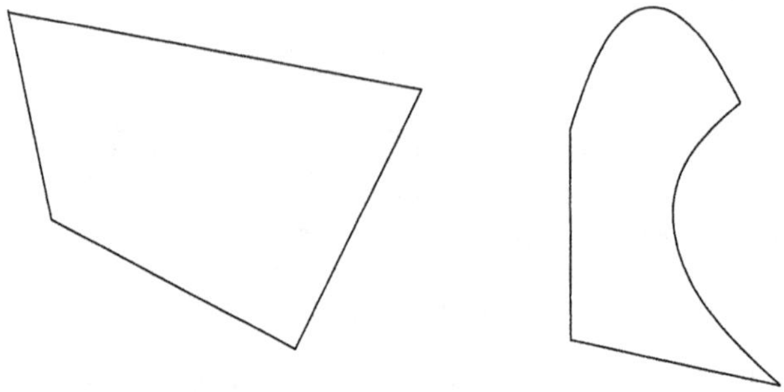

Figure 1.1. Exemples de domaines spectralement admissibles

Soit Ω un ouvert borné connexe de $\mathbb{R}^2$ à frontière lipschitzienne, dont la frontière est composée de quatre courbes, d'équations $(1 \leq i \leq 4)$

$$(x, y) = \boldsymbol{f}_i(t), \quad -1 \leq t \leq 1. \tag{1.1}$$

On suppose que les fonctions $\boldsymbol{f}_i$, $1 \leq i \leq 4$, appartiennent à $\mathscr{C}^\infty([-1, 1])$, sont injectives et vérifient

$$\begin{aligned} \boldsymbol{f}_1([-1,1]) \cap \boldsymbol{f}_2([-1,1]) &= \boldsymbol{f}_1(-1) = \boldsymbol{f}_2(-1), \\ \boldsymbol{f}_2([-1,1]) \cap \boldsymbol{f}_3([-1,1]) &= \boldsymbol{f}_2(1) = \boldsymbol{f}_3(-1), \\ \boldsymbol{f}_3([-1,1]) \cap \boldsymbol{f}_4([-1,1]) &= \boldsymbol{f}_3(1) = \boldsymbol{f}_4(1), \\ \boldsymbol{f}_4([-1,1]) \cap \boldsymbol{f}_1([-1,1]) &= \boldsymbol{f}_4(-1) = \boldsymbol{f}_1(1). \end{aligned} \tag{1.2}$$

Conformément à l'idée de Gordon et Hall [63], on définit l'application $\mathbf{F}$ de $\hat{\Omega}$ dans Ω par

$$\begin{aligned} \boldsymbol{F}(\hat{x}, \hat{y}) = & \frac{1-\hat{x}}{2} \boldsymbol{f}_1(\hat{y}) + \frac{1+\hat{x}}{2} \boldsymbol{f}_3(\hat{y}) \\ & + \frac{1-\hat{y}}{2} \big(\boldsymbol{f}_2(\hat{x}) - \frac{1-\hat{x}}{2} \boldsymbol{f}_2(-1) - \frac{1+\hat{x}}{2} \boldsymbol{f}_2(1)\big) \\ & + \frac{1+\hat{y}}{2} \big(\boldsymbol{f}_4(\hat{x}) - \frac{1-\hat{x}}{2} \boldsymbol{f}_4(-1) - \frac{1+\hat{x}}{2} \boldsymbol{f}_4(1)\big). \end{aligned} \tag{1.3}$$

Il est facile de vérifier que l'application $\boldsymbol{F}$ envoie les côtés de $\hat{\Omega}$ sur les quatre courbes définies en (1.1). Si elle est injective et si son inverse est continuement différentiable sur $\overline{\Omega}$, alors Ω est spectralement admissible.

Les points $\boldsymbol{f}_1(-1) = \boldsymbol{f}_2(-1)$, $\boldsymbol{f}_2(1) = \boldsymbol{f}_3(-1)$, $\boldsymbol{f}_3(1) = \boldsymbol{f}_4(1)$, $\boldsymbol{f}_4(-1) = \boldsymbol{f}_1(1)$ sont appelés les coins de Ω. Il faut pourtant noter que les hypothèses d'injectivité et de différentiabilité de l'inverse doivent être vérifiées avec soin. Par exemple, la frontière du disque (ouvert) de centre $(0,0)$ et de rayon 1 est formée des quatre courbes définies en (1.1), avec

$$f_1(t) = \begin{pmatrix} \cos(\pi - \frac{\pi}{4}t) \\ \sin(\pi - \frac{\pi}{4}t) \end{pmatrix}, \qquad f_2(t) = \begin{pmatrix} \cos(\frac{3\pi}{2} + \frac{\pi}{4}t) \\ \sin(\frac{3\pi}{2} + \frac{\pi}{4}t) \end{pmatrix},$$

$$f_3(t) = \begin{pmatrix} \cos(\frac{\pi}{4}t) \\ \sin(\frac{\pi}{4}t) \end{pmatrix}, \qquad f_4(t) = \begin{pmatrix} \cos(\frac{\pi}{2} - \frac{\pi}{4}t) \\ \sin(\frac{\pi}{2} - \frac{\pi}{4}t) \end{pmatrix}.$$

L'application $\boldsymbol{F}$ définie en (1.3) est alors bijective. Mais son inverse n'est pas différentiable aux points images des coins du carré (sinon, la frontière du carré serait de classe $\mathscr{C}^\infty$!) et le disque n'est donc pas spectralement admissible.

Voici par contre un exemple simple de domaine spectralement admissible très utilisé dans la pratique: soit $\boldsymbol{F}$ une application de la forme

$$\boldsymbol{F}(\hat{x},\hat{y}) = \boldsymbol{T}(\hat{x},\hat{y}) + \boldsymbol{G}(\hat{x},\hat{y}), \tag{1.4}$$

où $\boldsymbol{T}$ est une application injective de composantes affines (qui envoie donc $\hat{\Omega}$ sur une parallélépipède ou un parallélogramme Ω_0) et $\boldsymbol{G}$ est une application de classe $\mathscr{C}^\infty$ sur $\overline{\hat{\Omega}}$. Si l'application $\boldsymbol{G}$ vérifie

$$\|\boldsymbol{T}^{-1}\boldsymbol{G}\|_{\mathscr{C}^1(\overline{\hat{\Omega}})} < 1, \tag{1.5}$$

le domaine Ω est spectralement admissible (on peut le considérer comme une "perturbation" de Ω_0).

Dans la suite de cette section, on fixe un ouvert Ω borné connexe de $\mathbb{R}^d$, $d = 2$ ou 3, à frontière lipschitzienne et spectralement admissible. On note $D^k\boldsymbol{F}$ et $D^k\boldsymbol{F}^{-1}$ les différentielles successives de $\boldsymbol{F}$ et $\boldsymbol{F}^{-1}$, respectivement. On note également B la matrice jacobienne de $\boldsymbol{F}$, égale à $D\boldsymbol{F}$, J le jacobien de $\boldsymbol{F}$, c'est-à-dire le déterminant de B, et J^{-1} le jacobien de $\boldsymbol{F}^{-1}$. On rappelle qu'ils sont liés par la relation: $J(\hat{\boldsymbol{x}}) = 1/J^{-1}(\boldsymbol{F}(\hat{\boldsymbol{x}}))$. L'application $\boldsymbol{F}$ étant bijective, il existe deux constantes positives c_0 et c_1 telles que

$$\forall \hat{\boldsymbol{x}} \in \overline{\hat{\Omega}}, \quad c_0 \le |J(\hat{\boldsymbol{x}})| \le c_1. \tag{1.6}$$

On utilisera régulièrement le lemme suivant.

Lemme 1.2 *Pour tout entier m positif ou nul, une fonction v appartient à $H^m(\Omega)$ si et seulement si la fonction $\hat{v} = v \circ \boldsymbol{F}$ appartient à $H^m(\hat{\Omega})$. En outre, il existe deux constantes c et c' ne dépendant que de la fonction $\boldsymbol{F}$ telles que*

$$c\,\|v\|_{H^m(\Omega)} \le \|\hat{v}\|_{H^m(\hat{\Omega})} \le c'\,\|v\|_{H^m(\Omega)}. \tag{1.7}$$

Démonstration: Par la formule de Leibnitz, on vérifie que, pour tout entier $k > 0$, toute dérivée partielle d'ordre k de v est une combinaison linéaire des dérivées partielles d'ordre $\le k$ de $\hat{v}$, dont les coefficients sont des produits de dérivées partielles d'ordre $\le k$ de $\boldsymbol{F}^{-1}$. On en déduit

$$\|v\|_{H^m(\Omega)} \le c\,\|\hat{v}\|_{H^m(\hat{\Omega})},$$

où la constante c ne dépend que des normes des dérivées partielles d'ordre $\le m$ de $\boldsymbol{F}^{-1}$ et de J. L'inégalité inverse se prouve en échangeant les rôles de v et $\hat{v}$, et en remplaçant $\boldsymbol{F}^{-1}$ par $\boldsymbol{F}$, ce qui donne le résultat du lemme.

On introduit finalement les normes suivantes: pour tout vecteur $\boldsymbol{x} = (x_1, \dots, x_d)$ de $\mathbb{R}^d$ et toute matrice A de $\mathbb{R}^{d\times d}$, la norme euclidienne de $\boldsymbol{x}$ et la norme de A subordonnée à la norme euclidienne s'écrivent respectivement (voir [43, §1.4])

$$\|\boldsymbol{x}\| = \Big(\sum_{i=1}^{d} x_i^2\Big)^{\frac{1}{2}} \qquad \text{et} \qquad \|A\| = \sup_{\boldsymbol{x}\in\mathbb{R}^d, \boldsymbol{x}\neq\boldsymbol{0}} \frac{\|A\,\boldsymbol{x}\|}{\|\boldsymbol{x}\|}. \tag{1.8}$$

On note l'égalité (la transposée de A étant notée A^T)

$$\|A^T\| = \|A\|, \tag{1.9}$$

ainsi que l'encadrement suivant, pour tout vecteur $\boldsymbol{x}$ de $\mathbb{R}^d$ et toute matrice A inversible de $\mathbb{R}^{d\times d}$,

$$\|A^{-1}\|^{-1}\,\|\boldsymbol{x}\| \leq \|A\boldsymbol{x}\| \leq \|A\|\,\|\boldsymbol{x}\|. \tag{1.10}$$

Le problème discret

Le paramètre est toujours un entier N positif. Bien sûr, l'idée est de définir les espaces discrets par

$$X_N = \big\{v_N = \hat{v}_N\circ\boldsymbol{F}^{-1};\ \hat{v}_N \in \mathbb{P}_N(\hat{\Omega})\big\}, \qquad X_N^0 = \big\{v_N = \hat{v}_N\circ\boldsymbol{F}^{-1};\ \hat{v}_N \in \mathbb{P}_N^0(\hat{\Omega})\big\}. \tag{1.11}$$

On constate que X_N, respectivement X_N^0, n'est un espace de polynômes que si $\boldsymbol{F}^{-1}$ est un polynôme et ne coïncide avec $\mathbb{P}_N(\Omega)$, respectivement $\mathbb{P}_N^0(\Omega)$, que si $\boldsymbol{F}$ a toutes ses composantes affines.

Dans ce chapitre, on note $\hat{\xi}_0, \dots, \hat{\xi}_N$, les zéros du polynôme $(1-\zeta^2)\,L_N'$ numérotés par ordre croissant et $\hat{\rho}_0, \dots, \hat{\rho}_N$ les poids qui leur sont associés par la formule de Gauss–Lobatto (II.3.8). Par suite du changement de variable appliqué à n'importe quelle fonction intégrable Φ et avec la notation $\hat{\Phi} = \Phi\circ\boldsymbol{F}$

$$\int_\Omega \Phi(\boldsymbol{x})\,d\boldsymbol{x} = \int_{\hat{\Omega}} \hat{\Phi}(\hat{x})\,|J(\hat{x})|\,d\hat{\boldsymbol{x}},$$

on définit sur Ω la grille

$$\Xi_N = \begin{cases} \{\boldsymbol{x}_{ij} = \boldsymbol{F}(\hat{\xi}_i, \hat{\xi}_j);\ 0 \leq i,j \leq N\} & \text{si } d=2, \\ \{\boldsymbol{x}_{ij\ell} = \boldsymbol{F}(\hat{\xi}_i, \hat{\xi}_j, \hat{\xi}_\ell);\ 0 \leq i,j,\ell \leq N\} & \text{si } d=3, \end{cases} \tag{1.12}$$

ainsi que les poids

$$\begin{cases} \rho_{ij} = \hat{\rho}_i\hat{\rho}_j\,|J(\hat{\xi}_i, \hat{\xi}_j)|, \quad 1 \leq i,j \leq N, & \text{si } d=2, \\ \rho_{ij\ell} = \hat{\rho}_i\hat{\rho}_j\hat{\rho}_\ell\,|J(\hat{\xi}_i, \hat{\xi}_j, \hat{\xi}_\ell)|, \quad 1 \leq i,j,\ell \leq N, & \text{si } d=3. \end{cases} \tag{1.13}$$

Ceci permet de définir le produit discret sur Ω:

$$(u,v)_N = \begin{cases} \sum_{i=0}^N \sum_{j=0}^N u(\boldsymbol{x}_{ij})v(\boldsymbol{x}_{ij})\,\rho_{ij} & \text{si } d=2, \\ \sum_{i=0}^N \sum_{j=0}^N \sum_{\ell=0}^N u(\boldsymbol{x}_{ij\ell})v(\boldsymbol{x}_{ij\ell})\,\rho_{ij\ell} & \text{si } d=3. \end{cases} \tag{1.14}$$

Les propriétés de ce produit discret sont plus difficiles à établir que dans le cas du carré ou du cube, mais on peut vérifier que c'est un produit scalaire sur $X_N \times X_N$ (si un élément u_N de X_N vérifie $(u_N, u_N)_N = 0$, la fonction $\hat{u}_N = u_N \circ \boldsymbol{F}$ appartient à $\mathbb{P}_N(\Omega)$ et, d'après (1.6), s'annule en les $(N+1)^d$ points distincts de la grille tensorisée; on en déduit que $\hat{u}_N$ et donc u_N sont nuls).

La fonction f étant supposée continue sur $\overline{\Omega}$, le problème discret associé au problème (I.3.1) avec conditions aux limites homogènes par méthode de Galerkin avec intégration numérique s'écrit

Trouver u_N dans X_N^0 tel que

$$\forall v_N \in X_N^0, \quad a_N(u_N, v_N) = (f, v_N)_N, \tag{1.15}$$

où la forme bilinéaire $a_N(.,.)$ est donnée par

$$\forall u_N \in X_N, \forall v_N \in X_N, \quad a_N(u_N, v_N) = \big(\mathbf{grad}\, u_N, \mathbf{grad}\, v_N\big)_N. \tag{1.16}$$

Théorème 1.3 *Pour toute fonction f continue sur $\overline{\Omega}$, le problème* (1.15) *admet une solution unique.*

Démonstration: Il est facile de constater que le problème (1.15) équivaut à un système linéaire carré. L'existence et l'unicité d'une solution sont donc une conséquence de la propriété suivante: si u_N est une solution de (1.15) avec $f = 0$, alors u_N est nul. Pour vérifier cette propriété, on prend donc $f = 0$, de sorte que $a_N(u_N, u_N)$ est nul. Par changement de variable, on a donc, en dimension $d = 2$ par exemple,

$$0 = \sum_{i=0}^{N}\sum_{j=0}^{N}\big(B^{-1T}(\boldsymbol{x}_{ij})\,(\widehat{\mathbf{grad}}\,\hat{u}_N)(\hat{\xi}_i, \hat{\xi}_j)\big)^2\,\hat{\rho}_i\hat{\rho}_j\,|J(\hat{\xi}_i, \hat{\xi}_j)|,$$

où B^{-1} désigne la matrice jacobienne de $\boldsymbol{F}^{-1}$ et B^{-1T} sa transposée. Comme les $\hat{\rho}_j$, $0 \le j \le N$, sont positifs et que le jacobien J est continu et ne s'annule pas sur $\overline{\hat{\Omega}}$, on en déduit que les $B^{-1T}(\boldsymbol{x}_{ij})\,(\widehat{\mathbf{grad}}\,\hat{u}_N)(\hat{\xi}_i, \hat{\xi}_j)$ sont nuls. Comme la matrice B^{-1} est inversible en tout point $\boldsymbol{x}$ de $\overline{\Omega}$, ceci entraîne que $\widehat{\mathbf{grad}}\,\hat{u}_N$ s'annule aux $(N+1)^2$ points d'une grille tensorisée. En outre, ce gradient appartient à $\mathbb{P}_N(\hat{\Omega})^2$, donc il est nul et la fonction $\hat{u}_N$ est constante sur $\overline{\hat{\Omega}}$. La condition aux limites sur u_N implique alors que $\hat{u}_N$ et donc u_N sont nuls. Le cas de la dimension $d = 3$ étant parfaitement analogue, ceci termine la démonstration.

Estimations d'erreur

La majoration de l'erreur repose, comme dans le Chapitre V, sur les propriétés de continuité et d'ellipticité de la forme $a_N(\cdot,\cdot)$ que nous allons maintenant établir.

Proposition 1.4 *Il existe des constantes c et c' positives, ne dépendant que de l'application $\boldsymbol{F}$, telles que la forme $a_N(.,.)$ satisfasse les propriétés de continuité:*

$$\forall u_N \in X_N, \forall v_N \in X_N, \quad a_N(u_N, v_N) \le c\,|u_N|_{H^1(\Omega)}|v_N|_{H^1(\Omega)}, \tag{1.17}$$

et d'ellipticité:

$$\forall u_N \in X_N, \quad a_N(u_N, u_N) \ge c'\,|u_N|^2_{H^1(\Omega)}. \tag{1.18}$$

Démonstration: Par une inégalité de Cauchy–Schwarz, on peut se limiter à prouver l'inégalité (1.17) avec $v_N = u_N$. En notant B^{-1} la matrice jacobienne de $\boldsymbol{F}^{-1}$, on vérifie que, en dimension $d = 2$ pour simplifier,

$$a_N(u_N, u_N) = \sum_{i=0}^{N}\sum_{j=0}^{N}\big(B^{-1T}(\boldsymbol{x}_{ij})\,(\widehat{\mathbf{grad}}\,\hat{u}_N)(\hat{\xi}_i, \hat{\xi}_j)\big)^2\,\hat{\rho}_i\hat{\rho}_j\,|J(\hat{\xi}_i, \hat{\xi}_j)|.$$

Soit $c_{\boldsymbol{F}}$ et $c'_{\boldsymbol{F}}$ les quantités

$$c_{\boldsymbol{F}} = \min_{0\le i,j\le N} \|B(\hat{\xi}_i, \hat{\xi}_j)\|^{-1}\,|J(\hat{\xi}_i, \hat{\xi}_j)|, \qquad c'_{\boldsymbol{F}} = \max_{0\le i,j\le N} \|B^{-1}(\boldsymbol{x}_{ij})\|\,|J(\hat{\xi}_i, \hat{\xi}_j)|,$$

qui sont positives et finies d'après les propriétés de $\boldsymbol{F}$. En utilisant (1.8) et (1.9), on obtient alors

$$\begin{aligned} c_{\boldsymbol{F}} \sum_{i=0}^{N}\sum_{j=0}^{N}\big((\widehat{\mathbf{grad}}\,\hat{u}_N)(\hat{\xi}_i, \hat{\xi}_j)\big)^2\,\hat{\rho}_i\hat{\rho}_j &\le a_N(u_N, u_N) \\ &\le c'_{\boldsymbol{F}} \sum_{i=0}^{N}\sum_{j=0}^{N}\big((\widehat{\mathbf{grad}}\,\hat{u}_N)(\hat{\xi}_i, \hat{\xi}_j)\big)^2\,\hat{\rho}_i\hat{\rho}_j. \end{aligned}$$

Comme $\hat{u}_N$ appartient à $\mathbb{P}_N(\hat{\Omega})$, on déduit immédiatement de la Proposition V.1.1 que

$$c_{\boldsymbol{F}}\,|\hat{u}_N|^2_{H^1(\hat{\Omega})} \le a_N(u_N, u_N) \le 3c'_{\boldsymbol{F}}\,|\hat{u}_N|^2_{H^1(\hat{\Omega})}.$$

Par définition de $\hat{u}_N$, on a

$$|\hat{u}_N|^2_{H^1(\hat{\Omega})} = \int_\Omega \big(B^T(\boldsymbol{F}^{-1}(\boldsymbol{x}))\,(\mathbf{grad}\,u_N)(\boldsymbol{x})\big)^2\,\frac{1}{J(\boldsymbol{F}^{-1}(\boldsymbol{x}))}\,d\boldsymbol{x}.$$

On en déduit l'existence de constantes $\hat{c}$ et $\hat{c}'$, dépendant également de $\boldsymbol{F}$, telles que

$$\hat{c}\,|u_N|^2_{H^1(\Omega)} \le |\hat{u}_N|^2_{H^1(\hat{\Omega})} \le \hat{c}'\,|u_N|^2_{H^1(\Omega)}.$$

Ceci prouve les deux propriétés désirées.

En combinant (1.17) avec l'inégalité de Poincaré-Friedrichs (I.2.5), on obtient bien sûr

$$\forall u_N \in X_N^0, \quad a_N(u_N, u_N) \ge c\,\|u_N\|^2_{H^1(\Omega)}. \tag{1.19}$$

Grâce à cette propriété, on déduit de la formule (I.4.6) l'estimation suivante

$$\begin{aligned} \|u - u_N\|_{H^1(\Omega)} \le c\Big(\inf_{v_N\in X_N^0}\big(\|u - v_N\|_{H^1(\Omega)} + \sup_{w_N\in X_N^0}\frac{(a - a_N)(v_N, w_N)}{\|w_N\|_{H^1(\Omega)}}\big) \\ + \sup_{w_N\in X_N^0}\frac{\langle f, w_N\rangle - (f, w_N)_N}{\|w_N\|_{H^1(\Omega)}}\Big). \end{aligned} \tag{1.20}$$

Nous évaluons successivement chacun de ces termes.

Lemme 1.5 *On suppose la solution u du problème (I.3.1) dans $H^m(\Omega)$ pour un entier $m \geq 1$. Pour tout entier $M \geq 1$, on a la majoration*

$$\inf_{v_M \in X_M^0} \|u - v_M\|_{H^1(\Omega)} \leq c\, M^{1-m}\, \|u\|_{H^m(\Omega)}. \tag{1.21}$$

Démonstration: D'après le Lemme 1.2, on a

$$\inf_{v_M \in X_M^0} \|u - v_M\|_{H^1(\Omega)} \leq \inf_{\hat{v}_M \in \mathbb{P}_M^0(\hat{\Omega})} \|\hat{u} - \hat{v}_M\|_{H^1(\hat{\Omega})}.$$

On choisit alors $\hat{v}_M$ égal à l'image de $\hat{u}$ par l'opérateur de projection orthogonale de $H_0^1(\hat{\Omega})$ sur $\mathbb{P}_M^0(\hat{\Omega})$ et on déduit du Théorème III.2.6

$$\inf_{v_M \in X_M^0} \|u - v_M\|_{H^1(\Omega)} \leq c\, M^{1-m}\, \|\hat{u}\|_{H^1(\hat{\Omega})}.$$

On conclut en utilisant une fois de plus le Lemme 1.2.

Dans la suite, on note N' la partie entière de $\frac{N-1}{2}$ et on utilise le Lemme 1.5 avec M égal à N'.

Lemme 1.6 *Pour tout élément v_N de $X_{N'}^0$, on a la majoration, pour tout entier $t \geq 0$,*

$$\sup_{w_N \in X_N} \frac{(a - a_N)(v_N, w_N)}{\|w_N\|_{H^1(\Omega)}} \leq c\, N^{-t}\, \|v_N\|_{H^1(\Omega)}. \tag{1.22}$$

Démonstration: On voit que, en dimension $d = 2$,

$$a(v_N, w_N) = \int_{\hat{\Omega}} \big(B^{-1T}(\boldsymbol{F}(\hat{\boldsymbol{x}}))\,(\widehat{\mathbf{grad}}\,\hat{v}_N)(\hat{\boldsymbol{x}})\big) \cdot \big(B^{-1T}(\boldsymbol{F}(\hat{\boldsymbol{x}}))\,(\widehat{\mathbf{grad}}\,\hat{w}_N)(\hat{\boldsymbol{x}})\big)\,|J(\hat{\boldsymbol{x}})|\,d\hat{\boldsymbol{x}},$$

$$a_N(v_N, w_N) = \sum_{i=0}^{N}\sum_{j=0}^{N} \big(B^{-1T}(\boldsymbol{x}_{ij})\,(\widehat{\mathbf{grad}}\,\hat{v}_N)(\hat{\xi}_i, \hat{\xi}_j)\big) \cdot \big(B^{-1T}(\boldsymbol{x}_{ij})\,(\widehat{\mathbf{grad}}\,\hat{w}_N)(\hat{\xi}_i, \hat{\xi}_j)\big)\,\hat{\rho}_i\hat{\rho}_j\,|J(\hat{\xi}_i, \hat{\xi}_j)|.$$

On définit N'' comme la partie entière de $\frac{N-1}{6}$, on introduit alors la forme bilinéaire

$$\tilde{a}_N(v_N, w_N) = \int_{\hat{\Omega}} \big(C_{N''}(\hat{\boldsymbol{x}})\,\widehat{\mathbf{grad}}\,\hat{v}_N)(\hat{\boldsymbol{x}})\big) \cdot \big(C_{N''}(\hat{\boldsymbol{x}})\,\widehat{\mathbf{grad}}\,\hat{w}_N)(\hat{\boldsymbol{x}})\big)\,|J_{N''}(\hat{\boldsymbol{x}})|\,d\hat{\boldsymbol{x}},$$

où $C_{N''}$ et $J_{N''}$ sont des approximations dans $\mathbb{P}_{N''}(\hat{\Omega})^{d^2}$ et $\mathbb{P}_{N''}(\hat{\Omega})$ de $B^{-1T} \circ \boldsymbol{F}$ et J, respectivement. La quantité intégrée sur $\hat{\Omega}$ dans cette expression étant polynomiale de degré $\leq 2N - 1$, la propriété d'exactitude de la formule de quadrature implique que

$$\tilde{a}_N(v_N, w_N) = \sum_{i=0}^{N}\sum_{j=0}^{N} \big(C_{N''}(\hat{\xi}_i, \hat{\xi}_j)\,(\widehat{\mathbf{grad}}\,\hat{v}_N)(\hat{\xi}_i, \hat{\xi}_j)\big) \cdot \big(C_{N''}(\hat{\xi}_i, \hat{\xi}_j)\,(\widehat{\mathbf{grad}}\,\hat{w}_N)(\hat{\xi}_i, \hat{\xi}_j)\big)\,\hat{\rho}_i\hat{\rho}_j\,|J_{N''}(\hat{\xi}_i, \hat{\xi}_j)|.$$

On utilise alors l'égalité

$$(a-a_N)(v_N,w_N)=a(v_N,w_N)-\tilde{a}_N(v_N,w_N)+\tilde{a}_N(v_N,w_N)-a_N(v_N,w_N),$$

et on déduit des lignes qui précèdent, combinées avec la Proposition V.1.1, que

$$(a-a_N)(v_N,w_N)\le \kappa_N\,|\hat{v}_N|_{H^1(\hat{\Omega})}|\hat{w}_N|_{H^1(\hat{\Omega})}, \tag{1.23}$$

où κ_N est égale à une constante fois la plus grande des trois quantités

$$\big\|\,\|B^{-1T}\circ \boldsymbol{F}-C_{N''}\|\,\|B^{-1T}\circ \boldsymbol{F}\|\,J\big\|_{L^\infty(\hat{\Omega})},$$
$$\big\|\,\|C_{N''}\|\,\|B^{-1T}\circ \boldsymbol{F}-C_{N''}\|\,J\big\|_{L^\infty(\hat{\Omega})},$$
$$\big\|\,\|C_{N''}\|\,\|C_{N''}\|\,(J-J_{N''})\big\|_{L^\infty(\hat{\Omega})}.$$

On rappelle (voir Section III.2) que, pour toute fonction g dans $H^{t'}(\hat{\Omega})$, $t'\ge 2$, le polynôme $g_{N''}$ image de g par l'opérateur de projection orthogonale de $H^2(\hat{\Omega})$ dans $\mathbb{P}_{N''}(\Omega)$ vérifie

$$\|g_{N''}\|_{H^2(\Omega)}\le \|g\|_{H^2(\Omega)} \qquad \text{et} \qquad \|g-g_{N''}\|_{H^2(\Omega)}\le c\,N^{2-t'}\|g\|_{H^{t'}(\Omega)}. \tag{1.24}$$

Comme B^{-1T}, $\boldsymbol{F}$ et J sont de classe $\mathscr{C}^\infty$ sur $\overline{\Omega}$ ou $\overline{\hat{\Omega}}$, en combinant ceci avec l'injection de $H^2(\hat{\Omega})$ dans $L^\infty(\hat{\Omega})$ (voir Théorème I.2.13), on obtient pour un choix approprié de $C_{N''}$ et $J_{N''}$ la majoration

$$\kappa_N\le c\,N^{-t},$$

pour une constante c dépendant uniquement de $\boldsymbol{F}$ et de t. Ceci inséré dans (1.23) donne la majoration souhaitée. La démonstration en dimension $d=3$ est exactement similaire.

Lemme 1.7 *On suppose la donnée f du problème* (I.3.1) *dans $H^r(\Omega)$ pour un entier $r\ge 2$. On a la majoration*

$$\sup_{w_N\in X_N}\frac{\langle f,w_N\rangle-(f,w_N)_N}{\|w_N\|_{H^1(\Omega)}}\le c\,N^{-r}\,\|f\|_{H^r(\Omega)}. \tag{1.25}$$

Démonstration: Là encore, on donne la démonstration seulement en dimension $d=2$. On voit que

$$\langle f,w_N\rangle=\int_{\hat{\Omega}}\hat{f}(\hat{\boldsymbol{x}})\hat{w}_N(\hat{\boldsymbol{x}})\,J(\hat{\boldsymbol{x}})\,d\hat{\boldsymbol{x}},$$
$$(f,w_N)_N=\sum_{i=0}^{N}\sum_{j=0}^{N}\hat{\mathcal{I}}_N\hat{f}(\hat{\xi}_i,\hat{\xi}_j)\hat{w}_N(\hat{\xi}_i,\hat{\xi}_j)\,\hat{\rho}_i\hat{\rho}_j\,|J(\hat{\xi}_i,\hat{\xi}_j)|,$$

où $\hat{\mathcal{I}}_N$ désigne l'opérateur d'interpolation aux nœuds $(\hat{\xi}_i,\hat{\xi}_j)$ à valeurs dans $\mathbb{P}_N(\hat{\Omega})$. Si $\hat{\Pi}_{N'}$ désigne l'opérateur de projection de $L^2(\hat{\Omega})$ sur $\mathbb{P}_{N'}(\hat{\Omega})$ et pour une approximation $J_{N'}$ de J dans $\mathbb{P}_{N'}(\hat{\Omega})$, on ajoute et on soustrait la quantité

$$\int_{\hat{\Omega}}\hat{\Pi}_{N'}\hat{f}(\hat{\boldsymbol{x}})\hat{w}_N(\hat{\boldsymbol{x}})\,J_{N'}(\hat{\boldsymbol{x}})\,d\hat{\boldsymbol{x}}=\sum_{i=0}^{N}\sum_{j=0}^{N}\hat{\Pi}_{N'}\hat{f}(\hat{\xi}_i,\hat{\xi}_j)\hat{w}_N(\hat{\xi}_i,\hat{\xi}_j)\,\hat{\rho}_i\hat{\rho}_j\,|J_{N'}(\hat{\xi}_i,\hat{\xi}_j)|,$$

de sorte que

$$\langle f, w_N\rangle - (f, w_N)_N \le c\left(\|\hat{f} - \hat{\Pi}_{N'}\hat{f}\|_{L^2(\hat{\Omega})} + \|\hat{f} - \hat{\mathcal{I}}_N\hat{f}\|_{L^2(\hat{\Omega})}\right)\|\hat{w}_N\|_{L^2(\hat{\Omega})} + c'\,\|\hat{\Pi}_{N'}\hat{f}\|_{L^2(\hat{\Omega})}\,\|\hat{w}_N\|_{L^2(\hat{\Omega})}\,\|J - J_{N'}\|_{L^\infty(\hat{\Omega})}.$$

On conclut en utilisant d'une part les Théorèmes III.2.4 et IV.2.6 combinés avec le Lemme 1.2, d'autre part (1.23) pour $t' = r+2$ (avec N'' remplacé par N' et pour un choix approprié de $J_{N'}$).

En insérant les estimations (1.20) avec $M = N'$, (1.21) et (1.24) dans (1.19), on obtient

$$\|u - u_N\|_{H^1(\Omega)} \le c\left(N^{1-m}\,\|u\|_{H^m(\Omega)} + N^{-t}\,\|v_N\|_{H^1(\Omega)} + N^{-s}\,\|f\|_{H^s(\Omega)}\right).$$

En prenant $t = m - 1$ et en réutilisant (1.20) pour majorer la norme de v_N dans $H^1(\Omega)$, on en déduit la majoration d'erreur a priori, qui s'avère exactement du même ordre que dans le Théorème V.1.3.

Théorème 1.8 *On suppose la solution u du problème* (I.3.1) *dans $H^m(\Omega)$ pour un entier $m \ge 1$ et la donnée f dans $H^r(\Omega)$ pour un entier $r \ge 2$. Alors, pour le problème discret* (1.14), *on a la majoration d'erreur*

$$\|u - u_N\|_{H^1(\Omega)} \le c\,(N^{1-m}\,\|u\|_{H^m(\Omega)} + N^{-r}\,\|f\|_{H^r(\Omega)}). \tag{1.26}$$

L'optimalité des majorations dans la norme de $L^2(\Omega)$ dépendant principalement de la géométrie du domaine Ω (qui peut être non convexe, voir Figure 1.1), on ne les énoncera pas ici.

Remarque 1.9 Là encore, comme suggéré dans la Remarque V.I.6, on peut faire appel à des formules de quadrature plus précises, par exemple exactes sur $\mathbb{P}_{3N}(\Omega)$. Les estimations d'erreur restent les mêmes. Toutefois, la mise en œuvre et l'extension à d'autres équations sont plus coûteuses (entre autres, dans ce cas, la matrice de masse n'est plus diagonale). Il n'y a donc d'intérêt à utiliser cette technique que pour des géométries non régulières (voir [82] pour une étude détaillée).

VI.2 Décomposition de domaine

On s'intéresse ici au cas où le domaine borné Ω de $\mathbb{R}^d$ admet une décomposition sans recouvrement en un nombre fini de sous-domaines ouverts Ω_k d'intérieur non vide, connexes, à frontière lipschitzienne, au sens suivant:

$$\overline{\Omega} = \bigcup_{k=1}^{K} \overline{\Omega}_k \qquad \text{et} \qquad \Omega_k \cap \Omega_{k'} = \emptyset, \quad 1 \le k < k' \le K. \tag{2.1}$$

On fait en outre les trois hypothèses supplémentaires suivantes.

- Chaque domaine Ω_k, $1 \le k \le K$, est spectralement admissible au sens de la Définition 1.1, et on note $\boldsymbol{F}_k$ l'application de $\hat{\Omega}$ dans Ω_k qui apparaît dans cette définition.
- L'intersection des fermetures de deux sous-domaines $\overline{\Omega}_k$ et $\overline{\Omega}_{k'}$, $1 \le k < k' \le K$, est soit

vide soit un sommet soit une arête soit une face entière des deux domaines Ω_k et $\Omega_{k'}$ (où l'on définit les sommets, les arêtes et les faces de Ω_k comme l'image par $\boldsymbol{F}_k$ des sommets, arêtes et faces de $\hat{\Omega}$, respectivement).

- Pour tout côté ($d = 2$) ou face ($d = 3$) Γ commune à $\overline{\Omega}_k$ et $\overline{\Omega}_{k'}$ qui est l'image d'un côté ou face $\hat{\Gamma}$ de $\hat{\Omega}$ par $\boldsymbol{F}_k$ et d'un côté ou face $\hat{\Gamma}'$ de $\hat{\Omega}$ par $\boldsymbol{F}_{k'}$, on a l'identité

$$\forall \boldsymbol{x} \in \Gamma, \quad \boldsymbol{F}_k^{-1}(\boldsymbol{x}) = G \circ \boldsymbol{F}_{k'}^{-1}(\boldsymbol{x}), \tag{2.2}$$

où G désigne la rotation ou la translation qui envoie $\hat{\Gamma}'$ sur $\hat{\Gamma}$.

La Figure 2.1 donne un exemple simple d'une telle décomposition en 4 sous-domaines dans le cas de la dimension $d = 2$. Par contre, n'importe quelle décomposition en trois sous-domaines obtenue en "recollant" deux sous-domaines parmi les quatre ne vérifierait pas les hypothèses précédentes.

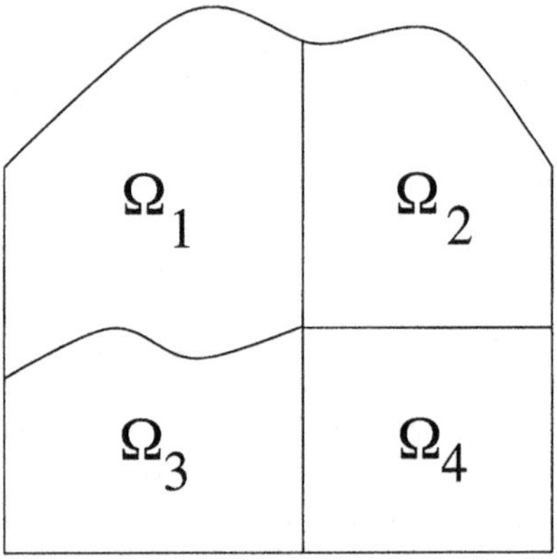

Figure 2.1. Exemple de décomposition de domaine

Remarque 2.1 Dans la pratique, la majorité des sous-domaines, ou au moins ceux situés loin de la frontière $\partial\Omega$, sont des rectangles ou des parallélépipèdes rectangles de côtés ou d'arêtes parallèles aux axes de coordonnées (auquel cas l'application $\boldsymbol{F}_k$ est simplement la composée d'une translation par une homothétie dans chaque direction). On utilise des sous-domaines de géométrie plus complexe uniquement pour traiter la géométrie parfois compliquée de la frontière de Ω.

Notation 2.2 Dans ce qui suit, pour $1 \le k \le K$, on note X_N^k et X_N^{0k}, $(\cdot,\cdot)_N^k$ et $a_N^k(\cdot,\cdot)$ les objets introduits en (1.11), (1.14) et (1.16), respectivement, lorsque l'ouvert Ω est remplacé par Ω_k et l'application $\boldsymbol{F}$ par $\boldsymbol{F}_k$.

On définit les espaces discrets

$$\mathcal{X}_N = \{v_N \in H^1(\Omega);\ v_{N\,|\Omega_k} \in X_N^k,\ 1 \le k \le K\}, \qquad \mathcal{X}_N^0 = \mathcal{X}_N \cap H_0^1(\Omega). \tag{2.3}$$

On peut vérifier à partir de la Proposition I.2.16 qu'une fonction v appartient à $H^1(\Omega)$ si et seulement si

- pour $1 \le k \le K$, sa restriction $v_{|\Omega_k}$ appartient à $H^1(\Omega_k)$,
- pour tout couple de sous-domaines Ω_k et $\Omega_{k'}$, $1 \le k < k' \le K$, partageant un côté ($d = 2$) ou une face ($d = 3$) Γ, les traces de $v_{|\Omega_k}$ et de $v_{|\Omega_{k'}}$ sur Γ coïncident.

Les X_N^k sont contenus dans $H^1(\Omega_k)$. De plus, comme les traces des fonctions de X_N^k sur chaque côté ou face de Ω_k sont faciles à identifier, d'après (2.2) et après passage au domaine $\hat{\Omega}$, chaque condition de continuité se traduit par l'égalité de deux polynômes sur un même côté ou une même face $\hat{\Gamma}$ de $\hat{\Omega}$. L'espace $\mathcal{X}_N^k$ est donc facile à construire. En outre, d'après les hypothèses précédentes, $\partial\Omega$ est l'union de côtés entiers ($d = 2$) ou de faces entières ($d = 3$) de sous-domaines Ω_k, la nullité des traces sur $\partial\Omega$ qui apparaît dans la définition de $\mathcal{X}_N^0$ est également facile à imposer.

Finalement, on introduit les formes bilinéaires

$$(u,v)_N = \sum_{k=1}^{K} (u_{|\Omega_k}, v_{|\Omega_k})_N^k, \quad \mathcal{A}_N(u_N, v_N) = \sum_{k=1}^{K} a_N^k(u_{N\,|\Omega_k}, v_{N\,|\Omega_k}). \tag{2.4}$$

Pour toute donnée f continue sur $\overline{\Omega}$, on considère le problème discret

Trouver u_N dans $\mathcal{X}_N^0$ tel que

$$\forall v_N \in \mathcal{X}_N^0, \quad \mathcal{A}_N(u_N, v_N) = (f, v_N)_N. \tag{2.5}$$

Théorème 2.3 *Pour toute fonction f continue sur $\overline{\Omega}$, le problème* (2.5) *admet une solution unique.*

Démonstration: Là encore, le problème (2.5) s'écrit comme un système linéaire carré, de sorte qu'il suffit de prouver que toute solution u_N pour f égal à zéro est identiquement nulle. Si l'on prend $f = 0$ dans (2.5), on obtient

$$\sum_{k=1}^{K} a_N^k(u_{N\,|\Omega_k}, u_{N\,|\Omega_k}) = 0,$$

et on déduit de la propriété d'ellipticité locale (1.18) que chaque $|u_{N\,|\Omega_k}|_{H^1(\Omega_k)}$ est nul, donc que $u_{N\,|\Omega_k}$ est constant. La propriété de continuité imposée dans $\mathcal{X}_N^0$ implique alors que la fonction u_N est constante sur Ω et, comme elle s'annule sur $\partial\Omega$, elle est nulle. Ceci termine la démonstration.

Pour prouver l'estimation d'erreur, on établit d'abord la continuité et l'ellipticité de la forme $\mathcal{A}_N(\cdot,\cdot)$.

Proposition 2.4 *Il existe des constantes c et c' positives ne dépendant que de la décomposition* (2.1) *telles que la forme $\mathcal{A}_N(.,.)$ satisfasse les propriétés de continuité:*

$$\forall u_N \in \mathcal{X}_N, \forall v_N \in \mathcal{X}_N, \quad \mathcal{A}_N(u_N, v_N) \leq c\, \|u_N\|_{H^1(\Omega)} \|v_N\|_{H^1(\Omega)}, \tag{2.6}$$

et d'ellipticité:

$$\forall u_N \in \mathcal{X}_N^0, \quad \mathcal{A}_N(u_N, u_N) \geq c'\, \|u_N\|_{H^1(\Omega)}^2. \tag{2.7}$$

Démonstration: La propriété (2.6) se déduit immédiatement de (1.17) par une inégalité de Cauchy–Schwarz, on a en effet

$$\mathcal{A}_N(u_N, v_N) \leq c \sum_{k=1}^{K} |u_N|_{H^1(\Omega_k)} |v_N|_{H^1(\Omega_k)} \leq c\, |u_N|_{H^1(\Omega)} |v_N|_{H^1(\Omega)}.$$

Pour démontrer (2.7), on déduit de (1.18) que

$$\mathcal{A}_N(u_N, v_N) \geq c \sum_{k=1}^{K} |u_N|^2_{H^1(\Omega_k)} = c\, |u_N|^2_{H^1(\Omega)},$$

et on utilise l'inégalité de Poincaré-Friedrichs (I.2.5) pour conclure.

Notons $\mathcal{A}(\cdot,\cdot)$ la forme bilinéaire définie par

$$\forall u \in H^1(\Omega), \forall v \in H^1(\Omega), \quad \mathcal{A}(u,v) = \int_\Omega \mathbf{grad}\, u \cdot \mathbf{grad}\, v \, d\boldsymbol{x} = \sum_{k=1}^{K} \int_{\Omega_k} \mathbf{grad}\, u_{|\Omega_k} \cdot \mathbf{grad}\, v_{|\Omega_k} \, d\boldsymbol{x}.$$

Grâce à la Proposition 2.4, on peut appliquer l'estimation (I.4.6) pour obtenir la majoration

$$\|u - u_N\|_{H^1(\Omega)} \leq c \Big(\inf_{v_N \in \mathcal{X}_N^0} \big(\|u - v_N\|_{H^1(\Omega)} + \sup_{w_N \in \mathcal{X}_N^0} \frac{(\mathcal{A} - \mathcal{A}_N)(v_N, w_N)}{\|w_N\|_{H^1(\Omega)}} \big) + \sup_{w_N \in \mathcal{X}_N^0} \frac{\langle f, w_N \rangle - (f, w_N)_N}{\|w_N\|_{H^1(\Omega)}} \Big). \tag{2.8}$$

On note que les numérateurs des deux derniers termes de cette inégalité sont des sommes de quantités locales, donc que la majoration de ces termes se déduit aisément des Lemmes 1.6 et 1.7. Par exemple, toujours avec N' égal à la partie entière de $\frac{N-1}{2}$ et avec une définition évidente de l'espace $\mathcal{X}_{N'}^0$, on déduit du Lemme 1.6, que pour un entier $t \geq 0$ quelconque, pour tout v_N dans $\mathcal{X}_{N'}^0$ et w_N de $\mathcal{X}_N$,

$$(\mathcal{A} - \mathcal{A}_N)(v_N, w_N) \leq c\, N^{-t} \sum_{k=1}^{K} \|v_N\|_{H^1(\Omega_k)} \|w_N\|_{H^1(\Omega_k)} \leq c\, N^{-t}\, \|v_N\|_{H^1(\Omega)} \|w_N\|_{H^1(\Omega)}.$$

Il reste donc à évaluer l'erreur d'approximation, c'est-à-dire la distance de u à $\mathcal{X}_N^0$.

Lemme 2.5 *On suppose la solution u du problème* (I.3.1) *dans $H^1(\Omega)$ et telle que chaque $u_{|\Omega_k}$, $1 \leq k \leq K$, appartienne à $H^m(\Omega_k)$ pour un entier $m \geq 1$. On a la majoration*

$$\inf_{v_N \in \mathcal{X}_N^0} \|u - v_N\|_{H^1(\Omega)} \leq c\, N^{1-m} \sum_{k=1}^{K} \|u\|_{H^m(\Omega_k)}. \tag{2.9}$$

Démonstration: La démonstration s'effectue en deux temps.
1) On suppose d'abord $m \geq d$. D'après le Lemme 1.2, on a pour tout v_N dans $\mathcal{X}_N^0$

$$\|u - v_N\|_{H^1(\Omega)} \leq \sum_{k=1}^{K} \|u - v_N\|_{H^1(\Omega_k)} \leq c \sum_{k=1}^{K} \|(u - v_N) \circ \boldsymbol{F}_k\|_{H^1(\hat{\Omega})}.$$

On choisit maintenant chaque $v_{N\,|\Omega_k}$ tel que $v_N \circ \boldsymbol{F}_k$ soit l'image de $u \circ \boldsymbol{F}_k$ par l'opérateur d'interpolation de Lagrange aux nœuds $(\hat{\xi}_i, \hat{\xi}_j)$ en dimension $d = 2$, $(\hat{\xi}_i, \hat{\xi}_j, \hat{\xi}_\ell)$ en dimension

$d = 3$, à valeurs dans $\mathbb{P}_N(\hat{\Omega})$. Le Théorème IV.2.7 combiné avec le Lemme 1.2 implique que

$$\|u - v_N\|_{H^1(\Omega)} \le c\,N^{1-m} \sum_{k=1}^{K} \|u \circ \boldsymbol{F}_k\|_{H^m(\hat{\Omega})} \le c\,N^{1-m} \sum_{k=1}^{K} \|u\|_{H^m(\Omega_k)}.$$

Il reste donc à vérifier que v_N appartient à $\mathcal{X}_N^0$. On note d'abord que chaque $v_N \circ \boldsymbol{F}_k$ appartient à $\mathbb{P}_N(\hat{\Omega}_k)$, donc que chaque $v_{N\,|\Omega_k}$ appartient à X_N^k. Ensuite, sur chaque côté ou face Γ commune à Ω_k et $\Omega_{k'}$, avec les notations utilisées en début de section, on déduit de (2.2) que la trace $v_N \circ \boldsymbol{F}_k - v_N \circ \boldsymbol{F}_{k'} \circ G^{-1}$ appartient à $\mathbb{P}_N(\hat{\Gamma})$ et s'annule en tous les points $(\hat{\xi}_i, \hat{\xi}_j)$ ou $(\hat{\xi}_i, \hat{\xi}_j, \hat{\xi}_\ell)$ contenus dans $\overline{\hat{\Gamma}}$, donc est nul. Donc, $v_{N\,|\Omega_k}$ et $v_{N\,|\Omega_{k'}}$ coïncident sur Γ. Le même raisonnement permet de montrer que v_N s'annule sur les côtés ou faces Γ contenus dans $\partial\Omega$. Par conséquent la fonction v_N appartient bien à $\mathcal{X}_N^0$.
2) L'opérateur Π_N^* de projection orthogonale de $H^1(\Omega)$ sur $\mathcal{X}_N^0$ vérifie

$$\|u - \Pi_N^* u\|_{H^1(\Omega)} \le c\,N^{1-m} \sum_{k=1}^{K} \|u\|_{H^m(\Omega_k)},$$

pour $m = 1$ par définition et pour $m \ge d$ d'après ce qui précède. On conclut donc par un argument d'interpolation reposant sur le Lemme III.2.12.

À partir du Lemme 2.5 (appliqué avec N remplacé par N') et des Lemmes 1.6 et 1.7, on sait majorer tous les termes du membre de droite de (2.8). On en déduit l'estimation d'erreur a priori suivante.

Théorème 2.6 *On suppose la solution u du problème* (I.3.1) *dans $H^1(\Omega)$ et telle que chaque $u_{|\Omega_k}$, $1 \le k \le K$, appartienne à $H^m(\Omega_k)$ pour un entier $m \ge 1$ et la donnée f telle que chaque $f_{|\Omega_k}$, $1 \le k \le K$, appartienne à $H^r(\Omega_k)$ pour un entier $r \ge 2$. Alors, pour le problème discret* (2.5), *on a la majoration d'erreur*

$$\|u - u_N\|_{H^1(\Omega)} \le c \sum_{k=1}^{K} \big(N^{1-m}\,\|u\|_{H^m(\Omega_k)} + N^{-r}\,\|f\|_{H^r(\Omega_k)}\big). \tag{2.10}$$

Remarque 2.7 On peut aussi écrire cette estimation en tenant compte de régularités différentes des fonctions u et f sur chaque Ω_k. Cependant ceci ne peut conduire à une diminution de l'erreur que si des degrés différents N_k sont également utilisés dans chaque Ω_k. Dans ce cas, l'analogue de l'espace $\mathcal{X}_N^0$ est plus compliqué, et il devient également plus difficile de prouver l'analogue du Lemme 2.5. On réfère à [23] pour ce type de résultats.

VI.3 Mise en œuvre

Nous décrivons successivement la mise en œuvre des problèmes (1.15) et (2.5).

TRAITEMENT DE FRONTIÈRES COURBES

La mise en œuvre du problème (1.15) est très similaire à celle du problème (V.1.3), voir [99]. En effet, ce problème équivaut à un système linéaire carré du type

$$A\,U = \overline{F}, \tag{3.1}$$

où le vecteur U est formé des valeurs de la solution discrète u_N aux nœuds $\boldsymbol{x}_{ij}$, $1 \le i,j \le N-1$, en dimension $d=2$, aux nœuds $\boldsymbol{x}_{ij\ell}$, $1 \le i,j,\ell \le N-1$, en dimension $d=3$. Le vecteur $\overline{F}$ est égal au produit BF, où le vecteur F est formé des valeurs de la fonction f en ces mêmes nœuds. La matrice de masse B, qui reste diagonale, a pour coefficients diagonaux les termes ρ_{ij} en dimension $d=2$, $\rho_{ij\ell}$ en dimension $d=3$, définis en (1.13) (et qui font intervenir les valeurs du jacobien J aux nœuds $(\hat{\xi}_i, \hat{\xi}_j)$ ou $(\hat{\xi}_i, \hat{\xi}_j, \hat{\xi}_\ell)$, respectivement).

Soit, en dimension $d=2$ par exemple, L_{ij} les fonctions de Lagrange associées aux nœuds $\boldsymbol{x}_{ij}$, c'est-à-dire les fonctions de X_N définies par

$$L_{ij}(\boldsymbol{x}_{i'j'}) = \delta_{ii'}\delta_{jj'}, \quad 0 \le i,j,i',j' \le N.$$

Il est facile de vérifier la formule

$$L_{ij}\big(\boldsymbol{F}(\hat{\boldsymbol{x}})\big) = \ell_i(\hat{x})\ell_j(\hat{y}), \tag{3.2}$$

pour les fonctions ℓ_i introduites dans la Remarque V.1.5. Les coefficients $a_{ij,rs}$ de la matrice A sont définis par

$$a_{ij,rs} = a_N(L_{ij}, L_{rs}), \quad 1 \le i,j,r,s \le N-1. \tag{3.3}$$

D'après la formule (3.2), si l'on note d_{ij}^{-1}, $1 \le i,j \le 2$, les coefficients de la matrice jacobienne $D\boldsymbol{F}^{-1}$, on a

$$\begin{aligned}\partial_x L_{ij}\big(\boldsymbol{F}(\hat{\boldsymbol{x}})\big) &= d_{11}^{-1}\big(\boldsymbol{F}(\hat{\boldsymbol{x}})\big)\,\ell_i'(\hat{x})\ell_j(\hat{y}) + d_{12}^{-1}\big(\boldsymbol{F}(\hat{\boldsymbol{x}})\big)\,\ell_i(\hat{x})\ell_j'(\hat{y}),\\ \partial_y L_{ij}\big(\boldsymbol{F}(\hat{\boldsymbol{x}})\big) &= d_{21}^{-1}\big(\boldsymbol{F}(\hat{\boldsymbol{x}})\big)\,\ell_i'(\hat{x})\ell_j(\hat{y}) + d_{22}^{-1}\big(\boldsymbol{F}(\hat{\boldsymbol{x}})\big)\,\ell_i(\hat{x})\ell_j'(\hat{y}).\end{aligned}$$

Chaque coefficient $a_{ij,rs}$ est donc la somme de huit termes, dont les deux premiers par exemple sont donnés par

$$\sum_{k=0}^{N} \ell_i'(\hat{\xi}_k)\ell_r'(\hat{\xi}_k)\,(d_{11}^{-1})^2(\boldsymbol{x}_{kj})\,|J(\hat{\xi}_k,\hat{\xi}_j)|\,\hat{\rho}_k\hat{\rho}_j\delta_{js}$$

$$\ell_i'(\hat{\xi}_i)\ell_j'(\hat{\xi}_i)\,d_{11}^{-1}(\boldsymbol{x}_{ij})d_{12}^{-1}(\boldsymbol{x}_{ij})\,|J(\hat{\xi}_i,\hat{\xi}_j)|\,\hat{\rho}_i\delta_{ir}\,\hat{\rho}_j\delta_{js}$$

Une formule analogue existe en dimension $d=3$. Le calcul des coefficients de la matrice A est plus complexe que dans le cas du carré et du cube, et s'effectue essentiellement à partir du lemme suivant, qui se démontre facilement à partir de la formule (V.4.16). Il est toutefois beaucoup plus simple lorsque la fonction $\boldsymbol{F}$ est affine car la matrice $D\boldsymbol{F}^{-1}$ et le jacobien J sont alors constants.

Lemma 3.1 *On a la formule*

$$\ell_i'(\hat{\xi}_r) = \begin{cases} \frac{L_N(\hat{\xi}_r)}{L_N(\hat{\xi}_i)\,(\hat{\xi}_r-\hat{\xi}_i)} & \text{si } 0 \le i \ne r \le N,\\ 0 & \text{si } 1 \le i = r \le N-1,\\ -\frac{N(N+1)}{4} & \text{si } i=r=0,\\ \frac{N(N+1)}{4} & \text{si } i=r=N.\end{cases} \tag{3.4}$$

En dépit de cet aspect plus rébarbatif, la matrice A a des propriétés très similaires à celles de son analogue introduit en Section V.4. Le système (3.1) est donc résolu par l'une des méthodes directes ou itératives présentées dans cette section. On note en particulier que l'avantage des méthodes itératives est accru par le résultat présenté dans le lemme suivant (sa démonstration, similaire à celle du Lemme V.4.6, repose sur le fait que, en dimension $d = 2$ par exemple, chacun des huit termes figurant dans les $a_{ij,rs}$ contient au moins un δ_{ir} ou un δ_{js}).

Lemme 3.2 *Il existe une constante c telle que le nombre d'opérations nécessaires pour réaliser le produit de la matrice A par un vecteur de $\mathbb{R}^{(N-1)^d}$ soit inférieur à $c\,N^{d+1}$.*

Les matrices P introduites dans la Section V.4 (et toujours définies sur le carré ou le cube) constituent encore un bon préconditionnement de la nouvelle matrice A. En outre, si la factorisation de la matrice introduite en (V.4.6) en produit de deux matrices triangulaires peut s'effectuer à un coût raisonnable, cette matrice semble être idéale pour le préconditionnement de la nouvelle matrice A.

DÉCOMPOSITION DE DOMAINE

Le vecteur $\mathcal{U}$ des inconnues est formé des valeurs de la solution discrète u_N aux points de toutes les grilles Ξ_N^k correspondant aux Ω_k qui n'appartiennent pas à $\partial\Omega$. On peut écrire le vecteur $\mathcal{U}$ sous la forme

$$\mathcal{U} = \begin{pmatrix} U^\sharp \\ U^\flat \end{pmatrix}, \qquad \text{avec} \quad U^\sharp = \begin{pmatrix} U^1 \\ U^2 \\ \vdots \\ U^K \end{pmatrix}, \tag{3.5}$$

où chaque vecteur U^k est formé des valeurs de u_N aux nœuds de Ξ_N^k intérieurs à Ω_k, tandis que $U^\flat$ est formé des valeurs de u_N aux nœuds situés sur les interfaces, c'est-à-dire aux nœuds communs à plusieurs Ξ_N^k qui ne sont pas sur $\partial\Omega$. Le problème (2.5) est alors équivalent à un système linéaire carré

$$\mathcal{A}\mathcal{U} = \overline{\mathcal{F}}, \tag{3.6}$$

où la matrice $\mathcal{A}$ est du type

$$\mathcal{A} = \begin{pmatrix} A^\sharp & A^{\sharp\flat} \\ A^{\sharp\flat T} & A^\flat \end{pmatrix}, \qquad \text{avec} \quad A^\sharp = \begin{pmatrix} A^1 & 0 & \cdots & 0 \\ 0 & A^2 & \cdots & 0 \\ \vdots & \vdots & \ddots & \vdots \\ 0 & 0 & \cdots & A^K \end{pmatrix}. \tag{3.7}$$

La matrice $A^\sharp$ est donc diagonale par blocs et chacun de ses blocs A^k est exactement du type de la matrice A décrite en début de section. Par contre, les matrices $A^{\sharp\flat}$ et $A^\flat$ ne possèdent pas cette structure simple et la taille de la matrice globale $\mathcal{A}$ est extrêmement élevée, de l'ordre de $K\,N^d$. Pour résoudre le système (3.6), on utilise donc en général un algorithme itératif.

Nous présentons deux exemples d'algorithmes usuels, dans le cas simple de deux sous-domaines Ω_1 et Ω_2 se partageant un côté ($d = 2$) ou une face ($d = 3$) Γ. On désigne par $\boldsymbol{n}_1$ et $\boldsymbol{n}_2$ les vecteurs unitaires normaux à Γ dirigés de Ω_1 vers Ω_2 et de Ω_2 vers Ω_1, respectivement. Si l'on note u_k, $k = 1, 2$, la restriction de la solution u de l'équation de Laplace (I.3.1) à Ω_k, on note que cette équation s'écrit de façon équivalente

$$\begin{cases} -\Delta u_k = f_{|\Omega_k} & \text{dans } \Omega_k,\ k = 1 \text{ et } 2, \\ u_k = 0 & \text{sur } \partial\Omega_k \setminus \Gamma,\ k = 1 \text{ et } 2, \\ u_1 = u_2 & \text{sur } \Gamma, \\ \partial_{n_1} u_1 + \partial_{n_2} u_2 = 0 & \text{sur } \Gamma. \end{cases} \tag{3.8}$$

- méthode dite Dirichlet–Neumann

On se donne un polynôme $u_N^{2,0}$ de $\mathbb{P}_N^0(\Gamma)$. Puis, à chaque étape m, on résout successivement les problèmes discrets avec conditions aux limites soit de Dirichlet soit mixtes

Trouver u_N^{1m} dans $\mathbb{P}_N(\Omega_1)$ tel que

$$u_N^{1m} = u_N^{2,m-1} \quad \text{sur } \Gamma \qquad \text{et} \qquad u_N^{1m} = 0 \quad \text{sur } \partial\Omega_1 \setminus \Gamma,$$

et que

$$\forall v_N \in \mathbb{P}_N^0(\Omega_1), \quad a_N^1(u_N^{1m}, v_N) = (f, v_N)_N^1; \tag{3.9}$$

Trouver u_N^{2m} dans $X_N^\diamond(\Omega_2)$ tel que

$$\forall v_N \in X_N^\diamond(\Omega_2), \quad a_N^2(u_N^{2m}, v_N) = (f, v_N)_N^2 - (\partial_{n_1} u_N^{1m}, v_N)_N^\Gamma, \tag{3.10}$$

où $X_N^\diamond(\Omega_k)$ désigne l'espace des polynômes de $\mathbb{P}_N(\Omega_k)$ s'annulant sur $\partial\Omega_k \setminus \Gamma$ et $(\cdot,\cdot)_N^\Gamma$ représente le produit discret sur Γ.

- méthode dite Neumann–Neumann

On note Λ_N le sous-espace de dimension $N-1$ de $X_N^\diamond$ engendré par les fonctions dont la restriction à chaque Ω_k est le polynôme de Lagrange associé à un point de l'interface Γ. On se donne ici encore un polynôme g_N^0 de $\mathbb{P}_N^0(\Gamma)$. Puis, à chaque étape m, on résout les problèmes discrets avec conditions aux limites mixtes, puis de Dirichlet, pour $k = 1$ et 2,

Trouver $\tilde{u}_N^{km}$ dans $\mathbb{P}_N(\Omega_k)$ tel que

$$\forall v_N \in X_N^\diamond(\Omega_k), \quad a_N^k(\tilde{u}_N^{km}, v_N) = (f, v_N)_N^k + (-1)^{k+1}\,(g_N^{m-1}, v_N)_N^\Gamma; \tag{3.11}$$

Trouver u_N^{km} dans $\mathbb{P}_N(\Omega_k)$ tel que

$$u_N^{km} = \frac{\tilde{u}_N^{1m} + \tilde{u}_N^{2m}}{2} \quad \text{sur } \Gamma \qquad \text{et} \qquad u_N^{km} = 0 \quad \text{sur } \partial\Omega_k \setminus \Gamma,$$

et que

$$\forall v_N \in \mathbb{P}_N^0(\Omega_k), \quad a_N^k(u_N^{km}, v_N) = (f, v_N)_N^k. \tag{3.12}$$

Puis on résout le problème

Trouver λ_N^m dans Λ_N tel que

$$\forall \mu_N \in \Lambda_N, \quad (\lambda_N^m, \mu_N)_N^\Gamma = \sum_{k=1}^{2} \Big(a_N^k(u_N^{km}, \mu_N) - (f, \mu_N)_N^k \Big). \tag{3.13}$$

Finalement, pour un paramètre θ, $0 < \theta \leq 1$, on pose

$$g_N^m = (1-\theta)\, g_N^{m-1} + \theta\, \lambda_N^m \quad \text{sur } \Gamma. \tag{3.14}$$

On note que le problème (3.13), qui est de petite taille, a pour but d'évaluer la quantité $\partial_{n_1} u_N^{1m} + \partial_{n_2} u_N^{2m}$ qui représente le résidu de l'équation discrète globale (une méthode similaire peut d'ailleurs être utilisée pour évaluer le terme $(\partial_{n_1} u_N^{1m}, v_N)_N^\Gamma$ qui apparaît dans le problème (3.10)). L'introduction d'un paramètre θ permet souvent d'augmenter la vitesse de convergence de l'algorithme. En outre, la méthode peut être mise en œuvre efficacement sur machine parallèle, puisque plusieurs problèmes indépendants (deux en l'occurrence) sont résolus simultanément.

Les algorithmes présentés ci-dessus peuvent s'interpréter comme des cas particuliers des algorithmes de Schwarz. Nous référons à [1], [65], [94], [103, §5.1], [113, Chap. 2] et [114] pour une description de ces algorithmes dans un cadre abstrait et également à [65] pour une démonstration de convergence dans un cas particulier.

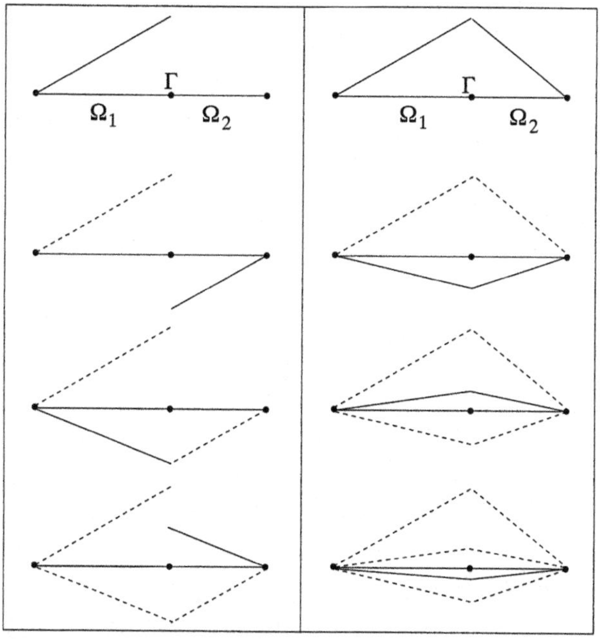

Figure 3.1. Convergence des algorithmes Dirichlet–Neumann et Neumann–Neumann

Pour illustrer ces deux algorithmes, nous considérons l'équation de Laplace (I.3.1) dans l'intervalle $\Omega =]0,1[$ avec données f et g égales à zéro, de sorte que la solution u est nulle. On suppose l'ouvert Ω divisé en deux intervalles $\Omega_1 =]0, \frac{3}{5}[$ et $\Omega_2 =]\frac{3}{5}, 1[$. La Figure 3.1 présente la convergence vers la solution nulle des premières itérations de l'algorithme Dirichlet–Neumann (partie gauche) et de l'algorithme Neumann–Neumann (partie droite) pour une donnée initiale affine sur chaque intervalle.

Clairement le choix de la fonction $u_N^{2,0}$ ou g_N^0 est important pour la convergence de l'algorithme itératif. Une méthode pour effectuer ce choix consiste à prendre cette donnée initiale comme la solution du système complet (3.6) correspondant à une valeur de N assez petite ("problème grossier") pour que l'on puisse utiliser une méthode directe de factorisation de la matrice $\mathcal{A}$ pour sa résolution.

Il existe de nombreuses variantes de ces algorithmes [1], pourtant les deux que l'on a proposés ici, lorsqu'étendus au cas d'une décomposition plus générale, sont un moyen efficace de résoudre le système (3.6).

Troisième partie

Méthodes d'éléments finis

Construction des éléments finis

On présente dans ce chapitre les notions de base pour la construction des éléments finis, tout en se restreignant aux géométries locales. Les principaux outils nécessaires à cette construction sont décrits successivement: tout d'abord les espaces d'approximation, puis les éléments géométriques et les éléments finis. On conclut en prouvant des inégalités inverses locales.

VII.1 Espaces locaux

Dans ce qui suit, d est un entier positif représentant la dimension de l'espace dans lequel on se place. Le symbole ∂ suivi d'un nom de domaine (ouvert ou fermé) désigne la frontière du domaine.

Notation 1.1 Pour tout entier $k \geq 0$, on définit $\mathcal{P}_k(\mathbb{R}^d)$ comme l'espace des polynômes sur $\mathbb{R}^d$ à valeurs dans $\mathbb{R}$ de degré total $\leq k$ et $\mathcal{Q}_k(\mathbb{R}^d)$ comme l'espace des polynômes sur $\mathbb{R}^d$ à valeurs dans $\mathbb{R}$ de degré $\leq k$ par rapport à chaque variable x_i, $1 \leq i \leq d$. On notera également ces espaces $\mathcal{P}_k$ et $\mathcal{Q}_k$ lorsqu'aucune confusion sur le nombre de variables n'est possible.

On note que la dimension de l'espace $\mathcal{P}_k$ est

$$\dim \mathcal{P}_k = \frac{(k+d)!}{k!\, d!}, \tag{1.1}$$

tandis que la dimension de l'espace $\mathcal{Q}_k$ est

$$\dim \mathcal{Q}_k = (k+1)^d. \tag{1.2}$$

De plus, sur $\mathbb{R}^d$, on a les égalité et inclusions

$$\mathcal{Q}_0 = \mathcal{P}_0 \qquad \text{et} \qquad \mathcal{P}_k \subset \mathcal{Q}_k \subset \mathcal{P}_{dk}, \quad k \geq 1. \tag{1.3}$$

Remarque 1.2 L'espace $\mathcal{Q}_k$ coïncide avec l'espace utilisé en méthodes spectrales et classiquement noté $\mathbb{P}_k$. On choisit de conserver la notation usuelle des méthodes d'éléments finis pour que les lecteurs se retrouvent dans les références spécialisées en éléments finis ou en méthodes spectrales.

Soit V un espace de fonctions définies sur $\mathbb{R}^d$; pour tout sous-ensemble K de $\mathbb{R}^d$, on note $V(K)$ l'espace des restrictions à K des fonctions de l'ensemble V. Par exemple:

$$\mathcal{P}_k(K) = \{p_{|K};\, p \in \mathcal{P}_k\}.$$

Dans la suite, on s'intéresse à des domaines K d'intérieur non vide: on remarque que, dans ce cas, la dimension de l'espace $\mathcal{P}_k(K)$ est égale à celle de l'espace $\mathcal{P}_k(\mathbb{R}^d)$.

VII.2 Géométries locales

Nous décrivons deux types de géométrie: les d-simplexes en dimension quelconque, les quadrilatères convexes en dimension $d = 2$ (pour simplifier). En effet, nous nous limiterons à l'étude des éléments finis pour ce type de géométries et nous référons à [44, §35 & 36] pour l'étude d'éléments à frontière courbe ou d'hexaèdres convexes en dimension $d = 3$.

DÉFINITION ET QUELQUES PROPRIÉTÉS DES d-SIMPLEXES

Définition 2.1 Un d-simplexe K de $\mathbb{R}^d$ est l'enveloppe convexe de $d + 1$ points $\boldsymbol{a}_j$, $1 \leq j \leq d+1$, appelés sommets de K, qui ne sont pas contenus dans un même hyperplan de $\mathbb{R}^d$, c'est-à-dire tels que la matrice

$$A = \begin{pmatrix} a_{11} & a_{12} & \cdots & a_{1\,d+1} \\ a_{21} & a_{22} & \cdots & a_{2\,d+1} \\ \vdots & \vdots & & \vdots \\ a_{d\,1} & a_{d\,2} & \cdots & a_{d\,d+1} \\ 1 & 1 & \cdots & 1 \end{pmatrix}, \tag{2.1}$$

où $(a_{ij})_{1 \leq i \leq d}$ désigne les coordonnées de $\boldsymbol{a}_j$, soit inversible.

Par exemple,
- en dimension $d = 1$, l'enveloppe convexe K de 2 points a_1 et a_2 distincts est le *segment* $[a_1, a_2]$ de $\mathbb{R}$;
- en dimension $d = 2$, l'enveloppe convexe K de 3 points $\boldsymbol{a}_1$, $\boldsymbol{a}_2$ et $\boldsymbol{a}_3$ non alignés est le *triangle* de $\mathbb{R}^2$ ayant les trois points comme sommets;
- en dimension $d = 3$, l'enveloppe convexe K de 4 points $\boldsymbol{a}_1$, $\boldsymbol{a}_2$, $\boldsymbol{a}_3$ et $\boldsymbol{a}_4$ qui ne sont pas dans un même plan est le *tétraèdre* de $\mathbb{R}^3$ ayant les quatre points comme sommets.

On note que tout d-simplexe est un sous-ensemble fermé de $\mathbb{R}^d$.

Définition 2.2 On appelle *coordonnés barycentriques* λ_j, $1 \leq j \leq d+1$, d'un point $\boldsymbol{x} = (x_i)_{1 \leq i \leq d}$ de $\mathbb{R}^d$ par rapport aux $d + 1$ sommets $\boldsymbol{a}_j$ non contenus dans un même hyperplan, la solution (unique) du système linéaire suivant

$$\begin{cases} \sum_{j=1}^{d+1} a_{ij}\lambda_j = x_i, \quad 1 \leq i \leq d, \\ \sum_{j=1}^{d+1} \lambda_j = 1, \end{cases} \tag{2.2}$$

les a_{ij} étant les coefficients de la matrice A définie en (2.1).

En observant le système (2.2), on s'aperçoit que les coordonnés barycentriques appartiennent à l'espace $\mathcal{P}_1$. En outre, un d-simplexe de $\mathbb{R}^d$ peut être défini à l'aide des coordonnées barycentriques par rapport à ses sommets $\boldsymbol{a}_j$, $1 \leq j \leq d+1$, comme étant l'ensemble

$$K = \{\boldsymbol{x} \in \mathbb{R}^d;\ 0 \leq \lambda_j(\boldsymbol{x}) \leq 1,\ 1 \leq j \leq d+1\}. \tag{2.3}$$

Comme illustré dans la Figure 2.1, deux quantités, associées respectivement à la taille et à la forme d'un d-simplexe K, permettent de préciser sa géométrie: son diamètre h_K et le diamètre ρ_K de la sphère inscrite dans K.

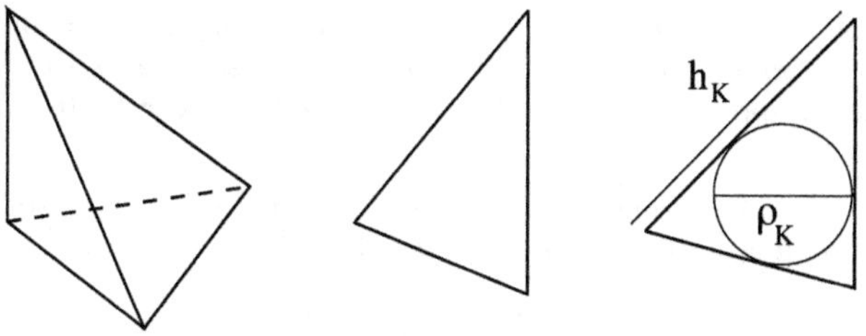

Figure 2.1. Exemple de d-simplexes et des quantités ρ_K et h_K

Par la suite, on utilise régulièrement le d-simplexe $\hat{K}$, dit *de référence*, dont un sommet a toutes ses coordonnées nulles et les d autres ont une coordonnée égale à 1 et les autres nulles. Par exemple,

• en dimension $d = 1$, $\hat{K}$ coïncide avec le segment $[0, 1]$, et les deux coordonnées barycentriques par rapport aux extrémités $a_1 = 1$ et $a_2 = 0$ sont

$$\hat{\lambda}_1(x) = x, \qquad \hat{\lambda}_2(x) = 1 - x;$$

• en dimension $d = 2$, les trois coordonnées barycentriques par rapport aux sommets $\boldsymbol{a}_1$ de coordonnées $(1, 0)$, $\boldsymbol{a}_2$ de coordonnées $(0, 1)$ et $\boldsymbol{a}_3$ de coordonnées $(0, 0)$, sont

$$\hat{\lambda}_1(\boldsymbol{x}) = x_1, \qquad \hat{\lambda}_2(\boldsymbol{x}) = x_2, \qquad \hat{\lambda}_3(\boldsymbol{x}) = 1 - x_1 - x_2;$$

• en dimension $d = 3$, les quatre coordonnées barycentriques par rapport aux sommets $\boldsymbol{a}_1$ de coordonnées $(1, 0, 0)$, $\boldsymbol{a}_2$ de coordonnées $(0, 1, 0)$, $\boldsymbol{a}_3$ de coordonnées $(0, 0, 1)$ et $\boldsymbol{a}_4$ de coordonnées $(0, 0, 0)$, sont

$$\hat{\lambda}_1(\boldsymbol{x}) = x_1, \qquad \hat{\lambda}_2(\boldsymbol{x}) = x_2, \qquad \hat{\lambda}_3(\boldsymbol{x}) = x_3, \qquad \hat{\lambda}_4(\boldsymbol{x}) = 1 - x_1 - x_2 - x_3.$$

Pour simplifier, on note $\hat{h}$ le diamètre de $\hat{K}$ (égal à $\sqrt{2}$) et $\hat{\rho}$ le diamètre de la sphère inscrite dans $\hat{K}$ (égal à $\frac{2}{d+\sqrt{d}}$).

On rappelle ici une formule assez utile pour qu'on l'appelle *magique* [44, form. (25.14)], qui se déduit de la formule analogue sur le d-simplexe de référence, cette dernière se prouvant par récurrence sur la dimension d.

Proposition 2.3 *Pour tout d-simplexe K et pour tous entiers $\alpha_i \geq 0$, $1 \leq i \leq d+1$, on a la formule*

$$\int_K \lambda_1^{\alpha_1}(\boldsymbol{x}) \cdots \lambda_{d+1}^{\alpha_{d+1}}(\boldsymbol{x})\, d\boldsymbol{x} = \frac{\alpha_1! \cdots \alpha_{d+1}!\, d!}{(\alpha_1 + \cdots + \alpha_{d+1} + d)!} \operatorname{mes}(K). \tag{2.4}$$

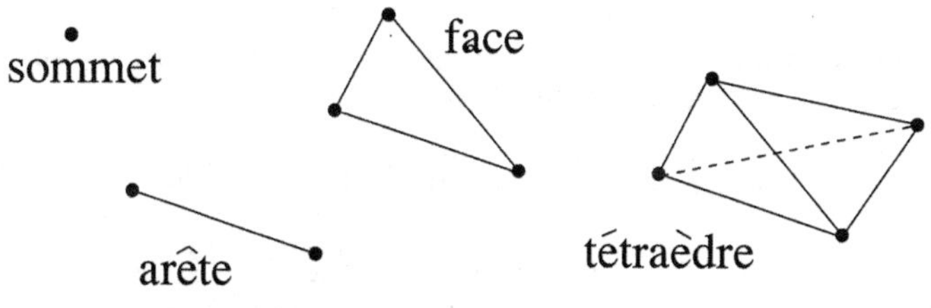

Figure 2.2. m-faces d'un 3-simplexe

Définition 2.4 Pour tout entier m, $0 \leq m \leq d-1$, une m-face d'un d-simplexe K est un m-simplexe dont les $m+1$ sommets font partie des $d+1$ sommets de K. En particulier, toute $(d-1)$-face est appelée face, toute 1-face est appelée arête et toute 0-face est appelée sommet.

Définition 2.5 Une transformation $F : \mathbb{R}^d \to \mathbb{R}^d$ est dite *affine* s'il existe une matrice B carrée de dimension d et un vecteur $\boldsymbol{b}$ de $\mathbb{R}^d$ tels que

$$\boldsymbol{x} = F(\hat{\boldsymbol{x}}) = B\,\hat{\boldsymbol{x}} + \boldsymbol{b}.$$

De façon équivalente, l'application F appartient à $(\mathcal{P}_1)^d$.

Il est facile de vérifier que la transformation F est inversible, donc bijective de $\mathbb{R}^d$ sur $\mathbb{R}^d$, si et seulement si son jacobien détB est non nul. Dans ce cas, on note que son inverse F^{-1} appartient également à $(\mathcal{P}_1)^d$.

Lemme 2.6 *Pour tout d-simplexe K, il existe une bijection F_K de $(\mathcal{P}_1)^d$ qui envoie $\hat{K}$ sur K et les sommets de $\hat{K}$ sur les sommets de K.*

Démonstration: Soit $\boldsymbol{a}_1$, $\boldsymbol{a}_2$, ... et $\boldsymbol{a}_{d+1}$ les sommets de K. On choisit $\boldsymbol{b} = \boldsymbol{a}_{d+1}$ et on construit la matrice B dont les colonnes sont les vecteurs $\boldsymbol{b}_j = \boldsymbol{a}_j - \boldsymbol{a}_{d+1}$, $1 \leq j \leq d$. On remarque que détB est non nul car l'image des sommets de $\hat{K}$ par l'application F_K ainsi construite sont les $d+1$ points $\boldsymbol{a}_1$, $\boldsymbol{a}_2$, ... et $\boldsymbol{a}_{d+1}$ qui, par définition du d-simplexe, ne sont pas contenus dans un même hyperplan. Les transformations affines préservent la convexité, c'est-à-dire si E est l'enveloppe convexe de $d+1$ points $\boldsymbol{a}_j$, $1 \leq j \leq d+1$, et F est une transformation affine de $\mathbb{R}^d$, alors $F(E)$ est l'enveloppe convexe de $d+1$ points $F(\boldsymbol{a}_j)$, $1 \leq j \leq d+1$. Donc, $F_K(\hat{K})$ coïncide bien avec K.

On constate d'après la démonstration précédente qu'il n'y a pas unicité de l'application affine F_K envoyant $\hat{K}$ sur K: il en existe $(d+1)!$, autant que de numérotations possibles des sommets $\boldsymbol{a}_1$, $\boldsymbol{a}_2$, ... et $\boldsymbol{a}_{d+1}$. Parmi ces applications, la moitié sont à jacobien positif et l'autre à jacobien négatif. En général, on préfère travailler avec une transformation dont le jacobien est positif. Une autre conséquence de ce lemme est que, si K et K' désignent deux d-simplexes quelconques, il existe une application affine bijective qui envoie K sur K'.

Lemme 2.7 *Soit F_K une transformation affine bijective du d-simplexe de référence $\hat{K}$ sur un d-simplexe K, de la forme $F_K(\hat{\boldsymbol{x}}) = B_K\hat{\boldsymbol{x}} + \boldsymbol{b}$. Alors il existe des constantes c et c' indépendantes de K telles que le déterminant de B_K vérifie les bornes suivantes:*

$$|\text{dét}B_K| \leq c\,\frac{h_K^d}{\hat{\rho}^d}, \qquad |\text{dét}B_K|^{-1} \leq c'\,\frac{\hat{h}^d}{\rho_K^d}. \tag{2.5}$$

Démonstration: La transformation F_K est un changement de variable sur K: en rappelant que détB_K est constant sur $\hat{K}$, on obtient

$$\text{mes}(K) = \int_K d\boldsymbol{x} = \int_{\hat{K}} |\text{dét}B_K|\,d\hat{\boldsymbol{x}} = |\text{dét}B_K| \int_{\hat{K}} d\hat{\boldsymbol{x}} = |\text{dét}B_K|\,\text{mes}(\hat{K}).$$

On conclut en notant que mes(K) est inférieur à $c_d\,h_K^d$ et supérieur à $c_d\,\rho_K^d$, où c_d est le volume de la sphère unité de $\mathbb{R}^d$ divisé par 2^d, et, de façon analogue, que mes$(\hat{K})$ est inférieur à $c_d\,\hat{h}^d$ et supérieur à $c_d\,\hat{\rho}^d$.

Par la suite, comme dans la Section VI.1, on note $\|\cdot\|$ à la fois la norme euclidienne de $\mathbb{R}^d$ et la norme de matrice subordonnée, c'est-à-dire

$$\forall \boldsymbol{x} \in \mathbb{R}^d, \quad \|\boldsymbol{x}\| = \Big(\sum_{i=1}^{d} x_i^2\Big)^{\frac{1}{2}} \qquad \text{et} \qquad \forall A \in \mathbb{R}^{d\times d}, \quad \|A\| = \sup_{\boldsymbol{x}\in\mathbb{R}^d, \boldsymbol{x}\neq \boldsymbol{0}} \frac{\|A\,\boldsymbol{x}\|}{\|\boldsymbol{x}\|}. \tag{2.6}$$

Lemme 2.8 *Soit F_K une transformation affine bijective du d-simplexe de référence $\hat{K}$ sur un d-simplexe K, de la forme $F_K(\hat{\boldsymbol{x}}) = B_K\hat{\boldsymbol{x}} + \boldsymbol{b}$. Alors la matrice B_K satisfait les bornes suivantes:*

$$\|B_K\| \leq \frac{h_K}{\hat{\rho}}, \qquad \|B_K^{-1}\| \leq \frac{\hat{h}}{\rho_K}. \tag{2.7}$$

Démonstration: On a

$$\|B_K\| = \sup_{\boldsymbol{x}\in\mathbb{R}^d, \boldsymbol{x}\neq\boldsymbol{0}} \frac{\|B_K\,\boldsymbol{x}\|}{\|\boldsymbol{x}\|} = \sup_{\boldsymbol{y}\in\mathbb{R}^d, \|\boldsymbol{y}\|=\hat{\rho}} \frac{\|B_K\,\boldsymbol{y}\|}{\hat{\rho}}.$$

Soit $\hat{S}$ la sphère de $\mathbb{R}^d$ de diamètre $\hat{\rho}$ inscrite dans $\hat{K}$ et $\boldsymbol{y}$ n'importe quel vecteur de $\hat{S}$, d'extrémités $\hat{\boldsymbol{a}}$ et $\hat{\boldsymbol{b}}$. On voit que

$$B_K\boldsymbol{y} = B_K\hat{\boldsymbol{b}} - B_K\hat{\boldsymbol{a}} = F_K(\hat{\boldsymbol{b}}) - F_K(\hat{\boldsymbol{a}}).$$

Par définition de F_K, $F_K(\hat{\boldsymbol{a}})$ et $F_K(\hat{\boldsymbol{b}})$ appartiennent à K. Par conséquent, leur distance $\|F_K(\hat{\boldsymbol{b}}) - F_K(\hat{\boldsymbol{a}})\|$ est inférieur à h_K, ce qui prouve la première borne. La seconde se démontre en échangeant les rôles de K et $\hat{K}$.

Lemme 2.9 *Pour tout entier $k \geq 0$, l'espace $\mathcal{P}_k$ est invariant par transformation affine, c'est-à-dire que, pour tout p dans $\mathcal{P}_k$ et toute transformation affine F, $p \circ F$ est encore un polynôme de $\mathcal{P}_k$.*

Démonstration: On considère la base de $\mathcal{P}_k$ formés par les polynômes $x_1^{k_1}\cdots x_d^{k_d}$, $0 \leq k_1 + \cdots + k_d \leq k$, et on prouve le résultat en remplaçant chaque x_i par une fonction affine des $\hat{x}_j$.

Une des applications des résultats indiqués dans les Lemmes 2.7 et 2.8 est la transformation de normes par le changement de variables $\boldsymbol{x} = F_K(\hat{\boldsymbol{x}})$.

Lemme 2.10 *Soit F_K une transformation affine bijective du d-simplexe de référence $\hat{K}$ sur un d-simplexe K. Pour tout nombre p, $1 \leq p \leq +\infty$, et tout entier positif ou nul m, une fonction v appartient à $W^{m,p}(K)$ si et seulement si la fonction $\hat{v} = v \circ F_K$ appartient à $W^{m,p}(\hat{K})$. En outre, il existe une constante $\hat{c}$ telle que l'on ait les estimations suivantes*

$$\begin{aligned} &\forall v \in W^{m,p}(K), \quad |\hat{v}|_{W^{m,p}(\hat{K})} \leq \hat{c}\, h_K^m\, \rho_K^{-\frac{d}{p}}\, |v|_{W^{m,p}(K)}, \\ &\qquad\qquad \forall \hat{v} \in W^{m,p}(\hat{K}), \quad |v|_{W^{m,p}(K)} \leq \hat{c}\, \rho_K^{-m}\, h_K^{\frac{d}{p}}\, |\hat{v}|_{W^{m,p}(\hat{K})}. \end{aligned} \tag{2.8}$$

Démonstration: Grâce à un argument de densité, il suffit de prouver les inégalités (2.8) pour des fonctions régulières. On s'intéresse d'abord à démontrer la première inégalité par

récurrence sur m.
1) Pour $m = 0$, on a

$$\|\hat{v}\|^p_{L^p(\hat{K})} = \int_{\hat{K}} |\hat{v}(\hat{\boldsymbol{x}})|^p \, d\hat{\boldsymbol{x}} = |\text{dét} B_K|^{-1} \int_K |v(\boldsymbol{x})|^p \, d\boldsymbol{x} = |\text{dét} B_K|^{-1} \, \|v\|^p_{L^p(K)},$$

de sorte que la majoration se déduit du Lemme 2.7.
2) On suppose l'inégalité vraie pour $m-1$. On déduit de l'inégalité

$$|\hat{v}|_{W^{m,p}(\hat{K})} \leq c \sum_{i=1}^d |\partial_{\hat{x}_i} \hat{v}|_{W^{m-1,p}(\hat{K})},$$

et de l'hypothèse de récurrence

$$|\hat{v}|_{W^{m,p}(\hat{K})} \leq c\, h_K^{m-1} \, \rho_K^{-\frac{d}{p}} \sum_{i=1}^d |(\partial_{\hat{x}_i} \hat{v}) \circ F_K^{-1}|_{W^{m-1,p}(K)}.$$

On observe que, si l'on note B_{ij}, $1 \leq i, j \leq d$, les coefficients de la matrice B_K,

$$(\partial_{\hat{x}_i} \hat{v}) \circ F_K^{-1} = \sum_{j=1}^d B_{ij} \, \partial_{x_j} v,$$

d'où l'on obtient

$$|\hat{v}|_{W^{m,p}(\hat{K})} \leq c\, h_K^{m-1} \, \rho_K^{-\frac{d}{p}} \, \|B_K\| \sum_{j=1}^d |\partial_{x_i} v|_{W^{m-1,p}(K)}.$$

L'inégalité désirée résulte alors de (2.7).
Ici aussi, la seconde ligne de (2.8) se démontre en échangeant les rôles de K et $\hat{K}$ et en utilisant les "autres" inégalités dans (2.5) et (2.7).

Définition et quelques propriétés des quadrilatères

Pour simplifier, on se limite au cas de la dimension $d = 2$. Toutefois, la plupart des notions présentées dans la suite de ce chapitre s'étendent au cas de la dimension $d = 3$, facilement dans le cas de parallélépipèdes, plus difficilement dans le cas d'hexaèdres quelconques.

Définition 2.11 Un quadrilatère est un polygone à quatre côtés de $\mathbb{R}^2$ tel que l'intersection de deux côtés soit vide ou un sommet du polygone.

Là encore, la taille et la forme de ces quadrilatères K sont définies par deux quantités: le diamètre h_K de K et le maximum ρ_K des diamètres des sphères contenues dans K. On note qu'un quadrilatère peut être convexe ou non convexe. L'élément de référence est ici le carré $\hat{K} = [0,1]^2$. On vérifie dans ce qui suit quelque propriétés relatives aux quadrilatères.

Lemme 2.12 *Pour tout quadrilatère K de $\mathbb{R}^2$, il existe une application F_K de $(\mathcal{Q}_1)^2$ qui envoie $\hat{K}$ sur K si et seulement si K est convexe. De plus, dans ce cas, l'application F_K est une bijection de $\hat{K}$ sur K.*

Démonstration: Soit $\boldsymbol{a}_1$, $\boldsymbol{a}_2$, $\boldsymbol{a}_3$ et $\boldsymbol{a}_4$ les sommets de K, numérotés dans le sens trigonométrique. L'application

$$F_K(\hat{\boldsymbol{x}}) = \boldsymbol{a}_1 + (\boldsymbol{a}_2 - \boldsymbol{a}_1)\,\hat{x} + (\boldsymbol{a}_4 - \boldsymbol{a}_1)\,\hat{y} + (\boldsymbol{a}_1 + \boldsymbol{a}_3 - \boldsymbol{a}_2 - \boldsymbol{a}_4)\,\hat{x}\hat{y},$$

envoie les quatre sommets de $\hat{K}$ sur ceux de K et également les quatre côtés de $\hat{K}$ sur ceux de K. En outre, on a les propriétés suivantes.

1) Fixons $\hat{x}$ égal à $\hat{x}_0$. L'image par F_K du segment $\hat{x} = \hat{x}_0, 0 \le \hat{y} \le 1$, est le segment

$$\boldsymbol{a}_1 + (\boldsymbol{a}_2 - \boldsymbol{a}_1)\,\hat{x}_0 + (\boldsymbol{a}_4 - \boldsymbol{a}_1)\,\hat{y} + (\boldsymbol{a}_1 + \boldsymbol{a}_3 - \boldsymbol{a}_2 - \boldsymbol{a}_4)\,\hat{x}_0\hat{y}, \quad 0 \le \hat{y} \le 1,$$

dont les deux extrémités $\boldsymbol{a}_1 + (\boldsymbol{a}_2 - \boldsymbol{a}_1)\,\hat{x}_0$ et $\boldsymbol{a}_4 + (\boldsymbol{a}_3 - \boldsymbol{a}_4)\,\hat{x}_0$ sont situés sur les côtés de K d'extrémités $\boldsymbol{a}_1$ et $\boldsymbol{a}_2$, $\boldsymbol{a}_3$ et $\boldsymbol{a}_4$, respectivement. L'image de $\hat{K}$ est l'union sur tous les $\hat{x}_0$, $0 \le \hat{x}_0 \le 1$, de l'image du segment $\hat{x} = \hat{x}_0, 0 \le \hat{y} \le 1$, donc coïncide avec K si et seulement si K est convexe.

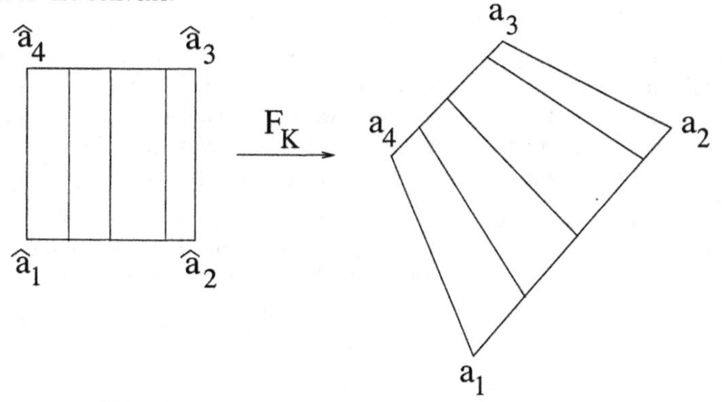

Figure 2.3. Images des droites $\hat{x} = \hat{x}_0$ par F_K

2) La matrice jacobienne de F_K est formée des deux vecteurs colonne

$$\boldsymbol{a}_2 - \boldsymbol{a}_1 + (\boldsymbol{a}_1 + \boldsymbol{a}_3 - \boldsymbol{a}_2 - \boldsymbol{a}_4)\,\hat{y} \quad \text{et} \quad \boldsymbol{a}_4 - \boldsymbol{a}_1 + (\boldsymbol{a}_1 + \boldsymbol{a}_3 - \boldsymbol{a}_2 - \boldsymbol{a}_4)\,\hat{x}.$$

On note $\boldsymbol{e}_1$, $\boldsymbol{e}_2$, $\boldsymbol{e}_3$ et $\boldsymbol{e}_4$, les vecteurs $\boldsymbol{a}_2 - \boldsymbol{a}_1$, $\boldsymbol{a}_3 - \boldsymbol{a}_2$, $\boldsymbol{a}_4 - \boldsymbol{a}_3$ et $\boldsymbol{a}_1 - \boldsymbol{a}_4$ respectivement. On désigne également par $\boldsymbol{e}^\perp$ l'orthogonal direct d'un vecteur $\boldsymbol{e}$ de $\mathbb{R}^2$: si les composantes de $\boldsymbol{e}$ sont e_x et e_y, les composantes de $\boldsymbol{e}^\perp$ sont $-e_y$ et e_x. On vérifie alors que le jacobien J_K de F_K (égal au déterminant de la matrice jacobienne de F_K) est égal à

$$-\boldsymbol{e}_1^\perp \cdot \boldsymbol{e}_4 - \hat{x}\,\boldsymbol{e}_1^\perp \cdot \boldsymbol{e}_3 - \hat{y}\,\boldsymbol{e}_2^\perp \cdot \boldsymbol{e}_4.$$

Pour que ce jacobien, qui appartient à $\mathcal{P}_1$, ne s'annule pas sur $\hat{K}$, il faut et il suffit qu'il ait le même signe aux quatre coins de K. En utilisant les formules $\boldsymbol{e}_1 + \boldsymbol{e}_2 + \boldsymbol{e}_3 + \boldsymbol{e}_4 = \boldsymbol{0}$ et $\boldsymbol{e}_i^\perp \cdot \boldsymbol{e}_j = -\boldsymbol{e}_j^\perp \cdot \boldsymbol{e}_i$, on obtient que les valeurs de J_K en ces quatre coins sont

$$\boldsymbol{e}_4^\perp \cdot \boldsymbol{e}_1, \qquad \boldsymbol{e}_1^\perp \cdot \boldsymbol{e}_2, \qquad \boldsymbol{e}_2^\perp \cdot \boldsymbol{e}_3, \qquad \boldsymbol{e}_3^\perp \cdot \boldsymbol{e}_4.$$

Par exemple, la quantité $\boldsymbol{e}_4^\perp \cdot \boldsymbol{e}_1$ est positive si et seulement si l'angle de K en $\boldsymbol{a}_1$ est $< \pi$. Les quatre quantités sont donc négatives si et seulement si tous les angles de K sont $> \pi$, ce qui est impossible, et positives si et seulement si tous les angles de K sont $< \pi$, ce qui équivaut à la convexité de K.

Le principal inconvénient des applications de $(\mathcal{Q}_1)^2$ est que leur inverse n'est pas forcément polynomial, ceci étant dû au fait que leur jacobien n'est pas constant. Il est donc intéressant d'identifier les géométries où le jacobien de F_K est constant.

Corollaire 2.13 *Pour tout quadrilatère K de $\mathbb{R}^2$, l'application F_K introduite dans le Lemme 2.12 appartient à $(\mathcal{P}_1)^2$ si et seulement si K est un parallélogramme, au sens où deux côtés opposés de K sont parallèles.*

Démonstration: D'après l'expression de F_K donnée dans la démonstration du Lemme 2.12, la fonction F_K appartient à $(\mathcal{P}_1)^2$ si et seulement si

$$\boldsymbol{a}_1 + \boldsymbol{a}_3 - \boldsymbol{a}_2 - \boldsymbol{a}_4 = \boldsymbol{0},$$

c'est-à-dire si et seulement si les vecteurs $\boldsymbol{a}_1\boldsymbol{a}_2$ et $\boldsymbol{a}_4\boldsymbol{a}_3$ (par exemple) sont égaux. Ceci équivaut au fait que K est un parallélogramme.

Parmi les parallélogrammes, on compte les losanges, les rectangles et les carrés. Cependant, on travaille a priori avec des quadrilatères convexes quelconques. Par analogie avec les d-simplexes, on appelle 1-faces les côtés de ces quadrilatères et 0-faces leurs sommets. On ne donne pas les démonstrations des deux lemmes suivants, qui sont similaires à celles des Lemmes 2.7 et 2.8, mais plus compliquées, voir [62, Chap. I, §A.2] pour les détails.

Lemme 2.14 *Soit F_K une bijection de $(\mathcal{Q}_1)^2$ qui envoie le carré de référence $\hat{K}$ sur un quadrilatère convexe K. Alors le déterminant J_K de la matrice jacobienne de F_K et le déterminant J_K^{-1} de la matrice jacobienne de F_K^{-1} satisfont les bornes suivantes:*

$$\|J_K\|_{L^\infty(\hat{K})} \le c\, h_K^2, \qquad \|J_K^{-1}\|_{L^\infty(K)} \le c\, \rho_K^{-2}. \tag{2.9}$$

Lemme 2.15 *Soit F_K une bijection de $(\mathcal{Q}_1)^2$ qui envoie le carré de référence $\hat{K}$ sur un quadrilatère convexe K. Alors la matrice jacobienne DF_K de F_K et la matrice jacobienne DF_K^{-1} de F_K^{-1} satisfont les bornes suivantes:*

$$\|DF_K\|_{L^\infty(\hat{K})} \le c\, h_K, \qquad \|DF_K^{-1}\|_{L^\infty(K)} \le c\, h_K\, \rho_K^{-2}. \tag{2.10}$$

Pour conclure, on va effectuer la même transformation de normes que celle indiquée sur les d-simplexes, là encore sans donner de démonstration explicite (voir [62, Chap. 1, §A.2]). Le domaine $\hat{K}$ étant le produit de deux intervalles, on utilise ici la semi-norme $[\cdot]_{W^{m,p}(\hat{K})}$ introduite en (I.2.8).

Lemme 2.16 *Soit F_K une bijection de $(\mathcal{Q}_1)^2$ qui envoie le carré de référence $\hat{K}$ sur un quadrilatère convexe K. Pour tout nombre p, $1 \le p \le +\infty$, et tout entier positif m, une fonction v appartient à $W^{m,p}(K)$ si et seulement si la fonction $\hat{v} = v \circ F_K$ appartient à $W^{m,p}(\hat{K})$. En outre, il existe une constante $\hat{c}$ telle que l'on ait les estimations suivantes, pour $m = 0$,*

$$\begin{aligned} &\forall v \in L^p(K), \quad \|\hat{v}\|_{L^p(\hat{K})} \le \hat{c}\, \rho_K^{-\frac{2}{p}}\, \|v\|_{L^p(K)}, \\ &\qquad \forall \hat{v} \in L^p(\hat{K}), \quad \|v\|_{L^p(K)} \le \hat{c}\, h_K^{\frac{2}{p}}\, \|\hat{v}\|_{L^p(\hat{K})}, \end{aligned} \tag{2.11}$$

et, pour $m \geq 1$,

$$\begin{aligned} &\forall v \in W^{m,p}(K), \quad [\hat{v}]_{W^{m,p}(\hat{K})} \leq \hat{c}\, h_K^m\, \rho_K^{-\frac{2}{p}}\, |v|_{W^{m,p}(K)}, \\ &\qquad \forall \hat{v} \in W^{m,p}(\hat{K}), \quad |v|_{W^{m,p}(K)} \leq \hat{c}\, \rho_K^{2-4m}\, h_K^{3m-2+\frac{2}{p}} \sum_{k=1}^{m} |\hat{v}|_{W^{k,p}(\hat{K})}. \end{aligned} \tag{2.12}$$

VII.3 Éléments finis

Après avoir précisé quelques définitions de base, nous présentons plusieurs exemples d'éléments finis de types très variés.

DÉFINITIONS DE BASE

Définition 3.1 Soit d et m des entiers positifs. Un élément fini est un triplet (K, P_K, Σ_K), où
(i) K est un fermé borné de $\mathbb{R}^d$ d'intérieur non vide,
(ii) P_K est un sous-espace de dimension finie de $\mathscr{D}(K)^m$,
(iii) Σ_K est un ensemble de n formes linéaires continues $\sigma_1, \dots$ et σ_n sur $\mathscr{D}(K)^m$ qui est P_K-unisolvant, au sens suivant: pour tout n-uplet $(c_1, \dots, c_n)$ de $\mathbb{R}^n$, il existe une unique fonction p de P_K telle que

$$\sigma_i(p) = c_i, \quad 1 \leq i \leq n. \tag{3.1}$$

On note que, si Σ_K est P_K-unisolvant au sens précédent, les σ_i, $1 \leq i \leq n$, sont linéairement indépendantes sur P_K. Une condition nécessaire pour que Σ_K soit P_K-unisolvant est que $\dim P_K = \operatorname{card} \Sigma_K = n$. En outre, on a la propriété suivante.

Lemme 3.2 *Avec les notations de la Définition* 3.1, *l'ensemble* Σ_K *est* P_K*-unisolvant si et seulement s'il existe un unique* n*-uplet de fonctions* $\varphi_1, \dots$ *et* φ_n *de* P_K *telles que*

$$\sigma_i(\varphi_j) = \delta_{ij}, \qquad 1 \leq i, j \leq n, \tag{3.2}$$

où $\delta_{..}$ *désigne le symbole de Kronecker.*

Démonstration: L'existence et l'unicité des fonctions φ_j est une conséquence immédiate de la propriété d'unisolvance introduite dans la Définition 3.1. Réciproquement, s'il existe des fonctions φ_j vérifiant (3.2), pour tout $(c_1, \dots, c_n)$ de $\mathbb{R}^n$, la fonction $p = \sum_{j=1}^n c_j\, \varphi_j$, vérifie (3.1). D'autre part, s'il existe une fonction q de P_K non nulle tel que $\sigma_i(q) = 0$, $1 \leq i \leq n$, le n-uplet des $\varphi_j + q$, $1 \leq j \leq n$, vérifie également (3.2), ce qui est en contradiction avec l'unicité des φ_j. On en déduit l'unicité de p.

Les fonctions φ_j, $1 \leq j \leq n$, introduites dans le Lemme 3.2 forment une base de P_K: en effet, toute fonction p de P_K s'écrit de façon unique

$$p = \sum_{j=1}^{n} \sigma_j(p)\, \varphi_j.$$

Pour les raisons indiquées précédemment, les fonctions φ_j sont appelées *fonctions de base* de l'élément fini (K, P_K, Σ_K).

Remarque 3.3 Une autre définition d'un élément fini (K, P_K, Σ_K) consiste à introduire Σ_K comme un sous-espace de dimension finie du dual de $\mathscr{D}(K)^m$. On utilise dans cet ouvrage la Définition 3.1 mais, par abus de langage, on dira que deux éléments finis (K, P_K, Σ_K) et (K, P_K, Σ'_K) sont égaux si Σ_K et Σ'_K engendrent le même sous-espace du dual de $\mathscr{D}(K)^m$.

ÉLÉMENTS FINIS d-SIMPLICIAUX DE BASE

La définition suivante fait appel aux coordonnées barycentriques λ_j introduites en Section 2.

Définition 3.4 Pour tout entier $k \geq 0$, on appelle *treillis principal* d'ordre k d'un d-simplexe K, et on note $T_k(K)$, l'ensemble des points de $\mathbb{R}^d$ ainsi défini

$$\begin{aligned} T_0(K) &= \{\boldsymbol{x} \in \mathbb{R}^d;\ \lambda_j(\boldsymbol{x}) = \frac{1}{d+1},\quad 1 \leq j \leq d+1\}, \\ T_k(K) &= \{\boldsymbol{x} \in \mathbb{R}^d;\ \lambda_j(\boldsymbol{x}) \in \{0, \frac{1}{k}, \dots, \frac{k-1}{k}, 1\},\ 1 \leq j \leq d+1\}, \qquad k \geq 1. \end{aligned} \tag{3.3}$$

On note que $T_0(K)$ se réduit à un seul point, appelé *barycentre* du d-simplexe, et que $T_1(K)$ est l'ensemble des sommets du d-simplexe. Les treillis principaux d'ordre 1 et 2 sont représentés sur la Figure 3.1. Plus généralement, le cardinal de $T_k(K)$ est égal à $\frac{(k+d)!}{k!\,d!}$.

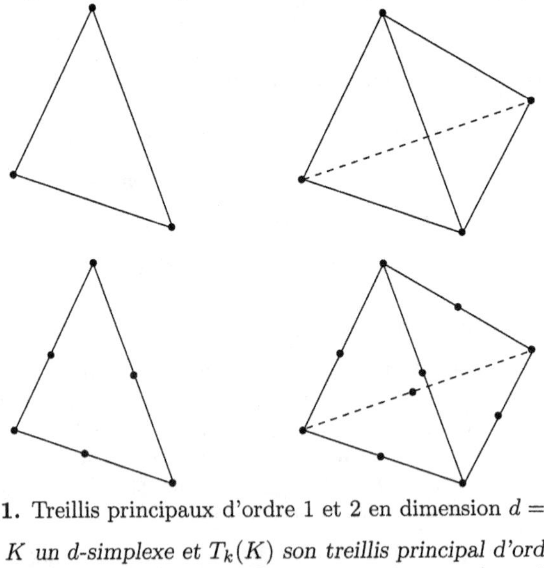

Figure 3.1. Treillis principaux d'ordre 1 et 2 en dimension $d = 2$ et $d = 3$

Lemme 3.5 *Soit K un d-simplexe et $T_k(K)$ son treillis principal d'ordre k, $k \geq 0$. Alors un polynôme de $\mathcal{P}_k(K)$ est uniquement défini par ses valeurs en les points de $T_k(K)$.*

Démonstration: La dimension de $\mathcal{P}_k(K)$ (voir (1.1)) coïncidant avec le cardinal de $T_k(K)$, il suffit de vérifier que tout polynôme de $\mathcal{P}_k(K)$, $k \geq 0$, s'annulant aux points de $T_k(K)$, est égal à zéro. La démonstration s'effectue par récurrence sur d.

1) En dimension $d = 1$, un polynôme de $\mathcal{P}_k(K)$ s'annulant aux $k+1$ points de $T_k(K)$, c'est-à-dire tels que $\lambda_1(x) = 0$, $\lambda_1(x) = \frac{1}{k}$, ..., $\lambda_1(x) = 1$, est divisible par le polynôme $\lambda_1(x)\,(\lambda_1(x) - \frac{1}{k})\cdots(\lambda_1(x) - 1)$ qui est de degré $k+1$. Par conséquent, il est nul.
2) On suppose la propriété vraie en dimension $d-1$. Soit p un polynôme de $\mathcal{P}_k(K)$ s'annulant sur le treillis principal $T_k(K)$ du d-simplexe K. La restriction de p à la $d-1$-face f d'équation $\lambda_1(\boldsymbol{x}) = 0$ s'annule sur le treillis principal d'ordre k associé à f, il est donc nul sur f d'après l'hypothèse de récurrence. Donc il existe un polynôme p_1 de $\mathcal{P}_{k-1}(K)$ tel que $p(\boldsymbol{x})$ soit égal à $\lambda_1(\boldsymbol{x})\,p_1(\boldsymbol{x})$. La restriction de p, donc de p_1, à la $d-1$-face f_1 d'équation $\lambda_1(\boldsymbol{x}) = \frac{1}{k}$ s'annule sur le treillis principal d'ordre $k-1$ associé à f_1, donc d'après l'hypothèse de récurrence p_1 est nul sur f_1. Il existe alors un polynôme p_2 de $\mathcal{P}_{k-2}(K)$ tel que $p_1(\boldsymbol{x})$ soit égal à $(\lambda_1(\boldsymbol{x}) - \frac{1}{k})\,p_2(\boldsymbol{x})$. Par conséquent, $p(\boldsymbol{x})$ est égal à $\lambda_1(\boldsymbol{x})\,(\lambda_1(\boldsymbol{x}) - \frac{1}{k})\,p_2(\boldsymbol{x})$. En itérant k fois cet argument, on prouve que p est divisible par $\lambda_1(\boldsymbol{x})\,(\lambda_1(\boldsymbol{x}) - \frac{1}{k})\cdots(\lambda_1(\boldsymbol{x}) - 1)$, dont le degré total est $k+1$. Donc, p est nul, ce qui conclut la démonstration.

Définition 3.6 Pour tout entier k positif ou nul, l'élément fini d-simplicial d'ordre k est le triplet (K, P_K, Σ_K) où
(i) K est un d-simplexe,
(ii) P_K est l'espace $\mathcal{P}_k(K)$,
(iii) Σ_K est l'ensemble des formes linéaires σ_i, $1 \le i \le \frac{(k+d)!}{k!d!}$, définies par

$$\sigma_i(p) = p(\boldsymbol{a}_i), \quad \boldsymbol{a}_i \in T_k(K). \tag{3.4}$$

Une conséquence du Lemme 3.5 est que l'espace Σ_K défini précédemment est $\mathcal{P}_k(K)$-unisolvant. Le triplet (K, P_K, Σ_K) est donc bien un élément fini.

Exemple 1: Élément fini d-simplicial d'ordre 0
La dimension de l'espace $\mathcal{P}_0(K)$ est égale à 1, indépendamment de d. Le seul point de $T_0(K)$ est le barycentre $\boldsymbol{a}_1$ de K et la fonction de base correspondante est

$$\varphi_1 = 1. \tag{3.5}$$

Exemple 2: Élément fini d-simplicial d'ordre 1
La dimension de l'espace $\mathcal{P}_1(K)$ est égale à $d+1$ et le treillis $T_1(K)$ est formé des sommets $\boldsymbol{a}_i$, $1 \le i \le d+1$, de K. Les fonctions de base correspondantes sont données par

$$\varphi_i = \lambda_i, \quad 1 \le i \le d+1. \tag{3.6}$$

Exemple 3: Élément fini d-simplicial d'ordre 2
La dimension de l'espace $\mathcal{P}_2(K)$ est égale à $\frac{(d+1)(d+2)}{2}$. Le treillis $T_2(K)$ est formé des sommets $\boldsymbol{a}_i$, $1 \le i \le d+1$, de K et des milieux de côtés. On désigne habituellement par $\boldsymbol{a}_{ij}$, $1 \le i < j \le d+1$, le milieu du côté d'extrémités $\boldsymbol{a}_i$ et $\boldsymbol{a}_j$. Avec une notation évidente, les fonctions de base correspondantes sont données par

$$\varphi_i = \lambda_i(2\lambda_i - 1), \quad 1 \le i \le d+1, \qquad \text{et} \qquad \varphi_{ij} = 4\lambda_i\lambda_j, \quad 1 \le i < j \le d+1. \tag{3.7}$$

On note également que les ensembles $T_k(K)$ ne contiennent pas de points intérieurs à K pour $k \leq d$, mais qu'il en contiennent pour $k \geq d+1$. Par exemple, l'ensemble $T_3(K)$ en dimension $d=2$ et l'ensemble $T_4(K)$ en dimension $d=3$ contiennent chacun un point interne à K.

On appelle généralement élément fini de Lagrange un élément fini (K, P_K, Σ_K) tel que toutes les formes linéaires de Σ_K consistent en des valeurs en des points de K. Les éléments finis d-simpliciaux de tous ordres sont donc des éléments finis de Lagrange, mais ce ne sont pas les seuls.

AUTRES EXEMPLES D'ÉLÉMENTS FINIS d-SIMPLICIAUX

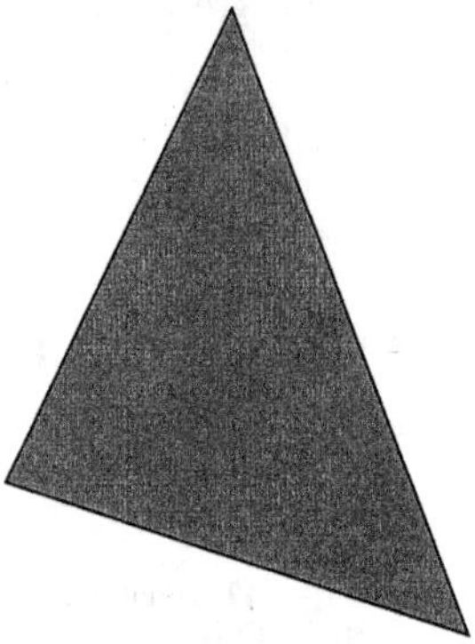

Figure 3.2. Élément fini d'ordre 0 intégral en dimension $d=2$

Définition 3.7 L'élément fini d-simplicial d'ordre 0 intégral est le triplet (K, P_K, Σ_K) où
(i) K est un d-simplexe,
(ii) P_K est l'espace $\mathcal{P}_0(K)$,
(iii) Σ_K est l'ensemble formé par la forme linéaire σ définie par

$$\sigma(p) = \frac{1}{\text{mes}(K)} \int_K p(\boldsymbol{x}) \, d\boldsymbol{x}. \tag{3.8}$$

La $\mathcal{P}_0(K)$-unisolvance de Σ_K est évidente et la fonction de base associée à σ coïncide avec la fonction de base φ_1 définie en (3.5). Cet élément est bien sûr très proche de l'élément d-simplicial d'ordre 0, mais il ne lui est pas égal au sens de la Remarque 3.3 et ce n'est pas un élément fini de Lagrange.

Par contre, l'élément qui suit est un élément fini de Lagrange. L'idée est ici que, pour les éléments finis d-simpliciaux de Lagrange d'ordre $d+1$, le treillis $T_{d+1}(K)$ contient un unique point interne à K, qui est le barycentre de K, et qu'on désire le supprimer. Le nom de cet élément, "Serendipity" (ce qui signifie en Inde "trouver un trésor"), introduit dans [111], vient du fait que le choix de l'espace P_K dans cet élément mène à des propriétés d'approximation inattendues.

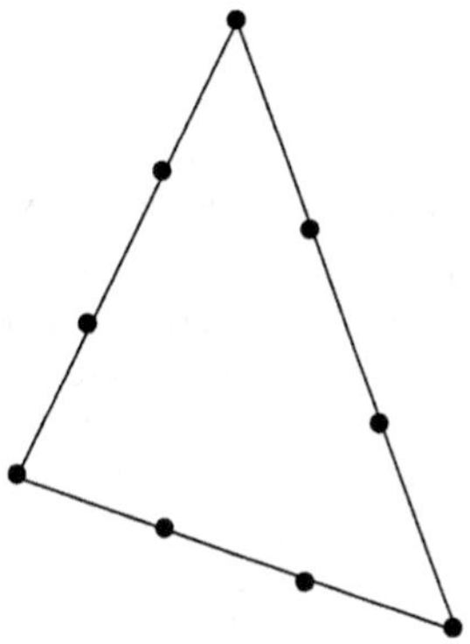

Figure 3.3. Élément fini de Serendipity en dimension $d = 2$

Lemme 3.8 *Soit K un triangle de sommets $\boldsymbol{a}_i$, $1 \leq i \leq 3$. Un polynôme p de $\mathcal{P}_3(K)$ vérifiant*

$$12\, p(\boldsymbol{a}_{123}) + 2 \sum_{i=1}^{3} p(\boldsymbol{a}_i) - 3 \sum_{1 \leq i \neq j \leq 3} p(\boldsymbol{a}_{iij}) = 0, \tag{3.9}$$

où $\boldsymbol{a}_{123}$ désigne le barycentre de K et chaque $\boldsymbol{a}_{iij}$ le point situé sur le côté d'extrémités $\boldsymbol{a}_i$ et $\boldsymbol{a}_j$, de coordonnées barycentriques $\lambda_i = \frac{2}{3}$ et $\lambda_j = \frac{1}{3}$, est uniquement défini par les valeurs suivantes

$$p(\boldsymbol{a}), \quad \boldsymbol{a} \in T_3(K) \cap \partial K. \tag{3.10}$$

Démonstration: Pour les mêmes raisons que dans la démonstration du Lemme 3.5, il suffit de vérifier qu'un polynôme p de $\mathcal{P}_3(K)$ satisfaisant (3.9) et tel que les $p(\boldsymbol{a})$ soient nuls pour tous les $\boldsymbol{a}$ de $T_3(K) \cap \partial K$, est identiquement nul. On vérifie facilement que, sur tout côté de K d'extrémités $\boldsymbol{a}_i$ et $\boldsymbol{a}_j$, un tel p s'annule en $\boldsymbol{a}_{iij}$, donc il découle de la propriété (3.9) que $p(\boldsymbol{a}_{123})$ est nul. Comme p est un polynôme de $\mathcal{P}_3(K)$ s'annulant en tous les points de $T_3(K)$, il est nul d'après le Lemme 3.5, ce qui termine la démonstration.

Bien sûr, la propriété d'unisolvance du Lemme 3.8 reste vraie lorsque la condition (3.9) est remplacée par le fait que $p(\boldsymbol{a}_{123})$ est égal à n'importe quelle combinaison linéaire des $p(\boldsymbol{a}_i)$ et des $p(\boldsymbol{a}_{iij})$. Mais alors le trésor nous échapperait.

Définition 3.9 L'élément fini triangulaire de Serendipity est le triplet (K, P_K, Σ_K) où
(i) K est un triangle,
(ii) P_K est l'espace des polynômes p de $\mathcal{P}_3(K)$ vérifiant (3.9),
(iii) Σ_K est l'ensemble des formes linéaires σ définies par

$$\sigma(p) = p(\boldsymbol{a}), \quad \boldsymbol{a} \in T_3(K) \cap \partial K. \tag{3.11}$$

D'après le Lemme 3.8, l'ensemble Σ_K est P_K-unisolvant. Le choix des coefficients dans la combinaison linéaire (3.9) permet d'acquérir le trésor, qui résulte en fait du lemme suivant.

Lemme 3.10 *Pour tout triangle K, l'espace $\mathcal{P}_2(K)$ est inclus dans l'espace des polynômes p de $\mathcal{P}_3(K)$ vérifiant* (3.9).

Démonstration: Les fonctions λ_i, $1 \leq i \leq 3$, et $\lambda_i\lambda_j$, $1 \leq i < j \leq 3$, forment une base de $\mathcal{P}_2(K)$ et on peut constater que chacune d'entre elles vérifie (3.9), d'où le résultat.

On appelle généralement élément fini d'Hermite un triplet (K, P_K, Σ_K) tel que toutes les formes linéaires de Σ_K appliquées à une fonction p de P_K consistent en des valeurs en des points de K de la fonction p et également de ses dérivées partielles (dans la Figure 3.4 et les suivantes, les dérivées premières dans toutes les directions sont notées par un cercle, les dérivées secondes par deux cercles ...). On en donne ici l'exemple de base.

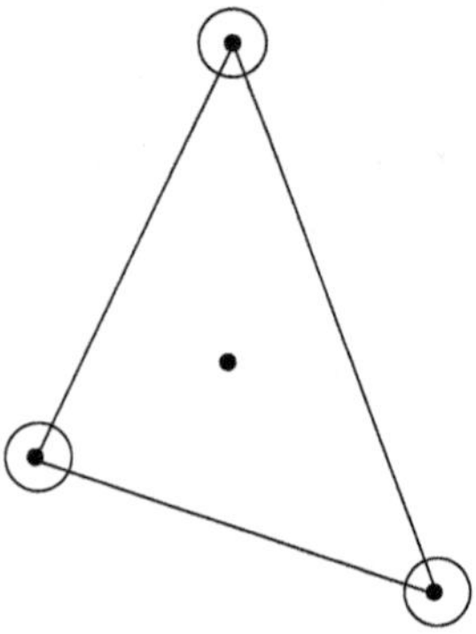

Figure 3.4. Élément fini d'Hermite d'ordre 3 en dimension $d = 2$

Lemme 3.11 *Soit K un triangle de sommets $\boldsymbol{a}_i$, $1 \leq i \leq 3$. Un polynôme p de $\mathcal{P}_3(K)$ est uniquement défini par les valeurs suivantes*

$$p(\boldsymbol{a}_i), \quad 1 \leq i \leq 3, \qquad \frac{\partial p}{\partial x_\ell}(\boldsymbol{a}_i), \quad 1 \leq i \leq 3, \quad \ell = 1, 2, \qquad p(\boldsymbol{a}_{123}), \tag{3.12}$$

où $\boldsymbol{a}_{123}$ désigne le barycentre de K.

Démonstration: Comme la dimension de $\mathcal{P}_3(K)$ est égal au nombre de formes linéaires dans (3.12), il suffit de prouver que un polynôme p de $\mathcal{P}_3(K)$ vérifiant

$$p(\boldsymbol{a}_i) = \frac{\partial p}{\partial x_\ell}(\boldsymbol{a}_i) = p(\boldsymbol{a}_{123}) = 0 \quad 1 \leq i \leq 3, \quad \ell = 1, 2,$$

est identiquement nul. Pour tout vecteur $\boldsymbol{s} = (s_1, s_2)$, on voit que

$$\frac{\partial p}{\partial s}(\boldsymbol{a}_i) = \frac{\partial p}{\partial x_1}(\boldsymbol{a}_i)\, s_1 + \frac{\partial p}{\partial x_2}(\boldsymbol{a}_i)\, s_2 = 0, \quad 1 \leq i \leq 3,$$

où $\frac{\partial p}{\partial s}$ désigne la dérivée dans la direction $\boldsymbol{s}$. En particulier, le polynôme p restreint par exemple au côté e d'extrémités $\boldsymbol{a}_2$ et $\boldsymbol{a}_3$, appartient à $\mathcal{P}_3(e)$ et s'annule en $\boldsymbol{a}_2$ et $\boldsymbol{a}_3$, ainsi que sa dérivée tangentielle (ceci se montre en prenant $\boldsymbol{s}$ égal à un vecteur tangent à e). On en déduit que p est nul sur e. En appliquant le même raisonnement sur les côtés d'extrémités $\boldsymbol{a}_1$ et $\boldsymbol{a}_2$ et d'extrémités $\boldsymbol{a}_1$ et $\boldsymbol{a}_3$, on prouve que p s'écrit sous la forme

$$p(\boldsymbol{x}) = c\,\lambda_1(\boldsymbol{x})\lambda_2(\boldsymbol{x})\lambda_3(\boldsymbol{x}),$$

pour une constante c à déterminer. Finalement le fait que $p(\boldsymbol{a}_{123}) = 0$ entraîne que p est nul.

Définition 3.12 En dimension $d = 2$, l'élément fini triangulaire de Hermite d'ordre 3 est le triplet (K, P_K, Σ_K) où
(i) K est un triangle,
(ii) P_K est l'espace $\mathcal{P}_3(K)$,
(iii) Σ_K est l'ensemble des formes linéaires σ_i, $1 \leq i \leq 3$, $\sigma_{i\ell}$, $1 \leq i \leq 3$, $\ell = 1$ et 2, et σ_{123} définies par

$$\sigma_i(p) = p(\boldsymbol{a}_i), \quad \sigma_{i\ell}(p) = \frac{\partial p}{\partial x_\ell}(\boldsymbol{a}_i), \quad \sigma_{123}(p) = p(\boldsymbol{a}_{123}). \tag{3.13}$$

Le Lemme 3.11 indique que cet ensemble Σ_K est $\mathcal{P}_3(K)$-unisolvant.

Remarque 3.13 On considère l'élément fini (K, P_K, Σ'_K) défini comme suit:
(i) K est un triangle,
(ii) P_K est l'espace $\mathcal{P}_3(K)$,
(iii) Σ_K est l'ensemble des formes linéaires σ_i, $1 \leq i \leq 3$, σ_{ij}, $1 \leq i \neq j \leq 3$, et σ_{123} définies par

$$\sigma_i(p) = p(\boldsymbol{a}_i), \quad \sigma_{ij}(p) = \frac{\partial p}{\partial \tau_{ij}}(\boldsymbol{a}_i), \quad \sigma_{123}(p) = p(\boldsymbol{a}_{123}), \tag{3.14}$$

où $\boldsymbol{\tau}_{ij}$ désigne un des vecteurs unitaires tangents au côté d'extrémités $\boldsymbol{a}_i$ et $\boldsymbol{a}_j$.
Il ressort de la démonstration du Lemme 3.11 que l'ensemble Σ'_K est également $\mathcal{P}_3(K)$-unisolvant. En outre, ce dernier élément est égal à l'élément (K, P_K, Σ_K) de la Définition 3.12, au sens de la Remarque 3.3.

Dans les figures qui suivent, la valeur normale en un point est notée par une flèche.

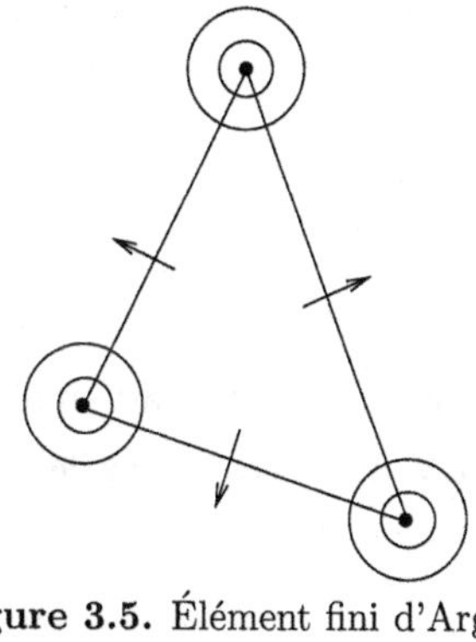

Figure 3.5. Élément fini d'Argyris

Lemme 3.14 *Soit K un triangle de sommets $\boldsymbol{a}_i$, $1 \leq i \leq 3$. Un polynôme p de $\mathcal{P}_5(K)$ est uniquement défini par les valeurs suivantes:*

$$\partial^\alpha p(\boldsymbol{a}_i), \quad 1 \leq i \leq 3, \quad 0 \leq |\alpha| \leq 2, \qquad \frac{\partial p}{\partial n}(\boldsymbol{a}_{ij}), \quad 1 \leq i < j \leq 3, \tag{3.15}$$

où chaque $\boldsymbol{a}_{ij}$ désigne le milieu du côté d'extrémités $\boldsymbol{a}_i$ et $\boldsymbol{a}_j$.

Démonstration: Comme la dimension de $\mathcal{P}_5(K)$ est égale au nombre de formes linéaires dans (3.15), on considère un polynôme p tel que

$$\partial^\alpha p(\boldsymbol{a}_i) = 0, \quad 1 \leq i \leq 3, \quad 0 \leq |\alpha| \leq 2, \qquad \frac{\partial p}{\partial n}(\boldsymbol{a}_{ij}) = 0, \quad 1 \leq i < j \leq 3. \tag{3.16}$$

Soit $\boldsymbol{\tau}$ le vecteur tangent à n'importe quel côté d'extrémités $\boldsymbol{a}_i$ et $\boldsymbol{a}_j$. Les conditions de gauche dans la ligne précédente entraînent que p, $\frac{\partial p}{\partial \tau}$ et $\frac{\partial^2 p}{\partial \tau^2}$ s'annulent en $\boldsymbol{a}_i$ et $\boldsymbol{a}_j$, donc que p est nul sur ce côté. De façon analogue, on voit que $\frac{\partial p}{\partial n}$ est un polynôme de degré ≤ 4 sur le côté d'extrémités $\boldsymbol{a}_i$ et $\boldsymbol{a}_j$, qu'il s'annule en $\boldsymbol{a}_i$ et $\boldsymbol{a}_j$ ainsi que sa dérivée tangentielle et qu'il s'annule aussi en $\boldsymbol{a}_{ij}$ d'après les conditions de droite; donc il est identiquement nul sur ce côté. On en déduit alors facilement que p est divisible par λ_k^2, pour k différent de i et de j. Comme p est un polynôme de degré ≤ 5 et qu'il est divisible par $\lambda_1^2\lambda_2^2\lambda_3^2$, il est nul.

Définition 3.15 En dimension $d = 2$, l'élément fini d'Argyris est le triplet (K, P_K, Σ_K) où
(i) K est un triangle,
(ii) P_K est l'espace $\mathcal{P}_5(K)$,
(iii) Σ_K est l'ensemble des formes linéaires $\sigma_{i\alpha}$, $1 \leq i \leq 3$, $0 \leq |\alpha| \leq 2$, et σ_{ij}, $1 \leq i < j \leq 3$, définies par

$$\sigma_{i\alpha}(p) = \partial^\alpha p(\boldsymbol{a}_i), \qquad \sigma_{ij}(p) = \frac{\partial p}{\partial n}(\boldsymbol{a}_{ij}). \tag{3.17}$$

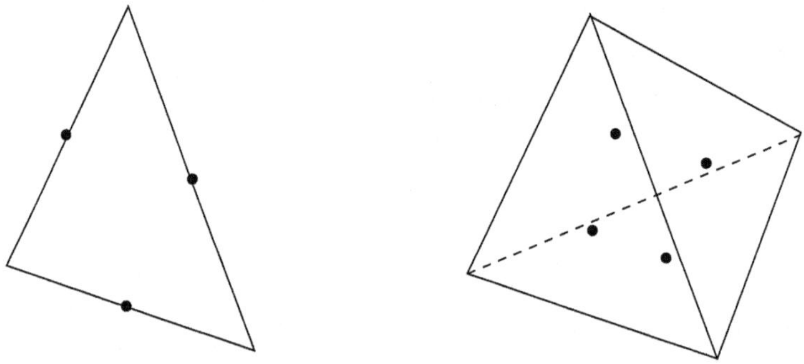

Figure 3.6. Élément fini de Crouzeix–Raviart en dimension $d = 2$ et $d = 3$

Définition 3.16 En dimension $d = 2$, l'élément fini de Crouzeix–Raviart est le triplet (K, P_K, Σ_K) où
(i) K est un triangle,
(ii) P_K est l'espace $\mathcal{P}_1(K)$,
(iii) Σ_K est l'ensemble des formes linéaires σ_{ij}, $1 \leq i < j \leq 3$, définies par

$$\sigma_{ij}(p) = p(\boldsymbol{a}_{ij}), \tag{3.18}$$

où $\boldsymbol{a}_{ij}$ désigne le milieu du côté d'extrémités $\boldsymbol{a}_i$ et $\boldsymbol{a}_j$.

Définition 3.17 En dimension $d = 3$, l'élément fini de Crouzeix–Raviart est le triplet (K, P_K, Σ_K) où

(i) K est un tétraèdre,
(ii) P_K est l'espace $\mathcal{P}_1(K)$,
(iii) Σ_K est l'ensemble des formes linéaires σ_{ijk}, $1 \leq i < j < k \leq 4$, définies par

$$\sigma_{ijk}(p) = p(\boldsymbol{a}_{ijk}), \tag{3.19}$$

où $\boldsymbol{a}_{ijk}$ désigne le barycentre de la face de sommets $\boldsymbol{a}_i$, $\boldsymbol{a}_j$ et $\boldsymbol{a}_k$.

La $\mathcal{P}_1(K)$-unisolvance des ensembles Σ_K introduits dans les Définitions 3.16 et 3.17 découle du Lemme 3.2, car les fonctions de base φ_{ij}, respectivement φ_{ijk}, associées à chaque forme σ_{ij}, respectivement σ_{ijk}, sont égales à $1 - d\,\lambda_\ell$, où $\boldsymbol{a}_\ell$ est le sommet n'appartenant au côté d'extrémités $\boldsymbol{a}_i$ et $\boldsymbol{a}_j$, respectivement à la face de sommets $\boldsymbol{a}_i$, $\boldsymbol{a}_j$ et $\boldsymbol{a}_k$. Plus précisément, ces fonctions s'écrivent, en dimension $d = 2$,

$$\varphi_{12} = 1 - 2\,\lambda_3, \qquad \varphi_{23} = 1 - 2\,\lambda_1, \qquad \varphi_{13} = 1 - 2\,\lambda_2,$$

et, en dimension $d = 3$,

$$\varphi_{123} = 1 - 3\,\lambda_4, \qquad \varphi_{234} = 1 - 3\,\lambda_1, \qquad \varphi_{124} = 1 - 3\,\lambda_3, \qquad \varphi_{134} = 1 - 3\,\lambda_2.$$

Et, bien sûr, l'élément de Crouzeix–Raviart, introduit dans [49], est encore un élément fini de Lagrange.

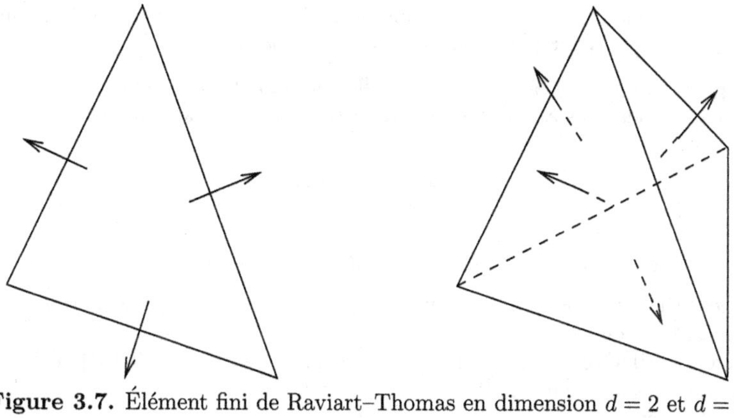

Figure 3.7. Élément fini de Raviart–Thomas en dimension $d = 2$ et $d = 3$

On peut noter que, dans tous les exemples précédents, l'entier m figurant dans la Définition 3.1 est égal à 1. Nous concluons par un exemple d'élément fini vectoriel où m est égal à d, dû à [96].

Définition 3.18 En dimension $d = 2$ et 3, l'élément fini de Raviart–Thomas est le triplet (K, P_K, Σ_K) où
(i) K est un d-simplexe,
(ii) P_K est l'espace

$$P_K = \{\boldsymbol{p}(\boldsymbol{x}) = \boldsymbol{\alpha} + \beta\,\boldsymbol{x};\ \boldsymbol{\alpha} \in \mathcal{P}_0(K)^d,\ \beta \in \mathcal{P}_0(K)\}, \tag{3.20}$$

où $\boldsymbol{x}$ désigne le vecteur $(x_1, \cdots, x_d)$,
(iii) Σ_K est l'ensemble des formes linéaires σ_e définies par

$$\sigma_e(\boldsymbol{p}) = \int_e \boldsymbol{p} \cdot \boldsymbol{n} \, d\tau, \tag{3.21}$$

où e décrit l'ensemble des côtés de K en dimension $d = 2$, des faces de K en dimension $d = 3$.

Lemme 3.19 *Soit K un d-simplexe, $d = 2$ ou 3. Un polynôme p de l'espace P_K défini en (3.20) est uniquement défini par les intégrales $\int_e \boldsymbol{p} \cdot \boldsymbol{n} \, d\tau$, lorsque e décrit l'ensemble des côtés de K en dimension $d = 2$, des faces de K en dimension $d = 3$.*

Démonstration: Comme la dimension de P_K et le nombre de formes linéaires dans Σ_K sont tous deux égaux à $d+1$, il suffit de vérifier qu'un polynôme de P_K tel que tous les $\int_e \boldsymbol{p} \cdot \boldsymbol{n} \, d\tau$ soient égaux à zéro, est nul. Soit $\boldsymbol{p}$ un polynôme de P_K tel que toutes ces intégrales soient nulles. On écrit: $\boldsymbol{p}(\boldsymbol{x}) = \boldsymbol{\alpha} + \beta \, \boldsymbol{x}$. Par la formule de Green (I.3.7), on a

$$\int_K \operatorname{div} \boldsymbol{p} \, d\boldsymbol{x} = \sum_{i=1}^{d} \int_K (\frac{\partial p}{\partial x_i})(\boldsymbol{x}) \, d\boldsymbol{x} = \int_{\partial K} \boldsymbol{p} \cdot \boldsymbol{n} \, d\tau = 0.$$

Comme la fonction $\operatorname{div} \boldsymbol{p}$ est constante, égale à $d\,\beta$, on en déduit que β est égal à zéro. Il en découle que $\boldsymbol{p} \cdot \boldsymbol{n}$ est constant sur chaque côté ou face de K, donc la nullité des intégrales implique $\boldsymbol{\alpha} \cdot \boldsymbol{n}$ est nul pour tous les vecteurs $\boldsymbol{n}$ normaux à ces côtés ou à ces faces. Comme n'importe quel sous-ensemble formé par d de ces vecteurs forme une base de $\mathbb{R}^d$, on obtient que $\boldsymbol{\alpha}$ est nul, d'où le résultat cherché.

Le triplet (K, P_K, Σ_K) est donc bien un élément fini. De plus, si $\boldsymbol{a}$ désigne le sommet de K qui n'appartient pas à e, la fonction de base φ_e associée à σ_e s'écrit

$$\varphi_e(\boldsymbol{x}) = \frac{\boldsymbol{x} - \boldsymbol{a}}{d \operatorname{mes}(K)}. \tag{3.22}$$

Exemples d'éléments finis quadrilatéraux

Tous les éléments finis que l'on considère par la suite sur les quadrilatères sont de la forme (K, P_K, Σ_K), où
(i) K est un quadrilatère convexe, image du carré de référence $\hat{K} = [0,1]^2$ par l'application F_K introduite dans le Lemme 2.12,
(ii) P_K est l'espace

$$P_K = \{\hat{p} \circ F_K^{-1};\, \hat{p} \in \hat{P}\}, \tag{3.23}$$

(iii) Σ_K est l'ensemble des formes linéaires σ définies par

$$\sigma(p) = \hat{\sigma}(\hat{p}) = \hat{\sigma}(p \circ F_K), \tag{3.24}$$

où $\hat{\sigma}$ décrit un ensemble $\hat{\Sigma}$ de formes linéaires continues sur $\mathscr{D}(\hat{K})^m$.
Il est en effet évident que, si $(\hat{K}, \hat{P}, \hat{\Sigma})$ est un élément fini au sens de la Définition 3.1, il en est de même pour (K, P_K, Σ_K). On dit alors que (K, P_K, Σ_K) est *biaffine–équivalent* à $(\hat{K}, \hat{P}, \hat{\Sigma})$.

Définition 3.20 Pour tout entier $k \geq 0$, on appelle *réseau orthogonal* d'ordre k sur $\hat{K}$, et on note $\hat{R}_k$, l'ensemble des points de $\mathbb{R}^2$ ainsi défini

$$\begin{aligned} \hat{R}_0 &= \{\hat{\boldsymbol{x}} = (\hat{x}_1, \hat{x}_2) \in \mathbb{R}^2;\ \hat{x}_1 = \hat{x}_2 = \frac{1}{2}\}, \\ \hat{R}_k &= \{\hat{\boldsymbol{x}} = (\hat{x}_1, \hat{x}_2) \in \mathbb{R}^2;\ (\hat{x}_1, \hat{x}_2) \in \{0, \frac{1}{k}, \dots, \frac{k-1}{k}, 1\}^2\}, \qquad k \geq 1. \end{aligned} \tag{3.25}$$

On note que $\hat{R}_0$ se réduit à un seul point, qui est encore le barycentre de $\hat{K}$, et que $\hat{R}_1$ est l'ensemble des quatre sommets de $\hat{K}$.

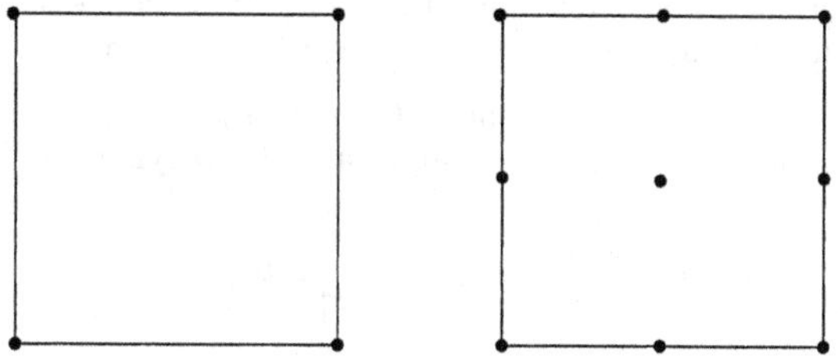

Figure 3.8. Réseaux orthogonaux d'ordre 1 et 2

Lemme 3.21 *Soit $\hat{K}$ le carré de référence, et $\hat{R}_k$ son réseau orthogonal d'ordre k, $k \geq 0$. Alors un polynôme de $\mathcal{Q}_k(\hat{K})$ est uniquement défini par ses valeurs en les points de $\hat{R}_k$.*

Démonstration: La dimension (1.2) de $\mathcal{Q}_k(\hat{K})$ étant égale au nombre de points dans $\hat{R}_k$, il suffit de vérifier qu'un polynôme de $\mathcal{Q}_k(\hat{K})$ s'annulant en ces points est nul. Soit p un tel polynôme.
1) Sur toute ligne $\hat{x}_2 = \frac{j}{k}$, $0 \leq j \leq k$, le polynôme $\hat{p}(\cdot, \frac{j}{k})$ appartient à $\mathcal{Q}_k(0,1)$ et s'annule en $k+1$ points distincts. Il est donc nul sur cette ligne.
2) Pour tout $\hat{x}_1$ fixé, le polynôme $\hat{p}(\hat{x}_1, \cdot)$ appartient à $\mathcal{Q}_k(0,1)$ et s'annule en $k+1$ points distincts. Il est donc nul en tout point $\hat{x}_1$.
Ceci termine la démonstration.

Définition 3.22 Pour tout entier k positif ou nul, l'élément fini d'ordre k de référence est le triplet $(\hat{K}, \hat{P}, \hat{\Sigma})$ où
(i) $\hat{K}$ est le carré $[0,1]^2$,
(ii) $\hat{P}$ est l'espace $\mathcal{Q}_k(\hat{K})$,
(iii) $\hat{\Sigma}$ est l'ensemble des formes linéaires $\hat{\sigma}_i$, $1 \leq i \leq (k+1)^2$, définies par

$$\hat{\sigma}_i(\hat{p}) = \hat{p}(\hat{\boldsymbol{a}}_i), \quad \hat{\boldsymbol{a}}_i \in \hat{R}_k. \tag{3.26}$$

D'après le Lemme 3.21, le triplet $(\hat{K}, \hat{P}, \hat{\Sigma})$ est bien un élément fini. De surcroît, il est de type Lagrange.

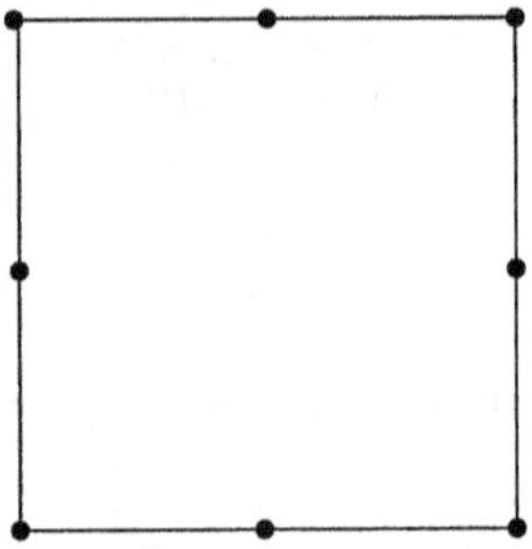

Figure 3.9. Élément fini de Serendipity

On note que les réseaux orthogonaux $\hat{R}_k$ contiennent des nœuds internes à $\hat{K}$ dès que k est ≥ 2. Par analogie avec l'élément fini d-simplicial de Serendipity d'ordre 3, on définit un élément fini quadrilatéral de Serendipity d'ordre 2. On ne donne pas la démonstration du lemme suivant qui est complètement similaire à celle du Lemme 3.8.

Lemme 3.23 *Soit $\hat{K}$ le carré de référence. On note $\hat{\boldsymbol{a}}_i$, $1 \leq i \leq 4$, ses sommets, $\hat{\boldsymbol{b}}_i$, $1 \leq i \leq 4$, les milieux de ses côtés et $\hat{\boldsymbol{c}}$ son barycentre. Un polynôme $\hat{p}$ de $\mathcal{Q}_2(\hat{K})$ vérifiant*

$$4\,\hat{p}(\hat{\boldsymbol{c}}) + \sum_{i=1}^{4} \hat{p}(\hat{\boldsymbol{a}}_i) - 2\sum_{i=1}^{4} \hat{p}(\hat{\boldsymbol{b}}_i) = 0, \tag{3.27}$$

est uniquement défini par les valeurs suivantes

$$\hat{p}(\hat{\boldsymbol{a}}_i), \quad 1 \leq i \leq 4, \qquad et \qquad \hat{p}(\hat{\boldsymbol{b}}_i), \quad 1 \leq i \leq 4. \tag{3.28}$$

Définition 3.24 L'élément fini de Serendipity de référence est le triplet $(\hat{K}, \hat{P}, \hat{\Sigma})$ où
(i) $\hat{K}$ est le carré $[0,1]^2$,
(ii) $\hat{P}$ est l'espace des polynômes $\hat{p}$ de $\mathcal{Q}_2(\hat{K})$ vérifiant (3.27),
(iii) $\hat{\Sigma}$ est l'ensemble des formes linéaires $\hat{\sigma}$ définies par

$$\hat{\sigma}(\hat{p}) = \hat{p}(\hat{\boldsymbol{a}}_i), \quad 1 \leq i \leq 4, \qquad \text{et} \qquad \hat{\sigma}(\hat{p}) = \hat{p}(\hat{\boldsymbol{b}}_i), \quad 1 \leq i \leq 4. \tag{3.29}$$

On réfère à [31], [42], [44, Chap. II] et [70] pour bien d'autres exemples d'éléments finis.

VII.4 Inégalités inverses locales

Les inégalités inverses que nous indiquons dans cette section sont l'analogue de celles figurant dans la Section II.4. Mais on s'intéresse ici à la dépendance en h_K et ρ_K, plutôt qu'au degré des polynômes. On considère principalement le cas des d-simplexes.

Proposition 4.1 *Soit p et q tels que $1 \leq p, q \leq +\infty$, et ℓ un entier positif ou nul tel que $\ell - \frac{d}{p} \geq -\frac{d}{q}$. Pour tout entier k positif ou nul, il existe une constante c ne dépendant que de k telle que l'on ait pour tout d-simplexe K*

$$\forall v \in \mathcal{P}_k(K), \qquad |v|_{W^{\ell,p}(K)} \leq c\,\rho_K^{-\ell-\frac{d}{q}}\, h_K^{\frac{d}{p}}\, \|v\|_{L^q(K)}. \tag{4.1}$$

Démonstration: Soit F_K une transformation affine injective du d-simplexe de référence $\hat{K}$ sur K. D'après le Lemme 2.10, on a pour tout v dans $\mathcal{P}_k(K)$ et en posant $\hat{v} = v \circ F_K$,

$$|v|_{W^{\ell,p}(K)} \leq c\,\rho_K^{-\ell}\,h_K^{\frac{d}{p}}\,|\hat{v}|_{W^{\ell,p}(\hat{K})}.$$

Sur l'espace $\mathcal{P}_k(\hat{K})$, toutes les normes sont équivalentes. Il existe donc une constante $\hat{c}$ ne dépendant que de k et de $\hat{K}$ telle que

$$|\hat{v}|_{W^{\ell,p}(\hat{K})} \leq \|\hat{v}\|_{W^{\ell,p}(\hat{K})} \leq \hat{c}\,\|\hat{v}\|_{L^q(\hat{K})}.$$

On utilise de nouveau le Lemme 2.10 pour obtenir

$$|v|_{W^{\ell,p}(K)} \leq c\,\rho_K^{-\ell}\,h_K^{\frac{d}{p}}\,\rho_K^{-\frac{d}{q}}\,\|v\|_{L^q(K)},$$

ce qui est le résultat désiré.

L'inégalité suivante s'obtient en appliquant le résultat précédent aux dérivées d'ordre ℓ_2 de v.

Proposition 4.2 *Soit p_1 et p_2 tels que $1 \leq p_1, p_2 \leq +\infty$, et ℓ_1 et ℓ_2 des entiers positifs ou nuls tels que $\ell_2 \leq \ell_1$ et que $\ell_1 - \frac{d}{p_1} \geq \ell_2 - \frac{d}{p_2}$. Pour tout entier k positif ou nul, il existe une constante c ne dépendant que de k telle que l'on ait pour tout d-simplexe K*

$$\forall v \in \mathcal{P}_k(K), \qquad |v|_{W^{\ell_1,p_1}(K)} \leq c\,\rho_K^{\ell_2-\ell_1-\frac{d}{p_2}}\,h_K^{\frac{d}{p_1}}\,|v|_{W^{\ell_2,p_2}(K)}. \tag{4.2}$$

Si l'on se limite à une famille de d-simplexes K tels que tous les rapports h_K/ρ_K soient majorés par une constante τ (par exemple lorsque tous les K sont les images d'un même triangle par une homothétie composée avec une rotation et une translation), la dernière ligne peut être remplacée par la majoration plus simple suivante

$$\forall v \in \mathcal{P}_k(K), \qquad |v|_{W^{\ell_1,p_1}(K)} \leq c\,h_K^{\ell_2-\ell_1-\frac{d}{p_2}+\frac{d}{p_1}}\,|v|_{W^{\ell_2,p_2}(K)}, \tag{4.3}$$

où la constante c dépend maintenant de τ.

Les inégalités inverses sur une famille de quadrilatères convexes ne sont vérifiées que sur des espaces de fonctions du type

$$\{\hat{p} \circ F_K^{-1};\ \hat{p} \in \mathcal{Q}_k(\hat{K})\},$$

où F_K est une bijection de $(\mathcal{Q}_1)^2$ qui envoie le carré de référence $\hat{K}$ sur K et elles se déduisent facilement du Lemme 2.16. On ne les énonce pas ici.

Construction des espaces d'éléments finis

Les éléments finis décrits au Chapitre VII servent de base à la construction d'espaces d'approximation de fonctions définies sur tout le domaine de calcul. Plus précisément, on doit à partir des outils locaux étudiés précédemment fabriquer des outils globaux. Ceci nécessite quelques définitions supplémentaires, telles que la triangulation du domaine de calcul, l'affine équivalence d'éléments finis et la notion de conformité en éléments finis.

Comme indiqué précédemment, nous n'utilisons pas ici d'éléments finis courbes. Par conséquent, dans tout ce qui suit, Ω est un intervalle ($d = 1$), un polygone borné connexe ($d = 2$) ou un polyèdre borné connexe à frontière lipschitzienne ($d = 3$).

VIII.1 Géométrie globale et triangulations

Définition 1.1 Une *triangulation* de Ω est un ensemble fini $\mathcal{T}_h$ de sous-ensembles K de $\overline{\Omega}$ vérifiant les propriétés suivantes
(i) on a

$$\overline{\Omega} = \bigcup_{K \in \mathcal{T}_h} K,$$

(ii) chaque élément K de $\mathcal{T}_h$ est un polygone ou un polyèdre connexe fermé de $\mathbb{R}^d$ d'intérieur non vide à frontière lipschitzienne,
(iii) l'intersection de deux éléments distincts de $\mathcal{T}_h$ est soit vide soit un sommet, un côté ou une face entière de ces deux éléments.

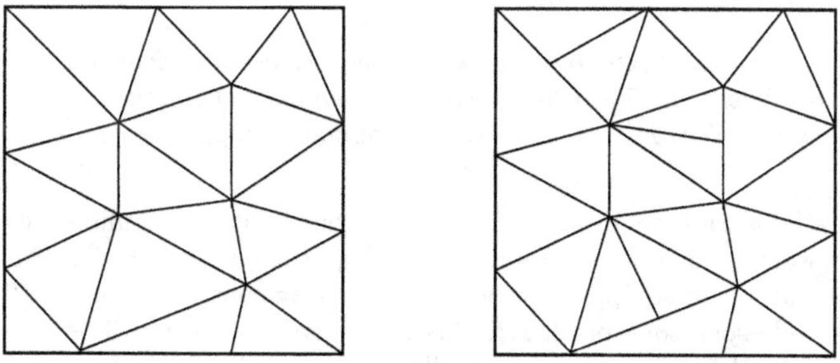

Figure 1.1. Exemple de triangulation (à gauche) et de non-triangulation (à droite)

On note que les éléments K, $K \in \mathcal{T}_h$, forment une partition de Ω sans recouvrement, car l'intersection des intérieurs de deux éléments distincts est vide. Mais les propriétés demandées dans la Définition 1.1 sont plus fortes: par exemple, comme illustré dans la Figure 1.1, lorsqu'un sommet d'un élément est au milieu d'un côté ou d'une face d'un autre élément, la propriété (iii) dans cette définition est violée et on n'a plus une triangulation.

Dans la plupart des cas, les triangulations sont composées de triangles ou de quadrilatères convexes en dimension $d = 2$, de tétraèdres ou de parallélépipèdes rectangles en dimension $d = 3$, plus rarement d'un mélange de triangles et de quadrilatères convexes en dimension $d = 2$ comme illustré dans la Figure 1.2 (on note qu'un mélange de tétraèdres et de parallélépipèdes rectangles ne peut respecter la condition (iii) de la Définition 1.1 que si des éléments intermédiaires de type prismes sont introduits).

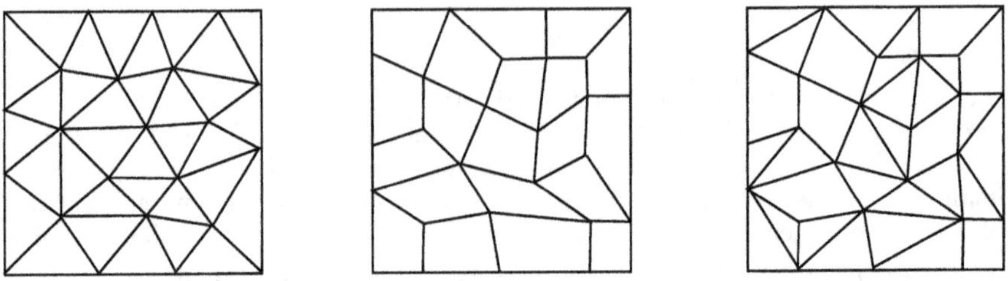

Figure 1.2. Triangulations par des triangles, des quadrilatères ou un mélange des deux

Soit h_K le diamètre de K. Il est d'usage que l'indice h de $\mathcal{T}_h$ représente le maximum des h_K, $K \in \mathcal{T}_h$.

Définition 1.2 Une famille de triangulations $(\mathcal{T}_h)_h$ est dite *régulière* s'il existe une constante positive τ telle que, pour tout h,
(i) en dimension $d = 1$, pour tous éléments K et K' de $\mathcal{T}_h$ ayant une extrémité commune, le rapport $h_K/h_{K'}$ est $\leq \tau$,
(ii) en dimension $d \geq 2$, pour tout élément K de $\mathcal{T}_h$, le rapport h_K/ρ_K est $\leq \tau$, où ρ_K désigne le diamètre de la plus grande sphère contenue dans K.

Dans tout ce qui suit, on considère des triangulations formées soit de d-simplexes soit de quadrilatères convexes. On indique, dans ces deux cas, quelques propriétés impliquées par la définition précédente.

Lemme 1.3 *Soit $(\mathcal{T}_h)_h$ une famille régulière de triangulations de Ω par des d-simplexes en dimension $d \geq 2$ ou par des quadrilatères convexes en dimension $d = 2$. Il existe des constantes positives c, c', c'' ne dépendant que du paramètre de régularité τ telles que, pour tout h,*
(i) pour tout K dans $\mathcal{T}_h$, le plus petit angle interne à K est supérieur à c,
(ii) le nombre d'éléments de $\mathcal{T}_h$ ayant un sommet commun est inférieur à c',
(iii) si deux éléments K et K' ont un sommet commun, le rapport $h_K/h_{K'}$ est inférieur à c''.

Nous travaillons toujours avec des familles de triangulations régulières, car cette propriété est nécessaire pour obtenir des résultats d'approximation corrects dans le cas de fonctions dont on ne connaît pas a priori la forme. Par contre, les deux définitions que nous donnons ci-dessous sont beaucoup plus restrictives, et on n'utilisera les propriétés correspondantes que lorsqu'on ne saura pas l'éviter.

Définition 1.4 Une famille de triangulations $(\mathcal{T}_h)_h$ est dite *uniformément régulière* si elle est régulière et s'il existe une constante positive τ' telle que, pour tout h et pour tout K dans $\mathcal{T}_h$, le rapport h_K/h soit $\geq \tau'$.

Par exemple, en dimension $d = 1$, soit $\mathcal{T}_0$ une triangulation de l'intervalle $]0, 1[$ constituée des N segments $[\frac{k-1}{N}, \frac{k}{N}]$, $1 \leq k \leq N$, pour un entier $N \geq 2$ fixé. Par récurrence, on construit une triangulation $\mathcal{T}_{n+1}$ à partir de $\mathcal{T}_n$ de la manière suivante: on conserve les $n+1$ intervalles de $\mathcal{T}_n$ les plus proches de zéro et on divise chacun des autres en deux intervalles égaux. Ceci est illustré sur la Figure 1.3, où sont représentées les 7 premières triangulations $\mathcal{T}_n$, $0 \leq n \leq 6$, pour N égal à 5. Il est facile de voir que la famille de triangulations $(\mathcal{T}_n)_{n\geq 0}$ est régulière au sens la Définition 1.2, avec un paramètre τ égal à 2, mais qu'elle n'est pas uniformément régulière: le rapport minimal h_K/h pour la triangulation $\mathcal{T}_n$ est égal à $1/2^n$.

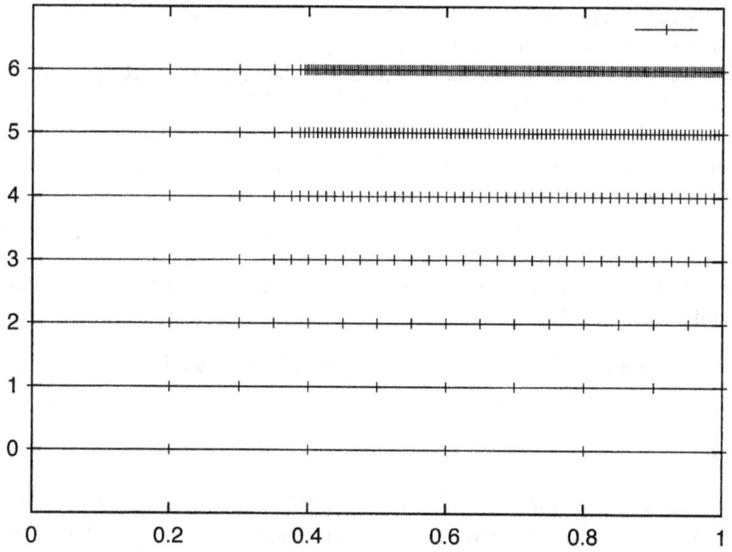

Figure 1.3. Une famille de triangulations régulière et non uniformément régulière

Définition 1.5 Une famille de triangulations $(\mathcal{T}_h)_h$ est dite *uniforme* si elle est régulière et si, pour tout h, il existe un K_h tel que tout élément K de $\mathcal{T}_h$ soit l'image de K_h par une rotation et une translation.

VIII.2 Affine–équivalence

Soit $(\mathcal{T}_h)_h$ un famille de triangulations d'un domaine Ω. L'idée de base est d'associer à chaque élément K de $\mathcal{T}_h$ un élément fini (K, P_K, Σ_K). Mais ces éléments finis ne peuvent pas être choisis de façon indépendante. En dimension $d = 2$ et dans le cas d'une triangulation par des quadrilatères convexes, la définition des éléments finis (K, P_K, Σ_K) à partir d'un même élément de référence $(\hat{K}, \hat{P}, \hat{\Sigma})$ entraîne une propriété de "biaffine–équivalence" de ces éléments. Nous définissons son analogue dans le cas d'éléments finis d-simpliciaux.

Définition 2.1 Deux éléments finis d-simpliciaux (K, P_K, Σ_K) et $(K', P_{K'}, \Sigma_{K'})$ sont dits *affine–équivalents* s'il existe une transformation affine inversible F de $\mathbb{R}^d$ dans $\mathbb{R}^d$ telle que
(i) K' est l'image de K par F,
(ii) l'espace $P_{K'}$ vérifie

$$P_{K'} = \{p \circ F^{-1};\, p \in P_K\}, \tag{2.1}$$

(iii) l'ensemble $\Sigma_{K'}$ vérifie

$$\Sigma_{K'} = \{\sigma';\ \sigma'(p) = \sigma(p \circ F),\ \sigma \in \Sigma_K\}. \tag{2.2}$$

D'après cette définition, on vérifie facilement l'affine–équivalence de deux éléments finis d-simpliciaux
- d'ordre k (voir Définition VII.3.6),
- d'ordre 0 intégral (voir Définition VII.3.7),
- de Serendipity (voir Définition VII.3.9),
- d'Hermite d'ordre 3 (voir Définition VII.3.12, ceci fait appel à la Remarque VII.3.13),
- de Crouzeix–Raviart (voir Définitions VII.3.16 et VII.3.17).

Par contre, deux éléments finis d'Argyris (sauf dans le cas de triangles équilatéraux) ou de Raviart–Thomas ne sont pas affine–équivalents, la propriété d'équivalence qui les lie étant plus difficile à formuler.

Dans tout ce qui suit, lorsqu'on considère un ensemble d'éléments finis d-simpliciaux, on les suppose toujours deux à deux affine–équivalents. Ceci peut également s'écrire de la façon suivante: il existe un élément de référence $(\hat{K}, \hat{P}, \hat{\Sigma})$ et, pour tout K, une application affine F_K qui envoie $\hat{K}$ sur K et telle que

$$P_K = \{p \circ F_K^{-1};\ p \in \hat{P}\}, \qquad \Sigma_K = \{\sigma;\ \sigma(p) = \hat{\sigma}(p \circ F_K),\ \hat{\sigma} \in \hat{\Sigma}\}. \tag{2.3}$$

VIII.3 Conformité

On considère une famille de triangulations $(\mathcal{T}_h)_h$ du domaine Ω, soit par des d-simplexes soit par des quadrilatères convexes en dimension $d = 2$. Pour tout h et à chaque élément K de $\mathcal{T}_h$, est associé un élément fini (K, P_K, Σ_K).

L'*espace d'éléments finis* le plus simple est l'espace suivant, défini pour tout h par

$$Z_h = \{v_h \in L^2(\Omega)^m;\ \forall K \in \mathcal{T}_h,\ v_{h|K} \in P_K\}. \tag{3.1}$$

On peut noter que le $L^2(\Omega)$ dans cette définition est superflu. En effet, le nombre d'éléments K dans une même triangulation étant fini et l'espace P_K étant par définition inclus dans $L^2(K)$, les fonctions dont la restriction à tout élément K de $\mathcal{T}_h$ appartient à P_K, sont nécessairement dans $L^2(\Omega)$.

Maintenant, supposons que l'on veuille travailler avec une discrétisation conforme, au sens de la Définition I.4.3, d'un problème posé dans l'espace $X = H_0^1(\Omega)$. On aurait alors tendance à travailler avec l'espace $Z_h \cap H_0^1(\Omega)$. Toutefois si les éléments finis (K, P_K, Σ_K) sont par exemple des éléments intégraux d'ordre 0, on peut facilement vérifier que cet espace est réduit à $\{0\}$. Ceci mène à introduire la notion de conformité, qui repose sur le lemme suivant, la définition de l'opérateur de traces étant donnée dans le Théorème I.2.15.

Lemme 3.1 *Soit K et K' des éléments de $\mathcal{T}_h$ tels que $K \cap K'$ soit une $(d-1)$-face e de K et K'. Une fonction v telle que $v_{|K}$ appartienne à $H^1(K)$ et $v_{|K'}$ appartienne à $H^1(K')$ appartient à $H^1(K \cup K')$ si et seulement si*

$$T_1^e v_{|K} = T_1^e v_{|K'} \quad \text{sur } e. \tag{3.2}$$

Démonstration: Soit $\mathcal{O}$ l'intérieur de $K \cup K'$, et soit par exemple $\boldsymbol{n}_K$ un vecteur unitaire normal à e et extérieur à ∂K. Par definition du gradient au sens des distributions, on a

$$\forall \varphi \in \mathscr{D}(\mathcal{O})^d, \quad \langle \mathbf{grad}\, v, \varphi \rangle = -\int_{\mathcal{O}} v \operatorname{div} \varphi \, d\boldsymbol{x}.$$

Si $v_{|K}$ appartient à $H^1(K)$ et $v_{|K'}$ appartient à $H^1(K')$, on en déduit par intégration par parties

$$\forall \varphi \in \mathscr{D}(\mathcal{O})^d, \quad \langle \mathbf{grad}\, v, \varphi \rangle = \int_K \mathbf{grad}\, v \cdot \varphi \, d\boldsymbol{x} + \int_{K'} \mathbf{grad}\, v \cdot \varphi \, d\boldsymbol{x}$$
$$- \int_e (T_1^e v_{|K} - T_1^e v_{|K'})\, \varphi \cdot \boldsymbol{n}_K \, d\tau.$$

On constate alors que $\mathbf{grad}\, v$ appartient à $L^2(\mathcal{O})^d$ si et seulement si la condition (3.2) est vérifiée.

Même si ce résultat est encore vrai lorsque K et K' sont des domaines à frontière lipschitzienne quelconques, on va ici l'utiliser pour les éléments K. On note en outre que, si tous les espaces P_K, $K \in \mathcal{T}_h$, sont inclus dans $\mathscr{C}^0(K)$ (ce qui est toujours le cas), une fonction dont la restriction à chaque élément K appartient à P_K, est dans $\mathscr{C}^0(\overline{\Omega})$ si et seulement si elle appartient à $H^1(\Omega)$, c'est-à-dire si la condition (3.2) est vérifiée pour tous éléments K et K' de $\mathcal{T}_h$. Ceci justifie le double nom, H^1-conforme ou $\mathscr{C}^0$-conforme, de la propriété introduite dans la définition ci-dessous.

Définition 3.2 Un élément fini (K, P_K, Σ_K) est H^1-conforme (ou $\mathscr{C}^0$-conforme) si, pour toute $(d-1)$-face e de K, le triplet (e, P_e, Σ_e) est un élément fini, où
(i) P_e désigne l'espace $T_1^e P_K$ des traces des éléments de P_K sur e,
(ii) Σ_e désigne l'ensemble des formes σ de Σ_K telles que, pour toute fonction v de $\mathscr{C}^\infty(K)^m$, $\sigma(v)$ ne dépend que de $T_1^e v$,
et si les éléments finis (e, P_e, Σ_e) lorsque e parcourt les $(d-1)$-faces de K sont deux à deux affine-équivalents si K est un d-simplexe ou biaffine-équivalents si K est un quadrilatère.

La P_e-unisolvance de l'ensemble Σ_e entraîne que la dimension de P_e est égale au cardinal de Σ_e. On a également l'équivalence suivante.

Lemme 3.3 *Le triplet (e, P_e, Σ_e) introduit dans la Définition 3.2 est un élément fini si et seulement si la dimension de P_e est égale au cardinal de Σ_e et en outre la propriété suivante est vérifiée pour toute fonction v de P_K*

$$\forall \sigma \in \Sigma_e, \quad \sigma(v) = 0 \qquad \Longrightarrow \qquad T_1^e v = 0. \tag{3.3}$$

La propriété suivante est une conséquence facile de (3.3).

Lemme 3.4 *Si un élément fini (K, P_K, Σ_K) est affine–équivalent ou biaffine–équivalent à un élément de référence H^1-conforme, il est H^1-conforme.*

Lorsque tous les éléments finis (K, P_K, Σ_K) sont H^1-conformes, on peut définir l'espace

$$Z_h^1 = \{ v_h \in H^1(\Omega)^m;\ \forall K \in \mathcal{T}_h,\ v_{h|K} \in P_K \}, \tag{3.4}$$

et également l'espace

$$Z_h^{1,0} = \{v_h \in H_0^1(\Omega)^m;\ \forall K \in \mathcal{T}_h,\ v_{h|K} \in P_K\}. \tag{3.5}$$

On vérifie facilement dans ce cas qu'ils ne sont pas réduits à $\{0\}$ et on démontre par la suite qu'ils fournissent une bonne approximation des espaces $H^1(\Omega)$ et $H_0^1(\Omega)$, respectivement.

La plupart des éléments finis introduits dans le Chapitre VII sont H^1-conformes, comme vérifié ci-dessous.

Lemme 3.5 *Sont H^1-conformes les éléments finis (K, P_K, Σ_K) d-simpliciaux*
- *d'ordre $k \geq 1$ (voir Définition* VII.3.6*),*
- *de Serendipity (voir Définition* VII.3.9*),*
- *d'Hermite d'ordre 3 (voir Définition* VII.3.12*),*
- *d'Argyris (voir Définition* VII.3.15*).*

Démonstration: On considère successivement ces éléments.
1) Dans le cas du d-simplexe d'ordre k, pour toute $(d-1)$–face e de K, le triplet (e, P_e, Σ_e) coïncide avec l'élément fini $(d-1)$-simplicial d'ordre k: en effet, l'espace P_e est l'espace $\mathcal{P}_k(e)$ et l'ensemble Σ_e est l'ensemble des formes linéaires associées aux valeurs aux points de $T_k(K) \cap e$, qui coïncide avec le treillis principal $T_k(e)$ d'ordre k sur e. On obtient donc la propriété désirée.
2) Dans le cas du triangle de Serendipity, pour tout côté e de K, l'espace P_e coïncide avec $\mathcal{P}_3(e)$ (en effet, pour tout polynôme p de $\mathcal{P}_3(e)$, il existe d'après le Lemme VII.3.5 un polynôme $\overline{p}$ de $\mathcal{P}_3(K)$ qui est égal à p aux points de $T_3(K) \cap e$, et on peut le chosir tel que la relation (VII.3.9) soit vérifiée; sa trace sur e est égale à p). L'espace Σ_e, constitué des formes linéaires associées aux valeurs aux points de $T_{d+1}(K) \cap e$ qui coïncide avec $T_{d+1}(e)$. On déduit la propriété (3.3) pour cet élément de la partie 1) de la démonstration.
3) Dans le cas du triangle d'Hermite, soit e un côté de K d'extrémités $\boldsymbol{a}_1$ et $\boldsymbol{a}_2$. On observe à partir de la Remarque VII.3.13 que l'ensemble Σ_e est formé des

$$v \mapsto v(\boldsymbol{a}_i) \quad \text{et} \quad v \mapsto (\frac{\partial v}{\partial \tau})(\boldsymbol{a}_i), \qquad i = 1 \text{ et } 2,$$

où $\boldsymbol{\tau}$ désigne un vecteur unitaire tangent à e. On vérifie facilement que la trace $T_1^e v$ d'un polynôme $\boldsymbol{v}$ de $\mathcal{P}_3(K)$ appartient à $\mathcal{P}_3(e)$ et, si elle s'annule aux points $\boldsymbol{a}_1$ et $\boldsymbol{a}_2$ ainsi que sa dérivée tangentielle, elle est identiquement nulle. La propriété (3.3) est donc vérifiée.
4) Dans le cas du triangle d'Argyris, pour tout côté e de K d'extrémités $\boldsymbol{a}_1$ et $\boldsymbol{a}_2$ et avec la même notation que précédemment pour $\boldsymbol{\tau}$, l'ensemble Σ_e est formé des

$$v \mapsto v(\boldsymbol{a}_i), \quad v \mapsto (\frac{\partial v}{\partial \tau})(\boldsymbol{a}_i) \quad \text{et} \quad v \mapsto (\frac{\partial^2 v}{\partial \tau^2})(\boldsymbol{a}_i), \qquad i = 1 \text{ et } 2.$$

La trace $T_1^e v$ d'un polynôme $\boldsymbol{v}$ de $\mathcal{P}_5(K)$ appartient à $\mathcal{P}_5(e)$ et, si elle s'annule aux points $\boldsymbol{a}_1$ et $\boldsymbol{a}_2$ ainsi que ses deux premières dérivées tangentielles, elle est nulle, d'où la propriété (3.3).
La propriété d'affine-équivalence est évidente pour les triplets (e, P_e, Σ_e) associés aux éléments précédents, ce qui termine la démonstration.

Lemme 3.6 *Sont H^1-conformes les éléments finis (K, P_K, Σ_K) quadrilatéraux*
- *d'ordre k (voir Définition* VII.3.22*),*
- *de Serendipity (voir Définition* VII.3.24*).*

Démonstration: Là aussi, on traite l'un après l'autre les deux éléments et, d'après le Lemme 3.4, on se limite à prouver la propriété sur le carré de référence.
1) Dans le cas de l'élément fini d'ordre k de référence, pour tout côté $\hat{e}$ de $\hat{K}$, l'espace $\hat{P}_{\hat{e}}$ coïncide avec $\mathcal{Q}_k(\hat{e}) = \mathcal{P}_k(\hat{e})$ et l'ensemble $\hat{\Sigma}_{\hat{e}}$ est l'ensemble des formes linéaires associées aux valeurs aux $k+1$ points équidistants de $\hat{R}_k \cap \hat{e}$. La $\hat{P}_{\hat{e}}$-unisolvance de $\hat{\Sigma}_{\hat{e}}$ se démontre par les mêmes arguments que pour son analogue triangulaire.
2) Dans le cas du carré de Serendipity, pour tout côté $\hat{e}$ de $\hat{K}$, l'espace $\hat{P}_{\hat{e}}$ est égal à $\mathcal{Q}_2(\hat{e})$ et l'espace $\hat{\Sigma}_{\hat{e}}$, constitué des formes linéaires associées aux valeurs aux points de $\hat{R}_2 \cap \hat{e}$, est le même que dans la partie 1) de la démonstration pour $k=2$. Ceci entraîne la propriété (3.3).

Il est facile de constater que tous les éléments finis introduits dans la Section VII.3 et ne figurant ni dans le Lemme 3.5 ni dans le Lemme 3.6 ne sont pas H^1-conformes.

On peut également étendre la notion de conformité à des ordres plus élevés. Ceci se déduit du lemme suivant, dont on ne donne pas la démonstration car il s'agit juste d'une extension du Lemme 3.1.

Lemme 3.7 *Soit K et K' des éléments de $\mathcal{T}_h$ tels que $K \cap K'$ soit une $(d-1)$-face e de K et K'. Pour tout entier $\ell > 0$, une fonction v telle que $v_{|K}$ appartienne à $H^\ell(K)$ et $v_{|K'}$ appartienne à $H^\ell(K')$ appartient à $H^\ell(K \cup K')$ si et seulement si*

$$T_\ell^e v_{|K} = T_\ell^e v_{|K'} \quad \text{sur } e. \tag{3.6}$$

Grâce à ce lemme, la définition d'éléments finis H^ℓ-conformes ne pose pas de difficultés théoriques, toutefois ces éléments finis sont utilisés dans la pratique uniquement pour $\ell = 1$ ou 2, et on termine cette section par le cas $\ell = 2$.

Définition 3.8 Un élément fini (K, P_K, Σ_K) est H^2-conforme (ou $\mathscr{C}^1$-conforme) s'il est H^1-conforme et si, pour toute $(d-1)$-face e de K, le triplet $(e, \tilde{P}_e, \tilde{\Sigma}_e)$ est un élément fini, où
(i) $\tilde{P}_e$ désigne l'espace $T_2^e P_K$ engendré par les traces et les dérivées normales des éléments de P_K sur e,
(ii) $\tilde{\Sigma}_e$ désigne l'ensemble des formes σ de Σ_K telles que, pour toute fonction v de $\mathscr{C}^\infty(K)^m$, $\sigma(v)$ ne dépend que de $T_2^e v$,
et si les éléments finis $(e, \tilde{P}_e, \tilde{\Sigma}_e)$ lorsque e parcourt les $(d-1)$-faces de K sont deux à deux affine-équivalents si K est un d-simplexe ou biaffine-équivalents si K est un quadrilatère.

On a encore le résultat suivant.

Lemme 3.9 *Le triplet $(e, \tilde{P}_e, \tilde{\Sigma}_e)$ introduit dans la Définition 3.8 est un élément fini si et seulement si la dimension de $\tilde{P}_e$ est égale au cardinal de $\tilde{\Sigma}_e$ et en outre la propriété suivante est vérifiée pour toute fonction v de P_K*

$$\forall \sigma \in \tilde{\Sigma}_e, \quad \sigma(v) = 0 \qquad \Longrightarrow \qquad T_2^e v = 0. \tag{3.7}$$

Toutefois, les normales à un côté ou une face n'étant pas conservées par transformation affine ou biaffine, l'opérateur T_2^e n'est pas invariant par ces transformations et on n'a pas ici l'analogue du Lemme 3.4. Bien sûr, pour une famille d'éléments finis (K, P_K, Σ_K) H^2-conformes, on peut définir les espaces

$$Z_h^2 = \{v_h \in H^2(\Omega)^m;\ \forall K \in \mathcal{T}_h,\ v_{h|K} \in P_K\},$$
$$Z_h^{2,0} = \{v_h \in H_0^2(\Omega)^m;\ \forall K \in \mathcal{T}_h,\ v_{h|K} \in P_K\}, \tag{3.8}$$

qui donnent une bonne approximation des espaces $H^2(\Omega)$ et $H_0^2(\Omega)$, respectivement.

On peut vérifier qu'aucun des éléments finis introduits en Section VII.3 n'est H^2-conforme, sauf celui d'Argyris pour lequel on prouve cette propriété.

Lemme 3.10 *Est H^2-conforme l'élément fini (K, P_K, Σ_K) triangulaire d'Argyris (voir Définition* VII.3.15*).*

Démonstration: Soit (K, P_K, Σ_K) un élément fini d'Argyris. Pour tout côté e de K d'extrémités $\boldsymbol{a}_1$ et $\boldsymbol{a}_2$ et de point-milieu $\boldsymbol{a}_{12}$, on considère un polynôme v de $\mathcal{P}_5(K)$ qui annule toutes les formes de Σ_e. D'après le Lemme 3.5, $T_1^e v$ est nul. On considère donc la dérivée normale de v sur e, que l'on note w. Cette dérivée appartient à $\mathcal{P}_4(e)$ et vérifie (ici, encore $\boldsymbol{\tau}$ est le vecteur tangent à e)

$$w(\boldsymbol{a}_i) = \frac{\partial w}{\partial \tau}(\boldsymbol{a}_i) = 0, \quad i = 1 \text{ et } 2, \qquad \text{et} \qquad w(\boldsymbol{a}_{12}) = 0.$$

Donc, elle est nulle. Ceci entraîne que $T_2^e v$ est nul, d'où la propriété (3.7).

L'élément fini d'Argyris est en fait l'élément H^2-conforme le plus simple, et la dimension de $\mathcal{P}_5(K)$ pour un triangle K est déjà égale à 21. C'est pourquoi on n'utilise pas d'éléments finis H^ℓ-conformes pour $\ell \geq 3$.

VIII.4 Espaces d'éléments finis

On considère une famille de triangulations $(\mathcal{T}_h)_h$ du domaine Ω, soit par des d-simplexes soit par des quadrilatères convexes en dimension $d = 2$. Pour tout h et à chaque élément K de $\mathcal{T}_h$, on associe un élément fini (K, P_K, Σ_K). On suppose en outre que,

- si les éléments K sont des d-simplexes, les éléments finis (K, P_K, Σ_K) sont deux à deux affine–équivalents, au sens de la Définition 2.1,
- si les éléments K sont des quadrilatères, les éléments finis (K, P_K, Σ_K) sont "biaffine–équivalents", au sens indiqué dans la Section VII.3.

Même si cette condition n'est pas forcément nécessaire pour énoncer les définitions qui suivent, elle est toujours utilisée dans la pratique.

Pour tout h, soit $\widetilde{\Sigma}_h$ l'ensemble

$$\widetilde{\Sigma}_h = \bigcup_{K \in \mathcal{T}_h} \Sigma_K. \tag{4.1}$$

De l'ensemble $\widetilde{\Sigma}_h$, on extrait un sous-ensemble libre maximal Σ_h. On désigne par N_h le cardinal de Σ_h. Les éléments de Σ_h sont appelés degrés de liberté de la famille d'éléments finis (K, P_K, Σ_K), $K \in \mathcal{T}_h$. On note σ_i, $1 \leq i \leq N_h$, ces éléments.

Définition 4.1 Pour toute famille d'éléments finis (K, P_K, Σ_K), $K \in \mathcal{T}_h$, on appelle fonctions de base les fonctions φ_i, $1 \le i \le N_h$, de $L^2(\Omega)^m$ telles que:
(i) la restriction de φ_i à chaque élément K de $\mathcal{T}_h$ appartienne à P_K,
(ii) la relation suivante soit vérifiée

$$\sigma_j(\varphi_i) = \delta_{ij}, \quad 1 \le j \le N_h. \tag{4.2}$$

Exemple: Considérons le cas où tous les éléments (K, P_K, Σ_K) sont d-simpliciaux d'ordre 1. L'ensemble Σ_h est composé des formes σ définies par $\sigma(v) = v(\boldsymbol{a})$, lorsque $\boldsymbol{a}$ parcourt l'ensemble $\mathcal{V}_h$ des sommets des éléments K de $\mathcal{T}_h$. Soit $\boldsymbol{a}_i$, $1 \le i \le N_h$, les éléments de $\mathcal{V}_h$. Les fonctions φ_i, $1 \le i \le N_h$, sont affines sur chaque élément K de $\mathcal{T}_h$ et vérifient

$$\varphi_i(\boldsymbol{a}_j) = \delta_{ij}, \quad 1 \le j \le N_h.$$

Leur restriction à tout élément K contenant $\boldsymbol{a}_i$ coïncide donc avec une des fonctions de base de l'élément $(K, \mathcal{P}_1(K), \Sigma_K)$, voir (VII.3.6). Les différents types possible de supports des fonctions φ_i sont illustrés dans la Figure 4.1.

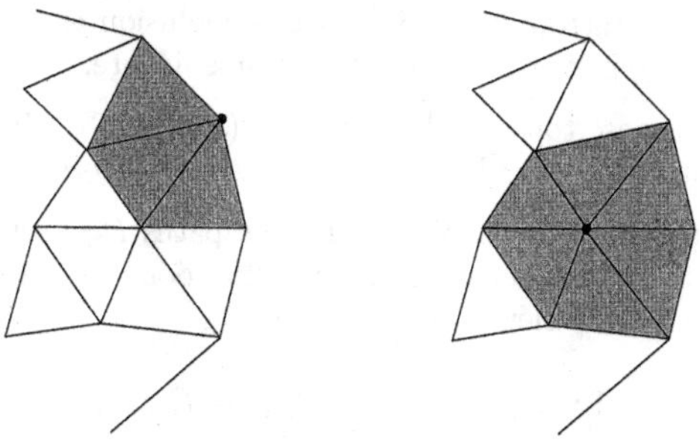

Figure 4.1. Supports des fonctions φ_i

Exemple: Dans le cas où tous les éléments (K, P_K, Σ_K) sont d-simpliciaux d'ordre 2, Σ_h est composé des formes σ définies par $\sigma(v) = v(\boldsymbol{a})$, lorsque $\boldsymbol{a}$ parcourt l'ensemble $\mathcal{V}_h$ défini ci-dessus ainsi que l'ensemble $\mathcal{M}_h$ des milieux d'arêtes d'éléments K de $\mathcal{T}_h$. Soit $\boldsymbol{a}_i$, $1 \le i \le N_h$, les éléments de $\mathcal{V}_h$ et $\boldsymbol{b}_j$, $1 \le j \le L_h$, les éléments de $\mathcal{M}_h$. Les fonctions de base sont

- les φ_i^*, $1 \le i \le N_h$, polynômiales de degré ≤ 2 sur chaque élément K de $\mathcal{T}_h$ et vérifiant

$$\varphi_i^*(\boldsymbol{a}_j) = \delta_{ij}, \quad 1 \le j \le N_h, \qquad \text{et} \qquad \varphi_i^*(\boldsymbol{b}_j) = 0, \quad 1 \le j \le L_h,$$

- les ψ_j, $1 \le j \le L_h$, polynômiales de degré ≤ 2 sur chaque élément K de $\mathcal{T}_h$ et vérifiant

$$\psi_j(\boldsymbol{a}_i) = 0, \quad 1 \le i \le N_h, \qquad \text{et} \qquad \psi_j(\boldsymbol{b}_i) = \delta_{ij}, \quad 1 \le i \le L_h.$$

Les supports des fonctions φ_i^* sont exactement les mêmes que ceux des fonctions φ_i de l'exemple précédent, voir Figure 4.1, tandis que ceux des fonctions ψ_j sont présentés dans la Figure 4.2.

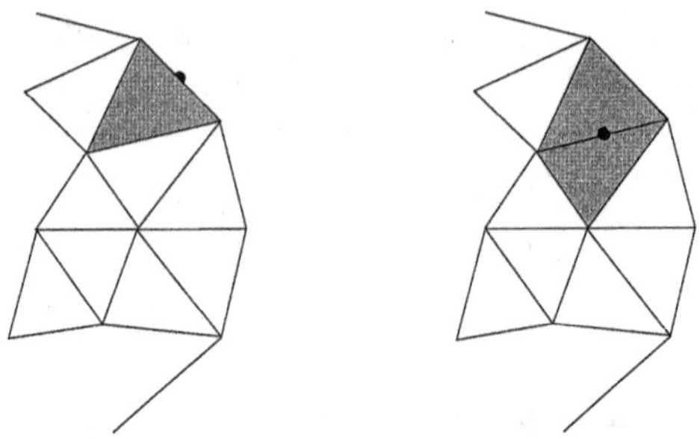

Figure 4.2. Supports des fonctions ψ_j

Les fonctions de base φ_i peuvent être relativement différentes suivant les éléments finis considérés, mais leur support est en général soit un élément K de $\mathcal{T}_h$ soit un de ceux décrits dans les Figures 4.1 et 4.2.

Définition 4.2 On appelle espace d'éléments finis X_h associé à la famille d'éléments finis (K, P_K, Σ_K), $K \in \mathcal{T}_h$, l'espace engendré par les fonctions de base φ_i, $1 \leq i \leq N_h$.

D'après la formule (4.2), les fonctions φ_i, $1 \leq i \leq N_h$, forment une base duale de Σ_h. La dimension de l'espace X_h est donc égale à N_h, et on vérifie facilement que l'espace X_h est inclus dans l'espace Z_h introduit en (3.1). Cette inclusion est stricte dans un certain nombre de cas, comme il apparaît dans la proposition suivante.

Proposition 4.3 *On suppose tous les éléments finis (K, P_K, Σ_K) H^ℓ-conformes, $\ell = 1$ ou 2. Alors l'espace X_h est inclus dans $W^{\ell,p}(\Omega)^m$ pour tout nombre p, $1 \leq p \leq \infty$.*

Démonstration: D'après la Définition VII.3.1, les espaces P_K sont inclus dans $\mathscr{D}(K)^m$, donc dans $H^\ell(K)^m$. D'après le Lemme 3.7, il suffit donc de vérifier que, pour toute $(d-1)$-face e commune à deux éléments K et K' de $\mathcal{T}_h$,

$$\forall i, 1 \leq i \leq N_h, \qquad T_\ell^e \varphi_{i\,|K} = T_\ell^e \varphi_{i\,|K'}. \tag{4.3}$$

Toute forme bilinéaire σ de Σ_e, où Σ_e est l'ensemble introduit dans la Définition 3.2 ($\ell = 1$) ou 3.8 ($\ell = 2$) est combinaison linéaire des formes appartenant à Σ_h, et on déduit de (4.2) que

$$\forall \sigma \in \Sigma_e, \qquad \sigma(\varphi_{i\,|K} - \varphi_{i\,|K'}) = 0.$$

D'après les Lemmes 3.3 ($\ell = 1$) et 3.9 ($\ell = 2$), la conformité des éléments entraîne alors (4.3).

Si tous les éléments finis (K, P_K, Σ_K) sont H^ℓ-conformes, l'espace X_h est égal à l'espace Z_h^ℓ introduit en (3.4) ($\ell = 1$) ou en (3.8) ($\ell = 2$). En outre, soit $\mathcal{E}_h^b$ l'ensemble des côtés ($d = 2$) ou faces ($d = 3$) d'éléments de $\mathcal{T}_h$ qui sont contenus dans $\partial\Omega$. Les ensembles Σ_e étant introduits dans la Définition 3.2 ($\ell = 1$) ou 3.8 ($\ell = 2$), on définit l'ensemble

$$\widetilde{\Sigma}_h^0 = \widetilde{\Sigma}_h \setminus \bigcup_{e \in \mathcal{E}_h^b} \Sigma_e. \tag{4.4}$$

On peut alors construire un sous-ensemble libre maximal Σ_h de $\widetilde{\Sigma}_h$, formé des σ_i, $1 \leq i \leq N_h$, tel que l'ensemble Σ_h^0 des σ_i, $1 \leq i \leq N_h^0$, soit un sous-ensemble libre maximal de $\widetilde{\Sigma}_h^0$, avec $N_h^0 < N_h$. On note encore φ_i, $1 \leq i \leq N_h$, les fonctions de base introduites dans la Définition 4.1 et on désigne par X_h^0 l'espace engendré par les φ_i, $1 \leq i \leq N_h^0$. On vérifie alors facilement la propriété suivante.

Proposition 4.4 *On suppose tous les éléments finis (K, P_K, Σ_K) H^ℓ-conformes, $\ell = 1$ ou 2. Alors l'espace X_h^0 est inclus dans $W_0^{\ell,p}(\Omega)^m$ pour tout nombre p, $1 < p < \infty$.*

Remarque 4.5 Soit Γ une partie ouverte de $\partial\Omega$, de mesure positive dans $\partial\Omega$, telle que, pour tout h, $\overline{\Gamma}$ soit l'union des éléments e d'une partie $\mathcal{E}_h^\Gamma$ de $\mathcal{E}_h^b$. Si tous les éléments finis (K, P_K, Σ_K) sont H^ℓ-conformes, comme précédemment, on peut supposer que les éléments σ_i, $1 \leq i \leq N_h^*$, forment un sous-ensemble libre maximal de $\widetilde{\Sigma}_h \setminus \bigcup_{e \in \mathcal{E}_h^\Gamma} \Sigma_e$. Alors l'espace X_h^* engendré par les fonctions φ_i, $1 \leq i \leq N_h^*$, est inclus dans l'espace des fonctions v de $W^{\ell,p}(\Omega)^m$ tels que $T_\ell^\Gamma v = 0$.

VIII.5 Inégalités inverses globales

Comme précédemment, on suppose Ω muni d'une famille régulière de triangulations $(\mathcal{T}_h)_h$ par des d-simplexes. On note alors que l'inégalité (VII.4.3) est vraie avec une constante c ne dépendant que du paramètre τ de régularité. Pour tout h, on introduit le paramètre

$$h_{\min} = \min_{K \in \mathcal{T}_h} h_K. \tag{5.1}$$

On note que si la famille $\mathcal{T}_h$ est uniformément régulière, le rapport h/h_{min} est $\leq \tau'$, sinon il peut être très grand (voir Figure 1.3).

Pour tout h et à chaque élément K de $\mathcal{T}_h$, est associé un élément fini (K, P_K, Σ_K). On suppose en outre qu'il existe un entier $k \geq 0$ tel que

$$\forall h, \forall K \in \mathcal{T}_h, \quad P_K \subset \mathcal{P}_k(K)^m. \tag{5.2}$$

Bien sûr, cette propriété est vérifiée lorsque tous les éléments sont affine–équivalents à un élément de référence, mais elle est plus faible.

Proposition 5.1 *Soit p_1 et p_2 tels que $1 \leq p_1, p_2 \leq +\infty$, et ℓ_1 et ℓ_2 des entiers positifs ou nuls tels que $\ell_1 \geq \ell_2$ et $\ell_1 - \frac{d}{p_1} \geq \ell_2 - \frac{d}{p_2}$. On suppose pour tout h l'espace X_h introduit dans la Définition 4.2 inclus dans $W^{\ell_1,p_1}(\Omega)^m$. Il existe une constante c ne dépendant que de k telle que l'on ait*
(i) dans le cas $p_1 \geq p_2$,

$$\forall v_h \in X_h, \qquad |v_h|_{W^{\ell_1,p_1}(\Omega)^m} \leq c\, h_{\min}^{\ell_2 - \ell_1 - \frac{d}{p_2} + \frac{d}{p_1}} |v|_{W^{\ell_2,p_2}(\Omega)^m}, \tag{5.3}$$

(i) dans le cas $p_1 < p_2$,

$$\forall v_h \in X_h, \qquad |v_h|_{W^{\ell_1,p_1}(\Omega)^m} \leq c\, h_{\min}^{\ell_2 - \ell_1} |v|_{W^{\ell_2,p_2}(\Omega)^m}. \tag{5.4}$$

Démonstration: Lorsqu'on somme l'inégalité (VII.4.3) à la puissance p_1 sur les K et en notant que $h_K \geq h_{min}$, on obtient pour tout v_h dans X_h,

$$|v_h|_{W^{\ell_1,p_1}(\Omega)^m} \leq c\, h_{\min}^{\ell_2 - \ell_1 - \frac{d}{p_2} + \frac{d}{p_1}} \Big(\sum_{K \in \mathcal{T}_h} |v|^{p_1}_{W^{\ell_2,p_2}(\Omega)^m} \Big)^{\frac{1}{p_1}}.$$

1) Dans le cas $p_1 \geq p_2$, on déduit le résultat cherché de l'inégalité de Jensen (qui est une conséquence de la concavité de la fonction logarithme)

$$\forall \alpha > 0, \forall \beta > 0, \quad (\alpha^{p_1} + \beta^{p_1})^{\frac{1}{p_1}} \leq (\alpha^{p_2} + \beta^{p_2})^{\frac{1}{p_2}}. \tag{5.5}$$

2) Dans le cas $p_1 < p_2$, on utilise une inégalité de Hölder

$$|v_h|_{W^{\ell_1,p_1}(\Omega)^m} \leq c\, h_{\min}^{\ell_2-\ell_1-\frac{d}{p_2}+\frac{d}{p_1}} \Big(\sum_{K \in \mathcal{T}_h} |v|^{p_2}_{W^{\ell_2,p_2}(\Omega)^m} \Big)^{\frac{1}{p_2}} (\text{card } \mathcal{T}_h)^{\frac{1}{p_1}-\frac{1}{p_2}}.$$

Pour majorer card $\mathcal{T}_h$, on observe que

$$\text{mes}(\Omega) = \sum_{K \in \mathcal{T}_h} \text{mes}(K).$$

Comme K contient la boule de rayon ρ_K, on déduit de la propriété de régularité que

$$\text{mes}(K) \geq c\, \rho_K^d \geq c\, \tau\, h_K^d \geq c\, \tau\, h_{\min}^d.$$

On obtient ainsi

$$\text{mes}(\Omega) \geq c\, \tau\, h_{\min}^d \,\text{card } \mathcal{T}_h,$$

d'où l'inégalité cherchée.

D'après la Proposition 4.3, l'espace X_h introduit dans la Définition 4.2 est inclus dans $W^{\ell_1,p_1}(\Omega)^m$ lorsque les éléments finis (K, P_K, Σ_K) sont H^{ℓ_1}-conformes. On ne l'utilisera donc que pour $\ell_1 = 0$, 1 et 2. Par exemple, dans le cas où les éléments finis (K, P_K, Σ_K) sont H^1-conformes, on a l'inégalité plus simple

$$\forall v_h \in X_h, \qquad |v_h|_{H^1(\Omega)^m} \leq c\, h_{\min}^{-1} |v|_{L^2(\Omega)^m}. \tag{5.6}$$

Toutefois elle ne présente vraiment d'intérêt que pour une famille de triangulations uniformément régulière: en effet, à l'opposé des inégalités présentées dans la Section VII.4, les inégalités (5.3) et (5.4) font intervenir le paramètre $h_{\min}$ qui n'est comparable à h que dans ce dernier cas.

IX

Erreur d'approximation par éléments finis

Soit Ω un ouvert borné connexe de $\mathbb{R}^2$ ou $\mathbb{R}^3$ à frontière lipschitzienne, muni d'une famille de triangulations $(\mathcal{T}_h)_h$ formées de triangles ou de tétraèdres, régulière au sens de la Définition VIII.1.2. On suppose que, pour tout h, des éléments finis affine-équivalents (K, P_K, Σ_K) scalaires (c'est-à-dire tels que $m = 1$) sont associés à tous les éléments K de $\mathcal{T}_h$ et, également, qu'il existe un entier $k \geq 0$ tel que tous les espaces P_K contiennent l'espace $\mathcal{P}_k(K)$. En effet, les propriétés d'approximation que l'on va étudier sont principalement liées au plus grand k satisfaisant cette propriété.

L'idée est bien sûr d'évaluer la distance d'une fonction de régularité donnée à l'un des espaces Z_h, Z_h^1 et $Z_h^{1,0}$ introduits dans la Section VIII.3. Plusieurs types d'opérateurs peuvent être introduits pour évaluer cette distance, et l'on va considérer successivement
• l'*opérateur d'interpolation de Lagrange* associé aux éléments $(K, \mathcal{P}_k(K), \Sigma_K)$ introduits dans la Définition VII.3.6,
• les opérateurs de projection orthogonale dans $L^2(\Omega)$, $H^1(\Omega)$ ou $H_0^1(\Omega)$,
• les *opérateurs de régularisation*, dits aussi "de projection locale", tels qu'introduits par P. Clément [45].
La raison pour étudier ces différents types d'opérateurs est qu'ils possèdent des propriétés différentes: l'opérateur d'interpolation ne peut être défini que sur des fonctions continues mais mène à des propriétés d'approximation locale, à l'opposé des opérateurs de projection qui sont définis sur des fonctions de régularité minimale mais ne permettent qu'une approximation globale. Les opérateurs de régularisation combinent les deux propriétés d'être définis sur des fonctions peu régulières et de posséder des propriétés d'approximation locale et s'avèrent donc un très bon outil pour l'analyse numérique. Toutefois ces opérateurs sont plus difficiles à analyser et presque impossibles à utiliser dans la pratique, même s'ils fournissent des résultats plus complets. En particulier, ils permettent la construction d'un opérateur de relèvement de traces, comme présenté dans la dernière section.

Des résultats d'approximation analogues existent pour des quadrilatères convexes. On réfère à [42, §17] pour l'étude de l'opérateur d'interpolation, à [22] pour celle des opérateurs de régularisation.

Dans ce chapitre, le paramètre de discrétisation est noté h. Le symbole c désigne une constante positive pouvant varier d'une ligne à l'autre mais toujours indépendante de h.

IX.1 Opérateurs d'interpolation

Dans un premier temps, on s'intéresse à l'approximation locale dans le cas de l'élément fini de Lagrange. Pour un entier $k \geq 0$ fixé, on associe à tout K de $\mathcal{T}_h$ l'élément fini $(K, \mathcal{P}_k(K), \Sigma_K)$ d'ordre k de Lagrange (voir Définition VII.3.6) et on note $\mathcal{I}_K^k$ l'opérateur d'interpolation à valeurs dans $\mathcal{P}_k(K)$, défini sur toutes les fonctions continues v sur K par

$$\forall \boldsymbol{a} \in T_k(K), \quad (\mathcal{I}_K^k v)(\boldsymbol{a}) = v(\boldsymbol{a}). \tag{1.1}$$

De façon équivalente, $\mathcal{I}_K^k v$ s'écrit

$$\mathcal{I}_K^k v = \sum_{i=1}^{n} v(\boldsymbol{a}_i)\,\varphi_i, \tag{1.2}$$

avec $n = \frac{(k+d)!}{k!d!}$, où les $\boldsymbol{a}_i$ désignent les points de $T_k(K)$.

Dans ce qui suit, pour toute fonction v définie sur K, on utilise la notation $\hat{v}$ pour la fonction $v \circ F_K$, où F_K est l'application affine introduite dans le Lemme VII.2.6.

Lemme 1.1 *Pour tout entier ℓ, $0 \le \ell \le k+1$, et pour tous p et q, $1 \le p, q \le +\infty$, tels que $W^{\ell,p}(K)$ soit inclus dans $\mathscr{C}^0(K)$, il existe une constante c positive ne dépendant que de ℓ, p et q telle que, pour toute fonction v de $W^{\ell,p}(K)$, on ait*

$$\|v - \mathcal{I}_K^k v\|_{L^q(K)} \le c\, h_K^{\ell - \frac{d}{p} + \frac{d}{q}}\, |v|_{W^{\ell,p}(K)}. \tag{1.3}$$

Démonstration: Le fait que Σ_K soit $\mathcal{P}_k(K)$-unisolvant combiné avec la formule (1.2) implique que la restriction de l'opérateur $\mathcal{I}_K^k$ à $\mathcal{P}_k(K)$ coïncide avec l'identité. On a donc pour tout v_h dans $\mathcal{P}_k(K)$,

$$\|v - \mathcal{I}_K^k v\|_{L^q(K)} = \|(v - v_h) - \mathcal{I}_K^k(v - v_h)\|_{L^q(K)}.$$

Par passage à l'élément $\hat{K}$ de référence, on obtient d'après le Lemme VII.2.10 et avec les notations de la Section VII.2

$$\|v - \mathcal{I}_K^k v\|_{L^q(K)} \le c\, h_K^{\frac{d}{q}}\, \|(\hat{v} - \hat{v}_h) - \mathcal{I}_K^k\widehat{(v - v_h)}\|_{L^q(\hat{K})},$$

où $\mathcal{I}_K^k\widehat{(v - v_h)}$ désigne $\big(\mathcal{I}_K^k(v - v_h)\big) \circ F_K$. On déduit de l'affine équivalence des éléments de Lagrange $(K, \mathcal{P}_k(K), \Sigma_K)$ et $(\hat{K}, \mathcal{P}_k(\hat{K}), \Sigma_{\hat{K}})$ (voir Section VIII.2) que $\mathcal{I}_K^k\widehat{(v - v_h)}$ est égal à $\mathcal{I}_{\hat{K}}^k(\hat{v} - \hat{v}_h)$. En utilisant le fait que $W^{\ell,p}(\hat{K})$ est contenu dans $\mathscr{C}^0(\hat{K})$, on en déduit que

$$\|v - \mathcal{I}_K^k v\|_{L^q(K)} \le c\,\hat{c}\, h_K^{\frac{d}{q}}\, \|\hat{v} - \hat{v}_h\|_{W^{\ell,p}(\hat{K})},$$

où $\hat{c}$ désigne la norme de $\mathcal{I}_{\hat{K}}$ de $W^{\ell,p}(\hat{K})$ dans $L^q(\hat{K})$. On note que, lorsque v_h décrit $\mathcal{P}_k(K)$, $\hat{v}_h$ décrit $\mathcal{P}_k(\hat{K})$, d'où, d'après le Lemme I.2.11 et comme ℓ est $\le k+1$,

$$\|v - \mathcal{I}_K^k v\|_{L^q(K)} \le c\,\hat{c}\, h_K^{\frac{d}{q}}\, |\hat{v}|_{W^{\ell,p}(\hat{K})}.$$

En utilisant de nouveau le Lemme VII.2.10, on obtient

$$\|v - \mathcal{I}_K^k v\|_{L^q(K)} \le c\,c'\,\hat{c}\, h_K^{\frac{d}{q}}\, h_K^{\ell}\, \rho_K^{-\frac{d}{p}}\, |v|_{W^{\ell,p}(K)}.$$

Grâce à la régularité de la famille $(\mathcal{T}_h)_h$, ceci donne le résultat désiré.

Lemme 1.2 *Pour tout entier ℓ, $0 \leq \ell \leq k+1$, et pour tous p et q, $1 \leq p, q \leq +\infty$, tels que $W^{\ell,p}(K)$ soit inclus dans $\mathscr{C}^0(K)$ et dans $W^{1,q}(K)$, il existe une constante c positive ne dépendant que de ℓ, p et q telle que, pour toute fonction v de $W^{\ell,p}(K)$, on ait*

$$|v - \mathcal{I}_K^k v|_{W^{1,q}(K)} \leq c\, h_K^{\ell-1-\frac{d}{p}+\frac{d}{q}} |v|_{W^{\ell,p}(K)}. \tag{1.4}$$

Démonstration: Le Lemme VII.2.10 permet d'écrire, pour tout v_h dans $\mathcal{P}_k(K)$,

$$|v - \mathcal{I}_K^k v|_{W^{1,q}(K)} \leq c\, h_K^{-1+\frac{d}{q}} |(\hat{v} - \hat{v}_h) - \mathcal{I}_{\hat{K}}^k(\widehat{v - v_h})|_{W^{1,q}(\hat{K})}.$$

La suite de la démonstration est exactement similaire à celle du Lemme 1.1.

Bien sûr, si on considère un élément fini (K, P_K, Σ_K) et si k désigne le plus grand entier tel que $\mathcal{P}_k(K)$ soit inclus dans P_K, les résultats suivants sont encore valables sous les hypothèses des Lemmes 1.1 et 1.2, respectivement,

$$\inf_{v_h \in P_K} \|v - v_h\|_{L^q(K)} \leq c\, h_K^{\ell-\frac{d}{p}+\frac{d}{q}} |v|_{W^{\ell,p}(K)}, \tag{1.5}$$

$$\inf_{v_h \in P_K} |v - v_h|_{W^{1,q}(K)} \leq c\, h_K^{\ell-1-\frac{d}{p}+\frac{d}{q}} |v|_{W^{\ell,p}(K)}. \tag{1.6}$$

Ceci justifie l'intérêt du Lemme VII.3.10, d'où l'on déduit que l'élément de Serendipity possède de façon inattendue les mêmes propriétés d'approximation que l'élément triangulaire de Lagrange d'ordre 2. En outre, même si l'inclusion de $\mathcal{P}_k(K)$ dans P_K est stricte, les propriétés d'approximation de P_K ne sont pas meilleures que celles de $\mathcal{P}_k(K)$, comme indiqué dans le lemme suivant, prouvé dans [6].

Lemma 1.3 *Si l'estimation (1.5) est vérifiée pour $\ell = k+1$ et p et q tels que $1 \leq p, q \leq +\infty$, et pour toutes les fonctions v de $W^{k+1,p}(K)$, alors P_K contient $\mathcal{P}_k(K)$.*

Démonstration: De (1.5), on déduit de façon évidente que, pour tout v dans $\mathcal{P}_k(K)$ (donc tel que $|v|_{W^{k+1,p}(K)}$ est nul)

$$\inf_{v_h \in P_K} \|v - v_h\|_{L^q(K)} = 0.$$

On en déduit que la meilleure approximation de v est réalisée avec $v_h = v$, donc que P_K contient $\mathcal{P}_k(K)$.

En vue de ce qui suit, on considère un élément fini général (K, P_K, Σ_K) et on définit l'opérateur d'interpolation $\mathcal{I}_K$ correspondant: pour toutes les fonctions v suffisamment régulières sur K, $\mathcal{I}_K v$ appartient à P_K et vérifie

$$\forall \sigma \in \Sigma_K, \quad \sigma(\mathcal{I}_K v) = \sigma(v). \tag{1.7}$$

On ne donne pas la démonstration de la proposition suivante qui est exactement la même que celle des Lemmes 1.1 et 1.2.

Proposition 1.4 *On suppose l'élément fini (K, P_K, Σ_K)*
(i) affine-équivalent à un élément de référence $(\hat{K}, \hat{P}, \hat{\Sigma})$,

(ii) tel que P_K contienne l'espace $\mathcal{P}_k(K)$, $k \geq 0$,
(iii) tel que tous les éléments de Σ_K soient définis sur un espace $W(K)$.
Pour tout entier ℓ, $0 \leq \ell \leq k+1$, et pour tous p et q, $1 \leq p, q \leq +\infty$, tels que $W^{\ell,p}(K)$ soit inclus dans $W(K)$ et dans $L^q(K)$, il existe une constante c positive ne dépendant que de ℓ, p et q telle que, pour toute fonction v de $W^{\ell,p}(K)$, on ait

$$\|v - \mathcal{I}_K v\|_{L^q(K)} \leq c\, h_K^{\ell - \frac{d}{p} + \frac{d}{q}} |v|_{W^{\ell,p}(K)}. \tag{1.8}$$

Pour tout entier ℓ, $0 \leq \ell \leq k+1$, et pour tous p et q, $1 \leq p, q \leq +\infty$, tels que $W^{\ell,p}(K)$ soit inclus dans $W(K)$ et dans $W^{1,q}(K)$, il existe une constante c positive ne dépendant que de ℓ, p et q telle que, pour toute fonction v de $W^{\ell,p}(K)$, on ait

$$|v - \mathcal{I}_K v|_{W^{1,q}(K)} \leq c\, h_K^{\ell - 1 - \frac{d}{p} + \frac{d}{q}} |v|_{W^{\ell,p}(K)}. \tag{1.9}$$

On notera que $W(K)$ coïncide avec $\mathscr{C}^0(K)$ pour les éléments finis de Lagrange, mais qu'il est égal à $L^1(K)$ pour l'élément d'ordre 0 intégral, à $\mathscr{C}^1(K)$ pour l'élément fini d'Hermite et à $\mathscr{C}^2(K)$ pour l'élément d'Argyris.

Pour obtenir des résultats d'approximation globale, on travaille dans l'espace X_h introduit dans la Définition VIII.4.2. En utilisant les notations de la Section VIII.4, on définit l'opérateur d'interpolation $\mathcal{I}_h$ de la manière suivante: pour toute fonction v suffisamment régulière sur Ω, $\mathcal{I}_h v$ appartient à X_h et vérifie

$$\sigma_i(\mathcal{I}_h v) = \sigma_i(v), \quad 1 \leq i \leq N_h. \tag{1.10}$$

De façon équivalente, la fonction $\mathcal{I}_h v$ s'écrit

$$\mathcal{I}_h v = \sum_{i=1}^{N_h} \sigma_i(v)\, \varphi_i. \tag{1.11}$$

Théorème 1.5 *On suppose tous les éléments finis (K, P_K, Σ_K)*
(i) affine-équivalents à un même élément de référence $(\hat{K}, \hat{P}, \hat{\Sigma})$,
(ii) tels que P_K contienne l'espace $\mathcal{P}_k(K)$, $k \geq 0$,
(iii) tels que tous les éléments de Σ_K soient définis sur un espace $W(K)$.
Pour tout entier ℓ, $0 \leq \ell \leq k+1$, et pour tous p et q, $1 \leq p \leq q \leq +\infty$, tels que $W^{\ell,p}(K)$ soit inclus dans $W(K)$ et dans $L^q(K)$, il existe une constante c positive ne dépendant que de ℓ, p et q telle que, pour toute fonction v de $W^{\ell,p}(\Omega)$, on ait

$$\|v - \mathcal{I}_h v\|_{L^q(\Omega)} \leq c\, h^{\ell - \frac{d}{p} + \frac{d}{q}} |v|_{W^{\ell,p}(\Omega)}. \tag{1.12}$$

Démonstration: Comme la restriction de $\mathcal{I}_h v$ à tout élément K coïncide avec $\mathcal{I}_K v$, on a

$$\|v - \mathcal{I}_h v\|^q_{L^q(\Omega)} = \sum_{K \in \mathcal{T}_h} \|v - \mathcal{I}_K v\|^d_{L^q(K)}.$$

On déduit de (1.8) que

$$\|v - \mathcal{I}_h v\|^q_{L^q(\Omega)} = \sum_{K\in\mathcal{T}_h} h_K^{q(\ell-\frac{d}{p}+\frac{d}{q})} |v|^q_{W^{\ell,p}(K)}. \tag{1.13}$$

Comme tous les h_K sont $\leq h$, ceci entraîne

$$\|v - \mathcal{I}_h v\|^q_{L^q(\Omega)} = h^{q(\ell-\frac{d}{p}+\frac{d}{q})} \sum_{K\in\mathcal{T}_h} |v|^q_{W^{\ell,p}(K)}. \tag{1.14}$$

Comme q est $\geq p$, on conclut grâce à l'inégalité de Jensen (VIII.5.5).

On obtient également une estimation de l'erreur d'interpolation dans l'espace $W^{1,q}(\Omega)$, mais seulement lorsque les éléments finis (K, P_K, Σ_K) sont H^1-conformes (en effet, les $\mathcal{I}_h v$ n'appartiennent à $W^{1,q}(\Omega)$ que dans ce cas, voir Proposition VIII.4.3). La démonstration repose sur l'inégalité (1.9) et est donc évidente.

Théorème 1.6 *On suppose tous les éléments finis (K, P_K, Σ_K)*
(i) affine-équivalents à un même élément de référence $(\hat{K}, \hat{P}, \hat{\Sigma})$,
(ii) tels que P_K contienne l'espace $\mathcal{P}_k(K)$, $k \geq 0$,
(iii) tels que tous les éléments de Σ_K soient définis sur un espace $W(K)$,
(iv) et H^1-conformes.
Pour tout entier ℓ, $0 \leq \ell \leq k+1$, et pour tous p et q, $1 \leq p \leq q \leq +\infty$, tels que $W^{\ell,p}(K)$ soit inclus dans $W(K)$ et dans $W^{1,q}(K)$, il existe une constante c positive ne dépendant que de ℓ, p et q telle que, pour toute fonction v de $W^{\ell,p}(\Omega)$, on ait

$$\|v - \mathcal{I}_h v\|_{W^{1,q}(\Omega)} \leq c\, h^{\ell-1-\frac{d}{p}+\frac{d}{q}} |v|_{W^{\ell,p}(\Omega)}. \tag{1.15}$$

Lorsque les éléments (K, P_K, Σ_K) sont H^1-conformes, on a la propriété supplémentaire que l'opérateur $\mathcal{I}_h$ envoie les fonctions s'annulant sur $\partial\Omega$ sur l'espace X_h^0 introduit dans la Section VIII.4. D'après la Proposition VIII.4.4, l'opérateur $\mathcal{I}_h$ préserve donc la nullité sur la frontière $\partial\Omega$.

IX.2 Opérateurs de projection

Les opérateurs $\mathcal{I}_h^k$ et $\mathcal{I}_h$ introduits précédemment vérifient des propriétés d'approximation optimales, toutefois ils ne sont définis sauf exception que pour des fonctions continues, ce qui n'est pas le cas des fonctions de $L^2(\Omega)$ et $H^1(\Omega)$. Pour remédier à cet inconvénient, nous allons introduire des opérateurs de projection orthogonale et, pour simplifier, nous nous intéressons dans cette section uniquement à l'approximation dans des espaces de Hilbert (c'est-à-dire que nous prenons $p = q = 2$).

Soit Π_h l'opérateur de projection orthogonale de $L^2(\Omega)$ sur l'espace X_h: pour toute fonction v de $L^2(\Omega)$, $\Pi_h v$ appartient à X_h et vérifie

$$\forall w_h \in X_h, \quad \int_\Omega (\Pi_h v)(\boldsymbol{x}) w_h(\boldsymbol{x})\, d\boldsymbol{x} = \int_\Omega v(\boldsymbol{x}) w_h(\boldsymbol{x})\, d\boldsymbol{x}. \tag{2.1}$$

Les propriétés de cet opérateur sont énoncés dans le théorème qui suit.

Théorème 2.1 *On suppose tous les éléments finis* (K, P_K, Σ_K)
(i) affine-équivalents à un même élément de référence $(\hat{K}, \hat{P}, \hat{\Sigma})$,
(ii) tels que P_K *contienne l'espace* $\mathcal{P}_k(K)$, $k \geq 0$.
Pour tout entier ℓ, $0 \leq \ell \leq k+1$, *il existe une constante* c *positive ne dépendant que de* ℓ *telle que, pour toute fonction* v *de* $H^\ell(\Omega)$, *on ait*

$$\|v - \Pi_h v\|_{L^2(\Omega)} \leq c\, h^\ell \, \|v\|_{H^\ell(\Omega)}. \tag{2.2}$$

Démonstration: Par définition, l'opérateur Π_h vérifie

$$\|v - \Pi_h v\|_{L^2(\Omega)} \leq \|v\|_{L^2(\Omega)},$$

et

$$\|v - \Pi_h v\|_{L^2(\Omega)} = \inf_{w_h \in X_h} \|v - w_h\|_{L^2(\Omega)} \leq \|v - \mathcal{I}_h v\|_{L^2(\Omega)}.$$

D'après le Théorème 1.5, pour tout ℓ assez grand pour que $H^\ell(K)$ soit inclus dans l'espace $W(K)$, ceci entraîne pour toute fonction v de $H^\ell(\Omega)$

$$\|v - \Pi_h v\|_{L^2(\Omega)} \leq c\, h^\ell \, \|v\|_{H^\ell(K)}.$$

Lorsque $H^1(K)$ est inclus dans $W(K)$, le résultat est démontré. Sinon, on fixe un entier ℓ tel que $H^\ell(K)$ vérifie cette inclusion. On note que l'opérateur $Id - \Pi_h$ est continu de $L^2(\Omega)$ dans lui-même, de norme ≤ 1, et également de $H^\ell(\Omega)$ dans $L^2(\Omega)$, de norme $\leq c\, h^\ell$. D'après le Lemme III.2.12, pour tout ℓ' tel que $0 \leq \ell' \leq \ell$, il est alors continu de $H^{\ell'}(\Omega)$ dans $L^2(\Omega)$, de norme $\leq c\,(h^\ell)^{\frac{\ell'}{\ell}}$, d'où le résultat du théorème.

Dans le cas des éléments finis de Lagrange, on obtient ainsi une erreur d'approximation optimale pour des fonctions dans $H^1(\Omega)$ en dimension $d = 2$ ou $d = 3$.

Lorsque les éléments finis (K, P_K, Σ_K) sont H^1-conformes, on introduit également l'opérateur Π_h^1 de projection orthogonale de $H^1(\Omega)$ sur l'espace X_h: pour toute fonction v de $H^1(\Omega)$, $\Pi_h^1 v$ appartient à X_h et vérifie

$$\begin{aligned} \forall w_h \in X_h, \quad & \int_\Omega (\Pi_h^1 v)(\boldsymbol{x}) w_h(\boldsymbol{x})\, d\boldsymbol{x} + \int_\Omega (\mathbf{grad}\, \Pi_h^1 v)(\boldsymbol{x}) \cdot (\mathbf{grad}\, w_h)(\boldsymbol{x})\, d\boldsymbol{x} \\ & = \int_\Omega v(\boldsymbol{x}) w_h(\boldsymbol{x})\, d\boldsymbol{x} + \int_\Omega (\mathbf{grad}\, v)(\boldsymbol{x}) \cdot (\mathbf{grad}\, w_h)(\boldsymbol{x})\, d\boldsymbol{x}. \end{aligned} \tag{2.3}$$

Théorème 2.2 *On suppose tous les éléments finis* (K, P_K, Σ_K)
(i) affine-équivalents à un même élément de référence $(\hat{K}, \hat{P}, \hat{\Sigma})$,
(ii) tels que P_K *contienne l'espace* $\mathcal{P}_k(K)$, $k \geq 0$,
(iii) et H^1*- conformes.*
Pour tout entier ℓ, $1 \leq \ell \leq k+1$, *il existe une constante* c *positive ne dépendant que de* ℓ *telle que, pour toute fonction* v *de* $H^\ell(\Omega)$, *on ait*

$$\|v - \Pi_h^1 v\|_{H^1(\Omega)} \leq c\, h^{\ell-1} \, \|v\|_{H^\ell(\Omega)}. \tag{2.4}$$

Démonstration: Les arguments étant très similaires à ceux de la démonstration précédente, on donne juste les principales inégalités. On a par définition

$$\|v - \Pi_h^1 v\|_{H^1(\Omega)} \leq \|v\|_{H^1(\Omega)},$$

et aussi, pour tout ℓ assez grand pour que $H^\ell(K)$ soit inclus dans l'espace $W(K)$ et pour tout v dans $H^\ell(\Omega)$,

$$\|v - \Pi_h^1 v\|_{H^1(\Omega)} \leq \|v - \mathcal{I}_h v\|_{H^1(\Omega)} \leq c\, h^\ell\, \|v\|_{H^\ell(\Omega)}.$$

On conclut comme précédemment en utilisant un argument d'interpolation reposant sur le Lemme III.2.12 lorsque nécessaire.

L'opérateur Π_h^1 n'a aucune raison de préserver les propriétés de nullité sur la frontière. On introduit donc l'opérateur $\Pi_h^{1,0}$ de projection orthogonale de $H_0^1(\Omega)$ sur l'espace X_h^0: pour toute fonction v de $H_0^1(\Omega)$, $\Pi_h^{1,0} v$ appartient à X_h^0 et vérifie

$$\begin{aligned} &\forall w_h \in X_h^0, \\ &\int_\Omega (\mathbf{grad}\, \Pi_h^{1,0} v)(\boldsymbol{x}) \cdot (\mathbf{grad}\, w_h)(\boldsymbol{x})\, d\boldsymbol{x} = \int_\Omega (\mathbf{grad}\, v)(\boldsymbol{x}) \cdot (\mathbf{grad}\, w_h)(\boldsymbol{x})\, d\boldsymbol{x}. \end{aligned} \tag{2.5}$$

On ne donne pas la démonstration du théorème qui suit, car elle est exactement similaire à la précédente.

Théorème 2.3 *On suppose tous les éléments finis (K, P_K, Σ_K)*
(i) affine-équivalents à un même élément de référence $(\hat{K}, \hat{P}, \hat{\Sigma})$,
(ii) tels que P_K contienne l'espace $\mathcal{P}_k(K)$, $k \geq 0$,
(iii) et H^1- conformes.
Pour tout entier ℓ, $1 \leq \ell \leq k+1$, il existe une constante c positive ne dépendant que de ℓ telle que, pour toute fonction v de $H^\ell(\Omega) \cap H_0^1(\Omega)$, on ait

$$|v - \Pi_h^{1,0} v|_{H^1(\Omega)} \leq c\, h^{\ell-1}\, \|v\|_{H^\ell(\Omega)}. \tag{2.6}$$

Lorsque l'ouvert Ω est convexe, on peut déduire de la Remarque I.3.4 et par un argument de dualité d'Aubin et Nitsche les estimations suivantes (qui ne sont plus vérifiées dans un ouvert non convexe).

Corollaire 2.4 *Si l'ouvert Ω est convexe et sous les hypothèses des Théorèmes 2.2 ou 2.3, pour tout entier ℓ, $1 \leq \ell \leq k+1$, il existe une constante c positive ne dépendant que de ℓ telle que, pour toute fonction v de $H^\ell(\Omega)$, on ait*

$$\|v - \Pi_h^1 v\|_{L^2(\Omega)} \leq c\, h^\ell\, \|v\|_{H^\ell(\Omega)}, \tag{2.7}$$

et que, pour toute fonction v de $H^\ell(\Omega) \cap H_0^1(\Omega)$, on ait

$$\|v - \Pi_h^{1,0} v\|_{L^2(\Omega)} \leq c\, h^\ell\, \|v\|_{H^\ell(\Omega)}. \tag{2.8}$$

IX.3 Opérateurs de régularisation

On désire finalement construire un opérateur $\tilde{\Pi}_h$ qui soit défini sur $L^2(\Omega)$ par exemple et vérifie des estimations du type (1.3) ou (1.4). La construction d'un tel opérateur est due à P. Clément [45] et a été récemment généralisée dans [22]. On réfère à [102], à [110] et à [61, Appendix] pour des opérateurs un peu différents. La version que l'on présentera ici est extrêmement proche de celle de [61]. La démonstration des résultats de cette section est nettement plus complexe que ce qui précède.

Pour simplifier et grâce au Lemme 1.3, on se contente ici de travailler avec des éléments finis d-simpliciaux de Lagrange $(K, \mathcal{P}_k(K), \Sigma_K)$ d'ordre $k \geq 1$. Soit $\mathcal{V}_h^k$ l'union des treillis principaux $T_k(K)$ d'ordre k, $K \in \mathcal{T}_h$. On note $\boldsymbol{a}_i$, $1 \leq i \leq N_h$, les points de $\mathcal{V}_h^k$. L'opérateur d'interpolation est dans ce cas défini sur les fonctions continues par (voir (1.11))

$$\mathcal{I}_h v = \sum_{i=1}^{N_h} v(\boldsymbol{a}_i)\, \varphi_i,$$

et l'idée est de définir $\tilde{\Pi}_h$ par

$$\tilde{\Pi}_h v = \sum_{i=1}^{N_h} (\pi_i v)(\boldsymbol{a}_i)\, \varphi_i, \tag{3.1}$$

où π_i est un opérateur de régularisation dans un voisinage de $\boldsymbol{a}_i$, construit par projection locale.

Plus précisément, à tout point $\boldsymbol{a}_i$ de $\mathcal{V}_h^k$, on associe de façon arbitraire un des triangles de $\mathcal{T}_h$ contenant $\boldsymbol{a}_i$, que l'on note K_i. On note que lorsque $\boldsymbol{a}_i$ est intérieur à un triangle K, K_i coïncide nécessairement avec ce triangle tandis que si $\boldsymbol{a}_i$ est à l'intérieur d'un côté $(d = 2)$ ou d'une face $(d = 3)$ non contenue dans $\partial\Omega$, K_i est l'un des deux éléments de $\mathcal{T}_h$ se partageant ce côté ou cette face. Autrement le choix de K_i se fait parmi un nombre fini (borné en fonction du paramètre τ de régularité) d'éléments. Bien sûr, le même triangle peut aussi être associé à plusieurs points $\boldsymbol{a}_i$, $1 \leq i \leq N_h$. Ceci est illustré en dimension $d = 2$ sur la Figure 3.1.

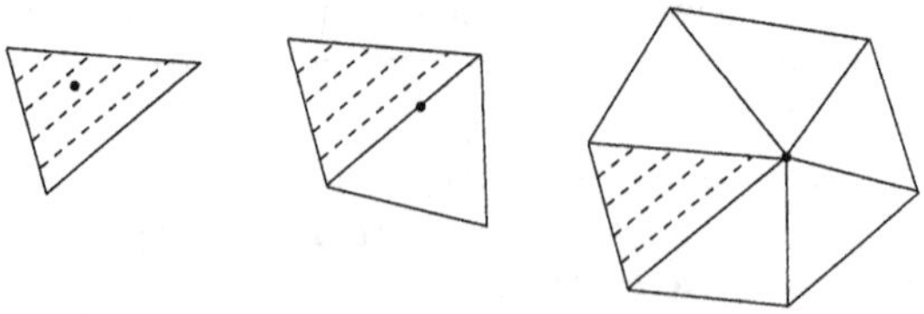

Figure 3.1. Quelques exemples de choix de K_i

On choisit de définir chaque π_i comme l'opérateur de projection orthogonale de $L^2(K_i)$ sur $\mathcal{P}_k(K_i)$: pour toute fonction v de $L^1(K_i)$, $\pi_i v$ appartient à $\mathcal{P}_k(K_i)$ et vérifie

$$\forall q \in \mathcal{P}_k(K_i), \qquad \int_{K_i} (v - \pi_i v)(\boldsymbol{x}) q(\boldsymbol{x})\, d\boldsymbol{x} = 0. \tag{3.2}$$

L'opérateur $\tilde{\Pi}_h$ est ainsi parfaitement défini par (3.1). On commence par prouver une propriété de stabilité de π_i.

Lemme 3.1 *Pour tout p tel que $1 \leq p \leq +\infty$, il existe une constante c positive ne dépendant que de p telle que, pour $1 \leq i \leq N_h$ et pour toute fonction v de $L^p(K_i)$, on ait*

$$\|\pi_i v\|_{L^p(K_i)} \leq c\,\|v\|_{L^p(K_i)}. \tag{3.3}$$

Démonstration: On note que la définition de l'opérateur π_i est invariante par passage à l'élément de référence, au sens où, si F_i désigne l'application affine qui envoie cet élément $\hat{K}$ sur K_i et $\hat{\pi}$ désigne l'opérateur de projection orthogonale de $L^2(\hat{K})$ sur $\mathcal{P}_k(\hat{K})$, on a la relation pour toute fonction v de $L^1(K_i)$

$$(\pi_i v) \circ F_i = \hat{\pi}(v \circ F_i).$$

Grâce au Lemme VII.2.10, on est donc amené à prouver que, pour toute fonction $\hat{v}$ de $L^p(\hat{K})$

$$\|\hat{\pi}\hat{v}\|_{L^p(\hat{K})} \leq c\,\|\hat{v}\|_{L^p(\hat{K})}. \tag{3.4}$$

En utilisant l'analogue de (3.2) sur $\hat{K}$ et en choisissant p' tel que $\frac{1}{p} + \frac{1}{p'} = 1$, on voit que

$$\|\hat{\pi}\hat{v}\|^2_{L^2(\hat{K})} \leq c\,\|\hat{v}\|_{L^p(\hat{K})}\|\hat{\pi}\hat{v}\|_{L^{p'}(\hat{K})}.$$

On déduit alors de l'équivalence des normes sur $\mathcal{P}_k(\hat{K})$ l'existence de deux constantes $\hat{c}$ et $\hat{c}'$ telles que

$$\|\hat{\pi}\hat{v}\|_{L^p(\hat{K})} \leq \hat{c}\,\|\hat{\pi}\hat{v}\|_{L^2(\hat{K})}, \quad \|\hat{\pi}\hat{v}\|_{L^{p'}(\hat{K})} \leq \hat{c}'\,\|\hat{\pi}\hat{v}\|_{L^2(\hat{K})},$$

ce qui, inséré dans la ligne précédente, donne (3.4) et donc termine la démonstration.

L'étape suivante consiste à prouver plusieurs résultats d'approximation sur l'union de certains éléments K de $\mathcal{T}_h$ contenant $\boldsymbol{a}_i$. Pour simplifier, on note h_i le diamètre de l'élément K_i, $1 \leq i \leq N_h$. La démonstration du lemme suivant est due à [56, Thm 3.2].

Lemme 3.2 *Soit $\tilde{\Delta}_i$ l'union de deux éléments de $\mathcal{T}_h$ contenant $\boldsymbol{a}_i$ et partageant au moins un côté ($d = 2$) ou une face ($d = 3$). Pour tout p tel que $1 \leq p \leq +\infty$, il existe une constante c positive ne dépendant que de p telle que, pour toute fonction v de $W^{1,p}(\tilde{\Delta}_i)$, on ait*

$$\inf_{q \in \mathcal{P}_0(\tilde{\Delta}_i)} \big(\|v - q\|_{L^p(\tilde{\Delta}_i)} + h_i\,|v - q|_{W^{1,p}(\tilde{\Delta}_i)}\big) \leq c\,h_i\,|v|_{W^{1,p}(\tilde{\Delta}_i)}. \tag{3.5}$$

Démonstration: On note K et K' les deux éléments de $\mathcal{T}_h$ contenus dans $\tilde{\Delta}_i$, et e leur côté ou face commune. Si h_e désigne le diamètre de e et $\boldsymbol{m}_e$ son milieu ou barycentre, il existe une constante λ ne dépendant que du paramètre de régularité τ de la famille de triangulations telle que $\tilde{\Delta}_i$ soit étoilé par rapport à tout point de la boule B de centre $\boldsymbol{m}_e$ et de rayon λh_e (voir Figure 3.2). On introduit une fonction $\hat{\varphi}$ de $\mathscr{D}(\hat{B})$, d'intégrale égale à 1 sur $\hat{B}$, où $\hat{B}$ désigne la boule unité, et on note que la fonction φ définie par

$$\varphi(\boldsymbol{x}) = (\lambda h_e)^{-d}\,\hat{\varphi}(\frac{\boldsymbol{x} - \boldsymbol{m}_e}{\lambda\,h_e}),$$

appartient à $\mathscr{D}(B)$ et est également d'intégrale 1 sur B. Sans changement de notation, cette fonction est prolongée par zéro au domaine $\tilde{\Delta}_i$ tout entier.

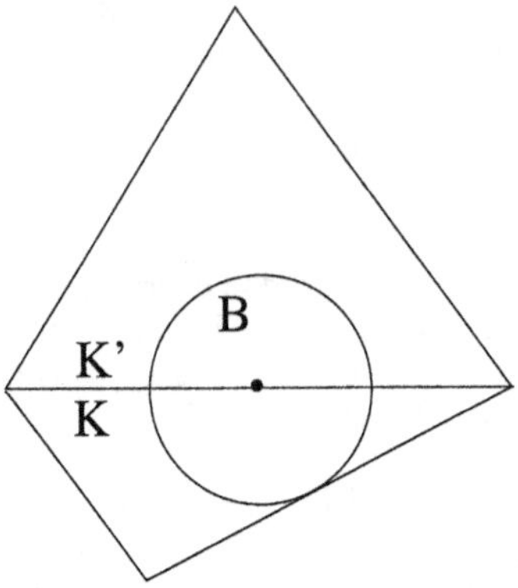

Figure 3.2. Un domaine $\tilde{\Delta}_i$ et la boule B associée en dimension $d = 2$

On pose alors

$$q = \int_B \varphi(\boldsymbol{y}) v(\boldsymbol{y}) \, d\boldsymbol{y}.$$

On va évaluer la norme de $v - q$ dans $L^p(\tilde{\Delta}_i)$ en plusieurs étapes.

1) La formule de Taylor avec reste intégral s'écrit, pour tous $\boldsymbol{x}$ dans $\tilde{\Delta}_i$ et $\boldsymbol{y}$ dans B,

$$v(\boldsymbol{x}) = v(\boldsymbol{y}) + \int_0^1 (\boldsymbol{x} - \boldsymbol{y}) \cdot (\mathbf{grad}\, v)\big(\boldsymbol{x} + s(\boldsymbol{y} - \boldsymbol{x})\big) \, ds.$$

On multiplie cette égalité par $\varphi(\boldsymbol{y})$ et on intègre sur B, ce qui donne

$$v(\boldsymbol{x}) - q = \int_B \int_0^1 \varphi(\boldsymbol{y}) \, (\boldsymbol{x} - \boldsymbol{y}) \cdot (\mathbf{grad}\, v)\big(\boldsymbol{x} + s(\boldsymbol{y} - \boldsymbol{x})\big) \, ds \, d\boldsymbol{y}.$$

On effectue le changement de variable $\boldsymbol{z} = \boldsymbol{x} + s(\boldsymbol{y} - \boldsymbol{x})$ et, comme $\tilde{\Delta}_i$ est étoilé par rapport à B, on en déduit

$$|v(\boldsymbol{x}) - q| \le \int_{\tilde{\Delta}_i} \int_0^1 \varphi(\boldsymbol{x} + s^{-1}(\boldsymbol{z} - \boldsymbol{x})) \, s^{-1}(\boldsymbol{x} - \boldsymbol{z}) \cdot \mathbf{grad}\, v(\boldsymbol{z}) \, s^{-d} \, ds \, d\boldsymbol{z},$$

d'où

$$\begin{aligned} &|v(\boldsymbol{x}) - q| \le \Big| \int_{\tilde{\Delta}_i} k(\boldsymbol{x}, \boldsymbol{z}) \, (\boldsymbol{x} - \boldsymbol{z}) \cdot \mathbf{grad}\, v(\boldsymbol{z}) \, d\boldsymbol{z} \Big|, \\ &\qquad\qquad \text{avec} \quad k(\boldsymbol{x}, \boldsymbol{z}) = \int_0^1 \varphi(\boldsymbol{x} + s^{-1}(\boldsymbol{z} - \boldsymbol{x})) \, s^{-d-1} \, ds. \end{aligned} \tag{3.6}$$

2) On note que $\varphi(\boldsymbol{x} + s^{-1}(\boldsymbol{z} - \boldsymbol{x})) \, s^{-d-1}$ est nul lorsque $\|\boldsymbol{x} + s^{-1}(\boldsymbol{z} - \boldsymbol{x}) - \boldsymbol{m}_e\|$ est supérieur à $\lambda \, h_e$, donc en particulier lorsque s est $\le (\mu \, h_e)^{-1} \, \|\boldsymbol{z} - \boldsymbol{x}\|$, pour une constante μ ne dépendant que du paramètre τ. On en déduit

$$|k(\boldsymbol{x}, \boldsymbol{z})| \le \|\varphi\|_{L^\infty(B)} \int_{(\mu h_e)^{-1} \, \|\boldsymbol{z} - \boldsymbol{x}\|}^1 s^{-d-1} \, ds \le c \, \|\varphi\|_{L^\infty(B)} \, (\mu h_e)^d \, \big(\|\boldsymbol{x} - \boldsymbol{z}\|^{-d} - (\mu h_e)^{-d}\big).$$

Comme la norme $\|\varphi\|_{L^\infty(B)}$ est égale à $(\lambda h_e)^{-d}\,\|\hat\varphi\|_{L^\infty(\hat B)}$, on obtient

$$|k(\boldsymbol{x},z)| \le c\,(\|\boldsymbol{x}-\boldsymbol{z}\|^{-d} + (\mu\,h_e)^{-d}). \tag{3.7}$$

3) Si la fonction $\tilde k$ est définie par

$$\tilde k(\boldsymbol{z}) = (\|\boldsymbol{z}-\boldsymbol{m}_e\|^{-d} + (\mu\,h_e)^{-d})\,\|\boldsymbol{z}-\boldsymbol{m}_e\|,$$

on déduit des formules (3.6) et (3.7) que, à la translation $\boldsymbol{x} \mapsto \boldsymbol{x}-\boldsymbol{m}_e$ près et pour tout $\boldsymbol{x}$ dans $\tilde\Delta_i$,

$$|(v-q)(\boldsymbol{x})| \le c\,(\tilde k \star \|\mathbf{grad}\,v\|)(\boldsymbol{x}),$$

où le symbole $\star$ désigne le produit de convolution. L'inégalité de Young (voir [3, Thm 4.30] ou [100, Chap. 7]) entraîne alors

$$\|v-q\|_{L^p(\tilde\Delta_i)} \le \|\tilde k\|_{L^1(\tilde\Delta_i)}\|\mathbf{grad}\,v\|_{L^p(\tilde\Delta_i)^d}.$$

On note que

$$\|\tilde k\|_{L^1(\tilde\Delta_i)^d} = \int_{\tilde\Delta_i} (|\boldsymbol{z}-\boldsymbol{m}_e|^{1-d} + |\boldsymbol{z}-\boldsymbol{m}_e|(\mu\,h_e)^{-d})\,dz$$
$$\le c\int_0^{c'h_e} (r^{1-d} + (\mu h_e)^{-d}\,r)\,r^{d-1}\,dr = c''\,h_e,$$

d'où la première inégalité de (3.5). La seconde est évidente car les quantités $|v-q|_{W^{1,p}(\tilde\Delta_i)}$ et $|v|_{W^{1,p}(\tilde\Delta_i)}$ sont égales.

Le lemme suivant ne sera utilisé qu'en dimension $d=3$. On réfère à [56, Thm 3.2] pour sa démonstration, qui repose sur les mêmes arguments que celle du Lemme 3.2 mais est beaucoup plus technique.

Lemme 3.3 *Soit $\tilde\Delta_i$ le voisinage de $\boldsymbol{a}_i$ introduit dans le Lemme 3.2. Pour tout p tel que $1 \le p \le +\infty$, il existe une constante c positive ne dépendant que de p telle que, pour toute fonction v de $W^{2,p}(\tilde\Delta_i)$, on ait*

$$\inf_{q\in\mathcal{P}_1(\tilde\Delta_i)} \big(\|v-q\|_{L^p(\tilde\Delta_i)} + h_i\,|v-q|_{W^{1,p}(\tilde\Delta_i)}\big) \le c\,h_i^2\,\|v\|_{W^{2,p}(\tilde\Delta_i)}. \tag{3.8}$$

L'argument utilisé dans le lemme suivant est dû à [56, Thm 7.1].

Lemme 3.4 *Soit Δ_i l'union de tous les éléments K de $\mathcal{T}_h$ contenant $\boldsymbol{a}_i$. Pour tout p tel que $1 \le p \le +\infty$, il existe une constante c positive ne dépendant que de p telle que, pour toute fonction v de $W^{1,p}(\Delta_i)$, on ait*

$$\inf_{q\in\mathcal{P}_0(\Delta_i)} \big(\|v-q\|_{L^p(\Delta_i)} + h_i\,|v-q|_{W^{1,p}(\Delta_i)}\big) \le c\,h_i\,\|v\|_{W^{1,p}(\Delta_i)}, \tag{3.9}$$

et telle que, pour toute fonction v de $W^{2,p}(\Delta_i)$, on ait

$$\inf_{q\in\mathcal{P}_1(\Delta_i)} \big(\|v-q\|_{L^p(\Delta_i)} + h_i\,|v-q|_{W^{1,p}(\Delta_i)}\big) \le c\,h_i^2\,\|v\|_{W^{2,p}(\Delta_i)}. \tag{3.10}$$

Démonstration: Il existe un entier J majoré en fonction du paramètre de régularité de la famille de triangulations tel que Δ_i soit l'union des $\tilde{\Delta}_i^j$, $1 \leq j \leq J$, où les $\tilde{\Delta}_i^j$ sont les unions de deux éléments adjacents de $\mathcal{T}_h$ tels qu'introduits dans le Lemme 3.2, et en outre tel que l'intersection de $\tilde{\Delta}_i^j$ et $\tilde{\Delta}_i^{j+1}$, $1 \leq j \leq J-1$, soit un élément de $\mathcal{T}_h$, que l'on note K_i^j. La démonstration s'effectue en plusieurs étapes.
1) Soit $\{\varphi_\ell,\ 1 \leq \ell \leq L\}$, une base de $\mathcal{P}_k$, $k=0$ ou 1. Si l'on note $\hat{B}_\mu$ la boule de $\mathbb{R}^d$ centrée en $\mathbf{0}$ et de rayon $\mu \geq 1$, pour tout polynôme $\varphi = \sum_{\ell=1}^L \alpha_\ell\, \varphi_\ell$, les normes $\|\varphi\|_{L^p(\hat{B}_1)}$ et $\|\varphi\|_{L^p(\hat{B}_\mu)}$ sont toutes deux équivalentes à $\left(\sum_{\ell=1}^L |\alpha_\ell|^p\right)^{\frac{1}{p}}$. Il existe donc une constante $\hat{c}$ ne dépendant que de k, p et μ telle que

$$\forall \varphi \in \mathcal{P}_k, \qquad \|\varphi\|_{L^p(\hat{B}_\mu)} \leq \hat{c}\, \|\varphi\|_{L^p(\hat{B}_1)}. \tag{3.11}$$

2) Pour $1 \leq j \leq J-1$, soit ρ_i^j le rayon du cercle ou de la sphère B_i^j inscrite dans K_i^j. Il existe alors une constante μ ne dépendant que du paramètre de régularité τ telle que $\tilde{\Delta}_i^j \cup \tilde{\Delta}_i^{j+1}$ soit inclus dans le cercle ou la sphère de même centre que B_i^j et de rayon $\mu\, \rho_i^j$. Par translation et homothétie, on déduit de l'inégalité (3.11) que

$$\forall \varphi \in \mathcal{P}_k, \qquad \|\varphi\|_{L^p(\tilde{\Delta}_i^j \cup \tilde{\Delta}_i^{j+1})} \leq \hat{c}\, \|\varphi\|_{L^p(K_i^j)}. \tag{3.12}$$

Lorsqu'on applique cette inégalité aux dérivées partielles de φ, on obtient le même résultat avec la norme de type L^p remplacée par la semi-norme de type $W^{1,p}$.
3) On définit les sous-domaines $\Delta_{i,n}$ égaux à l'union des $\tilde{\Delta}_i^j$, $1 \leq j \leq n$, (de sorte que Δ_i est égal à $\Delta_{i,J}$) et on va démontrer les estimations par récurrence sur n. Soit par exemple $\|\cdot\|_{X(\Delta)}$ la norme figurant dans le membre de gauche de (3.9) ou (3.10) lorsqu'appliquée sur un domaine Δ. On note que le résultat pour $n=1$ est une conséquence immédiate des Lemmes 3.2 ou 3.3 sur $\tilde{\Delta}_i^1$, on suppose le résultat vrai pour n, on note q_n le polynôme vérifiant l'estimation correspondante et on va le démontrer pour $n+1$. Soit $\tilde{q}$ le polynôme de $\mathcal{P}_k$ vérifiant l'estimation (3.5) ou (3.8) pour le domaine $\tilde{\Delta}_i^{n+1}$. On utilise l'inégalité de Jensen

$$\|v - q_n\|_{X(\Delta_{i,n+1})} \leq \|v - q_n\|_{X(\Delta_{i,n})} + \|v - q_n\|_{X(\tilde{\Delta}_i^{n+1})},$$

puis l'inégalité triangulaire

$$\|v - q_n\|_{X(\Delta_{i,n+1})} \leq \|v - q_n\|_{X(\Delta_{i,n})} + \|v - \tilde{q}\|_{X(\tilde{\Delta}_i^{n+1})} + \|\tilde{q} - q_n\|_{X(\tilde{\Delta}_i^{n+1})}.$$

On déduit alors de (3.12) l'estimation

$$\|v - q_n\|_{X(\Delta_{i,n+1})} \leq \|v - q_n\|_{X(\Delta_{i,n})} + \|v - \tilde{q}\|_{X(\tilde{\Delta}_i^{n+1})} + \hat{c}\, \|\tilde{q} - q_n\|_{X(K_i^n)},$$

d'où

$$\|v - q_n\|_{X(\Delta_{i,n+1})} \leq c\, \big(\|v - q_n\|_{X(\Delta_{i,n})} + \|v - \tilde{q}\|_{X(\tilde{\Delta}_i^{n+1})} + \|v - q_n\|_{X(\tilde{\Delta}_i^n)}\big).$$

L'estimation cherchée sur $\Delta_{i,n+1}$ se déduit alors de l'hypothèse de récurrence et des Lemmes 3.2 et 3.3, ce qui conclut la démonstration.

On est maintenant en mesure de prouver les estimations concernant l'opérateur $\tilde{\Pi}_h$ défini en (3.1). Pour cela, on utilise la notation suivante, illustrée par la Figure 3.3.

Notation 3.5 Pour tout triangle K de $\mathcal{T}_h$, on désigne par Δ_K l'union des éléments de $\mathcal{T}_h$ partageant au moins un sommet avec K.

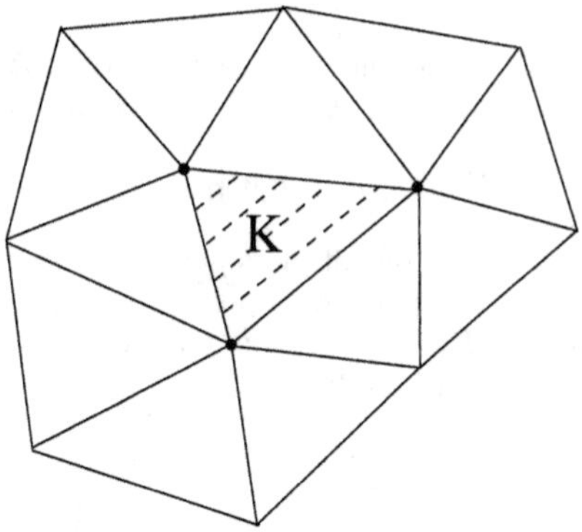

Figure 3.3. Exemple de domaine Δ_K

Comme la famille de triangulations $(\mathcal{T}_h)_h$ est régulière, on peut vérifier [22][45] qu'il existe des constantes L, L', c_1 et c_2 indépendantes de h telles que, pour tout élément K de $\mathcal{T}_h$,
(i) Δ_K contienne au plus L éléments de $\mathcal{T}_h$,
(ii) tout élément K de $\mathcal{T}_h$ soit inclus dans au plus L' domaines Δ_κ,
(iii) on ait pour tout élément κ de $\mathcal{T}_h$ contenu dans Δ_K

$$c_1\, h_K \le h_\kappa \le c_2\, h_K. \tag{3.13}$$

Exactement les mêmes arguments que pour le Lemme 3.4 permettent de prouver le résultat suivant.

Lemme 3.6 *Sous les hypothèses du Lemme* 3.4, *l'estimation* (3.9), *respectivement* (3.10), *reste vraie pour toute fonction v de $W^{1,p}(\Delta_K)$, respectivement de $W^{2,p}(\Delta_K)$, si l'on remplace Δ_i par Δ_K.*

Théorème 3.7 *Pour tout entier ℓ, $0 \le \ell \le k+1$, et pour tout p tel que $1 \le p \le +\infty$, il existe une constante c positive ne dépendant que de ℓ et p, telle que, pour tout élément K de $\mathcal{T}_h$ et pour toute fonction v de $W^{\ell,p}(\Delta_K)$, on ait*

$$\|v - \tilde{\Pi}_h v\|_{L^p(K)} \le c\, h_K^\ell\, |v|_{W^{\ell,p}(\Delta_K)}. \tag{3.14}$$

Démonstration: On note par passage au triangle de référence que

$$\|\varphi_i\|_{L^p(K)} \le \hat{c}\, h_K^{\frac{d}{p}}. \tag{3.15}$$

On traite successivement les cas $\ell = 0$, $\ell = 1$ et éventuellement $\ell = 2$, $\ell \ge d$.
1) On voit que

$$\|\tilde{\Pi}_h v\|_{L^p(K)} \le \sum_{i=1}^{N_h} \alpha_i\, \|\pi_i v\|_{L^\infty(K_i)}\, \|\varphi_i\|_{L^p(K)},$$

où α_i vaut 1 si le support de φ_i est d'intersection non vide avec K, 0 sinon. En combinant l'inégalité inverse (VII.4.1) avec (3.15), on obtient

$$\|\tilde{\Pi}_h v\|_{L^p(K)} \leq c \sum_{i=1}^{N_h} \alpha_i \, h_{K_i}^{-\frac{d}{p}} h_K^{\frac{d}{p}} \|\pi_i v\|_{L^p(K_i)}.$$

Comme les K_i pour lesquels α_i est non nul sont contenus dans Δ_K et que les α_i non nuls sont en nombre fini (borné en fonction de k), on déduit de (3.13) et du Lemme 3.1 que

$$\|\tilde{\Pi}_h v\|_{L^p(K)} \leq c \, \|v\|_{L^p(\Delta_K)}. \tag{3.16}$$

La majoration (3.14) pour $\ell = 0$ s'en déduit alors par une inégalité triangulaire.
2) Lorsque ℓ est égal à 1, pour n'importe quel polynôme q de $\mathcal{P}_k(\Delta_K)$, on observe que, pour tout point $\boldsymbol{a}_i$ contenu dans K, $\pi_i q$ est égal à q, d'où l'on déduit que la restriction de $\tilde{\Pi}_h q$ à K est elle aussi égale à q. Ceci implique

$$\|v - \tilde{\Pi}_h v\|_{L^p(K)} = \|v - q - \tilde{\Pi}_h(v - q)\|_{L^p(K)} \leq \|v - q\|_{L^p(K)} + \|\tilde{\Pi}_h(v - q)\|_{L^p(K)}.$$

d'où, d'après (3.16),

$$\|v - \tilde{\Pi}_h v\|_{L^p(K)} \leq c \, \|v - q\|_{L^p(\Delta_K)}. \tag{3.17}$$

On déduit alors l'estimation cherchée du Lemme 3.6. La même démonstration avec l'analogue de (3.9) sur Δ_K remplacé par l'analogue de (3.10) donne également l'estimation pour $\ell = 2$ dans le cas de la dimension $d = 3$.
3) Lorsque ℓ est $\geq d$, $W^{\ell,p}(\Delta_K)$ est inclus dans l'espace des fonctions continues sur K de telle sorte qu'on peut utiliser l'opérateur d'interpolation $\mathcal{I}_h$ introduit dans la Section 1. On note en effet que, pour tout $\boldsymbol{a}_i$, $\pi_i(\mathcal{I}_h v)$ est égal à $(\mathcal{I}_h v)_{|K_i}$, de sorte que $\tilde{\Pi}_h(\mathcal{I}_h v)$ et $\mathcal{I}_h v$ coïncident. On obtient alors

$$\|v - \tilde{\Pi}_h v\|_{L^p(K)} \leq \|v - \mathcal{I}_h v\|_{L^p(K)} + \|\tilde{\Pi}_h(v - \mathcal{I}_h v)\|_{L^p(K)},$$

d'où, en utilisant une fois de plus (3.16),

$$\|v - \tilde{\Pi}_h v\|_{L^p(K)} \leq c \, \|v - \mathcal{I}_h v\|_{L^p(\Delta_K)}. \tag{3.18}$$

La Proposition 1.4 donne alors le résultat désiré.

Le même opérateur $\tilde{\Pi}_h$ possède également de bonnes propriétés d'approximation dans des normes d'ordre plus élevé.

Théorème 3.8 *Pour tout entier ℓ, $1 \leq \ell \leq k+1$, et pour tout p tel que $1 \leq p \leq +\infty$, il existe une constante c positive ne dépendant que de ℓ et p, telle que, pour tout élément K de $\mathcal{T}_h$ et pour toute fonction v de $W^{\ell,p}(\Delta_K)$, on ait*

$$|v - \tilde{\Pi}_h v|_{W^{1,p}(K)} \leq c \, h_K^{\ell-1} \, |v|_{W^{\ell,p}(\Delta_K)}. \tag{3.19}$$

Démonstration: Compte-tenu de l'estimation

$$|\varphi_i|_{W^{1,p}(K)} \leq \hat{c} \, h_K^{-1+\frac{d}{p}}, \tag{3.20}$$

et en utilisant exactement les mêmes estimations que dans la démonstration du Théorème 3.7, on obtient pour tout polynôme q de $\mathcal{P}_k(\Delta_K)$,

$$|v - \tilde{\Pi}_h v|_{W^{1,p}(K)} \le |v - q|_{W^{1,p}(K)} + c\, h_K^{-1}\, \|v - q\|_{L^p(K)}.$$

On déduit alors les estimations pour $\ell = 1$ et $\ell = 2$ dans le cas $d = 3$ du Lemme 3.6. Dans le cas $\ell \geq d$, on établit comme précédemment la majoration

$$|v - \tilde{\Pi}_h v|_{W^{1,p}(K)} = |v - \mathcal{I}_h v|_{W^{1,p}(K)} + c\, h_K^{-1}\, \|v - \mathcal{I}_h v\|_{L^p(K)},$$

et l'on prouve le résultat cherché à partir de la Proposition 1.4.

On a souvent besoin de l'estimation suivante, sur un côté ou une face d'un élément de $\mathcal{T}_h$, dont la démonstration suit les mêmes lignes que précédemment.

Corollaire 3.9 *Pour tout entier ℓ, $1 \leq \ell \leq k+1$, et pour tout p tel que $1 < p < +\infty$, il existe une constante c positive ne dépendant que de ℓ et p, telle que, pour tout élément K de $\mathcal{T}_h$ et tout côté ($d = 2$) ou face ($d = 3$) e de K, et pour toute fonction v de $W^{\ell,p}(\Delta_K)$, on ait*

$$\|v - \tilde{\Pi}_h v\|_{L^p(e)} \le c\, h_K^{\ell - \frac{1}{p}}\, |v|_{W^{\ell,p}(\Delta_K)}. \tag{3.21}$$

On déduit facilement des Théorèmes 3.7 et 3.8 les majorations globales sur Ω, grâce à la propriété (ii) des sous-domaines Δ_K.

Théorème 3.10 *Pour tout entier ℓ, $0 \leq \ell \leq k+1$, et pour tout p tel que $1 \leq p \leq +\infty$, il existe une constante c positive ne dépendant que de ℓ et p, telle que, pour toute fonction v de $W^{\ell,p}(\Omega)$, on ait la majoration*

$$\|v - \tilde{\Pi}_h v\|_{L^p(\Omega)} \le c\, h^{\ell} |v|_{W^{\ell,p}(\Omega)}. \tag{3.22}$$

En outre, lorsque ℓ est ≥ 1, on a la majoration

$$|v - \tilde{\Pi}_h v|_{W^{1,p}(\Omega)} \le c\, h^{\ell-1} |v|_{W^{\ell,p}(\Omega)}. \tag{3.23}$$

Malheureusement, l'opérateur $\tilde{\Pi}_h$ ne préserve pas la nullité sur $\partial\Omega$. On est donc amené à introduire un autre opérateur à valeurs dans X_h^0. Dans ce but, parmi les nœuds $\boldsymbol{a}_i$, $1 \leq i \leq N_h$, de $\mathcal{V}_h^k$, on convient de noter $\boldsymbol{a}_i$, $1 \leq i \leq N_h^0$, ceux qui appartiennent à Ω. On décide de choisir les K_i correspondants aux nœuds $\boldsymbol{a}_i$, $N_h^0 + 1 \leq i \leq N_h$, (c'est-à-dire tels que $\boldsymbol{a}_i$ appartienne à $\partial\Omega$), tels que un des côtés ($d = 2$) ou faces ($d = 3$) de K_i soit contenu dans $\partial\Omega$. On note que cette hypothèse n'est pas restrictive car le choix des K_i est parfaitement aléatoire. Grâce à la H^1-conformité des éléments finis d-simpliciaux de Lagrange, l'opérateur $\tilde{\Pi}_h^0$ défini par

$$\tilde{\Pi}_h^0 v = \sum_{i=1}^{N_h^0} (\pi_i v)(\boldsymbol{a}_i)\, \varphi_i, \tag{3.24}$$

est à valeurs dans X_h^0. On note de plus que les restrictions de $\tilde{\Pi}_h$ et $\tilde{\Pi}_h^0$ à un élément K coïncident pour tous les K dont l'intersection avec $\partial\Omega$ est vide.

Théorème 3.11 *Pour tout entier ℓ, $1 \le \ell \le k+1$, et pour tout nombre réel p, $1 \le p \le +\infty$, il existe une constante c positive ne dépendant que de ℓ et p, telle que, pour tout élément K de $\mathcal{T}_h$ et pour toute fonction v de $W^{\ell,p}(\Delta_K)$ s'annulant sur $\Delta_K \cap \partial\Omega$, on ait*

$$\|v - \tilde{\Pi}_h^0 v\|_{L^p(K)} \le c\, h_K^\ell\, |v|_{W^{\ell,p}(\Delta_K)} \quad \text{et} \quad |v - \tilde{\Pi}_h^0 v|_{W^{1,p}(K)} \le c\, h_K^{\ell-1}\, |v|_{W^{\ell,p}(\Delta_K)}. \qquad (3.25)$$

Démonstration: Par définition de $\tilde{\Pi}_h^0$, on a la formule

$$v - \tilde{\Pi}_h^0 v = v - \tilde{\Pi}_h v + \sum_{i=N_h^0+1}^{N_h} (\pi_i v)(\boldsymbol{a}_i)\, \varphi_i.$$

D'après les formules (3.15) et (3.20), il suffit donc d'évaluer les $(\pi_i v)(\boldsymbol{a}_i)$, $N_h^0+1 \le i \le N_h$. Soit donc $\boldsymbol{a}_i$ un tel sommet, et soit e_i un côté ($d=2$) ou une face ($d=3$) de K_i contenant $\boldsymbol{a}_i$ et contenu dans $\partial\Omega$.
1) Lorsque ℓ est inférieur à d, on note que, par passage à un élément fini de référence $\hat{K}$, avec une notation évidente pour $\hat{e}$ et l'opérateur $\hat{\pi}$ introduit dans la démonstration du Lemme 3.1,

$$|(\pi_i v)(\boldsymbol{a}_i)| \le \|\pi_i v\|_{L^\infty(e_i)} = \|\hat{\pi}\hat{v}\|_{L^\infty(\hat{e})} \le \hat{c}\, \|\hat{\pi}\hat{v}\|_{L^p(\hat{e})}.$$

Comme v s'annule sur $\partial\Omega$, donc sur e_i,

$$|(\pi_i v)(\boldsymbol{a}_i)| \le \hat{c}\, \|\hat{v} - \hat{\pi}\hat{v}\|_{L^p(\hat{e})}.$$

On note alors que, pour tout polynôme $\hat{q}$ de $\mathcal{P}_{\ell-1}(\hat{K})$, $\hat{\pi}\hat{q}$ coïncide avec $\hat{q}$, de sorte que

$$|(\pi_i v)(\boldsymbol{a}_i)| \le \hat{c}\, \big(\|\hat{v} - \hat{q}\|_{L^p(\hat{e})} + \|\hat{\pi}(\hat{v} - \hat{q})\|_{L^p(\hat{e})}\big).$$

Pour majorer le premier terme, on utilise le théorème de traces

$$\|\hat{v} - \hat{q}\|_{L^p(\hat{e})} \le \hat{c}'\, \big(\|\hat{v} - \hat{q}\|_{L^p(\hat{K})} + |\hat{v} - \hat{q}|_{W^{1,p}(\hat{K})}\big).$$

Pour majorer le second, on utilise l'équivalence des normes sur $\mathcal{P}_{\ell-1}(\hat{K})$, ainsi que la propriété (3.4)

$$\|\hat{\pi}(\hat{v} - \hat{q})\|_{L^p(\hat{e})} \le c\, \|\hat{\pi}(\hat{v} - \hat{q})\|_{L^p(\hat{K})} \le c'\, \|\hat{v} - \hat{q}\|_{L^p(\hat{K})}.$$

En retournant à l'élément K_i, on obtient

$$|(\pi_i v)(\boldsymbol{a}_i)| \le c\, \big(h_{K_i}^{-\frac{d}{p}}\, \|v - q\|_{L^p(K_i)} + h_{K_i}^{1-\frac{d}{p}}\, |v - q|_{W^{1,p}(K_i)}\big).$$

On conclut alors en utilisant les Lemmes 3.2 et 3.3.
2) Lorsque ℓ est $\ge d$, on note que $\mathcal{I}_h v$ s'annule sur $\partial\Omega$. On a donc

$$|(\pi_i v)(\boldsymbol{a}_i)| \le \|\hat{\pi}\hat{v} - \mathcal{I}_{\hat{K}}\hat{v}\|_{L^\infty(\hat{e})} \le \hat{c}\, \|\hat{\pi}\hat{v} - \mathcal{I}_{\hat{K}}\hat{v}\|_{L^p(\hat{e})}.$$

On utilise l'équivalence des normes sur $\mathcal{P}_k(\hat{K})$ et le fait que $\hat{\pi}(\mathcal{I}_{\hat{K}}\hat{v})$ coïncide avec $\mathcal{I}_{\hat{K}}\hat{v}$, puis (3.4) pour obtenir

$$|(\pi_i v)(\boldsymbol{a}_i)| \leq \hat{c}\, \|\hat{\pi}(\hat{v} - \mathcal{I}_{\hat{K}}\hat{v})\|_{L^p(\hat{K})} \leq \hat{c}'\, \|\hat{v} - \mathcal{I}_{\hat{K}}\hat{v}\|_{L^p(\hat{K})},$$

d'où, en retournant à l'élément K_i,

$$|(\pi_i v)(\boldsymbol{a}_i)| \leq c\, h_{K_i}^{-\frac{d}{p}}\, \|v - \mathcal{I}_h v\|_{L^p(K_i)}.$$

On conclut en utilisant le Théorème 1.5.

L'analogue du Corollaire 3.9 est encore vrai dans notre cas.

Corollaire 3.12 *Pour tout entier ℓ, $1 \leq \ell \leq k+1$, et pour tout p tel que $1 < p < +\infty$, il existe une constante c positive ne dépendant que de ℓ et p, telle que, pour tout élément K de $\mathcal{T}_h$ et tout côté ($d = 2$) ou face ($d = 3$) e de K non contenu dans $\partial\Omega$, et pour toute fonction v de $W^{\ell,p}(\Delta_K)$ s'annulant sur $\Delta_K \cap \partial\Omega$, on ait*

$$\|v - \tilde{\Pi}_h v\|_{L^p(e)} \leq c\, h_K^{\ell - \frac{1}{p}}\, |v|_{W^{\ell,p}(\Delta_K)}. \tag{3.26}$$

Les estimations globales énoncées dans le Théorème 3.10 sont encore valables avec l'opérateur $\tilde{\Pi}_h$ replacé par l'opérateur $\tilde{\Pi}_h^0$, pour toute fonction v de $W_0^{1,p}(\Omega)$ et donc avec $\ell \geq 1$.

IX.4 Un opérateur de relèvement de traces

Le résultat suivant est l'analogue de celui présenté dans la Section III.3 pour les méthodes spectrales, mais sa démonstration est beaucoup plus simple. L'idée de la construction de cet opérateur vient de [112]. On note $\mathcal{E}_h^b$ l'ensemble des côtés ($d = 2$) ou faces ($d = 3$) des éléments de $\mathcal{T}_h$ qui sont contenus dans $\partial\Omega$.

Théorème 4.1 *Soit W_h l'espace*

$$W_h = \{\varphi_h \in \mathscr{C}^0(\partial\Omega);\ \forall e \in \mathcal{E}_h^b,\ \varphi_{h\,|e} \in \mathcal{P}_k(e)\}. \tag{4.1}$$

Il existe un opérateur $\mathcal{R}_h$ de W_h dans X_h tel que, pour tout φ_h dans W_h, $T_1^{\partial\Omega}\mathcal{R}_h(\varphi_h)$ coïncide avec φ_h. Cet opérateur vérifie en outre la propriété de stabilité, pour tout nombre réel p, $1 < p < +\infty$,

$$\|\mathcal{R}_h(\varphi_h)\|_{W^{1,p}(\Omega)} \leq c\, \|\varphi_h\|_{W^{1-\frac{1}{p},p}(\partial\Omega)}. \tag{4.2}$$

Démonstration: D'après le Théorème I.2.19, il existe un opérateur R_1, que l'on note ici $\mathcal{R}$, continu de $W^{1-\frac{1}{p},p}(\partial\Omega)$ dans $W^{1,p}(\Omega)$, telle que l'on ait $T_1^{\partial\Omega}\mathcal{R} = id$. On choisit alors, pour tout φ_h dans W_h,

$$\mathcal{R}_h\varphi_h = \sum_{i=1}^{N_h^0} \tilde{\Pi}_h(\mathcal{R}\varphi_h)(\boldsymbol{a}_i)\,\varphi_i + \sum_{i=N_h^0+1}^{N_h} \varphi_h(\boldsymbol{a}_i)\,\varphi_i. \tag{4.3}$$

On vérifie que, sur la frontière $\partial\Omega$, la fonction $\mathcal{R}_h\varphi_h$ est égal à $\sum_{i=N_h^0+1}^{N_h} \varphi_h(\boldsymbol{a}_i)\,\varphi_i$, donc à φ_h par définition de l'espace W_h. Il reste à démontrer l'estimation (4.2). Pour cela on note que, d'après la définition de $\tilde{\Pi}_h$ et le choix de $\mathcal{R}$,

$$\mathcal{R}_h\varphi_h = \tilde{\Pi}_h(\mathcal{R}\varphi_h) + \sum_{i=N_h^0+1}^{N_h} \big(\pi_i(\mathcal{R}\varphi_h) - \mathcal{R}\varphi_h\big)(\boldsymbol{a}_i)\,\varphi_i.$$

En utilisant (3.15) et (3.20), on obtient

$$\|\mathcal{R}_h\varphi_h\|_{W^{1,p}(\Omega)} \le \|\tilde{\Pi}_h(\mathcal{R}\varphi_h)\|_{W^{1,p}(\Omega)} + c \sum_{i=N_h^0+1}^{N_h} h_{K_i}^{\frac{d}{p}-1} |(\pi_i(\mathcal{R}\varphi_h) - \mathcal{R}\varphi_h)(\boldsymbol{a}_i)|.$$

Pour majorer le premier terme, on utilise le Théorème 3.10 avec $\ell = 1$. Pour majorer le second, on suppose comme précédemment qu'il existe un côté ($d = 2$) ou une face ($d = 3$) e_i de K_i contenant $\boldsymbol{a}_i$ et contenue dans $\partial\Omega$. En passant à l'élément de référence $\hat{K}$ et avec une notation évidente pour $\hat{e}$, on a

$$|(\pi_i(\mathcal{R}\varphi_h) - \mathcal{R}\varphi_h)(\boldsymbol{a}_i)| \le \|\pi_i(\mathcal{R}\varphi_h) - \varphi_h\|_{L^\infty(e_i)} = \|\pi_i(\widehat{\mathcal{R}\varphi_h}) - \hat{\varphi}_h\|_{L^\infty(\hat{e})}.$$

On utilise le fait que, sur $\mathcal{P}_k(\hat{K})$, les normes $\|\cdot\|_{L^\infty(\hat{e})}$ et $\|\cdot\|_{W^{1-\frac{1}{p},p}(\hat{e})}$ sont équivalentes ainsi que le Théorème I.2.19 sur $\hat{K}$ pour en déduire

$$|(\pi_i(\mathcal{R}\varphi_h) - \mathcal{R}\varphi_h)(\boldsymbol{a}_i)| \le \hat{c}\,\|\pi_i(\widehat{\mathcal{R}\varphi_h}) - \widehat{\mathcal{R}\varphi_h}\|_{W^{1,p}(\hat{K})}.$$

Ceci implique

$$|(\pi_i(\mathcal{R}\varphi_h) - \mathcal{R}\varphi_h)(\boldsymbol{a}_i)| \le c\, h_{K_i}^{-\frac{d}{p}} \big(\|\pi_i(\mathcal{R}\varphi_h) - \mathcal{R}\varphi_h\|_{L^p(K_i)} + h_{K_i}\,|\pi_i(\mathcal{R}\varphi_h) - \mathcal{R}\varphi_h|_{W^{1,p}(K_i)}\big).$$

On conclut grâce aux Lemmes 3.1 et 3.2, par addition et soustraction d'un élément q de $\mathcal{P}_0(K_i)$ dans chaque terme.

On note que la propriété établie dans le Théorème 4.1 est parfaitement optimale, au sens que l'opérateur $\mathcal{R}_h$ vérifie la même propriété de continuité que l'opérateur R_1 du Théorème I.2.19.

X

Discrétisation par éléments finis des équations de Laplace

Par analogie avec le Chapitre V, on s'intéresse ici à la discrétisation par éléments finis des trois exemples de problèmes d'ordre 2 présentés dans la Section I.3, c'est-à-dire l'équation de Laplace munie de conditions aux limites de Dirichlet, de Neumann ou mixtes. Le domaine Ω dans lequel on travaille est soit un polygone de $\mathbb{R}^2$ soit un polyèdre de $\mathbb{R}^3$ à frontière lipschitzienne. Dans chacun de ces cas, on écrit le problème discret et on prouve qu'il admet une solution unique. Puis on établit des estimations a priori de l'erreur entre les solutions des problèmes exact et discret. On décrit également la structure du système linéaire correspondant et la façon de le résoudre.

Dans ce qui suit, on considère une famille régulière de triangulations $(\mathcal{T}_h)_h$ de Ω par des triangles ou des tétraèdres, au sens indiqué dans la Section VIII.1. Le paramètre de discrétisation est ici le maximum h des diamètres des éléments de $\mathcal{T}_h$. Dans tout ce qui suit, c désigne une constante pouvant varier d'une ligne à l'autre mais toujours indépendante de h.

Soit k un entier > 0 fixé. À chaque élément K de $\mathcal{T}_h$, on associe l'élément fini $(K, \mathcal{P}_k(K), \Sigma_K)$ d-simplicial d'ordre k de Lagrange introduit dans la Définition VII.3.6. L'espace X_h correspondant à ces éléments, voir Définition VIII.4.2, est

$$X_h = \{v_h \in H^1(\Omega);\ \forall K \in \mathcal{T}_h,\ v_{h\,|K} \in \mathcal{P}_k(K)\}.$$

X.1 Conditions aux limites de Dirichlet

On considère ici le problème (I.3.1) associé à une donnée f définie sur Ω et une condition aux limites g sur $\partial\Omega$, que l'on suppose dans un premier temps homogène: $g = 0$. On rappelle qu'il admet la formulation variationnelle équivalente

Trouver u dans $H_0^1(\Omega)$ tel que

$$\forall v \in H_0^1(\Omega), \quad a(u,v) = \langle f, v\rangle, \tag{1.1}$$

où on rappelle la définition (V.1.2) de la forme bilinéaire $a(\cdot,\cdot)$: pour tous u et v dans $H^1(\Omega)$,

$$a(u,v) = \int_\Omega (\mathbf{grad}\, u)(\boldsymbol{x}) \cdot (\mathbf{grad}\, v)(\boldsymbol{x})\, d\boldsymbol{x}. \tag{1.2}$$

On note $\langle \cdot,\cdot \rangle$ le produit de dualité entre $H^{-1}(\Omega)$ et $H_0^1(\Omega)$.

Pour travailler avec une discrétisation conforme, on considère l'espace

$$X_h^0 = X_h \cap H_0^1(\Omega) \tag{1.3}$$

des fonctions de X_h à trace nulle sur $\partial\Omega$. Le problème discret suivant est simplement construit par la méthode de Galerkin qui consiste à remplacer $H_0^1(\Omega)$ par X_h^0:

Trouver u_h dans X_h^0 tel que

$$\forall v_h \in X_h^0, \quad a(u_h, v_h) = \langle f, v_h \rangle. \tag{1.4}$$

On dit pour simplifier qu'une propriété est vérifiée uniformément si la constante qui y apparaît est bornée indépendamment de h. Avec cette convention et comme l'espace X_h^0 est inclus dans $H_0^1(\Omega)$, l'uniforme continuité de la forme $a(\cdot,\cdot)$ sur $X_h^0 \times X_h^0$ et son uniforme ellipticité sur X_h^0 se déduisent des propriétés analogues sur $H_0^1(\Omega) \times H_0^1(\Omega)$ et $H_0^1(\Omega)$, respectivement. Le fait que le problème (1.4) est bien posé est alors une conséquence immédiate du Lemme I.1.1 de Lax-Milgram, et la propriété de stabilité de la solution s'obtient facilement en prenant v_h égal à u_h dans (1.4).

Théorème 1.1 *Pour toute distribution f dans $H^{-1}(\Omega)$, le problème* (1.4) *admet une solution unique. De plus, cette solution vérifie*

$$\|u_h\|_{H^1(\Omega)} \le c\, \|f\|_{H^{-1}(\Omega)}. \tag{1.5}$$

Pour estimer l'erreur entre les solutions des problèmes (1.1) et (1.4), on utilise la majoration (I.4.7) qui s'écrit ici

$$\|u - u_h\|_{H^1(\Omega)} \le c \inf_{v_h \in X_h^0} \|u - v_h\|_{H^1(\Omega)}. \tag{1.6}$$

En effet, comme la discrétisation repose sur une méthode de Galerkin, l'erreur entre solutions exacte et discrète est simplement majorée par l'erreur d'approximation. Cette dernière a été étudiée en détail dans le Chapitre IX: en choisissant v_h égal à l'image de u par presque n'importe lequel des opérateurs introduits dans ce chapitre, plus précisément par l'opérateur d'interpolation lorsque la solution u est suffisamment régulière, de projection sur X_h^0 ou de régularisation locale préservant les conditions aux limites, on obtient la majoration suivante.

Théorème 1.2 *On suppose la solution u du problème* (1.1) *dans $H^m(\Omega)$ pour un entier m, $1 \le m \le k+1$. Alors, pour le problème discret* (1.4), *on a la majoration d'erreur*

$$\|u - u_h\|_{H^1(\Omega)} \le c\, h^{m-1}\, \|u\|_{H^m(\Omega)}. \tag{1.7}$$

La majoration en norme de $L^2(\Omega)$ s'obtient par l'argument de dualité dû à Aubin et Nitsche, déjà utilisé dans les Chapitres III et V. Cependant, on se limite ici au cas d'un domaine Ω convexe, car l'estimation n'est optimale que dans ce cas.

Théorème 1.3 *Sous les hypothèses du Théorème* 1.2 *et si l'ouvert Ω est convexe, pour le problème discret* (1.4), *on a la majoration d'erreur*

$$\|u - u_h\|_{L^2(\Omega)} \le c\, h^m\, \|u\|_{H^m(\Omega)}. \tag{1.8}$$

Démonstration: On a

$$\|u - u_h\|_{L^2(\Omega)} = \sup_{t \in L^2(\Omega)} \frac{\int_\Omega (u - u_h)(\boldsymbol{x}) t(\boldsymbol{x})\, d\boldsymbol{x}}{\|t\|_{L^2(\Omega)}}. \tag{1.9}$$

Pour toute fonction t dans $L^2(\Omega)$, on résout le même problème qu'en (V.1.19):

Trouver w dans $H_0^1(\Omega)$ tel que

$$\forall v \in H_0^1(\Omega), \quad a(v, w) = \int_\Omega t(\boldsymbol{x}) v(\boldsymbol{x})\, d\boldsymbol{x}. \tag{1.10}$$

D'après la Remarque I.3.4, l'ouvert Ω étant convexe, la solution w appartient à $H^2(\Omega)$ et vérifie

$$\|w\|_{H^2(\Omega)} \leq c\, \|t\|_{L^2(\Omega)}. \tag{1.11}$$

On a tout de suite

$$\int_\Omega (u - u_h)(\boldsymbol{x}) t(\boldsymbol{x})\, d\boldsymbol{x} = a(u - u_h, w).$$

En utilisant les problèmes (1.1) et (1.4), on obtient pour tout w_h dans $X_h^0(\Omega)$,

$$\int_\Omega (u - u_h)(\boldsymbol{x}) t(\boldsymbol{x})\, d\boldsymbol{x} = a(u - u_h, w - w_h) \leq c\, |u - u_h|_{H^1(\Omega)} |w - w_h|_{H^1(\Omega)}.$$

On choisit alors w_h égal à l'interpolé $\mathcal{I}_h w$ de w et on obtient

$$\int_\Omega (u - u_h)(\boldsymbol{x}) t(\boldsymbol{x})\, d\boldsymbol{x} \leq c\, h\, |u - u_h|_{H^1(\Omega)} \|w\|_{H^2(\Omega)}.$$

En combinant ceci avec (1.9) et (1.11) et en utilisant le Théorème 1.2, on obtient le résultat cherché.

Nous étendons cette discrétisation au cas de données au bord g non nulles. On suppose comme dans la Section I.3 qu'il existe un relèvement $\overline{g}$ de la trace g dans $H^1(\Omega)$, de sorte que ce problème admet la formulation variationnelle équivalente suivante

Trouver u dans $H^1(\Omega)$, avec $u - \overline{g}$ dans $H_0^1(\Omega)$, tel que

$$\forall v \in H_0^1(\Omega), \quad \int_\Omega (\mathbf{grad}\, u)(\boldsymbol{x}) \,.\, (\mathbf{grad}\, v)(\boldsymbol{x})\, d\boldsymbol{x} = \langle f, v \rangle. \tag{1.12}$$

L'idée la plus simple (et la moins coûteuse du point de vue de la mise en œuvre) consiste à imposer $u_h(\boldsymbol{a}) = g(\boldsymbol{a})$ en tous les points $\boldsymbol{a}$ des treillis principaux $\mathcal{T}_k(K)$, $K \in \mathcal{T}_h$, qui appartiennent à $\partial\Omega$. Ceci revient à remplacer, dans le problème discret, la fonction $\overline{g}$ par son interpolé de Lagrange $\mathcal{I}_h \overline{g}$. On suppose donc la fonction $\overline{g}$ continue sur $\overline{\Omega}$. Le problème discret s'écrit

Trouver u_h dans X_h, avec $u_h - \mathcal{I}_h \overline{g}$ dans X_h^0, tel que

$$\forall v_h \in X_h^0, \quad a(u_h, v_h) = \langle f, v_h \rangle. \tag{1.13}$$

L'existence et l'unicité de la solution ne sont guère plus compliquées à établir que dans le cas $g = 0$.

Théorème 1.4 *Pour toute distribution f dans $H^{-1}(\Omega)$ et toute fonction $\overline{g}$ continue sur $\overline{\Omega}$, le problème* (1.13) *admet une solution unique.*

Démonstration: La fonction $u_h^0 = u_h - \mathcal{I}_h\overline{g}$ appartient à X_h^0 et vérifie

$$\forall v_h \in X_h^0, \quad a(u_h^0, v_h) = \langle f, v_h\rangle - a_h(\mathcal{I}_h\overline{g}, v_h).$$

L'existence d'une solution u_h se déduit donc du Lemme de Lax–Milgram (voir Théorème I.1.2). D'autre part, comme la seule solution pour les données $f = 0$ et $\overline{g} = 0$ est nulle, on obtient également l'unicité de u_h.

Soit W_h l'image de X_h par l'opérateur de traces $T_1^{\partial\Omega}$, qui est décrit explicitement en (IX.4.1). Soit également $i_h^{\partial\Omega}$ l'opérateur d'interpolation de Lagrange sur $\partial\Omega$: pour toute fonction g continue sur $\partial\Omega$, $i_h^{\partial\Omega}g$ appartient à W_h et est égal à g en tous les points de $T_k(K) \cap \partial\Omega$, $K \in \mathcal{T}_h$. On note que remplacer $\mathcal{I}_h\overline{g}$ par $\mathcal{R}_h(i_h^{\partial\Omega}g)$, où $\mathcal{R}_h$ est l'opérateur introduit en Section IX.4, ne modifie en rien le problème discret. On obtient alors par les arguments habituels et en utilisant le Théorème IX.4.1 l'estimation suivante.

Corollaire 1.5 *Sous les hypothèses du Théorème 1.4, la solution u_h du problème* (1.13) *vérifie*

$$\|u_h\|_{H^1(\Omega)} \le c\left(\|f\|_{H^{-1}(\Omega)} + \|i_h^{\partial\Omega}g\|_{H^{\frac{1}{2}}(\partial\Omega)}\right). \tag{1.14}$$

On s'intéresse ensuite à majorer l'erreur entre u et u_h. On note X_h^g l'espace des fonctions de X_h égales à $i_h^{\partial\Omega}g$ sur $\partial\Omega$, de sorte que la majoration (I.4.7) s'écrit ici

$$\|u - u_h\|_{H^1(\Omega)} \le c \inf_{v_h \in X_h^g} \|u - v_h\|_{H^1(\Omega)}. \tag{1.15}$$

Comme la trace de $\mathcal{I}_h u$ sur $\partial\Omega$ coïncide avec $i_h^{\partial\Omega}g$, la fonction $\mathcal{I}_h u$ appartient à X_h^g. Ceci entraîne

$$\|u - u_h\|_{H^1(\Omega)} \le c\,\|u - \mathcal{I}_h u\|_{H^1(\Omega)}. \tag{1.16}$$

On déduit alors du Théorème IX.1.6 la majoration d'erreur a priori.

Théorème 1.6 *On suppose la solution u du problème* (1.12) *dans $H^m(\Omega)$ pour un entier m, $\frac{d}{2} < m \le k+1$. Alors, pour le problème discret* (1.13), *on a la majoration d'erreur*

$$\|u - u_h\|_{H^1(\Omega)} \le c\,h^{m-1}\,\|u\|_{H^m(\Omega)}. \tag{1.17}$$

La majoration d'erreur (1.17) est optimale, du même ordre que (1.7). On prouve finalement une majoration en norme de $L^2(\Omega)$ par un argument de dualité.

Théorème 1.7 *Sous les hypothèses du Théorème 1.6, si l'on suppose en outre la donnée g dans $H^s(\partial\Omega)$ pour un entier s, $\frac{d-1}{2} < s \le k+1$, et si l'ouvert Ω est convexe, pour le problème discret* (1.13), *on a la majoration d'erreur*

$$\|u - u_h\|_{L^2(\Omega)} \le c\,(h^m\,\|u\|_{H^m(\Omega)} + h^s\,\|g\|_{H^s(\partial\Omega)}). \tag{1.18}$$

Démonstration: On utilise ici les formules (1.9), (1.10) et (1.11) de la démonstration du Théorème 1.3. Par intégration par parties, on a

$$\int_\Omega (u-u_h)(\boldsymbol{x})t(\boldsymbol{x})\,d\boldsymbol{x} = a(u-u_h,w) + \int_{\partial\Omega} (\frac{\partial w}{\partial n})(\tau)\,(g-i_h^{\partial\Omega}g)(\tau)\,d\tau.$$

Comme précédemment, le premier terme du membre de droite est borné par

$$a(u-u_h,w) \le c\,h|u-u_h|_{H^1(\Omega)}\|w\|_{H^2(\Omega)},$$

et on utilise la majoration (1.17) pour $|u-u_h|_{H^1(\Omega)}$. Pour évaluer le second, on fait appel à l'inégalité de Cauchy–Schwarz

$$\int_{\partial\Omega} (\frac{\partial w}{\partial n})(\tau)\,(g-i_h^{\partial\Omega}g)(\tau)\,d\tau \le \|g-i_h^{\partial\Omega}g\|_{L^2(\partial\Omega)}\|\frac{\partial w}{\partial n}\|_{L^2(\partial\Omega)}.$$

Une extension du Théorème de traces I.2.15 (les côtés ou les faces de Ω sont de classe $\mathscr{C}^\infty$) entraîne

$$\int_{\partial\Omega} (\frac{\partial w}{\partial n})(\tau)\,(g-i_h^{\partial\Omega}g)(\tau)\,d\tau \le \|g-i_h^{\partial\Omega}g\|_{L^2(\partial\Omega)}\,\|w\|_{H^2(\Omega)}.$$

On conclut en utilisant l'estimation (IX.1.3) sur chaque côté ($d=2$) ou face ($d=3$) d'élément de $\mathcal{T}_h$ contenu dans $\partial\Omega$.

X.2 Conditions aux limites de Neumann

Dans cette section, on considère le problème (I.3.6). Les données f et g appartiennent à $L^2(\Omega)$ et $H^{-\frac{1}{2}}(\partial\Omega)$, respectivement, et vérifient la condition de compatibilité (I.3.9), que l'on rappelle

$$\int_\Omega f(\boldsymbol{x})\,d\boldsymbol{x} + < g, 1 >_{\partial\Omega} = 0. \tag{2.1}$$

Ce problème admet alors la formulation variationnelle équivalente (voir (I.3.13))

Trouver u dans $H^1(\Omega)\cap L_0^2(\Omega)$ tel que

$$\begin{aligned}&\forall v \in H^1(\Omega)\cap L_0^2(\Omega),\\ &\quad\int_\Omega (\mathbf{grad}\,u)(\boldsymbol{x})\,.\,(\mathbf{grad}\,v)(\boldsymbol{x})\,d\boldsymbol{x} = \int_\Omega f(\boldsymbol{x})v(\boldsymbol{x})\,d\boldsymbol{x} + \langle g,v\rangle_{\partial\Omega},\end{aligned} \tag{2.2}$$

où l'espace $L_0^2(\Omega)$ est défini en (I.3.12).

Le problème discret obtenu par méthode de Galerkin s'écrit

Trouver u_h dans $X_h\cap L_0^2(\Omega)$ tel que

$$\forall v_h \in X_h\cap L_0^2(\Omega),\quad a(u_h,v_h) = \int_\Omega f(\boldsymbol{x})v_h(\boldsymbol{x})\,d\boldsymbol{x} + \langle g,v_h\rangle_{\partial\Omega}. \tag{2.3}$$

D'après (2.1), l'équation précédente peut être imposée de façon équivalente pour tout v_h dans X_h. Là encore, le fait que ce problème soit bien posé découle de l'uniforme continuité de $a(\cdot,\cdot)$ sur $X_h \times X_h$ et de son uniforme ellipticité sur $X_h \cap L^2_0(\Omega)$, voir Lemme I.2.11 et Remarque I.2.12.

Théorème 2.1 *Pour toute fonction f dans $L^2(\Omega)$ et toute distribution g dans $H^{-\frac{1}{2}}(\partial\Omega)$ vérifaint la condition de compatibilité (2.1), le problème (2.3) admet une solution unique. De plus, cette solution vérifie*

$$\|u_h\|_{H^1(\Omega)} \le c\left(\|f\|_{L^2(\Omega)} + \|g\|_{H^{-\frac{1}{2}}(\partial\Omega)}\right). \tag{2.4}$$

Démonstration: Il suffit de prouver l'estimation (2.4). En prenant v_h égal à u_h dans (2.3), on obtient

$$|u_h|^2_{H^1(\Omega)} \le \|f\|_{L^2(\Omega)}\|u_h\|_{L^2(\Omega)} + \|g\|_{H^{-\frac{1}{2}}(\partial\Omega)}\|u_h\|_{H^{\frac{1}{2}}(\partial\Omega)}.$$

On déduit la majoration cherchée du Lemme I.2.11 et de la définition de l'espace $H^{\frac{1}{2}}(\partial\Omega)$ (voir Notation I.2.18).

Pour évaluer l'erreur entre les solutions des problèmes (2.2) et (2.3), on rappelle que la fonction test v_h dans (2.3) peut décrire tout l'espace X_h et on fait appel à la majoration (I.4.7)

$$\|u - u_h\|_{H^1(\Omega)} \le c \inf_{v_h \in X_h} \|u - v_h\|_{H^1(\Omega)}. \tag{2.5}$$

On est donc ramené à évaluer l'erreur d'approximation, ce qu'on effectue en prenant par exemple v_h égal à $\Pi^1_h u$ et en utilisant le Théorème IX.2.2.

Théorème 2.2 *On suppose la solution u du problème (2.2) dans $H^m(\Omega)$ pour un entier m, $1 \le m \le k+1$. Alors, pour le problème discret (2.3), on a la majoration d'erreur*

$$\|u - u_h\|_{H^1(\Omega)} \le c\, h^{m-1}\, \|u\|_{H^m(\Omega)}. \tag{2.6}$$

Un argument de dualité permet aussi de prouver une majoration en norme de $L^2(\Omega)$.

Théorème 2.3 *Sous les hypothèses du Théorème 2.2 et si l'ouvert Ω est convexe, pour le problème discret (2.3), on a la majoration d'erreur*

$$\|u - u_h\|_{L^2(\Omega)} \le c\, h^m\, \|u\|_{H^m(\Omega)}. \tag{2.7}$$

Démonstration: Prouver l'estimation repose là encore sur la formule (1.9). Pour tout t dans $L^2(\Omega)$, on note t_0 la fonction t moins sa moyenne sur Ω, qui appartient donc à $L^2_0(\Omega)$. On introduit la solution w dans $H^1(\Omega) \cap L^2_0(\Omega)$ (voir Théorème I.3.2) du problème

$$\forall v \in H^1(\Omega) \cap L^2_0(\Omega), \quad a(v, w) = \int_\Omega t_0(\boldsymbol{x}) v(\boldsymbol{x})\, d\boldsymbol{x}, \tag{2.8}$$

et on rappelle (voir Remarque I.3.4) que, l'ouvert Ω étant convexe, la solution w appartient à $H^2(\Omega)$ et vérifie

$$\|w\|_{H^2(\Omega)} \le c\, \|t_0\|_{L^2(\Omega)} \le c'\, \|t\|_{L^2(\Omega)}. \tag{2.9}$$

On déduit du fait que u et u_h appartiennent tous deux à $L^2_0(\Omega)$ que

$$\int_\Omega (u - u_h)(\boldsymbol{x}) t(\boldsymbol{x})\, d\boldsymbol{x} = \int_\Omega (u - u_h)(\boldsymbol{x}) t_0(\boldsymbol{x})\, d\boldsymbol{x} = a(u - u_h, w).$$

On obtient alors, pour tout w_h dans X_h,

$$\int_\Omega (u - u_h)(\boldsymbol{x}) t(\boldsymbol{x})\, d\boldsymbol{x} = a(u - u_h, w - w_h) \le |u - u_h|_{H^1(\Omega)} |w - w_h|_{H^1(\Omega)}$$

L'estimation cherchée se déduit du Théorème 2.2 en choisissant w_h égal à l'image de w par (presque) n'importe quel opérateur introduit dans le Chapitre IX.

X.3 Conditions aux limites mixtes

On propose enfin une discrétisation du problème (I.3.14), dont on rappelle la formulation variationnelle

Trouver u dans $H^1(\Omega)$, avec $u - \overline{g}_e$ dans $X_\diamond$, tel que

$$\forall v \in X_\diamond, \quad \int_\Omega (\mathbf{grad}\, u)(\boldsymbol{x}) \,.\, (\mathbf{grad}\, v)(\boldsymbol{x})\, d\boldsymbol{x} = \int_\Omega f(\boldsymbol{x}) v(\boldsymbol{x})\, d\boldsymbol{x} + \langle g_n, v\rangle_{\Gamma_n}, \tag{3.1}$$

où l'espace $X_\diamond$ est défini de façon analogue à (I.3.15).

On suppose ici que, pour tout h, $\overline{\Gamma}_e$ et $\overline{\Gamma}_n$ sont l'union de côtés entiers ($d = 2$) ou de faces entières ($d = 3$) d'éléments de $\mathcal{T}_h$. On peut ainsi définir l'espace

$$X_h^\diamond = \{v_h \in X_h;\ T_1^{\Gamma_e} v_h = 0\}. \tag{3.2}$$

On suppose les données f, g_e et g_n dans $L^2(\Omega)$, $H^{\frac12}(\Gamma_e)$ et $(H_{00}^{\frac12}(\Gamma_n))'$, respectivement, et on admet que le relèvement $\overline{g}_e$ de g_e est continu sur $\overline{\Omega}$. Et on considère le problème

Trouver u_h dans X_h, avec $u_h - \mathcal{I}_h \overline{g}_e$ dans $X_h^\diamond$, tel que

$$\forall v_h \in X_h^\diamond, \quad a(u_h, v_h) = \int_\Omega f(\boldsymbol{x}) v_h(\boldsymbol{x})\, d\boldsymbol{x} + \langle g_n, v_h\rangle_{\Gamma_n}. \tag{3.3}$$

On prouve par les mêmes arguments que précédemment que ce problème admet une solution unique.

Théorème 3.1 *Pour toutes fonctions f dans $L^2(\Omega)$ et $\overline{g}_e$ continue sur $\overline{\Omega}$, et toute distribution g_n dans $(H_{00}^{\frac12}(\Gamma_n))'$, le problème (3.3) admet une solution unique.*

Démonstration: La fonction $u_h^\diamond = u_h - \mathcal{I}_h \overline{g}_e$ appartient à $X_h^\diamond$ et vérifie

$$\forall v_h \in X_h^\diamond, \quad a(u_h^\diamond, v_h) = \int_\Omega f(\boldsymbol{x}) v_h(\boldsymbol{x})\, d\boldsymbol{x} + \langle g_n, v_h\rangle_{\Gamma_n} - a(\mathcal{I}_h \overline{g}_e, v_h).$$

L'existence de u_h est une conséquence immédiate de l'ellipticité de $a(\cdot,\cdot)$ sur $X_h^\diamond$, voir Remarque I.2.17. Pour prouver l'unicité de u_h, on prend $f = 0$, $g_n = 0$ et $\overline{g}_e = 0$ et l'on en déduit facilement la nullité de u_h.

On introduit l'espace $X_h^{g_e}$ des fonctions de X_h égales à $\mathcal{I}_h \overline{g}_e$ sur Γ_e et on déduit de (I.4.7) la majoration de l'erreur entre les solutions u et u_h

$$\|u - u_h\|_{H^1(\Omega)} \le c \inf_{v_h \in X_h^{g_e}} \|u - v_h\|_{H^1(\Omega)}. \tag{3.4}$$

Là encore, on note que, si la solution u est continue sur $\overline{\Omega}$, la fonction $\mathcal{I}_h u$ appartient à $X_h^{g_e}$. Par suite, la majoration d'erreur se déduit immédiatement de (3.4) et du Théorème IX.1.6.

Théorème 3.2 *On suppose la solution u du problème (3.1) dans $H^m(\Omega)$ pour un entier m, $\frac{d}{2} < m \le k+1$. Alors, pour le problème discret (3.3), on a la majoration d'erreur*

$$\|u - u_h\|_{H^1(\Omega)} \le c\, h^{m-1}\, \|u\|_{H^m(\Omega)}. \tag{3.5}$$

On note que la majoration d'erreur obtenue ici est optimale, du même ordre que (1.7) par exemple. Toutefois les résultats de régularité indiqués dans la Remarque I.3.6 indiquent que l'hypothèse de régularité sur la solution n'est en général pas vérifiée. Nous allons donc énoncer une majoration d'erreur un peu différente, demandant moins de régularité sur u mais plus sur la donnée g_e.

Corollaire 3.3 *On suppose la solution u du problème* (3.1) *dans $H^m(\Omega)$ pour un entier m, $1 \leq m \leq k+1$, et la donnée g_e dans $H^{s-\frac{1}{2}}(\Gamma_e)$ pour un entier s, $\frac{d}{2} < s \leq k+1$. Alors, pour le problème discret* (3.3), *on a la majoration d'erreur*

$$\|u - u_h\|_{H^1(\Omega)} \leq c\left(h^{m-1}\,\|u\|_{H^m(\Omega)} + h^{s-1}\,\|g_e\|_{H^{s-\frac{1}{2}}(\Gamma_e)}\right). \tag{3.6}$$

Démonstration: On admet ici (voir [3, Thm 4.32]) qu'il existe un opérateur de prolongement continu de $H^{s-\frac{1}{2}}(\Gamma_e)$ dans $H^{s-\frac{1}{2}}(\partial\Omega)$. En combinant ceci avec le Théorème I.2.19, on prouve l'existence d'une fonction $\overline{g}_e$ de $H^s(\Omega)$, égale à g_e sur Γ_e, telle que

$$\|\overline{g}_e\|_{H^s(\Omega)} \leq c\,\|g_e\|_{H^{s-\frac{1}{2}}(\Gamma_e)}. \tag{3.7}$$

En outre, on voit que s est nécessairement $\geq m$. On choisit ensuite dans (3.4) v_h égal à

$$v_h = \Pi_h^{1,\diamond}(u - \overline{g}_e) + \mathcal{I}_h \overline{g}_e,$$

où $\Pi_h^{1,\diamond}$ désigne l'opérateur de projection orthogonale de $X_\diamond$ sur $X_h^\diamond$. On note que v_h appartient bien à $X_h^{g_e}$. On déduit alors de (3.4) que

$$\|u - u_h\|_{H^1(\Omega)} \leq c\left(\|u - \overline{g}_e - \Pi_h^{1,\diamond}(u - \overline{g}_e)\|_{H^1(\Omega)} + \|\overline{g}_e - \mathcal{I}_h \overline{g}_e\|_{H^1(\Omega)}\right).$$

Les mêmes arguments que pour le Théorème IX.2.3 permettent d'établir que l'opérateur $\Pi_h^{1,\diamond}$ vérifie des propriétés d'approximation analogues à celles de $\Pi_h^{1,0}$. On conclut alors en utilisant le Théorème IX.1.6, ainsi que (3.7).

On ne donne pas ici de majoration en norme de $L^2(\Omega)$ car les résultats de régularité énoncés dans la Remarque I.3.6 ne permettent pas d'obtenir une majoration optimale dans la norme de $L^2(\Omega)$, sauf dans des cas très particuliers.

X.4 Mise en œuvre

Le but de ce paragraphe est d'indiquer comment les problèmes (1.13) et (2.3) peuvent être mis en œuvre sur ordinateur (le problème (3.3) est laissé au soins du lecteur).

Écriture du système linéaire

On considère d'abord le problème (1.13). On fait appel aux fonctions de base φ_i associées aux nœuds $\boldsymbol{a}_i$, $1 \leq i \leq N_h$, introduites dans la Définition VIII.4.1 (voir aussi l'exemple qui suit cette définition). Soit aussi $\mathcal{V}_h$ l'ensemble des $\boldsymbol{a}_i$, $1 \leq i \leq N_h$, ou de façon équivalente l'union des $\mathcal{T}_k(K)$, $K \in \mathcal{T}_h$. On remarque que la solution u_h qui appartient à X_h s'écrit

$$u_h(\boldsymbol{x}) = \sum_{j=1}^{N_h} u_h(\boldsymbol{a}_j)\,\varphi_j(\boldsymbol{x}). \tag{4.1}$$

Bien sûr, les valeurs de u_h aux nœuds $\boldsymbol{a}_j$ qui appartiennent à la frontière $\partial\Omega$, sont données par les conditions aux limites. On note

$$\mathcal{S}_h^0 = \{i \in \{1, \dots, N_h\};\ \boldsymbol{a}_i \in \mathcal{V}_h \cap \Omega\}, \qquad \mathcal{S}_h^b = \{i \in \{1, \dots, N_h\};\ \boldsymbol{a}_i \in \mathcal{V}_h \cap \partial\Omega\}. \quad (4.2)$$

On suppose connues la fonction f sur Ω et les valeurs de la fonction g aux nœuds de $\mathcal{V}_h \cap \partial\Omega$. On peut alors écrire le problème (1.13) de la façon suivante:

$$\forall i \in \mathcal{S}_h^0, \quad \sum_{j \in \mathcal{S}_h^0} u_h(\boldsymbol{a}_j)\, a(\varphi_j, \varphi_i) = \int_\Omega f(\boldsymbol{x})\, \varphi_i(\boldsymbol{x})\, d\boldsymbol{x} - \sum_{j \in \mathcal{S}_h^b} g(\boldsymbol{a}_j)\, a(\varphi_j, \varphi_i). \qquad (4.3)$$

Au total, on obtient un système linéaire de card $\mathcal{S}_h^0$ équations à card $\mathcal{S}_h^0$ inconnues, que l'on écrit

$$A\,U = F. \qquad (4.4)$$

Le vecteur U est formé par les valeurs $u_h(\boldsymbol{a}_i)$, $i \in \mathcal{S}_h^0$, de la solution discrète u_h aux nœuds de $\mathcal{V}_h \cap \Omega$. La matrice A, dite encore une fois matrice de rigidité, a pour coefficients les termes

$$a(\varphi_j, \varphi_i), \quad i \in \mathcal{S}_h^0,\ j \in \mathcal{S}_h^0. \qquad (4.5)$$

Le vecteur F est formé par les termes

$$\int_\Omega f(\boldsymbol{x})\, \varphi_i(\boldsymbol{x})\, d\boldsymbol{x} - \sum_{j \in \mathcal{S}_h^b} g(\boldsymbol{a}_j)\, a(\varphi_j, \varphi_i), \quad i \in \mathcal{S}_h^0. \qquad (4.6)$$

Le coût du calcul vient de la résolution du système (4.4), qui dépend essentiellement des propriétés de la matrice A indiquées plus loin.

Le problème (2.3) avec conditions aux limites de Neumann s'écrit de façon analogue sous forme d'un système linéaire. On note ici Γ_ℓ, $1 \le \ell \le L$, les côtés ($d = 2$) ou faces ($d = 3$) de Ω. Les données sont la fonction f sur Ω et la fonction g sur chaque Γ_ℓ, $1 \le \ell \le L$ (en effet, l'intégrale sur $\partial\Omega$ s'écrit comme somme d'intégrales sur les Γ_ℓ). Les inconnues du problème sont les valeurs de u_h aux nœuds $\boldsymbol{a}_i$, $1 \le i \le N_h$. Pour les calculer,
- on fixe un point $\boldsymbol{a}_{i^*}$ de $\mathcal{V}_h$ et on note $\mathcal{S}_h^*$ l'ensemble $\{1, \dots, N_h\}$ privé de i^*,
- on construit d'abord une pseudo-solution $\tilde{u}_h$ dont on détermine les valeurs aux nœuds de $\mathcal{V}_h \setminus \{\boldsymbol{a}_{i^*}\}$, en imposant $\tilde{u}_h(\boldsymbol{a}_{i^*}) = 0$,
- seulement dans une étape ultérieure, on pose

$$u_h = \tilde{u}_h - \frac{1}{\text{mes}(\Omega)} \int_\Omega \tilde{u}_h(\boldsymbol{x})\, d\boldsymbol{x}\,.$$

La fonction $\tilde{u}_h$ admet alors la décomposition

$$\tilde{u}_h(\boldsymbol{x}) = \sum_{j \in \mathcal{S}_h^*} \tilde{u}_h(\boldsymbol{a}_j)\, \varphi_j(\boldsymbol{x}), \qquad (4.7)$$

et le problème (2.3) devient

$$\forall i \in \mathcal{S}_h^*, \quad \sum_{j \in \mathcal{S}_h^*} \tilde{u}_h(\boldsymbol{a}_j)\, a(\varphi_j, \varphi_i) = \int_\Omega f(\boldsymbol{x})\, \varphi_i(\boldsymbol{x})\, d\boldsymbol{x} + \sum_{\ell=1}^{L} \int_{\Gamma_\ell} g(\boldsymbol{x})\, \varphi_i(\boldsymbol{x})\, d\tau. \qquad (4.8)$$

Au total, on obtient encore un système linéaire de card $\mathcal{S}_h^* = N_h - 1$ équations à card $\mathcal{S}_h^*$ inconnues, que l'on écrit

$$\tilde{A}\tilde{U} = \tilde{F}, \tag{4.9}$$

où la matrice $\tilde{A}$ a pour coefficients les termes

$$a(\varphi_j, \varphi_i), \quad i \in \mathcal{S}_h^*,\ j \in \mathcal{S}_h^*. \tag{4.10}$$

Les matrices A et $\tilde{A}$ possèdent toutes deux les propriétés suivantes:
- elles sont symétriques, d'après (4.5), (4.10) et la symétrie de la forme $a(\cdot,\cdot)$,
- elles sont définies positives (c'est une conséquence immédiate de la propriété d'ellipticité de la forme $a(\cdot,\cdot)$),
- elles sont *creuses*, au sens que le nombre de coefficients non nuls par ligne est borné indépendamment de h, en fonction de k et du paramètre de régularité τ de la famille $(\mathcal{T}_h)_h$ (en effet, $a(\varphi_j, \varphi_i)$ est nul dès que l'intersection des supports de φ_i et φ_j est vide).

Soit $a_{ij} = a(\varphi_j, \varphi_i)$ les coefficients de la matrice A ou $\tilde{A}$. Comme indiqué ci-dessus, a_{ij} est nul lorsque les nœuds $\boldsymbol{a}_i$ et $\boldsymbol{a}_j$ n'appartiennent pas à un même triangle K de $\mathcal{T}_h$. Par suite, une numérotation convenable des points de $\mathcal{V}_h$ permet d'obtenir une matrice A ou $\tilde{A}$ dite "à bandes": les seuls coefficients non nuls de ces matrices remplissent la diagonale et forment une nombre borné de sous-diagonales ou sur-diagonales de la matrice. Par exemple, en dimension $d = 1$, une numérotation des nœuds $\boldsymbol{a}_i$ par ordre croissant permet de rendre les matrices A et $\tilde{A}$ tri-diagonales lorsque k est égal à 1. Cette structure est présentée dans la Figure 4.1 (les coefficients non nuls sont représentés par des croix).

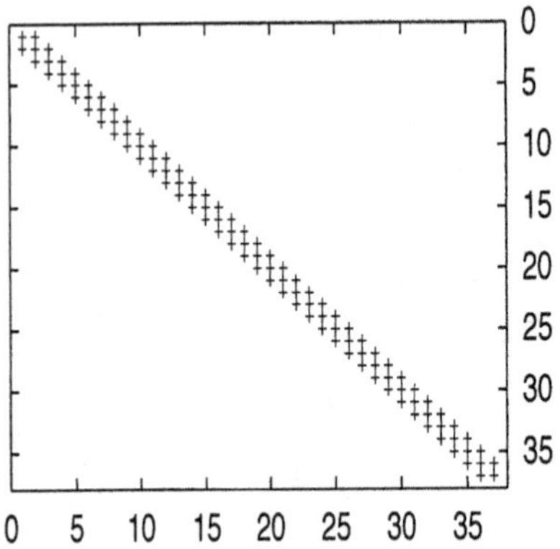

Figure 4.1. La matrice de rigidité dans le cas $d = 1$ et pour $k = 1$

Même si la situation est moins simple en dimension $d \geq 2$, la structure des matrices A et $\tilde{A}$ dépend encore fortement de la façon dont on numérote les nœuds du maillage. La Figure 4.2 présente deux types de numérotations en dimension $d = 2$, pour un maillage uniforme du carré, toujours pour $k = 1$, et la Figure 4.3 indique la structure de la matrice A associée aux deux exemples de numérotations. Une numérotation quelconque risque de se traduire par une répartition anarchique des coefficients non nuls dans la matrice et de rendre plus coûteuse la résolution numérique des systèmes linéaires (4.4) ou (4.9). Cette étape est particulièrement importante lorsque le maillage est non structuré. On réfère à [71, §II.III.9] pour plus de détails sur les méthodes de numérotation.

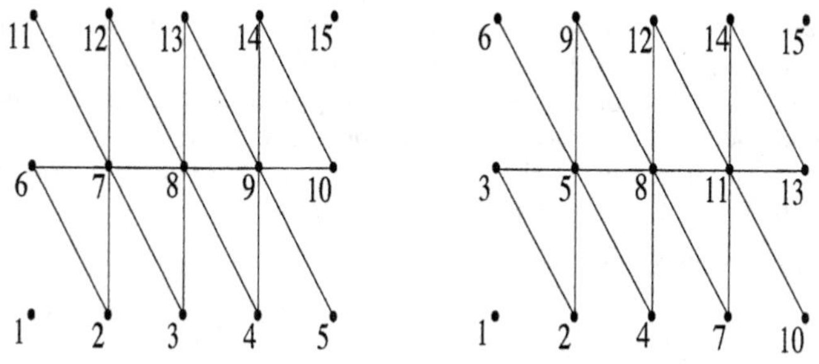

Figure 4.2. Deux numérotations du maillage du carré

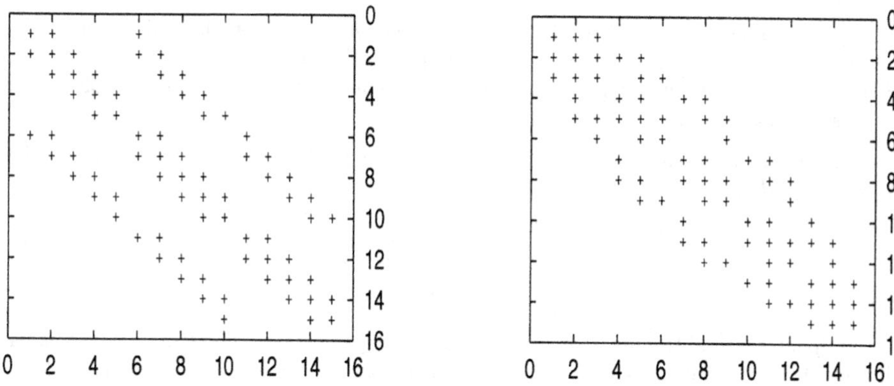

Figure 4.3. Les deux matrices de rigidité correspondantes pour $k = 1$

CALCUL DES MATRICES DE RIGIDITÉ

La matrice de rigidité peut être assemblée élément par élément, grâce à la formule

$$a_{ij} = a(\varphi_j, \varphi_i) = \sum_{K \in \mathcal{T}_h} \int_K (\mathbf{grad}\, \varphi_i)(\boldsymbol{x}) \cdot (\mathbf{grad}\, \varphi_j)(\boldsymbol{x})\, d\boldsymbol{x}.$$

En outre, dans la somme précédente, ne demeurent que les éléments K qui sont contenus dans les supports des deux fonctions φ_i et φ_j. On note A^K ou $\tilde{A}^K$ la matrice de rigidité élémentaire, dont les coefficients a_{ij}^K sont les $\int_K \mathbf{grad}\, \varphi_i \cdot \mathbf{grad}\, \varphi_j \, d\boldsymbol{x}$.

Le calcul des coefficients a_{ij}^K peut s'effectuer de deux façons différentes.

- Le plus souvent, chaque φ_j est un produit de coordonnées barycentriques λ_i. On peut donc calculer les a_{ij}^K à partir de la formule magique (VII.2.4), en notant que, si λ_i désigne la coordonnée barycentrique associée au sommet $\boldsymbol{a}_i$, $\mathbf{grad}\, \lambda_i$ est constant, égal au vecteur

$\ell_i^{-2}\,\overrightarrow{\boldsymbol{b}_i\boldsymbol{a}_i}$, où $\boldsymbol{b}_i$ désigne le pied de la hauteur issue de $\boldsymbol{a}_i$ et ℓ_i sa longueur.

• Sinon, on note que le produit $(\mathbf{grad}\,\varphi_i \cdot \mathbf{grad}\,\varphi_j)_{|K}$ appartient à $\mathcal{P}_{2k-2}(K)$ et on utilise donc une formule de quadrature numérique exacte sur $\mathcal{P}_{2k-2}(K)$. Ce choix est surtout intéressant pour des problèmes plus compliqués (par exemple, lorsque le terme $(\mathbf{grad}\,\varphi_i \cdot \mathbf{grad}\,\varphi_j)_{|K}$ est multiplié par un coefficient non constant) ou pour évaluer le second membre F ou $\tilde{F}$. Comme la prise en compte de l'intégration numérique a été étudiée en détail dans le cadre des méthodes spectrales, voir Chapitres V et VI, nous référons à [44, §25] pour son utilisation en éléments finis. On peut toutefois noter que les Remarques V.1.6 et VI.1.9 sont encore vraies dans ce cas.

Résolution du système linéaire

La dernière question qui se pose est le choix de l'algorithme de résolution pour le système (4.4) ou (4.9). Ici également, on doit se prononcer en faveur de méthodes directes ou itératives telles que décrites dans la Section V.4 (voir [43]). Parmi celles-ci, on choisira celles qui exploitent au mieux la structure creuse de la matrice. On réfère à [43], [71] et [57, Chap. 9 & 10] pour la description de nombreuses techniques, possédant toutes leurs avantages et leurs inconvénients.

Comme d'habitude, la résolution du problème (4.4) ou (4.9) dépend fortement du nombre de condition des matrices A et $\tilde{A}$. Ce nombre s'avère plus faible que dans le cas de discrétisation spectrale, comme indiqué dans le lemme suivant. On réfère à [93, §6.3.2] pour sa démonstration.

Lemme 4.1 *Si la famille de triangulations $(\mathcal{T}_h)_h$ est uniformément régulière, le nombre de condition de la matrice A vérifie*

$$c\,h^{-2} \leq \kappa(A) \leq c'\,h^{-2}. \tag{4.11}$$

On peut préconditionner la matrice A ou $\tilde{A}$ soit par l'inverse de sa diagonale soit par l'inverse de la matrice de rigidité associée au même problème sur un maillage plus grossier (c'est-à-dire tel que tous les nœuds de ce maillage soient des sommets des éléments de $\mathcal{T}_h$).

Analyse a posteriori de la discrétisation

Une grande amélioration de la discrétisation par éléments finis peut être obtenue par *adaptation de maillage.* L'idée est la suivante: un premier calcul étant effectué sur une triangulation quelconque, par exemple uniforme, si l'on possède un outil qui indique dans quels triangles ou tétraèdres l'erreur entre solutions exacte et discrète est plus élevée que la moyenne, on peut construire une nouvelle triangulation telle que

- pour la même dimension de l'espace discret, la solution discrète soit beaucoup plus proche de la solution exacte,
- ou alors qu'une solution discrète cherchée dans un espace de dimension beaucoup plus petite, donc beaucoup moins chère à calculer, approche la solution exacte avec la même précision.

Pour obtenir ce résultat, on doit raffiner la triangulation, c'est-à-dire couper les triangles ou tétraèdres en sous-éléments de diamètre inférieur là où l'erreur est grande, et déraffiner la triangulation, c'est-à-dire recoller les triangles ou tétraèdres en un élément de diamètre plus grand là où l'erreur est très petite.

Les outils permettant de déterminer les endroits où la taille de l'erreur locale est inférieure ou supérieure à la moyenne sont appelés indicateurs d'erreur. Leur étude repose sur une *analyse a posteriori* de la discrétisation, le sens de ce terme étant expliqué dans la première section de ce chapitre. Dans une seconde étape, on propose et on étudie des indicateurs d'erreur pour l'équation de Laplace munie des trois types de conditions aux limites considérées dans le Chapitre X. On conclut en présentant une stratégie d'adaptation de maillage liée à ces indicateurs.

XI.1 À propos de l'analyse a posteriori

Supposons que l'on ait à résoudre numériquement le problème suivant: trouver u dans un espace de Banach X tel que $f(u) = 0$. Si δ désigne le paramètre de discrétisation, on va donc chercher une solution u_δ de l'équation $f_\delta(u_\delta) = 0$ dans un sous-espace de dimension finie X_δ de X, où f_δ est une approximation correcte de f.

Une estimation de l'erreur a priori s'écrit

$$\|u - u_\delta\|_X \leq F(\delta, u, g), \tag{1.1}$$

la quantité $F(\delta, u, g)$ dépendant du paramètre de discrétisation δ, de la solution exacte u que l'on cherche à approcher et des données, ici représentées par la fonction g. Une majoration de ce genre s'obtient en général en évaluant soit $f_\delta(u)$, ce qui fait apparaître une erreur de consistance, soit $f_\delta(v_\delta)$ pour une approximation v_δ de u dans X_δ: l'estimation dans ce cas se traduit par une erreur d'approximation lorsque f_δ coïncide avec f, une erreur d'approximation plus une erreur de consistance sinon. Dans les deux cas, la majoration a priori fait intervenir une certaine propriété de régularité de la solution qui n'est pas connue explicitement en général, et son intérêt principal est d'établir la convergence de la méthode lorsque l'on utilise une suite de paramètres $(\delta_n)_n$ tendant par exemple vers 0.

Exemple 1 (méthodes spectrales): Dans ce cas, le paramètre de discrétisation δ est un entier N et l'erreur a priori se majore de la façon suivante

$$\|u - u_N\|_X \leq c\,\big(N^{-\lambda(s)}\|u\|_s + N^{-\mu(\sigma)}\|g\|_\sigma\big). \tag{1.2}$$

Ici, λ et μ sont des fonctions affines, le premier terme du membre de droite est issu de l'erreur d'approximation et requiert une certaine régularité de la solution u pour que la quantité $\|u\|_s$ soit finie, le second terme est l'erreur de consistance due à l'utilisation d'intégration numérique et fait appel à la régularité des données.

Exemple 2 (méthodes d'éléments finis): Le paramètre de discrétisation est ici la quantité h et l'erreur a priori se majore plus simplement par

$$\|u - u_h\|_X \leq c\,h^{\nu(s)}\|u\|_s. \tag{1.3}$$

Ici, ν est une fonction affine tronquée en fonction du degré des polynômes utilisés et le membre de droite qui représente l'erreur d'approximation utilise la régularité de u.

Une estimation de l'erreur a posteriori s'écrit

$$\|u - u_\delta\|_X \leq G(\delta, u_\delta, g), \tag{1.4}$$

la quantité $G(\delta, u_\delta, g)$ dépendant du paramètre de discrétisation δ, de la solution discrète u_δ et des données g. On remarque que le remplacement de u par u_δ par rapport à l'équation (1.1) permet de calculer explicitement le membre de droite de (1.4), en général à une constante multiplicative près. Une technique pour majorer l'erreur consiste à évaluer la quantité $f(u_\delta)$ qui est le *résidu* de l'équation $f(u) = 0$, même si des techniques différentes existent pour un certain nombre de problèmes.

Exemple d'estimation a posteriori: On considère l'équation de Laplace monodimensionnelle

$$\begin{cases} -u'' = f & \text{dans }]-1, 1[, \\ u(-1) = u(1) = 0, \end{cases} \tag{1.5}$$

et sa discrétisation par éléments finis 1-simpliciaux d'ordre k tel que décrit en (X.1.1). Si $\mathcal{I}_h$ désigne l'opérateur d'interpolation associé à ces éléments, on voit que, pour toute fonction v dans $H_0^1(-1,1)$,

$$\begin{aligned}\int_{-1}^{1} (u - u_h)'(x)v'(x)\,dx &= \int_{-1}^{1} f(x)v(x)\,dx - \int_{0}^{1} u_h'(x)v'(x)\,dx \\ &= \int_{-1}^{1} f(x)(v - \mathcal{I}_h v)(x)\,dx - \int_{-1}^{1} u_h'(x)(v - \mathcal{I}_h v)'(x)\,dx.\end{aligned}$$

Comme v et $\mathcal{I}_h^v$ sont égaux en toutes les extrémités de la triangulation $\mathcal{T}_h$ associée au problème discret, on en déduit par intégration par parties sur chaque intervalle

$$\int_{-1}^{1} (u - u_h)'(x)v'(x)\,dx = \sum_{K \in \mathcal{T}_h} \int_K (f + u_h'')(x)(v - \mathcal{I}_h v)(x)\,dx,$$

et l'on déduit du Théorème IX.1.6 l'estimation

$$|u - u_h|_{H^1(-1,1)} \leq c \, \|f + u_h''\|_{H^{-1}(-1,1)}. \tag{1.6}$$

La majoration (1.6) est une estimation a posteriori pour la discrétisation considérée ici.

Définition 1.1 Une estimation de l'erreur a posteriori par une quantité $\tilde{G}(\delta, u_\delta, g)$ dépendant du paramètre de discrétisation δ, de la solution discrète u_δ et des données g est dite optimale s'il existe deux constantes c_1 et c_2 indépendantes de δ telles que

$$\|u - u_\delta\|_X \leq c_1 \, \tilde{G}(\delta, u_\delta, g) + H_1(\delta, g) \qquad \text{et} \qquad c_2 \, \tilde{G}(\delta, u_\delta, g) \leq \|u - u_\delta\|_X + H_2(\delta, g), \tag{1.7}$$

où les quantités $H_1(\delta, g)$ et $H_2(\delta, g)$ ne dépendant que du paramètre de discrétisation δ et des données g.

Dans ce qui suit, nous nous efforcerons de démontrer des estimations optimales au sens de la Définition 1.1. Au vu de (1.7), on peut obtenir un encadrement explicite de l'erreur et également une majoration et une minoration explicites de la quantité $\|u\|_X$. Il existe cependant de nombreuses autres applications de l'analyse a posteriori, que l'on ne traitera pas ici: on peut par exemple remplacer la norme $\|\cdot\|_X$ par une norme plus faible ou s'efforcer d'obtenir des estimations explicites pour une forme linéaire appliquée à la solution u (par exemple, l'intégrale de u sur une partie fixée du domaine de calcul).

L'analyse a posteriori est tout spécialement utilisée en éléments finis pour l'adaptation automatique de maillages (on ne la présente pas en méthodes spectrales car la théorie est encore insuffisante à ce jour). Le paramètre de discrétisation h désignant le maximum des diamètres des éléments d'une triangulation $\mathcal{T}_h$, l'application des estimations a posteriori à l'adaptation de maillages repose sur la notion suivante. Supposons que la quantité $\tilde{G}(h, u_h, g)$ de (1.7) s'écrive

$$\tilde{G}(h, u_h, g) = \Big(\sum_{K \in \mathcal{T}_h} \eta_K^2 \Big)^{\frac{1}{2}}, \tag{1.8}$$

où les η_K ne dépendent que de h_K et des restrictions de u_h et g à l'élément K de $\mathcal{T}_h$, et que l'estimation (1.7) soit remplacée par

$$\begin{aligned} &\|u - u_h\|_X \leq c_1 \, \tilde{G}(h, u_h, g) + H_1(h, g) \\ &\qquad \text{et} \qquad \forall K \in \mathcal{T}_h, \quad \eta_K \leq c_2' \, \|u - u_h\|_{X(K)} + H_{2,K}(h, g), \end{aligned} \tag{1.9}$$

où $X(K)$ désigne l'espace des restrictions des fonctions de X à un voisinage fixé de K et $H_{2,K}(h, g)$ ne fait intervenir que les valeurs de g sur ce même voisinage. Les η_K sont alors appelés *indicateurs d'erreur*, et on peut penser que la famille $(\eta_K)_{K \in \mathcal{T}_h}$ fournit une bonne représentation locale de l'erreur. Ils peuvent alors être utilisés pour un raffinement local de maillage, suivant les critères présentés dans la Section 5.

Il existe de nombreux types d'indicateurs d'erreur, comme indiqué dans [109] et les références qui y sont citées (voir aussi [57, Chap. 11]). Nous avons choisi de présenter dans la suite de ce chapitre des indicateurs dits "par résidu".

XI.2 Conditions aux limites de Dirichlet

On utilise dans toute la suite les notations introduites dans le Chapitre X. On considère tout d'abord le problème (I.3.1) avec conditions aux limites homogènes $g = 0$, on rappelle qu'il admet la formulation variationnelle (X.1.1) et on veut construire des indicateurs d'erreur pour le problème discret (X.1.4) correspondant.

Pour simplifier, on suppose la donnée f dans $L^2(\Omega)$. On déduit tout d'abord du problème (X.1.1) que pour n'importe quelle fonction v de $H_0^1(\Omega)$ et v_h de X_h^0

$$a(u-u_h,v) = a(u-u_h,v-v_h) = \int_\Omega f(\boldsymbol{x})(v-v_h)(\boldsymbol{x})\,d\boldsymbol{x} - a(u_h,v-v_h).$$

En remplaçant l'intégrale sur Ω par la somme d'intégrales sur les K, on observe que

$$a(u_h,v-v_h) = \sum_{K\in\mathcal{T}_h} \int_K (\mathbf{grad}\,u_h)(\boldsymbol{x}) \cdot \big(\mathbf{grad}\,(v-v_h)\big)(\boldsymbol{x})\,d\boldsymbol{x},$$

d'où, par intégration par parties sur chaque K,

$$a(u_h,v-v_h) = \sum_{K\in\mathcal{T}_h} \Big(-\int_K (\Delta u_h)(\boldsymbol{x})\,(v-v_h)(\boldsymbol{x})\,d\boldsymbol{x} + \int_{\partial K} (\partial_{n_K} u_h)(\tau)\,(v-v_h)(\tau)\,d\tau \Big), \quad (2.1)$$

où $\boldsymbol{n}_K$ désigne le vecteur normal unitaire extérieur à K. On est alors amené à introduire quelques notations supplémentaires.

Notation 2.1 À une triangulation $\mathcal{T}_h$, on associe l'ensemble $\mathcal{E}_h$ des côtés ($d=2$) ou faces ($d=3$) des éléments de $\mathcal{T}_h$. On désigne par $\mathcal{E}_h^0$ l'ensemble des éléments de $\mathcal{E}_h$ qui ne sont pas contenus dans $\partial\Omega$. Dans ce qui suit, h_e désigne le diamètre de n'importe quel élément e de $\mathcal{E}_h$.

Notation 2.2 Pour une triangulation $\mathcal{T}_h$ et tout élément K de $\mathcal{T}_h$, on note $\mathcal{E}_K$ l'ensemble des côtés ($d=2$) ou faces ($d=3$) de K et $\mathcal{E}_K^0$ l'ensemble des éléments de $\mathcal{E}_K$ qui ne sont pas contenus dans $\partial\Omega$.

Dans (2.1), l'intégrale sur ∂K peut s'écrire comme une somme d'intégrales sur les éléments e de $\mathcal{E}_K$. On note que ces éléments se répartissent en deux parties:

- ou bien e est contenu dans $\partial\Omega$ et l'intégrale sur e est nulle car v et v_h s'annulent sur $\partial\Omega$;
- ou bien e est contenu dans la frontière de deux éléments K et K' et, au total, la quantité à intégrer sur e dans le second membre de (2.1) s'écrit

$$(\partial_{n_K} u_h)(\tau)\,(v-v_h)(\tau) + (\partial_{n_{K'}} u_h)(\tau)\,(v-v_h)(\tau) = [\partial_{n_K} u_h](\tau)\,(v-v_h)(\tau),$$

où $[\partial_{n_K} u_h]$ désigne le saut $\partial_{n_K} u_h + \partial_{n_{K'}} u_h$ (on rappelle que $\boldsymbol{n}_{K'}$ est égal à $-\boldsymbol{n}_K$).

En combinant les équations précédentes, on obtient

$$\begin{aligned} a(u-u_h,v) = \sum_{K\in\mathcal{T}_h} \Big(&\int_K (f+\Delta u_h)(\boldsymbol{x})\,(v-v_h)(\boldsymbol{x})\,d\boldsymbol{x} \\ &- \frac{1}{2} \sum_{e\in\mathcal{E}_K^0} \int_e [\partial_{n_K} u_h](\tau)\,(v-v_h)(\tau)\,d\tau \Big). \end{aligned} \quad (2.2)$$

À partir de cette équation, on peut majorer l'erreur en fonction de normes appropriées de $f + \Delta u_h$ et de $[\partial_{n_K} u_h]$. Une difficulté est que, la fonction f pouvant être compliquée, la norme de $f + \Delta u_h$ n'est pas forcément simple à calculer.

Pour remédier à cet inconvenient, on fixe un entier $\ell \geq 0$, on introduit l'espace

$$Z_h = \{t_h \in L^2(\Omega);\ \forall K \in \mathcal{T}_h,\ t_{h\,|K} \in \mathcal{P}_\ell(K)\}, \tag{2.3}$$

et on introduit une approximation f_h de la donnée f dans Z_h. On précisera par la suite comment choisir ℓ en fonction du degré k des polynômes apparaissant dans la définition de X_h.

On définit alors la famille d'indicateurs d'erreur de la façon suivante: pour tout K dans $\mathcal{T}_h$,

$$\eta_K = h_K\, \|f_h + \Delta u_h\|_{L^2(K)} + \frac{1}{2} \sum_{e \in \mathcal{E}_K^0} h_e^{\frac{1}{2}}\, \|\,[\partial_{n_K} u_h]\,\|_{L^2(e)}. \tag{2.4}$$

On note que chaque indicateur η_K ne dépend que du résidu de l'équation, au sens suivant: si l'on supprime les trois indices h dans le second membre de (2.4), alors ce second membre est nul.

Remarque 2.3 Dans le cas où k est égal à 1, on aura tendance à prendre ℓ égal à zéro. Dans ce cas l'indicateur s'écrit simplement

$$\eta_K = h_K\,(\text{mes } K)^{\frac{1}{2}}\, |f_{h\,|K}| + \frac{1}{2} h_e^{\frac{1}{2}}\,(\text{mes } e)^{\frac{1}{2}}\,|\,[\partial_{n_K} u_h]_{|e}\,|,$$

et se calcule de façon instantanée. En outre, dans tous les cas pratiques (à savoir pour $k = 1$, 2 ou 3), le coût de calcul des indicateurs est négligeable par rapport au coût de la résolution du problème discret.

On est alors en mesure de prouver l'estimation a posteriori suivante.

Théorème 2.4 *On suppose la donnée f du problème* (X.1.1) *dans $L^2(\Omega)$. Alors, pour le problème discret* (X.1.4), *on a la majoration d'erreur*

$$\|u - u_h\|_{H^1(\Omega)} \leq c \Big(\sum_{K \in \mathcal{T}_h} \big(\eta_K^2 + h_K^2\, \|f - f_h\|^2_{L^2(K)}\big) \Big)^{\frac{1}{2}}. \tag{2.5}$$

Démonstration: De la propriété d'ellipticité de la forme $a(\cdot,\cdot)$, on déduit

$$\|u - u_h\|_{H^1(\Omega)} \leq c \sup_{v \in H_0^1(\Omega)} \frac{a(u - u_h, v)}{\|v\|_{H^1(\Omega)}}. \tag{2.6}$$

Puis, pour tout v dans $H_0^1(\Omega)$ et tout v_h dans X_h^0, on utilise l'équation (2.2), combinée avec une inégalité triangulaire et une inégalité de Cauchy-Schwarz, ce qui donne

$$a(u - u_h, v) \leq \sum_{K \in \mathcal{T}_h} \Big(\big(\|f - f_h\|_{L^2(K)} + \|f_h + \Delta u_h\|_{L^2(K)}\big) \|v - v_h\|_{L^2(K)} \\ + \frac{1}{2} \sum_{e \in \mathcal{E}_K^0} \|\,[\partial_{n_K} u_h]\,\|_{L^2(e)} \|v - v_h\|_{L^2(e)} \Big).$$

Puis on choisit v_h égal à l'image de v par l'opérateur $\tilde{\Pi}_h^0$ introduit en (IX.3.24) et on déduit du Théorème IX.3.11 et du Corollaire IX.3.12 que

$$a(u-u_h,v) \le c \sum_{K\in\mathcal{T}_h} h_K \Big(\|f-f_h\|_{L^2(K)} + \|f_h+\Delta u_h\|_{L^2(K)} \big) \|v\|_{H^1(\Delta_K)} + \frac{1}{2} \sum_{e\in\mathcal{E}_K^0} h_e^{\frac{1}{2}} \, \| [\partial_{n_K} u_h] \|_{L^2(e)} \|v\|_{H^1(\Delta_K)} \Big),$$

où les Δ_K sont introduits dans la Notation IX.3.5. Par une inégalité de Cauchy–Schwarz et en rappelant qu'un même élément de $\mathcal{T}_h$ n'est contenu que dans un nombre fini (borné indépendamment de h) de Δ_K, on obtient alors

$$a(u-u_h,v) \le c \Big(\sum_{K\in\mathcal{T}_h} \big(\eta_K^2 + h_K^2 \, \|f-f_h\|_{L^2(K)}^2\big) \Big)^{\frac{1}{2}} \|v\|_{H^1(\Omega)}.$$

En combinant cette estimation avec (2.6), on obtient la majoration cherchée.

La majoration (2.5) est exactement du type de la première ligne de (1.9). Pour prouver la second inégalité dans (1.9), on s'appuie sur l'équation, dite du "résidu", qui s'obtient en prenant v_h égal à 0 dans (2.2):

$$\forall v \in H_0^1(\Omega), \quad a(u-u_h,v) = \sum_{K\in\mathcal{T}_h} \Big(\int_K (f-f_h)(\boldsymbol{x})\, v(\boldsymbol{x})\, d\boldsymbol{x} + \int_K (f_h+\Delta u_h)(\boldsymbol{x})\, v(\boldsymbol{x})\, d\boldsymbol{x} - \frac{1}{2} \sum_{e\in\mathcal{E}_K^0} \int_e [\partial_{n_K} u_h](\tau)\, v(\tau)\, d\tau \Big). \tag{2.7}$$

En effet, par deux choix appropriés de la fonction v, on peut déduire de cette équation une majoration des deux termes figurant dans chaque η_K. On a besoin de quelques notations et d'un lemme.

Notation 2.5 Pour tout élément K de $\mathcal{T}_h$, on désigne par ψ_K la fonction bulle sur K égale au produit des $d+1$ coordonnées barycentriques associées aux sommets de K. Pour tout élément e de $\mathcal{E}_h$, on désigne par ψ_e la fonction bulle sur e égale au produit des d coordonnées barycentriques associées aux sommets de e.

Notation 2.6 Pour tout élément K de $\mathcal{T}_h$, ω_K désigne l'union des éléments de $\mathcal{T}_h$ qui partagent au moins un côté ($d=2$) ou une face ($d=3$) avec K.

Le lemme suivant est une version locale du Théorème IX.4.1.

Lemme 2.7 *Pour tout élément K de $\mathcal{T}_h$ et tout élément e de $\mathcal{E}_K$, il existe un opérateur $\mathcal{R}_{K,e}$ de l'espace $\mathcal{P}_{k+d-1}^0(e)$ des polynômes de $\mathcal{P}_{k+d-1}(e)$ s'annulant sur ∂e dans $\mathcal{P}_{k+d-1}(K)$ tel que, pour tout élément φ de $\mathcal{P}_{k+d-1}^0(e)$,*
(i) $\mathcal{R}_{K,e}\varphi$ soit égal à φ sur e et s'annule sur $\partial K \setminus e$,
(ii) on ait l'estimation

$$|\mathcal{R}_{K,e}\varphi|_{H^1(K)} + h_K^{-1} \, \|\mathcal{R}_{K,e}\varphi\|_{L^2(K)} \le c\, h_e^{-\frac{1}{2}} \, \|\varphi\|_{L^2(e)}. \tag{2.8}$$

Démonstration: En dimension $d = 2$, soit $\hat{K}$ l'élément de référence, de sommets $(0,0)$, (1.0) et $(0,1)$. Sans restriction, on suppose que $\hat{e}$ est le côté d'extrémités $(0,0)$ et $(1,0)$, et on peut construite un opérateur $\mathcal{R}_{\hat{K},\hat{e}}$ par exemple par la formule

$$(\mathcal{R}_{\hat{K},\hat{e}}\hat{\varphi})(\hat{x},\hat{y}) = \hat{\varphi}(\hat{x})\,\frac{1-\hat{x}-\hat{y}}{1-\hat{x}}.$$

En dimension $d = 3$, la définition est exactement similaire.
Cet opérateur vérifie les points (i) et (ii) du lemme et, en outre, d'après l'équivalence des normes sur un espace de dimension finie,

$$|\mathcal{R}_{\hat{K},\hat{e}}\hat{\varphi}|_{H^1(\hat{K})} + \|\mathcal{R}_{\hat{K},\hat{e}}\hat{\varphi}\|_{L^2(\hat{K})} \leq c\,\|\hat{\varphi}\|_{L^2(\hat{e})}. \tag{2.9}$$

Si F_K désigne l'application affine de jacobien positif qui envoie $\hat{K}$ sur K et $\hat{e}$ sur e, l'opérateur $\mathcal{R}_{K,e}$ défini par

$$\mathcal{R}_{K,e}\varphi = \big(\mathcal{R}_{\hat{K},\hat{e}}\hat{\varphi}\big) \circ F_K^{-1}, \qquad \text{avec} \quad \hat{\varphi} = \varphi \circ F_K,$$

vérifie également les points (i) et (ii) du lemme. En outre, on déduit l'estimation (2.8) de (2.9) et des inégalités (voir Lemme VII.2.10)

$$|\mathcal{R}_{K,e}\varphi|_{H^1(K)} \leq c\,h_K^{\frac{d}{2}-1}\,|\mathcal{R}_{K,e}\varphi \circ F_K|_{H^1(\hat{K})}, \quad \|\mathcal{R}_{K,e}\varphi\|_{L^2(K)} \leq c\,h_K^{\frac{d}{2}}\,\|\mathcal{R}_{K,e}\varphi \circ F_K\|_{L^2(\hat{K})},$$

et

$$\|\hat{\varphi}\|_{L^2(\hat{e})} \leq h_e^{-\frac{d-1}{2}}\,\|\varphi\|_{L^2(e)},$$

en notant que h_e est $\leq h_K$ et que le rapport h_K/h_e est majoré par une constante indépendante de h.

Théorème 2.8 *On suppose la donnée f du problème* (X.1.1) *dans $L^2(\Omega)$. Pour tout élément K de $\mathcal{T}_h$, l'indicateur d'erreur η_K défini en* (2.4) *vérifie la majoration suivante*

$$\eta_K \leq c\,\big(|u - u_h|_{H^1(\omega_K)} + h_K\,\|f - f_h\|_{L^2(\omega_K)}\big). \tag{2.10}$$

Démonstration: On prouve la majoration en deux étapes.
1) On choisit tout d'abord la fonction v dans (2.7) égale à

$$v_K = \begin{cases} (f_h + \Delta u_h)\,\psi_K & \text{dans } K, \\ 0 & \text{dans } \Omega \setminus K. \end{cases} \tag{2.11}$$

On note que la fonction v_K est à support contenu dans K et s'annule sur ∂K (de sorte que le dernier terme de (2.7) s'annule). Il découle alors de (2.7) que

$$\begin{aligned}\|(f_h + \Delta u_h)\,\psi_K^{\frac{1}{2}}\|^2_{L^2(K)} &= \int_K (\mathbf{grad}\,(u - u_h))(\boldsymbol{x}) \cdot (\mathbf{grad}\,v_K)(\boldsymbol{x})\,d\boldsymbol{x} \\ &\qquad - \int_K (f - f_h)(\boldsymbol{x})\,v_K(\boldsymbol{x})\,d\boldsymbol{x} \\ &\leq |u - u_h|_{H^1(K)}|v_K|_{H^1(K)} + \|f - f_h\|_{L^2(K)}\|v_K\|_{L^2(K)}.\end{aligned}$$

On observe que, sur K, la fonction v_K est un polynôme de degré $\leq m$, avec m égal à $\max\{k-2,\ell\}+d+1$, de sorte qu'on a l'inégalité inverse (voir Proposition VII.4.1)

$$|v_K|_{H^1(K)} \leq c\, h_K^{-1}\, \|v_K\|_{L^2(K)}.$$

En notant que la fonction ψ_K prend ses valeurs entre 0 et 1 sur K, on en déduit

$$|v_K|_{H^1(K)} \leq c\, h_K^{-1}\, \|f_h + \Delta u_h\|_{L^2(K)}, \qquad \|v_K\|_{L^2(K)} \leq c\, \|f_h + \Delta u_h\|_{L^2(K)}. \tag{2.12}$$

Finalement, par passage au triangle de référence, on démontre également l'inégalité suivante (où la constante $\hat{c}$ ne dépend que de $\max\{k-2,\ell\}$)

$$\|f_h + \Delta u_h\|_{L^2(K)} \leq \hat{c}\, \|(f_h + \Delta u_h)\, \psi_K^{\frac{1}{2}}\|_{L^2(K)}. \tag{2.13}$$

En combinant tout ceci, on obtient

$$\|f_h + \Delta u_h\|_{L^2(K)} \leq c\, (h_K^{-1}\, |u - u_h|_{H^1(K)} + \|f - f_h\|_{L^2(K)}). \tag{2.14}$$

Multipliée par h_K, cette inégalité donne la majoration du premier terme de η_K.
2) Pour tout élément e de $\mathcal{E}_K^0$, soit K' l'autre élément de $\mathcal{T}_h$ contenant e. On choisit ici la fonction v dans (2.7) égale à

$$v_e = \begin{cases} \mathcal{R}_{K,e}([\partial_{n_K} u_h]\, \psi_e) & \text{dans } K, \\ \mathcal{R}_{K',e}([\partial_{n_K} u_h]\, \psi_e) & \text{dans } K', \\ 0 & \text{dans } \Omega \setminus (K \cup K'), \end{cases} \tag{2.15}$$

où les opérateurs $\mathcal{R}_{K,e}$ et $\mathcal{R}_{K',e}$ sont introduits dans le Lemme 2.7. Par définition de ψ_e, la fonction $[\partial_{n_K} u_h]\, \psi_e$ s'annule sur ∂e, de sorte que la fonction v_e s'annule sur $\partial(K \cup K')$. En utilisant cette fonction dans (2.7), on voit que

$$\begin{aligned} \|\, [\partial_{n_K} u_h]\, \psi_e^{\frac{1}{2}}\, \|_{L^2(e)}^2 = \sum_{\kappa \in \{K,K'\}} \Big(- \int_\kappa \mathbf{grad}\,(u - u_h) \cdot \mathbf{grad}\, v_e\, d\boldsymbol{x} + \int_\kappa (f - f_h)(\boldsymbol{x}) v_e(\boldsymbol{x})\, d\boldsymbol{x} \\ + \int_\kappa (f_h + \Delta u_h)(\boldsymbol{x}) v_e(\boldsymbol{x})\, d\boldsymbol{x} \Big). \end{aligned}$$

Par l'inégalité de Cauchy-Schwarz, ceci implique

$$\begin{aligned} \|\, [\partial_{n_K} u_h]\, \psi_e^{\frac{1}{2}}\, \|_{L^2(e)}^2 \leq \sum_{\kappa \in \{K,K'\}} \big(|u - u_h|_{H^1(\kappa)} |v_e|_{H^1(\kappa)} + \|f - f_h\|_{L^2(\kappa)} \|v_e\|_{L^2(\kappa)} \\ + \|f_h + \Delta u_h\|_{L^2(\kappa)} \|v_e\|_{L^2(\kappa)} \big). \end{aligned}$$

On utilise alors (2.8) ainsi que l'inégalité inverse suivante, analogue à (2.13),

$$\|\, [\partial_{n_K} u_h]\, \|_{L^2(e)} \leq c\, \|[\partial_{n_K} u_h]\, \psi_e^{\frac{1}{2}}\, \|_{L^2(e)},$$

ce qui entraîne

$$\|\, [\partial_{n_K} u_h]\, \|_{L^2(e)} \leq c \sum_{\kappa \in \{K,K'\}} h_e^{-\frac{1}{2}} \big(|u - u_h|_{H^1(\kappa)} + h_K\, \|f - f_h\|_{L^2(\kappa)} + h_K \|f_h + \Delta u_h\|_{L^2(\kappa)} \big).$$

On conclut en multipliant par $h_e^{\frac{1}{2}}$, en utilisant (2.14). Finalement, on peut noter que, lorsque e parcourt $\mathcal{E}_K^0$, les éléments κ précédents sont soit égaux à K soit égaux à l'élément K' qui partage e avec K, d'où le résultat d'après la définition de ω_K (voir Notation 2.6).

Si l'on somme sur K le carré de l'inégalité (2.10), on vérifie que la quantité

$$\Big(\sum_{K\in\mathcal{T}_h} \eta_K^2\Big)^{\frac{1}{2}}$$

fournit une estimation a posteriori optimale au sens de la Définition 1.1. En outre les η_K satisfont l'estimation (1.9).

On considère maintenant le problème (I.3.1) pour des données f dans $L^2(\Omega)$ et g dans $H^{\frac{1}{2}}(\partial\Omega)$ continue sur $\partial\Omega$, et le problème discret (X.1.13) associé. Les démonstrations dans ce cas diffèrent très peu de celles dans le cas de conditions aux limites homogènes. On peut en effet vérifier que les équations (2.2) et (2.7) sont encore valables dans ce cas. Par suite, on travaille encore avec la famille d'indicateurs η_K, $K \in \mathcal{T}_h$, définis en (2.4). Dans l'énoncé qui suit, on utilise l'opérateur $i_h^{\partial\Omega}$ introduit en Section X.1 (voir Corollaire X.1.5).

Théorème 2.9 *On suppose la donnée f du problème* (X.1.12) *dans $L^2(\Omega)$ et la donnée g dans $H^{\frac{1}{2}}(\partial\Omega)$ continue sur $\partial\Omega$. Alors, pour le problème discret* (X.1.13), *on a la majoration d'erreur*

$$\|u-u_h\|_{H^1(\Omega)} \le c\Big(\sum_{K\in\mathcal{T}_h}\big(\eta_K^2 + h_K^2\,\|f-f_h\|_{L^2(K)}^2\big)\Big)^{\frac{1}{2}} + c'\,\|g-i_h^{\partial\Omega}g\|_{H^{\frac{1}{2}}(\partial\Omega)}. \tag{2.16}$$

Démonstration: D'après le Théorème I.2.19, il existe une fonction w de $H^1(\Omega)$ égale à $g - i_h^{\partial\Omega}g$ sur $\partial\Omega$ et vérifiant

$$\|w\|_{H^1(\Omega)} \le c\,\|g-i_h^{\partial\Omega}g\|_{H^{\frac{1}{2}}(\partial\Omega)}. \tag{2.17}$$

Par conséquent, la fonction $u-u_h-w$ appartient à $H_0^1(\Omega)$ et on déduit de la propriété d'ellipticité de la forme $a(\cdot,\cdot)$ que

$$\|u-u_h-w\|_{H^1(\Omega)} \le c \sup_{v\in H_0^1(\Omega)} \frac{a(u-u_h-w,v)}{\|v\|_{H^1(\Omega)}}. \tag{2.18}$$

On utilise l'équation (2.2) et les mêmes arguments que dans la démonstration du Théorème 2.4 pour majorer $a(u-u_h,v)$. On a également

$$|a(w,v)| \le |w|_{H^1(\Omega)}|v|_{H^1(\Omega)},$$

ce qui combiné avec (2.17) mène à l'estimation

$$\|u-u_h-w\|_{H^1(\Omega)} \le c\Big(\sum_{K\in\mathcal{T}_h}\big(\eta_K^2 + h_K^2\,\|f-f_h\|_{L^2(K)}^2\big)\Big)^{\frac{1}{2}} + \|g-i_h^{\partial\Omega}g\|_{H^{\frac{1}{2}}(\partial\Omega)}.$$

On en déduit le résultat cherché grâce à l'inégalité triangulaire

$$\|u-u_h\|_{H^1(\Omega)} \le \|u-u_h-w\|_{H^1(\Omega)} + \|w\|_{H^1(\Omega)},$$

combinée une fois encore avec (2.17).

La majoration de chaque indicateur η_K s'effectue exactement comme dans la démonstration du Théorème 2.8, on obtient donc la même estimation (2.10). En comparant (2.10) et (2.16), on voit que l'on a prouvé là aussi une estimation a posteriori optimale au sens de la Définition 1.1.

Remarque 2.10 On veut bien sûr que, dans les deux estimations (2.10) et (2.16), les quantités $h_K \|f - f_h\|_{L^2(K)}$ soient négligeables par rapport aux indicateurs η_K, tout en restant faciles à calculer. Pour cela, on fait habituellement l'un des deux choix suivants pour le degré ℓ de l'approximation f_h:

$$\ell = k - 1 \qquad \text{ou} \qquad \ell = \max\{k-2, 0\}. \tag{2.19}$$

On peut pour évaluer les quantités $f_h + \Delta u_h$ et $[\partial_{n_K} u_h]$ intervenant dans chaque η_K résoudre un problème local, par exemple de type Neumann. Pour tout K dans $\mathcal{T}_h$, on introduit un espace de dimension finie $X(K)$ de polynômes sur K s'annulant aux sommets de K et on résout le problème

Trouver u_K *dans* $X(K)$ *tel que*

$$\begin{aligned} \forall v \in X(K) \quad & \int_K \mathbf{grad}\, u_K \cdot \mathbf{grad}\, v \, d\boldsymbol{x} \\ & = \int_K (f_h + \Delta u_h)(\boldsymbol{x})\, v(\boldsymbol{x})\, d\boldsymbol{x} - \frac{1}{2} \sum_{e \in \mathcal{E}_K^0} \int_{\partial e} [\partial_{n_K} u_h](\tau)\, v(\tau)\, d\tau. \end{aligned} \tag{2.20}$$

Ce problème admet une solution unique u_K et, si l'on suppose que l'espace $X(K)$ contient les polynômes du type

$$\psi_K\, p, \quad p \in \mathcal{P}_{\max\{k-2,\ell\}} \qquad \text{et} \qquad \mathcal{R}_{K,e}(\psi_e\, q), \quad q \in \mathcal{P}_{k-1}(e), \quad e \in \mathcal{E}_K^0,$$

on peut prouver l'estimation

$$c\,\eta_K \leq |u_K|_{H^1(K)} \leq c'\,\eta_K \tag{2.21}$$

(l'estimation $|u_K|_{H^1(K)} \leq c'\,\eta_K$ se démontre en prenant v dans (2.20) égal à u_K, tandis que l'estimation $c\,\eta_K \leq |u_K|_{H^1(K)}$ s'obtient en prenant v dans (2.20) successivement égal aux fonctions v_K et v_e introduites en (2.11) et (2.15), respectivement). On déduit alors de (2.21) que les estimations (2.10) et (2.16) restent vraies si l'on remplace η_K par $|u_K|_{H^1(K)}$. Les quantités $|u_K|_{H^1(K)}$, $K \in \mathcal{T}_h$, forment donc une famille d'indicateurs d'erreur tout aussi optimale que les η_K. On obtient un résultat similaire en résolvant des problèmes de Dirichlet locaux, associés à tous les éléments K de $\mathcal{T}_h$, toutefois le support de chaque problème est ω_K.

XI.3 Conditions aux limites de Neumann

On s'intéresse au problème de Neumann (I.3.6) et au problème discret (X.2.3) correspondant. Dans ce qui suit, les données f et g appartiennent à $L^2(\Omega)$ et à $L^2(\partial\Omega)$, respectivement, et vérifient la condition de compatibilité (X.2.1).

On commence par évaluer la quantité $a(u-u_h,v)$ lorsque v décrit $H^1(\Omega)$. On a pour toutes fonctions v de $H^1(\Omega)$ et v_h de X_h,

$$\begin{aligned} a(u-u_h,v) &= a(u-u_h,v-v_h) \\ &= \int_\Omega f(\boldsymbol{x})(v-v_h)(\boldsymbol{x})\,d\boldsymbol{x} + \int_{\partial\Omega} g(\tau)(v-v_h)(\tau)\,d\tau - a(u_h,v-v_h). \end{aligned}$$

En intégrant par parties sur chaque K, on obtient

$$a(u_h,v-v_h) = \sum_{K\in\mathcal{T}_h}\Big(-\int_K (\Delta u_h)(\boldsymbol{x})\,(v-v_h)(\boldsymbol{x})\,d\boldsymbol{x} + \int_{\partial K}(\partial_{n_K}u_h)(\tau)\,(v-v_h)(\tau)\,d\tau\Big). \quad (3.1)$$

L'intégrale sur ∂K peut s'écrire comme une somme d'intégrales sur les éléments e de $\mathcal{E}_K$ et là encore, ces intégrales sont de deux types:

- ou bien e est contenu dans la frontière de deux éléments K et K' et, au total, la quantité à intégrer sur e dans le second membre de (3.1) s'écrit

$$(\partial_{n_K}u_h)(\tau)\,(v-v_h)(\tau) + (\partial_{n_{K'}}u_h)(\tau)\,(v-v_h)(\tau) = [\partial_{n_K}u_h](\tau)\,(v-v_h)(\tau);$$

- ou bien e est contenu dans $\partial\Omega$ et on va combiner la quantité $(\partial_{n_K}u_h)(\tau)\,(v-v_h)(\tau)$ sur e avec le terme $g(\tau)(v-v_h)(\tau)$.

On obtient ainsi l'équation suivante

$$\begin{aligned} a(u-u_h,v) = \sum_{K\in\mathcal{T}_h}\Big(\int_K (f+\Delta u_h)(\boldsymbol{x})\,(v-v_h)(\boldsymbol{x})\,d\boldsymbol{x} \\ -\frac{1}{2}\sum_{e\in\mathcal{E}_K^0}\int_e [\partial_{n_K}u_h](\tau)\,(v-v_h)(\tau)\,d\tau \\ +\sum_{e\in\mathcal{E}_K\setminus\mathcal{E}_K^0}\int_e (g-\partial_{n_K}u_h)(\tau)\,(v-v_h)(\tau)\,d\tau\Big). \end{aligned} \quad (3.2)$$

Pour les motifs déjà expliqués dans la Section 2, on travaille avec une approximation f_h de f dans l'espace Z_h défini en (2.3). On fixe également un entier $m \geq 0$ et on introduit l'espace

$$W_h = \{\mu_h \in L^2(\partial\Omega);\ \forall e \in \mathcal{E}_h \setminus \mathcal{E}_h^0,\ \mu_{h\,|e} \in \mathcal{P}_m(e)\}, \quad (3.3)$$

ainsi qu'une approximation g_h de la donnée g dans W_h. On définit alors la famille d'indicateurs d'erreur de la façon suivante: pour tout K dans $\mathcal{T}_h$,

$$\begin{aligned} \eta_K = h_K\,\|f_h+\Delta u_h\|_{L^2(K)} + \frac{1}{2}\sum_{e\in\mathcal{E}_K^0} h_e^{\frac{1}{2}}\,\|\,[\partial_{n_K}u_h]\,\|_{L^2(e)} \\ + \sum_{e\in\mathcal{E}_K\setminus\mathcal{E}_K^0} h_e^{\frac{1}{2}}\,\|g_h-\partial_{n_K}u_h\|_{L^2(e)}. \end{aligned} \quad (3.4)$$

On note que seul un petit nombre d'éléments de $\mathcal{T}_h$ intersectent $\partial\Omega$, de sorte que l'indicateur η_K reste inchangé par rapport à (2.4) pour la plupart d'entre eux.

On peut ainsi prouver l'estimation a posteriori suivante.

Théorème 3.1 *On suppose les données f et g du problème* (X.2.2) *dans $L^2(\Omega)$ et $L^2(\partial\Omega)$. Alors, pour le problème discret* (X.2.3), *on a la majoration d'erreur*

$$\|u - u_h\|_{H^1(\Omega)} \leq c \Big(\sum_{K \in \mathcal{T}_h} \big(\eta_K^2 + h_K^2\, \|f - f_h\|^2_{L^2(K)} + \sum_{e \in \mathcal{E}_K \setminus \mathcal{E}_K^0} h_e\, \|g - g_h\|^2_{L^2(e)}\big)\Big)^{\frac{1}{2}}. \quad (3.5)$$

Démonstration: Comme u et u_h appartiennent tous deux à $L^2_0(\Omega)$, on déduit du Lemme I.2.11 (voir Remarque I.2.12) que

$$\|u - u_h\|_{H^1(\Omega)} \leq c \sup_{v \in H^1(\Omega)} \frac{a(u - u_h, v)}{\|v\|_{H^1(\Omega)}}. \quad (3.6)$$

Puis, pour tout v dans $H^1(\Omega)$, on utilise l'équation (3.2) avec v_h égal à l'image de v par l'opérateur $\tilde{\Pi}_h$ introduit en (IX.3.1) et on déduit du Théorème IX.3.7 et du Corollaire IX.3.9 que

$$\begin{aligned} a(u - u_h, v) \leq c \sum_{K \in \mathcal{T}_h} \Big(& h_K \left(\|f - f_h\|_{L^2(K)} + \|f_h + \Delta u_h\|_{L^2(K)} \right) \|v\|_{H^1(\Delta_K)} \\ & + \frac{1}{2} \sum_{e \in \mathcal{E}_K^0} h_e^{\frac{1}{2}}\, \|\, [\partial_{n_K} u_h]\, \|_{L^2(e)} \|v\|_{H^1(\Delta_K)} \\ & + \sum_{e \in \mathcal{E}_K \setminus \mathcal{E}_K^0} h_e^{\frac{1}{2}}\, \|\, g - \partial_{n_K} u_h\|_{L^2(e)} \|v\|_{H^1(\Delta_K)} \Big). \end{aligned}$$

Grâce à l'inégalité triangulaire

$$\|\, g - \partial_{n_K} u_h\|_{L^2(e)} \leq \|g - g_h\|_{L^2(e)} + \|g_h - \partial_{n_K} u_h\|_{L^2(e)},$$

et à une inégalité de Cauchy–Schwarz, on déduit de (3.6) l'estimation désirée.

L'équation du résidu, obtenue en prenant v_h égal à zéro dans (3.2), s'écrit dans ce cas

$$\begin{aligned} \forall v \in H^1(\Omega), \quad & a(u - u_h, v) \\ & = \sum_{K \in \mathcal{T}_h} \Big(\int_K (f - f_h)(\boldsymbol{x})\, v(\boldsymbol{x})\, d\boldsymbol{x} + \int_K (f_h + \Delta u_h)(\boldsymbol{x})\, v(\boldsymbol{x})\, d\boldsymbol{x} \\ & \qquad - \frac{1}{2} \sum_{e \in \mathcal{E}_K^0} \int_e [\partial_{n_K} u_h](\tau)\, v(\tau)\, d\tau \\ & \qquad + \sum_{e \in \mathcal{E}_k \setminus \mathcal{E}_K^0} \big(\int_e (g - g_h)(\tau)\, d\tau + \int_e (g_h - \partial_{n_K} u_h)(\tau)\, v(\tau)\, d\tau \big)\Big). \end{aligned} \quad (3.7)$$

Grâce à cette équation, les arguments pour majorer η_K sont très similaires à ceux de la démonstration du Théorème 2.8.

Théorème 3.2 *On suppose les données f et g du problème (X.2.2) dans $L^2(\Omega)$ et $L^2(\partial\Omega)$. Pour tout élément K de $\mathcal{T}_h$, l'indicateur d'erreur η_K défini en (3.4) vérifie la majoration suivante*

$$\eta_K \le c\left(|u-u_h|_{H^1(\omega_K)} + h_K \|f-f_h\|_{L^2(\omega_K)} + \sum_{e\in\mathcal{E}_K\setminus\mathcal{E}_K^0} h_e^{\frac{1}{2}} \|g-g_h\|_{L^2(e)}\right). \tag{3.8}$$

Démonstration: Les deux premiers termes de η_K, à savoir $h_K \|f_h + \Delta u_h\|_{L^2(K)}$ et $h_e^{\frac{1}{2}} \|[\partial_{n_K} u_h]\|_{L^2(e)}$, $e \in \mathcal{E}_K^0$, se majorent exactement comme dans la démonstration du Théorème 2.8, en prenant v dans (3.7) égal successivement à la fonction v_K définie en (2.11) puis à la fonction v_e définie en (2.15). Pour majorer le troisième terme, pour tout e dans $\mathcal{E}_K \setminus \mathcal{E}_K^0$, donc contenu dans $\partial\Omega$, on choisit finalement la fonction v dans (3.7) égale à

$$\tilde{v}_e = \begin{cases} \mathcal{R}_{K,e}\big((g_h - \partial_{n_K} u_h)\,\psi_e\big) & \text{dans } K, \\ 0 & \text{dans } \Omega\setminus K. \end{cases} \tag{3.9}$$

En notant que $\tilde{v}_e$ s'annule sur $\partial K \setminus e$, on obtient alors

$$\|(g_h - \partial_{n_K} u_h)\,\psi_e^{\frac{1}{2}}\|_{L^2(e)}^2 = \int_K \mathbf{grad}\,(u-u_h)\cdot \mathbf{grad}\,\tilde{v}_e\,d\boldsymbol{x} - \int_K (f-f_h)(\boldsymbol{x})\tilde{v}_e(\boldsymbol{x})\,d\boldsymbol{x}$$
$$- \int_K (f_h + \Delta u_h)(\boldsymbol{x})\tilde{v}_e(\boldsymbol{x})\,d\boldsymbol{x} - \int_e (g-g_h)(\tau)\,\tilde{v}_e(\tau)\,d\tau.$$

En combinant l'estimation (2.8) avec l'inégalité inverse (que l'on démontre là encore en passant au côté ou à la face $\hat{e}$ de référence)

$$\|g_h - \partial_{n_K} u_h\|_{L^2(e)} \le c\,\|(g_h - \partial_{n_K} u_h)\,\psi_e^{\frac{1}{2}}\|_{L^2(e)},$$

on obtient l'estimation désirée.

Là encore, les majorations (3.5) et (3.8) mènent à une estimation a posteriori optimale au sens de la Définition 1.1.

XI.4 Conditions aux limites mixtes

On considère finalement le problème (I.3.14) et on rappelle qu'il admet la formulation variationnelle (X.3.1). On s'intéresse aux estimations a posteriori concernant le problème discret (X.3.3). Comme la preuve des estimations qui suivent ne fait que combiner les arguments des Sections 2 et 3, on va se contenter d'énoncer les inégalités de base. On suppose la donnée f dans $L^2(\Omega)$, la donnée g_e dans $H^{\frac{1}{2}}(\Gamma_e)$ continue sur Γ_e et la donnée g_n dans $L^2(\Gamma_n)$.

Comme dans la Section X.3, on fait l'hypothèse que, pour tout h, Γ_e et Γ_n sont l'union de côtés entiers ($d = 2$) ou de faces entières ($d = 3$) d'éléments de $\mathcal{T}_h$. Ceci permet d'énoncer la définition suivante.

Notation 4.1 Pour une triangulation $\mathcal{T}_h$, on désigne par $\mathcal{E}_h^n$ l'ensemble des éléments de $\mathcal{E}_h$ qui sont contenus dans Γ_n. Pour tout élément K de $\mathcal{T}_h$, on note $\mathcal{E}_K^n$ l'ensemble des éléments de $\mathcal{E}_K$ qui sont contenus dans Γ_n.

On prouve aisément l'équation, pour tout v dans $X_\diamond$ et v_h dans $X_h^\diamond$,

$$a(u-u_h,v) = \sum_{K\in\mathcal{T}_h}\Big(\int_K (f+\Delta u_h)(\boldsymbol{x})\,(v-v_h)(\boldsymbol{x})\,d\boldsymbol{x} - \frac{1}{2}\sum_{e\in\mathcal{E}_K^0}\int_e [\partial_{n_K}u_h](\tau)\,(v-v_h)(\tau)\,d\tau + \sum_{e\in\mathcal{E}_K^n}\int_e (g_n-\partial_{n_K}u_h)(\tau)\,(v-v_h)(\tau)\,d\tau\Big). \quad (4.1)$$

Par analogie avec (3.3), pour un entier $m\geq 0$, on introduit l'espace

$$W_h^n = \big\{\mu_h\in L^2(\Gamma_n);\ \forall e\in\mathcal{E}_h^n,\ \mu_{h\,|e}\in\mathcal{P}_m(e)\big\}, \quad (4.2)$$

ainsi qu'une approximation g_{nh} de la donnée g_n dans W_h^n. On définit alors la famille d'indicateurs d'erreur de la façon suivante: pour tout K dans $\mathcal{T}_h$,

$$\eta_K = h_K\,\|f_h+\Delta u_h\|_{L^2(K)} + \frac{1}{2}\sum_{e\in\mathcal{E}_K^0} h_e^{\frac12}\,\|\,[\partial_{n_K}u_h]\,\|_{L^2(e)} + \sum_{e\in\mathcal{E}_K^n} h_e^{\frac12}\,\|g_{nh}-\partial_{n_K}u_h\|_{L^2(e)}. \quad (4.3)$$

On prouve alors facilement le résultat suivant, où l'on utilise la notation évidente $i_h^{\Gamma_e}$ pour l'opérateur d'interpolation de Lagrange à valeurs dans l'espace $T_1^{\Gamma_e}X_h$.

Théorème 4.2 *On suppose la donnée f dans $L^2(\Omega)$, la donnée g_e dans $H^{\frac12}(\Gamma_e)$ continue sur Γ_e et la donnée g_n dans $L^2(\Gamma_n)$. Alors, pour le problème discret* (X.3.3), *on a la majoration d'erreur*

$$\|u-u_h\|_{H^1(\Omega)} \leq c\Big(\sum_{K\in\mathcal{T}_h}\big(\eta_K^2 + h_K^2\,\|f-f_h\|_{L^2(K)}^2 + \sum_{e\in\mathcal{E}_K^n} h_e\,\|g-g_h\|_{L^2(e)}^2\big)\Big)^{\frac12} + c'\,\|g_e - i_h^{\Gamma_e}g_e\|_{H^{\frac12}(\Gamma_e)}. \quad (4.4)$$

On déduit de (4.1) l'équation du résidu

$$\forall v\in X_\diamond,\quad a(u-u_h,v) = \sum_{K\in\mathcal{T}_h}\Big(\int_K (f-f_h)(\boldsymbol{x})\,v(\boldsymbol{x})\,d\boldsymbol{x} + \int_K (f_h+\Delta u_h)(\boldsymbol{x})\,v(\boldsymbol{x})\,d\boldsymbol{x} - \frac{1}{2}\sum_{e\in\mathcal{E}_K^0}\int_e [\partial_{n_K}u_h](\tau)\,v(\tau)\,d\tau + \sum_{e\in\mathcal{E}_K^n}\big(\int_e (g_n-g_{nh})(\tau)\,d\tau + \int_e (g_{nh}-\partial_{n_K}u_h)(\tau)\,v(\tau)\,d\tau\big)\Big). \quad (4.5)$$

Cette équation permet d'établir une majoration de l'indicateur.

Théorème 4.3 *On suppose la donnée f dans $L^2(\Omega)$ et la donnée g_n dans $L^2(\Gamma_n)$. Pour tout élément K de $\mathcal{T}_h$, l'indicateur d'erreur η_K défini en (4.3) vérifie la majoration suivante*

$$\eta_K \le c\left(|u - u_h|_{H^1(\omega_K)} + h_K \|f - f_h\|_{L^2(\omega_K)} + \sum_{e \in \mathcal{E}_K^n} h_e^{\frac{1}{2}} \|g_n - g_{nh}\|_{L^2(e)}\right). \tag{4.6}$$

Les estimations (4.4) et (4.6) sont très semblables à celles prouvées dans les sections précédentes. Elles sont donc optimales.

XI.5 Application à l'adaptation de maillage

Nous décrivons une stratégie d'adaptation de maillage reposant sur les indicateurs d'erreur introduits précédemment. Nous construisons par récurrence sur n une famille finie $(\mathcal{T}_h^n)_{0 \le n \le N}$, de façon à ce que la triangulation finale $\mathcal{T}_h^N$ soit le mieux possible adaptée à la solution. Pour cela, on se fixe une tolérance $\varepsilon > 0$.

• On choisit une triangulation $\mathcal{T}_h^0$ telle qu'il existe, dans le cas de conditions aux limites mixtes par exemple, une fonction f_h de Z_h et une fonction g_{nh} de W_h^n telles que

$$\Big(\sum_{K \in \mathcal{T}_h} \big(h_K^2 \|f - f_h\|_{L^2(K)}^2 + \sum_{e \in \mathcal{E}_K^n} h_e \|g - g_h\|_{L^2(e)}^2\big)\Big)^{\frac{1}{2}} + \|g_e - i_h^{\Gamma_e} g_e\|_{H^{\frac{1}{2}}(\Gamma_e)} \le \frac{\varepsilon}{2}. \tag{5.1}$$

• La triangulation $\mathcal{T}_h^n$ étant supposée connue, on calcule la solution discrète u_h^n liée à cette triangulation, puis les indicateurs η_K^n, $K \in \mathcal{T}_h^n$, ainsi que leur somme hilbertienne

$$G_n = \Big(\sum_{K \in \mathcal{T}_h^n} (\eta_K^n)^2\Big)^{\frac{1}{2}}.$$

Deux cas peuvent alors se produire:
1) Si la quantité G_n est inférieure à $\frac{\varepsilon}{2}$, on considère que la solution u_h^n vérifie les propriétés d'exactitude demandée et on stoppe le procédé à l'étape n.
2) Sinon, on calcule la valeur moyenne $\overline{\eta^n}$ des indicateurs η_K^n, égale au quotient de leur somme par le cardinal de $\mathcal{T}_h^n$. On considère alors l'ensemble $\mathcal{T}_h^n(p)$ des triangles K pour lesquels il existe un entier $p \ge 0$ tel que

$$2^p\, \overline{\eta^n} \le \eta_K^n \le 2^{p+1}\, \overline{\eta^n}. \tag{5.2}$$

On décide alors de construire une nouvelle triangulation $\mathcal{T}_h^{n+1}$ tel que, pour tout $p \ge 0$ et tout K dans $\mathcal{T}_h^n(p)$, le maximum h' des diamètres des éléments de $\mathcal{T}_h^{n+1}$ contenus dans K soit $\le 2^{-p}\, h_K$.

Les propriétés optimales des indicateurs que l'on utilise, telles que démontrées précédemment, permettent de penser raisonnablement qu'un tel procédé s'arrête au bout d'un nombre fini et même petit d'étapes. En outre, sous la condition (5.1) et des hypothèses un peu plus contraignantes, on peut prouver la convergence de l'algorithme, voir [55].

Remarque 5.1 Si au cours de l'étape de raffinement on trouve plusieurs éléments K voisins tels que, pour un entier $p \geq 0$,

$$\eta_K^n \leq 2^{-p}\,\overline{\eta^n},$$

on peut bien sûr essayer de regrouper ces éléments en un seul plus grand, ce qui consiste à déraffiner le maillage. Ceci demande un algorithme de construction de maillage plus performant que pour le raffinement, voir [59, Chap. 3], et, en outre, il faut vérifier à chaque étape que la condition (5.1) reste vérifiée pour le nouveau maillage.

Il faut noter qu'au niveau de l'adaptation de maillages, les notions de triangulation et de régularité sont légèrement contradictoires. Supposons par exemple qu'en dimension 2 un triangle K vérifie (5.2) alors que les triangles adjacents ne le vérifient pas. Il existe deux moyens simples de découper un triangle en triangles plus petits, comme illustré dans la Figure 5.1: ou bien en joignant itérativement les milieux de côtés, ou bien en joignant itérativement le milieu du plus grand côté au sommet opposé. Toutefois la première méthode mène à une famille de triangles qui n'est plus une triangulation (voir points d'interrogation dans la partie gauche de la figure) et la second méthode a pour conséquence que la constante de régularité de la triangulation (rapport maximal du diamètre d'un triangle au rayon du cercle inscrit) augmente (voir points d'interrogation dans la partie droite de la figure): on ne peut tolérer cette augmentation qu'un petit nombre de fois.

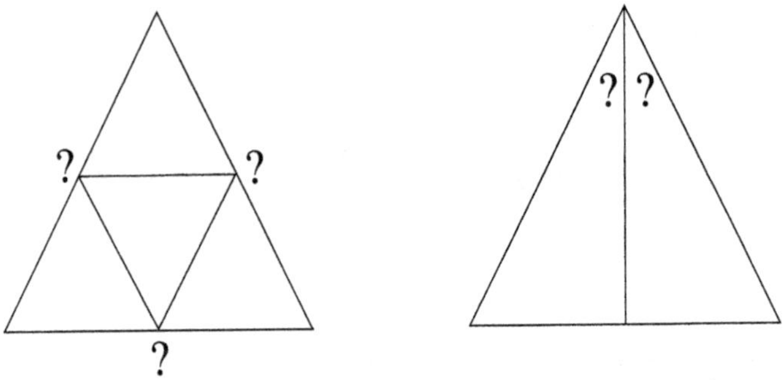

Figure 5.1. Deux méthodes pour découper un triangle

Heureusement, de nombreux algorithmes existent pour contourner cette difficulté, à la fois en dimension $d = 2$ et $d = 3$, voir par exemple [59], et le seul inconvénient est que le nombre final d'éléments découpés au cours du passage de la triangulation $\mathcal{T}_h^n$ à la triangulation $\mathcal{T}_h^{n+1}$ est légèrement supérieur au nombre de ceux vérifiant (5.2) pour un entier p quelconque.

Nous illustrons l'importance de l'adaptation de maillage dans le cas particulier suivant: nous considérons le problème discret (X.1.4) lorsque le domaine Ω est en forme de L, égal à $]-1,1[^2 \backslash [0,1]^2$, pour des éléments finis 2-simpliciaux d'ordre 1 (le nombre d'inconnues du problème est alors égal au nombre de sommets de triangles appartenant à Ω). On choisit la donnée f égale à $f(x,y) = \sqrt{xy}$. La Figure 5.2 présente un maillage uniforme (à gauche), pour un nombre d'inconnues N, et un second maillage adapté à la solution d'après la démarche indiquée précédemment (à droite) mais tel que le nombre d'inconnues reste approximativement égal à N.

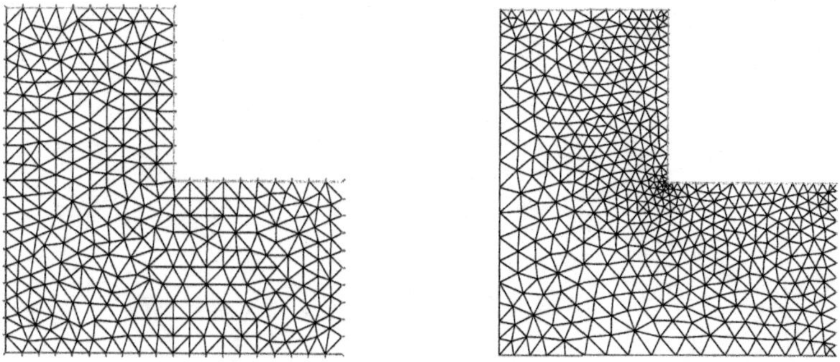

Figure 5.2. Maillage uniforme et maillage adapté ($N \simeq 500$)

Dans un second temps, on calcule une solution de référence u^* sur un maillage très fin. On présente la courbe d'erreur $|u^* - u_h|_{H^1(\Omega)}$ en fonction du nombre d'inconnues N en échelles logarithmiques tout d'abord pour des maillages uniformes (trait pointillé) puis pour des maillages adaptés à la solution (trait plein). On note que l'utilisation d'un maillage adapté diminue sensiblement l'erreur, même lorsque la solution n'est pas très régulière.

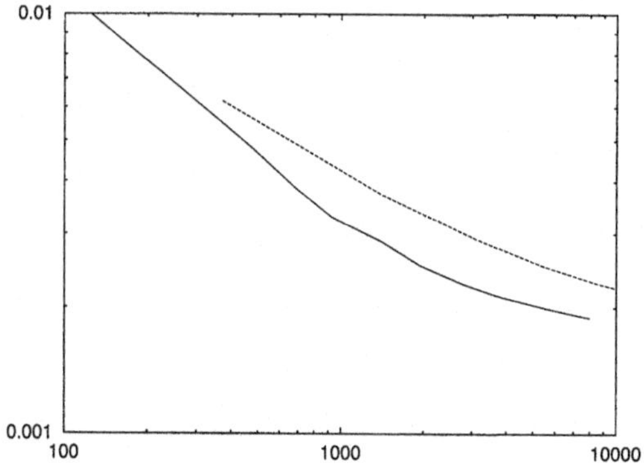

Figure 5.3. Comparaison de l'erreur sur maillages uniforme et adapté

Les calculs présentés dans cette page ont été réalisés sur le code FreeFem++ dû à Hecht et Pironneau (`www.freefem.org`).

Quatrième partie

Couplage de méthodes

Un exemple de couplage spectral/éléments finis

Soit Ω un ouvert polygonal de $\mathbb{R}^2$. Nous nous intéressons une fois de plus à la discrétisation de l'équation (I.3.1) munie de conditions aux limites homogènes $g = 0$, dont nous rappelons ici la formulation variationnelle

Trouver u *dans* $H_0^1(\Omega)$ *tel que*

$$\forall v \in H_0^1(\Omega), \quad \int_\Omega (\mathbf{grad}\, u)(\boldsymbol{x}) \, . \, (\mathbf{grad}\, v)(\boldsymbol{x}) \, d\boldsymbol{x} = \langle f, v \rangle. \tag{0.1}$$

L'idée est de proposer une discrétisation de ce problème qui tire profit des avantages spécifiques des deux méthodes étudiées précédemment. Dans ce but, nous introduisons un rectangle ouvert Ω_s tel que $\overline{\Omega}_s$ soit inclus dans Ω, nous notons $\Omega_{ef} = \Omega \setminus \overline{\Omega}_s$ (voir Figure 0.1) et nous choisissons d'utiliser

- une discrétisation par méthode spectrale dans le domaine Ω_s pour utiliser la grande précision de ce type de méthodes (rappelons que la régularité de la solution u dans Ω_s ne dépend que de la régularité des données),
- une discrétisation par éléments finis dans Ω_{ef} pour prendre en compte la frontière dont la géométrie peut être complexe.

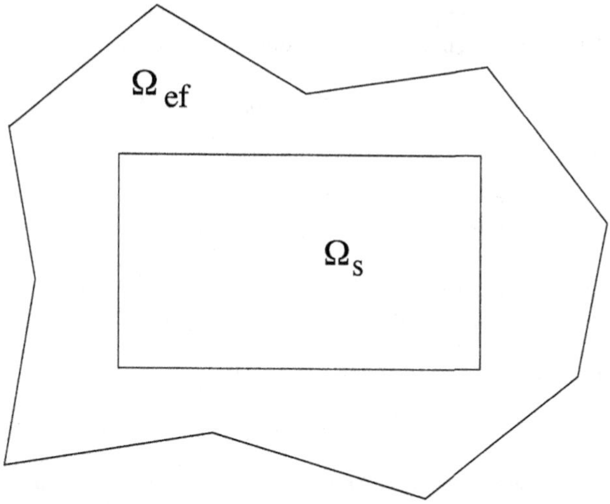

Figure 0.1. Le domaine Ω et sa décomposition

Dû à la partition du domaine Ω en deux sous-domaines, la discrétisation du problème (0.1) repose sur une technique de décomposition de domaine. Dans le cadre variationnel et pour une partition sans recouvrement, ces méthodes se caractérisent essentiellement par le choix des conditions de raccord sur les interfaces entre les sous-domaines. Il faut noter que ces conditions interviennent dans la définition de l'espace discret et ne doivent pas être confondues avec les algorithmes utilisés pour résoudre le système linéaire qui en résulte, par exemple ceux décrits dans la Section VI.3.

Plusieurs types de méthodes existent, toutefois la plupart d'entre elles ne sont pas appropriées pour coupler deux discrétisations différentes. La technique qu'on utilise ici pour coupler les discrétisations spectrale et par éléments finis porte le nom de *décomposition de domaines avec joints* et est présentée dans [27] et [28]. Comme la plupart de ces méthodes, voir [4] ou [37], elle mène à une discrétisation non conforme (voir Définition I.4.3), car l'espace discret n'est pas inclus dans $H_0^1(\Omega)$. Pour simplifier, on se limite ici au cas de la dimension $d = 2$: en effet, l'extension de la technique en dimension $d = 3$, proposée dans [12], s'avère beaucoup plus complexe (voir aussi [13], [81] et [95]).

Nous décrivons le problème discret, puis nous prouvons les estimations d'erreur a priori. Nous concluons en indiquant un algorithme de résolution du système linéaire correspondant.

XII.1 Description du problème discret

Le paramètre de discrétisation est ici un couple $\delta = (N, h)$. En effet, nous considérons les espaces discrets locaux suivants:

- sur le rectangle Ω_s, pour un entier $N \geq 2$,

$$X_\delta^s = \mathbb{P}_N(\Omega_s), \tag{1.1}$$

où l'espace $\mathbb{P}_N(\Omega_s)$ est introduit dans la Notation II.1.3;

- sur le polygone Ω_{ef}, qu'on suppose muni d'une famille régulière $(\mathcal{T}_h)_h$ de triangulations (voir Section VIII.1 pour les définitions correspondantes) et pour un entier $k \geq 1$,

$$X_\delta^{ef} = \{v_h \in H^1(\Omega_{ef});\ \forall K \in \mathcal{T}_h,\ v_{h\,|K} \in \mathcal{P}_k(K)\}, \tag{1.2}$$

où l'espace $\mathcal{P}_k(K)$ est introduit dans la Notation VII.1.1.

Soit Γ_j, $1 \leq j \leq 4$, les quatre côtés du domaine Ω_s. Les extrémités de chaque Γ_j sont notées $\boldsymbol{a}_{j-1}$ et $\boldsymbol{a}_j$. Rappelons qu'une fonction v appartient à l'espace $H_0^1(\Omega)$ si et seulement si:

- sa restriction $v_{|\Omega_s}$ à Ω_s appartient à $H^1(\Omega_s)$;
- sa restriction $v_{|\Omega_{ef}}$ à Ω_{ef} appartient à $H^1(\Omega_{ef})$;
- elle s'annule sur $\partial\Omega$;
- elle vérifie la condition de raccord, pour $1 \leq j \leq 4$

$$T_1^{\Gamma_j} v_{|\Omega_s} = T_1^{\Gamma_j} v_{|\Omega_{ef}}. \tag{1.3}$$

L'idée est en effet de copier cette caractérisation pour définir l'espace discret.

L'espace discret $\mathcal{X}_\delta^0$ est alors introduit comme l'ensemble des fonctions v_δ

- dont les restrictions $v_{\delta\,|\Omega_s}$ à Ω_s appartiennent à X_δ^s;
- dont les restrictions $v_{\delta\,|\Omega_{ef}}$ à Ω_{ef} appartiennent à X_δ^{ef};

- qui s'annulent sur $\partial\Omega$;
- qui vérifient la condition de raccord, pour $1 \le j \le 4$,

$$\forall \varphi_\delta \in W_{j\delta}, \quad \int_{\Gamma_j} \big(v_{\delta\,|\Omega_s}(\tau) - v_{\delta\,|\Omega_{ef}}(\tau)\big)\varphi_\delta(\tau)\,d\tau = 0, \tag{1.4}$$

où $W_{j\delta}$ désigne un espace de dimension finie de fonctions définies sur Γ_j.

Le choix des espaces $W_{j\delta}$ joue un rôle crucial dans l'optimalité de la discrétisation. Notons en effet que si la condition (1.3) était exactement vérifiée par les fonctions de $\mathcal{X}_\delta^0$, la trace de ces fonctions sur chaque Γ_j serait globalement un polynôme de degré k et, comme k est fixé et en général petit, les traces de fonctions de $H^1(\Omega)$ seraient très mal approchées par des éléments de cet espace. On perdrait donc la convergence de la méthode. On va donc choisir un espace $W_{j\delta}$ de dimension plus petite qu'au moins l'un des espaces engendré par les traces des fonctions de X_δ^s ou X_δ^{ef} sur Γ_j. Deux choix sont en fait possibles que l'on notera $W_{j\delta}^s$ ou $W_{j\delta}^{ef}$ (uniquement pour simplifier les notations, on fait le même choix pour les quatre côtés Γ_j, $1 \le j \le 4$, cependant les résultats de l'analyse restent valables autrement).

- L'espace $W_{j\delta}^s$ est simplement

$$W_{j\delta}^s = \mathbb{P}_{N-2}(\Gamma_j), \tag{1.5}$$

et les conditions (1.4) sont appelées "de raccord spectral" dans ce cas.

- L'espace $W_{j\delta}^{ef}$ est, comme illustré dans la Figure 1.1,

$$\begin{aligned} W_{j\delta}^{ef} = \Big\{\varphi_\delta \in \mathscr{C}^0(\overline{\Gamma}_j);\ \forall K \in \mathcal{T}_h,\ \varphi_{\delta\,|K\cap\overline{\Gamma}_j} \in P_K^j\Big\},& \\ \text{avec} \quad P_K^j = \begin{cases} \mathcal{P}_{k-1}(K \cap \overline{\Gamma}_j) & \text{si } \boldsymbol{a}_{j-1} \in K \text{ ou } \boldsymbol{a}_j \in K, \\ \mathcal{P}_k(K \cap \overline{\Gamma}_j) & \text{sinon}, \end{cases}& \end{aligned} \tag{1.6}$$

et les conditions (1.4) sont appelées "de raccord par éléments finis" dans ce cas.

On note que les espaces $W_{j\delta}^s$ et $W_{j\delta}^{ef}$ sont des sous-espaces de codimension 2 de l'espace formé par les traces d'éléments de X_δ^s et X_δ^{ef} sur Γ_j. Deux fonctions illustrant la définition de l'espace $W_{j\delta}^{ef}$ sont représentées dans la Figure 1.1, en trait plein pour $k = 1$ et en trait pointillé pour $k = 2$.

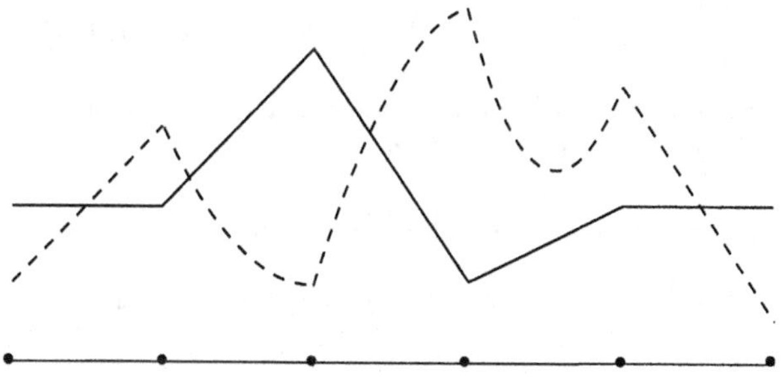

Figure 1.1. Exemples de fonctions de $W_{j\delta}^{ef}$ pour $k = 1$ et $k = 2$

Remarque 1.1 Les choix des espaces $W_{j\delta}$ proposés ici ne sont pas les seuls possibles (voir [4] et [72] pour d'autres exemples). Mais, comme indiqué précédemment, la méthode ne peut pas être conforme (c'est-à-dire que $\mathcal{X}_\delta^0$ n'est pas inclus dans $H_0^1(\Omega)$) pour qu'il y ait convergence et l'on constate que les choix précédents mènent à des estimations d'erreur optimales.

Le rectangle Ω_s est bien sûr spectralement admissible, au sens de la Définition VI.1.1. On note $\boldsymbol{F}_s$ l'application figurant dans cette définition (qui ici est simplement composée d'une translation et d'une homothétie dans chaque direction) et $(\cdot,\cdot)_\delta^s$ le produit discret introduit en (VI.1.13).

On suppose la donnée f dans $L^2(\Omega)$, telle que sa restriction à Ω_s soit continue. Comme précédemment et en dépit de la non conformité de la discrétisation, le problème discret est construit par une méthode de Galerkin (avec intégration numérique sur le sous-domaine spectral). Il s'écrit

Trouver u_δ dans $\mathcal{X}_\delta^0$ tel que

$$\forall v_\delta \in \mathcal{X}_\delta^0, \quad (\mathbf{grad}\, u_\delta, \mathbf{grad}\, v_\delta)_\delta^s + \int_{\Omega_{ef}} (\mathbf{grad}\, u_\delta)(\boldsymbol{x}) \cdot (\mathbf{grad}\, v_\delta)(\boldsymbol{x})\, d\boldsymbol{x} = (f, v_\delta)_\delta^s + \int_{\Omega_{ef}} f(\boldsymbol{x}) v_\delta(\boldsymbol{x})\, d\boldsymbol{x}. \tag{1.7}$$

Théorème 1.2 *Pour toute donnée f dans $L^2(\Omega)$, telle que sa restriction à Ω_s soit continue, et pour les deux choix* (1.5) *et* (1.6) *d'espaces $W_{j\delta}$, le problème* (1.7) *admet une solution unique.*

Démonstration: Le problème (1.7) étant équivalent à un système linéaire carré, il suffit de prouver que la seule solution pour $f = 0$ est nulle. Si l'on prend f égal à zéro dans (1.7), en choisissant v_δ égal à u_δ, on déduit de la Proposition VI.1.4 que

$$c\,|u_\delta|_{H^1(\Omega_s)}^2 + |u_\delta|_{H^1(\Omega_{ef})}^2 \le (\mathbf{grad}\, u_\delta, \mathbf{grad}\, u_\delta)_\delta^s + \int_{\Omega_{ef}} (\mathbf{grad}\, u_\delta)(\boldsymbol{x}) \cdot (\mathbf{grad}\, u_\delta)(\boldsymbol{x})\, d\boldsymbol{x} = 0.$$

On obtient donc que les restrictions $u_{\delta\,|\Omega_s}$ et $u_{\delta\,|\Omega_{ef}}$ sont toutes deux constantes. De plus, sur le côté Γ_1 par exemple, on note que les deux espaces $W_{1\delta}^s$ et $W_{1\delta}^{ef}$ contiennent les constantes, de sorte que la condition (1.4) entraîne

$$0 = \int_{\Gamma_1} \big(u_{\delta\,|\Omega_s}(\tau) - u_{\delta\,|\Omega_{ef}}(\tau)\big)\, d\tau = (u_{\delta\,|\Omega_s} - u_{\delta\,|\Omega_{ef}})\, \mathrm{mes}(\Gamma_1).$$

On en déduit donc que la fonction u_δ est constante sur Ω et, comme elle s'annule sur $\partial\Omega$, elle est nulle, ce qui termine la démonstration.

XII.2 Premiers pas vers les estimations d'erreur

On note $a^s(\cdot,\cdot)$, $a^{ef}(\cdot,\cdot)$, $a_\delta^s(\cdot,\cdot)$ et $\mathcal{A}_\delta(\cdot,\cdot)$ les formes bilinéaires définies de la façon suivante

$$a^s(u,v) = \int_{\Omega_s} (\mathbf{grad}\, u)(\boldsymbol{x}) \cdot (\mathbf{grad}\, v)(\boldsymbol{x})\, d\boldsymbol{x},$$

$$a^{ef}(u,v) = \int_{\Omega_{ef}} (\mathbf{grad}\, u)(\boldsymbol{x}) \cdot (\mathbf{grad}\, v)(\boldsymbol{x})\, d\boldsymbol{x},$$

$$a^s_\delta(u_\delta, v_\delta) = (\mathbf{grad}\, u_\delta, \mathbf{grad}\, v_\delta)^s_\delta, \qquad \mathcal{A}_\delta(u_\delta, v_\delta) = a^s_\delta(u_\delta, v_\delta) + a^{ef}(u_\delta, v_\delta).$$

Nous prouvons quelques propriétés de la forme $\mathcal{A}_\delta(\cdot,\cdot)$. Toutefois, la discrétisation étant non conforme, la démonstration qui suit n'est pas immédiate et requiert l'introduction de la norme brisée (dépendant de la décomposition)

$$\|v\|_{H^1(\Omega_s \cup \Omega_{ef})} = \left(\|v\|^2_{H^1(\Omega_s)} + \|v\|^2_{H^1(\Omega_{ef})}\right)^{\frac{1}{2}}. \tag{2.1}$$

La démonstration qui suit requiert une propriété de *compacité*, dont la preuve est due à Rellich et Kondrachov (voir [3, Thm 6.2], [75, Chap. 1, Th. 16.1 & Rem. 16.1] ou [85, Chap. 1, Th. 1.4]).

Lemme 2.1 (Théorème de Rellich et Kondrachov) *Pour tout ouvert $\mathcal{O}$ borné de $\mathbb{R}^d$ à frontière lipschitzienne, l'injection de $H^1(\mathcal{O})$ dans $L^2(\mathcal{O})$ est compacte.*

Pour prouver l'ellipticité de la forme $\mathcal{A}_\delta(\cdot,\cdot)$ sur $\mathcal{X}^0_\delta$ avec une constante indépendante de δ, on est amené à introduire l'espace $\mathcal{X}_0$ des fonctions v

- dont les restrictions $v_{|\Omega_s}$ à Ω_s appartiennent à $H^1(\Omega_s)$;
- dont les restrictions $v_{|\Omega_{ef}}$ à Ω_{ef} appartiennent à $H^1(\Omega_{ef})$;
- qui s'annulent sur $\partial\Omega$;
- qui vérifient la condition de raccord, pour $1 \le j \le 4$,

$$\int_{\Gamma_j} \left(v_{|\Omega_s}(\tau) - v_{|\Omega_{ef}}(\tau)\right) d\tau = 0. \tag{2.2}$$

L'intérêt de ce nouvel espace est qu'il est indépendant de δ et qu'il contient tous les $\mathcal{X}^0_\delta$ puisque tous les $W_{j\delta}$ contiennent les constantes. On vérifie facilement qu'il s'agit d'un espace de Hilbert, pour le produit scalaire associé à la norme $\|\cdot\|_{H^1(\Omega_s\cup\Omega_{ef})}$.

Lemme 2.2 *Il existe une constante c ne dépendant que de la géométrie de Ω_s et Ω_{ef} telle que*

$$\forall v \in \mathcal{X}_0, \quad \|v\|_{L^2(\Omega)} \le c\left(|v|^2_{H^1(\Omega_s)} + |v|^2_{H^1(\Omega_{ef})}\right)^{\frac{1}{2}}. \tag{2.3}$$

Démonstration: On raisonne ici par l'absurde. Supposons qu'il existe une suite $(v_n)_{n\ge1}$ de $\mathcal{X}_0$ telle que

$$\|v_n\|_{L^2(\Omega)} = 1 \quad \text{et} \quad \left(|v_n|^2_{H^1(\Omega_s)} + |v_n|^2_{H^1(\Omega_{ef})}\right)^{\frac{1}{2}} \le \frac{1}{n}. \tag{2.4}$$

La suite $(v_n)_n$ est bornée, de norme $\|\cdot\|_{H^1(\Omega_s\cup\Omega_{ef})}$ inférieure ou égale à 2. Il existe donc une sous-suite, notée $(v_{n'})_{n'}$, faiblement convergente pour cette norme et, d'après le Lemme 2.1, une autre sous-suite, notée $(v_{n''})_{n''}$, qui converge vers une fonction v, faiblement pour cette norme et aussi fortement dans $L^2(\Omega)$. On déduit de la seconde partie de (2.4) et de la semi-continuité inférieure faible de la semi-norme $\left(|\cdot|^2_{H^1(\Omega_s)} + |\cdot|^2_{H^1(\Omega_{ef})}\right)^{\frac{1}{2}}$ que

$$\left(|v|^2_{H^1(\Omega_s)} + |v|^2_{H^1(\Omega_{ef})}\right)^{\frac{1}{2}} \le 0.$$

Par conséquent, $\mathbf{grad}\, v$ est nul sur Ω_s et Ω_{ef}, donc la fonction v est constante à la fois sur Ω_s et Ω_{ef}. Par passage à la limite dans les conditions de raccord (2.2), on constate que la fonction v vérifie encore ces conditions. Ceci entraîne que la fonction v est constante globalement sur Ω, donc est nulle à cause des conditions aux limites sur $\partial\Omega$. On a alors

$$1 = \|v_{n''}\|_{L^2(\Omega)} = \|v_{n''} - v\|_{L^2(\Omega)},$$

ce qui est en contradiction avec la convergence forte de $(v_{n''})_{n''}$ vers v dans $L^2(\Omega)$. On en déduit que (2.4) est impossible, d'où le résultat désiré.

Proposition 2.3 *Il existe des constantes c et c' positives telles que la forme $\mathcal{A}_\delta(\cdot,\cdot)$ satisfasse les propriétés de continuité*

$$\forall u_\delta \in \mathcal{X}_\delta^0, \forall v_\delta \in \mathcal{X}_\delta^0, \quad \mathcal{A}_\delta(u_\delta, v_\delta) \le c\,\|u_\delta\|_{H^1(\Omega_s\cup\Omega_{ef})}\|v_\delta\|_{H^1(\Omega_s\cup\Omega_{ef})}, \tag{2.5}$$

et d'ellipticité

$$\forall u_\delta \in \mathcal{X}_\delta^0, \quad \mathcal{A}_\delta(u_\delta, u_\delta) \ge c'\,\|u_\delta\|^2_{H^1(\Omega_s\cup\Omega_{ef})}. \tag{2.6}$$

Démonstration: La propriété (2.5) est une conséquence immédiate de la Proposition VI.1.4, ainsi que l'inégalité

$$\forall u_\delta \in \mathcal{X}_\delta^0, \quad \mathcal{A}_\delta(u_\delta, u_\delta) \ge c'\left(|u_\delta|^2_{H^1(\Omega_s)} + |u_\delta|^2_{H^1(\Omega_{ef})}\right).$$

Cette dernière, combinée avec le Lemme 2.2 et l'inclusion de $\mathcal{X}_\delta^0$ dans $\mathcal{X}^0$, prouve l'inégalité (2.6).

Grâce à la Proposition 2.3, on peut appliquer la majoration donnée dans le Théorème I.4.6, qui heureusement s'écrit ici de façon plus simple

$$\begin{aligned}\|u - u_\delta\|_{H^1(\Omega_s\cup\Omega_{ef})} \le c\Big(\inf_{v_\delta\in\mathcal{X}_\delta^0}\big(\|u-v_\delta\|_{H^1(\Omega_s\cup\Omega_{ef})} + \sup_{w_\delta\in X_\delta^s}\frac{(a^s - a_\delta^s)(v_\delta, w_\delta)}{\|w_\delta\|_{H^1(\Omega_s)}}\big)\\ + \varepsilon_\delta + \sup_{w_\delta\in X_\delta^s}\frac{\int_{\Omega_s} f(\boldsymbol{x})w_\delta(\boldsymbol{x}) - (f, w_\delta)_\delta^s}{\|w_\delta\|_{H^1(\Omega_s)}}\Big),\end{aligned} \tag{2.7}$$

où l'erreur de consistance ε_δ est donnée par

$$\varepsilon_\delta = \sup_{w_\delta\in\mathcal{X}_\delta^0}\frac{\int_{\Omega_s}\mathbf{grad}\,u\cdot\mathbf{grad}\,w_\delta\,d\boldsymbol{x} + \int_{\Omega_{ef}}\mathbf{grad}\,u\cdot\mathbf{grad}\,w_\delta\,d\boldsymbol{x} - \int_\Omega f(\boldsymbol{x})w_\delta(\boldsymbol{x})\,d\boldsymbol{x}}{\|w_\delta\|_{H^1(\Omega_s\cup\Omega_{ef})}}. \tag{2.8}$$

Pour majorer les différents termes de (2.7), on déduit du fait que Ω_s est un rectangle l'analogue de (V.1.14):

$$\begin{aligned}\sup_{w_\delta\in X_\delta^s}&\frac{\int_{\Omega_s} f(\boldsymbol{x})w_\delta(\boldsymbol{x}) - (f, w_\delta)_\delta^s}{\|w_\delta\|_{H^1(\Omega_s)}}\\ &\le c\,(\|f - \mathcal{I}_N^s f\|_{L^2(\Omega_s)} + \inf_{f_{N-1}\in\mathbb{P}_{N-1}(\Omega_s)}\|f - f_{N-1}\|_{L^2(\Omega_s)}),\end{aligned} \tag{2.9}$$

où $\mathcal{I}_N^s$ désigne l'opérateur d'interpolation de Lagrange aux nœuds intervenant dans la définition du produit discret $(\cdot,\cdot)_N^s$ à valeurs dans $\mathbb{P}_N(\Omega_s)$. Similairement, on voit que, si Π_{N-1}^{1s} désigne l'opérateur de projection orthogonale de $H^1(\Omega_s)$ sur $\mathbb{P}_{N-1}(\Omega_s)$,

$$\forall v_\delta \in \mathcal{X}_\delta^0, \forall w_\delta \in X_\delta^s, \quad (a^s - a_\delta^s)(v_\delta, w_\delta) = (a^s - a_\delta^s)(v_\delta - \Pi_{N-1}^{1s}u, w_\delta),$$

de sorte que la continuité des formes $a^s(\cdot,\cdot)$ et $a^s_\delta(\cdot,\cdot)$ (voir (VI.1.16)) entraînent

$$\sup_{w_\delta \in X^s_\delta} \frac{(a^s - a^s_\delta)(v_\delta, w_\delta)}{\|w_\delta\|_{H^1(\Omega_s)}} \leq c\,\big(\|u - v_\delta\|_{H^1(\Omega_s)} + \|u - \Pi^{1s}_{N-1} u\|_{H^1(\Omega_s)}\big). \tag{2.10}$$

Il reste donc à évaluer l'erreur d'approximation, c'est-à-dire la distance de la solution u à $\mathcal{X}^0_\delta$, et l'erreur de consistance ε_δ. On traite ici séparément les conditions de raccord spectral et par éléments finis.

XII.3 Analyse de l'erreur de consistance

On commence par estimer ε_δ. On note que, comme f est égal à $-\Delta u$, en intégrant par parties séparément sur Ω_s et sur Ω_{ef}, on a

$$\begin{aligned}\int_\Omega f(\boldsymbol{x}) w_\delta(\boldsymbol{x})\,d\boldsymbol{x} = \int_{\Omega_s} (\mathbf{grad}\, u)(\boldsymbol{x}) \cdot (\mathbf{grad}\, w_\delta)(\boldsymbol{x})\,d\boldsymbol{x} \\ + \int_{\Omega_{ef}} (\mathbf{grad}\, u)(\boldsymbol{x}) \cdot (\mathbf{grad}\, w_\delta)(\boldsymbol{x})\,d\boldsymbol{x} \\ - \sum_{j=1}^4 \int_{\Gamma_j} (\frac{\partial u}{\partial n})(\tau)(w_{\delta\,|\Omega_s} - w_{\delta\,|\Omega_{ef}})(\tau)\,d\tau,\end{aligned}$$

de sorte que

$$\varepsilon_\delta = \sup_{w_\delta \in \mathcal{X}^0_\delta} \sum_{j=1}^4 \frac{\int_{\Gamma_j} (\frac{\partial u}{\partial n})(\tau)(w_{\delta\,|\Omega_s} - w_{\delta\,|\Omega_{ef}})(\tau)\,d\tau}{\|w_\delta\|_{H^1(\Omega_s \cup \Omega_{ef})}} \tag{3.1}$$

Lemme 3.1 *On suppose la solution u du problème (0.1) telle que $u_{|\Omega_s}$ appartienne à $H^{m_s}(\Omega_s)$ pour un entier $m_s \geq 2$. Dans le cas de conditions de raccord spectral, on a la majoration*

$$\varepsilon_\delta \leq c\, N^{1-m_s}\, \|u\|_{H^{m_s}(\Omega_s)}. \tag{3.2}$$

Démonstration: Si π^j_{N-2} désigne l'opérateur de projection orthogonale de $L^2(\Gamma_j)$ sur $\mathbb{P}_{N-2}(\Gamma_j)$, d'après la condition (1.4) avec le choix (1.5), on constate que

$$\int_{\Gamma_j} (\frac{\partial u}{\partial n})(\tau)(w_{\delta\,|\Omega_s} - w_{\delta\,|\Omega_{ef}})(\tau)\,d\tau = \int_{\Gamma_j} (\frac{\partial u}{\partial n} - \pi^j_{N-2}\frac{\partial u}{\partial n})(\tau)(w_{\delta\,|\Omega_s} - w_{\delta\,|\Omega_{ef}})(\tau)\,d\tau.$$

Dans le dernier terme de cette équation et par défintion de l'opérateur π^j_{N-2}, on peut retrancher la quantité $\pi^j_{N-2} w_{\delta\,|\Omega_s} - \pi^j_{N-2} w_{\delta\,|\Omega_{ef}}$ (qui est nulle), d'où

$$\begin{aligned}\int_{\Gamma_j} (\frac{\partial u}{\partial n})(\tau)(w_{\delta\,|\Omega_s} - w_{\delta\,|\Omega_{ef}})(\tau)\,d\tau \leq \|\frac{\partial u}{\partial n} - \pi^j_{N-2}\frac{\partial u}{\partial n}\|_{L^2(\Gamma_j)} \\ \big(\|w_{\delta\,|\Omega_s} - \pi^j_{N-2} w_{\delta\,|\Omega_s}\|_{L^2(\Gamma_j)} + \|w_{\delta\,|\Omega_{ef}} - \pi^j_{N-2} w_{\delta\,|\Omega_{ef}}\|_{L^2(\Gamma_j)}\big).\end{aligned}$$

On a par définition des espaces de traces

$$\|w_{\delta\,|\Omega_s}\|_{H^{\frac{1}{2}}(\Gamma_j)} + \|w_{\delta\,|\Omega_{ef}}\|_{H^{\frac{1}{2}}(\Gamma_j)} \le c\,\|w_\delta\|_{H^1(\Omega_s\cup\Omega_{ef})}.$$

En outre, comme chaque Γ_j est régulier, d'après le Théorème I.2.19, la trace $\frac{\partial u}{\partial n}$ appartient à $H^{m_s-\frac{3}{2}}(\Gamma_j)$. D'autre part, on déduit du Théorème III.1.2 que, pour tout entier $m \ge 1$, pour toute fonction φ de $H^{m-1}(\Gamma_j)$, respectivement de $H^m(\Gamma_j)$, on a

$$\|\varphi - \pi^j_{N-2}\varphi\|_{L^2(\Gamma_j)} \le c\,N^{1-m}\,\|\varphi\|_{H^{m-1}(\Gamma_j)}, \qquad \|\varphi - \pi^j_{N-2}\varphi\|_{L^2(\Gamma_j)} \le c\,N^{-m}\,\|\varphi\|_{H^m(\Gamma_j)}.$$

Par un argument d'interpolation que l'on ne précisera pas ici (et pour lequel on réfère à [75, Chap. 1, Th. 9.6]), on en déduit que, pour toute fonction φ de $H^{m-\frac{1}{2}}(\Gamma_j)$,

$$\|\varphi - \pi^j_{N-2}\varphi\|_{L^2(\Gamma_j)} \le c\,N^{\frac{1}{2}-m}\,\|\varphi\|_{H^{m-\frac{1}{2}}(\Gamma_j)}.$$

L'estimation cherchée résulte de cette inégalité appliquée avec $\varphi = \frac{\partial u}{\partial n}$ et $m = m_s - 1$ et aussi avec $\varphi = w_{\delta\,|\Omega_s}$ et $\varphi = w_{\delta\,|\Omega_{ef}}$ et $m = 1$.

Lemme 3.2 *On suppose la solution u du problème (0.1) telle que $u_{|\Omega_{ef}}$ appartienne à $H^{m_{ef}}(\Omega_{ef})$ pour un entier $m_{ef} \ge 2$. Dans le cas de conditions de raccord par éléments finis, on a la majoration*

$$\varepsilon_\delta \le c\,h^{\inf\{m_{ef}-1,k\}}\,\|u\|_{H^{m_{ef}}(\Omega_{ef})}. \tag{3.3}$$

Démonstration: Soit π^j_h l'opérateur de projection orthogonale de $L^2(\Gamma_j)$ sur $W^{ef}_{j\delta}$. On déduit de la condition (1.4) avec le choix (1.6) que

$$\int_{\Gamma_j} (\frac{\partial u}{\partial n})(\tau)(w_{\delta\,|\Omega_s} - w_{\delta\,|\Omega_{ef}})(\tau)\,d\tau = \int_{\Gamma_j} (\frac{\partial u}{\partial n} - \pi^j_h\frac{\partial u}{\partial n})(\tau)(w_{\delta\,|\Omega_s} - w_{\delta\,|\Omega_{ef}})(\tau)\,d\tau.$$

Par définition de l'opérateur π^j_h, on obtient alors

$$\begin{aligned}\int_{\Gamma_j} (\frac{\partial u}{\partial n})(\tau)(w_{\delta\,|\Omega_s} - w_{\delta\,|\Omega_{ef}})(\tau)\,d\tau &= \int_{\Gamma_j} (\frac{\partial u}{\partial n} - \pi^j_h\frac{\partial u}{\partial n})(\tau)(w_{\delta\,|\Omega_s} - \pi^j_h w_{\delta\,|\Omega_s})(\tau)\,d\tau \\ &\quad - \int_{\Gamma_j} (\frac{\partial u}{\partial n} - \pi^j_h\frac{\partial u}{\partial n})(\tau)(w_{\delta\,|\Omega_{ef}} - \pi^j_h w_{\delta\,|\Omega_{ef}})(\tau)\,d\tau.\end{aligned}$$

Grâce à l'inégalité de Cauchy–Schwarz, ceci entraîne

$$\begin{aligned}&\int_{\Gamma_j} (\frac{\partial u}{\partial n})(\tau)(w_{\delta\,|\Omega_s} - w_{\delta\,|\Omega_{ef}})(\tau)\,d\tau \\ &\quad\le \|\frac{\partial u}{\partial n} - \pi^j_h\frac{\partial u}{\partial n}\|_{L^2(\Gamma_j)}\big(\|w_{\delta\,|\Omega_s} - \pi^j_h w_{\delta\,|\Omega_s}\|_{L^2(\Gamma_j)} + \|w_{\delta\,|\Omega_{ef}} - \pi^j_h w_{\delta\,|\Omega_{ef}}\|_{L^2(\Gamma_j)}\big).\end{aligned}$$

On est donc ramené à prouver l'estimation, pour tout φ dans $H^{m-\frac{1}{2}}(\Gamma_j)$,

$$\|\varphi - \pi^j_h\varphi\|_{L^2(\Gamma_j)} \le c\,h^{\min\{m-\frac{1}{2},k\}}\,\|\varphi\|_{H^{m-\frac{1}{2}}(\Gamma_j)}, \tag{3.4}$$

que l'on appliquera successivement avec $m = m_{ef} - 1$ pour $\varphi = \frac{\partial u}{\partial n}$, puis avec $m = 1$ pour $\varphi = w_{\delta\,|\Omega_{ef}}$ et $\varphi = w_{\delta\,|\Omega_s} = w_{\delta\,|\Omega_{ef}}$.
1) Lorsque k est ≥ 2, l'espace $W_{j\delta}^{ef}$ contient les fonctions continues sur Γ_j dont la restriction à chaque $K \cap \Gamma_j$, $K \in \mathcal{T}_h$, appartient à $\mathcal{P}_{k-1}(K \cap \Gamma_j)$. On déduit donc facilement du Théorème IX.2.1 que, pour une fonction v assez régulière,

$$\|v - \pi_h^j v\|_{L^2(\Gamma_j)} \leq c\, h^{\min\{m',k\}}\, \|v\|_{H^{m'}(\Gamma_j)}. \tag{3.5}$$

On obtient l'inégalité (3.4) à partir de la ligne précédente, appliquée avec $m' = m$ et $m' = m - 1$, par un argument d'interpolation.
2) Lorsque k est égal à 1, l'espace $W_{j\delta}^{ef}$ ne contient aucun espace d'éléments finis standard. Toutefois l'estimation (3.5) pour $m' = 0$ vient de la définition de π_h^j. De plus, pour $m' = 1$, on utilise l'argument suivant: soit i_δ^j l'opérateur d'interpolation de Lagrange usuel dans l'espace des fonctions continues dont la restriction à chaque $K \cup \mathcal{T}_h$ est affine, et v_δ^j la fonction de $W_{j\delta}^{ef}$ qui coïncide avec $i_h^j v$ en tous les extrémités des $K \cap \Gamma_j$ internes à Γ_j. On écrit l'inégalité triangulaire

$$\|v - v_\delta^i\|_{L^2(\Gamma_j)} \leq \|v - i_\delta^j v\|_{L^2(\Gamma_j)} + \|i_\delta^j v - v_\delta^i\|_{L^2(\Gamma_j)},$$

on majore le premier terme du membre de droite grâce au Théorème IX.1.5, on constate (voir Figure 1.1) que le support de $i_\delta^j v - v_\delta^j$ est formé des deux segments $K \cap \Gamma_j$ qui contiennent les extrémités de Γ_j et on majore le second terme en passant à un élément de référence. Ceci donne la majoration pour $m' = 1$, d'où le résultat final dans ce cas.

Remarque 3.3 On peut avoir l'idée de remplacer, dans la définition de $\mathcal{X}_\delta^0$, la condition de raccord (1.4), qui est de type intégral, par une condition de type ponctuel, ce qui revient à imposer que $v_{\delta\,|\Omega_s}$ et $v_{\delta\,|\Omega_{ef}}$ soient égaux en un nombre finis de points sur chaque Γ_j (par exemple, les nœuds de la formule de quadrature sur Ω_s ou les points des treillis $\mathcal{T}_k(K)$, $K \in \mathcal{T}_h$, qui sont internes à Γ). Mais on peut facilement vérifier que contrairement à (1.4), ce choix ne mène pas à une estimation optimale de ε_δ (on réfère à [53] pour des premiers résultats sur ce sujet).

XII.4 Analyse de l'erreur d'approximation

Pour majorer l'erreur d'approximation dans le cas de conditions de raccord spectral, on fait appel à l'opérateur de projection orthogonale π_N^{j*} de $H_0^1(\Gamma_j)$ sur $L^2(\Gamma_j)$ tel qu'introduit dans la Définition III.1.8. En effet, on peut vérifier par intégration par parties que, pour toute fonction φ de $H_0^1(\Gamma_j)$,

$$\forall \psi_\delta \in \mathbb{P}_N^0(\Gamma_j), \quad \int_{\Gamma_j} (\varphi - \pi_N^{j*}\varphi)(\tau)\psi_\delta''(\tau)\, d\tau = 0,$$

et donc que, comme l'opérateur: $\psi_\delta \mapsto \psi_\delta''$ est une bijection de $\mathbb{P}_N^0(\Gamma_j)$ sur $\mathbb{P}_{N-2}(\Gamma_j)$ (ces deux espaces ayant la même dimension $N - 1$),

$$\forall \varphi_\delta \in \mathbb{P}_{N-2}(\Gamma_j), \quad \int_{\Gamma_j} (\varphi - \pi_N^{j*}\varphi)(\tau)\varphi_\delta(\tau)\, d\tau = 0. \tag{4.1}$$

Lemme 4.1 *On suppose la solution u du problème (0.1) telle que $u_{|\Omega_s}$ appartienne à $H^{m_s}(\Omega_s)$ pour un entier $m_s \geq 2$ et que $u_{|\Omega_{ef}}$ appartienne à $H^{m_{ef}}(\Omega_{ef})$ pour un entier $m_{ef} \geq 2$. Dans le cas de conditions de raccord spectral, on a la majoration*

$$\begin{aligned}&\inf_{v_\delta \in \mathcal{X}_\delta^0} \|u - v_\delta\|_{H^1(\Omega_s \cup \Omega_{ef})} \\ &\quad \leq c\left(N^{1-m_s}\,\|u\|_{H^{m_s}(\Omega_s)} + \max\{1, (hN)^{-\frac{1}{2}}\}\, h^{\inf\{m_{ef}-1,k\}}\, \|u\|_{H^{m_{ef}}(\Omega_{ef})}\right).\end{aligned} \tag{4.2}$$

Démonstration: On choisit la fonction v_δ sous la forme $v_\delta^1 + v_\delta^2$, où v_δ^1 est simplement défini par

$$v_\delta^1 = \begin{cases} \mathcal{I}_\delta^s u & \text{dans } \Omega_s, \\ \mathcal{I}_\delta^{ef} u & \text{dans } \Omega_{ef}, \end{cases} \tag{4.3}$$

$\mathcal{I}_\delta^s$ et $\mathcal{I}_\delta^{ef}$ désignant respectivement les opérateurs d'interpolation aux nœuds de la grille définie en (VI.1.11) à valeurs dans X_δ^s et aux points de $\mathcal{T}_k(K)$, $K \in \mathcal{T}_h$, à valeurs dans X_δ^{ef}. On remarque que v_δ^1 est continu, égal à $u(\boldsymbol{a}_j)$, aux quatre coins $\boldsymbol{a}_j$ de Ω_s. On définit ensuite v_δ^2 tel que

$$v_\delta^2 = \begin{cases} \sum_{j=1}^4 \mathcal{R}_{j\delta,0}^s \circ \pi_N^{j*}(\mathcal{I}_\delta^{ef} u - \mathcal{I}_\delta^s u) & \text{dans } \Omega_s, \\ 0 & \text{dans } \Omega_{ef}, \end{cases} \tag{4.4}$$

où $\mathcal{R}_{j\delta,0}^s$ désigne l'opérateur de relèvement de $\mathbb{P}_N^0(\Gamma_j)$ dans les polynômes de $\mathbb{P}_N(\Omega_s)$ s'annulant sur $\partial\Omega_s \setminus \Gamma_j$ tel qu'introduit dans le Corollaire III.3.2. On vérifie alors facilement que la fonction v_δ est telle que sa restriction à Ω_s appartienne à X_δ^s, sa restriction à Ω_{ef} appartienne à X_δ^{ef} et qu'elle s'annule sur $\partial\Omega$ puisque u appartient à $H_0^1(\Omega)$. En outre, les traces sur chaque Γ_j de ses restrictions à Ω_s et à Ω_{ef} sont respectivement égales à $\mathcal{I}_\delta^s u + \pi_N^{j*}(\mathcal{I}_\delta^{ef} u - \mathcal{I}_\delta^s u)$ et à $\mathcal{I}_\delta^{ef} u$ de sorte que la condition de raccord (1.4) se déduit de (4.1). Par conséquent, la fonction v_δ appartient bien à $\mathcal{X}_\delta^0$. D'autre part, on a l'inégalité triangulaire

$$\|u - v_\delta\|_{H^1(\Omega_s \cup \Omega_{ef})} \leq \|u - v_\delta^1\|_{H^1(\Omega_s \cup \Omega_{ef})} + \|v_\delta^2\|_{H^1(\Omega_s)}. \tag{4.5}$$

Pour majorer la distance de u à v_δ^1, on fait appel aux Théorèmes IV.2.7 et IX.1.6:

$$\|u - v_\delta^1\|_{H^1(\Omega_s \cup \Omega_{ef})} \leq c\left(N^{1-m_s}\,\|u\|_{H^{m_s}(\Omega_s)} + h^{\inf\{m_{ef}-1,k\}}\,\|u\|_{H^{m_{ef}}(\Omega_{ef})}\right). \tag{4.6}$$

On déduit également du Corollaire III.3.2 que

$$\begin{aligned}\|v_\delta^2\|_{H^1(\Omega_s)} &\leq c \sum_{j=1}^4 \|\pi_N^{j*}(\mathcal{I}_\delta^{ef} u - \mathcal{I}_\delta^s u)\|_{H_{00}^{\frac{1}{2}}(\Gamma_j)} \\ &\leq c' \sum_{j=1}^4 \left(\|\mathcal{I}_\delta^{ef} u - \mathcal{I}_\delta^s u\|_{H_{00}^{\frac{1}{2}}(\Gamma_j)} + \|(id - \pi_N^{j*})(\mathcal{I}_\delta^{ef} u - \mathcal{I}_\delta^s u)\|_{H_{00}^{\frac{1}{2}}(\Gamma_j)}\right).\end{aligned}$$

Pour majorer l'avant-dernier terme, on utilise le théorème de traces puis les Théorèmes IV.2.7 et IX.1.6

$$\begin{aligned}\|\mathcal{I}_\delta^{ef} u - \mathcal{I}_\delta^s u\|_{H_{00}^{\frac{1}{2}}(\Gamma_j)} &\leq \|u - \mathcal{I}_\delta^s u\|_{H^1(\Omega_s)} + \|u - \mathcal{I}_\delta^{ef} u\|_{H^1(\Omega_{ef})} \\ &\leq c\left(N^{1-m_s}\,\|u\|_{H^{m_s}(\Omega_s)} + h^{\inf\{m_{ef}-1,k\}}\,\|u\|_{H^{m_{ef}}(\Omega_{ef})}\right).\end{aligned}$$

Pour majorer le dernier terme, on utilise le Théorème III.1.7 et un argument d'interpolation pour obtenir

$$\|(id - \pi_N^{j*})(\mathcal{I}_\delta^{ef} u - \mathcal{I}_\delta^s u)\|_{H_{00}^{\frac{1}{2}}(\Gamma_j)} \leq c\, N^{-\frac{1}{2}} \left(\|u - \mathcal{I}_\delta^s u\|_{H^1(\Gamma_j)} + \|u - \mathcal{I}_\delta^{ef} u\|_{H^1(\Gamma_j)}\right).$$

Comme les traces des interpolés $\mathcal{I}_\delta^s u$ et $\mathcal{I}_\delta^{ef} u$ sont des interpolés des traces de u, on déduit des Théorèmes IV.1.16 et IX.1.6, combinés avec un argument d'interpolation, l'estimation

$$\begin{aligned} &\|(id - \pi_N^{j*})(\mathcal{I}_\delta^{ef} u - \mathcal{I}_\delta^s u)\|_{H_{00}^{\frac{1}{2}}(\Gamma_j)} \\ &\qquad \leq c\, N^{-\frac{1}{2}} \left(N^{\frac{3}{2}-m_s} \|u\|_{H^{m_s}(\Omega_s)} + h^{\inf\{m_{ef}-\frac{3}{2},k\}} \|u\|_{H^{m_{ef}}(\Omega_{ef})}\right). \end{aligned}$$

Les lignes précédentes entraînent alors que

$$\begin{aligned} &\|v_\delta^2\|_{H^1(\Omega_s)} \\ &\quad \leq c \left(N^{1-m_s} \|u\|_{H^{m_s}(\Omega_s)} + (h^{\inf\{m_{ef}-1,k\}} + N^{-\frac{1}{2}}\, h^{\inf\{m_{ef}-\frac{3}{2},k\}}) \|u\|_{H^{m_{ef}}(\Omega_{ef})}\right). \end{aligned} \tag{4.7}$$

Finalement, en combinant (4.5), (4.6) et (4.7), on obtient la majoration (4.2).

La majoration (4.2) n'est optimale que si l'on s'astreint à travailler avec des paramètres δ vérifiant, pour une constante $\lambda > 0$ indépendante de δ,

$$Nh \geq \lambda. \tag{4.8}$$

Pour une donnée f régulière, m_s est en général beaucoup plus grand que m_{ef}, de sorte que l'on aurait tendance à travailler avec N plus petit que h^{-1}.

Pour étudier le cas de raccord par éléments finis, on introduit l'opérateur π_h^{j*} suivant: pour toute fonction ψ de $H_{00}^{\frac{1}{2}}(\Gamma_j)$, $\pi_h^{j*}\psi$ appartient à l'espace des traces de fonctions de X_δ^{ef}, s'annule aux extrémités de Γ_j et vérifie

$$\forall \varphi_\delta \in W_{j\delta}^{ef}, \quad \int_{\Gamma_j} (\psi - \pi_h^{j*}\psi)(\tau)\varphi_\delta(\tau)\, d\tau = 0. \tag{4.9}$$

Le fait que l'opérateur π_h^{j*} soit bien défini est facile à vérifier. Par contre, on réfère à [27, Lemma 4.3] pour la démonstration du résultat suivant.

Lemme 4.2 *Il existe une constante c indépendante de h telle qu'on ait l'estimation, pour* $1 \leq i \leq 4$,

$$\forall \varphi \in H_{00}^{\frac{1}{2}}(\Gamma_j), \quad \|\pi_h^{j*}\varphi\|_{H_{00}^{\frac{1}{2}}(\Gamma_j)} \leq c\, \|\varphi\|_{H_{00}^{\frac{1}{2}}(\Gamma_j)}. \tag{4.10}$$

On peut alors prouver une estimation de l'erreur d'approximation, qui est parfaitement optimale.

Lemme 4.3 *On suppose la solution u du problème* (0.1) *telle que* $u_{|\Omega_s}$ *appartienne à* $H^{m_s}(\Omega_s)$ *pour un entier* $m_s \geq 2$ *et que* $u_{|\Omega_{ef}}$ *appartienne à* $H^{m_{ef}}(\Omega_{ef})$ *pour un entier* $m_{ef} \geq 2$. *Dans le cas de conditions de raccord par éléments finis, on a la majoration*

$$\inf_{v_\delta \in \mathcal{X}_\delta^0} \|u - v_\delta\|_{H^1(\Omega_s \cup \Omega_{ef})} \leq c \left(N^{1-m_s} \|u\|_{H^{m_s}(\Omega_s)} + h^{\inf\{m_{ef}-1,k\}} \|u\|_{H^{m_{ef}}(\Omega_{ef})}\right). \tag{4.11}$$

Démonstration: On choisit v_δ égal à $v_\delta^1 + v_\delta^2$, où v_δ^1 est encore défini par (4.3), tandis que v_δ^2 est pris égal à

$$v_\delta^2 = \begin{cases} 0 & \text{dans } \Omega_s, \\ \mathcal{R}_\delta^{ef}\psi_h & \text{dans } \Omega_{ef}, \end{cases} \tag{4.12}$$

où $\mathcal{R}_\delta^{ef}$ désigne ici l'opérateur $\mathcal{R}_h$ introduit dans le Théorème IX.4.1 (avec Ω remplacé par Ω_{ef}) et la fonction ψ_h est définie telle que

$$\psi_h = \begin{cases} \pi_h^{j*}(\mathcal{I}_\delta^s u - \mathcal{I}_\delta^{ef} u) & \text{sur } \Gamma_j,\ 1 \le j \le 4, \\ 0 & \text{sur } \partial\Omega. \end{cases}$$

Exactement les mêmes arguments que dans le démonstration du Lemme 4.1, combinés avec (4.9), permettent de prouver que v_δ appartient à $\mathcal{X}_\delta^0$. En outre, on déduit du Théorème IX.4.1, du Lemme 4.2 et du théorème de traces que

$$\|u - v_\delta\|_{H^1(\Omega_s\cup\Omega_{ef})} \le c\,\big(\|u - \mathcal{I}_\delta^s u\|_{H^1(\Omega_s)} + \|u - \mathcal{I}_\delta^{ef} u\|_{H^1(\Omega_{ef})}\big),$$

ce qui, grâce aux Théorèmes IV.2.7 et IX.1.6, entraîne l'estimation (4.11).

XII.5 Estimations d'erreur

En combinant les inégalités (2.7), (2.9) et (2.10) avec (3.2) ou (3.3) et (4.2) ou (4.11), on obtient la majoration d'erreur a priori.

Théorème 5.1 *On suppose la solution u du problème* (0.1) *telle que $u_{|\Omega_s}$ appartienne à $H^{m_s}(\Omega_s)$ pour un entier $m_s \ge 2$ et que $u_{|\Omega_{ef}}$ appartienne à $H^{m_{ef}}(\Omega_{ef})$ pour un entier $m_{ef} \ge 2$, et aussi la donnée f telle que $f_{|\Omega_s}$ appartienne $H^r(\Omega_s)$ pour un entier $r \ge 2$. Alors, pour le problème discret* (1.7), *on a la majoration d'erreur*

$$\begin{aligned} &\|u-u_\delta\|_{H^1(\Omega_s\cup\Omega_{ef})} \\ &\quad \le c\,\big(N^{1-m_s}\,\|u\|_{H^{m_s}(\Omega_s)} + \lambda_\delta\, h^{\inf\{m_{ef}-1,k\}}\,\|u\|_{H^{m_{ef}}(\Omega_{ef})} + N^{-r}\,\|f\|_{H^r(\Omega_s)}\big), \end{aligned} \tag{5.1}$$

où la constante λ_δ est égale à $\max\{1, (hN)^{-\frac12}\}$ *dans le cas de raccord spectral, à* 1 *dans le cas de raccord par éléments finis.*

La majoration d'erreur est donc parfaitement optimale dans le cas de raccord par éléments finis. Pour ce problème modèle et des données régulières, on préférera donc choisir ce type de raccord. Par contre, pour des données non régulières, on aura tendance à choisir N de l'ordre de h^{-1} et, dans ce cas, le choix du type de raccord ne modifie en rien l'ordre de convergence et dépend donc des préférences de l'utilisateur.

On termine cette étude par une majoration de l'erreur dans la norme de $L^2(\Omega)$, obtenue par le méthode de dualité d'Aubin–Nitsche, lorsque l'ouvert Ω est convexe.

Théorème 5.2 *Sous les hypothèses du Théorème* 5.1 *et si l'ouvert Ω est convexe, pour le problème discret* (1.7), *on a la majoration d'erreur*

$$\begin{aligned} &\|u - u_\delta\|_{L^2(\Omega)} \\ &\quad \le c\,\big(N^{-1} + \lambda_\delta\, h\big)\big(N^{1-m_s}\,\|u\|_{H^{m_s}(\Omega_s)} + \lambda_\delta\, h^{\inf\{m_{ef}-1,k\}}\,\|u\|_{H^{m_{ef}}(\Omega_{ef})}\big) \\ &\qquad + c'\,N^{-r}\,\|f\|_{H^r(\Omega_s)}, \end{aligned} \tag{5.2}$$

où la constante λ_δ est définie dans le Théorème 5.1.

Démonstration: On part de la formule

$$\|u - u_\delta\|_{L^2(\Omega)} = \sup_{t \in L^2(\Omega)} \frac{\int_\Omega (u - u_\delta)(\boldsymbol{x}) t(\boldsymbol{x})\, d\boldsymbol{x}}{\|t\|_{L^2(\Omega)}}, \tag{5.3}$$

et, pour toute fonction t dans $L^2(\Omega)$, on résout le problème:

Trouver w dans $H_0^1(\Omega)$ tel que

$$\forall v \in H_0^1(\Omega), \quad a(v, w) = \int_\Omega t(\boldsymbol{x}) v(\boldsymbol{x})\, d\boldsymbol{x}. \tag{5.4}$$

Comme l'ouvert Ω est convexe, la solution w appartient à $H^2(\Omega)$ et vérifie

$$\|w\|_{H^2(\Omega)} + \sum_{j=1}^{4} \|\frac{\partial w}{\partial n}\|_{H^{\frac{1}{2}}(\Gamma_j)} \leq c\, \|t\|_{L^2(\Omega)}. \tag{5.5}$$

Par intégration par parties, on a

$$\int_\Omega (u - u_\delta)(\boldsymbol{x}) t(\boldsymbol{x})\, d\boldsymbol{x} = a^s(u - u_\delta, w) + a^{ef}(u - u_\delta, w)$$
$$+ \sum_{j=1}^{4} \int_{\Gamma_j} (\frac{\partial w}{\partial n})(\tau) \big((u - u_\delta)_{|\Omega_s} - (u - u_\delta)_{|\Omega_{ef}}\big)(\tau)\, d\tau.$$

En utilisant le problème discret (1.7) et la condition (1.4), on obtient pour tout w_δ dans $\mathcal{X}_\delta^0$ et en notant π_δ^j l'opérateur de projection π_{N-2}^j, respectivement π_h^j, introduit dans la démonstration du Lemme 3.1, respectivement du Lemme 3.2, suivant le type de raccord,

$$\int_\Omega (u - u_\delta)(\boldsymbol{x}) t(\boldsymbol{x})\, d\boldsymbol{x} = a^s(u - u_\delta, w - w_\delta) + a^{ef}(u - u_\delta, w - w_\delta)$$
$$- (a^s - a_\delta^s)(u_\delta, w_\delta) + \int_{\Omega_s} f(\boldsymbol{x}) w_\delta(\boldsymbol{x}) - (f, w_\delta)_\delta^s$$
$$+ \sum_{j=1}^{4} \int_{\Gamma_j} (\frac{\partial w}{\partial n} - \pi_\delta^j \frac{\partial w}{\partial n})(\tau) \big((u - u_\delta)_{|\Omega_s} - (u - u_\delta)_{|\Omega_{ef}}\big)(\tau)\, d\tau.$$

On conclut en majorant les différents termes du membre de droite grâce au Théorème 5.1 et aux Lemmes 4.1 et 4.3, à (2.9) et à l'analogue de (2.10) et enfin grâce à l'analogue des Lemmes 3.1 et 3.2.

Dans le cas du raccord par éléments finis qui est toujours optimal, on aura tendance à choisir les paramètres h et N tels que

$$c\, N^{1-m_s} \leq h^{\inf\{m_{ef}-1, k\}} \leq c'\, N^{1-m_s},$$

pour des constantes c et c' fixées. On note que, comme un voisinage de Ω_s est contenu dans Ω_{ef}, si la donnée f appartient à $H^{m-2}(\Omega)$ pour un entier $m \geq 1$ quelconque, la fonction $u_{|\Omega_s}$ appartient à $H^m(\Omega_s)$ (mais l'analogue n'est pas vrai pour $u_{|\Omega_{ef}}$, voir Remarque I.3.4). Pour une donnée régulière, on pourra donc choisir N beaucoup plus petit que h^{-1}, de telle sorte que la taille du système à résoudre est également plus petite que pour une discrétisation par éléments finis usuelle.

XII.6 Un algorithme de résolution

Soit $\mathcal{Z}_\delta^0$ le produit $X_\delta^s \times X_\delta^{ef0}$, où X_δ^{ef0} désigne l'espace des fonctions de X_δ^{ef} s'annulant sur $\partial\Omega$. On note $\mathcal{W}_\delta$ l'espace $\prod_{j=1}^4 W_{j\delta}$ et on introduit la forme bilinéaire sur $\mathcal{Z}_\delta^0 \times \mathcal{W}_\delta$

$$\mathcal{B}(\overline{v}_\delta, \varphi_\delta) = \sum_{j=1}^{4} \int_{\Gamma_j} \big(v_\delta^s(\tau) - v_\delta^{ef}(\tau)\big)\varphi_{j\delta}(\tau)\, d\tau, \qquad \text{avec} \quad \overline{v}_\delta = (v_\delta^s, v_\delta^{ef}),\ \varphi_\delta = (\varphi_{1\delta}, \dots, \varphi_{4\delta}). \tag{6.1}$$

On note $\mathcal{B}^s(\cdot,\cdot)$ ou $\mathcal{B}^{ef}(\cdot,\cdot)$, $\mathcal{W}_\delta^s$ ou $\mathcal{W}_\delta^{ef}$, la forme $\mathcal{B}(\cdot,\cdot)$ et l'espace $\mathcal{W}_\delta$ lorsque les $W_{j\delta}$ sont choisis égaux aux $W_{j\delta}^s$ ou $W_{j\delta}^{ef}$.

Pour une extension évidente de la forme $\mathcal{A}_\delta(\cdot,\cdot)$ à des couples $\overline{u}_\delta = (u_\delta^s, u_\delta^{ef})$ et $\overline{v}_\delta = (v_\delta^s, v_\delta^{ef})$, on considère le problème modifié

Trouver $(\overline{u}_\delta, \psi_\delta)$ dans $\mathcal{Z}_\delta^0 \times \mathcal{W}_\delta$ tel que

$$\begin{aligned} &\forall \overline{v}_\delta \in \mathcal{Z}_\delta^0, \quad \mathcal{A}_\delta(\overline{u}_\delta, \overline{v}_\delta) + \mathcal{B}_\delta(\overline{v}_\delta, \psi_\delta) = (f, v_\delta^s)_\delta^s + \int_{\Omega_{ef}} f(\boldsymbol{x}) v_\delta^{ef}(\boldsymbol{x})\, d\boldsymbol{x}, \\ &\forall \varphi_\delta \in \mathcal{W}_\delta, \quad \mathcal{B}_\delta(\overline{u}_\delta, \varphi_\delta) = 0. \end{aligned} \tag{6.2}$$

Le lien entre ce nouveau problème et le problème (1.7) vient de la définition de l'espace $\mathcal{X}_\delta^0$: une fonction v_δ appartient à $\mathcal{X}_\delta^0$ si et seulement si le couple $\overline{v}_\delta = (v_{\delta\,|\Omega_s}, v_{\delta\,|\Omega_{ef}})$ appartient à $\mathcal{Z}_\delta^0$ et vérifie

$$\forall \varphi_\delta \in \mathcal{W}_\delta, \quad \mathcal{B}_\delta(\overline{v}_\delta, \varphi_\delta) = 0.$$

Une des conséquences est que, pour tout couple $\big((u_\delta^s, u_\delta^{ef}), \psi_\delta\big)$ solution du problème (6.2), la fonction u_δ telle que $u_{\delta\,|\Omega_s} = u_\delta^s$ et $u_{\delta\,|\Omega_{ef}} = u_\delta^{ef}$ est solution du problème (1.7). Nous démontrons la réciproque de cette propriété, pour laquelle nous référons à [13].

Lemme 6.1 *Pour toute solution u_δ du problème* (1.7), *il existe un unique quadruplet ψ_δ de $\mathcal{W}_\delta$ tel que le couple $\big((u_{\delta\,|\Omega_s}, u_{\delta\,|\Omega_{ef}}), \psi_\delta)\big)$ soit solution du problème* (6.2).

Démonstration: Il suffit de démontrer que le problème (6.2) a une solution unique $(\overline{u}_\delta, \psi_\delta)$, puisque la fonction u_δ correspondante appartient alors à $\mathcal{X}_\delta^0$ et est solution de (1.7). Le problème (6.2) équivaut à un système linéaire carré, on est donc ramené à démontrer que la seule solution pour f égal à zéro est nulle.
Si $(\overline{u}_\delta, p_\delta)$ est solution de (6.2) pour $f = 0$, u_δ est solution de (1.7) pour $f = 0$, donc est nulle d'après le Théorème 1.2. On a alors

$$\forall \overline{v}_\delta = (v_\delta^s, v_\delta^{ef}) \in \mathcal{X}_\delta^0, \quad \mathcal{B}_\delta(\overline{v}_\delta, \psi_\delta) = \sum_{j=1}^{4} \int_{\Gamma_j} \big(v_\delta^s(\tau) - v_\delta^{ef}(\tau)\big)\psi_{j\delta}(\tau)\, d\tau = 0. \tag{6.3}$$

1) Dans le cas de raccord spectral, on choisit v_δ^{ef} égal à zéro, puis pour $1 \le j \le 4$, v_δ^s s'annulant sur $\Gamma_{j'}$, $1 \le j' \le 4$, $j' \ne j$. D'après le Corollaire III.3.2, il suffit pour cela de construire la trace $\chi_{j\delta}$ de v_δ^s dans l'espace $\mathbb{P}_N^0(\Gamma_j)$. On note que $\mathbb{P}_N(\Gamma_j)$ est la somme orthogonale, dans $L^2(\Gamma_j)$, de $\mathbb{P}_{N-2}(\Gamma_j)$ et du sous-espace engendré par les polynômes $\tilde{L}_N$

et $\tilde{L}_{N-1}$ composés de L_N et L_{N-1} avec l'application affine qui envoie Γ_j sur $]-1,1[$. On choisit χ_δ égal à

$$\chi_\delta = \psi_{j\delta} + \alpha\,\tilde{L}_N + \beta\,\tilde{L}_{N-1},$$

où α et β sont tels que χ_δ s'annule aux extrémités de Γ_j (ce qui est possible, car on peut vérifier que $L_N(\pm 1) = \pm L_{N-1}(\pm 1)$). La condition (6.3) s'écrit alors

$$\int_{\Gamma_j} (\psi_{j\delta} + \alpha\,\tilde{L}_N + \beta\,\tilde{L}_{N-1})(\tau)\psi_{j\delta}(\tau)\,d\tau = \int_{\Gamma_j} \psi_{j\delta}^2(\tau)\,d\tau = 0,$$

ce qui prouve que $\psi_{j\delta}$ est nul.

2) Dans le cas de raccord par éléments finis, le preuve est très similaire. On choisit v_δ^s égal à zéro, puis pour $1 \leq j \leq 4$, v_δ^{ef} comme un relèvement (voir Théorème IX.4.1) d'une trace χ_δ sur Γ_j, s'annulant aux extrémités de Γ_j et prolongée par zéro à $\partial\Omega \setminus \Gamma_j$. Là encore, l'espace des traces de fonctions de X_δ^{ef} sur Γ_j est la somme orthogonale, dans $L^2(\Gamma_j)$, de $W_{j\delta}^{ef}$ et du sous-espace engendré par deux fonctions φ_1 et φ_2, et on peut choisir χ_δ de la forme

$$\chi_\delta = \psi_{j\delta} + \alpha\,\varphi_1 + \beta\,\varphi_2$$

de telle sorte que χ_δ s'annule aux extrémités de Γ_j (voir [13] pour plus de détails). On en déduit que $\psi_{j\delta}$ est nul.

L'idée qui a mené à introduire le problème (6.2) vient du fait qu'il est beaucoup plus facile à résoudre que le problème (1.7). En effet, il équivaut à un système linéaire du type

$$\begin{pmatrix} \mathcal{A} & \mathcal{B}^T \\ \mathcal{B} & 0 \end{pmatrix} \begin{pmatrix} \mathcal{U} \\ \Psi \end{pmatrix} = \begin{pmatrix} \mathcal{F} \\ 0 \end{pmatrix}. \tag{6.4}$$

Les inconnues sont les vecteurs $\mathcal{U}$ et Ψ. Le vecteur $\mathcal{U}$ est composé de deux sous-vecteurs U^s et U^{ef}: ils sont formés respectivement par les valeurs de u_δ aux nœuds $\boldsymbol{x}_{ij}$ associés à la formule de quadrature et aux points de $T_k(K)$, $K \in \mathcal{T}_h$. Le vecteur Ψ est composé de quatre sous-vecteurs Ψ_j dont la taille est égale à la dimension de $W_{j\delta}$. Le vecteur $\mathcal{F}$ a une structure similaire à celle de $\mathcal{U}$.

La matrice $\mathcal{B}$ est rectangulaire, et son nombre de lignes, égal à la dimension de $\mathcal{W}_\delta$, est beaucoup plus petit que celui de la matrice $\mathcal{A}$ puisqu'il correspond au nombre de degrés de liberté internes à chaque Γ_j. La matrice $\mathcal{A}$ est carrée, de dimension égale à la dimension de $\mathcal{Z}_\delta^0$, et symétrique. Elle est cependant bloc-diagonale, constituée de deux blocs A^s et A^{ef}, qui sont exactement les mêmes que ceux décrits respectivement dans les Sections V.4 et X.4. La plus grande partie du calcul consiste donc à résoudre deux systèmes du type

$$A_s\,\tilde{U}^s = F^s \qquad \text{et} \qquad A_{ef}\,\tilde{U}^{ef} = F^{ef},$$

ce qui s'effectue au moyen des algorithmes décrits dans les Sections V.4 et X.4 et peut se faire pleinement en parallèle.

Cinquième partie

Une application

XIII

Discrétisations des équations de milieux poreux

Soit Ω un ouvert borné et connexe de $\mathbb{R}^d$, $d = 2$ ou 3, à frontière lipschitzienne, et soit $\boldsymbol{n}$ le vecteur unitaire normal à $\partial\Omega$ et extérieur à Ω. On considère les équations suivantes, introduites par H. Darcy [50],

$$\begin{cases} \mu\, \boldsymbol{u} + \mathbf{grad}\, p = \boldsymbol{f} & \text{dans } \Omega, \\ \operatorname{div} \boldsymbol{u} = 0 & \text{dans } \Omega, \\ \boldsymbol{u} \cdot \boldsymbol{n} = 0 & \text{sur } \partial\Omega, \end{cases} \tag{0.1}$$

qui modélisent l'écoulement d'un fluide visqueux incompressible dans un milieu poreux occupant le domaine Ω. Ici, les inconnues sont le champ de vecteurs $\boldsymbol{u}$ à valeurs dans $\mathbb{R}^d$, qui représente la *vitesse* du fluide, et la fonction scalaire p qui représente sa *pression*. Le paramètre μ est égal au quotient de la viscosité du fluide par la perméabilité du milieu, et la quantité μ^{-1} s'appelle aussi coefficient de porosité. On s'intéresse ici au cas d'un milieu homogène: la fonction μ est alors supposée constante et positive.

Le système d'équations (0.1) fournit également une formulation mixte de l'équation de Laplace munie de conditions aux limites de Neumann [34, §1.3]. Elle intervient aussi dans l'algorithme de projection–diffusion pour la discrétisation des équations de Navier-Stokes instationnaires tel qu'introduit dans [41] et [107]. En outre, la simulation numérique d'écoulements dans des milieux poreux est actuellement l'objet de multiples applications, qui s'étendent de la gestion de déchets souterrains et de la propagation d'agents polluants aux problèmes issus de l'industrie pétrolière et de la sismologie. Notre but est de proposer des discrétisations de ce système qui soient optimales spécifiquement dans le cadre des milieux poreux.

Le problème (0.1) est un exemple d'équation avec contrainte, car il correspond à la minimisation de la fonctionnelle $\frac{1}{2} \int_\Omega (\mu\, \boldsymbol{u} \cdot \boldsymbol{u} - \boldsymbol{f} \cdot \boldsymbol{u})(\boldsymbol{x})\, d\boldsymbol{x}$ sur l'espace des fonctions à divergence nulle et trace normale nulle. Un grand nombre de méthodes de discrétisation ont été proposées dans ce cadre, de sorte que les résultats d'analyse présentés dans ce chapitre s'étendent à des systèmes avec contrainte beaucoup plus complexes.

On observe que le problème (0.1) admet plusieurs formulations variationnelles équivalentes. Nous commençons par écrire et analyser deux de ces formulations variationnelles: la première est usuellement appelée duale et la seconde primale, voir par exemple [98, §3]. Puis nous proposons et étudions deux discrétisations de type spectral, reposant sur les deux formulations différentes du problème et introduites dans [8]. Nous décrivons et analysons aussi trois discrétisations par éléments finis, dont une utilise la première formulation variationnelle et les deux autres la seconde. Nous concluons par la description de l'algorithme d'Uzawa, qui peut être employé pour résoudre n'importe lequel des problèmes discrets précédents.

XIII.1 Formulations variationnelles

L'*opérateur de divergence*, appliqué à un champ de vecteurs $\boldsymbol{v}$ de composantes (v_x, v_y) en dimension $d = 2$ et (v_x, v_y, v_z) en dimension $d = 3$, est défini lorsque $\boldsymbol{v}$ est de classe $\mathscr{C}^1$ par la formule

$$\operatorname{div} \boldsymbol{v} = \frac{\partial v_x}{\partial x} + \frac{\partial v_y}{\partial y} \quad \text{en dimension } d = 2$$

$$\text{et} \quad \operatorname{div} \boldsymbol{v} = \frac{\partial v_x}{\partial x} + \frac{\partial v_y}{\partial y} + \frac{\partial v_z}{\partial z} \quad \text{en dimension } d = 3.$$

On peut étendre cette définition à n'importe quel élément $\boldsymbol{v}$ de $\mathscr{D}'(\Omega)^d$ par la formule de dualité

$$\forall \varphi \in \mathscr{D}(\Omega), \quad \langle \operatorname{div} \boldsymbol{v}, \varphi \rangle = -\langle v_x, \frac{\partial \varphi}{\partial x} \rangle - \langle v_y, \frac{\partial \varphi}{\partial y} \rangle \quad \text{en dimension } d = 2$$

$$\text{et} \quad \langle \operatorname{div} \boldsymbol{v}, \varphi \rangle = -\langle v_x, \frac{\partial \varphi}{\partial x} \rangle - \langle v_y, \frac{\partial \varphi}{\partial y} \rangle - \langle v_z, \frac{\partial \varphi}{\partial z} \rangle \quad \text{en dimension } d = 3.$$

On est alors en mesure d'introduire l'espace $H(\operatorname{div}, \Omega)$ comme le domaine de l'opérateur de divergence dans $L^2(\Omega)^d$, plus précisément comme

$$H(\operatorname{div}, \Omega) = \{\boldsymbol{v} \in L^2(\Omega)^d;\ \operatorname{div} \boldsymbol{v} \in L^2(\Omega)\}. \tag{1.1}$$

On le munit de la norme du graphe

$$\|\boldsymbol{v}\|_{H(\operatorname{div},\Omega)} = \left(\|\boldsymbol{v}\|^2_{L^2(\Omega)^d} + \|\operatorname{div} \boldsymbol{v}\|^2_{L^2(\Omega)}\right)^{\frac{1}{2}}, \tag{1.2}$$

et on note que c'est un espace de Hilbert pour le produit scalaire associé à cette norme.

On rappelle [62, Chap. I, Thm 2.4] que l'espace $\mathscr{D}(\overline{\Omega})^d$ est dense dans $H(\operatorname{div}, \Omega)$. On déduit de cette propriété et de la formule de Green (I.3.7) le résultat suivant.

Lemme 1.1 *L'opérateur de trace normale: $\boldsymbol{v} \mapsto \boldsymbol{v} \cdot \boldsymbol{n}$, défini par la formule*

$$\forall \varphi \in H^1(\Omega), \quad \langle \boldsymbol{v} \cdot \boldsymbol{n}, \varphi \rangle = \int_\Omega \big(\boldsymbol{v} \cdot \mathbf{grad}\, \varphi + (\operatorname{div} \boldsymbol{v})\, \varphi\big)(\boldsymbol{x})\, d\boldsymbol{x}, \tag{1.3}$$

est continu de $H(\operatorname{div}, \Omega)$ dans l'espace $H^{-\frac{1}{2}}(\partial\Omega)$ dual de $H^{\frac{1}{2}}(\partial\Omega)$.

Le Lemme 1.1 implique que l'espace

$$H_0(\operatorname{div}, \Omega) = \{\boldsymbol{v} \in H(\operatorname{div}, \Omega);\ \boldsymbol{v} \cdot \boldsymbol{n} = 0 \text{ sur } \partial\Omega\},$$

est également un espace de Hilbert. En outre, on peut vérifier [62, Chap. I, Thm 2.6] que $\mathscr{D}(\Omega)^d$ est dense dans $H_0(\operatorname{div}, \Omega)$. On introduit également l'espace

$$L^2_0(\Omega) = \{q \in L^2(\Omega);\ \int_\Omega q(\boldsymbol{x})\, d\boldsymbol{x} = 0\}, \tag{1.4}$$

ainsi que les formes bilinéaires

$$a(\boldsymbol{u}, \boldsymbol{v}) = \mu \int_\Omega \boldsymbol{u}(\boldsymbol{x}) \cdot \boldsymbol{v}(\boldsymbol{x})\, d\boldsymbol{x}, \quad b(\boldsymbol{v}, q) = -\int_\Omega (\operatorname{div} \boldsymbol{v})(\boldsymbol{x}) q(\boldsymbol{x})\, d\boldsymbol{x}.$$

On peut ainsi définir le problème variationnel suivant, lorsque la donnée $\boldsymbol{f}$ appartient à $L^2(\Omega)^d$ (pour simplifier!)

Trouver $(\boldsymbol{u}, p)$ *dans* $H_0(\operatorname{div}, \Omega) \times L_0^2(\Omega)$ *tel que*

$$\begin{aligned} &\forall \boldsymbol{v} \in H_0(\operatorname{div}, \Omega), \quad a(\boldsymbol{u}, \boldsymbol{v}) + b(\boldsymbol{v}, p) = \int_\Omega \boldsymbol{f}(\boldsymbol{x}) \cdot \boldsymbol{v}(\boldsymbol{x})\, d\boldsymbol{x}, \\ &\forall q \in L_0^2(\Omega), \quad b(\boldsymbol{u}, q) = 0. \end{aligned} \tag{1.5}$$

On peut en effet déduire de la densité de $\mathscr{D}(\Omega)^d$ dans $H_0(\operatorname{div}, \Omega)$ et de $\mathscr{D}(\Omega)$ dans $L^2(\Omega)$ le résultat d'équivalence suivant:
- si un couple $(\boldsymbol{u}, p)$ de $L^2(\Omega)^d \times L^2(\Omega)$ est solution de (0.1) au sens des distributions, il existe une constante λ tel que $(\boldsymbol{u}, p + \lambda)$ soit solution de (1.5) (en effet, on vérifie aisément que la pression p dans (0.1) n'est définie qu'à une constante additive près),
- si un couple $(\boldsymbol{u}, p)$ est solution de (1.5), il l'est également de (0.1), les deux premières lignes de ce problème étant vérifiées au sens des distributions.

Pour prouver que le problème (1.5) est bien posé, on introduit le *noyau* de la forme $b(\cdot, \cdot)$:

$$V = \{\boldsymbol{v} \in H_0(\operatorname{div}, \Omega);\ \forall q \in L_0^2(\Omega),\ b(\boldsymbol{v}, q) = 0\}, \tag{1.6}$$

et, comme la divergence de toute fonction de $H_0(\operatorname{div}, \Omega)$ appartient à $L_0^2(\Omega)$, on déduit en prenant q égal à $\operatorname{div} \boldsymbol{v}$ dans (1.6) que

$$V = \{\boldsymbol{v} \in H_0(\operatorname{div}, \Omega);\ \operatorname{div} \boldsymbol{v} = 0 \text{ dans } \Omega\}. \tag{1.7}$$

On peut également noter que, si le couple $(\boldsymbol{u}, p)$ est solution de (1.5), la fonction $\boldsymbol{u}$ appartient à V et vérifie

$$\forall \boldsymbol{v} \in V, \quad a(\boldsymbol{u}, \boldsymbol{v}) = \int_\Omega \boldsymbol{f}(\boldsymbol{x}) \cdot \boldsymbol{v}(\boldsymbol{x})\, d\boldsymbol{x}. \tag{1.8}$$

Il est facile de vérifier que les formes $a(\cdot, \cdot)$ et $b(\cdot, \cdot)$ sont continues respectivement sur $L^2(\Omega)^d \times L^2(\Omega)^d$ et $H(\operatorname{div}, \Omega) \times L^2(\Omega)$ (ce qui implique entre autres que V est un sous-espace fermé de $H_0(\operatorname{div}, \Omega)$). En outre, on déduit de (1.7) la propriété d'ellipticité suivante:

$$\forall \boldsymbol{v} \in V, \quad a(\boldsymbol{v}, \boldsymbol{v}) = \mu \|\boldsymbol{v}\|_{L^2(\Omega)^d}^2 = \mu \|\boldsymbol{v}\|_{H(\operatorname{div}, \Omega)}^2. \tag{1.9}$$

On prouve une propriété supplémentaire de la forme $b(\cdot, \cdot)$, à savoir une condition inf-sup telle qu'introduite dans le Lemme I.1.3.

Proposition 1.2 *Il existe une constante β positive telle qu'on ait la condition inf-sup*

$$\forall q \in L_0^2(\Omega), \quad \sup_{\boldsymbol{v} \in H_0(\operatorname{div}, \Omega)} \frac{b(\boldsymbol{v}, q)}{\|\boldsymbol{v}\|_{H(\operatorname{div}, \Omega)}} \geq \beta \|q\|_{L^2(\Omega)}. \tag{1.10}$$

Démonstration: Pour toute fonction q de $L^2_0(\Omega)$, donc d'intégrale nulle, on considère le problème avec conditions aux limites de Neumann

Trouver ψ dans $H^1(\Omega) \cap L^2_0(\Omega)$ tel que

$$\forall \varphi \in H^1(\Omega) \cap L^2_0(\Omega), \qquad \int_\Omega (\mathbf{grad}\, \psi)(\boldsymbol{x}) \,.\, (\mathbf{grad}\, \varphi)(\boldsymbol{x})\, d\boldsymbol{x} = \int_\Omega q(\boldsymbol{x})\varphi(\boldsymbol{x})\, d\boldsymbol{x}.$$

On note alors que la fonction ψ vérifie $-\Delta\psi = q$ et a une dérivée normale nulle sur $\partial\Omega$, de sorte que la fonction $\boldsymbol{v} = \mathbf{grad}\, \psi$ appartient à $H_0(\mathrm{div}, \Omega)$ et vérifie

$$b(\boldsymbol{v}, q) = -\int_\Omega (\Delta\psi)(\boldsymbol{x}) q(\boldsymbol{x})\, d\boldsymbol{x} = \int_\Omega q^2(\boldsymbol{x})\, d\boldsymbol{x} = \|q\|^2_{L^2(\Omega)}.$$

D'autre part, on a

$$\|\boldsymbol{v}\|_{H(\mathrm{div},\Omega)} = \left(|\psi|^2_{H^1(\Omega)} + \|\Delta\psi\|^2_{L^2(\Omega)}\right)^{\frac{1}{2}} \leq c\, \|q\|_{L^2(\Omega)}.$$

En comparant les deux dernières lignes, on voit que le quotient figurant dans (1.10) vérifie la minoration désirée.

Remarque 1.3 La Remarque I.3.4, permet de prouver que, lorsque l'ouvert Ω est convexe, la fonction ψ introduite dans la démonstration de la Proposition 1.2 appartient à $H^2(\Omega)$, d'où la condition inf-sup plus forte

$$\forall q \in L^2_0(\Omega), \qquad \sup_{\boldsymbol{v} \in H_0(\mathrm{div},\Omega) \cap H^1(\Omega)^d} \frac{b(\boldsymbol{v}, q)}{\|\boldsymbol{v}\|_{H^1(\Omega)^d}} \geq \beta\, \|q\|_{L^2(\Omega)}. \tag{1.11}$$

En outre, des arguments différents [62, Chap. I, Cor. 2.4] permettent de prouver que cette dernière condition est encore vraie pour un ouvert Ω à frontière lipschitzienne quelconque.

On est alors en mesure de prouver que le problème (1.5) a une solution unique.

Théorème 1.4 *Pour toute donnée $\boldsymbol{f}$ dans $L^2(\Omega)^d$, le problème* (1.5) *admet une solution unique $(\boldsymbol{u}, p)$ dans $H_0(\mathrm{div}, \Omega) \times L^2_0(\Omega)$. De plus cette solution vérifie*

$$\|\boldsymbol{u}\|_{H(\mathrm{div},\Omega)} + \|p\|_{L^2(\Omega)} \leq c\, \|\boldsymbol{f}\|_{L^2(\Omega)^d}. \tag{1.12}$$

Démonstration: La démonstration s'effectue en deux étapes.
1) D'après l'ellipticité (1.9) de la forme $a(\cdot,\cdot)$ sur V, le problème (1.8) admet une solution unique $\boldsymbol{u}$, qui vérifie

$$\|\boldsymbol{u}\|_{H(\mathrm{div},\Omega)} \leq \mu^{-1}\, \|\boldsymbol{f}\|_{L^2(\Omega)^d}.$$

Pour cette fonction $\boldsymbol{u}$, la forme linéaire

$$\boldsymbol{w} \mapsto \int_\Omega \boldsymbol{f}(\boldsymbol{x}) \cdot \boldsymbol{w}(\boldsymbol{x})\, d\boldsymbol{x} - a(\boldsymbol{u}, \boldsymbol{w}), \tag{1.13}$$

s'annule sur le noyau V introduit en (1.6), donc appartient à l'espace V° défini en (I.1.15). La condition inf-sup (1.10) entraîne que l'on peut alors appliquer la partie (ii) du Lemme I.1.3: il existe donc une fonction p de $L^2_0(\Omega)$ telle que

$$\forall \boldsymbol{v} \in H_0(\mathrm{div}, \Omega), \quad b(\boldsymbol{v}, p) = \int_\Omega \boldsymbol{f}(\boldsymbol{x}) \cdot \boldsymbol{v}(\boldsymbol{x})\, d\boldsymbol{x} - a(\boldsymbol{u}, \boldsymbol{v}),$$

et qui vérifie

$$\beta \|p\|_{L^2(\Omega)} \leq \sup_{\boldsymbol{w} \in H_0(\mathrm{div},\Omega)} \frac{\int_\Omega \boldsymbol{f}(\boldsymbol{x}) \cdot \boldsymbol{w}(\boldsymbol{x})\, d\boldsymbol{x} - a(\boldsymbol{u}, \boldsymbol{w})}{\|\boldsymbol{w}\|_{H(\mathrm{div},\Omega)}} \leq \|\boldsymbol{f}\|_{L^2(\Omega)^d} + \mu \|\boldsymbol{u}\|_{L^2(\Omega)^d}.$$

Le problème (1.5) a donc une solution $(\boldsymbol{u}, p)$ qui vérifie (1.12).
2) Supposons que $\boldsymbol{f}$ soit nul. Comme pour toute solution $(\boldsymbol{u}, p)$ de (1.5) la vitesse $\boldsymbol{u}$ est solution de (1.8), on déduit de (1.9) que $\boldsymbol{u}$ est nulle. La pression p vérifie alors

$$\forall \boldsymbol{v} \in H_0(\mathrm{div}, \Omega), \quad b(\boldsymbol{v}, p) = 0,$$

et on déduit de (1.10) qu'elle est nulle. On prouve ainsi l'unicité de la solution du problème (1.5).

Remarque 1.5 Les résultats du Théorème 1.4 sont encore vrais si l'on suppose la donnée $\boldsymbol{f}$ dans le dual de l'espace $H_0(\mathrm{div}, \Omega)$ (qui contient l'espace $L^2(\Omega)^d$). Aucune application de cette extension n'est envisagée ici, mais ce résultat peut s'avérer utile pour prouver la convergence de méthodes itératives pour la résolution des problèmes discrets étudiés dans ce chapitre.

Remarque 1.6 Dans la démonstration du Théorème 1.4, on a en outre établi la propriété d'équivalence suivante:

- pour toute solution $(\boldsymbol{u}, p)$ du problème (1.5), la fonction $\boldsymbol{u}$ est solution du problème (1.8),
- pour toute solution $\boldsymbol{u}$ du problème (1.8), il existe un unique p dans $L_0^2(\Omega)$ tel que le couple $(\boldsymbol{u}, p)$ soit solution du problème (1.5).

Remarque 1.7 La propriété de symétrie de $a(\cdot, \cdot)$

$$\forall \boldsymbol{u} \in L^2(\Omega)^d, \forall \boldsymbol{v} \in L^2(\Omega)^d, \quad a(\boldsymbol{v}, \boldsymbol{u}) = a(\boldsymbol{u}, \boldsymbol{v}),$$

entraîne que le problème (1.5) est de type *point-selle*: si $\mathcal{L}(\cdot, \cdot)$ désigne l'application (convexe par rapport au premier argument)

$$\mathcal{L}(\boldsymbol{v}, q) = \frac{1}{2}\, a(\boldsymbol{v}, \boldsymbol{v}) + b(\boldsymbol{v}, q) - \int_\Omega \boldsymbol{f}(\boldsymbol{x}) \cdot \boldsymbol{v}(\boldsymbol{x})\, d\boldsymbol{x},$$

le problème (1.5) équivaut à

Trouver $(\boldsymbol{u}, p)$ *dans* $H_0(\mathrm{div}, \Omega) \times L_0^2(\Omega)$ *tel que*

$$\forall (\boldsymbol{v}, q) \in H_0(\mathrm{div}, \Omega) \times L_0^2(\Omega), \quad \mathcal{L}(\boldsymbol{u}, q) \leq \mathcal{L}(\boldsymbol{u}, p) \leq \mathcal{L}(\boldsymbol{v}, p). \tag{1.14}$$

Il s'insère donc dans un cadre plus général auquel les arguments présentés ici s'appliquent de façon naturelle.

Pour écrire la seconde formulation variationnelle du problème (0.1), on introduit une nouvelle forme bilinéaire

$$\tilde{b}(\boldsymbol{v}, q) = \int_\Omega \boldsymbol{v}(\boldsymbol{x}) \cdot (\mathbf{grad}\, q)(\boldsymbol{x})\, d\boldsymbol{x},$$

mais on conserve la même forme $a(\cdot,\cdot)$ que précédemment. La donnée $\boldsymbol{f}$ étant toujours supposée dans $L^2(\Omega)^d$, on définit le problème variationnel suivant

Trouver $(\boldsymbol{u}, p)$ *dans* $L^2(\Omega)^d \times \big(H^1(\Omega) \cap L^2_0(\Omega)\big)$ *tel que*

$$\begin{aligned} &\forall \boldsymbol{v} \in L^2(\Omega)^d, \quad a(\boldsymbol{u}, \boldsymbol{v}) + \tilde{b}(\boldsymbol{v}, p) = \int_\Omega \boldsymbol{f}(\boldsymbol{x}) \cdot \boldsymbol{v}(\boldsymbol{x})\, d\boldsymbol{x}, \\ &\forall q \in H^1(\Omega) \cap L^2_0(\Omega), \quad \tilde{b}(\boldsymbol{u}, q) = 0. \end{aligned} \tag{1.15}$$

Là encore, on déduit de la densité de $\mathscr{D}(\Omega)^d$ dans $L^2(\Omega)^d$ que la première équation de (1.15) équivaut à la première ligne de (0.1). La seconde équation de (1.15) est également équivalente à la seconde ligne de (0.1) lorsque q décrit seulement $H^1_0(\Omega) \cap L^2_0(\Omega)$. On retrouve la troisième ligne de (0.1), vérifiée au sens de $H^{-\frac{1}{2}}(\partial\Omega)$, lorsque q décrit l'espace $H^1(\Omega) \cap L^2_0(\Omega)$ entier, grâce à la formule (1.3). On a donc bien exhibé une seconde formulation variationnelle équivalente du système (0.1). Il faut juste noter que les conditions aux limites qui étaient essentielles dans (1.5), sont devenues naturelles dans (1.15) (au sens indiqué dans la Section I.1).

La forme $a(\cdot,\cdot)$ est continue sur $L^2(\Omega)^d \times L^2(\Omega)^d$ et vérifie la propriété d'ellipticité (ici sur l'espace tout entier et non pas seulement sur le noyau de la forme $b(\cdot,\cdot)$)

$$\forall \boldsymbol{v} \in L^2(\Omega)^d, \quad a(\boldsymbol{v}, \boldsymbol{v}) = \mu \, \|\boldsymbol{v}\|^2_{L^2(\Omega)^d}. \tag{1.16}$$

La forme $\tilde{b}(\cdot,\cdot)$ est continue sur $L^2(\Omega)^d \times H^1(\Omega)$. On introduit aussi son noyau

$$\tilde{V} = \big\{\boldsymbol{v} \in L^2(\Omega)^d;\ \forall q \in H^1(\Omega) \cap L^2_0(\Omega),\ \tilde{b}(\boldsymbol{v}, q) = 0\big\}. \tag{1.17}$$

Par les mêmes arguments que dans les lignes précédentes, on peut vérifier que $\tilde{V}$ coïncide avec V, c'est-à-dire que

$$\tilde{V} = \big\{\boldsymbol{v} \in H_0(\mathrm{div}, \Omega);\ \mathrm{div}\, \boldsymbol{v} = 0 \text{ dans } \Omega\big\}. \tag{1.18}$$

Par conséquent, si le couple $(\boldsymbol{u}, p)$ est solution de (1.15), la fonction $\boldsymbol{u}$ appartient à V et vérifie (1.8). On énonce la condition inf-sup sur la forme $\tilde{b}(\cdot,\cdot)$, dont la démonstration est très simple.

Proposition 1.8 *Il existe une constante* $\tilde{\beta}$ *positive telle qu'on ait la condition inf-sup*

$$\forall q \in H^1(\Omega) \cap L^2_0(\Omega), \qquad \sup_{\boldsymbol{v} \in L^2(\Omega)^d} \frac{\tilde{b}(\boldsymbol{v}, q)}{\|\boldsymbol{v}\|_{L^2(\Omega)^d}} \geq \tilde{\beta}\, \|q\|_{H^1(\Omega)}. \tag{1.19}$$

Démonstration: Si l'on prend $\boldsymbol{v}$ égal à $\mathbf{grad}\, q$, on voit que

$$\frac{\tilde{b}(\boldsymbol{v}, q)}{\|\boldsymbol{v}\|_{L^2(\Omega)^d}} = \frac{|q|^2_{H^1(\Omega)}}{|q|_{H^1(\Omega)}} = |q|_{H^1(\Omega)}.$$

On peut également vérifier que, d'après la Remarque I.2.12,

$$\forall q \in H^1(\Omega) \cap L^2_0(\Omega), \quad \|q\|_{H^1(\Omega)} = \|q\|_{H^1(\Omega)/\mathcal{P}_0(\Omega)}. \tag{1.20}$$

Il suffit d'appliquer le Lemme I.2.11 pour conclure.

Théorème 1.9 *Pour toute donnée $\boldsymbol{f}$ dans $L^2(\Omega)^d$, le problème (1.15) admet une solution unique $(\boldsymbol{u}, p)$ dans $L^2(\Omega)^d \times \big(H^1(\Omega) \cap L^2_0(\Omega)\big)$. De plus cette solution vérifie*

$$\|\boldsymbol{u}\|_{L^2(\Omega)^d} + \|p\|_{H^1(\Omega)} \leq c\,\|\boldsymbol{f}\|_{L^2(\Omega)^d}. \tag{1.21}$$

Démonstration: Les arguments sont exactement les mêmes que pour le Théorème 1.4.
1) Le problème (1.8) admet une solution $\boldsymbol{u}$ et, comme la forme linéaire introduite en (1.13) appartient alors à l'espace $\tilde{V}^\circ$ (voir (I.1.15)), on déduit du Lemme I.1.3 combiné avec (1.19) qu'il existe un unique p dans $H^1(\Omega) \cap L^2_0(\Omega)$ tel que le couple $(\boldsymbol{u}, p)$ soit solution de (1.15) et vérifie l'estimation (1.21).
2) Lorsqu'on prend $\boldsymbol{f}$ égal à zéro, la solution $\boldsymbol{u}$ de (1.8) est nulle et on déduit de (1.19) que p est nul. On a donc unicité de la solution du problème (1.15).

Remarque 1.10 Comme précédemment, on a établi la propriété suivante: pour toute solution $\boldsymbol{u}$ du problème (1.8), il existe un unique p dans $H^1(\Omega) \cap L^2_0(\Omega)$ tel que le couple $(\boldsymbol{u}, p)$ soit solution du problème (1.15). Il est alors immédiat de vérifier que les solutions du problème (1.5) et du problème (1.15) coïncident.

Remarque 1.11 Si l'on définit l'application

$$\tilde{\mathcal{L}}(\boldsymbol{v}, q) = \frac{1}{2}\, a(\boldsymbol{v}, \boldsymbol{v}) + \tilde{b}(\boldsymbol{v}, q) - \int_\Omega \boldsymbol{f}(\boldsymbol{x}) \cdot \boldsymbol{v}(\boldsymbol{x})\, d\boldsymbol{x},$$

on peut également vérifier que le problème (1.15) équivaut à

Trouver $(\boldsymbol{u}, p)$ dans $L^2(\Omega)^d \times \big(H^1(\Omega) \cap L^2_0(\Omega)\big)$ tel que

$$\forall (\boldsymbol{v}, q) \in L^2(\Omega)^d \times \big(H^1(\Omega) \cap L^2_0(\Omega)\big), \quad \tilde{\mathcal{L}}(\boldsymbol{u}, q) \leq \tilde{\mathcal{L}}(\boldsymbol{u}, p) \leq \tilde{\mathcal{L}}(\boldsymbol{v}, p). \tag{1.22}$$

Remarque 1.12 En prenant le rotationnel de la première ligne du problème (0.1) (voir [62, Chap. I, §2.3] pour la définition de cet opérateur), on constate que le rotationnel de $\boldsymbol{u}$ est égal à celui de $\boldsymbol{f}$ multiplié par μ^{-1}. On déduit alors de [5] la propriété de régularité suivante: lorsque l'ouvert Ω est de classe $\mathscr{C}^{1,1}$ ou convexe, si la donnée $\boldsymbol{f}$ appartient à $L^2(\Omega)^d$ et si son rotationnel appartient à $L^2(\Omega)^{2d-3}$ (par exemple, si elle est dans $H^1(\Omega)$), la solution $(\boldsymbol{u}, p)$ de (1.5) ou (1.15) appartient à $H^1(\Omega)^d \times H^2(\Omega)$. Des résultats plus complets figurent dans [46]. On peut en outre observer que, lorsque la vitesse $\boldsymbol{u}$ et la donnée $\boldsymbol{f}$ appartiennent à un espace $H^m(\Omega)^d$ pour un entier $m \geq 0$, la pression p appartient à $H^{m+1}(\Omega)$. La formulation (1.15) est plus cohérente vis-à-vis de cette propriété que (1.5).

XIII.2 Première discrétisation spectrale

On suppose ici que le domaine Ω est le carré ou le cube $]-1,1[^d$, $d = 2$ ou 3, pour simplifier (les résultats de cette section sont également vrais pour des domaines spectralement admissibles plus généraux). On utilise le produit discret défini en (V.0.1).

On définit l'espace discret de vitesses

$$X_N^0 = \big\{\boldsymbol{v}_N \in \mathbb{P}_N(\Omega)^d;\ \boldsymbol{v}_N \cdot \boldsymbol{n} = 0 \text{ sur } \partial\Omega\big\}, \tag{2.1}$$

qui est bien inclus dans $H_0(\mathrm{div}, \Omega)$. On fixe un sous-espace M_N de $\mathbb{P}_N(\Omega) \cap L^2_0(\Omega)$ et, en supposant la donnée $\boldsymbol{f}$ continue sur $\overline{\Omega}$, on considère le problème discret, construit à partir de la formulation (1.5) par méthode de Galerkin avec intégration numérique,

Trouver $(\boldsymbol{u}_N, p_N)$ *dans* $X^0_N \times M_N$ *tel que*

$$\begin{aligned} &\forall \boldsymbol{v}_N \in X^0_N, \quad a_N(\boldsymbol{u}_N, \boldsymbol{v}_N) + b_N(\boldsymbol{v}_N, p_N) = (\boldsymbol{f}, \boldsymbol{v}_N)_N, \\ &\forall q_N \in M_N, \quad b_N(\boldsymbol{u}_N, q_N) = 0, \end{aligned} \tag{2.2}$$

où les formes bilinéaires $a_N(\cdot,\cdot)$ et $b_N(\cdot,\cdot)$ sont définies par

$$a_N(\boldsymbol{u}_N, \boldsymbol{v}_N) = \mu\,(\boldsymbol{u}_N, \boldsymbol{v}_N)_N, \qquad b_N(\boldsymbol{v}_N, q_N) = -(\mathrm{div}\, \boldsymbol{v}_N, q_N)_N. \tag{2.3}$$

Il s'agit d'identifier les espaces M_N pour lesquels le problème (2.2) admet une solution unique. En effet le lemme suivant indique que l'espace Z_N défini par

$$Z_N = \left\{ q_N \in \mathbb{P}_N(\Omega) \cap L^2_0(\Omega);\ \forall \boldsymbol{v}_N \in X^0_N,\ b_N(\boldsymbol{v}_N, q_N) = 0 \right\}, \tag{2.4}$$

n'est pas réduit à $\{0\}$. Les éléments de Z_N sont usuellement appelés *modes parasites* pour la pression. Notons que, si M_N contient un polynôme z_N non nul de Z_N, pour toute solution $(\boldsymbol{u}_N, p_N)$ du problème (2.2), le couple $(\boldsymbol{u}_N, p_N + z_N)$ est également solution, de sorte qu'il n'y a plus unicité de la solution de ce problème. Il faut donc dans un premier temps identifier les éléments de Z_N.

Lemme 2.1 *En dimension $d = 2$, l'espace Z_N est de dimension 3, engendré par les polynômes*

$$L_N(x), \quad L_N(y), \quad L_N(x)L_N(y). \tag{2.5}$$

En dimension $d = 3$, l'espace Z_N est de dimension 7, engendré par les polynômes

$$\begin{aligned} L_N(x), \quad L_N(y), \quad L_N(z), \quad L_N(x)L_N(y), \quad L_N(x)L_N(z), \\ L_N(y)L_N(z), \quad L_N(x)L_N(y)L_N(z). \end{aligned} \tag{2.6}$$

Démonstration: On procède en deux étapes.
1) Pour toute fonction $\boldsymbol{v}_N$ de X^0_N, le polynôme $\mathrm{div}\, \boldsymbol{v}_N$ est la somme de d termes, chacun de degré $\leq N-1$ par rapport à une des variables. Pour chaque q_N introduit en (2.5) ou (2.6), on déduit de cette propriété combinée avec une intégration par parties lorsque q_N est constant par rapport à une variable,

$$b(\boldsymbol{v}_N, q_N) = -\int_\Omega (\mathrm{div}\, \boldsymbol{v}_N)(\boldsymbol{x}) q_N(\boldsymbol{x})\, d\boldsymbol{x} = 0.$$

Ensuite, grâce à la formule

$$\forall \varphi_N \in \mathbb{P}_N(-1,1), \quad \sum_{j=0}^{N} \varphi_N(\xi_i) L_N(\xi_i)\, \rho_i = (2 + \frac{1}{N}) \int_{-1}^{1} \varphi_N(\zeta) L_N(\zeta)\, d\zeta,$$

qui se déduit du Lemme IV.1.9, on obtient que $b_N(\boldsymbol{v}_N, q_N)$ est nul. Donc Z_N contient les polynômes figurant en (2.5) ou (2.6).

2) Réciproquement, soit q_N un élément de Z_N. En dimension $d = 3$ par exemple, si l'on prend $\boldsymbol{v}_N$ dans (2.4) égal à $(v_{Nx}, 0, 0)$, où v_{Nx} décrit la base $(1-x^2)\,L'_m(x)\,L_n(y)L_p(z)$, $1 \le m \le N-1$, $0 \le n, p \le N$ (on note en effet que, d'après la condition aux limites dans la définition de X_N^0, v_{Nx} doit s'annuler en $x = -1$ et $x = 1$), on déduit de l'équation différentielle (II.2.2) qu'il existe deux polynômes α_0 et α_N de $\mathbb{P}_N(]-1,1[^2)$ tels que

$$q_N(x,y,z) = \alpha_0(y,z)\,L_0(x) + \alpha_N(y,z)\,L_N(x).$$

Le même argument, en échangeant la variable x avec y ou z, prouve qu'il existe des polynômes β_0, β_N, γ_0 et γ_N de $\mathbb{P}_N(]-1,1[^2)$ tels que

$$q_N(x,y,z) = \beta_0(x,z)\,L_0(y) + \beta_N(x,z)\,L_N(y),$$
$$q_N(x,y,z) = \gamma_0(x,y)\,L_0(z) + \gamma_N(x,y)\,L_N(z).$$

En comparant ces trois développements et en notant que le polynôme $L_0(x)L_0(y)L_0(z) = 1$ n'appartient pas à $L_0^2(\Omega)$, on obtient que les seuls polynômes dans Z_N sont combinaisons linéaires de ceux figurant en (2.5) ou (2.6).

Dans ce qui suit, on choisit M_N égal à l'orthogonal de Z_N dans $\mathbb{P}_N(\Omega) \cap L_0^2(\Omega)$ pour le produit scalaire de $L^2(\Omega)$. On note que la dimension de M_N est

$$N^2 + 2N - 3 \quad \text{si } d = 2 \qquad \text{et} \qquad N^3 + 3N^2 + 3N - 7 \quad \text{si } d = 3,$$

et qu'une base de M_N est formée, en dimension $d = 2$ par exemple, des $L_m(x)L_n(y)$, $0 \le m, n \le N$, tels que l'un des m ou n soit différent de 0 et de N. Cependant le résultat énoncé dans le théorème suivant reste vrai lorsque M_N désigne n'importe quel supplémentaire de Z_N dans $\mathbb{P}_N(\Omega) \cap L_0^2(\Omega)$.

Théorème 2.2 *Pour toute fonction* $\boldsymbol{f}$ *continue sur* $\overline{\Omega}$, *le problème* (2.2) *admet une solution unique.*

Démonstration: Le problème (2.2) est équivalent à un système linéaire carré. En outre, si l'on suppose $\boldsymbol{f}$ égal à zéro et si l'on prend $\boldsymbol{v}_N$ égal à $\boldsymbol{u}_N$ dans (2.2), on obtient

$$a_N(\boldsymbol{u}_N, \boldsymbol{u}_N) = 0,$$

$\boldsymbol{u}_N$ s'annule aux $(N+1)^d$ points (ξ_i, ξ_j) en dimension $d = 2$, (ξ_i, ξ_j, ξ_k) en dimension $d = 3$, et donc est égal à zéro. La première ligne de (2.2) s'écrit alors

$$\forall \boldsymbol{v}_N \in X_N^0, \quad b_N(\boldsymbol{v}_N, p_N) = 0,$$

ce qui entraîne que p_N appartient à Z_N. D'après le choix de M_N, l'intersection de M_N et de Z_N est réduite à $\{0\}$, donc p_N est nul. Ceci implique l'existence et l'unicité de la solution $(\boldsymbol{u}_N, p_N)$.

Pour établir les estimations d'erreur sur le problème (2.2), on commence par prouver certaines propriétés des formes $a_N(\cdot,\cdot)$ et $b_N(\cdot,\cdot)$. Par analogie avec le problème continu, on introduit le noyau

$$V_N = \{\boldsymbol{v}_N \in X_N^0;\ \forall q_N \in M_N,\ b_N(\boldsymbol{v}_N, q_N) = 0\}, \tag{2.7}$$

que l'on caractérise dans le lemme suivant.

Lemme 2.3 *L'espace V_N vérifie*

$$V_N = \{ \boldsymbol{v}_N \in X_N^0;\ \operatorname{div} \boldsymbol{v}_N = 0 \text{ dans } \Omega \}. \tag{2.8}$$

Démonstration: Comme M_N est l'orthogonal dans $\mathbb{P}_N(\Omega) \cap L_0^2(\Omega)$ de l'espace Z_N introduit en (2.4), toute fonction $\boldsymbol{v}_N$ de V_N vérifie en fait

$$\forall q_N \in \mathbb{P}_N(\Omega) \cap L_0^2(\Omega), \quad b_N(\boldsymbol{v}_N, q_N) = 0.$$

On note aussi que $\operatorname{div} \boldsymbol{v}_N$ appartient à $\mathbb{P}_N(\Omega) \cap L_0^2(\Omega)$, d'où

$$(\operatorname{div} \boldsymbol{v}_N, \operatorname{div} \boldsymbol{v}_N)_N = 0.$$

Le fait que $\operatorname{div} \boldsymbol{v}_N$ soit nul résulte alors de la propriété de positivité de la formule de quadrature, voir Corollaire IV.1.10. L'espace V_N défini en (2.7) est donc inclus dans l'espace introduit en (2.8) et la réciproque est évidente.

Proposition 2.4 *La forme $a_N(.,.)$ satisfait les propriétés de continuité:*

$$\forall \boldsymbol{u}_N \in \mathbb{P}_N(\Omega)^d, \forall \boldsymbol{v}_N \in \mathbb{P}_N(\Omega)^d, \quad a_N(\boldsymbol{u}_N, \boldsymbol{v}_N) \leq 3^d \, \|\boldsymbol{u}_N\|_{L^2(\Omega)^d} \|\boldsymbol{v}_N\|_{L^2(\Omega)^d}, \tag{2.9}$$

et d'ellipticité:

$$\forall \boldsymbol{u}_N \in \mathbb{P}_N(\Omega)^d \quad a_N(\boldsymbol{u}_N, \boldsymbol{u}_N) \geq \|\boldsymbol{u}_N\|_{L^2(\Omega)^d}^2. \tag{2.10}$$

Démonstration: Là encore, ces propriétés sont une conséquence évidente du Corollaire IV.1.10.

On note qu'en combinant les résultats du Lemme 2.3 et de la Proposition 2.4, on a la propriété d'ellipticité plus adaptée au problème (analogue à l'équation (1.9) utilisée pour le problème continu)

$$\forall \boldsymbol{u}_N \in V_N, \quad a_N(\boldsymbol{u}_N, \boldsymbol{u}_N) \geq \|\boldsymbol{u}_N\|_{H(\operatorname{div},\Omega)}^2. \tag{2.11}$$

La démonstration de la proposition qui suit est très similaire à celle de [26, Thm 24.6].

Proposition 2.5 *La forme $b_N(\cdot,\cdot)$ satisfait la propriété de continuité:*

$$\forall \boldsymbol{u}_N \in \mathbb{P}_N(\Omega)^d, \forall q_N \in \mathbb{P}_N(\Omega), \quad b_N(\boldsymbol{u}_N, q_N) \leq c \, \|\boldsymbol{u}_N\|_{H(\operatorname{div},\Omega)} \|q_N\|_{L^2(\Omega)}, \tag{2.12}$$

et la condition inf-sup: il existe une constante β_0 indépendante de N telle que

$$\forall q_N \in M_N, \quad \sup_{\boldsymbol{v}_N \in X_N^0} \frac{b_N(\boldsymbol{v}_N, q_N)}{\|\boldsymbol{v}_N\|_{H(\operatorname{div},\Omega)}} \geq \beta_0 \, \|q_N\|_{L^2(\Omega)}. \tag{2.13}$$

Démonstration: La propriété de continuité se déduit également du Corollaire IV.1.10. Pour démontrer la condition inf-sup, en dimension $d = 2$, on utilise pour tout q_N dans M_N la décomposition

$$\begin{aligned} q_N(x,y) = \sum_{m=0}^{N-1}\sum_{n=0}^{N-1} \alpha_{mn}\, L_m(x) L_n(y) \\ + \sum_{m=1}^{N-1} \beta_m\, L_m(x)\big(L_N(y) - L_{N-2}(y)\big) \\ + \sum_{n=1}^{N-1} \gamma_n\, \big(L_N(x) - L_{N-2}(x)\big) L_n(y), \end{aligned} \tag{2.14}$$

avec α_{00} égal à 0. On note que tout polynôme $\varphi_N = \lambda\, L_{N-2} + \mu\,(L_N - L_{N-2})$ vérifie

$$\|\varphi_N\|^2_{L^2(\Lambda)} = \frac{(\lambda-\mu)^2}{N-\frac{3}{2}} + \frac{\mu^2}{N+\frac{1}{2}} \geq \frac{1}{N+\frac{1}{2}}(\frac{1}{3}\lambda^2 + \frac{1}{2}\mu^2),$$

et on en déduit que

$$\begin{aligned} \|q_N\|^2_{L^2(\Omega)} \geq c\Big(\sum_{m=0}^{N-1}\sum_{n=0}^{N-1} \alpha^2_{mn} \frac{1}{(m+\frac{1}{2})(n+\frac{1}{2})} \\ + \frac{1}{N+\frac{1}{2}} \sum_{m=1}^{N-1} \beta^2_m \frac{1}{m+\frac{1}{2}} + \frac{1}{N+\frac{1}{2}} \sum_{n=1}^{N-1} \gamma^2_n \frac{1}{n+\frac{1}{2}}\Big). \end{aligned} \tag{2.15}$$

On choisit alors $\boldsymbol{v}_N = (v_{Nx}, v_{Ny})$ tel que

$$\begin{aligned} v_{Nx}(x,y) = -\sum_{m=0}^{N-1}\sum_{n=0}^{m} \alpha_{mn} \frac{L_{m+1}(x) - L_{m-1}(x)}{2m+1} L_n(y) \\ - \sum_{m=1}^{N-1} \beta_m \frac{L_{m+1}(x) - L_{m-1}(x)}{2m+1} \big(L_N(y) - L_{N-2}(y)\big) \end{aligned}$$

et

$$\begin{aligned} v_{Ny}(x,y) = -\sum_{m=0}^{N-1}\sum_{n=m+1}^{N-1} \alpha_{mn}\, L_m(x) \frac{L_{n+1}(y) - L_{n-1}(y)}{2n+1} \\ - \sum_{n=1}^{N-1} \gamma_n\, \big(L_N(x) - L_{N-2}(x)\big) \frac{L_{n+1}(y) - L_{n-1}(y)}{2n+1}. \end{aligned}$$

En effet, le polynôme $\boldsymbol{v}_N$ appartient à $\mathbb{P}_N(\Omega)^2$, a sa composante normale nulle sur $\partial\Omega$ et vérifie d'après la formule (II.2.9) $\operatorname{div} \boldsymbol{v}_N = -q_N$. On déduit de cette propriété, combinée avec le Corollaire IV.1.10, que

$$b_N(\boldsymbol{v}_N, q_N) = (q_N, q_N)_N \geq \|q_N\|^2_{L^2(\Omega)}.$$

En outre, en majorant par exemple la norme de v_{Nx} dans $L^2(\Omega)$ par la somme des normes des polynômes

$$\sum_{m=0}^{N-1}\sum_{n=0}^{m}\alpha_{mn}\,\frac{L_{m+1}(x)}{2m+1}L_n(y),\quad \sum_{m=0}^{N-1}\sum_{n=0}^{m}\alpha_{mn}\,\frac{L_{m-1}(x)}{2m+1}L_n(y)$$

$$\sum_{m=1}^{N-1}\beta_m\,\frac{L_{m+1}(x)}{2m+1}\big(L_N(y)-L_{N-2}(y)\big),\quad \sum_{m=1}^{N-1}\beta_m\,\frac{L_{m-1}(x)}{2m+1}\big(L_N(y)-L_{N-2}(y)\big)$$

et en comparant avec (2.15), on vérifie que

$$\|\boldsymbol{v}_N\|_{L^2(\Omega)^2}+\|\mathrm{div}\,\boldsymbol{v}_N\|_{L^2(\Omega)}\le c\,\|q_N\|_{L^2(\Omega)},$$

ce qui termine la démonstration dans le cas $d=2$. Le cas de la dimension $d=3$ est parfaitement similaire et repose sur l'analogue de la décomposition (2.14) (avec un terme supplémentaire).

On peut prouver l'estimation d'erreur sur la vitesse. On note, que si $(\boldsymbol{u}_N,p_N)$ est solution du problème (2.2), la vitesse $\boldsymbol{u}_N$ appartient à l'espace V_N défini en (2.7) et vérifie

$$\forall \boldsymbol{v}_N\in V_N,\quad a_N(\boldsymbol{u}_N,\boldsymbol{v}_N)=(\boldsymbol{f},\boldsymbol{v}_N)_N. \tag{2.16}$$

On déduit alors de la propriété d'ellipticité (2.10) et de l'inclusion de V_N dans V que, pour tout $\boldsymbol{v}_N$ dans V_N,

$$\begin{aligned}\|\boldsymbol{u}_N-\boldsymbol{v}_N\|^2_{L^2(\Omega)}&\le a_N(\boldsymbol{u}_N-\boldsymbol{v}_N,\boldsymbol{u}_N-\boldsymbol{v}_N)\\&=a(\boldsymbol{u}-\boldsymbol{v}_N,\boldsymbol{u}_N-\boldsymbol{v}_N)+(a-a_N)(\boldsymbol{v}_N,\boldsymbol{u}_N-\boldsymbol{v}_N)\\&\qquad-\int_\Omega \boldsymbol{f}(\boldsymbol{x})\cdot(\boldsymbol{u}_N-\boldsymbol{v}_N)(\boldsymbol{x})\,d\boldsymbol{x}+(\boldsymbol{f},\boldsymbol{u}_N-\boldsymbol{v}_N)_N.\end{aligned}$$

La propriété de continuité (2.9) et une inégalité triangulaire mènent alors à l'analogue suivant de l'estimation (I.4.6)

$$\begin{aligned}\|\boldsymbol{u}-\boldsymbol{u}_N\|_{L^2(\Omega)^d}\le c\Big(\inf_{\boldsymbol{v}_N\in V_N}\big(\|\boldsymbol{u}-\boldsymbol{v}_N\|_{L^2(\Omega)^d}+\sup_{\boldsymbol{w}_N\in X_N^0}\frac{(a-a_N)(\boldsymbol{v}_N,\boldsymbol{w}_N)}{\|\boldsymbol{w}_N\|_{L^2(\Omega)^d}}\big)\\+\sup_{\boldsymbol{w}_N\in X_N^0}\frac{\int_\Omega \boldsymbol{f}(\boldsymbol{x})\cdot\boldsymbol{w}_N(\boldsymbol{x})\,d\boldsymbol{x}-(\boldsymbol{f},\boldsymbol{w}_N)_N}{\|\boldsymbol{w}_N\|_{L^2(\Omega)^d}}\Big).\end{aligned} \tag{2.17}$$

Les deux derniers termes de cette inégalité se majorent exactement comme en (V.1.13) et (V.1.14), à partir des formules

$$\forall \boldsymbol{v}_N\in X_{N-1}^0,\forall \boldsymbol{w}_N\in X_N^0,\quad (a-a_N)(\boldsymbol{v}_N,\boldsymbol{w}_N)=0, \tag{2.18}$$

où X_{N-1}^0 désigne l'espace $X_N^0\cap\mathbb{P}_{N-1}(\Omega)^d$, et

$$\begin{aligned}\sup_{\boldsymbol{w}_N\in\mathbb{P}_N(\Omega)^d}&\frac{\int_\Omega \boldsymbol{f}(\boldsymbol{x})\cdot\boldsymbol{w}_N(\boldsymbol{x})\,d\boldsymbol{x}-(\boldsymbol{f},\boldsymbol{w}_N)_N}{\|\boldsymbol{w}_N\|_{L^2(\Omega)^d}}\\&\le c\,\big(\|\boldsymbol{f}-\mathcal{I}_N\boldsymbol{f}\|_{L^2(\Omega)^d}+\inf_{\boldsymbol{f}_{N-1}\in\mathbb{P}_{N-1}(\Omega)^d}\|\boldsymbol{f}-\boldsymbol{f}_{N-1}\|_{L^2(\Omega)^d}\big),\end{aligned} \tag{2.19}$$

combinées avec les Théorèmes III.2.4 et IV.2.6.

Il reste à majorer l'erreur d'approximation, c'est-à-dire la distance de $\boldsymbol{u}$ à V_N. La difficulté vient ici du fait que V_N n'est pas un espace de polynômes "complet" mais le noyau d'un opérateur. On donne la démonstration du lemme seulement dans le cas de la dimension $d = 2$, l'extension à la dimension $d = 3$ étant nettement plus complexe et faisant appel aux arguments de [5] et [14].

Lemme 2.6 *Pour tout entier $m \geq d - 2$ et toute fonction $\boldsymbol{u}$ de $V \cap H^m(\Omega)^d$, on a la majoration*

$$\inf_{\boldsymbol{v}_N \in V_N} \|\boldsymbol{u} - \boldsymbol{v}_N\|_{L^2(\Omega)^d} \leq c\, N^{-m}\, \|\boldsymbol{u}\|_{H^m(\Omega)^d}. \tag{2.20}$$

Démonstration: En dimension $d = 2$, comme la fonction $\boldsymbol{u} = (u_x, u_y)$ est à divergence nulle d'après (1.7), la fonction ψ définie par

$$\psi(x, y) = \int_{-1}^{y} u_x(x, \eta)\, d\eta,$$

vérifie les équations

$$u_x = \frac{\partial \psi}{\partial y}, \qquad u_y = -\frac{\partial \psi}{\partial x},$$

s'annule sur $\partial\Omega$ et appartient à $H^{m+1}(\Omega)$. En outre, on déduit de l'inégalité de Poincaré–Friedrichs (I.2.5) que

$$\|\psi\|_{H^{m+1}(\Omega)} \leq c\, \|\boldsymbol{u}\|_{H^m(\Omega)^2}. \tag{2.21}$$

L'idée est alors de choisir ψ_N égal à l'image de ψ par l'opérateur $\Pi_N^{1,0}$ de projection orthogonale de $H_0^1(\Omega)$ sur $\mathbb{P}_N^0(\Omega)$, puis $\boldsymbol{v}_N = (v_{Nx}, v_{Ny})$ défini par

$$v_{Nx} = \frac{\partial \psi_N}{\partial y}, \qquad v_{Ny} = -\frac{\partial \psi_N}{\partial x}.$$

Il est en effet facile de vérifier que $\boldsymbol{v}_N$ appartient à V_N. On déduit en outre du Théorème III.2.6 que

$$\|\boldsymbol{u} - \boldsymbol{v}_N\|_{L^2(\Omega)^2} \leq |\psi - \psi_N|_{H^1(\Omega)} \leq c\, N^{-m}\, \|\psi\|_{H^{m+1}(\Omega)},$$

ce qui, combiné avec (2.21), donne la majoration souhaitée.

On déduit de (2.17), (2.18) et (2.19), combinés avec le Lemme 2.6 (utilisé avec N remplacé par $N-1$, car l'espace V_N coïncide avec $X_N \cap V$, donc contient $X_{N-1} \cap V$ égal à $X_{N-1} \cap V_N$), la majoration d'erreur sur la vitesse.

Théorème 2.7 *On suppose la vitesse $\boldsymbol{u}$ du problème (0.1) dans $H^m(\Omega)^d$ pour un entier $m \geq d - 2$ et la donnée $\boldsymbol{f}$ dans $H^r(\Omega)^d$ pour un entier $r \geq 2$. Alors, pour le problème discret (2.2), on a la majoration d'erreur*

$$\|\boldsymbol{u} - \boldsymbol{u}_N\|_{L^2(\Omega)^d} \leq c\,(N^{-m}\, \|\boldsymbol{u}\|_{H^m(\Omega)^d} + N^{-r}\, \|\boldsymbol{f}\|_{H^r(\Omega)^d}). \tag{2.22}$$

Pour évaluer l'erreur sur la pression, on déduit de la condition inf-sup (2.13) que, pour tout q_N dans $M_N \cap \mathbb{P}_{N-1}(\Omega)$,

$$\|p_N - q_N\|_{L^2(\Omega)} \leq \beta_0^{-1} \sup_{\boldsymbol{v}_N \in X_N^0} \frac{b_N(\boldsymbol{v}_N, p_N - q_N)}{\|\boldsymbol{v}_N\|_{H(\mathrm{div},\Omega)}}$$

On déduit des propriétés d'exactitude de la formule de quadrature et des problèmes (1.5) et (2.2) que

$$b_N(\boldsymbol{v}_N, p_N - q_N) = b(\boldsymbol{v}_N, p - q_N) + a(\boldsymbol{u} - \boldsymbol{u}_N, \boldsymbol{v}_N) + (a - a_N)(\boldsymbol{u}_N, \boldsymbol{v}_N)$$
$$- \int_\Omega \boldsymbol{f}(\boldsymbol{x}) \cdot \boldsymbol{v}_N(\boldsymbol{x})\, d\boldsymbol{x} + (\boldsymbol{f}, \boldsymbol{v}_N)_N.$$

Les deux lignes précédentes et une inégalité triangulaire mènent à la majoration

$$\begin{aligned}\|p - p_N\|_{L^2(\Omega)} \le c\Big(&\inf_{q_N \in M_N \cap \mathbb{P}_{N-1}(\Omega)} \|p - q_N\|_{L^2(\Omega)} \\ &+ \|\boldsymbol{u} - \boldsymbol{u}_N\|_{L^2(\Omega)^d} + \sup_{\boldsymbol{w}_N \in X_N^0} \frac{(a - a_N)(\boldsymbol{u}_N, \boldsymbol{w}_N)}{\|\boldsymbol{w}_N\|_{L^2(\Omega)^d}} \\ &+ \sup_{\boldsymbol{w}_N \in X_N^0} \frac{\int_\Omega \boldsymbol{f}(\boldsymbol{x}) \cdot \boldsymbol{w}_N(\boldsymbol{x})\, d\boldsymbol{x} - (\boldsymbol{f}, \boldsymbol{w}_N)_N}{\|\boldsymbol{w}_N\|_{L^2(\Omega)^d}}\Big).\end{aligned} \tag{2.23}$$

Pour majorer le premier terme, on choisit q_N égal à $\Pi_{N-1}p$, où l'opérateur Π_{N-1} est introduit dans la Notation III.2.3. On vérifie facilement que $\Pi_{N-1}p$ est orthogonal aux modes en (2.5) et (2.6) et vérifie également

$$\int_\Omega (\Pi_{N-1}p)(\boldsymbol{x})\, d\boldsymbol{x} = \int_\Omega p(\boldsymbol{x})\, d\boldsymbol{x} = 0, \tag{2.24}$$

de sorte que $\Pi_{N-1}p$ appartient bien à $M_N \cap \mathbb{P}_{N-1}(\Omega)$. Ses propriétés d'approximation sont données dans le Théorème III.2.4. Le second terme est majoré dans le Théorème 2.7. Pour évaluer le troisième, on fait appel au même opérateur Π_{N-1} que précédemment: on déduit de la propriété d'exactitude de la formule de quadrature que

$$(a - a_N)(\boldsymbol{u}_N, \boldsymbol{w}_N) = (a - a_N)(\boldsymbol{u}_N - \Pi_{N-1}\boldsymbol{u}, \boldsymbol{w}_N),$$

ce qui, combiné avec (2.9), entraîne

$$\sup_{\boldsymbol{w}_N \in X_N^0} \frac{(a - a_N)(\boldsymbol{u}_N, \boldsymbol{w}_N)}{\|\boldsymbol{w}_N\|_{L^2(\Omega)^d}} \le c\,(\|\boldsymbol{u} - \boldsymbol{u}_N\|_{L^2(\Omega)^d} + \|\boldsymbol{u} - \Pi_{N-1}\boldsymbol{u}\|_{L^2(\Omega)^d}). \tag{2.25}$$

On conclut grâce aux Théorèmes 2.7 et III.2.4. Finalement, le dernier terme se majore grâce à (2.19) et aux Théorèmes III.2.4 et IV.2.6.

Théorème 2.8 *On suppose la solution* $(\boldsymbol{u}, p)$ *du problème* (0.1) *dans* $H^m(\Omega)^d \times H^m(\Omega)$ *pour un entier* $m \ge d - 2$ *et la donnée* $\boldsymbol{f}$ *dans* $H^r(\Omega)^d$ *pour un entier* $r \ge 2$. *Alors, pour le problème discret* (2.2), *on a la majoration d'erreur*

$$\|p - p_N\|_{L^2(\Omega)} \le c\,\big(N^{-m}\,(\|\boldsymbol{u}\|_{H^m(\Omega)^d} + \|p\|_{H^m(\Omega)}) + N^{-r}\,\|\boldsymbol{f}\|_{H^r(\Omega)^d}\big). \tag{2.26}$$

Les estimations (2.22) et (2.26) sont optimales, même si elles n'utilisent pas toute la régularité de la solution (rappelons que, lorsque $\boldsymbol{u}$ appartient à $H^m(\Omega)^d$, p appartient à $H^{m+1}(\Omega)$). En outre, la vitesse discrète $\boldsymbol{u}_N$ possède la propriété supplémentaire d'être à divergence exactement nulle.

XIII.3 Seconde discrétisation spectrale

On travaille ici dans le même domaine Ω que dans la Section 2 et on utilise les mêmes notations. Les espaces discrets sont définis par

$$\tilde{X}_N = \mathbb{P}_N(\Omega)^d, \qquad \tilde{M}_N = \mathbb{P}_N(\Omega) \cap L_0^2(\Omega). \tag{3.1}$$

Pour toute donnée $\boldsymbol{f}$ continue sur $\overline{\Omega}$, on considère le problème discret, construit à partir de la formulation (1.15) par méthode de Galerkin avec intégration numérique,

Trouver $(\boldsymbol{u}_N, p_N)$ *dans* $\tilde{X}_N \times \tilde{M}_N$ *tel que*

$$\begin{aligned} &\forall \boldsymbol{v}_N \in \tilde{X}_N, \quad a_N(\boldsymbol{u}_N, \boldsymbol{v}_N) + \tilde{b}_N(\boldsymbol{v}_N, p_N) = (\boldsymbol{f}, \boldsymbol{v}_N)_N, \\ &\forall q_N \in \tilde{M}_N, \quad \tilde{b}_N(\boldsymbol{u}_N, q_N) = 0, \end{aligned} \tag{3.2}$$

où la forme bilinéaire $a_N(\cdot,\cdot)$ est introduite en (2.3) et la forme $\tilde{b}_N(\cdot,\cdot)$ est définie par

$$\tilde{b}_N(\boldsymbol{v}_N, q_N) = (\boldsymbol{v}_N, \mathbf{grad}\, q_N)_N. \tag{3.3}$$

Le fait que l'espace des modes parasites pour la pression soit ici réduit à $\{0\}$, est une conséquence immédiate du fait que le problème (3.2) a une solution unique, comme énoncé dans le théorème qui suit (comme indiqué en Section 2, on ne peut en effet avoir unicité de la pression autrement).

Théorème 3.1 *Pour toute fonction* $\boldsymbol{f}$ *continue sur* $\overline{\Omega}$, *le problème* (3.2) *admet une solution unique.*

Démonstration: Lorsque $\boldsymbol{f}$ est nul, on obtient comme dans la démonstration du Théorème 2.2 en prenant $\boldsymbol{v}_N$ égal à $\boldsymbol{u}_N$ dans (3.2) que

$$a_N(\boldsymbol{u}_N, \boldsymbol{u}_N) = 0,$$

donc que $\boldsymbol{u}_N$ est égal à zéro. Il en résulte l'équation

$$\forall \boldsymbol{v}_N \in \tilde{X}_N, \quad \tilde{b}_N(\boldsymbol{v}_N, p_N) = 0.$$

On note ici que l'image de l'espace $\tilde{M}_N$ par l'opérateur de gradient est contenue dans $\mathbb{P}_N(\Omega)^d = \tilde{X}_N$. Par suite, en prenant $\boldsymbol{v}_N$ égal à $\mathbf{grad}\, p_N$ dans la ligne précédente, on voit que

$$(\mathbf{grad}\, p_N, \mathbf{grad}\, p_N)_N = 0,$$

donc, par le même argument que précédemment, que $\mathbf{grad}\, p_N$ est nul. Par conséquent, le polynôme p_N est constant et, comme il est d'intégrale nulle sur Ω, il est nul. Il y a donc unicité de la solution du problème (3.2) et, comme ce problème équivaut à un système linéaire carré, on en déduit l'existence de la solution.

Les propriétés de la forme $a_N(\cdot,\cdot)$ ont été établies dans la Proposition 2.4, avec la norme $\|\cdot\|_{L^2(\Omega)^d}$ que l'on utilise ici. Celle de la forme $\tilde{b}_N(\cdot,\cdot)$ sont beaucoup plus simples à prouver que leurs analogues pour la forme $b_N(\cdot,\cdot)$ (voir Proposition 2.5).

Proposition 3.2 *La forme $\tilde{b}_N(\cdot,\cdot)$ satisfait la propriété de continuité:*

$$\forall \boldsymbol{u}_N \in \mathbb{P}_N(\Omega)^d, \forall q_N \in \mathbb{P}_N(\Omega), \quad \tilde{b}_N(\boldsymbol{u}_N, q_N) \leq c\, \|\boldsymbol{u}_N\|_{L^2(\Omega)^d} |q_N|_{H^1(\Omega)}, \tag{3.4}$$

et la condition inf-sup: il existe une constante $\tilde{\beta}_0$ indépendante de N telle que

$$\forall q_N \in \tilde{M}_N, \quad \sup_{\boldsymbol{v}_N \in \tilde{X}_N} \frac{\tilde{b}_N(\boldsymbol{v}_N, q_N)}{\|\boldsymbol{v}_N\|_{L^2(\Omega)^d}} \geq \tilde{\beta}_0\, \|q_N\|_{H^1(\Omega)}. \tag{3.5}$$

Démonstration: La continuité se déduit facilement du Corollaire IV.1.10. Pour prouver la condition inf-sup, pour tout q_N dans $\tilde{M}_N$, on note comme précédemment que $\mathbf{grad}\, q_N$ appartient à $\tilde{X}_N$. En prenant $\boldsymbol{v}_N$ égal à $\mathbf{grad}\, q_N$, on obtient en utilisant une fois de plus le Corollaire IV.1.10,

$$\tilde{b}_N(\boldsymbol{v}_N, q_N) \geq |q_N|^2_{H^1(\Omega)} \quad \text{et} \quad \|\boldsymbol{v}_N\|_{L^2(\Omega)^d} = |q_N|_{H^1(\Omega)}.$$

Comme q_N appartient à $L^2_0(\Omega)$, on conclut en utilisant l'inégalité de Bramble–Hilbert (voir Lemme I.2.11 et Remarque I.2.12).

Soit $\tilde{V}_N$ l'espace

$$\tilde{V}_N = \{\boldsymbol{v}_N \in \tilde{X}_N;\ \forall q_N \in \tilde{M}_N,\ \tilde{b}_N(\boldsymbol{v}_N, q_N) = 0\}. \tag{3.6}$$

On note que, pour toute solution $(\boldsymbol{u}_N, p_N)$ du problème (3.2), la vitesse $\boldsymbol{u}_N$ appartient à l'espace $\tilde{V}_N$ et vérifie

$$\forall \boldsymbol{v}_N \in \tilde{V}_N, \quad a_N(\boldsymbol{u}_N, \boldsymbol{v}_N) = (\boldsymbol{f}, \boldsymbol{v}_N)_N. \tag{3.7}$$

D'après la propriété (2.10), on a, pour tout $\boldsymbol{v}_N$ dans $\tilde{V}_N$,

$$\begin{aligned}
\|\boldsymbol{u}_N - \boldsymbol{v}_N\|^2_{L^2(\Omega)} &\leq a_N(\boldsymbol{u}_N - \boldsymbol{v}_N, \boldsymbol{u}_N - \boldsymbol{v}_N) \\
&= a(\boldsymbol{u} - \boldsymbol{v}_N, \boldsymbol{u}_N - \boldsymbol{v}_N) + \tilde{b}(\boldsymbol{u}_N - \boldsymbol{v}_N, p) + (a - a_N)(\boldsymbol{v}_N, \boldsymbol{u}_N - \boldsymbol{v}_N) \\
&\qquad - \int_\Omega \boldsymbol{f}(\boldsymbol{x}) \cdot (\boldsymbol{u}_N - \boldsymbol{v}_N)(\boldsymbol{x})\, d\boldsymbol{x} + (\boldsymbol{f}, \boldsymbol{u}_N - \boldsymbol{v}_N)_N.
\end{aligned}$$

Comme $\boldsymbol{u}_N - \boldsymbol{v}_N$ appartient à $\tilde{V}_N$, on a, pour tout q_N dans l'espace $\tilde{M}_{N-1} = \mathbb{P}_{N-1}(\Omega) \cap L^2_0(\Omega)$,

$$\tilde{b}(\boldsymbol{u}_N - \boldsymbol{v}_N, p) = \tilde{b}(\boldsymbol{u}_N - \boldsymbol{v}_N, p - q_N).$$

Cette équation, insérée dans l'inégalité précédente et combinée avec l'inégalité de Cauchy–Schwarz et une inégalité triangulaire, entraîne

$$\begin{aligned}
\|\boldsymbol{u} - \boldsymbol{u}_N\|_{L^2(\Omega)^d} \leq c\Big(&\inf_{\boldsymbol{v}_N \in \tilde{V}_N} \big(\|\boldsymbol{u} - \boldsymbol{v}_N\|_{L^2(\Omega)^d} + \sup_{\boldsymbol{w}_N \in \tilde{X}_N} \frac{(a - a_N)(\boldsymbol{v}_N, \boldsymbol{w}_N)}{\|\boldsymbol{w}_N\|_{L^2(\Omega)^d}}\big) \\
&+ \inf_{q_N \in \tilde{M}_{N-1}} |p - q_N|_{H^1(\Omega)} \\
&+ \sup_{\boldsymbol{w}_N \in \tilde{X}_N} \frac{\int_\Omega \boldsymbol{f}(\boldsymbol{x}) \cdot \boldsymbol{w}_N(\boldsymbol{x})\, d\boldsymbol{x} - (\boldsymbol{f}, \boldsymbol{w}_N)_N}{\|\boldsymbol{w}_N\|_{L^2(\Omega)^d}}\Big).
\end{aligned} \tag{3.8}$$

Ici encore, on peut utiliser (2.18) et (2.19) pour majorer les deux termes issus de l'intégration numérique. La distance de p à $\tilde{M}_{N-1}$ s'évalue en choisissant

$$q_N = \Pi^1_{N-1} p - \frac{1}{\text{mes}\,\Omega} \int_\Omega (\Pi^1_{N-1} p)(\boldsymbol{x})\, d\boldsymbol{x}, \tag{3.9}$$

où Π^1_{N-1} désigne l'opérateur de projection orthogonale de $H^1(\Omega)$ sur $\mathbb{P}_{N-1}(\Omega)$, grâce au Théorème III.2.9. Pour majorer la distance de $\boldsymbol{u}$ à $\tilde{V}_N$, on utilise le lemme suivant.

Lemme 3.3 *L'espace $V_N = V \cap X^0_N$ pour l'espace X^0_N défini en (2.1) est inclus dans l'espace $\tilde{V}_N$.*

Démonstration: En dimension $d = 2$, comme pour tous $\boldsymbol{v}_N = (v_{Nx}, v_{Ny})$ dans $\tilde{X}_N$ et q_N dans $\tilde{M}_N$, $v_{Nx}\,\frac{\partial q_N}{\partial x}$ et $v_{Ny}\,\frac{\partial q_N}{\partial y}$ sont de degré $\leq 2N-1$ par rapport à x et y, respectivement, on déduit de l'exactitude de la formule de quadrature sur $\mathbb{P}_{2N-1}(\Lambda)$ que

$$\tilde{b}_N(\boldsymbol{v}_N, q_N) = \int_{-1}^1 \sum_{j=0}^N v_{Nx}(x, \xi_j)(\frac{\partial q_N}{\partial x})(x, \xi_j)\, \rho_j + \int_{-1}^1 \sum_{i=0}^N v_{Ny}(\xi_i, y)(\frac{\partial q_N}{\partial y})(\xi_i, y)\, \rho_i\, dy.$$

On peut alors intégrer par parties

$$\begin{aligned}\tilde{b}_N(\boldsymbol{v}_N, q_N) = &- \int_{-1}^1 \sum_{j=0}^N (\frac{\partial v_{Nx}}{\partial x})(x, \xi_j) q_N(x, \xi_j)\, \rho_j - \int_{-1}^1 \sum_{i=0}^N (\frac{\partial v_{Ny}}{\partial y})(\xi_i, y) q_N(\xi_i, y)\, \rho_i\, dy \\ &+ \sum_{j=0}^N \big(v_{Nx}(1, \xi_j) q_N(1, \xi_j) - v_{Nx}(-1, \xi_j) q_N(-1, \xi_j)\big) \\ &+ \sum_{i=0}^N \big(v_{Ny}(\xi_i, 1) q_N(\xi_i, 1) - v_{Ny}(\xi_i, -1) q_N(\xi_i, -1)\big),\end{aligned}$$

d'où

$$\begin{aligned}\tilde{b}_N(\boldsymbol{v}_N, q_N) = -(\operatorname{div} \boldsymbol{v}_N, q_N)_N &+ \sum_{j=0}^N \big(v_{Nx}(1, \xi_j) q_N(1, \xi_j) - v_{Nx}(-1, \xi_j) q_N(-1, \xi_j)\big) \\ &+ \sum_{i=0}^N \big(v_{Ny}(\xi_i, 1) q_N(\xi_i, 1) - v_{Ny}(\xi_i, -1) q_N(\xi_i, -1)\big).\end{aligned}$$

Si $\boldsymbol{v}_N$ appartient à $V \cap X^0_N$, sa divergence est nulle et ses composantes normales, v_{Nx} en $x = 1$ et $-v_{Nx}$ en $x = -1$, v_{Ny} en $y = 1$ et $-v_{Ny}$ en $y = -1$, sont nulles. On obtient alors

$$\tilde{b}_N(\boldsymbol{v}_N, q_N) = 0,$$

pour tout q_N dans $\tilde{M}_N$. Donc, $\boldsymbol{v}_N$ appartient à $\tilde{V}_N$. Cette démonstration s'étend sans difficultés au cas de la dimension $d = 3$.

Remarque 3.4 Contrairement à l'espace V_N, voir Lemme 2.3, l'espace $\tilde{V}_N$ n'est pas inclus dans V. Par exemple, le polynôme $\boldsymbol{v}_N = (v_{Nx}, v_{Ny})$ défini par

$$v_{Nx}(x, y) = L_N(x) L_N(y), \qquad v_{Ny} = 0, \tag{3.10}$$

appartient bien à $\tilde{V}_N$ mais n'est pas à divergence nulle et n'a pas sa trace normale nulle sur $\partial\Omega$.

Les résultats des Lemmes 2.6 et 3.3 permettent de majorer l'erreur d'approximation dans $\tilde{V}_N$ ou dans V_{N-1}. En combinant tout ce qui précède, on arrive au résultat suivant.

Théorème 3.5 *On suppose la solution* $(\boldsymbol{u}, p)$ *du problème* (0.1) *dans* $H^m(\Omega)^d \times H^{m+1}(\Omega)$ *pour un entier* $m \geq d-2$ *et la donnée* f *dans* $H^r(\Omega)$ *pour un entier* $r \geq 2$. *Alors, pour le problème discret* (3.2), *on a la majoration d'erreur*

$$\|\boldsymbol{u} - \boldsymbol{u}_N\|_{L^2(\Omega)^d} \leq c\left(N^{-m}\left(\|\boldsymbol{u}\|_{H^m(\Omega)^d} + \|p\|_{H^{m+1}(\Omega)}\right) + N^{-r}\,\|\boldsymbol{f}\|_{H^r(\Omega)^d}\right). \tag{3.11}$$

Remarque 3.6 En utilisant les arguments de [62, Chap. I, Thm 1.1], on peut évaluer la distance de $\boldsymbol{u}$ à $\tilde{V}_N$ grâce à la condition inf-sup (3.5), sans avoir recours à l'espace V_N. Des arguments analogues sont employés en éléments finis dans les sections qui suivent.

Les arguments pour démontrer la majoration d'erreur sur la pression sont similaires à ceux de la Section 2. On déduit en effet de la condition inf-sup (3.5) que, pour tout q_N dans $\tilde{M}_{N-1}$,

$$\|p_N - q_N\|_{H^1(\Omega)} \leq \tilde{\beta}_0^{-1} \sup_{\boldsymbol{v}_N \in \tilde{X}_N} \frac{\tilde{b}_N(\boldsymbol{v}_N, p_N - q_N)}{\|\boldsymbol{v}_N\|_{L^2(\Omega)^d}}.$$

On a également

$$\begin{aligned}\tilde{b}_N(\boldsymbol{v}_N, p_N - q_N) = \tilde{b}(\boldsymbol{v}_N, p - q_N) + a(\boldsymbol{u} - \boldsymbol{u}_N, \boldsymbol{v}_N) + (a - a_N)(\boldsymbol{u}_N, \boldsymbol{v}_N)\\ - \int_\Omega \boldsymbol{f}(\boldsymbol{x}) \cdot \boldsymbol{v}_N(\boldsymbol{x})\,d\boldsymbol{x} + (\boldsymbol{f}, \boldsymbol{v}_N)_N,\end{aligned}$$

d'où

$$\begin{aligned}\|p - p_N\|_{H^1(\Omega)} \leq c\Big(&\inf_{q_N \in \tilde{M}_{N-1}} \|p - q_N\|_{H^1(\Omega)}\\ &+ \|\boldsymbol{u} - \boldsymbol{u}_N\|_{L^2(\Omega)^d} + \sup_{\boldsymbol{w}_N \in \tilde{X}_N} \frac{(a - a_N)(\boldsymbol{u}_N, \boldsymbol{w}_N)}{\|\boldsymbol{w}_N\|_{L^2(\Omega)^d}}\\ &+ \sup_{\boldsymbol{w}_N \in \tilde{X}_N} \frac{\int_\Omega \boldsymbol{f}(\boldsymbol{x}) \cdot \boldsymbol{w}_N(\boldsymbol{x})\,d\boldsymbol{x} - (\boldsymbol{f}, \boldsymbol{w}_N)_N}{\|\boldsymbol{w}_N\|_{L^2(\Omega)^d}}\Big).\end{aligned} \tag{3.12}$$

On choisit q_N comme dans (3.9), on utilise le Théorème 3.5 et (2.25) ainsi que (2.19), et on obtient la majoration désirée.

Théorème 3.7 *Sous les hypothèses du Théorème* 3.5, *pour le problème discret* (3.2), *on a la majoration d'erreur*

$$\|p - p_N\|_{H^1(\Omega)} \leq c\left(N^{-m}\left(\|\boldsymbol{u}\|_{H^m(\Omega)^d} + \|p\|_{H^{m+1}(\Omega)}\right) + N^{-r}\,\|\boldsymbol{f}\|_{H^r(\Omega)^d}\right). \tag{3.13}$$

Les majorations d'erreur (3.11) et (3.13) sont parfaitement optimales et tiennent compte de toute la régularité de la solution. Toutefois, comme indiqué dans la Remarque 3.4, la vitesse discrète $\boldsymbol{u}_N$ n'est pas à divergence exactement nulle et sa trace normale n'est pas exactement nulle sur la frontière.

XIII.4 Première discrétisation par éléments finis

On s'intéresse à la discrétisation par éléments finis du problème (0.1). On suppose donc dans les trois sections qui suivent que l'ouvert Ω est un polygone ($d = 2$) ou un polyèdre ($d = 3$) et qu'il est muni d'une famille régulière de triangulations $(\mathcal{T}_h)_h$ par des triangles ou des tétraèdres, au sens précisé dans la Section VIII.1.

La discrétisation repose ici sur l'élément de Raviart–Thomas introduit dans la Définition VII.3.18 et utilise donc sur chaque élément K l'espace P_K défini en (VII.3.20). Si $\mathcal{E}_h$ désigne l'ensemble des côtés ($d = 2$) ou faces ($d = 3$) d'éléments de $\mathcal{T}_h$ (voir Notation XI.2.1), il existe d'après le Lemme VII.3.19 une unique famille de fonctions φ_e, $e \in \mathcal{E}_h$, telles que la restriction de chaque φ_e à chaque élément K de $\mathcal{T}_h$ appartienne à P_K et qui vérifient

$$\forall e' \in \mathcal{E}_h, \quad \int_{e'} \varphi_e(\boldsymbol{x}) \cdot \boldsymbol{n}_{e'}\, d\tau = \delta_{ee'}, \tag{4.1}$$

où $\delta_{..}$ désigne le symbole de Kronecker et $\boldsymbol{n}_{e'}$ n'importe lequel des deux vecteurs unitaires normaux à e'. Le lemme suivant, qui justifie le choix de l'élément fini de Raviart–Thomas, fait appel au sous-espace $\mathcal{E}_h^0$ des éléments de $\mathcal{E}_h$ qui ne sont pas contenus dans $\partial\Omega$, également introduit dans la Notation XI.2.1.

Lemme 4.1 *Les fonction φ_e, $e \in \mathcal{E}_h$, appartiennent à $H(\text{div}, \Omega)$. Les fonctions φ_e, $e \in \mathcal{E}_h^0$, appartiennent à $H_0(\text{div}, \Omega)$.*

Démonstration: Pour tout e dans $\mathcal{E}_h$ et tout élément K de $\mathcal{T}_h$ contenant e, la restriction de la fonction φ_e à K est donnée par la formule (VII.3.22). Si $\boldsymbol{n}_K$ désigne le vecteur unitaire normal à ∂K et extérieur à K, on en déduit

$$\varphi_{e|K} \cdot \boldsymbol{n}_K = \frac{\ell_e}{d\,\text{mes}(K)} \quad \text{sur}\, e \qquad \text{et} \qquad \varphi_{e|K} \cdot \boldsymbol{n}_K = 0 \quad \text{sur}\, \partial K \setminus e, \tag{4.2}$$

où ℓ_e désigne la longueur de la hauteur de K perpendiculaire à e. De la formule

$$\text{mes}(K) = \frac{\text{mes}(e)\, \ell_e}{d},$$

on déduit que, si e' est commun à deux éléments K et K', les quantités $\varphi_{e|K} \cdot \boldsymbol{n}_K$ et $\varphi_{e|K'} \cdot \boldsymbol{n}_{K'}$ sont égales sur e'. Une des conséquences de la définition de l'opérateur de divergence au sens des distributions et du Lemme 1.1 étant qu'une fonction appartient à $H(\text{div}, \Omega)$ si et seulement si sa restriction à tout élément K de $\mathcal{T}_h$ appartient à $H(\text{div}, K)$ et le saut de sa trace normale à travers chaque e de $\mathcal{E}_h^0$ est nul, on en déduit la première partie du lemme. La seconde est alors une conséquence évidente de (4.2) et de la définition de $H_0(\text{div}, \Omega)$.

Le Lemme 4.1 énonce la propriété de $H(\text{div})$-conformité de l'élément fini de Raviart-Thomas, en un sens généralisant celui de H^ℓ-conformité, voir Définitions VIII.3.2 et VIII.3.8. Plus précisément, l'espace discret X_h^0 que l'on utilise dans cette section est l'espace engendré par les φ_e, $e \in \mathcal{E}_h^0$, et vérifie la propriété

$$X_h^0 = \{\boldsymbol{v}_h \in H_0(\text{div}, \Omega);\ \forall K \in \mathcal{T}_h,\ \boldsymbol{v}_{h\,|K} \in P_K\}. \tag{4.3}$$

On introduit également l'espace

$$M_h = \{q_h \in L_0^2(\Omega);\ \forall K \in \mathcal{T}_h,\ q_{h\,|K} \in \mathcal{P}_0(K)\}. \tag{4.4}$$

On note que les espaces X_h^0 et M_h fournissent une discrétisation conforme du problème (1.5), puisque le produit $X_h^0 \times M_h$ est inclus dans $H_0(\mathrm{div}, \Omega) \times L_0^2(\Omega)$ mais que ceci n'est plus vrai pour le problème (1.15) car M_h n'est pas inclus dans $H^1(\Omega)$. Pour toute fonction $\boldsymbol{f}$ de $L^2(\Omega)^d$, on considère le problème discret

Trouver $(\boldsymbol{u}_h, p_h)$ dans $X_h^0 \times M_h$ tel que

$$\begin{aligned} &\forall \boldsymbol{v}_h \in X_h^0, \quad a(\boldsymbol{u}_h, \boldsymbol{v}_h) + b(\boldsymbol{v}_h, p_h) = \int_\Omega \boldsymbol{f}(\boldsymbol{x}) \cdot \boldsymbol{v}_h(\boldsymbol{x})\, d\boldsymbol{x}, \\ &\forall q \in M_h, \quad b(\boldsymbol{u}_h, q_h) = 0. \end{aligned} \tag{4.5}$$

La continuité de la forme $a(\cdot,\cdot)$ est établie en Section 1, mais son ellipticité avec une constante indépendante de h nécessite la caractérisation du noyau discret

$$V_h = \{\boldsymbol{v}_h \in X_h^0;\ \forall q_h \in M_h,\ b_h(\boldsymbol{v}_h, q_h) = 0\}, \tag{4.6}$$

effectuée dans le lemme suivant.

Lemme 4.2 *L'espace V_h vérifie*

$$V_h = \{\boldsymbol{v}_h \in X_h^0;\ \mathrm{div}\, \boldsymbol{v}_h = 0 \ \mathrm{dans}\, \Omega\}. \tag{4.7}$$

Démonstration: On note que, dans la définition (4.6) de V_h, on peut remplacer M_h par l'espace des fonctions q_h de $L^2(\Omega)$ qui sont constantes sur tous les éléments de $\mathcal{T}_h$ (en effet, par intégration par parties, la propriété de nullité dans (4.6) est encore vraie pour la fonction q_h constante sur Ω). Soit $\boldsymbol{v}_h$ n'importe quelle fonction de V_h. Comme la restriction d'une fonction de X_h^0 à tout élément K de $\mathcal{T}_h$ appartient à P_K, donc à $\mathcal{P}_1(K)^d$, sa divergence appartient à $\mathcal{P}_0(K)$, et, en choisissant q_h dans (4.6) égal à la fonction caractéristique de K, on a

$$-\int_K \mathrm{div}\, \boldsymbol{v}_h\, d\boldsymbol{x} = -(\mathrm{div}\, \boldsymbol{v}_h)_{|K}\, \mathrm{mes}(K) = 0,$$

d'où l'on déduit que $(\mathrm{div}\, \boldsymbol{v}_h)_{|K}$ est nul. Comme en outre $\boldsymbol{v}_h$ appartient à $H(\mathrm{div}, \Omega)$, sa divergence est nulle sur Ω.

Remarque 4.3 Le Lemme 4.2, combiné avec la définition des espaces P_K, entraîne la propriété supplémentaire suivante: une fonction $\boldsymbol{v}_h$ de V_h est constante sur chaque élément K de $\mathcal{T}_h$. Cette propriété est utilisée dans [67] pour la construction d'une base de V_h.

La continuité de la forme $b(\cdot,\cdot)$ est également établie en Section 1. Nous prouvons donc un premier résultat concernant la condition inf-sup pour cette forme.

Lemme 4.4 *La forme $b(\cdot,\cdot)$ satisfait la condition inf-sup: il existe une constante $\beta_{0h} > 0$ dépendant éventuellement de h telle que*

$$\forall q_h \in M_h, \quad \sup_{\boldsymbol{v}_h \in X_h^0} \frac{b(\boldsymbol{v}_h, q_h)}{\|\boldsymbol{v}_h\|_{H(\mathrm{div},\Omega)}} \geq \beta_{0h}\, \|q_h\|_{L^2(\Omega)}. \tag{4.8}$$

Démonstration: Dans un premier temps, on va vérifier que l'espace M_h ne contient pas de modes parasites, au sens introduit dans la Section 2. Soit q_h un élément de M_h tel que

$$\forall \boldsymbol{v}_h \in X_h^0, \quad b(\boldsymbol{v}_h, q_h) = 0.$$

On a

$$b(\boldsymbol{v}_h, q_h) = -\sum_{K \in \mathcal{T}_h} q_{h\,|K} \int_K \operatorname{div} \boldsymbol{v}_h \, d\boldsymbol{x} = -\sum_{K \in \mathcal{T}_h} q_{h\,|K} \int_{\partial K} \boldsymbol{v}_h \cdot \boldsymbol{n} \, d\tau.$$

Pour tout élément e de $\mathcal{E}_h^0$, on note K_e et K'_e les deux éléments de $\mathcal{T}_h$ qui contiennent e et $\boldsymbol{n}_e$ le vecteur unitaire normal à e dirigé de K_e vers K'_e. La formule précédente s'écrit de façon équivalente

$$b(\boldsymbol{v}_h, q_h) = -\sum_{e \in \mathcal{E}_h^0} (q_{h\,|K_e} - q_{h\,|K'_e}) \int_e \boldsymbol{v}_h \cdot \boldsymbol{n}_e \, d\tau.$$

Par définition des éléments finis de Raviart–Thomas (voir Lemme VII.3.19), il existe une unique fonction $\boldsymbol{v}_h$ de X_h^0 telle que

$$\forall e \in \mathcal{E}_h^0, \quad \int_e \boldsymbol{v}_h \cdot \boldsymbol{n}_e \, d\tau = -(q_{h\,|K_e} - q_{h\,|K'_e}). \tag{4.9}$$

On obtient alors

$$b(\boldsymbol{v}_h, q_h) = \sum_{e \in \mathcal{E}_h^0} (q_{h\,|K_e} - q_{h\,|K'_e})^2 = 0,$$

ce qui prouve que tous les $q_{h\,|K}$, $K \in \mathcal{T}_h$, sont égaux. Comme d'autre part M_h est inclus dans $L_0^2(\Omega)$, on a

$$\sum_{K \in \mathcal{T}_h} q_{h\,|K} \operatorname{mes}(K) = 0,$$

et en combinant ces deux propriétés on obtient que q_h est égal à zéro. Finalement, on déduit de la continuité de $b(\cdot,\cdot)$ que la fonction

$$q_h \quad \mapsto \quad \sup_{\boldsymbol{v}_h \in X_h^0} \frac{b(\boldsymbol{v}_h, q_h)}{\|\boldsymbol{v}_h\|_{H(\operatorname{div},\Omega)}},$$

qui est bien sûr à valeurs positives ou nulles, est continue sur M_h. Comme M_h est de dimension finie, sa sphère unité S_h est compacte et donc la fonction précédente y atteint ses bornes. On déduit alors des résultats qui précèdent que la constante β_{0h} définie par

$$\beta_{0h} = \inf_{q_h \in S_h} \sup_{\boldsymbol{v}_h \in X_h^0} \frac{b(\boldsymbol{v}_h, q_h)}{\|\boldsymbol{v}_h\|_{H(\operatorname{div},\Omega)}},$$

est positive, ce qui termine la démonstration.

Théorème 4.5 *Pour toute fonction $\boldsymbol{f}$ dans $L^2(\Omega)^d$, le problème (4.5) admet une solution unique.*

Démonstration: Le résultat d'existence est établi en deux temps.
1) On déduit de la propriété d'ellipticité (1.9) et du fait que V_h soit inclus dans V (voir Lemme 4.2), combinés avec le Lemme de Lax–Milgram, qu'il existe un unique $\boldsymbol{u}_h$ dans V_h tel que

$$\forall \boldsymbol{v}_h \in V_h, \quad a(\boldsymbol{u}_h, \boldsymbol{v}_h) = \int_\Omega \boldsymbol{f}(\boldsymbol{x}) \cdot \boldsymbol{v}_h(\boldsymbol{x})\, d\boldsymbol{x}. \tag{4.10}$$

2) La forme linéaire: $\boldsymbol{v}_h \mapsto \int_\Omega \boldsymbol{f}(\boldsymbol{x}) \cdot \boldsymbol{v}_h(\boldsymbol{x})\, d\boldsymbol{x} - a(\boldsymbol{u}_h, \boldsymbol{v}_h)$ s'annule sur tous les éléments $\boldsymbol{v}_h$ de V_h. En combinant la condition inf-sup (4.8) avec le Lemme I.1.3, on obtient l'existence d'un p_h dans M_h tel que la première ligne du problème (4.5) soit vérifiée.
Le couple $(\boldsymbol{u}_h, p_h)$ est alors solution du problème (4.5). En outre, comme ce problème équivaut à un système linéaire carré, l'existence d'une solution entraîne son unicité.

Remarque 4.6 Les lignes qui précèdent permettent de prouver à ce stade la propriété de stabilité de la solution $\boldsymbol{u}_h$ du problème (4.10)

$$\|\boldsymbol{u}_h\|_{L^2(\Omega)^d} \le \|\boldsymbol{f}\|_{L^2(\Omega)^d}. \tag{4.11}$$

L'obtention d'une majoration de $\|p_h\|_{L^2(\Omega)}$ pour la pression p_h du problème (4.5) requiert une évaluation de la dépendance de la constante β_{0h} par rapport à h, que l'on établit ultérieurement.

Pour obtenir des estimations d'erreur, on constate tout d'abord à partir du Lemme 4.2 que le problème (4.10) constitue une discrétisation conforme du problème (1.8). On déduit alors de l'estimation (I.4.7) et en notant que la norme $\|\cdot\|_{H(\mathrm{div},\Omega)}$ est égale à $\|\cdot\|_{L^2(\Omega)^d}$ sur V,

$$\|\boldsymbol{u} - \boldsymbol{u}_h\|_{L^2(\Omega)^d} \le c \inf_{\boldsymbol{v}_h \in V_h} \|\boldsymbol{u} - \boldsymbol{v}_h\|_{L^2(\Omega)^d}. \tag{4.12}$$

La distance de $\boldsymbol{u}$ à V_h s'évalue au moyen de l'opérateur $\mathcal{I}_h$ associé à l'élément fini de Raviart–Thomas et défini de la façon suivante: pour toute fonction $\boldsymbol{v}$ de $H^1(\Omega)^d$, $\mathcal{I}_h \boldsymbol{v}$ appartient à X_h^0 et vérifie

$$\forall e \in \mathcal{E}_h^0, \quad \int_e \mathcal{I}_h \boldsymbol{v} \cdot \boldsymbol{n}_e\, d\tau = \int_e \boldsymbol{v} \cdot \boldsymbol{n}_e\, d\tau. \tag{4.13}$$

De façon équivalente, cet opérateur vérifie pour les fonctions $\boldsymbol{\varphi}_e$ définies en (4.1)

$$\mathcal{I}_h \boldsymbol{v} = \sum_{e \in \mathcal{E}_h^0} \Big(\int_e \boldsymbol{v} \cdot \boldsymbol{n}_e\, d\tau \Big)\, \boldsymbol{\varphi}_e. \tag{4.14}$$

Proposition 4.7 *L'opérateur $\mathcal{I}_h$ vérifie, pour toute fonction $\boldsymbol{v}$ de $H_0(\mathrm{div},\Omega) \cap H^1(\Omega)^d$ et tout élément K de $\mathcal{T}_h$ la propriété*

$$\int_K (\mathrm{div}\, \mathcal{I}_h \boldsymbol{v})\, d\boldsymbol{x} = \int_K (\mathrm{div}\, \boldsymbol{v})\, d\boldsymbol{x}, \tag{4.15}$$

ainsi que l'estimation

$$\|\boldsymbol{v} - \mathcal{I}_h \boldsymbol{v}\|_{L^2(K)^d} \le c\, h_K\, |\boldsymbol{v}|_{H^1(K)^d}. \tag{4.16}$$

Démonstration: La propriété (4.15) se déduit facilement de (4.13) puisque, si $\mathcal{E}_K^0$ désigne l'ensemble des côtés ou faces de K non contenues dans $\partial\Omega$ et $\boldsymbol{n}_K$ le vecteur unitaire normal extérieur à K,

$$\int_K (\operatorname{div} \mathcal{I}_h \boldsymbol{v})\, d\boldsymbol{x} = \sum_{e\in\mathcal{E}_K^0} \int_e \mathcal{I}_h \boldsymbol{v} \cdot \boldsymbol{n}_K \, d\tau = \sum_{e\in\mathcal{E}_K^0} \int_e \boldsymbol{v} \cdot \boldsymbol{n}_K \, d\tau = \int_K (\operatorname{div} \boldsymbol{v})\, d\boldsymbol{x}.$$

Pour prouver (4.16), on note, pour toute constante $\boldsymbol{w}_K$, l'égalité $(\mathcal{I}_h \boldsymbol{w}_K)_{|K} = \boldsymbol{w}_K$, d'où l'on déduit

$$\|\boldsymbol{v} - \mathcal{I}_h \boldsymbol{v}\|_{L^2(K)^d} \le \|\boldsymbol{v} - \boldsymbol{w}_K\|_{L^2(K)^d} + \|\mathcal{I}_h(\boldsymbol{v} - \boldsymbol{w}_K)\|_{L^2(K)^d}.$$

En notant que, pour tout e dans $\mathcal{E}_K^0$, la norme $\|\boldsymbol{\varphi}_e\|_{L^2(K)^d}$ est $\le c\, h_K^{1-\frac{d}{2}}$ (ceci se déduit facilement de (VII.3.22)), on obtient à partir de (4.14) et par passage à l'élément de référence $\hat{K}$ que, pour toute fonction $\boldsymbol{w}$ de $H^1(K)^d$,

$$\|\mathcal{I}_h \boldsymbol{w}\|_{L^2(K)^d} \le c\, h_K^{1-\frac{d}{2}}\, h_K^{d-1} \int_{\partial\hat{K}} |\hat{\boldsymbol{w}}(\tau)|\, d\tau,$$

d'où d'après le Théorème de traces I.2.15,

$$\|\mathcal{I}_h \boldsymbol{w}\|_{L^2(K)^d} \le c\, h_K^{\frac{d}{2}}\, \|\hat{\boldsymbol{w}}\|_{H^1(\hat{K})^d}.$$

En appliquant cette inégalité avec $\boldsymbol{w} = \boldsymbol{v} - \boldsymbol{w}_K$, on déduit

$$\|\mathcal{I}_h(\boldsymbol{v} - \boldsymbol{w}_K)\|_{L^2(K)^d} \le c\, h_K^{\frac{d}{2}} \|\hat{\boldsymbol{v}} - \boldsymbol{w}_K\|_{H^1(\hat{K})^d}.$$

La même estimation étant vérifiée pour $\|\boldsymbol{v} - \boldsymbol{w}_K\|_{L^2(K)^d}$, on obtient

$$\|\boldsymbol{v} - \mathcal{I}_h \boldsymbol{v}\|_{L^2(K)^d} \le c\, h_K^{\frac{d}{2}} \|\hat{\boldsymbol{v}} - \boldsymbol{w}_K\|_{H^1(\hat{K})^d}.$$

Puis on applique le Lemme de Bramble–Hilbert I.2.11

$$\|\boldsymbol{v} - \mathcal{I}_h \boldsymbol{v}\|_{L^2(K)^d} \le c\, h_K^{\frac{d}{2}} |\hat{\boldsymbol{v}}|_{H^1(\hat{K})^d},$$

et on obtient le résultat cherché par retour à l'élément K.

Comme les fonctions de X_h^0 sont à divergence constante sur chaque K, une des conséquences de (4.15) est que l'opérateur $\mathcal{I}_h$ envoie $V \cap H^1(\Omega)^d$ sur V_h. On obtient dons la première estimation d'erreur en combinant (4.12) et (4.16).

Théorème 4.8 *On suppose la vitesse $\boldsymbol{u}$ du problème* (0.1) *dans $H^1(\Omega)^d$. Alors, pour le problème discret* (4.5), *on a la majoration d'erreur*

$$\|\boldsymbol{u} - \boldsymbol{u}_h\|_{L^2(\Omega)^d} \le c\, h\, \|\boldsymbol{u}\|_{H^1(\Omega)^d}. \tag{4.17}$$

La Proposition 4.7 permet aussi d'estimer la (meilleure) constante β_{0h} apparaissant en (4.8).

Proposition 4.9 *La forme $b(\cdot,\cdot)$ satisfait la condition inf-sup: il existe une constante $\beta_0 > 0$ indépendante de h telle que*

$$\forall q_h \in M_h, \quad \sup_{\boldsymbol{v}_h \in X_h^0} \frac{b(\boldsymbol{v}_h, q_h)}{\|\boldsymbol{v}_h\|_{H(\mathrm{div},\Omega)}} \geq \beta_0 \, \|q_h\|_{L^2(\Omega)}. \tag{4.18}$$

Démonstration: D'après la condition inf-sup (1.11) et le Lemme I.1.3, pour tout q_h dans M_h, il existe une fonction $\boldsymbol{v}$ de $H_0(\mathrm{div},\Omega) \cap H^1(\Omega)^d$ telle que

$$-\mathrm{div}\, \boldsymbol{v} = q_h \qquad \text{et} \qquad \|\boldsymbol{v}\|_{H^1(\Omega)^d} \leq \beta^{-1} \, \|q_h\|_{L^2(\Omega)}.$$

Comme q_h est constant sur chaque élément K de $\mathcal{T}_h$, on déduit de (4.15) que

$$b(\mathcal{I}_h \boldsymbol{v}, q_h) = b(\boldsymbol{v}, q_h) = \|q_h\|^2_{L^2(\Omega)}.$$

D'autre part, comme $\mathrm{div}\, \mathcal{I}_h \boldsymbol{v}$ est également constant sur chaque élément K de $\mathcal{T}_h$, une nouvelle application de (4.15) donne

$$\begin{aligned}
\|\mathrm{div}\, \mathcal{I}_h \boldsymbol{v}\|^2_{L^2(\Omega)} &= \sum_{K \in \mathcal{T}_h} (\mathrm{div}\, \mathcal{I}_h \boldsymbol{v})_{|K} \int_K (\mathrm{div}\, \mathcal{I}_h \boldsymbol{v})\, dx \\
&= \sum_{K \in \mathcal{T}_h} (\mathrm{div}\, \mathcal{I}_h \boldsymbol{v})_{|K} \int_K (\mathrm{div}\, \boldsymbol{v})\, dx = \sum_{K \in \mathcal{T}_h} \int_K (\mathrm{div}\, \mathcal{I}_h \boldsymbol{v})(\mathrm{div}\, \boldsymbol{v})\, dx,
\end{aligned}$$

d'où, grâce à l'inégalité de Cauchy–Schwarz,

$$\|\mathrm{div}\, \mathcal{I}_h \boldsymbol{v}\|_{L^2(\Omega)} \leq \|\mathrm{div}\, \boldsymbol{v}\|_{L^2(\Omega)}.$$

On obtient également en utilisant (4.16) et une inégalité triangulaire l'estimation

$$\|\mathcal{I}_h \boldsymbol{v}\|_{L^2(\Omega)^d} \leq \|\boldsymbol{v}\|_{L^2(\Omega)^d} + c\, h\, |\boldsymbol{v}|_{H^1(\Omega)^d}.$$

Ces deux estimations, combinées avec la majoration de $\|\boldsymbol{v}\|_{H^1(\Omega)^d}$, entraînent

$$\|\mathcal{I}_h \boldsymbol{v}\|_{H(\mathrm{div},\Omega)} \leq c \, \|\boldsymbol{v}\|_{H^1(\Omega)^d} \leq c\beta^{-1} \, \|q_h\|_{L^2(\Omega)},$$

d'où le résultat cherché.

Cette condition inf-sup permet d'établir la majoration d'erreur sur la pression. En effet, on en déduit que, pour tout q_h dans M_h,

$$\beta_0 \, \|p_h - q_h\|_{L^2(\Omega)} \leq \sup_{\boldsymbol{v}_h \in X_h^0} \frac{b(\boldsymbol{v}_h, p_h - q_h)}{\|\boldsymbol{v}_h\|_{H_0(\mathrm{div},\Omega)^d}}.$$

On voit en comparant les problèmes (1.5) et (4.5) que

$$b(\boldsymbol{v}_h, p_h - q_h) = b(\boldsymbol{v}_h, p - q_h) + a(\boldsymbol{u} - \boldsymbol{u}_h, \boldsymbol{v}_h),$$

d'où l'on déduit

$$\|p - p_h\|_{L^2(\Omega)} \leq c\left(\|\boldsymbol{u} - \boldsymbol{u}_h\|_{L^2(\Omega)^d} + \inf_{q_h \in M_h} \|p - q_h\|_{H^1(\Omega)}\right). \tag{4.19}$$

On conclut en faisant appel à l'estimation (4.17) pour le premier terme, puis en choisissant q_h égal à l'image de p par l'opérateur de projection orthogonale de $L^2(\Omega)$ sur les fonctions constantes par éléments (qui envoie $L^2_0(\Omega)$ sur M_h) et en utilisant le Théorème IX.2.1.

Théorème 4.10 *On suppose la solution* $(\boldsymbol{u}, p)$ *du problème* (0.1) *dans* $H^1(\Omega)^d \times H^1(\Omega)$. *Alors, pour le problème discret* (4.5), *on a la majoration d'erreur*

$$\|p - p_h\|_{L^2(\Omega)} \leq c\,h\left(\|\boldsymbol{u}\|_{H^m(\Omega)^d} + \|p\|_{H^m(\Omega)}\right). \tag{4.20}$$

La méthode considérée ici est d'ordre 1, mais possède des propriétés analogues à la discrétisation (2.2): les estimations (4.17) et (4.20) sont optimales, même si elles n'utilisent pas toute la régularité de la solution, et la vitesse discrète $\boldsymbol{u}_h$ est à divergence exactement nulle d'après le Lemme 4.2.

XIII.5 Seconde discrétisation par éléments finis

On conserve les notations de la Section 4, mais on va travailler avec la formulation (1.15).

Pour tout h, on introduit ensuite les espaces discrets suivants:

$$\begin{aligned} \tilde{X}_h^1 &= \left\{\boldsymbol{v}_h \in \mathscr{C}^0(\Omega)^d;\ \forall K \in \mathcal{T}_h,\ \boldsymbol{v}_{h\,|K} \in \mathcal{P}_2(K)^d\right\}, \\ \tilde{M}_h &= \left\{q_h \in \mathscr{C}^0(\Omega) \cap L^2_0(\Omega);\ \forall K \in \mathcal{T}_h,\ q_{h\,|K} \in \mathcal{P}_1(K)\right\}. \end{aligned} \tag{5.1}$$

Les éléments finis correspondants à chaque composante des vitesses dans l'espace $\tilde{X}_h^1$, respectivement aux pressions dans $\tilde{M}_h$, sont les éléments d-simpliciaux d'ordre 2, respectivement d'ordre 1, voir Section VII.3. De plus, l'élément fini global (K, P_K, Σ_K) avec P_K égal à $\mathcal{P}_2(K)^d \times \mathcal{P}_1(K)$ et Σ_K égal à l'ensemble des formes linéaires σ définies par (les v_i sont ici les composantes de $\boldsymbol{v}$)

$$\sigma(\boldsymbol{v}, q) = v_i(\boldsymbol{a}), \quad \boldsymbol{a} \in T_2(K),\ 1 \leq i \leq d, \qquad \text{et} \qquad \sigma(\boldsymbol{v}, q) = q(\boldsymbol{a}), \quad \boldsymbol{a} \in T_1(K),$$

est introduit dans [68] et appelé élément de Taylor–Hood.

On peut remarquer que les espaces $\tilde{X}_h^1$ et $\tilde{M}_h$ mènent à une discrétisation conforme lorsqu'on utilise n'importe laquelle des deux formulations (1.5) et (1.15), au sens où le produit $\tilde{X}_h^1 \times \tilde{M}_h$ est inclus à la fois dans

$$H(\mathrm{div}, \Omega) \times L^2_0(\Omega) \qquad \text{et} \qquad L^2(\Omega)^d \times \left(H^1(\Omega) \cap L^2_0(\Omega)\right).$$

On choisit ici de travailler avec une méthode de Galerkin à partir de la formulation (1.15) et, pour toute fonction $\boldsymbol{f}$ de $L^2(\Omega)^d$, on considère le problème discret

Trouver $(\boldsymbol{u}_h, p_h)$ *dans* $\tilde{X}_h^1 \times \tilde{M}_h$ *tel que*

$$\begin{aligned} &\forall \boldsymbol{v}_h \in \tilde{X}_h^1, \quad a(\boldsymbol{u}_h, \boldsymbol{v}_h) + \tilde{b}(\boldsymbol{v}_h, p_h) = \int_\Omega \boldsymbol{f}(\boldsymbol{x}) \cdot \boldsymbol{v}_h(\boldsymbol{x})\, d\boldsymbol{x}, \\ &\forall q \in \tilde{M}_h, \quad \tilde{b}(\boldsymbol{u}_h, q_h) = 0. \end{aligned} \tag{5.2}$$

La continuité et l'ellipticité de la forme $a(\cdot,\cdot)$, ainsi que la continuité de la forme $\tilde{b}(\cdot,\cdot)$, ont été établies dans la Section 1. La principale difficulté ici consiste à prouver la condition inf-sup sur $\tilde{b}(\cdot,\cdot)$, dans le but de vérifier la compatibilité des espaces discrets $\tilde{X}_h^1$ et $\tilde{M}_h$. La première démonstration de cette condition inf-sup figure dans [15].

Lemme 5.1 *Il existe alors une constante* $\tilde{\beta}_1$ *indépendante de* h *telle que, pour tout* h,

$$\forall q_h \in \tilde{M}_h, \quad \sup_{\boldsymbol{v}_h \in \tilde{X}_h^1} \frac{\tilde{b}(\boldsymbol{v}_h, q_h)}{\|\boldsymbol{v}_h\|_{L^2(\Omega)^d}} \geq \tilde{\beta}_1 \, \|q_h\|_{H^1(\Omega)}. \tag{5.3}$$

Démonstration: Soit q_h un élément de $\tilde{M}_h$. La $\mathcal{P}_2(K)$-unisolvance des formes linéaires associées aux points de $\mathcal{T}_2(K)$ (voir Lemme VII.3.5) et la H^1-conformité de l'élément associé (voir Lemme VIII.3.5) permet de lui associer une fonction $\boldsymbol{v}_h$ de $\tilde{X}_h^1$ en définissant simplement les valeurs de $\boldsymbol{v}_h$ en tous les sommets de K et aux milieux des côtés ($d = 2$) ou arêtes ($d = 3$) de K, $K \in \mathcal{T}_h$. On choisit alors $\boldsymbol{v}_h$ égal à $\boldsymbol{0}$ en tous les sommets des éléments de $\mathcal{T}_h$. Aux milieux $\boldsymbol{m}_e$ de côtés ou d'arêtes e, on prend

$$\boldsymbol{v}_h(\boldsymbol{m}_e) = \big((\mathbf{grad}\, q_h)_{|K_e} \cdot \boldsymbol{\tau}_e\big)\, \boldsymbol{\tau}_e,$$

où $\boldsymbol{\tau}_e$ désigne n'importe lequel des deux vecteurs unitaires tangents à e et K_e n'importe quel élément de $\mathcal{T}_h$ contenant e. En effet, on déduit de la continuité de q_h sur Ω que la dérivée tangentielle $\mathbf{grad}\, q_h \cdot \boldsymbol{\tau}_e$ est continue sur les côtés ou arêtes e. On vérifie facilement que la fonction de Lagrange associée au nœud $\boldsymbol{m}_e$ est égale à 4 fois le produit des coordonnées barycentriques correspondant aux extrémités de e et, grâce à la formule magique (VII.2.4), on en déduit l'existence d'une constante ν telle que

$$\begin{aligned} \tilde{b}(\boldsymbol{v}_h, q_h) &= \sum_{K \in \mathcal{T}_h} (\mathbf{grad}\, q_h)_{|K} \cdot \int_K \boldsymbol{v}_h(\boldsymbol{x})\, d\boldsymbol{x} \\ &= \nu \sum_{K \in \mathcal{T}_h} \operatorname{mes}(K)\, (\mathbf{grad}\, q_h)_{|K} \cdot \sum_{e \in \mathcal{A}_K} \big((\mathbf{grad}\, q_h)_{|K} \cdot \boldsymbol{\tau}_e\big)\, \boldsymbol{\tau}_e, \end{aligned}$$

où $\mathcal{A}_K$ désigne l'ensemble des côtés ($d = 2$) ou arêtes ($d = 3$) de K (on remarque que $\mathcal{A}_K$ coïncide avec l'ensemble $\mathcal{E}_K$ introduit dans la Notation XI.2.2 seulement en dimension $d = 2$). On en déduit

$$\tilde{b}(\boldsymbol{v}_h, q_h) = \nu \sum_{K \in \mathcal{T}_h} \operatorname{mes}(K) \sum_{e \in \mathcal{A}_K} |(\mathbf{grad}\, q_h)_{|K} \cdot \boldsymbol{\tau}_e|^2.$$

On observe alors que chaque $\mathcal{A}_K$ contient 3 éléments en dimension $d = 2$ et 6 éléments en dimension $d = 3$. On peut choisir un sous-ensemble de d d'entre eux qui forme une base de $\mathbb{R}^d$. En outre, d'après l'hypothèse de régularité de la triangulation, l'angle entre deux de ces vecteurs est borné inférieurement. Il existe donc une constante c ne dépendant que du paramètre de régularité τ telle que

$$\sum_{e \in \mathcal{A}_K} |(\mathbf{grad}\, q_h)_{|K} \cdot \boldsymbol{\tau}_e|^2 \geq c\, |(\mathbf{grad}\, q_h)_{|K}|^2,$$

d'où

$$\tilde{b}(\boldsymbol{v}_h, q_h) \geq c\nu \sum_{K \in \mathcal{T}_h} \int_K |(\mathbf{grad}\, q_h)|^2(\boldsymbol{x})\, d\boldsymbol{x} = c\nu\, |q_h|^2_{H^1(\Omega)}.$$

D'un autre côté, on vérifie facilement par passage au triangle de référence que

$$\|\boldsymbol{v}_h\|^2_{L^2(K)^d} \leq c\,\mathrm{mes}(K) \sum_{e \in \mathcal{A}_K} |(\mathbf{grad}\, q_h)_{|K} \cdot \boldsymbol{\tau}_e|^2 \leq c\,\mathrm{mes}(K) \sum_{e \in \mathcal{A}_K} |(\mathbf{grad}\, q_h)_{|K}|^2,$$

ce qui entraîne

$$\|\boldsymbol{v}_h\|_{L^2(\Omega)^d} \leq c\, |q_h|_{H^1(\Omega)}.$$

On a ainsi établi la condition inf-sup

$$\sup_{\boldsymbol{v}_h \in \tilde{X}_h^1} \frac{\tilde{b}(\boldsymbol{v}_h, q_h)}{\|\boldsymbol{v}_h\|_{L^2(\Omega)^d}} \geq c\, |q_h|_{H^1(\Omega)},$$

et, comme q_h appartient à $L^2_0(\Omega)$, on conclut grâce à l'inégalité de Bramble–Hilbert énoncée dans le Lemme I.2.11.

On définit le noyau

$$\tilde{V}_h^1 = \{\boldsymbol{v}_h \in \tilde{X}_h^1;\ \forall q_h \in \tilde{M}_h,\ \tilde{b}_h(\boldsymbol{v}_h, q_h) = 0\}, \tag{5.4}$$

que l'on utilise pour prouver le résultat suivant. On n'écrit pas la démonstration qui est exactement similaire à celle du Théorème 4.5 avec V_h remplacé par $\tilde{V}_h^1$ et fait appel à la condition inf-sup (5.3).

Théorème 5.2 *Pour toute fonction $\boldsymbol{f}$ dans $L^2(\Omega)^d$, le problème* (5.2) *admet une solution unique.*

Remarque 5.3 Ici, on déduit de (1.5) et (5.3) la propriété de stabilité de la solution du problème (5.2)

$$\|\boldsymbol{u}_h\|_{L^2(\Omega)^d} + \|p_h\|_{H^1(\Omega)} \leq c\, \|\boldsymbol{f}\|_{L^2(\Omega)^d}. \tag{5.5}$$

Pour établir des estimations d'erreur, on déduit de (5.2) et (1.15), combinées avec la définition (5.4) de $\tilde{V}_h^1$, que, pour tout $\boldsymbol{v}_h$ dans $\tilde{V}_h^1$ et q_h dans $\tilde{M}_h$,

$$a(\boldsymbol{u} - \boldsymbol{u}_h, \boldsymbol{v}_h) = -\tilde{b}(\boldsymbol{v}_h, p - q_h).$$

On note que le membre de droite de cette équation est en général non nul car $\tilde{V}_h^1$ n'est pas inclus dans $\tilde{V}$. En utilisant (1.16) et cette équation avec $\boldsymbol{v}_h$ remplacé par $\boldsymbol{u}_h - \boldsymbol{v}_h$, on en déduit

$$\begin{aligned}\mu\, \|\boldsymbol{u}_h - \boldsymbol{v}_h\|^2_{L^2(\Omega)^d} &= a(\boldsymbol{u} - \boldsymbol{v}_h, \boldsymbol{u}_h - \boldsymbol{v}_h) - a(\boldsymbol{u} - \boldsymbol{u}_h, \boldsymbol{u}_h - \boldsymbol{v}_h)\\ &= a(\boldsymbol{u} - \boldsymbol{v}_h, \boldsymbol{u}_h - \boldsymbol{v}_h) + \tilde{b}(\boldsymbol{u}_h - \boldsymbol{v}_h, p - q_h),\end{aligned}$$

d'où l'estimation

$$\|\boldsymbol{u} - \boldsymbol{u}_h\|_{L^2(\Omega)^d} \leq c\,\big(\inf_{\boldsymbol{v}_h \in \tilde{V}_h^1} \|\boldsymbol{u} - \boldsymbol{v}_h\|_{L^2(\Omega)^d} + \inf_{q_h \in \tilde{M}_h} \|p - q_h\|_{H^1(\Omega)}\big). \tag{5.6}$$

Pour évaluer la distance de $\boldsymbol{u}$ à $\tilde{V}_h^1$, on utilise l'argument usuel suivant [62, Chap. II, form. (1.16)], qui repose sur la condition inf-sup (5.3).

Lemme 5.4 *Pour toute fonction $\boldsymbol{u}$ de $\tilde{V}$, on a l'estimation suivante*

$$\inf_{\boldsymbol{v}_h \in \tilde{V}_h^1} \|\boldsymbol{u} - \boldsymbol{v}_h\|_{L^2(\Omega)^d} \leq c \inf_{\boldsymbol{w}_h \in \tilde{X}_h^1} \|\boldsymbol{u} - \boldsymbol{w}_h\|_{L^2(\Omega)^d}. \tag{5.7}$$

Démonstration: Soit $\tilde{B}_h$ et $\tilde{B}'_h$ les opérateurs définis respectivement de $\tilde{M}_h$ dans le dual de $\tilde{X}_h^1$ et de $\tilde{X}_h^1$ dans le dual de $\tilde{M}_h$ par

$$\forall \boldsymbol{v}_h \in \tilde{X}_h^1, \forall q_h \in \tilde{M}_h, \qquad \langle \tilde{B}_h q_h, \boldsymbol{v}_h \rangle = \langle \tilde{B}'_h \boldsymbol{v}_h, q_h \rangle = \tilde{b}(\boldsymbol{v}_h, q_h).$$

D'après la condition inf-sup (5.3), on déduit du Lemme I.1.3 que l'opérateur $\tilde{B}_h$ est un isomorphisme de $\tilde{M}_h$ sur le polaire de $\tilde{V}_h^1$ défini comme en (I.1.15), avec V remplacé par $\tilde{V}_h^1$ et Y remplacé par $\tilde{X}_h^1$. En outre, la norme de son inverse est $\leq \tilde{\beta}_1^{-1}$. Par dualité, l'opérateur B'_h est alors un isomorphisme de $\tilde{V}_h^{1T}$ sur le dual de $\tilde{M}_h$, où $\tilde{V}_h^{1T}$ désigne l'orthogonal de $\tilde{V}_h^1$ dans $\tilde{X}_h^1$ pour le produit scalaire de $L^2(\Omega)^d$, et la norme de son inverse est également $\leq \tilde{\beta}_1^{-1}$.
Soit $\boldsymbol{w}_h$ un élément quelconque de $\tilde{X}_h^1$. Comme la forme linéaire: $q_h \mapsto \tilde{b}(\boldsymbol{u} - \boldsymbol{w}_h, q_h)$ est continue sur M_h, on déduit des lignes qui précèdent l'existence d'une fonction $\boldsymbol{z}_h$ dans $\tilde{V}_h^{1T}$ telle que

$$\forall q_h \in M_h, \quad \tilde{b}(\boldsymbol{z}_h, q_h) = \tilde{b}(\boldsymbol{u} - \boldsymbol{w}_h, q_h) \qquad \text{et} \qquad \|\boldsymbol{z}_h\|_{L^2(\Omega)^d} \leq c\,\tilde{\beta}_1^{-1}\, \|\boldsymbol{u} - \boldsymbol{w}_h\|_{L^2(\Omega)^d},$$

où c est ici égal à la norme de $\tilde{b}(\cdot,\cdot)$. Comme $\boldsymbol{u}$ appartient à $\tilde{V}$, pour tout q_h dans M_h, $\tilde{b}(\boldsymbol{u} - \boldsymbol{w}_h, q_h)$ est égal à $-\tilde{b}(\boldsymbol{w}_h, q_h)$, de sorte que la fonction $\boldsymbol{v}_h = \boldsymbol{w}_h + \boldsymbol{z}_h$ appartient à $\tilde{V}_h^1$. En outre, on a

$$\|\boldsymbol{u} - \boldsymbol{v}_h\|_{L^2(\Omega)^d} \leq \|\boldsymbol{u} - \boldsymbol{w}_h\|_{L^2(\Omega)^d} + \|\boldsymbol{z}_h\|_{L^2(\Omega)^d},$$

ce qui, combiné avec l'estimation de la norme de $\boldsymbol{z}_h$, donne l'estimation cherchée.

En insérant (5.7) dans (5.6), on obtient l'estimation

$$\|\boldsymbol{u} - \boldsymbol{u}_h\|_{L^2(\Omega)^d} \leq c\,\big(\inf_{\boldsymbol{w}_h \in \tilde{X}_h^1} \|\boldsymbol{u} - \boldsymbol{w}_h\|_{L^2(\Omega)^d} + \inf_{q_h \in \tilde{M}_h} \|p - q_h\|_{H^1(\Omega)}\big). \tag{5.8}$$

On conclut en prenant $\boldsymbol{w}_h$ égal à $\Pi_h \boldsymbol{u}$ et en utilisant le Théorème IX.2.1, puis en choisissant

$$q_h = \Pi_h^1 p - \frac{1}{\text{mes}(\Omega)} \int_\Omega (\Pi_h^1 p)(\boldsymbol{x})\, d\boldsymbol{x}, \tag{5.9}$$

et en faisant appel au Théorème IX.2.2.

Théorème 5.5 *On suppose la solution* $(\boldsymbol{u}, p)$ *du problème* (0.1) *dans* $H^m(\Omega)^d \times H^{m+1}(\Omega)$ *pour un entier* m, $0 \leq m \leq 1$. *Alors, pour le problème discret* (5.2), *on a la majoration d'erreur*

$$\|\boldsymbol{u} - \boldsymbol{u}_h\|_{L^2(\Omega)^d} \leq c\, h^m \left(\|\boldsymbol{u}\|_{H^m(\Omega)^d} + \|p\|_{H^{m+1}(\Omega)}\right). \tag{5.10}$$

Pour prouver la majoration d'erreur sur la pression, on utilise une fois de plus la condition inf-sup (5.3) et on obtient pour tout q_h dans $\tilde{M}_h$

$$\tilde{\beta}_1 \|p_h - q_h\|_{H^1(\Omega)} \leq \sup_{\boldsymbol{v}_h \in \tilde{X}_h^1} \frac{\tilde{b}(\boldsymbol{v}_h, p_h - q_h)}{\|\boldsymbol{v}_h\|_{L^2(\Omega)^d}}.$$

En utilisant les problèmes (1.15) et (5.2), on en déduit

$$\|p - p_h\|_{H^1(\Omega)} \leq c \left(\|\boldsymbol{u} - \boldsymbol{u}_h\|_{L^2(\Omega)^d} + \inf_{q_h \in \tilde{M}_h} \|p - q_h\|_{H^1(\Omega)}\right). \tag{5.11}$$

On conclut grâce à l'estimation (5.10) en choisissant q_h comme dans (5.9).

Théorème 5.6 *Sous les hypothèses du Théorème* 5.5, *pour le problème discret* (5.2), *on a la majoration d'erreur*

$$\|p - p_h\|_{H^1(\Omega)} \leq c\, h^m \left(\|\boldsymbol{u}\|_{H^m(\Omega)^d} + \|p\|_{H^{m+1}(\Omega)}\right). \tag{5.12}$$

On peut remplacer les Théorèmes 5.5 et 5.6 par l'énoncé qui suit: on suppose la solution $(\boldsymbol{u}, p)$ du problème (0.1) dans $H^m(\Omega)^d \times H^{m'+1}(\Omega)$ pour des entiers m, $0 \leq m \leq 3$, et m', $0 \leq m' \leq 1$, et on a la majoration d'erreur

$$\|\boldsymbol{u} - \boldsymbol{u}_h\|_{L^2(\Omega)^d} + \|p - p_h\|_{H^1(\Omega)} \leq c \left(h^m \|\boldsymbol{u}\|_{H^m(\Omega)^d} + h^{m'} \|p\|_{H^{m'+1}(\Omega)}\right). \tag{5.13}$$

Toutefois, pour $m > m'$, la propriété de régularité utilisée dans cette estimation ne semble apparaître que si on choisit soi-même la solution du problème.

Les majorations d'erreur (5.10) et (5.12) sont parfaitement optimales, mais n'utilisent pas toutes les propriétés d'approximation de l'espace $\tilde{X}_h^1$ comme indiqué dans les lignes qui précèdent. On va donc travailler avec un espace discret de vitesses plus petit.

XIII.6 Troisième discrétisation par éléments finis

On conserve les notations précédentes. On travaille toujours avec l'espace discret de pressions $\tilde{M}_h$ introduit en (5.1). Pour les raisons indiquées précédemment et comme proposé dans [2, §3], l'espace discret de vitesses est ici défini par

$$\tilde{X}_h^2 = \left\{\boldsymbol{v}_h \in L^2(\Omega)^d;\ \forall K \in \mathcal{T}_h,\ \boldsymbol{v}_{h\,|K} \in \mathcal{P}_0(K)^d\right\}. \tag{6.1}$$

On note que l'espace $\tilde{X}_h^2$ n'est pas inclus dans $H(\mathrm{div}, \Omega)$. Pour préserver la conformité de la discrétisation, on est donc amené à travailler avec la formulation (1.15). En utilisant la méthode de Galerkin et pour toute fonction $\boldsymbol{f}$ de $L^2(\Omega)^d$, on considère le problème discret

Trouver $(\boldsymbol{u}_h, p_h)$ *dans* $\tilde{X}_h^2 \times \tilde{M}_h$ *tel que*

$$\begin{aligned} &\forall \boldsymbol{v}_h \in \tilde{X}_h^2, \quad a(\boldsymbol{u}_h, \boldsymbol{v}_h) + \tilde{b}(\boldsymbol{v}_h, p_h) = \int_\Omega \boldsymbol{f}(\boldsymbol{x}) \cdot \boldsymbol{v}_h(\boldsymbol{x})\, d\boldsymbol{x}, \\ &\forall q \in \tilde{M}_h, \quad \tilde{b}(\boldsymbol{u}_h, q_h) = 0. \end{aligned} \tag{6.2}$$

L'espace $\tilde{X}_h^2$ étant inclus dans $L^2(\Omega)^d$ et l'espace $\tilde{M}_h$ dans $H^1(\Omega) \cap L_0^2(\Omega)$, la continuité des formes $a(\cdot,\cdot)$ et $\tilde{b}(\cdot,\cdot)$ et l'ellipticité de $a(\cdot,\cdot)$ se déduisent de la Section 1. En outre, la condition inf-sup sur $\tilde{b}(\cdot,\cdot)$ est beaucoup plus facile à prouver que dans la Section 5, sa démonstration étant analogue à celle de la Proposition 1.8.

Lemme 6.1 *Il existe une constante* $\tilde{\beta}_2$ *indépendante de* h *telle que, pour tout* h,

$$\forall q_h \in \tilde{M}_h, \quad \sup_{\boldsymbol{v}_h \in \tilde{X}_h^2} \frac{\tilde{b}(\boldsymbol{v}_h, q_h)}{\|\boldsymbol{v}_h\|_{L^2(\Omega)^d}} \geq \tilde{\beta}_2 \, \|q_h\|_{H^1(\Omega)}. \tag{6.3}$$

Démonstration: On remarque que, pour toute fonction q_h de $\tilde{M}_h$, la fonction $\mathbf{grad}\, q_h$ est constante sur chaque élément K de $\mathcal{T}_h$, donc appartient à $\tilde{X}_h^2$. Par suite, en prenant $\boldsymbol{v}_h$ égal à $\mathbf{grad}\, q_h$, on a

$$\frac{\tilde{b}(\boldsymbol{v}_h, q_h)}{\|\boldsymbol{v}_h\|_{L^2(\Omega)^d}} = |q_h|_{H^1(\Omega)},$$

et on conclut grâce à (1.20) et au Lemme I.2.11.

On introduit le noyau

$$\tilde{V}_h^2 = \{\boldsymbol{v}_h \in \tilde{X}_h^2;\ \forall q_h \in \tilde{M}_h,\ \tilde{b}_h(\boldsymbol{v}_h, q_h) = 0\}. \tag{6.4}$$

On note que la divergence des fonctions de $\tilde{X}_h^2$ est nulle sur chaque élément K. Cependant les conditions imposées en (6.4) sont insuffisantes pour imposer que le saut de la composante normale des fonctions de $\tilde{V}_h^2$ soit nul à travers chaque côté ou face d'élément de $\mathcal{T}_h$. L'espace $\tilde{V}_h^2$ n'est donc inclus ni dans $H(\mathrm{div}, \Omega)$, ni à plus forte raison dans $\tilde{V}$.

On ne donne pas la démonstration du théorème suivant, qui est parfaitement similaire à celle du Théorème 4.5.

Théorème 6.2 *Pour toute fonction* $\boldsymbol{f}$ *dans* $L^2(\Omega)^d$, *le problème* (5.2) *admet une solution unique.*

On notera également que l'estimation (5.5) est encore vraie dans ce cas.

Les arguments qui permettent de prouver les estimations d'erreur sont exactement les mêmes que dans la Section 5. Plus précisément,
- l'estimation (5.6) est encore vraie lorsque l'on remplace $\tilde{V}_h^1$ par $\tilde{V}_h^2$,
- le Lemme 5.4 et sa démonstration s'étendent au cas où $\tilde{V}_h^1$ est remplacé par $\tilde{V}_h^2$ et $\tilde{X}_h^1$ par $\tilde{X}_h^2$, ce qui mène à l'estimation (5.8) avec $\tilde{X}_h^2$ au lieu de $\tilde{X}_h^1$,
- on choisit alors q_h tel que défini en (5.9) tandis qu'une approximation adéquate $\boldsymbol{v}_h$ de $\boldsymbol{u}$ dans $\tilde{X}_h^2$ est construite par la formule

$$\forall K \in \mathcal{T}_h, \quad \boldsymbol{v}_{h\,|K} = \frac{1}{\mathrm{mes}\, K} \int_K \boldsymbol{u}(\boldsymbol{x})\, d\boldsymbol{x}$$

(on note que $\boldsymbol{v}_h$ est ainsi l'image de $\boldsymbol{u}$ par l'opérateur d'interpolation associé aux éléments finis d'ordre 0 intégraux, voir Définition VII.3.7),

- et finalement l'estimation (5.11) est encore valable ici.

Théorème 6.3 *On suppose la solution $(\boldsymbol{u}, p)$ du problème (0.1) dans $H^m(\Omega)^d \times H^{m+1}(\Omega)$ pour un entier m, $0 \leq m \leq 1$. Alors, pour le problème discret (6.2), on a la majoration d'erreur*

$$\|\boldsymbol{u} - \boldsymbol{u}_h\|_{L^2(\Omega)^d} + \|p - p_h\|_{H^1(\Omega)} \leq c\, h^m \left(\|\boldsymbol{u}\|_{H^m(\Omega)^d} + \|p\|_{H^{m+1}(\Omega)}\right). \tag{6.5}$$

La majoration d'erreur (6.5) est parfaitement optimale et fait appel à toutes les propriétés des espaces $\tilde{X}_h^2$ et $\tilde{M}_h$.

Remarque 6.4 Soit $\boldsymbol{f}_h$ l'approximation de $\boldsymbol{f}$ dans $\tilde{X}_h^2$ définie par

$$\forall K \in \mathcal{T}_h, \quad \boldsymbol{f}_{h\,|K} = \frac{1}{\text{mes } K} \int_K \boldsymbol{f}(\boldsymbol{x})\, d\boldsymbol{x}.$$

Comme $\boldsymbol{f}_h - \boldsymbol{u}_h - \mathbf{grad}\, p_h$ s'annule sur K (ceci se démontre en prenant, en dimension $d = 2$ par exemple, $\boldsymbol{v}_h$ dans (5.2) égal successivement à $(\chi_K, 0)$ et à $(0, \chi_K)$, où χ_K désigne la fonction caractéristique de K), l'équation du résidu s'écrit ici

$$\forall \boldsymbol{v} \in L^2(\Omega)^d, \quad a(\boldsymbol{u} - \boldsymbol{u}_h, \boldsymbol{v}) + \tilde{b}(\boldsymbol{v}, p - p_h) = \int_K (\boldsymbol{f} - \boldsymbol{f}_h)(\boldsymbol{x}) \cdot \boldsymbol{v}(\boldsymbol{x})\, d\boldsymbol{x}, \tag{6.6}$$

et, pour tout q_h dans $\tilde{M}_h$ (on utilise la Notation XI.2.2)

$$\begin{aligned} \forall q \in H^1(\Omega) \cap L_0^2(\Omega), \quad & \tilde{b}(\boldsymbol{u} - \boldsymbol{u}_h, q) \\ &= \sum_{K \in \mathcal{T}_h} \Big(\frac{1}{2} \sum_{e \in \mathcal{E}_K^0} \int_e [\boldsymbol{u}_h \cdot \boldsymbol{n}_K](\tau)(q - q_h)(\tau)\, d\tau \\ &\quad + \sum_{e \in \mathcal{E}_K \setminus \mathcal{E}_K^0} \int_e (\boldsymbol{u}_h \cdot \boldsymbol{n}_K)(\tau)(q - q_h)(\tau)\, d\tau \Big). \end{aligned} \tag{6.7}$$

On définit alors les indicateurs d'erreur η_K, pour tout K dans $\mathcal{T}_h$, par

$$\eta_K = \frac{1}{2} \sum_{e \in \mathcal{E}_K^0} h_e^{\frac{1}{2}} \, \| [\boldsymbol{u}_h \cdot \boldsymbol{n}_K] \|_{L^2(e)} + \sum_{e \in \mathcal{E}_K \setminus \mathcal{E}_K^0} h_e^{\frac{1}{2}} \, \|\boldsymbol{u}_h \cdot \boldsymbol{n}_K\|_{L^2(e)},$$

et on déduit des équations (6.6) et (6.7), par exactement les mêmes arguments que dans le Chapitre XI (voir [2, Thms 3.4 & 3.5] pour plus de détails), les estimations

$$\begin{aligned} &\|\boldsymbol{u} - \boldsymbol{u}_h\|_{L^2(\Omega)^d} + \|p - p_h\|_{H^1(\Omega)} \leq \Big(\sum_{K \in \mathcal{T}_h} \eta_K^2 + \|\boldsymbol{f} - \boldsymbol{f}_h\|_{L^2(\Omega)^d}^2 \Big)^{\frac{1}{2}}, \\ &\qquad \forall K \in \mathcal{T}_h, \quad \eta_K \leq c\, \|\boldsymbol{u} - \boldsymbol{u}_h\|_{L^2(\omega_K)^d}, \end{aligned} \tag{6.8}$$

qui sont optimales au sens de la Définition XI.1.1. On ne sait pas prouver d'estimations optimales pour les deux discrétisations précédentes.

Remarque 6.5 On peut noter qu'aucune des vitesses discrètes calculées par les deux méthodes d'éléments finis précédentes n'est à divergence exactement nulle. Pour remédier à ce défaut, on peut comme proposé dans [2] considérer le problème (5.2) avec l'espace $\tilde{M}_h$ remplacé par l'espace $\tilde{M}_h^1$ des fonctions de $L_0^2(\Omega)$ dont la restriction à chaque élément K de $\mathcal{T}_h$ appartient à $\mathcal{P}_1(K)$ et qui sont continues aux milieux des côtés ($d = 2$) ou aux barycentres des faces ($d = 3$) des éléments de $\mathcal{T}_h$. L'élément fini correspondant est connu sous le nom de Crouzeix–Raviart [49], voir Définitions VII.3.16 et VIII.3.17. Dans ce cas, la vitesse discrète est à divergence exactement nulle et les estimations d'erreur précédentes sont encore vérifiées. Toutefois la non conformité de la discrétisation (l'espace $\tilde{M}_h^1$ n'est pas inclus dans $H^1(\Omega)$!) rend leur preuve plus technique.

XIII.7 L'algorithme d'Uzawa

Les cinq problèmes discrets (2.2), (3.2), (4.5), (5.2) et (6.2) sont tous équivalents à un système linéaire carré de la forme

$$\begin{pmatrix} A & B \\ B^T & 0 \end{pmatrix} \begin{pmatrix} U \\ P \end{pmatrix} = \begin{pmatrix} \overline{F} \\ 0 \end{pmatrix}. \tag{7.1}$$

Les inconnues sont les vecteurs U et P. Le vecteur U est formé
- des valeurs de $\boldsymbol{u}_N$ sur la grille Ξ_N auquel on retire les valeurs de $\boldsymbol{u}_N \cdot \boldsymbol{n}$ aux nœuds situés sur la frontière de $\partial\Omega$ pour la première discrétisation spectrale, de toutes les valeurs de $\boldsymbol{u}_N$ sur la grille Ξ_N pour la seconde discrétisation spectrale,
- des quantités $\int_e \boldsymbol{u}_h \cdot \boldsymbol{n}_e \, d\tau$, $e \in \mathcal{E}_h^0$, pour la première discrétisation par éléments finis, des valeurs de $\boldsymbol{u}_h$ aux points de $\cup_{K\in\mathcal{T}_h}\mathcal{T}_2(K)$ et de $\cup_{K\in\mathcal{T}_h}\mathcal{T}_0(K)$, respectivement, pour les deux autres discrétisations.

Le vecteur P est formé des valeurs de p_N sur toute la grille Ξ_N pour les deux discrétisations spectrales, des valeurs de p_h aux points de $\cup_{K\in\mathcal{T}_h}\mathcal{T}_0(K)$ pour la première discrétisation par éléments finis et aux points de $\cup_{K\in\mathcal{T}_h}\mathcal{T}_1(K)$ pour les deux autres. En effet, l'orthogonalité à la fonction 1 et aux fonctions figurant en (2.5) et (2.6) pour la première discrétisation spectrale, respectivement à la fonction 1 pour les quatre autres discrétisations, est imposée par 2^d, respectivement 1, équations supplémentaires dans les dernières lignes de la matrice B.

On notera que la matrice A est carrée et symétrique. En outre, elle est diagonale, donc très facile à inverser, dans le cas des deux discrétisations spectrales et de la seconde discrétisation par éléments finis. La matrice B est rectangulaire. B^T désigne sa transposée et on peut noter que la matrice $B^T B$ est en général de taille beaucoup plus petite que la matrice A.

L'algorithme habituellement utilisé pour résoudre les systèmes du type (7.1), présenté dans [7], s'appelle algorithme d'Uzawa et consiste à éliminer la vitesse à partir de la première ligne, ce qui donne: $U = A^{-1}(\overline{F} - B\,P)$. On est donc amené à résoudre successivement les deux systèmes découplés

$$B^T A^{-1} B\,P = B^T A^{-1} F, \qquad A\,U = \overline{F} - BP. \tag{7.2}$$

Le fait que, dans notre cas, la matrice A soit le plus souvent diagonale rend la résolution de ces systèmes particulièrement facile. En outre, pour les raisons indiquées précédemment, la matrice $B^T A^{-1} B$ est de taille réduite.

Comme indiqué dans la Section V.4, la résolution du premier système linéaire dans (7.2) peut s'effectuer soit par méthodes directes soit par méthodes itératives. Comme la matrice $B^T A^{-1} B$ est symétrique, la méthode du gradient conjuguée semble parfaitement appropriée pour résoudre ce système. En outre, puisque les matrices B et B^T sont associées à des opérateurs de dérivation d'ordre 1 tandis que la matrice A et donc A^{-1} ne comporte aucune dérivation, on peut penser que le conditionnement de la matrice $B^T A^{-1} B$ est du même ordre que celui de la matrice associée à la discrétisation de l'équation de Laplace: il se comporte comme une constante fois N^3 dans le cas spectral et h^{-2} dans le cas des éléments finis (voir Lemmes V.4.4 et X.4.1). En outre, on peut utiliser la matrice de l'opérateur de Laplace pour préconditionner le système.

Sixième partie

Et quelques problèmes...

Quelques problèmes

On présente dans ce chapitre dix problèmes que le lecteur intéressé peut essayer de résoudre pour tester les connaissances qu'il a acquises en parcourant ce livre. Aucun autre requis préalable n'est demandé, et il trouvera là quelques applications intéressantes et quelques extensions des méthodes de discrétisation présentées dans les chapitres précédents. Les auteurs sont persuadés que, lorsqu'il aura répondu aux 173 questions figurant dans ces problèmes, il sera devenu un excellent spécialiste des méthodes variationnelles.

Les trois premiers problèmes concernent les méthodes de type spectral:
- Problème 1. Discrétisation spectrale dans un domaine axisymétrique,
- Problème 2. Discrétisation spectrale de l'équation de la chaleur,
- Problème 3. Discrétisation spectrale des équations de Stokes.

Les quatre problèmes suivants concernent les méthodes d'éléments finis:
- Problème 4. Élément fini de Crouzeix-Falk pour l'équation de Laplace,
- Problème 5. Élément fini de Morley pour l'équation du bilaplacien,
- Problème 6. Éléments finis isoparamétriques pour l'équation de Laplace,
- Problème 7. Calcul de constantes dans les estimations a posteriori en une dimension.

Les trois derniers problèmes traitent le couplage des éléments finis soit avec la méthode spectrale soit avec un autre algorithme:
- Problème 8. Méthode "chimère" pour l'équation de Laplace,
- Problème 9. Discrétisation d'une équation à coefficients discontinus,
- Problème 10. Méthode de bases réduites.

La plupart des problèmes sont suivis d'une ou plusieurs références où le lecteur pourra trouver de l'aide s'il peine sur un point précis, ainsi que des résultats plus complets sur le sujet traité. Quelques suggestions de corrections seront disponibles sur le Web, à l'adresse http://www.ann.jussieu.fr/~maday/LivreBMR.html.

XIV.1 Discrétisation spectrale dans un domaine axisymétrique

Le but de ce problème est d'analyser une discrétisation spectrale du problème de Dirichlet

$$\begin{cases} -\Delta v = g & \text{dans } \Omega, \\ v = 0 & \text{sur } \partial\Omega, \end{cases} \tag{1.1}$$

lorsque Ω est un ouvert de $\mathbb{R}^3$ invariant par rotation autour de l'axe des z.

À tout point $\boldsymbol{x}$ de $\mathbb{R}^3$, de coordonnées cartésiennes x, y et z, on associe ses coordonnées cylindriques r, θ et z, où r est un nombre réel ≥ 0 et θ un élément de $[0, 2\pi[$ vérifiant les formules

$$x = r\cos\theta \qquad \text{et} \qquad y = r\sin\theta.$$

On suppose que l'ouvert Ω est de la forme

$$\Omega = \{\boldsymbol{x} = (r, \theta, z);\ (r, z) \in \omega \cup \gamma_0 \text{ et } 0 \leq \theta < 2\pi\},$$

où ω est un ouvert borné de $\mathbb{R}_+ \times \mathbb{R}$ à frontière polygonale ($\mathbb{R}_+$ désignant la demi-droite des réels positifs) et γ_0 l'intérieur de la partie de sa frontière portée par l'axe $r = 0$. On suppose que $\overline{\gamma}_0$ est une réunion finie (éventuellement vide) de segments de longueur strictement positive.

Le problème axisymétrique

Question 1 On effectue le changement de variable

$$v(x, y, z) = u(r, \theta, z) \quad \text{et} \quad g(x, y, z) = f(r, \theta, z),$$

où v est la solution du problème de Dirichlet (1.1) de donnée g. Montrer que, si la fonction g vérifie

$$\forall \eta,\ 0 \leq \eta < 2\pi, \quad g(x\, \cos\eta - y\, \sin\eta, x\, \sin\eta + y\, \cos\eta, z) = g(x, y, z),$$

la fonction f est en fait indépendante de θ. Montrer que, dans ce cas, la fonction u est aussi indépendante de θ.

Question 2 On suppose *dorénavant* la fonction f indépendante de θ. Montrer que la fonction u associée à v est solution du problème

$$\begin{cases} -\dfrac{\partial^2 u}{\partial r^2} - \dfrac{1}{r}\dfrac{\partial u}{\partial r} - \dfrac{\partial^2 u}{\partial z^2} = f & \text{dans } \omega, \\ u = 0 & \text{sur } \partial\omega \setminus \gamma_0. \end{cases} \tag{1.2}$$

Question 3 On introduit alors l'espace $L^2_1(\omega)$ des fonctions mesurables sur ω, de carré intégrable sur ω pour la mesure $r\, drdz$. On le munit de la norme

$$\|v\|_{L^2_1(\omega)} = \Big(\int_\omega v^2(r, z)\, r\, drdz\Big)^{\frac{1}{2}}.$$

Montrer que l'espace $L^2_1(\omega)$ est un espace de Hilbert. Pour tout entier $m \geq 0$, on note $H^m_1(\omega)$ l'espace des fonctions v de $L^2_1(\omega)$ dont toutes les dérivées partielles $\frac{\partial^{k+\ell} v}{\partial r^k \partial z^\ell}$ d'ordre $k + \ell$ inférieur ou égal à m, appartiennent à $L^2_1(\omega)$. On le munit de la norme

$$\|v\|_{H^m_1(\omega)} = \Big(\sum_{k=0}^{m} \sum_{\ell=0}^{m-k} \|\frac{\partial^{k+\ell} v}{\partial r^k \partial z^\ell}\|^2_{L^2_1(\omega)}\Big)^{\frac{1}{2}}.$$

Montrer que les espaces $H^m_1(\omega)$ sont également des espaces de Hilbert.

Question 4 On note $H^1_{1\diamond}(\omega)$ l'espace des fonctions de $H^1_1(\omega)$ qui s'annulent sur $\partial\omega \setminus \gamma_0$. On suppose la fonction g dans $L^2(\Omega)$. Vérifier que, si la solution v du problème (1.1) appartient à $H^3(\Omega)$, la dérivée $\frac{\partial u}{\partial r}$ de la fonction u correspondante s'annule sur γ_0. Montrer que la solution u du problème (1.2) appartient à $H^1_{1\diamond}(\omega)$ et vérifie

$$\forall w \in H^1_{1\diamond}(\omega),$$
$$\int_\omega \left(\left(\frac{\partial u}{\partial r}\right)(r,z)\left(\frac{\partial w}{\partial r}\right)(r,z) + \left(\frac{\partial u}{\partial z}\right)(r,z)\left(\frac{\partial w}{\partial z}\right)(r,z)\right) r\,dr dz = \int_\omega f(r,z) w(r,z)\, r\, dr dz. \tag{1.3}$$

Question 5 On suppose dans cette question que $\overline{\gamma}_0$ est vide. Montrer que, pour tout entier m positif, les espaces $H^m(\omega)$ et $H^m_1(\omega)$ coïncident et que les normes $\|.\|_{H^m(\omega)}$ et $\|.\|_{H^m_1(\omega)}$ sont équivalentes. En déduire que, dans ce cas, le problème (1.3) a une solution unique u dans $H^1_0(\omega)$.

Question 6 Montrer que la semi-norme $|.|_{H^1_1(\omega)}$ définie par

$$|v|_{H^1_1(\omega)} = \left(\|\frac{\partial v}{\partial r}\|^2_{L^2_1(\omega)} + \|\frac{\partial v}{\partial z}\|^2_{L^2_1(\omega)}\right)^{\frac{1}{2}},$$

est une norme sur l'espace $H^1_{1\diamond}(\omega)$, équivalente à la norme $\|.\|_{H^1_1(\omega)}$ (on se ramènera par prolongement au cas où ω est un rectangle, puis on démontrera le résultat sur le rectangle en utilisant la formule de Poincaré–Friedrichs en une dimension). En déduire que le problème (1.3) a une solution unique u dans $H^1_{1\diamond}(\omega)$.

Première discrétisation

On suppose désormais que l'ouvert ω est un rectangle $]R_0, R[\times]-1,1[$, où R_0 et R sont des réels, $0 \le R_0 < R$. Pour tout entier $n \ge 0$, on note $\mathbb{P}_n(\omega)$ l'espace des polynômes à deux variables, de degré $\le n$ par rapport à chaque variable r et z.

Le paramètre de discrétisation est un entier N positif. Le premier problème discret consiste à

Trouver u_N dans $\mathbb{P}_N(\omega) \cap H^1_{1\diamond}(\omega)$ tel que

$$\forall w_N \in \mathbb{P}_N(\omega) \cap H^1_{1\diamond}(\omega),$$
$$\int_\omega \left(\left(\frac{\partial u_N}{\partial r}\right)(r,z)\left(\frac{\partial w_N}{\partial r}\right)(r,z) + \left(\frac{\partial u_N}{\partial z}\right)(r,z)\left(\frac{\partial w_N}{\partial z}\right)(r,z)\right) r\,dr dz$$
$$= \int_\omega f(r,z) w_N(r,z)\, r\, dr dz. \tag{1.4}$$

Question 7 Montrer que le problème (1.4) a une solution unique u_N dans $\mathbb{P}_N(\omega) \cap H^1_{1\diamond}(\omega)$.

Question 8 On suppose R_0 strictement positif. Démontrer une majoration de l'erreur dans $H^1(\omega)$ entre la solution u du problème (1.3) et la solution u_N du problème (1.4), lorsque la solution u est supposée dans un espace $H^m(\omega)$, $m \ge 1$.

Question 9 On note $L^2_*(-1,1)$ l'espace des fonctions φ mesurables sur l'intervalle $]-1,1[$ et de carré intégrable pour la mesure $(1+\zeta)\,d\zeta$, on y définit le produit scalaire

$$(\varphi, \psi)_* = \int_{-1}^1 \varphi(\zeta)\psi(\zeta)\,(1+\zeta)\,d\zeta.$$

On note L_n, $n \in \mathbb{N}$, les polynômes de Legendre, puis on introduit les fonctions

$$M_n(\zeta) = \frac{L_n(\zeta) + L_{n+1}(\zeta)}{1+\zeta}, \quad n \in \mathbb{N}.$$

Montrer que, pour tout $n \geq 0$, M_n est un polynôme de degré n. Vérifier que les polynômes M_n sont deux à deux orthogonaux dans $L^2_*(-1,1)$.

Question 10 Vérifier que tout polynôme M_n, $n \geq 0$, vérifie l'équation différentielle

$$\left((1+\zeta)^2(1-\zeta)\, M_n'\right)' + n(n+2)\,(1+\zeta)\, M_n = 0,$$

et aussi, pour $n > 0$, la formule

$$(n+1)\, M_n = (2n+1)L_n - n\, M_{n-1}.$$

En déduire que

$$\int_{-1}^{1} M_n^2(\zeta)\,(1+\zeta)\, d\zeta = \frac{2}{n+1}.$$

Question 11 Pour tout entier $m \geq 0$, on note $H^m_*(-1,1)$ l'espace des fonctions de $L^2_*(-1,1)$ dont toutes les dérivées d'ordre $\leq m$ appartiennent à $L^2_*(-1,1)$, et on le munit de la norme correspondante. On note $\mathbb{P}_n(-1,1)$ les polynômes de degré $\leq n$ sur $(-1,1)$ et π^*_N l'opérateur de projection orthogonale de $L^2_*(-1,1)$ sur $\mathbb{P}_n(-1,1)$. Montrer que, pour tout entier $m \geq 0$, il existe une constante c positive telle que pour toute fonction φ de $H^m_*(-1,1)$,

$$\|\varphi - \pi^*_N\varphi\|_{L^2_*(-1,1)} \leq c\, N^{-m}\, \|\varphi\|_{H^m_*(-1,1)}.$$

Question 12 On pose, pour toute fonction φ de $H^1_*(-1,1)$ s'annulant en $+1$,

$$(\pi^{*1}_N\varphi)(\zeta) = -\int_\zeta^1 (\pi^*_{N-1}\varphi')(\xi)\, d\xi.$$

Démontrer que, pour tout entier $m \geq 1$, il existe une constante c positive telle que, pour toute fonction φ de $H^m_*(-1,1)$ s'annulant en $+1$,

$$\|\varphi' - (\pi^{*1}_N\varphi)'\|_{L^2_*(-1,1)} + N\, \|\varphi - \pi^{*1}_N\varphi\|_{L^2_*(-1,1)} \leq c\, N^{1-m}\, \|\varphi\|_{H^m_*(-1,1)}.$$

Question 13 On suppose R_0 égal à zéro. Dans le domaine ω, on définit l'opérateur Π_N de projection orthogonale de $L^2_1(\omega)$ sur $\mathbb{P}_N(\omega)$. Montrer, pour tout entier $m \geq 0$, l'existence d'une constante c positive telle que, pour toute fonction v de $H^m_1(\omega)$,

$$\|v - \Pi_N v\|_{L^2_1(\omega)} \leq c\, N^{-m}\, \|v\|_{H^m_1(\omega)}.$$

Question 14 On suppose R_0 égal à zéro. Puis on définit l'opérateur Π^1_N de projection orthogonale de $H^1_{1\diamond}(\omega)$ sur $\mathbb{P}_N(\omega) \cap H^1_{1\diamond}(\omega)$. Montrer, pour tout entier $m \geq 1$, l'existence d'une constante c positive telle que, pour toute fonction v de $H^m_1(\omega)$,

$$|v - \Pi^1_N v|_{H^1_1(\omega)} \leq c\, N^{1-m}\, \|v\|_{H^m_1(\omega)}.$$

Question 15 Établir une majoration de l'erreur dans $H^1_1(\omega)$ entre la solution u du problème (1.3) et la solution u_N du problème (1.4), lorsque la solution u est supposée dans un espace $H^m_1(\omega)$, $m \geq 1$.

SECONDE DISCRÉTISATION

On note $\mathcal{F}$ l'application affine croissante qui envoie $]-1,1[$ sur $]R_0, R[$. On note ξ_j, $0 \leq j \leq N$, (resp. $\overline{\xi}_j$, $0 \leq j \leq N+1$) les zéros du polynôme $(1-\zeta^2)\, L'_N$ (resp. $(1-\zeta^2)\, L'_{N+1}$), rangés par ordre croissant, et ρ_j, $0 \leq j \leq N$, (resp. $\overline{\rho}_j$, $0 \leq j \leq N+1$) les poids qui leur sont associés dans la formule de Gauss–Lobatto.

Question 16 Dans le cas où R_0 est strictement positif, on définit pour toutes les fonctions u et v continues sur $\overline{\omega}$,

$$(u,v)_N = \frac{R-R_0}{2} \sum_{i=0}^{N} \sum_{j=0}^{N} u(\mathcal{F}(\xi_i), \xi_j) v(\mathcal{F}(\xi_i), \xi_j)\, \mathcal{F}(\xi_i)\, \rho_i\, \rho_j.$$

En remplaçant dans le problème (1.4) le produit scalaire dans $L^2_1(\omega)$ par le produit discret ci-dessus, écrire un nouveau problème discret, montrer qu'il admet une solution unique et démontrer une majoration de l'erreur dans $H^1(\omega)$ entre la solution u du problème (1.3) et la solution u_N de ce problème, lorsque la solution u est supposée dans un espace $H^m(\omega)$, $m \geq 1$.

Question 17 On suppose dorénavant R_0 égal à 0. À partir de la formule de Gauss–Lobatto habituelle, démontrer qu'il existe des poids ρ^*_j positifs tels que

$$\forall \Phi \in \mathbb{P}_{2N}(-1,1), \qquad \int_{-1}^{1} \Phi(\zeta)\,(1+\zeta)\, d\zeta = \sum_{j=1}^{N+1} \Phi(\overline{\xi}_j)\, \rho^*_j.$$

Donner une expression des ρ^*_j, $1 \leq j \leq N+1$.

Question 18 On désigne par i^*_N l'opérateur (à valeurs dans $\mathbb{P}_N(-1,1)$) d'interpolation de Lagrange aux nœuds $\overline{\xi}_j$, $1 \leq j \leq N+1$. Établir l'inégalité de stabilité suivante, vraie pour toute fonction v de $H^1_*(-1,1)$, s'annulant en $+1$:

$$\|i^*_N \varphi\|_{L^2_*(-1,1)} \leq c \left(\|\varphi\|_{L^2_*(-1,1)} + N^{-1}\, \|\varphi'\|_{L^2_*(-1,1)} \right).$$

Question 19 En déduire une majoration de l'erreur d'interpolation $\|\varphi - i^*_N \varphi\|_{L^2_*(-1,1)}$ qui soit vraie pour tout entier $m \geq 1$ et pour toute fonction φ de $H^m_*(-1,1)$.

Question 20 On pose

$$\mathcal{I}^1_N = i^1_N \circ i_N,$$

où i^1_N désigne l'opérateur d'interpolation de Lagrange aux nœuds $\mathcal{F}(\overline{\xi}_i)$, $1 \leq i \leq N+1$, appliqué par rapport à la variable r, et i_N désigne l'opérateur d'interpolation de Lagrange aux nœuds ξ_j, $0 \leq j \leq N$, appliqué par rapport à la variable z. Établir une majoration de l'erreur d'interpolation $\|v - \mathcal{I}^1_N v\|_{L^2_1(\omega)}$, pour tout entier $m \geq 2$ et toute fonction v de $H^m_1(\omega)$.

On désigne par $(.,.)_{*N}$ le produit discret suivant: pour toutes fonctions u et v continues sur $\overline{\omega}$,

$$(u,v)_{*N} = \frac{R}{2} \sum_{i=1}^{N+1} \sum_{j=0}^{N} u(\mathcal{F}(\overline{\xi}_i), \xi_j) v(\mathcal{F}(\overline{\xi}_i), \xi_j)\, \rho_i^* \rho_j.$$

La fonction f étant supposée continue sur $\overline{\omega}$, le second problème discret consiste à

Trouver u_N *dans* $\mathbb{P}_N(\omega) \cap H^1_{1\diamond}(\omega)$ *tel que*

$$\forall w_N \in \mathbb{P}_N(\omega) \cap H^1_{1\diamond}(\omega), \quad \Big(\frac{\partial u_N}{\partial r}, \frac{\partial w_N}{\partial r}\Big)_{*N} + \Big(\frac{\partial u_N}{\partial z}, \frac{\partial w_N}{\partial z}\Big)_{*N} = (f, w_N)_{*N}. \tag{1.5}$$

Question 21 Montrer que ce problème admet une solution unique u_N dans l'espace $\mathbb{P}_N(\omega) \cap H^1_{1\diamond}(\omega)$. Écrire les équations de collocation vérifiées par la solution u_N.

Question 22 Démontrer une majoration de l'erreur dans $H^1_1(\omega)$ entre la solution u du problème (1.3) et la solution u_N du problème (1.5), lorsque la solution u et la fonction f sont supposées assez régulières.

Question 23 Que faudrait-il changer dans le problème (1.5) pour qu'il soit équivalent à un système de collocation? Que donne l'analyse numérique du problème modifié?

Référence peut-être utile: [21].

XIV.2 Discrétisation spectrale de l'équation de la chaleur

On s'intéresse à la discrétisation spectrale de l'*équation de la chaleur* en une dimension d'espace: étant donné l'intervalle $\Lambda =]-1,1[$ et un temps T strictement positif, on considère le système

$$\begin{cases} \frac{\partial u}{\partial t} - \frac{\partial^2 u}{\partial x^2} = f & \text{dans } \Lambda \times]0,T[, \\ u(-1,t) = u(1,t) = 0 & \text{pour presque tout } t \text{ dans }]0,T[, \\ u(x,0) = u_0(x) & \text{pour presque tout } x \text{ dans } \Lambda, \end{cases} \tag{2.1}$$

où les données sont les fonctions f dans $L^2(\Lambda \times]0,T[)$ et u_0 dans $L^2(\Lambda)$.

Le problème continu

Soit X un espace de Hilbert séparable quelconque, muni de la norme $\|\cdot\|_X$. Pour tout $t > 0$, on note $\mathscr{C}^0(0,t;X)$ l'espace des fonctions continues sur $[0,t]$ à valeurs dans X et $L^2(0,t;X)$ l'espace des fonctions v telles que l'application: $s \mapsto \|v(\cdot,s)\|_X$ appartienne à $L^2(0,t)$. On munit ce dernier espace de la norme

$$\|v\|_{L^2(0,t;X)} = \Big(\int_0^t \|v(s,\cdot)\|_X^2 \, ds\Big)^{\frac{1}{2}}.$$

Question 1 Montrer que le problème (2.1) admet la formulation variationnelle équivalente suivante

Trouver u dans $\mathscr{C}^0(0,T;L^2(\Lambda)) \cap L^2(0,T;H_0^1(\Lambda))$ tel que

$$u(\cdot,0) = u_0 \quad \text{p.p. dans } \Lambda, \tag{2.2}$$

et que, pour presque tout t dans $]0,T[$,

$$\forall v \in H_0^1(\Lambda),$$
$$\int_{-1}^1 (\frac{\partial u}{\partial t})(x,t)v(x)\,dx + \int_{-1}^1 (\frac{\partial u}{\partial x})(x,t)(\frac{\partial v}{\partial x})(x)\,dx = \int_{-1}^1 f(x,t)v(x)\,dx. \tag{2.3}$$

Préciser en quel sens est vérifiée l'équation (2.2).

Question 2 On introduit la norme

$$[v](t) = \left(\|v(t)\|_{L^2(\Lambda)}^2 + \|v\|_{L^2(0,t;H_0^1(\Lambda))}^2\right)^{\frac{1}{2}},$$

où $H_0^1(\Lambda)$ est supposé muni de la norme $|\cdot|_{H^1(\Lambda)}$. En choisissant v dans (2.3) égal à $u(\cdot,t)$, démontrer l'estimation, pour $0 \le t \le T$,

$$[u](t) \le c\left(\|u_0\|_{L^2(\Lambda)}^2 + \|f\|_{L^2(0,t;H^{-1}(\Lambda))}^2\right)^{\frac{1}{2}}, \tag{2.4}$$

et identifier la plus petite constante c possible.

Question 3 Soit $(X_n)_{n\ge 0}$ une suite croissante de sous-espaces de dimension finie de $H_0^1(\Lambda)$ dont l'union est dense dans $H_0^1(\Lambda)$. Prouver l'existence d'une suite $(u_{0n})_{n\ge 0}$ convergeant vers u_0 dans $L^2(\Lambda)$, avec chaque u_{0n} dans X_n.

Question 4 Montrer en utilisant le théorème de Cauchy–Lipschitz que, pour tout n, le problème

Trouver u_n dans $\mathscr{C}^0(0,T;X_n)$ tel que

$$u_n(\cdot,0) = u_{0n} \quad \text{dans } \Lambda, \tag{2.5}$$

et que, pour tout t dans $]0,T[$,

$$\forall v_n \in X_n,$$
$$\int_{-1}^1 (\frac{\partial u_n}{\partial t})(x,t)v_n(x)\,dx + \int_{-1}^1 (\frac{\partial u_n}{\partial x})(x,t)(\frac{\partial v_n}{\partial x})(x)\,dx = \int_{-1}^1 f(x,t)v_n(x)\,dx, \tag{2.6}$$

admet une solution unique u_n.

Question 5 Montrer que, pour tout n, la solution u_n du problème (2.5) – (2.6) vérifie une estimation analogue à (2.4). En déduire que le problème (2.2) – (2.3) admet une solution unique.

Question 6 On suppose ici que u_0 appartient à $H_0^1(\Lambda)$. En choisissant v égal à $\frac{\partial u}{\partial t}$ dans (2.3), vérifier que

$$\left(|u(t)|_{H_0^1(\Lambda)}^2 + \|\frac{\partial u}{\partial t}\|_{L^2(0,t;L^2(\Lambda))}^2\right)^{\frac{1}{2}} \le \left(|u_0|_{H_0^1(\Lambda)}^2 + \|f\|_{L^2(\Lambda\times]0,t[)}^2\right)^{\frac{1}{2}}.$$

En déduire que la solution u appartient à $L^2(0,T;H^2(\Lambda))$.

SEMI-DISCRÉTISATION EN TEMPS

On fixe un entier K positif et on pose: $\tau = \frac{T}{K}$. On suppose la fonction f dans $\mathscr{C}^0(0,T;H^{-1}(\Lambda))$ et on considère le problème

$$\begin{cases} \frac{u^k-u^{k-1}}{\tau} - \frac{\partial^2 u^k}{\partial x^2} = f^k & \text{dans } \Lambda, \text{ pour } 1 \le k \le K, \\ u^k(-1) = u^k(1) = 0 & \text{pour } 1 \le k \le K, \\ u^0(x) = u_0(x) & \text{pour presque tout } x \text{ dans } \Lambda, \end{cases} \tag{2.7}$$

où l'on a posé

$$f^k(x) = f(x, k\tau), \quad 1 \le k \le K.$$

Question 7 Écrire une formulation variationnelle équivalente des équations dans (2.7). En déduire que ces équations déterminent u^0 dans $L^2(\Lambda)$ et les u^k, $1 \le k \le K$, dans $H_0^1(\Lambda)$ de façon unique.

Question 8 Prouver qu'il existe une constante c indépendante de τ telle que l'on ait, pour $0 \le k \le K$,

$$\big(\|u^k\|^2_{L^2(\Lambda)} + \tau \sum_{\ell=1}^{k} |u^\ell|^2_{H^1(\Lambda)}\big)^{\frac{1}{2}} \le c\,\big(\|u_0\|^2_{L^2(\Lambda)} + \tau \sum_{\ell=1}^{k} \|f^\ell\|^2_{H^{-1}(\Lambda)}\big)^{\frac{1}{2}}. \tag{2.8}$$

Question 9 Soit W_τ l'espace des fonctions v_τ continues sur $[0,T]$ et affines sur chaque intervalle $[(k-1)\tau, k\tau]$, $1 \le k \le K$, à valeurs dans $L^2(\Lambda)$. À toute famille v^k, $0 \le k \le K$, de $L^2(\Lambda)$, on associe la fonction v_τ de W_τ égale à v^k en $k\tau$, $0 \le k \le K$. Lorsque les v^k, $0 \le k \le K$, appartiennent à $H^1(\Lambda)$, on définit la norme

$$[[v_\tau]](k\tau) = \big(\|v^k\|^2_{L^2(\Lambda)} + \tau \sum_{\ell=0}^{k} |v^\ell|^2_{H^1(\Lambda)}\big)^{\frac{1}{2}}.$$

Déterminer deux constantes c_1 et c_2 indépendantes de τ telles que, pour toute famille v^k, $0 \le k \le K$, de $H^1(\Lambda)^{K+1}$, on ait pour $1 \le k \le K$

$$c_1\,[v_\tau](k\tau) \le [[v_\tau]](k\tau) \le c_2\,[v_\tau](k\tau). \tag{2.9}$$

Question 10 On pose: $e^k = u(k\tau) - u^k$, $0 \le k \le K$. On suppose la fonction $\frac{\partial u}{\partial t}$ dans $\mathscr{C}^0(0,T;H^{-1}(\Lambda))$. En considérant l'équation (2.1) au temps $t = k\tau$, calculer la quantité

$$\varepsilon_k = \frac{e^k - e^{k-1}}{\tau} - \frac{\partial^2 e^k}{\partial x^2}$$

en fonction de $\frac{\partial u}{\partial t}$.

Question 11 On suppose la solution u du problème (2.2) – (2.3) telle que $\frac{\partial^2 u}{\partial t^2}$ appartienne à $L^2(0,T;H^{-1}(\Lambda))$. Déduire des Questions 8 à 10 une majoration de l'erreur $[u - u_\tau](k\tau)$, $1 \le k \le K$.

Discrétisation en temps et espace

Pour un entier $N > 0$, on note $\mathbb{P}_N(\Lambda)$ l'espace des polynômes de degré $\leq N$ sur Λ, et $\mathbb{P}_N^0(\Lambda)$ le sous-espace de $\mathbb{P}_N(\Lambda)$ constitué des polynômes qui s'annulent en -1 et 1. On définit l'espace

$$X_{N,\tau} = \mathbb{P}_N(\Lambda) \times \mathbb{P}_N^0(\Lambda)^K.$$

On introduit aussi les nœuds ξ_j (numérotés par ordre croissant) et poids ρ_j, $0 \leq j \leq N$, de la formule de Gauss–Lobatto sur Λ, de sorte que le produit discret

$$(u, v)_N = \sum_{j=0}^{N} u(\xi_j)v(\xi_j)\,\rho_j$$

coïncide avec le produit scalaire de $L^2(\Lambda)$ dès que le produit uv est un polynôme de degré $\leq 2N - 1$ sur Λ. On note i_N l'opérateur d'interpolation aux nœuds ξ_j, $0 \leq j \leq N$, à valeurs dans $\mathbb{P}_N(\Lambda)$.

On suppose la fonction f continue sur $\overline{\Lambda} \times [0, T]$ et la fonction u_0 continue sur $\overline{\Lambda}$. On considère alors le problème

Trouver $(u_N^k)_{0\leq k\leq K}$ dans $X_{N,\tau}$ tel que

$$u_N^0 = i_N u_0 \quad \text{dans } \Lambda, \tag{2.10}$$

et que, pour $1 \leq k \leq K$,

$$\forall v_N \in \mathbb{P}_N^0(\Lambda), \quad (u_N^k, v_N)_N + \tau\,(\frac{\partial u_N^k}{\partial x}, \frac{\partial v_N}{\partial x})_N = (u_N^{k-1}, v_N)_N + \tau\,(f^k, v_N)_N. \tag{2.11}$$

Question 12 Démontrer que le problème (2.10) – (2.11) admet une solution unique $(u_N^k)_{0\leq k\leq N}$.

Question 13 Prouver que, pour une constante c indépendante de N, on a l'estimation, pour $1 \leq k \leq K$,

$$(u_N^k, u_N^k)_N + \tau\,(\frac{\partial u_N^k}{\partial x}, \frac{\partial u_N^k}{\partial x})_N \leq (u_N^{k-1}, u_N^{k-1})_N + c\,\tau\,(i_N f^k, i_N f^k)_N.$$

Si l'on définit comme précédemment $u_{N\tau}$ comme la fonction de W_τ égale à u_N^k en $k\tau$, $0 \leq k \leq K$, en déduire l'estimation, pour $0 \leq k \leq K$,

$$[[u_{N\tau}]](k\tau) \leq c\,\big(\|i_N u_0\|^2_{L^2(\Lambda)} + \tau \sum_{\ell=1}^{k} \|i_N f^\ell\|^2_{L^2(\Lambda)}\big)^{\frac{1}{2}}.$$

Question 14 Soit $(v_N^k)_{0\leq k\leq K}$ un élément de l'espace $X_{N-1,\tau}$ (obtenu en remplaçant N par $N-1$ dans la définition de $X_{N,\tau}$) . Établir l'équation, pour tout v_N dans $\mathbb{P}_N^0(\Lambda)$,

$$\begin{aligned}
(u_N^k - v_N^k, v_N)_N &+ \tau\,(\frac{\partial(u_N^k - v_N^k)}{\partial x}, \frac{\partial v_N}{\partial x})_N \\
&= (u_N^{k-1} - v_N^{k-1}, v_N)_N \\
&\quad + \int_{-1}^{1} (u^k - v_N^k)(x) v_N(x)\,dx - \int_{-1}^{1} (u^{k-1} - v_N^{k-1})(x) v_N(x)\,dx \\
&+ \tau \int_{-1}^{1} (\frac{\partial(u^k - v_N^k)}{\partial x})(x) (\frac{\partial v_N}{\partial x})(x)\,dx + \tau\,(f^k, v_N)_N - \tau \int_{-1}^{1} f^k(x) v_N(x)\,dx.
\end{aligned}$$

Question 15 En déduire l'estimation, pour $1 \leq k \leq K$,

$$[[u_\tau - u_{N\tau}]](k\tau) \leq c\Big(\inf_{(v_N^\ell)_{0\leq \ell\leq K}\in X_{N-1,\tau}} \big([[u_\tau - v_{N\tau}]](k\tau) + \|u_0 - v_N^0\|_{L^2(\Lambda)}\big) + \|u_0 - i_N u_0\|_{L^2(\Lambda)} + \big(\tau \sum_{\ell=1}^{k} \big(\inf_{f_N^k \in \mathbb{P}_{N-1}(\Lambda)} \|f^\ell - f_N^\ell\|^2_{L^2(\Lambda)} + \|f^\ell - i_N f^\ell\|^2_{L^2(\Lambda)}\big)\big)^{\frac{1}{2}}\Big).$$

Question 16 On suppose la fonction f continue sur $[0,T]$ à valeurs dans un espace $H^\sigma(\Lambda)$ et la fonction u_0 dans $H^\sigma(\Lambda)$, pour un entier $\sigma \geq 1$, et la solution $(u^k)_{0\leq k\leq K}$ du problème (2.7) assez régulière pour que la quantité

$$\sup_{0\leq k\leq K} \|u^k\|_{H^m(\Lambda)} + \big(\tau \sum_{k=1}^{K} \|u^k\|^2_{H^{m+1}(\Lambda)}\big)^{\frac{1}{2}}$$

soit bornée. Prouver une majoration de l'erreur $[[u_\tau - u_{N\tau}]](k\tau)$, $1 \leq k \leq K$.

Question 17 On suppose la fonction f continue sur $[0,T]$ à valeurs dans un espace $H^\sigma(\Lambda)$ et la fonction u_0 dans $H^\sigma(\Lambda)$, pour un entier $\sigma \geq 1$. On suppose également la solution u du problème (2.1) dans $\mathscr{C}^0(0,T;H^{m+1}(\Lambda))$ pour un entier $m \geq 0$ et telle que $\frac{\partial^2 u}{\partial t^2}$ appartienne à $L^2(0,T;H^{-1}(\Lambda)$. Établir une majoration de l'erreur $[u - u_{N\tau}](k\tau)$, $1 \leq k \leq K$.

Question 18 Comparer l'ordre du schéma en temps à l'ordre de la discrétisation en espace. Quelle serait la première modification à effectuer pour améliorer l'ordre de la discrétisation totale? Pourriez-vous présenter un algorithme pour réaliser cela?

Références de base: [97, Chap. 7], [108].

XIV.3 Discrétisation spectrale des équations de Stokes

On s'intéresse à la discrétisation par méthodes spectrales des équations de Stokes posées dans un ouvert Ω borné de $\mathbb{R}^2$ à frontière lipschitzienne

$$\begin{cases} -\nu\Delta \boldsymbol{u} + \mathbf{grad}\, p = \boldsymbol{f} & \text{dans } \Omega, \\ \operatorname{div} \boldsymbol{u} = 0 & \text{dans } \Omega, \\ \boldsymbol{u} = \boldsymbol{0} & \text{sur } \partial\Omega, \end{cases} \tag{3.1}$$

où les inconnues sont la vitesse $\boldsymbol{u}$ et la pression p. La donnée $\boldsymbol{f}$ est supposée dans $H^{-1}(\Omega)^2$, et le coefficient ν qui représente la viscosité, est constant et positif.

LE PROBLÈME CONTINU

Question 1 On introduit l'espace

$$L_0^2(\Omega) = \{q \in L^2(\Omega);\ \int_\Omega q(\boldsymbol{x})\, d\boldsymbol{x} = 0\}.$$

On rappelle que le gradient d'un vecteur $\boldsymbol{v}$ de composantes v_1 et v_2 est la matrice de coefficients $\frac{\partial u_i}{\partial x_j}$, $1 \le i, j \le 2$. Si A et B sont des matrices de coefficients a_{ij} et b_{ij}, $1 \le i, j \le 2$, on utilise la notation suivante

$$A : B = \sum_{i=1}^{2} \sum_{j=1}^{2} a_{ij} b_{ij}.$$

Montrer que le problème (3.1) avec solution $(\boldsymbol{u}, p)$ dans $H_0^1(\Omega)^2 \times L_0^2(\Omega)$ admet la formulation variationnelle équivalente suivante

Trouver $(\boldsymbol{u}, p)$ *dans* $H_0^1(\Omega)^2 \times L_0^2(\Omega)$ *tel que*

$$\begin{aligned} &\forall \boldsymbol{v} \in H_0^1(\Omega)^2, \\ &\quad \nu \int_\Omega (\mathbf{grad}\, \boldsymbol{u})(\boldsymbol{x}) : (\mathbf{grad}\, \boldsymbol{v})(\boldsymbol{x})\, d\boldsymbol{x} - \int_\Omega (\operatorname{div} \boldsymbol{v})(\boldsymbol{x}) p(\boldsymbol{x})\, d\boldsymbol{x} = \langle \boldsymbol{f}, \boldsymbol{v} \rangle, \\ &\forall q \in L_0^2(\Omega), \quad -\int_\Omega (\operatorname{div} \boldsymbol{u})(\boldsymbol{x}) q(\boldsymbol{x})\, d\boldsymbol{x} = 0, \end{aligned} \tag{3.2}$$

où $\langle \cdot, \cdot \rangle$ désigne le produit de dualité entre $H^{-1}(\Omega)^2$ et $H_0^1(\Omega)^2$.

Question 2 Écrire le problème (3.2) sous la forme

$$\begin{aligned} &\forall \boldsymbol{v} \in H_0^1(\Omega)^2, \quad a(\boldsymbol{u}, \boldsymbol{v}) + b(\boldsymbol{v}, p) = \langle \boldsymbol{f}, \boldsymbol{v} \rangle, \\ &\forall q \in L_0^2(\Omega), \quad b(\boldsymbol{u}, q) = 0, \end{aligned}$$

où l'on précisera les formes bilinéaires $a(.,.)$ et $b(.,.)$. Vérifier la continuité de ces formes sur les espaces considérés.

Question 3 On considère le noyau V de la forme $b(.,.)$, c'est-à-dire l'ensemble

$$V = \{\boldsymbol{v} \in H_0^1(\Omega)^2;\ \forall q \in L_0^2(\Omega),\ b(\boldsymbol{v}, q) = 0\}. \tag{3.3}$$

Prouver que V est un espace de Hilbert et que

$$V = \{\boldsymbol{v} \in H_0^1(\Omega)^2; \operatorname{div} \boldsymbol{v} = 0 \text{ dans } \Omega\}.$$

Question 4 Montrer que, si le couple $(\boldsymbol{u}, p)$ est solution de (3.2), la vitesse $\boldsymbol{u}$ est solution du problème

Trouver $\boldsymbol{u}$ *dans* V *tel que*

$$\forall \boldsymbol{v} \in V, \quad a(\boldsymbol{u}, \boldsymbol{v}) = \langle \boldsymbol{f}, \boldsymbol{v} \rangle. \tag{3.4}$$

Montrer que le problème (3.4) admet une solution unique $\boldsymbol{u}$ dans V.

Question 5 Écrire la condition inf-sup sur la forme $b(\cdot, \cdot)$ qui est maintenant nécessaire et suffisante pour que le problème (3.2) ait une solution unique. Auriez-vous une idée pour démontrer cette condition inf-sup?

Dans toute la suite du problème, on admet que cette condition inf-sup est vérifiée, donc que le problème (3.2) admet une solution unique.

PREMIER PROBLÈME DISCRET

On s'intéresse à la discrétisation du problème (3.2) par méthodes spectrales. On suppose dorénavant, pour simplifier, que le domaine Ω est le carré $]-1,1[^2$. On rappelle que, pour tout $n \geq 0$, l'on désigne par $\mathbb{P}_n(\Omega)$ l'ensemble des polynômes sur Ω de degré inférieur ou égal à n par rapport à chaque variable.

Question 6 On propose tout d'abord une discrétisation de (3.2) où les composantes de la vitesse et la pression sont approchées par des polynômes de même degré N, où N est un entier ≥ 3 donné. Écrire le problème discret correspondant, construit par méthode de Galerkin à partir de la formulation (3.2).

Question 7 On note Z_N l'espace des modes parasites pour la pression, c'est-à-dire l'espace

$$Z_N = \{q_N \in \mathbb{P}_N(\Omega) \cap L^2_0(\Omega);\ \forall \boldsymbol{v}_N \in \mathbb{P}_N(\Omega)^2 \cap H^1_0(\Omega)^2,\ b(\boldsymbol{v}_N, q_N) = 0\}.$$

Prouver que Z_N n'est pas réduit à zéro. Sauriez-vous calculer sa dimension ou en exhiber une base? En déduire que le problème précédent n'est pas bien posé.

Question 8 Soit V_N l'espace

$$V_N = \{\boldsymbol{v}_N \in \mathbb{P}_N(\Omega)^2 \cap H^1_0(\Omega)^2;\ \forall q_N \in \mathbb{P}_N(\Omega) \cap L^2_0(\Omega),\ b(\boldsymbol{v}_N, q_N) = 0\}. \tag{3.5}$$

Prouver que

$$V_N = \{\boldsymbol{v}_N \in \mathbb{P}_N(\Omega)^2 \cap H^1_0(\Omega)^2; \operatorname{div} \boldsymbol{v}_N = 0 \,\text{dans}\, \Omega\}.$$

Question 9 Montrer que, pour tout couple $(\boldsymbol{u}_N, p_N)$ solution du problème introduit dans la Question 6, la vitesse discrète $\boldsymbol{u}_N$ est solution du problème

Trouver $\boldsymbol{u}_N$ dans V_N tel que

$$\forall \boldsymbol{v}_N \in V_N, \quad a(\boldsymbol{u}_N, \boldsymbol{v}_N) = \langle \boldsymbol{f}, \boldsymbol{v}_N \rangle. \tag{3.6}$$

Montrer que ce problème admet une solution unique.

Question 10 Pourquoi le problème (3.6) correspond-il à une discrétisation conforme du problème (3.4)? En déduire l'estimation entre la solution $\boldsymbol{u}$ du problème (3.4) et la solution $\boldsymbol{u}_N$ du problème (3.6)

$$\|\boldsymbol{u} - \boldsymbol{u}_N\|_{H^1_0(\Omega)^2} \leq c \inf_{\boldsymbol{v}_N \in V_N} \|\boldsymbol{u} - \boldsymbol{v}_N\|_{H^1_0(\Omega)^2}.$$

Question 11 On rappelle que pour toute fonction $\boldsymbol{u} = (u_x, u_y)$ de $H^1(\Omega)^2$, il existe une fonction ψ de $H^2(\Omega)$, unique à une constante additive près, telle que $\boldsymbol{u}$ soit égal à $\mathbf{rot}\,\psi$, c'est-à-dire

$$u_x = \frac{\partial \psi}{\partial y}, \qquad u_y = -\frac{\partial \psi}{\partial x}.$$

Préciser les conditions sur les traces de ψ équivalentes au fait que $\boldsymbol{u}$ appartienne à $H^1_0(\Omega)^2$. Montrer que la régularité de $\boldsymbol{u}$ implique la régularité de ψ. En déduire finalement que, pour tout entier $m \geq 1$, il existe une constante c telle que, pour tout élément $\boldsymbol{u}$ de $V \cap H^m(\Omega)^2$, on ait

$$\inf_{\boldsymbol{v}_N \in V_N} \|\boldsymbol{u} - \boldsymbol{v}_N\|_{H^1(\Omega)^2} \leq c N^{1-m} \|\boldsymbol{u}\|_{H^m(\Omega)^2}.$$

Question 12 En déduire la majoration de l'erreur $\|\boldsymbol{u} - \boldsymbol{u}_N\|_{H_0^1(\Omega)^2}$.

SECOND PROBLÈME DISCRET

On considère les espaces

$$X_N = \mathbb{P}_N(\Omega)^2 \cap H_0^1(\Omega)^2, \qquad M_N = \mathbb{P}_{N-2}(\Omega) \cap L_0^2(\Omega).$$

On utilise également le produit discret sur des fonctions continues u et v:

$$(u, v)_N = \sum_{i=0}^{N} \sum_{j=0}^{N} u(\xi_i, \xi_j) v(\xi_i, \xi_j)\, \rho_i \rho_j,$$

où les ξ_j et les ρ_j, $0 \leq j \leq N$, désignent respectivement les nœuds et les poids de la formule de Gauss–Lobatto sur $[-1, 1]$, exacte sur tous les polynômes de degré $\leq 2N - 1$. On l'étend sans changement de notation à des champs de vecteur continus $\boldsymbol{u} = (u_x, u_y)$ et $\boldsymbol{v} = (v_x, v_y)$ par la formule

$$(\boldsymbol{u}, \boldsymbol{v})_N = (u_x, v_x)_N + (u_y, v_y)_N.$$

Question 13 On suppose la donnée $\boldsymbol{f}$ continue sur $\overline{\Omega}$. Préciser les formes bilinéaires $a_N(\cdot, \cdot)$ et $b_N(\cdot, \cdot)$ telles que le problème

Trouver $(\boldsymbol{u}_N, p_N)$ dans $X_N \times M_N$ tel que

$$\begin{aligned} &\forall \boldsymbol{v}_N \in X_N, \quad a_N(\boldsymbol{u}_N, \boldsymbol{v}_N) + b_N(\boldsymbol{v}_N, q_N) = (\boldsymbol{f}, \boldsymbol{v}_N)_N, \\ &\forall q_N \in M_N, \quad b_N(\boldsymbol{u}_N, q_N) = 0, \end{aligned} \tag{3.7}$$

soit construit par méthode de Galerkin à partir de (3.2), en remplaçant les intégrales par le produit discret. Vérifier la continuité de ces formes bilinéaires.

Question 14 Prouver que l'intersection de l'espace Z_N introduit dans la Question 7 avec M_N est réduite à zéro. En déduire l'existence d'une constante β_N positive (mais pouvant dépendre de N) telle qu'on ait la condition inf-sup

$$\forall q_N \in M_N, \qquad \sup_{\boldsymbol{v}_N \in X_N} \frac{b_N(\boldsymbol{v}_N, q_N)}{\|\boldsymbol{v}_N\|_{H^1(\Omega)^2}} \geq \beta_N \|q_N\|_{L^2(\Omega)}.$$

Question 15 Démontrer que le problème (3.7) admet une solution unique $(\boldsymbol{u}_N, p_N)$.

Question 16 Soit V_N^* l'espace

$$V_N^* = \{\boldsymbol{v}_N \in X_N;\ \forall q_N \in M_N,\ b_N(\boldsymbol{v}_N, q_N) = 0\}. \tag{3.8}$$

En déduire la majoration de l'erreur entre la vitesse $\boldsymbol{u}$ du problème (3.2) et la vitesse discrète $\boldsymbol{u}_N$ du problème (3.7)

$$\|\boldsymbol{u}-\boldsymbol{u}_N\|_{H_0^1(\Omega)^2} \leq c\Big(\inf_{\boldsymbol{v}_N\in V_N^*}\|\boldsymbol{u}-\boldsymbol{v}_N\|_{H_0^1(\Omega)^2} + \inf_{\boldsymbol{w}_N\in X_{N-1}}\|\boldsymbol{u}-\boldsymbol{w}_N\|_{H_0^1(\Omega)^2} \\ + \inf_{q_N\in M_N}\|p-q_N\|_{L^2(\Omega)} + \sup_{\boldsymbol{z}_N\in\mathbb{P}_N(\Omega)^2}\frac{\langle \boldsymbol{f},\boldsymbol{z}_N\rangle - (\boldsymbol{f},\boldsymbol{z}_N)_N}{\|\boldsymbol{z}_N\|_{H^1(\Omega)^2}}\Big). \tag{3.9}$$

Question 17 Prouver que $\mathbb{P}_{N-1}(\Omega)^2 \cap V$ est inclus dans V_N^*. Quels termes disparaissent dans l'estimation (3.9) lorsque l'on remplace

$$\inf_{\boldsymbol{v}_N\in V_N^*}\|\boldsymbol{u}-\boldsymbol{v}_N\|_{H_0^1(\Omega)^2} \qquad \text{par} \qquad \inf_{\boldsymbol{v}_N\in\mathbb{P}_{N-1}(\Omega)^2\cap V}\|\boldsymbol{u}-\boldsymbol{v}_N\|_{H_0^1(\Omega)^2}?$$

Question 18 Sous des hypothèses de régularité concernant la donnée $\boldsymbol{f}$ et la vitesse $\boldsymbol{u}$ du problème (3.2), établir une majoration de l'erreur entre $\boldsymbol{u}$ et $\boldsymbol{u}_N$.

Question 19 Prouver la majoration de l'erreur entre la pression p du problème (3.2) et la pression discrète p_N du problème (3.7)

$$\|p-p_N\|_{L^2(\Omega)} \leq c\,(1+\beta_N^{-1})\Big(\|\boldsymbol{u}-\boldsymbol{u}_N\|_{H_0^1(\Omega)^2} + \inf_{q_N\in M_N}\|p-q_N\|_{L^2(\Omega)} \\ + \sup_{\boldsymbol{z}_N\in\mathbb{P}_N(\Omega)^2}\frac{\langle \boldsymbol{f},\boldsymbol{z}_N\rangle - (\boldsymbol{f},\boldsymbol{z}_N)_N}{\|\boldsymbol{z}_N\|_{H^1(\Omega)^2}}\Big). \tag{3.10}$$

Sous des hypothèses de régularité concernant la donnée $\boldsymbol{f}$ et la solution $(\boldsymbol{u},p)$ du problème (3.2), établir une majoration de l'erreur entre p et p_N.

Question 20 On suppose que l'application: $\boldsymbol{f} \mapsto (\boldsymbol{u},p)$, où $(\boldsymbol{u},p)$ est la solution du problème (3.2) pour la donnée $\boldsymbol{f}$, est continue de $L^2(\Omega)^2$ dans $H^2(\Omega)^2 \times H^1(\Omega)$ (cette propriété est vraie dès que Ω est un ouvert convexe). Par un argument de dualité, établir une majoration de l'erreur entre $\boldsymbol{u}$ et $\boldsymbol{u}_N$ dans la norme de $L^2(\Omega)^2$.

Références de base: [26, §23–26], [38], [62].

XIV.4 Élément fini de Crouzeix–Falk pour l'équation de Laplace

Soit Ω un ouvert polygonal de $\mathbb{R}^2$. Étant donnée une fonction f de $L^2(\Omega)$, on considère le problème:

$$\begin{cases} -\Delta u = f & \text{dans } \Omega, \\ u = 0 & \text{sur } \partial\Omega, \end{cases} \tag{4.1}$$

où la première équation est prise au sens des distributions sur Ω. Le but du problème est d'étudier une discrétisation de ce problème par une méthode d'éléments finis non conforme.

L'ÉLÉMENT FINI

Soit k un entier positif fixé *impair*. On rappelle la formule de Gauss: sur l'intervalle $]-1,1[$, il existe k nœuds ζ_i et k poids ω_i, $1 \leq i \leq k$, tels que l'égalité suivante soit vraie pour tout polynôme φ de degré $\leq 2k-1$:

$$\int_{-1}^{1} \varphi(\zeta)\, d\zeta = \sum_{i=1}^{k} \varphi(\zeta_i)\, \omega_i.$$

Soit K un triangle. On désigne par $\mathcal{E}_K$ l'ensemble de ses côtés. Pour tout e dans $\mathcal{E}_K$, on note $\boldsymbol{a}_i^e$, $1 \leq i \leq k$, les points de Gauss sur e, image des ζ_i par l'application affine qui envoie $[-1,1]$ sur e.

Puis on considère le triplet $(K, \mathcal{P}_k(K), \Sigma_K)$, où $\mathcal{P}_k(K)$ est l'espace des polynômes de degré $\leq k$ sur K et Σ_K est l'ensemble des formes linéaires, pour $k=1$,

$$v \mapsto v(\boldsymbol{a}_1^e), \quad e \in \mathcal{E}_K,$$

et, pour $k \geq 3$,

$$v \mapsto \int_K v(\boldsymbol{x}) q(\boldsymbol{x})\, d\boldsymbol{x}, \quad q \in \mathcal{P}_{k-3}(K), \qquad \text{et} \qquad v \mapsto v(\boldsymbol{a}_i^e), \quad 1 \leq i \leq k,\ e \in \mathcal{E}_K.$$

Question 1 Montrer que le cardinal de Σ_K est égal à la dimension de $\mathcal{P}_k(K)$.

Question 2 Écrire la formule de Gauss sur chaque côté e de $\mathcal{E}_K$. Soit un polynôme p de $\mathcal{P}_k(K)$ tel que p s'annule en tous les points $\boldsymbol{a}_i^e$, $1 \leq i \leq k$, $e \in \mathcal{E}_K$. Montrer en utilisant cette formule que les valeurs de p^2 aux trois coins de K sont égales. En déduire qu'il existe un côté e de $\mathcal{E}_K$ tel que les valeurs de p aux deux extrémités soient égales. Montrer alors que p est nul sur ∂K.

Question 3 Vérifier que Σ_K est $\mathcal{P}_k(K)$–unisolvant.

Question 4 On introduit le triplet modifié $(K, \mathcal{P}_k(K), \Sigma'_K)$, où Σ'_K est l'ensemble des formes linéaires, pour $k=1$,

$$v \mapsto \int_e v(\tau)\, d\tau, \quad e \in \mathcal{E}_K,$$

et, pour $k \geq 3$,

$$v \mapsto \int_K v(\boldsymbol{x}) q(\boldsymbol{x})\, d\boldsymbol{x}, \quad q \in \mathcal{P}_{k-3}(K), \quad \text{et} \quad v \mapsto \int_e v(\tau) q(\tau)\, d\tau, \quad q \in \mathcal{P}_{k-1}(e),\ e \in \mathcal{E}_K.$$

Prouver que Σ'_K est $\mathcal{P}_k(K)$–unisolvant. Vérifier que les espaces de formes linéaires sur $\mathcal{P}_k(K)$ engendrés respectivement par Σ_K et Σ'_K, coïncident.

Question 5 Vérifier par un contre-exemple simple que l'élément fini $(K, \mathcal{P}_k(K), \Sigma_K)$ n'est pas H^1–conforme.

Le problème discret

Soit $(\mathcal{T}_h)_h$ une famille régulière de triangulations de Ω par des triangles. On note h le maximum des diamètres des éléments K de $\mathcal{T}_h$. Dans tout ce qui suit, on désignera par c

une constante indépendante de h. Pour tout h, on considère l'espace X_h des fonctions v_h:

- dont la restriction à tout élément K de $\mathcal{T}_h$ appartient à $\mathcal{P}_k(K)$,
- qui sont continues aux points $\boldsymbol{a}_i^e$, $1 \leq i \leq k$, $e \in \mathcal{E}_K$, $K \in \mathcal{T}_h$, qui appartiennent à l'ouvert Ω,
- qui s'annulent aux points $\boldsymbol{a}_i^e$, $1 \leq i \leq k$, $e \in \mathcal{E}_K$, $K \in \mathcal{T}_h$, qui appartiennent à la frontière $\partial\Omega$.

Puis on considère le problème discret

Trouver u_h dans X_h tel que

$$\forall v_h \in X_h, \quad a_h(u_h, v_h) = \int_\Omega f(\boldsymbol{x}) v_h(\boldsymbol{x})\, d\boldsymbol{x}, \tag{4.2}$$

où la forme bilinéaire $a_h(\cdot,\cdot)$ est définie par

$$a_h(u_h, v_h) = \sum_{K \in \mathcal{T}_h} \int_K (\mathbf{grad}\, u_h)(\boldsymbol{x}) \cdot (\mathbf{grad}\, v_h)(\boldsymbol{x})\, d\boldsymbol{x}.$$

Question 6 Montrer que le problème discret (4.2) admet une solution unique u_h dans X_h.

Question 7 On introduit les norme et semi-norme brisées

$$\|v\|_* = \Big(\sum_{K \in \mathcal{T}_h} \|v\|_{H^1(K)}^2\Big)^{\frac{1}{2}}, \qquad |v|_* = \Big(\sum_{K \in \mathcal{T}_h} |v|_{H^1(K)}^2\Big)^{\frac{1}{2}}$$

et on suppose X_h muni de cette norme. Prouver que $|\cdot|_*$ est une norme sur X_h. Dans tout ce qui suit, on admettra que les normes $\|\cdot\|_*$ et $|\cdot|_*$ sont équivalentes sur X_h, avec des constantes d'équivalence indépendantes de h, et on supposera X_h muni de la norme $\|\cdot\|_*$

Question 8 Montrer que la norme de $a_h(\cdot,\cdot)$ sur $X_h \times X_h$ est bornée indépendamment de h. Prouver que $a_h(\cdot,\cdot)$ est elliptique sur X_h pour une constante d'ellipticité indépendante de h.

Question 9 Montrer que la solution u_h du problème (4.2) vérifie

$$\|u_h\|_* \leq c\, \|f\|_{L^2(\Omega)}.$$

Analyse d'erreur

On suppose que la solution u du problème (4.1) appartient à $H^m(\Omega)$, $2 \leq m \leq k+1$.

Question 10 Établir la majoration d'erreur suivante

$$\|u - u_h\|_* \leq c\Big(\inf_{v_h \in X_h} \|u - v_h\|_* + \sup_{w_h \in X_h} \frac{\sum_{K \in \mathcal{T}_h} \sum_{e \in \mathcal{E}_K} |\int_e (\frac{\partial u}{\partial n})(\tau)[w_h](\tau)\, d\tau|}{\|w_h\|_*}\Big),$$

où $\frac{\partial u}{\partial n}$ désigne la dérivée normale de u sur e et $[w_h]$ la valeur de w_h sur e si e est contenu dans $\partial\Omega$, le saut de w_h à travers e sinon.

Question 11 Montrer que l'espace

$$\{v_h \in H_0^1(\Omega);\ \forall K \in \mathcal{T}_h,\ v_{h\,|K} \in \mathcal{P}_k(K)\},$$

est contenu dans X_h. En déduire une majoration de l'erreur d'approximation

$$\inf_{v_h \in X_h} \|u - v_h\|_*.$$

Question 12 Déduire des propriétés de l'élément fini que, pout tout K dans $\mathcal{T}_h$ et tout e dans $\mathcal{E}_K$,

$$\forall q \in \mathcal{P}_{k-1}(e), \quad \int_e [w_h](\tau) q(\tau)\, d\tau = 0.$$

En déduire que, pout tout K dans $\mathcal{T}_h$ et tout e dans $\mathcal{E}_K$,

$$\forall q \in \mathcal{P}_{k-1}(e), \quad \int_e (\frac{\partial u}{\partial n})(\tau)[w_h](\tau)\, d\tau = \int_e (\frac{\partial u}{\partial n} - q)(\tau)[w_h](\tau)\, d\tau.$$

Établir une majoration de l'erreur de consistance

$$\sup_{w_h \in X_h} \frac{\sum_{K \in \mathcal{T}_h} \sum_{e \in \mathcal{E}_K} |\int_e (\frac{\partial u}{\partial n})(\tau)[w_h](\tau)\, d\tau|}{\|w_h\|_*},$$

du même ordre que celle de la Question 11.

Question 13 En déduire la majoration d'erreur entre u et u_h, dans la norme $\|\cdot\|_*$, ainsi que dans la norme $\|\cdot\|_{L^2(\Omega)}$ lorsque Ω est convexe.

INTERPRÉTATION ET EXTENSION

Question 14 Quelle propriété, établie dans l'analyse précédente, ne pourrait se vérifier de la même manière si, pour $k \geq 3$, on remplaçait les points de Gauss $\boldsymbol{a}_i^e$, $1 \leq i \leq k$, par k points quelconques, par exemple équidistants, sur e? On ne demande pas de contre-exemple.

Question 15 On considère une partition disjointe du domaine Ω en sous-domaines Ω_k, où les Ω_k sont les intérieurs des triangles K de $\mathcal{T}_h$ et les espaces discrets locaux sont les $\mathcal{P}_k(K)$. Écrire la discrétisation précédente comme une méthode d'éléments avec joints.

Question 16 À partir de cette interprétation, indiquer les modifications à apporter à l'analyse précédente, lorsque des degrés différents $k(K)$ de polynômes sont utilisés sur les éléments K de $\mathcal{T}_h$.

Références de base: [47], [49].

XIV.5 Élément fini de Morley pour l'équation du bilaplacien

Le but de ce problème est d'étudier la discrétisation par éléments finis de l'équation du bilaplacien

$$\begin{cases} \Delta^2 u = f & \text{dans } \Omega, \\ u = \frac{\partial u}{\partial n} = 0 & \text{sur } \partial\Omega, \end{cases} \tag{5.1}$$

où Ω est un polygone borné de $\mathbb{R}^2$ et $\partial\Omega$ désigne sa frontière. Comme d'habitude, $\frac{\partial u}{\partial n}$ désigne la dérivée normale de u sur $\partial\Omega$.

LE PROBLÈME CONTINU

Question 1 Vérifier que, pour des fonctions u et v de classe $\mathscr{C}^\infty$ à support compact dans Ω,

$$\int_\Omega (\Delta u)(\boldsymbol{x})\,(\Delta v)(\boldsymbol{x})\,d\boldsymbol{x}$$
$$= \int_\Omega \Big(\big(\frac{\partial^2 u}{\partial x^2}\big)(\boldsymbol{x})\big(\frac{\partial^2 v}{\partial x^2}\big)(\boldsymbol{x}) + 2\,\big(\frac{\partial^2 u}{\partial x \partial y}\big)(\boldsymbol{x})\big(\frac{\partial^2 v}{\partial x \partial y}\big)(\boldsymbol{x}) + \big(\frac{\partial^2 u}{\partial y^2}\big)(\boldsymbol{x})\big(\frac{\partial^2 v}{\partial y^2}\big)(\boldsymbol{x})\Big)\,d\boldsymbol{x}.$$

Question 2 En déduire que, pour toute donnée f dans $H^{-2}(\Omega)$, le problème (5.1) admet la formulation variationnelle équivalente suivante:

Trouver u dans $H_0^2(\Omega)$ tel que

$$\forall v \in H_0^2(\Omega), \quad a(u,v) = \langle f, v\rangle, \tag{5.2}$$

où la forme $a(\cdot,\cdot)$ est définie par

$$a(u,v) = \int_\Omega \Big(\big(\frac{\partial^2 u}{\partial x^2}\big)(\boldsymbol{x})\big(\frac{\partial^2 v}{\partial x^2}\big)(\boldsymbol{x}) + 2\,\big(\frac{\partial^2 u}{\partial x \partial y}\big)(\boldsymbol{x})\big(\frac{\partial^2 v}{\partial x \partial y}\big)(\boldsymbol{x}) + \big(\frac{\partial^2 u}{\partial y^2}\big)(\boldsymbol{x})\big(\frac{\partial^2 v}{\partial y^2}\big)(\boldsymbol{x})\Big)\,d\boldsymbol{x},$$

et $\langle\cdot,\cdot\rangle$ désigne le produit de dualité entre $H^{-2}(\Omega)$ et $H_0^2(\Omega)$.

Question 3 Prouver que, pour toute donnée f dans $H^{-2}(\Omega)$, le problème (5.2) admet une solution unique.

L'ÉLÉMENT FINI

Étant donné un triangle K, on note $\boldsymbol{a}_i$, $1 \le i \le 3$, ses sommets et $\boldsymbol{b}_i$, $1 \le i \le 3$, les milieux de ses côtés, $\boldsymbol{b}_i$ étant situé sur le côté opposé à $\boldsymbol{a}_i$. On note $\boldsymbol{n}_i$ le vecteur unitaire normal et extérieur à K sur le côté contenant $\boldsymbol{b}_i$. Dans le but de discrétiser le problème (5.1), on introduit l'élément fini (K, P_K, Σ_K), dit "de Morley", où
(i) K est un triangle,
(ii) P_K est l'espace $\mathcal{P}_2(K)$ des polynômes de degré total ≤ 2 sur K,
(iii) Σ_K est l'ensemble des formes linéaires

$$v \mapsto v(\boldsymbol{a}_i), \quad 1 \le i \le 3, \qquad v \mapsto \big(\frac{\partial v}{\partial n_i}\big)(\boldsymbol{b}_i), \quad 1 \le i \le 3.$$

On considère également le triangle de référence $\hat{K}$, de sommets $\hat{\boldsymbol{a}}_1 = (0,0)$, $\hat{\boldsymbol{a}}_2 = (1,0)$ et $\hat{\boldsymbol{a}}_3 = (0,1)$. On note $\hat{\boldsymbol{b}}_i$ le milieu du côté opposé à $\hat{\boldsymbol{a}}_i$. Étant donné un élément $\alpha = (\alpha_1, \alpha_2, \alpha_3)$ de $]0,\pi[^3$, on note $\boldsymbol{\nu}_i$ le vecteur unitaire faisant un angle α_i avec le côté contenant $\hat{\boldsymbol{b}}_i$ orienté dans le sens trigonométrique. Puis, on introduit l'élément fini de référence $(\hat{K}, \hat{P}, \hat{\Sigma}^\alpha)$, où
(i) $\hat{K}$ est le triangle décrit ci-dessus,

(ii) $\hat{P}$ est égal à $\mathcal{P}_2(\hat{K})$,
(iii) $\hat{\Sigma}^\alpha$ est l'ensemble des formes linéaires

$$\hat{v} \mapsto \hat{v}(\hat{\boldsymbol{a}}_i), \quad 1 \le i \le 3, \qquad \hat{v} \mapsto (\frac{\partial \hat{v}}{\partial \nu_i})(\hat{\boldsymbol{b}}_i), \quad 1 \le i \le 3$$

(on rappelle que, si les coordonnées de $\boldsymbol{\nu}_i$ dans le repère cartésien d'axes $O\hat{x}$ et $O\hat{y}$ sont $\nu_{i\hat{x}}$ et $\nu_{i\hat{y}}$, $\frac{\partial \hat{v}}{\partial \nu_i}$ est égal à $\nu_{i\hat{x}} \frac{\partial \hat{v}}{\partial \hat{x}} + \nu_{i\hat{y}} \frac{\partial \hat{v}}{\partial \hat{y}}$).

Question 4 Soit α un élément de $]0, \pi[^3$. Vérifier que les dimensions de $\hat{P}$ et $\hat{\Sigma}^\alpha$ sont égales. Montrer que l'ensemble $\hat{\Sigma}^\alpha$ est $\hat{P}$-unisolvant.

Soit F_K une application affine, de jacobien positif, qui envoie $\hat{K}$ sur K et chaque $\hat{\boldsymbol{a}}_i$ sur $\boldsymbol{a}_i$, $1 \le i \le 3$: $F_K(\hat{\boldsymbol{x}}) = B_K \hat{\boldsymbol{x}} + \boldsymbol{b}_K$, où B_K est une matrice carrée d'ordre 2 et $\boldsymbol{b}_K$ un vecteur de $\mathbb{R}^2$. On utilisera la notation habituelle: $\hat{v} = v \circ F_K$.

Question 5 Montrer que, pour $1 \le i \le 3$, il existe un α_i dans $]0, \pi[$ tel que $\frac{B_K^{-1} \boldsymbol{n}_i}{\|B_K^{-1} \boldsymbol{n}_i\|}$ coïncide avec $\boldsymbol{\nu}_i$. Prouver alors que, pour toute fonction v assez régulière,

$$\frac{\partial v}{\partial n_i} = \|B_K^{-1} \boldsymbol{n}_i\| \, \frac{\partial \hat{v}}{\partial \nu_i}.$$

En déduire que l'élément (K, P_K, Σ_K) est affine-équivalent à l'élément $(\hat{K}, \hat{P}, \hat{\Sigma}^\alpha)$ correspondant.

Question 6 Déduire de ce qui précède que Σ_K est P_K-unisolvant.

Question 7 Montrer que l'élément fini de Morley n'est pas H^1-conforme.

Soit $(\mathcal{T}_h)_h$ une famille régulière de triangulations de Ω. On note σ le maximum, sur h et K appartenant à $\mathcal{T}_h$, des quotients du diamètre de K par le diamètre du cercle inscrit dans K.

Question 8 Montrer qu'il existe un réel ε ne dépendant que de σ tel que, pour tout h, le triplet $\alpha = (\alpha_1, \alpha_2, \alpha_3)$ associé à un triangle K de $\mathcal{T}_h$ dans la Question 5, appartienne à $]\varepsilon, \pi - \varepsilon[^3$ (on pourra écrire $\boldsymbol{n}_i$ dans la base formée par les vecteurs unitaires parallèles aux deux autres côtés).

Le problème discret

À tout h, on associe l'espace discret

$$X_h = \{v_h \in L^2(\Omega);\ \forall K \in \mathcal{T}_h,\ v_{h\,|K} \in \mathcal{P}_2(K)\},$$

ainsi que son sous-espace X_h^0 formé des fonctions v_h:
- continues en tous les coins $\boldsymbol{a}_i$ d'éléments K de $\mathcal{T}_h$ et nulles aux coins $\boldsymbol{a}_i$ situés sur $\partial\Omega$,
- telles que, si $\boldsymbol{n}$ désigne un vecteur unitaire normal à un côté de K contenant $\boldsymbol{b}_i$, $\frac{\partial v_h}{\partial n}$ soit continu en $\boldsymbol{b}_i$ et en outre nul en $\boldsymbol{b}_i$ si $\boldsymbol{b}_i$ est situé sur $\partial\Omega$.

On suppose la donnée f dans $L^2(\Omega)$. Puis on considère le problème suivant:

Trouver u_h dans X_h^0 tel que

$$\forall v_h \in X_h^0, \quad \sum_{K \in \mathcal{T}_h} a_K(u_h, v_h) = \int_\Omega f(\boldsymbol{x})\, v_h(\boldsymbol{x})\, d\boldsymbol{x}, \tag{5.3}$$

où chaque forme $a_K(\cdot,\cdot)$ est définie par

$$a_K(u_h, v_h) = \int_K \Big((\frac{\partial^2 u_h}{\partial x^2})(\boldsymbol{x})(\frac{\partial^2 v_h}{\partial x^2})(\boldsymbol{x}) + 2\,(\frac{\partial^2 u_h}{\partial x \partial y})(\boldsymbol{x})(\frac{\partial^2 v_h}{\partial x \partial y})(\boldsymbol{x}) + (\frac{\partial^2 u_h}{\partial y^2})(\boldsymbol{x})(\frac{\partial^2 v_h}{\partial y^2})(\boldsymbol{x})\Big)\, d\boldsymbol{x}.$$

On travaille désormais avec la semi-norme

$$|v|_h = \Big(\sum_{K \in \mathcal{T}_h} |v|^2_{H^2(K)} \Big)^{\frac{1}{2}}.$$

Question 9 Montrer que, si $\boldsymbol{a}_i$ sont les sommets de K (avec $\boldsymbol{a}_3 = \boldsymbol{a}_0$) et si le côté $\boldsymbol{a}_i\boldsymbol{a}_{i+1}$ contient $\boldsymbol{b}_j$ et est de longueur ℓ_j, on a pour toute fonction v_h de X_h^0:

$$\int_{\boldsymbol{a}_i}^{\boldsymbol{a}_{i+1}} (\frac{\partial v_h}{\partial \tau})(\tau)\, d\tau = v_h(\boldsymbol{a}_{i+1}) - v_h(\boldsymbol{a}_i), \qquad \int_{\boldsymbol{a}_i}^{\boldsymbol{a}_{i+1}} (\frac{\partial v_h}{\partial n})(\tau)\, d\tau = \ell_j\, (\frac{\partial v_h}{\partial n})(\boldsymbol{b}_j),$$

où $\frac{\partial}{\partial \tau}$ désigne la dérivée tangentielle.

Question 10 Soit v_h une fonction de X_h^0 telle que $|v_h|_h$ soit nul. Établir que le gradient de v_h sur chaque triangle K est constant et en déduire que v_h est nul.

Question 11 Montrer que le problème (5.3) admet une solution unique.

Question 12 Vérifier que, pour toutes fonctions u et v régulières sur K,

$$\int_K (\Delta^2 u)(\boldsymbol{x})\, v(\boldsymbol{x})\, d\boldsymbol{x} = a_K(u, v) + \int_{\partial K} \big((D_1 u)\, v + (D_2 u)\, (\frac{\partial v}{\partial \tau}) + (D_3 u)\, (\frac{\partial v}{\partial n}) \big)(\tau)\, d\tau,$$

où les D_i sont des opérateurs différentiels que l'on identifiera.

On suppose désormais que u appartient à $H^4(\Omega)$.

Question 13 On note $\mathcal{S}_h$ l'ensemble des côtés des éléments K de $\mathcal{T}_h$. Soit v_h n'importe quel élément de X_h. On prolonge u, u_h et v_h par 0 en dehors de Ω sans changer de notation. Montrer qu'il existe une constante c indépendante de h telle que

$$|u - u_h|_h = c \Big(|u - v_h|_h + \sup_{w_h \in X_h^0} \frac{\sum_{e \in \mathcal{S}_h} (E_e^1 + E_e^2 + E_e^3)}{|w_h|_h} \Big),$$

avec

$$E_e^1 = \int_e (D_1 u)(\tau)\, [w_h](\tau)\, d\tau, \qquad E_e^2 = \int_e (D_2 u)(\tau)\, [\frac{\partial w_h}{\partial \tau}](\tau)\, d\tau,$$
$$E_e^3 = \int_e (D_3 u)(\tau)\, [\frac{\partial w_h}{\partial n}](\tau)\, d\tau,$$

où $[\cdot]$ désigne le saut à travers e.

On introduit l'opérateur d'interpolation r_K associé à l'élément fini (K, P_K, Σ_K): pour toute fonction v dans $\mathscr{C}^1(\overline{\Omega})$, $r_K v$ appartient à P_K et vérifie

$$(r_K v)(\boldsymbol{a}_i) = v(\boldsymbol{a}_i), \quad 1 \le i \le 3, \qquad (\frac{\partial(r_K v)}{\partial n})(\boldsymbol{b}_i) = (\frac{\partial v}{\partial n})(\boldsymbol{b}_i), \quad 1 \le i \le 3.$$

On note $r_h v$ la fonction dont la restriction à tout élément K de $\mathcal{T}_h$ coïncide avec $r_K v$.

Question 14 Montrer que, pour tout triangle K de $\mathcal{T}_h$, il existe un opérateur $\hat{r}^\alpha$ ne dépendant que de α tel que, pour toute fonction v de classe $\mathscr{C}^1$ sur $\overline{\Omega}$,

$$r_K v = \hat{r}^\alpha \hat{v}.$$

Montrer que la norme de $\hat{r}^\alpha$ de $H^3(\hat{K})$ dans $H^2(\hat{K})$ est bornée indépendamment de α.

Question 15 En déduire que, pour toute fonction v de $H^3(\Omega)$,

$$|v - r_h v|_h \le c\, h\, \|v\|_{H^3(\Omega)}.$$

Question 16 Vérifier que, si i_h désigne l'opération d'interpolation de Lagrange aux coins des triangles K, à valeurs dans l'espace des fonctions continues et affines sur chaque K,

$$E_e^1 = \int_e (D_1 u)(\tau)\, [w_h - i_h w](\tau)\, d\tau.$$

En déduire une majoration de E_e^1.

Question 17 Vérifier que, si π_e désigne l'opération de projection orthogonale de $L^2(e)$ sur $\mathcal{P}_0(e)$,

$$E_e^2 = \int_e (D_2 u)(\tau)\, [\frac{\partial w_h}{\partial \tau} - \pi_e(\frac{\partial w_h}{\partial \tau})](\tau)\, d\tau \quad \text{et} \quad E_e^3 = \int_e (D_3 u)(\tau)\, [\frac{\partial w_h}{\partial n} - \pi_e(\frac{\partial w_h}{\partial n})](\tau)\, d\tau$$

(on pourra utiliser la Question 9). En déduire une majoration de E_e^2 et E_e^3.

Question 18 Déduire de tout ce qui précède une majoration optimale de $|u - u_h|_h$.

Question 19 Quel est l'avantage de cette méthode par rapport à une méthode conforme?

Référence de base: [84].

XIV.6 Éléments finis isoparamétriques pour l'équation de Laplace

Le but de ce problème est d'étudier la discrétisation par éléments finis de l'équation de Poisson

$$\begin{cases} -\Delta u = f & \text{dans } \Omega, \\ u = 0 & \text{sur } \partial\Omega, \end{cases} \tag{6.1}$$

lorsque Ω est le domaine suivant:

$$\Omega = \Big\{(x, y) \in \mathbb{R}^2; \quad -1 \le x \le 1 \quad \text{et} \quad 0 \le y \le 1 - \frac{x^2}{2}\Big\}.$$

On note γ la partie courbe de la frontière de Ω.

Question 1 Montrer que, si la donnée f est dans $L^2(\Omega)$, la solution u du problème (6.1) appartient à $H^2(\Omega)$.

Question 2 Quel est l'angle formé par la verticale avec la tangente à γ aux points de coordonnées $(-1, \frac{1}{2})$ et $(1, \frac{1}{2})$? Sauriez-vous déterminer la régularité maximale de ce problème, c'est-à-dire le plus grand nombre réel s tel que, pour tout f dans $H^{s-1}(\Omega)$, la solution u appartienne à $H^{s+1}(\Omega)$?

On construit une famille de triangulations régulière approchant Ω de la manière suivante. Pour tout h, on fixe d'abord une suite de points $\boldsymbol{a}_i$, $0 \leq i \leq I(h)$, sur γ telle que:
1) le point $\boldsymbol{a}_0$ ait pour coordonnées -1 et $\frac{1}{2}$ et le point $\boldsymbol{a}_{I(h)}$ a pour coordonnées 1 et $\frac{1}{2}$;
2) il n'existe aucun point $\boldsymbol{a}_j$ entre $\boldsymbol{a}_{i-1}$ et $\boldsymbol{a}_i$ sur γ, $1 \leq i, j \leq I(h)$;
3) il existe une constante λ indépendante de h telle que la distance d_i entre $\boldsymbol{a}_{i-1}$ et $\boldsymbol{a}_i$, $1 \leq i \leq I(h)$, vérifie

$$\lambda\, h \leq d_i \leq h.$$

On note γ_h la courbe affine par morceaux qui relie les $\boldsymbol{a}_i$, et Ω_h l'ouvert borné de frontière $(\partial\Omega \setminus \gamma) \cup \gamma_h$.

Question 3 Montrer que Ω_h est contenu dans Ω et que l'opérateur de prolongation P:

$$v \quad \mapsto Pv = \begin{cases} v & \text{sur } \Omega_h, \\ 0 & \text{sur } \Omega \setminus \Omega_h, \end{cases}$$

est continu de $H_0^1(\Omega_h)$ dans $H_0^1(\Omega)$.

Pour tout h, on considère une triangulation $\mathcal{T}_h$ de Ω_h par des triangles telle que les $\boldsymbol{a}_i$, $0 \leq i \leq I(h)$, soient des sommets de ces triangles et on suppose que la famille $(\mathcal{T}_h)_h$ est régulière. Puis on définit l'espace d'éléments finis

$$X_h(\Omega_h) = \{v_h \in \mathscr{C}^0(\overline{\Omega}_h);\ \forall K \in \mathcal{T}_h,\ v_{h\,|K} \in \mathcal{P}_2(K)\},$$

où $\mathcal{P}_k(K)$ désigne l'espace des polynômes de degré total $\leq k$ sur K. On introduit également l'espace $X_h^0(\Omega_h) = X_h(\Omega_h) \cap H_0^1(\Omega_h)$.

On suppose *désormais* que la solution u du problème (6.1) appartient à $H^3(\Omega)$. Dans tout ce qui suit, les constantes c doivent être indépendantes de h. On considère le problème discret:

Trouver u_h dans $X_h^0(\Omega_h)$ tel que

$$\forall v_h \in X_h^0(\Omega_h), \quad \int_{\Omega_h} (\mathbf{grad}\, u_h)(\boldsymbol{x}) \cdot (\mathbf{grad}\, v_h)(\boldsymbol{x})\, d\boldsymbol{x} = \int_{\Omega_h} f(\boldsymbol{x}) v_h(\boldsymbol{x})\, d\boldsymbol{x}. \tag{6.2}$$

Question 4 Prouver que le problème (6.2) a une solution unique.

Question 5 En utilisant la Question 3, montrer que la forme bilinéaire dans le membre de gauche du problème (6.2) est elliptique, avec une constante d'ellipticité indépendante de h. En déduire que

$$\|u - u_h\|_{H^1(\Omega_h)} \leq c \inf_{v_h \in X_h^0(\Omega_h)} \|u - v_h\|_{H^1(\Omega_h)}.$$

Question 6 Établir une majoration, dans $H^1(\Omega_h)$, de la distance de u à son interpolé de Lagrange usuel (à valeurs dans $X_h(\Omega_h)$). Puis montrer que la distance maximale d'un point de γ_h à γ est bornée par une constante fois h et en déduire que, pour tout point $\boldsymbol{x}$ de γ_h,

$$|u(\boldsymbol{x})| \leq c\,h\,\|u\|_{H^3(\Omega)}.$$

En déduire une première majoration pour $\inf_{v_h \in X_h^0(\Omega_h)} \|u - v_h\|_{H^1(\Omega_h)}$.

Question 7 Établir une majoration, dans $H^1(\Omega_h)$, de la distance de u à son interpolé de Lagrange dans l'espace

$$\{v_h \in \mathscr{C}^0(\overline{\Omega}_h);\ \forall K \in \mathcal{T}_h,\ v_{h\,|K} \in \mathcal{P}_1(K)\}.$$

En déduire une seconde majoration pour $\inf_{v_h \in X_h^0(\Omega_h)} \|u - v_h\|_{H^1(\Omega_h)}$.

Question 8 Établir une majoration d'erreur entre la solution u du problème (6.1) et la solution u_h du problème (6.2) dans $H^1(\Omega_h)$. Puis montrer que

$$\|u\|_{H^1(\Omega \setminus \Omega_h)} \leq c\,h.$$

En déduire une majoration d'erreur entre u et Pu_h dans $H^1(\Omega)$.

Question 9 En quoi la discrétisation précédente est-elle peu efficace? Montrer comment on peut obtenir la même estimation d'erreur à moindre coût.

Pour $1 \leq i \leq I(h)$, on note K_i le triangle de $\mathcal{T}_h$ dont un côté est le segment $\boldsymbol{a}_{i-1}\boldsymbol{a}_i$, et on note $\boldsymbol{b}_i$ le sommet de ce triangle intérieur à Ω. On introduit aussi le triangle de référence $\hat{K}$ de sommets $(0,0)$, $(0,1)$ et $(1,0)$.

Question 10 Vérifier qu'une parabole d'axe vertical passant par les points $(0,0)$, $(1,0)$ et $(\frac{1}{2}, \alpha)$ est uniquement déterminée (α est un réel non nul). Montrer qu'il existe une application de $\mathcal{P}_2(0,1)^2$ envoyant la droite d'équation $y = 0$ sur cette parabole. Si F_i est une application affine bijective de $\hat{K}$ sur K_i, construire une application G_i dans $\mathcal{P}_2(\hat{K})^2$ bijective de $\hat{K}$ sur le triangle "courbe" dont les côtés sont $\boldsymbol{a}_{i-1}\boldsymbol{b}_i$, $\boldsymbol{b}_i\boldsymbol{a}_i$ et la partie γ_i de γ comprise entre $\boldsymbol{a}_{i-1}$ et $\boldsymbol{a}_i$ (on pourra chercher G_i sous la forme $F_i + g_i$ et utiliser les coordonnées barycentriques).

Question 11 Majorer la norme de la différentielle de G_i et la norme de son jacobien dans $L^\infty(\hat{K})$ en fonction du diamètre de K_i.

On définit l'espace

$$\tilde{\mathcal{P}}_2(K) = \begin{cases} \{v_h : K \to \mathbb{R};\ v_h \circ F_i \in \mathcal{P}_2(\hat{K})\} & \text{si } K \text{ est un des triangles } K_i,\ 1 \leq i \leq I(h), \\ \mathcal{P}_2(K) & \text{sinon.} \end{cases}$$

Puis on introduit les espaces

$$\tilde{X}_h(\Omega) = \{v_h \in \mathscr{C}^0(\overline{\Omega});\ \forall K \in \mathcal{T}_h,\ v_{h\,|K} \in \tilde{\mathcal{P}}_2(K)\},$$

et $\tilde{X}_h^0(\Omega) = \tilde{X}_h(\Omega) \cap H_0^1(\Omega)$.

On considère enfin le problème discret:

Trouver $\tilde{u}_h$ dans $\tilde{X}_h^0(\Omega)$ tel que:

$$\forall v_h \in \tilde{X}_h^0(\Omega), \quad \int_\Omega (\mathbf{grad}\,\tilde{u}_h)(\boldsymbol{x}) \cdot (\mathbf{grad}\,v_h)(\boldsymbol{x})\,d\boldsymbol{x} = \int_\Omega f(\boldsymbol{x})v_h(\boldsymbol{x})\,d\boldsymbol{x}. \tag{6.3}$$

Question 12 Prouver que le problème (6.3) a une solution unique et que cette solution vérifie

$$\|u - \tilde{u}_h\|_{H^1(\Omega)} \le c \inf_{v_h \in \tilde{X}_h^0(\Omega)} \|u - v_h\|_{H^1(\Omega)}.$$

Question 13 En retournant au triangle de référence, construire un opérateur d'interpolation de Lagrange à valeurs dans $\tilde{X}_h^0(\Omega)$ et établir ses propriétés d'approximation.

Question 14 Prouver une estimation d'erreur entre les solutions u et $\tilde{u}_h$ dans $H^1(\Omega)$. Comparer l'ordre de convergence à celui établi dans la Question 8.

Question 15 Démontrer des majorations d'erreur entre u et u_h d'une part, u et $\tilde{u}_h$ d'autre part, dans $L^2(\Omega)$. Comparer ces deux majorations.

Question 16 Indiquer les modifications à apporter à ce qui précède lorsque le même problème est posé et discrétisé dans l'ouvert

$$\tilde{\Omega} = \Big\{(x,y) \in \mathbb{R}^2; \quad -1 \le x \le 1 \quad \text{et} \quad 0 \le y \le 1 + \frac{x^2}{2}\Big\}.$$

Référence de base: [44, Chap. VI].

XIV.7 Calcul de constantes dans les estimations a posteriori en une dimension

Le but de ce problème est de calculer les constantes liées aux indicateurs d'erreur par résidu en dimension 1. Soit $\Omega =]a, a'[$ un ouvert borné non vide de $\mathbb{R}$. Pour une fonction f de $L^2(\Omega)$, on considère l'équation de Laplace

$$\begin{cases} -u'' = f & \text{dans } \Omega, \\ u = 0 & \text{sur } \partial\Omega. \end{cases} \tag{7.1}$$

On discrétise ce problème de façon habituelle: on introduit des réels a_j tels que $a = a_0 < a_1 < \ldots < a_J = a'$, puis on note K_j l'intervalle $]a_{j-1}, a_j[$, $1 \le j \le J$, et h_j sa longueur. Comme d'habitude, le paramètre h est le maximum des h_j, $1 \le j \le J$. Un entier $k \ge 1$ étant fixé, on introduit l'espace discret

$$X_h = \{v_h \in \mathscr{C}^0(\overline{\Omega});\ v_{h\,|K_j} \in \mathcal{P}_k(K_j),\ 1 \le j \le J\} \cap H_0^1(\Omega),$$

où $\mathcal{P}_k(K_j)$ est l'espace des polynômes de degré $\le k$ sur K_j. Le problème discret s'écrit:

Trouver u_h dans X_h tel que

$$\forall v_h \in X_h, \quad \int_a^{a'} u_h'(x)v_h'(x)\,dx = \int_a^{a'} f(x)v_h(x)\,dx. \tag{7.2}$$

Puis on définit la famille d'indicateurs $(\eta_j)_{1\le j\le J}$ par

$$\eta_j = h_j \, \|f_h + u_h''\|_{L^2(K_j)}, \tag{7.3}$$

où f_h est une approximation quelconque de f dont la restriction à chaque K_j appartient à $\mathcal{P}_{\sup\{k-2,0\}}(K_j)$.

On note κ_1 et κ_2 les plus petites constantes telles que

$$|u - u_h|_{H^1(\Omega)} \le \kappa_1 \, \big(\sum_{j=1}^{J} \eta_j^2\big)^{\frac{1}{2}} + c\,\|f - f_h\|_{L^2(\Omega)},$$

$$\eta_j \le \kappa_2 \, |u - u_h|_{H^1(K_j)} + c' \, \|f - f_h\|_{L^2(K_j)}.$$

On veut établir une majoration explicite de κ_1 et κ_2.

Question 1 On introduit un opérateur r_h de $H_0^1(\Omega)$ dans X_h tel que:

$$\forall v \in H_0^1(\Omega), \quad (r_h v)(a_j) = v(a_j), \quad 0 \le j \le N. \tag{7.4}$$

Montrer que

$$|u - u_h|_{H^1(\Omega)} \le \sup_{v \in H_0^1(\Omega)} \frac{\sum_{j=1}^{J} (\|f_h + u_h''\|_{L^2(K_j)} + \|f - f_h\|_{L^2(K_j)}) \, \|v - r_h v\|_{L^2(K_j)}}{|v|_{H^1(\Omega)}}.$$

Question 2 Dans le cas où k est égal à 1, vérifier que, pour toute fonction v de $H_0^1(\Omega)$, $r_h v$ sur chaque K_j est donné par

$$(r_h v)(x) = v(a_{j-1}) \, \frac{a_j - x}{h_j} + v(a_j) \, \frac{x - a_{j-1}}{h_j}.$$

Puis démontrer la formule de Taylor

$$v(x) = (r_h v)(x) + \frac{a_j - x}{h_j} \int_{a_{j-1}}^{x} v'(t)\, dt - \frac{x - a_{j-1}}{h_j} \int_{x}^{a_j} v'(t)\, dt.$$

Question 3 En déduire une majoration de $\|v - r_h v\|_{L^2(K_j)}$ en fonction de $|v|_{H^1(K_j)}$ lorsque k est égal à 1.

Question 4 Dans le cas où k est égal à 1, donner une majoration de κ_1.

Question 5 Lorsque k est ≥ 2, on définit l'opérateur r_h de la façon suivante: pour toute fonction v de $H_0^1(\Omega)$, $r_h v$ vérifie la propriété (7.4) ainsi que, pour $1 \le j \le J$,

$$\forall \psi \in \mathcal{P}_{k-2}(K_j), \quad \int_{a_{j-1}}^{a_j} (v - r_h v)(x) \psi(x)\, dx = 0.$$

Soit $\hat{K} =]-1, 1[$ l'intervalle de référence. Montrer qu'il existe un unique opérateur $\hat{r}$ à valeurs dans $\mathcal{P}_k(\hat{K})$, tel que, si F_j désigne l'application affine qui envoie $\hat{K}$ sur K_j, on ait

$$\forall v \in H_0^1(\Omega), \quad \hat{r}(v \circ F_j) = (r_h v)_{|K_j} \circ F_j, \quad 1 \le j \le J.$$

Question 6 En déduire une majoration de κ_1 en fonction de la plus petite constante $\hat{\lambda}$ telle que

$$\forall \hat{v} \in H^1(\hat{K}), \quad \|\hat{v} - \hat{r}\hat{v}\|_{L^2(\hat{K})} \le \hat{\lambda}\, \|\hat{v}'\|_{L^2(\hat{K})}.$$

Question 7 Pour majorer $\hat{\lambda}$, on introduit la famille $(L_n)_{n\ge 0}$ des polynômes de Legendre sur $]-1,1[$: chaque polynôme L_n est de degré n et ces polynômes sont deux à deux orthogonaux (mais non orthonormés) dans $L^2(-1,1)$. Pour $n \ge 1$, montrer que le polynôme $\big((1-t^2)L_n'\big)'$ de la variable t est un multiple de $L_n(t)$. En comparant les coefficients de t^n, en déduire l'équation différentielle

$$\big((1-t^2)L_n'\big)' + n(n+1)\, L_n = 0. \tag{7.5}$$

En déduire que les L_n' sont deux à deux orthogonaux sur $]-1,1[$ pour la mesure $(1-t^2)\,dt$.

Question 8 On admettra que les polynômes L_n, $n \ge 0$, forment une base hilbertienne de $L^2(-1,1)$. Montrer qu'une fonction $\hat{w}$ de $H_0^1(\hat{K})$ s'écrit

$$\hat{w}(t) = (1-t^2) \sum_{n=1}^{+\infty} \alpha_n\, L_n'(t),$$

pour des coefficients α_n réels. Utiliser l'équation différentielle (7.5) pour montrer que

$$(\hat{r}\hat{w})(t) = (1-t^2) \sum_{n=1}^{k-1} \alpha_n\, L_n'(t).$$

Question 9 En déduire que

$$\|\hat{w} - \hat{r}\hat{w}\|_{L^2(\hat{K})} \le \frac{1}{\sqrt{k(k+1)}}\, \|\hat{w}'\|_{L^2(\hat{K})}$$

(on calculera chacune de ces normes en fonction des α_n).

Question 10 Vérifier que l'opérateur $\hat{r}$ est égal à l'identité sur les polynômes de $\mathcal{P}_k(\hat{K})$. À une fonction $\hat{v}$ quelconque de $H^1(\hat{K})$, on associe la fonction

$$\hat{v}_0(t) = \hat{v}(t) - \hat{v}(-1)\, \frac{1-t}{2} - \hat{v}(1)\, \frac{1+t}{2}.$$

Majorer $\|\hat{v}_0'\|_{L^2(\hat{K})}$ en fonction de $\|\hat{v}'\|_{L^2(\hat{K})}$. Puis montrer que $\hat{v}_0 - \hat{r}\hat{v}_0$ coïncide avec $\hat{v} - \hat{r}\hat{v}$ et en déduire une majoration de $\hat{\lambda}$.

Question 11 Donner une majoration de κ_1 lorsque k est ≥ 2.

Question 12 Montrer que pour toute fonction w de $H_0^1(K_j)$,

$$\int_{a_{j-1}}^{a_j} (f_h + u_h'')(x) w(x)\, dx = \int_{a_{j-1}}^{a_j} (u - u_h)'(x) w'(x)\, dx - \int_{a_{j-1}}^{a_j} (f - f_h)(x) w(x)\, dx.$$

En déduire une majoration de $\|(f_h + u_h'')\, (x - a_{j-1})^{\frac{1}{2}} (a_j - x)^{\frac{1}{2}}\|_{L^2(K_j)}$.

Question 13 On admet (mais on est autorisé à démontrer) que le rapport

$$\|L'_n\|_{L^2(-1,1)}/\|L_n\|_{L^2(-1,1)}$$

est égal à $\sqrt{n(n+1)(n+\frac{1}{2})}$. Prouver que, pour tout polynôme φ de $\mathcal{P}_m(\hat{K})$,

$$\|\varphi\|_{L^2(-1,1)} \leq \sqrt{\frac{(m+1)(m+3)}{2}}\,\|\varphi\,(1-t^2)^{\frac{1}{2}}\|_{L^2(-1,1)}$$

et que

$$\|(\varphi\,(1-t^2))'\|_{L^2(-1,1)} \leq \sqrt{(m+1)(m+2)}\,\|\varphi\,(1-t^2)^{\frac{1}{2}}\|_{L^2(-1,1)}$$

(pour ces majorations, on utilisera l'équation différentielle (7.5)). En déduire les majorations analogues pour un polynôme z de $\mathcal{P}_m(K_j)$.

Question 14 Donner une majoration de κ_2 et du produit $\kappa_1\kappa_2$. Commenter ce dernier résultat.

XIV.8 Méthode "chimère" pour l'équation de Laplace

Soit Ω un ouvert borné de $\mathbb{R}^2$ à frontière lipschitzienne. Pour une fonction f de $L^2(\Omega)$, on considère le problème suivant:

Trouver u dans $H_0^1(\Omega)$ tel que

$$\forall v \in H_0^1(\Omega), \quad a(u,v) = \int_\Omega f(\boldsymbol{x})v(\boldsymbol{x})\,d\boldsymbol{x}, \tag{8.1}$$

où la forme bilinéaire $a(\cdot,\cdot)$ est définie par

$$a(u,v) = \int_\Omega (\mathbf{grad}\,u)(\boldsymbol{x}) \cdot (\mathbf{grad}\,v)(\boldsymbol{x})\,d\boldsymbol{x}.$$

On suppose que le domaine peut être décomposé en deux sous-domaines (ouverts) avec recouvrement: $\Omega = \Omega_1 \cup \Omega_2$ et $\Omega_1 \cap \Omega_2 \neq \emptyset$. On définit ensuite les espaces $V_i = H_0^1(\Omega_i)$, $i = 1$ et 2.

LA MÉTHODE

Question 1 Soit v_i une fonction de V_i, $i = 1$ ou 2. Montrer que la fonction $\tilde{v}_i$ définie par

$$\tilde{v}_i = \begin{cases} v_i & \text{sur } \Omega_i, \\ 0 & \text{sur } \Omega \setminus \Omega_i, \end{cases}$$

est un élément de $H_0^1(\Omega)$. Dans la suite, pour simplifier, on notera encore v_i l'extension $\tilde{v}_i$ lorsqu'il n'y a pas de confusion possible.

Soit $b(.,.)$ une forme bilinéaire continue sur $L^2(\Omega) \times L^2(\Omega)$ et elliptique sur $L^2(\Omega)$. On considère l'algorithme itératif suivant: on suppose u_1^0 donné dans V_1 et u_2^0 donné dans V_2, et, pour $n \geq 0$, on résout les problèmes

Trouver u_i^{n+1} dans V_i, $i = 1$ et 2, tel que

$$\begin{aligned}
&\forall v_1 \in V_1, \quad b(u_1^{n+1} - u_1^n, v_1) + a(u_1^{n+1} + u_2^n, v_1) = \int_\Omega f(\boldsymbol{x}) v_1(\boldsymbol{x})\, d\boldsymbol{x}, \\
&\forall v_2 \in V_2, \quad b(u_2^{n+1} - u_2^n, v_2) + a(u_2^{n+1} + u_1^n, v_2) = \int_\Omega f(\boldsymbol{x}) v_2(\boldsymbol{x})\, d\boldsymbol{x}.
\end{aligned} \tag{8.2}$$

Question 2 Montrer que les équations (8.2) définissent les suites $(u_1^n)_{n\geq 0}$ et $(u_2^n)_{n\geq 0}$ de façon unique.

Question 3 Soit u une fonction quelconque de $H_0^1(\Omega)$. Écrire les conditions suffisantes sur la fonction χ définie sur Ω pour que la fonction $w_1 = \chi u$ appartienne à V_1 et que la fonction $w_2 = (1-\chi) u$ appartienne à V_2. On note $\Gamma_i = \partial\Omega_i \setminus \partial\Omega$, $i = 1$ et 2, et on suppose dans toute la suite que $\overline{\Gamma}_1 \cap \overline{\Gamma}_2 = \emptyset$. Prouver qu'il existe une fonction χ vérifiant les conditions précédentes. En déduire, sous cette même hypothèse, l'existence et la non unicité d'une décomposition de toute fonction u de $H_0^1(\Omega)$ sous la forme $w_1 + w_2$, avec chaque w_i dans V_i, $i = 1$ et 2.

Question 4 Soit $u = w_1 + w_2$ une décomposition de la solution u du problème (8.1) telle qu'exhibée dans la Question 3. On pose $w_i^n = u_i^n - w_i$, $i = 1$ et 2. À partir des problèmes (8.1) et (8.2), écrire l'équation variationnelle vérifiée par chaque w_i^{n+1}, $i = 1$ et 2, $n \geq 0$.

Question 5 On suppose *désormais* que la forme $b(\cdot,\cdot)$ est égale à β fois le produit scalaire de $L^2(\Omega)$, pour une constante $\beta > 0$. Démontrer à partir des équations obtenues dans la Question 4 la formule

$$\begin{aligned}
\frac{\beta}{2} \Big(&\|w_1^{n+1}\|_{L^2(\Omega)}^2 - \|w_1^n\|_{L^2(\Omega)}^2 + \|w_1^{n+1} - w_1^n\|_{L^2(\Omega)}^2 \\
&+ \|w_2^{n+1}\|_{L^2(\Omega)}^2 - \|w_2^n\|_{L^2(\Omega)}^2 + \|w_2^{n+1} - w_2^n\|_{L^2(\Omega)}^2 \Big) \\
&\quad + a(w_1^{n+1}, w_1^{n+1}) + a(w_2^n, w_1^{n+1}) + a(w_1^n, w_2^{n+1}) + a(w_2^{n+1}, w_2^{n+1}) = 0.
\end{aligned}$$

En déduire que

$$\begin{aligned}
\|w_1^{n+1}\|_{L^2(\Omega)}^2 &+ \|w_2^{n+1}\|_{L^2(\Omega)}^2 + \|w_1^{n+1} - w_1^n\|_{L^2(\Omega)}^2 + \|w_2^{n+1} - w_2^n\|_{L^2(\Omega)}^2 \\
&+ \frac{1}{\beta}\big(a(w_1^{n+1}, w_1^{n+1}) + a(w_2^{n+1}, w_2^{n+1})\big) \\
&\leq \|w_1^n\|_{L^2(\Omega)}^2 + \|w_2^n\|_{L^2(\Omega)}^2 + \frac{1}{\beta}\big(a(w_1^n, w_1^n) + a(w_2^n, w_2^n)\big).
\end{aligned} \tag{8.3}$$

Question 6 En déduire que les suites $(u_i^n)_{n\geq 0}$, $i = 1$ et 2, sont bornées dans V_i et, de plus, que

$$\sum_{n=0}^{+\infty} \|u_1^{n+1} - u_1^n\|_{L^2(\Omega)}^2 + \|u_2^{n+1} - u_2^n\|_{L^2(\Omega)}^2 < +\infty.$$

Montrer qu'il existe une sous-suite de la suite $(u_1^n, u_2^n)_{n\geq 0}$ qui converge faiblement dans $V_1 \times V_2$ vers une limite (u_1^*, u_2^*).

Question 7 Écrire l'équation vérifiée par les u_i^* en passant à la limite dans (8.2) (on justifiera tous les passages à la limite). En ajoutant ces deux équations, en déduire que $u_1^* + u_2^* = u$.

Question 8 Pour n'importe quelle fonction φ de $H_0^1(\Omega_1 \cap \Omega_2)$, on prend dans (8.2) les fonctions test v_i, $i = 1$ et 2, égales au prolongement de φ par zéro à Ω_i. Montrer que

$$b\big((u_1^{n+1} - u_1^n) - (u_2^{n+1} - u_2^n), \varphi\big) + a\big((u_1^{n+1} - u_1^n) - (u_2^{n+1} - u_2^n), \varphi\big) = 0.$$

En déduire l'équation

$$\forall \varphi \in H_0^1(\Omega_1 \cap \Omega_2), \quad b(u_1^* - u_2^*, \varphi) + a(u_1^* - u_2^*, \varphi) = b(u_1^0 - u_2^0, \varphi) + a(u_1^0 - u_2^0, \varphi).$$

Question 9 Soit ψ^* la solution dans $\Omega_1 \cap \Omega_2$ de l'équation

$$\begin{cases} \beta\,\psi^* - \Delta\psi^* = \beta\,(u_1^0 - u_2^0) - \Delta(u_1^0 - u_2^0) & \text{dans } \Omega_1 \cap \Omega_2, \\ \psi^* = -u & \text{sur } \partial(\Omega_1 \cap \Omega_2) \cap \partial\Omega_1, \\ \psi^* = u & \text{sur } \partial(\Omega_1 \cap \Omega_2) \cap \partial\Omega_2. \end{cases}$$

Démontrer que chaque limite u_i^*, $i = 1$ et 2, est donnée par la formule

$$u_i^* = \begin{cases} \frac{u + (-1)^{i+1}\psi^*}{2} & \text{dans } \Omega_1 \cap \Omega_2, \\ u & \text{dans } \Omega_1 \setminus (\Omega_1 \cap \Omega_2). \end{cases}$$

Question 10 En déduire la convergence de toute la suite $(u_1^n, u_2^n)_{n \geq 0}$ vers (u_1^*, u_2^*).

Et sa discrétisation

Soit $(\mathcal{T}_h^1)_h$ et $(\mathcal{T}_h^2)_h$ deux familles régulières de triangulations (par des triangles), l'une de Ω_1, l'autre de Ω_2.

Question 11 Écrire la définition explicite des sous-espaces $V_{i,h}$ de V_i, $i = 1$ et 2, construits à partir des triangulations $\mathcal{T}_h^1$ et $\mathcal{T}_h^2$ et des éléments finis de Lagrange d'ordre k.

La version discrète du problème (8.2) s'écrit maintenant, pour des données $u_{i,h}^0$ dans $V_{i,h}$, $i = 1$ et 2:

Trouver $u_{i,h}^{n+1}$ dans $V_{i,h}$, $i = 1$ et 2, tel que

$$\begin{aligned} \forall v_{1,h} \in V_{1,h}, \quad & b(u_{1,h}^{n+1} - u_{1,h}^n, v_{1,h}) + a(u_{1,h}^{n+1} + u_{2,h}^n, v_{1,h}) = \int_\Omega f(\boldsymbol{x}) v_{1,h}(\boldsymbol{x})\, d\boldsymbol{x}, \\ \forall v_{2,h} \in V_{2,h}, \quad & b(u_{2,h}^{n+1} - u_{2,h}^n, v_{2,h}) + a(u_{2,h}^{n+1} + u_{1,h}^n, v_{2,h}) = \int_\Omega f(\boldsymbol{x}) v_{2,h}(\boldsymbol{x})\, d\boldsymbol{x}. \end{aligned} \tag{8.4}$$

Question 12 Montrer que les équations (8.4) définissent les suites $(u_{1,h}^n)_{n\geq 0}$ et $(u_{2,h}^n)_{n\geq 0}$ de façon unique.

Par les mêmes arguments que précédemment, montrer qu'il existe une sous-suite de la suite $(u_{1,h}^n, u_{2,h}^n)_{n\geq 0}$ qui converge vers une limite $(u_{1,h}^*, u_{2,h}^*)$.

Question 13 Prouver l'égalité, pour $i = 1$ et 2,

$$\forall v_{i,h} \in V_{i,h}, \quad \int_\Omega \big(\mathbf{grad}\,(u_{1,h}^* - u_1^* + u_{2,h}^* - u_2^*)\big)(\boldsymbol{x}) \cdot \big(\mathbf{grad}\,(v_{1,h} + v_{2,h})\big)(\boldsymbol{x})\,d\boldsymbol{x} = 0.$$

En déduire que

$$\int_\Omega |\mathbf{grad}\,(u_1^* + u_2^* - u_{1,h}^* - u_{2,h}^*)|^2(\boldsymbol{x})\,d\boldsymbol{x}$$
$$= \min_{(v_{1,h},v_{2,h})\in V_{1,h}\times V_{2,h}} \int_\Omega |\mathbf{grad}\,(u_1^* + u_2^* - v_{1,h}^* - v_{2,h}^*)|^2(\boldsymbol{x})\,d\boldsymbol{x}.$$

Question 14 Déduire de la Question 13 une majoration de l'erreur $\|u - u_{1,h}^* - u_{2,h}^*\|_{H^1(\Omega)}$.

Question 15 Écrire l'analogue du problème (8.4) lorsque Ω_1 et Ω_2 sont des rectangles et dans le cadre d'une discrétisation spectrale. Sauriez-vous prouver les mêmes résultats que précédemment pour la nouvelle suite ainsi construite?

Chimère: dérivé du grec *χίμαιρα*, jeune chèvre, et par extension *Χίμαιρα*, monstre mythologique composé par tiers et de l'avant vers l'arrière d'une tête de lion, d'un corps de chèvre et d'un arrière-train de dragon; en Français, signifie vaine imagination, fantasme, illusion; doté récemment du sens mathématique "décomposition de domaine artificielle, qui n'existe pas".

Références de base: [35], [36].

XIV.9 Discrétisation d'une équation à coefficients discontinus

Soit Ω le rectangle $]-2,4[\times]-2,2[$, Ω_1 le carré $]-1,1[\times]-1,1[$ et Ω_2 l'ouvert $\Omega\setminus\overline{\Omega}_1$. On note $\boldsymbol{n}$ le vecteur unitaire normal extérieur à Ω_1 sur $\partial\Omega_1$ et extérieur à Ω sur $\partial\Omega$. On introduit une fonction α telle que sa restriction à Ω_1, respectivement à Ω_2, soit égale à une constante positive α_1, respectivement α_2. On suppose $\alpha_1 \neq \alpha_2$, on se donne une fonction f de $L^2(\Omega)$ et on considère le problème:

$$\begin{cases} -\mathrm{div}(\alpha\,\mathbf{grad}\,u) = f & \text{dans } \Omega, \\ u = 0 & \text{sur } \partial\Omega, \end{cases} \tag{9.1}$$

où la première équation est prise au sens des distributions sur Ω.

Le problème continu

Question 1 Écrire une formulation variationnelle équivalente du problème (9.1). Montrer que ce problème admet une solution unique.

Question 2 Montrer que toute solution du problème (9.1) au sens des distributions vérifie

$$\alpha_1 \frac{\partial u_{|\Omega_1}}{\partial n} = \alpha_2 \frac{\partial u_{|\Omega_2}}{\partial n} \quad \text{sur } \partial\Omega_1.$$

En déduire une condition nécessaire pour que cette solution appartienne à $H^2(\Omega)$.

Question 3 Uniquement pour cette question, on se place dans le cas monodimensionnel où le domaine Ω est l'intervalle $]-1,1[$, Ω_1 est l'intervalle $]-1,0[$ et Ω_2 l'ouvert $\Omega\setminus\overline{\Omega}_1$. On suppose également que la donnée f est identiquement égale à 1. Calculer explicitement la solution du problème (5.1) et montrer qu'elle n'appartient pas à $H^2(\Omega)$, sauf pour certaines valeurs de α_1 et α_2 qu'on indiquera.

Dans ce qui suit, on admettra que la solution u du problème (9.1) appartient à $H^{s_0+1}(\Omega)$ pour un réel s_0 fixé, $0 < s_0 < \frac{1}{2}$ (où l'on admet que les espaces $H^{s+1}(\Omega)$, $0 < s < 1$, sont définis comme l'interpolé d'ordre $1-s$ entre $H^2(\Omega)$ et $H^1(\Omega)$).

PREMIÈRE DISCRÉTISATION

Soit $(\mathcal{T}_h)_h$ une famille régulière de triangulations de Ω telle que, pour tout h, la frontière de Ω_1 soit contenue dans l'union des côtés (fermés) des éléments K de $\mathcal{T}_h$. On note h_1, respectivement h_2, le maximum des diamètres des éléments K de $\mathcal{T}_h$ contenus dans $\overline{\Omega}_1$, respectivement dans $\overline{\Omega}_2$.

Pour tout h, on introduit l'espace discret

$$X_h = \{v_h \in H_0^1(\Omega);\ \forall K \in \mathcal{T}_h, v_{h\,|K} \in \mathcal{P}_1(K)\},$$

où $\mathcal{P}_1(K)$ désigne l'espace des restrictions à K de fonctions affines sur $\mathbb{R}^2$.

Question 4 Écrire le problème discret construit à partir du problème (9.1) par méthode de Galerkin et reposant sur l'espace X_h. Montrer qu'il admet une solution unique u_h dans X_h.

Question 5 Pour les majorations d'erreur, on utilisera la norme de l'énergie

$$\|v\|_\alpha = \left(\alpha_1 \|\mathbf{grad}\, v\|^2_{L^2(\Omega_1)^2} + \alpha_2 \|\mathbf{grad}\, v\|^2_{L^2(\Omega_2)^2}\right)^{\frac{1}{2}}.$$

Montrer que c'est une norme sur $H_0^1(\Omega)$, équivalente à la norme usuelle.

Question 6 Prouver que

$$\|u - u_h\|_\alpha \le \inf_{v_h \in X_h} \|u - v_h\|_\alpha.$$

En déduire une majoration de $\|u-u_h\|_\alpha$ en fonction de h_1 et de h_2, de α_1 et de α_2, et aussi de s_0.

Question 7 En déduire un choix optimal de h_1 par rapport à h_2. Comment ce choix se réalise-t-il dans la pratique?

Question 8 Écrire les indicateurs par résidu associés à la discrétisation précédente du problème (9.1). Sauriez-vous prouver des estimations permettant de les comparer à l'erreur $\|u-u_h\|_\alpha$?

SECONDE DISCRÉTISATION

On propose une seconde discrétisation du problème (9.1) par méthode de joints. Soit $\delta = (N, h)$ le paramètre de discrétisation.

Sur le domaine Ω_1, on introduit l'espace $X_\delta^1 = \mathbb{P}_N(\Omega_1)$ des polynômes à 2 variables de degré inférieur ou égal à N par rapport à chaque variable, pour un entier $N \geq 2$ fixé. On considère une famille régulière de triangulations $(\mathcal{T}_h^2)_h$ de Ω_2 par des triangles, où h désigne le maximum des diamètres des triangles K de $\mathcal{T}_h^2$ et on lui associe, pour tout h, l'espace

$$X_\delta^2 = \{v_h \in H^1(\Omega_2);\ \forall K \in \mathcal{T}_h^2, v_{h\,|K} \in \mathcal{P}_1(K)\}.$$

L'espace X_δ est l'espace des fonctions v_δ telles que:

- chaque restriction $v_{\delta|\Omega_k}$ de v_δ à Ω_k, $k = 1$ et 2, appartienne à X_δ^k,
- v_δ s'annule sur $\partial\Omega$,
- sur chacun des quatre côtés γ de Ω_1, on ait la condition de raccord

$$\forall \psi \in \mathbb{P}_{N-2}(\gamma), \quad \int_\gamma (v_{\delta|\Omega_1} - v_{\delta|\Omega_2})(\tau)\,\psi(\tau)\,d\tau = 0,$$

où τ désigne la coordonnée tangentielle de γ et $\mathbb{P}_{N-2}(\gamma)$ l'espace des polynômes de degré inférieur ou égal à $N-2$ par rapport à τ sur γ.

Soit ξ_j et ρ_j, $0 \leq j \leq N$, les nœuds et poids de la formule de Gauss–Lobatto sur $]-1,1[$, exacte sur les polynômes de degré inférieur ou égal à $2N-1$ sur $]-1,1[$. On considère le problème discret:

Trouver u_δ dans X_δ tel que

$$\begin{aligned}
&\forall v_\delta \in X_\delta,\\
&\alpha_1 \sum_{i=0}^N \sum_{j=0}^N (\mathbf{grad}\, u_\delta)(\xi_i,\xi_j) \cdot (\mathbf{grad}\, v_\delta)(\xi_i,\xi_j)\,\rho_i\rho_j\\
&\qquad\qquad + \alpha_2 \int_{\Omega_2} (\mathbf{grad}\, u_\delta)(\boldsymbol{x}) \cdot (\mathbf{grad}\, v_\delta)(\boldsymbol{x})\,d\boldsymbol{x}\\
&\qquad\qquad\qquad = \sum_{i=0}^N \sum_{j=0}^N f(\xi_i,\xi_j) v_\delta(\xi_i,\xi_j)\,\rho_i\rho_j + \int_{\Omega_2} f(\boldsymbol{x}) v_\delta(\boldsymbol{x})\,d\boldsymbol{x}.
\end{aligned} \tag{9.2}$$

Question 9 Vérifier que, si la donnée f est continue sur $\overline{\Omega}_1$, le problème (9.2) a une solution unique.

Question 10 Prouver que la norme $\|\cdot\|_\alpha$ est une norme sur X_δ. Montrer que la forme bilinéaire figurant dans le membre de gauche du problème (9.2) est elliptique sur X_δ pour cette norme.

Question 11 Établir une majoration d'erreur du type

$$\|u - u_\delta\|_\alpha \leq E_a + E_c + E_n,$$

où E_a est l'erreur d'approximation, E_c l'erreur de consistance et E_n l'erreur due au remplacement des intégrales par la formule de quadrature.

Question 12 On suppose f dans $H^r(\Omega)$ pour un entier $r \geq 2$. Majorer E_n par les techniques habituelles et en fonction de E_a.

Question 13 Indiquer comment se majore E_c.

Question 14 Montrer comment on peut majorer le terme E_a à partir des opérateurs d'interpolation à valeurs dans les X_δ^k, $k = 1$ ou 2.

Question 15 Établir une majoration de $\|u - u_\delta\|_\alpha$ en fonction de N et de h, de α_1 et de α_2, et aussi de s_0 et de r.

Question 16 En supposant r très grand, déduire du résultat précédent un choix optimal de h par rapport à N. Pourquoi cette méthode est-elle plus facile à mettre en œuvre que la précédente?

Question 17 Proposer une discrétisation par méthodes de joints, reposant sur des espaces discrets d'éléments finis associés à deux familles régulières de triangulations $(\mathcal{T}_h^1)_h$ et $(\mathcal{T}_h^2)_h$ de Ω_1 et Ω_2. Comment cette méthode permettrait-elle de résoudre la difficulté apparue dans la Question 7 lorsque le rapport α_1/α_2 est très élevé?

Références peut-être utiles: [18], [29].

XIV.10 Méthode de bases réduites

Soit X un espace de Banach réflexif, muni de la norme $\|\cdot\|_X$, et Λ un intervalle ouvert borné de $\mathbb{R}$. On considère une application $a(\cdot;\cdot,\cdot)$ définie sur $\overline{\Lambda} \times X \times X$ telle que
• la fonction: $\mu \mapsto a(\mu;\cdot,\cdot)$ soit continue de $\overline{\Lambda}$ dans l'espace des formes bilinéaires sur $X \times X$,
• il existe une fonction g continue de $\overline{\Lambda}$ dans $\mathbb{R}$ bornée, une fonction h continue de $\overline{\Lambda}$ dans $\mathbb{R}$ strictement positive et une forme bilinéaire continue $\tilde{a}(\cdot,\cdot)$ continue sur $X \times X$ et elliptique sur X, telles que, pour tout μ dans $\overline{\Lambda}$,

$$\begin{aligned} &\forall u \in X, \forall v \in X, \quad a(\mu; u, v) \leq g(\mu)\, \tilde{a}(u, v) \\ &\qquad\qquad\qquad \text{et} \qquad \forall u \in X, \quad a(\mu; u, u) \geq h(\mu)\, \tilde{a}(u, u). \end{aligned} \tag{10.1}$$

Les problèmes continu et semi-discret

Pour un μ fixé dans Λ et une donnée f dans X', on considère le problème

Trouver u dans X tel que

$$\forall v \in X, \quad a(\mu; u, v) = \langle f, v \rangle, \tag{10.2}$$

où $\langle\cdot,\cdot\rangle$ désigne le produit de dualité entre X' et X.

Question 1 Prouver que le problème (10.2) admet une solution unique. Dans toute la suite du problème, cette solution est notée $u(\mu)$. Vérifier que l'application: $\mu \mapsto u(\mu)$ est continue en tout point de Λ à valeurs dans X.

Soit I un entier positif. On fixe un échantillon de I valeurs distinctes μ_i, $1 \leq i \leq I$, de $\overline{\Lambda}$ et on note X_I le sous-espace de X engendré par les $u(\mu_i)$, $1 \leq i \leq I$. La méthode de bases réduites consiste à écrire une discrétisation par méthode de Galerkin du problème (10.2) reposant sur l'espace X_I. Plus précisément, pour un μ fixé, on considère le problème

Trouver u_I dans X_I tel que

$$\forall v_I \in X_I, \quad a(\mu; u_I, v_I) = \langle f, v_I \rangle. \tag{10.3}$$

Question 2 Montrer que le problème (10.3) admet une solution unique, que l'on note encore $u_I(\mu)$. Établir la majoration d'erreur

$$\|u(\mu) - u_I(\mu)\|_X \leq c \inf_{v_I \in X_I} \|u(\mu) - v_I\|_X.$$

Question 3 On suppose dans cette question et les suivantes que Λ désigne l'intervalle $]b, c[$, que μ_1 est égal à b, que μ_I est égal à c et que, si ℓ est pris égal à $\frac{c-b}{I-1}$, la distance entre deux μ_i consécutifs est égale à ℓ. Construire un interpolé $\mathcal{I}_I u(\mu)$ de la solution $u(\mu)$ aux points μ_i qui soit affine sur chacun des $I-1$ intervalles de longueur ℓ à valeurs dans X_I. On suppose l'application: $\mu \mapsto u(\mu)$ continuement dérivable de Λ dans X (et on note u' sa dérivée). En déduire que

$$\|u(\mu) - \mathcal{I}_I u(\mu)\|_X \leq c\,\ell \sup_{\nu \in \overline{\Lambda}} \|u'(\nu)\|_X. \tag{10.4}$$

Question 4 Sous les hypothèses de la Question 3, prouver une estimation de l'erreur $\|u(\mu) - u_I(\mu)\|_X$. Pour quelles valeurs de μ cette estimation peut-elle être améliorée?

Question 5 Quelle estimation de l'erreur $\|u(\mu) - u_I(\mu)\|_X$ peut-on obtenir pour tous les μ dans Λ lorsque l'on suppose l'application: $\mu \mapsto u(\mu)$ plus régulière?

Question 6 Soit Ω un ouvert borné de $\mathbb{R}^d$, $d = 2$ ou 3, à frontière lipschitzienne. On introduit une fonction α continue sur $\overline{\Lambda} \times \Omega$ vérifiant, pour deux fonctions continues $\tilde{g}$ de $\overline{\Lambda}$ dans $\mathbb{R}$ bornée et $\tilde{h}$ de $\overline{\Lambda}$ dans $\mathbb{R}$ strictement positive

$$\forall \mu \in \overline{\Lambda}, \quad \tilde{h}(\mu) \leq \alpha(\mu, \boldsymbol{x}) \leq \tilde{g}(\mu) \quad \text{pour presque tout } \boldsymbol{x} \text{ dans } \mathbb{R}.$$

On considère l'équation

$$\begin{cases} -\mathrm{div}\big(\alpha(\mu, \cdot)\,\mathbf{grad}\, u(\mu)\big) = f & \text{dans } \Omega, \\ u(\mu) = 0 & \text{sur } \partial\Omega. \end{cases} \tag{10.5}$$

Montrer que le problème (10.5) admet une formulation variationnelle du type (10.2). Exhiber une discrétisation de ce problème par bases réduites. Prouver que, si la fonction α est continuement differentiable par rapport à μ et indépendante du point $\boldsymbol{x}$ de Ω (c'est-à-dire ne dépend que de μ) l'application: $\mu \mapsto u(\mu)$ est continuement différentiable de $\overline{\Lambda}$ dans $H_0^1(\Omega)$.

Question 7 Pour un réel μ appartenant à $]1, 2005[$, on désigne par Ω_μ le rectangle $]0,1[\times]0,\mu[$, on se donne une fonction f de $L^2(\Omega_\mu)$ et on considère le problème

$$\begin{cases} -\Delta v(\mu) = f & \text{dans } \Omega_\mu, \\ v(\mu) = 0 & \text{sur } \partial\Omega_\mu. \end{cases} \tag{10.6}$$

Utiliser un changement de variables pour réécrire ce problème sur le carré de référence $\Omega =]0,1[^2$. Prouver que le problème correspondant est du type (10.2) et en déduire une discrétisation par bases réduites.

LES PROBLÈMES DISCRETS

On suppose *dorénavant* que X est l'espace $H_0^1(\Omega)$, où Ω désigne un ouvert borné de $\mathbb{R}^d$, $d = 2$ ou 3, à frontière lipschitzienne. Soit $(\mathcal{T}_h)_h$ une famille régulière de triangulations de Ω. Pour tout h, on introduit l'espace

$$X_h = \{v_h \in H_0^1(\Omega);\ \forall K \in \mathcal{T}_h,\ v_{h|K} \in \mathcal{P}_k(K)\},$$

où k est un entier positif fixé et $\mathcal{P}_k(K)$ est l'espace des restrictions à K des polynômes à d variables de degré total $\leq k$.

Question 8 Montrer que, pour tout μ dans $\overline{\Lambda}$, le problème

Trouver u_h dans X_h tel que

$$\forall v_h \in X_h, \quad a(\mu; u_h, v_h) = \langle f, v_h \rangle, \tag{10.7}$$

admet une solution unique, que l'on note $u_h(\mu)$. Sous des hypothèses de régularité sur $u(\mu)$, établir une majoration de l'erreur $\|u(\mu) - u_h(\mu)\|_X$.

Question 9 Pour le même échantillon de valeurs μ_i, $1 \leq i \leq I$, que précédemment, on note X_{hI} le sous-espace de X_h engendré par les $u_h(\mu_i)$, $1 \leq \mu_i \leq I$, et on considère le problème

Trouver u_{hI} dans X_{hI} tel que

$$\forall v_{hI} \in X_{hI}, \quad a(\mu; u_{hI}, v_{hI}) = \langle f, v_{hI} \rangle. \tag{10.8}$$

Montrer qu'il admet une solution unique, que l'on note $u_{hI}(\mu)$. Sous les hypothèses de la Question 3, énoncer des hypothèses de régularité suffisantes pour obtenir une majoration de l'erreur $\|u_h(\mu) - u_{hI}(\mu)\|_X$.

Question 10 Montrer que l'on peut établir une majoration de $\|u(\mu) - u_{hI}(\mu)\|_X$ de deux façons distinctes et pour des hypothèses de régularité différentes. Lesquelles de ces hypothèses vous paraissent le plus vraisemblables?

Question 11 Indiquer des situations où résoudre le problème (10.8) est beaucoup moins coûteux que le problème (10.7).

DEUX ESTIMATIONS A PRIORI ET UNE A POSTERIORI

Étant donné un élément $\mathcal{L}$ de $X' = H^{-1}(\Omega)$, on veut établir des majorations a priori et a posteriori de la quantité $|\langle \mathcal{L}, u_h(\mu) \rangle - \langle \mathcal{L}, u_{hI}(\mu) \rangle|$.

Question 12 Prouver que

$$|\langle \mathcal{L}, u_h(\mu) \rangle - \langle \mathcal{L}, u_{hI}(\mu) \rangle| \leq \|u_h(\mu) - u_{hI}(\mu)\|_X.$$

En déduire sous des hypothèses appropriées une première estimation a priori de la quantité $|\langle \mathcal{L}, u_h(\mu) \rangle - \langle \mathcal{L}, u_{hI}(\mu) \rangle|$.

On résout le problème dual, pour une valeur de μ fixée dans $\overline{\Lambda}$,

Trouver ψ_h dans X_h tel que

$$\forall v_h \in X_h, \quad a(\mu; v_h, \psi_h) = -\langle \mathcal{L}, v_h \rangle. \tag{10.9}$$

Question 13 Montrer que le problème (10.9) admet une solution unique, qu'on note $\psi_h(\mu)$. Indiquer comment est définie la discrétisation par bases réduites $\psi_{hI}(\mu)$ et établir une majoration de l'erreur $\|\psi_h(\mu) - \psi_{hI}(\mu)\|_X$, là encore sous des hypothèses *ad hoc*.

Question 14 Vérifier que

$$\langle \mathcal{L}, u_h(\mu) \rangle - \langle \mathcal{L}, u_{hI}(\mu) \rangle = a\big(\mu; u_h(\mu) - u_{hI}(\mu), \psi_h(\mu) - \psi_{hI}(\mu)\big).$$

En déduire une seconde estimation a priori de la quantité $|\langle \mathcal{L}, u_h(\mu) \rangle - \langle \mathcal{L}, u_{hI}(\mu) \rangle|$.

On définit e_h comme l'élément de X_h vérifiant

$$\forall v_h \in X_h, \quad 2\, a(\mu; e_h, v_h) = \langle f, v_h \rangle - a\big(\mu; u_{hI}(\mu), v_h\big) - \langle \mathcal{L}, v_h \rangle - a\big(\mu; v_h, \psi_h(\mu)\big).$$

Question 15 Prouver l'inégalité

$$\langle \mathcal{L}, u_{hI}(\mu) \rangle - a(\mu; e_h, e_h) \le \langle \mathcal{L}, u_h(\mu) \rangle.$$

En déduire une estimation a posteriori de la quantité $|\langle \mathcal{L}, u_h(\mu) \rangle - \langle \mathcal{L}, u_{hI}(\mu) \rangle|$.

Références de base: [58], [76], [80], [86].

Références

[1] Y. Achdou — Décomposition de domaines pour les équations aux dérivées partielles, *Matapli* **60** (1999), 35–47.

[2] Y. Achdou, C. Bernardi, F. Coquel — A priori and a posteriori analysis of finite volume discretizations of Darcy's equations, à paraître dans *Numer. Math.*

[3] R.A. Adams — *Sobolev Spaces*, Academic Press, New-York, San Francisco, London (1975).

[4] A. Agouzal — Analyse numérique de méthodes de décomposition de domaines. Méthodes des domaines fictifs avec multiplicateurs de Lagrange, Thèse, Université de Pau et des Pays de l'Adour (1993).

[5] C. Amrouche, C. Bernardi, M. Dauge, V. Girault — Vector potentials in three-dimensional nonsmooth domains, *Math. Meth. in the Applied Sciences* **21** (1998), 823–864.

[6] D.N. Arnold, D. Boffi, R.S. Falk, L. Gastaldi — Finite element approximation on quadrilateral meshes, *Comm. Numer. Methods Engrg.* **17** (2001), 805–812.

[7] K. Arrow, L. Hurwicz, H. Uzawa — *Studies in Nonlinear Programming*, Stanford University Press, Stanford (1958).

[8] M. Azaïez, C. Bernardi, M. Grundmann — Méthodes spectrales pour les équations du milieu poreux, *East-West Journal on Numerical Analysis* **2** (1994), 91–105.

[9] I. Babuška — The finite element method with Lagrangian multipliers, *Numer. Math.* **20** (1973), 179–192.

[10] I. Babuška, W.C. Rheinboldt — Error estimates for adaptive finite element computations, *SIAM J. Numer. Anal.* **15** (1978), 736–754.

[11] R.E. Bank, A. Weiser — Some a posteriori error estimators for elliptic partial differential equations, *Math. Comput.* **44** (1985), 283–301.

[12] F. Ben Belgacem — Discrétisations 3D non conformes par la méthode de décomposition de domaines avec joints: analyse mathématique et mise en œuvre pour le problème de Poisson, Thèse, Université Pierre et Marie Curie (1993).

[13] F. Ben Belgacem — The Mortar finite element method with Lagrange multipliers, *Numer. Math.* **84** (1999), 173–197.

[14] F. Ben Belgacem, C. Bernardi — Spectral element discretization of the Maxwell equations, *Math. Comput.* **68** (1999), 1497–1520.

[15] M. Bercovier, O. Pironneau — Error estimates for finite element method solution of the Stokes problem in the primitive variables, *Numer. Math.* **33** (1979), 211–224.

[16] J. Bergh, J. Löfström — *Interpolation Spaces: an Introduction*, Springer-Verlag, Berlin (1976).

[17] A. Berger, R. Scott, G. Strang — Approximate boundary conditions in the finite element method, *Symposia Mathematica* **X** (1972), 295–313.

[18] C. Bernardi, N. Chorfi — Mortar spectral element methods for elliptic equations with discontinuous coefficients, *Math. Models and Methods in Applied Sciences* **12** (2002), 497–524.

[19] C. Bernardi, M. Dauge, Y. Maday — Compatibilité de traces aux arêtes et coins d'un polyèdre, *C. R. Acad. Sci. Paris* Série I **331** (2000), 679–684.

[20] C. Bernardi, M. Dauge, Y. Maday — *Polynomials in Sobolev Spaces and Applications*, livre en préparation.

[21] C. Bernardi, M. Dauge, Y. Maday, plus M. Azaïez — *Spectral Methods for Axisymmetric Domains*, "Series in Applied Mathematics" **3**, Gauthier-Villars et North-Holland (1999).

[22] C. Bernardi, V. Girault — A local regularization operator for triangular and quadrilateral finite elements, *SIAM J. Numer. Anal.* **35** (1998), 1893–1916.

[23] C. Bernardi, Y. Maday — Approximation results for spectral methods with domain decomposition, *Applied Num. Math.* **6** (1989), 33–52.

[24] C. Bernardi, Y. Maday — Some spectral approximations of one-dimensional fourth-order problems, *Progress in Approximation Theory*, édité par P. Nevai & A. Pinkus, Academic Press, San Diego (1991), 43–116.

[25] C. Bernardi, Y. Maday — Polynomial approximation of some singular functions, *Applicable Analysis : an International Journal* **42** (1991), 1–32.

[26] C. Bernardi, Y. Maday — *Spectral Methods*, dans *Handbook of Numerical Analysis*, Vol. V, édité par P.G. Ciarlet & J.-L. Lions, North-Holland (1997), 209–485.

[27] C. Bernardi, Y. Maday, A.T. Patera — A new nonconforming approach to domain decomposition: the mortar element method, *Collège de France Seminar* **XI**, édité par H. Brezis & J.-L. Lions, Pitman (1994), 13–51.

[28] C. Bernardi, Y. Maday, A.T. Patera — Domain decomposition by the mortar element method, *Asymptotic and Numerical Mathods for Partial Differential Equations with Critical Parameters*, édité par H.G. Kaper & M. Garbey, N.A.T.O. ASI Series C **384**, Kluwer (1993), 269–286.

[29] C. Bernardi, R. Verfürth — Adaptive finite element methods for elliptic equations with non-smooth coefficients, *Numer. Math.* **85** (2000), 579–608.

[30] J.P. Boyd — *Chebyshev and Fourier Spectral Methods*, Lecture Notes in Engineering **49**, Springer-Verlag, Berlin, Heidelberg (1989).

[31] D. Braess — *Finite Elements. Theory, Fast Solvers and Applications in Solid Mechanics*, Cambridge University Press (1997).

[32] H. Brezis — *Analyse fonctionnelle: Théorie et applications*, Collection "Mathématiques Appliquées pour la Maîtrise", Masson, Paris (1983).

[33] F. Brezzi — On the existence, uniqueness and approximation of saddle-point problems arising from Lagrange multipliers, *R.A.I.R.O. Anal. Numér.* **8** R2 (1974), 129–151.

[34] F. Brezzi, M. Fortin — *Mixed and Hybrid Finite Element Methods*, Springer Series in Computational Mathematics **15**, Springer-Verlag, New-York (1991).

[35] F. Brezzi, J.-L. Lions, O. Pironneau — Analysis of a chimera method, *C. R. Acad. Sci. Paris* Série I **332** (2001), 655–660.

[36] F. Brezzi, J.-L. Lions, O. Pironneau — The Chimera method for a model problem, à paraître dans *Numerical Mathematics and Advanced Applications*, Springer-Verlag, Italie.

[37] F. Brezzi, L.D. Marini — A three-field domain decomposition method, dans *Domain Decomposition Methods in Science and Engineering*, Contemp. Math. **157** (1994), 27–34.

[38] C. Canuto, M.Y. Hussaini, A. Quarteroni, T.A. Zang — *Spectral Methods in Fluid Dynamics*, Springer-Verlag, Berlin, Heidelberg (1987).

[39] C. Canuto, A. Quarteroni — Approximation results for orthogonal polynomials in Sobolev spaces, *Math. Comput.* **38** (1982), 67–86.

[40] J. Céa — Approximation variationnelle des problèmes aux limites, *Ann. Inst. Fourier Grenoble* **14** (1964), 345–444.

[41] A.J. Chorin — Numerical solution of the Navier–Stokes equations, *Math. Comput.* **22** (1968), 745–762.

[42] P.G. Ciarlet — *The Finite Element Method for Elliptic Problems*, North-Holland, Amsterdam, New-York, Oxford (1978).

[43] P.G. Ciarlet — *Introduction à l'analyse numérique matricielle et à l'optimisation*, Collection "Mathématiques Appliquées pour la Maîtrise", Masson, Paris (1982).

[44] P.G. Ciarlet — *Basic Error Estimates for Elliptic Problems*, dans *Handbook of Numerical Analysis*, Vol. II, édité par P.G. Ciarlet & J.-L. Lions, North-Holland (1991), 17–351.

[45] P. Clément — Approximation by finite element functions using local regularization, *R.A.I.R.O. Anal. Numér.* **9** R2 (1975), 77–84.

[46] M. Costabel, M. Dauge — Maxwell and Lamé eigenvalues on polyhedra, *Math. Methods Appl. Sci.* **22** (1999), 243–258.

[47] M. Crouzeix, R. Falk — Non conforming finite elements for the Stokes problem, *Math. Comput.* **52** (1989), 437–456.

[48] M. Crouzeix, A. Mignot — *Analyse numérique des équations différentielles*, Collection "Mathématiques Appliquées pour la Maîtrise", Masson, Paris (1984).

[49] M. Crouzeix, P.-A. Raviart — Conforming and nonconforming finite element methods for solving the stationary Stokes equations I, *R.A.I.R.O. Anal. Numér.* **7** R3 (1973), 33–75.

[50] H. Darcy — *Les fontaines publiques de la ville de Dijon*, Dalmont, Paris (1856).

[51] R. Dautray, J.-L. Lions — *Analyse mathématique et calcul numérique pour les sciences et les techniques*, Vol. I, Masson, Paris (1987).

[52] P.J. Davis, P. Rabinowitz — *Methods of Numerical Integration*, Academic Press, Orlando (1985).

[53] N. Debit — La méthode des éléments avec joints dans le cas du couplage de méthodes spectrales et méthodes d'éléments finis: résolution des équations de Navier–Stokes, Thèse, Université Pierre et Marie Curie (1991).

[54] M.O. Deville, E.H. Mund, A.T. Patera — Iterative solution of isoparametric spectral element equations by low-order finite element preconditioning, *J. Comput. Appl. Math.* **20** (1987), 189–197.

[55] W. Dörfler — A convergent adaptive algorithm for Poisson's equation, *SIAM J. Numer. Anal.* **33** (1996), 1106–1124.

[56] T. Dupont, R. Scott — Polynomial approximation of functions in Sobolev spaces, *Math. Comput.* **34** (1980), 441–463.

[57] A. Ern, J.-L. Guermond — *Éléments finis: théorie, applications, mise en œuvre*, Collection "Mathématiques et Applications" **36**, Springer-Verlag, Berlin (2002).

[58] J.P. Fink, W.C. Rheinboldt — On the error behavior of the reduced basis technique for nonlinear finite element approximations, *Z.A.M.M.* **63** (1983), 21–28.

[59] P.J. Frey, P.-L. George — *Maillages, applications aux éléments finis*, Hermès, Paris (1999).

[60] D. Funaro — *Polynomial Approximation of Differential Equations*, Lecture Notes in Physics **m8**, Springer-Verlag, Berlin, Heidelberg (1992).

[61] V. Girault, J.-L. Lions — Two-grid finite-element scheme for the transient Navier–Stokes problem, *Modél. Math. Anal. Numér.* **35** (2001), 945–980.

[62] V. Girault, P.-A. Raviart — *Finite Element Methods for Navier–Stokes Equations, Theory and Algorithms*, Springer Series in Computational Mathematics **5**, Springer-Verlag, Berlin, Heidelberg (1986).

[63] W.J. Gordon, C.A. Hall — Construction of curvilinear co-ordinate systems and their applications to mesh generation, *Int. J. for Numer. Meth. in Engrg.* **7** (1973), 461–477.

[64] D. Gottlieb, S.A. Orszag — *Numerical Analysis of Spectral Methods, Theory and Applications*, SIAM Publications, Philadelphia (1977).

[65] M. Griebel, P. Oswald — On the abstract theory of additive and multiplicative Schwarz algorithms, *Numer. Math.* **70** (1995), 163–180.

[66] P. Grisvard — *Elliptic Problems in Nonsmooth Domains*, Pitman, Boston, London, Melbourne (1985).

[67] F. Hecht — Construction d'une base de fonctions P_1 non conforme à divergence nulle dans $\mathbb{R}^3$, *R.A.I.R.O. Anal. Numér.* **15** (1981), 119–150.

[68] P. Hood, C. Taylor — A numerical solution of the Navier–Stokes equations using the finite element technique, *Comp. and Fluids* **1** (1973), 73–100.

[69] T.J.R. Hughes — *The Finite Element Method: Linear Static and Dynamic Finite Element Analysis*, Prentice–Hall, Englewood Cliffs (1987).

[70] C. Johnson — *Numerical Solution of Partial Differential Equations by the Finite Element Method*, Cambridge University Press (1987).

[71] P. Joly — *Mise en œuvre de la méthode des éléments finis*, Collection "Mathématiques et Applications" **2**, Ellipses, Paris (1990).

[72] B.P. Lamichhane, B.I. Wohlmuth — Higher order dual Lagrange mulitplier spaces for mortar finite element discretizations, *Calcolo* **39** (2002), 219–237.

[73] P. Lascaux, R. Théodor — *Analyse numérique matricielle appliquée à l'art de l'ingénieur*, Tome 2, Masson, Paris (1994).

[74] P. Lax, N. Milgram — *Parabolic Equations. Contribution to the Theory of Partial Differential Equations*, Princeton (1954).

[75] J.-L. Lions, E. Magenes — *Problèmes aux limites non homogènes et applications*, Vol. I, Dunod, Paris (1968).

[76] L. Machiels, Y. Maday, A.T. Patera — Output bounds for reduced-order approximations of elliptic partial differential equations, *Comp. Methods in Applied Mech. and Engrg.* **190** (2000), 3413–3426.

[77] Y. Maday — Relèvement de traces polynômiales et interpolations hilbertiennes entre espaces de polynômes, *C.R. Acad. Sci. Paris* **309** Série I (1989), 463–468.

[78] Y. Maday — Analysis of spectral projectors in one-dimensional domains, *Math. Comput.* **55** (1990), 537–562.

[79] Y. Maday — Résultats d'approximation optimaux pour les opérateurs d'interpolation polynômiale, *C.R. Acad. Sci. Paris* **312** Série I (1991), 705–710.

[80] Y. Maday, A.T. Patera, G. Turinici — *A priori* convergence theory for reduced-basis approximations of single-parameter elliptic partial differential equations, *J. Sci. Comput.* **17** (2002), 437–446.

[81] Y. Maday, F. Rapetti, B.I. Wohlmuth — The influence of quadrature formula in 2D and 3D mortar methods, dans *Recent Developments in Domain Decomposition Methods*, Lecture Notes in Computational Science and Engineering, **23**, Springer-Verlag (2002), 119-137.

[82] Y. Maday, E.M. Rønquist — Optimal error analysis of spectral methods with emphasis on non-constant coefficients and deformed geometries, *Comp. Methods in Applied Mech. and Engrg.* **80** (1990), 91–115.

[83] B. Mercier — *An Introduction to the Numerical Analysis of Spectral Methods*, Springer-Verlag, Berlin, Heidelberg (1989).

[84] L.S.D. Morley — The triangular equilibrium element in the solution of plate bending problems, *Aero. Quart.* **19** (1968), 149–169.

[85] J. Nečas — *Les méthodes directes en théorie des équations elliptiques*, Masson, Paris (1967).

[86] A. Noor — Reduced basis technique for nonlinear analysis of structures, *A.I.A.A. J.* **18** (1980), 455–462.

[87] J.T. Oden — *Finite Elements: an Introduction*, dans *Handbook of Numerical Analysis*, Vol. II, édité par P.G. Ciarlet & J.-L. Lions, North-Holland (1991), 3–15.

[88] S.A. Orszag — Comparison of pseudospectral and spectral approximations, *Stud. Appl. Math.* **51** (1972), 253–259.

[89] S.A. Orszag — Spectral methods for problems in complex geometries, *J. Comp. Physics* **37** (1980), 70–92.

[90] J.E. Pasciak — Spectral and pseudospectral methods for advection equations, *Math. Comput.* **35** (1980), 1081–1092.

[91] R. Peyret — *Spectral Methods for Incompressible Viscous Flow*, Applied Mathematical Sciences **148**, Springer-Verlag, New-York (2002).

[92] A. Quarteroni — Blending Fourier and Chebyshev interpolation, *J. Approx. Theory* **51** (1987), 115–126.

[93] A. Quarteroni, A. Valli — *Numerical Approximation of Partial Differential Equations*, Springer-Verlag, Berlin, Heidelberg (1994).

[94] A. Quarteroni, A. Valli — *Domain Decomposition Methods for Partial Differential Equations*, Oxford University Press, New-York (1999).

[95] F. Rapetti — Approximation des équations de la magnétodynamique en domaine tournant par la méthode des éléments avec joints, Thèse, Université Pierre et Marie Curie (2000).

[96] P.-A. Raviart, J.-M. Thomas — A mixed finite element method for second order elliptic problems, dans *Mathematical Aspects of Finite Element Methods*, Lecture Notes in Mathematics **606**, Springer, Berlin (1977), 292–315.

[97] P.-A. Raviart, J.-M. Thomas — *Introduction à l'analyse numérique des équations aux dérivées partielles*, Collection "Mathématiques Appliquées pour la Maîtrise", Masson, Paris (1989).

[98] J.E. Roberts, J.-M. Thomas — *Mixed and Hybrid Methods*, dans *Handbook of Numerical Analysis*, Vol. II, édité par P.G. Ciarlet & J.-L. Lions, North-Holland (1991), 523–639.

[99] E.M. Rønquist — Optimal spectral element methods for the unsteady 3–dimensional incompressible Navier–Stokes equations, Ph.D. Thesis, Massachusetts Institute of Technology (1988).

[100] W. Rudin — *Analyse réelle et complexe*, Masson et Cie, Paris (1975).

[101] L. Schwartz — *Théorie des distributions*, Hermann, Paris (1966).

[102] L.R. Scott, S. Zhang — Finite element interpolation of nonsmooth functions satisfying boundary conditions, *Math. Comput.* **54** (1990), 483–493.

[103] B. Smith, P. Bjørstad, W. Gropp — *Domain Decomposition. Parallel Multilevel Methods for Elliptic Partial Differential Equations*, Cambridge University Press, New-York (1996).

[104] G. Strang — Variational crimes in the finite element method, dans *The Mathematical Fondations of the Finite Element Method with Applications to Partial Differential Equations*, édité par A.K. Aziz, Academic Press, New-York (1972), 689–710.

[105] G. Strang, G.J. Fix — *An Analysis of the Finite Element Method*, Prentice–Hall, Englewood Cliffs (1973).

[106] G. Szegö — *Orthogonal Polynomials*, Colloquium Publications AMS, Providence (1978).

[107] R. Temam — Une méthode d'approximation de la solution des équations de Navier–Stokes, *Bull. Soc. Math. France* **98** (1968), 115–152.

[108] V. Thomée — *Galerkin Finite Element Methods for Parabolic Problems*, Springer Series in Computational Mathematics **25**, Springer (1997).

[109] R. Verfürth — *A Review of A Posteriori Error Estimations and Adaptive Mesh-Refinement Techniques*, Wiley & Teubner, Chichester, New-York, Brisbane (1996).

[110] R. Verfürth — Error estimates for some quasi-interpolation operator, *Modél. Math. et Anal. Numér.* **33** (1999), 695–713.

[111] H. Walpole — *The three princes of Serendip*, Lettre à H. Mann (28 janvier 1754).

[112] O.B. Widlund — An extension theorem for finite element spaces with three applications, dans *Numerical Techniques in Continuum Mechanics, Proceedings of the Second GAMM Seminar*, édité par W. Hackbush & K. Witsch, Kiel (1986).

[113] B.I. Wohlmuth — *Discretization Methods and Iterative Solvers Based on Domain Decomposition*, Lecture Notes in Computational Science and Engineering **17**, Springer-Verlag (2001).

[114] J. Xu — Iterative methods by space decomposition and subspace correction, *SIAM Review* **34** (1992), 581–613.

Index

Les objets recensés ci-dessous sont suivis des numéros de chapitres (en chiffres romains) et des numéros de section (en chiffres arabes) dans lesquels ils figurent. Toutefois, lorsqu'ils interviennent dans tout un chapitre, ils sont seulement suivis du numéro de ce chapitre (en chiffres romains).

J

L

M

N

O

P

Déjà parus dans la même collection

1. T. Cazenave, A. Haraux
Introduction aux problèmes d'évolution semi-linéaires. 1990
2. P. Joly
Mise en oeuvre de la méthode des éléments finis. 1990
3/4. E. Godlewski, P.-A. Raviart
Hyperbolic systems of conservation laws. 1991
5/6. Ph. Destuynder
Modélisation mécanique des milieux continus. 1991
7. J. C. Nedelec
Notions sur les techniques d'éléments finis. 1992
8. G. Robin
Algorithmique et cryptographie. 1992
9. D. Lamberton, B. Lapeyre
Introduction au calcul stochastique appliqué. 1992
10. C. Bernardi, Y. Maday
Approximations spectrales de problèmes aux limites elliptiques. 1992
11. V. Genon-Catalot, D. Picard
Eléments de statistique asymptotique. 1993
12. P. Dehornoy
Complexité et décidabilité. 1993
13. O. Kavian
Introduction à la théorie des points critiques. 1994
14. A. Bossavit
Électromagnétisme, en vue de la modélisation. 1994
15. R. Kh. Zeytounian
Modélisation asymptotique en mécanique des fluides newtoniens. 1994
16. D. Bouche, F. Molinet
Méthodes asymptotiques en électromagnétisme. 1994
17. G. Barles
Solutions de viscosité des équations de Hamilton-Jacobi. 1994
18. Q. S. Nguyen
Stabilité des structures élastiques. 1995
19. F. Robert
Les systèmes dynamiques discrets. 1995
20. O. Papini, J. Wolfmann
Algèbre discrète et codes correcteurs. 1995
21. D. Collombier
Plans d'expérience factoriels. 1996
22. G. Gagneux, M. Madaune-Tort
Analyse mathématique de modèles non linéaires
de l'ingénierie pétrolière. 1996
23. M. Duflo
Algorithmes stochastiques. 1996
24. P. Destuynder, M. Salaun
Mathematical Analysis of Thin Plate Models. 1996

25. P. Rougee
Mécanique des grandes transformations. 1997
26. L. Hörmander
Lectures on Nonlinear Hyperbolic Differential Equations. 1997
27. J. F. Bonnans, J. C. Gilbert, C. Lemaréchal, C. Sagastizábal
Optimisation numérique. 1997
28. C. Cocozza-Thivent
Processus stochastiques et fiabilité des systèmes. 1997
29. B. Lapeyre, É. Pardoux, R. Sentis,
Méthodes de Monte-Carlo pour les équations
de transport et de diffusion. 1998
30. P. Sagaut
Introduction à la simulation des grandes échelles
pour les écoulements de fluide incompressible. 1998
31. E. Rio
Théorie asymptotique des processus aléatoires faiblement dépendants. 1999
32. J. Moreau, P.-A. Doudin, P. Cazes (Eds.)
L'analyse des correspondances et les techniques connexes. 1999
33. B. Chalmond
Eléments de modélisation pour l'analyse d'images. 1999
34. J. Istas
Introduction aux modélisations mathématiques
pour les sciences du vivant. 2000
35. P. Robert
Réseaux et files d'attente: méthodes probabilistes. 2000
36. A. Ern, J.-L. Guermond
Eléments finis: théorie, applications, mise en œuvre. 2001
37. S. Sorin
A First Course on Zero-Sum Repeated Games. 2002
38. J. F. Maurras
Programmation linéaire, complexité. 2002
39. B. Ycart
Modèles et algorithmes Markoviens. 2002
40. B. Bonnard, M. Chyba
Singular Trajectories and their Role in Control Theory. 2003
41. A. Tsybakov
Introdution à l'estimation non-paramétrique. 2003
42. J. Abdeljaoued, H. Lombardi
Méthodes matricielles – Introduction à la complexité algébrique. 2004
43. U. Boscain, B. Piccoli
Optimal Syntheses for Control Systems on 2-D Manifolds. 2004
44. L. Younes
Invariance, déformations et reconnaissance de formes. 2004
45. C. Bernardi, Y. Maday, F. Rapetti
Discrétisations variationnelles de problèmes aux limites elliptiques. 2004